科学出版社"十三五"普通高等教育研究生规划教材·水产系列

高级水产动物生理学

主　编　温海深

副主编　李大鹏　李文笙　吕为群　朱春华

参　编（按姓氏汉语拼音排序）

董云伟　侯志帅　李　昀

吕里康　齐　鑫　王灵钰

王孝杰　于　红　郑小东

U0223556

科学出版社

北　京

内 容 简 介

本书由来自全国 5 所高校十多位知名水产动物生理学界教授和中青年骨干学者通力合作编写而成,在系统论述水产动物生理学基础理论的同时,精选了与水产养殖实践需求密切相关的重要水产经济种类生理学研究案例,并进行深入分析,力求突出新观点和新进展。本书包含四部分内容:水产动物生理学总论,卵生硬骨鱼类生理学案例,卵胎生硬骨鱼类生理学案例,甲壳动物、贝类和刺参等生理学案例。

本书可供水产领域、动物科学及生物类相关领域研究生教学与科研使用,也可供相关专业本科生教学及科研人员参考。

图书在版编目(CIP)数据

高级水产动物生理学 / 温海深主编. —北京:科学出版社,2023.11
科学出版社"十三五"普通高等教育研究生规划教材·水产系列
ISBN 978-7-03-069455-3

Ⅰ. ①高… Ⅱ. ①温… Ⅲ. ①水产动物-生理学-高等学校-教材
Ⅳ. ① S917.4

中国国家版本馆 CIP 数据核字(2021)第 148736 号

责任编辑:刘　丹 / 责任校对:严　娜
责任印制:赵　博 / 封面设计:迷底书装

科学出版社 出版
北京东黄城根北街16号
邮政编码:100717
http://www.sciencep.com

北京富资园科技发展有限公司印刷
科学出版社发行　各地新华书店经销

*

2023年11月第　一　版　　开本:787×1092　1/16
2024年9月第二次印刷　　印张:26 1/4
字数:675 000

定价:118.00元
(如有印装质量问题,我社负责调换)

前　言

　　《高级水产动物生理学》是科学出版社"十三五"普通高等教育研究生规划教材·水产系列之一，由来自全国5所高校十多位知名水产动物生理学界教授和中青年骨干学者通力合作编写而成。本书在系统论述水产动物生理学基础理论的同时，精选了与水产养殖实践需求密切相关的重要经济种类生理学研究案例，并进行深入分析，力求突出新观点和新进展。本书可供水产领域、动物科学及生物类相关领域研究生教学与科研使用，也可供相关专业本科生教学及科研人员参考。对水产养殖对象的深入研究，可为丰富"大食物观"内容提供理论与技术支撑。

　　《高级水产动物生理学》的编委作者来自中国海洋大学、中山大学、华中农业大学、上海海洋大学和广东海洋大学，包含国家杰出青年科学基金获得者团队、国家重点研发计划"蓝色粮仓"科技创新项目核心课题组、现代农业产业技术体系岗位科学家团队等。

　　本书包括四篇十六章内容。第一篇为水产动物生理学总论，涵盖细胞的基本生理功能、肌肉的收缩功能、水产动物感觉生理功能、水产动物环境生理学、水产动物神经-内分泌-免疫网络、卵生水产动物繁殖生理概述。这六章内容均为水产动物生理学共性基础理论，其中水产动物神经-内分泌-免疫网络内容为目前研究的前沿领域，本书以硬骨鱼类为例对此进行了系统论述；卵生水产动物繁殖生理概述部分，涵盖了卵生硬骨鱼类、甲壳动物、贝类、刺参等重要水产经济动物，尽量阐述水产经济动物繁殖的研究新进展和各自生理学特点。考虑到我国鱼类生理学或动物生理学专著和教材中，对于"四大家鱼"和鲤科其他鱼类及常规养殖对象论述比较多，而缺乏特色水产动物生理学研究成果总结。因此本书在生理学案例选择中，侧重论述名优水产养殖对象生理学部分领域，而不是按照传统的系统与器官结构进行分类。第二篇卵生硬骨鱼类生理学案例部分侧重论述世界性养殖鱼类，如罗非鱼营养与消化生理学、鲑鳟鱼渗透调节与代谢生理学等，这两种鱼类也是我国主要养殖对象，被纳入国家现代农业产业技术体系（淡水名优鱼类）研究对象，在淡水、海水及盐碱水域中均可生存与养殖；还论述了我国大黄鱼生长与代谢生理学，以及最宜广盐水域养殖的花鲈摄食与生长生理，这两种鱼类已经被纳入国家现代农业产业技术体系（海水养殖鱼类）研究对象。卵胎生硬骨鱼类繁殖生理是目前研究的新兴领域，它首次被纳入我国相关领域教材（专著）。第三篇为卵胎生硬骨鱼类生理学案例，收录了孔雀鱼和许氏平鲉繁殖生理研究进展。第四篇为其他水产动物生理学案例，论述了虾蟹类、贝类与头足类呼吸、渗透调节、能量代谢生理学等，最后侧重论述了刺参免疫、生长与渗透调节生理学等内容，海参是我国重要养殖海珍品之一，它不仅产业价值大，生理学机制也比较特殊。

　　目前我国没有全国统编的《高级水产动物生理学》教材，多年来，在水产动物中，以鱼类生理学研究最为成熟，国内先后出版了几部《鱼类生理学》《水产动物生理学》《鱼类繁殖学》教材和专著（译著）。但是国内缺乏系统的、能够反映经济水产动物前沿进展的研究生教材，特别是融入数字资源的现代化教材。本书对于160余张彩色图片或信息量比较大的黑白图片，进行二维码扫描处理，以期拓展阅读信息量。近10年来，随着我国水产养殖业迅猛发展，对各种水产动物的研究日益增多，在生理学方面也积累了大量的科研成果，逐步形成了比较成熟的生理学理论及研究体系，特别是在虾蟹类、贝类和海水鱼类等重要养殖动物研究方面取得了很大进展，为本教材的编写创造了必要条件。

本教材在编写过程中，得到科学出版社编辑的悉心指导，以及水产养殖学国家一流专业建设点、教育部新农科研究与改革实践项目资助。同时感谢国家重点研发计划"蓝色粮仓"科技创新项目、现代农业产业技术体系岗位科学家核心团队成员大力支持，在此一并表示深深的谢意！

温海深

2023 年 6 月于青岛

目　　录

第一篇　水产动物生理学总论

第二篇　卵生硬骨鱼类生理学案例

第三篇　卵胎生硬骨鱼类生理学案例

第四篇 其他水产动物生理学案例

第 一 篇

水产动物生理学总论

第一章　细胞的基本生理功能

二维码内容
扫码可见

细胞是动物及其他生物体的基本结构和功能单位。动物机体的一切生命活动都是以细胞及其产物为基础的，尽管生命现象在不同种属的动物或同一个体的不同组织器官或系统的表现形式千差万别，但在细胞生理学水平，其基本原理却具有高度的一致性。

第一节　细胞膜物质转运功能

一、细胞膜结构

动物的细胞都由一层薄膜包裹着，这就是细胞膜（或称质膜）。细胞不仅通过细胞膜与环境不断进行物质交换、能量转移，还通过细胞膜接受外界环境及其他细胞的影响。

细胞膜主要由脂质、蛋白质和糖类等物质组成。细胞膜中的类脂也称膜脂，是细胞膜的基本骨架。膜蛋白是细胞膜的主要功能单位。细胞膜含少量糖类，主要与蛋白质或脂类结合形成糖蛋白或糖脂，是细胞膜上的标记物，与细胞的识别相关。虽然关于膜结构曾有多种假说，但以 Singer 和 Nicholson（1972）提出的液态镶嵌模型为大多数人所接受。该假说认为，细胞膜是以液态的脂质双分子层为基架，其中镶嵌着具有不同分子结构和生理功能的蛋白质分子。

液态脂质双分子层骨架由磷脂和胆固醇组成。脂质双分子层具有稳定性和流动性，使细胞能承受相当大的张力和外形改变。细胞膜是以脂质双分子层为骨架，因此水和水溶性物质一般不能自由通过细胞膜。不同细胞的细胞膜和细胞膜的不同部分，因脂质的成分和含量不完全相同也有着不同的特性和功能。细胞膜结构模型见二维码 1-1。

蛋白质分子以 α 螺旋或球形结构镶嵌在脂质双分子层中，可分为表面蛋白和内在蛋白两大类。表面蛋白分布在脂质双分子层的内外两侧面，表现为吸附在膜的表面，与膜表面的结合较为疏松，容易与膜分离；内在蛋白与膜结合紧密很难分离。膜蛋白的种类与功能见表 1-1。

表 1-1　膜蛋白的种类与功能

种类	功能
骨架蛋白	使细胞膜附着在另一细胞的膜上，或使其附着在细胞内或细胞外的某物质上
识别蛋白	能识别异体细胞的蛋白质
酶	能催化细胞内外的化学反应
受体	能与信息传递物质（如激素或递质）进行特异性结合，并引起细胞反应
转运蛋白	参与细胞膜的物质转运功能
通道蛋白/膜泵	参与细胞膜的物质转运功能

细胞膜还含有少量糖类，主要是一些寡糖和多糖。它们都是以共价键的形式与膜的脂质或蛋白质结合，形成糖脂或糖蛋白。这些糖链绝大部分裸露在膜的外表面一侧。

二、跨膜物质转运功能

细胞在新陈代谢过程中，不断有各种各样的物质进出细胞。除极少数脂溶性物质，大多数分子或离子的跨膜转运都与镶嵌在膜上的各种特殊蛋白质活动和细胞膜复杂的生物学过程有关。根据跨膜物质转运的方向和供能特征，物质转运基本上可以分为被动转运和主动转运两大类。

（一）被动转运

当同种物质不同浓度的两种溶液相邻地放在一起时，溶质的分子顺着浓度差或电位差（二者合称电化学梯度）产生的净流动叫被动转运（passive transport）。被动转运又可有单纯扩散（simple diffusion）和易化扩散（facilitated diffusion）两种形式。

1. 单纯扩散 生物体中，物质的分子或离子顺着电化学梯度通过细胞膜的方式称为单纯扩散。物质通过细胞膜时，单位时间内的扩散通量既取决于膜两侧该物质的电化学梯度，又取决于细胞膜对该物质的通透性。细胞膜是脂质双分子层结构，因此仅有一些脂溶性物质才有较高的通透性。例如，O_2、CO_2 等气体分子既溶于水，也溶于脂质，因此能以单纯扩散的方式进出细胞膜，如肺泡的呼吸膜。

2. 易化扩散 一些不溶于脂质，或溶解度很小的物质，在膜结构中的一些特殊蛋白质的"帮助"下也能从膜的高浓度一侧扩散到低浓度一侧，这种物质转运方式称为易化扩散。由于引起易化扩散的蛋白质不同，易化扩散又可分为载体介导的易化扩散和通道介导的易化扩散。易化扩散的两种类型见二维码 1-2。

（1）载体介导的易化扩散 许多必需的营养物质，如葡萄糖、氨基酸都不溶解于脂质，但在载体（如葡萄糖转运体）的"帮助"下也能进行被动跨膜转运，称为载体介导的易化扩散（carrier mediated diffusion）。所谓载体是指细胞膜上一类特殊蛋白质，它能在溶质高浓度一侧与溶质发生特异性结合，并改变构象，把溶质转运到低浓度一侧并释放出来，载体蛋白恢复到原来的构象，又开始新一轮的转运。

载体介导的易化扩散有以下特点：①结构特异性。各种载体蛋白与它所转运的物质之间具有高度的结构特异性，载体蛋白只能转运特定结构的物质。例如，葡萄糖转运体可选择性结合右旋葡萄糖，而不能或不易结合分子质量相同的左旋葡萄糖。②饱和现象。细胞膜中一种载体的数目或每一个载体能与相应物质结合的位点数目是相对固定的，因此，被转运物质超过一定数量时，载体转运能力达到上限。③竞争性抑制。例如，某一载体蛋白对结构类似的两种物质都有转运能力，那么当加入两种物质时，每一种物质的转运速度都比单独加入一种时减慢，说明两者可竞争性结合载体蛋白。

（2）通道介导的易化扩散 细胞膜对离子的通透性极差，但在膜上离子通道的"帮助"下，离子会以非常高的速度顺浓度梯度和电势梯度进行跨膜转运，称为通道介导的易化扩散（channel mediated diffusion）。离子通道为细胞膜上另一类特殊蛋白质，其结构和功能状态可因细胞内外各种理化因素的影响而迅速改变，当其处于开放状态时，相关离子可高速通过。离子通道蛋白的壁外侧面是疏水的，与膜的磷脂疏水区相邻，而壁内侧是亲水的，允许水在其中，因此溶于水中的离子也能通过。

离子通道介导的易化扩散有以下特点：①速度快。在单位时间内转运物质的速度可以是主动转运的上万倍。②对转运离子具有选择性。这取决于通道开放时水相孔道的大小和孔道壁的带电情况。③大多数离子通道可随着蛋白质分子构象改变而处于不同的功能状态。当它处于开放状态时，可允许特定的离子由膜的高浓度一侧向低浓度一侧移动；当它处于关闭状态时，离子就不能通过。

通道的开放与关闭受精密调控，而不是自动地持续进行。依据门控的原理，可将通道划分为：①电压门控离子通道，由膜内、外电势差的改变控制其开或关。②化学门控离子通道，由特异性的化学物质与通道上的受体结合来控制其开放。③机械门控离子通道，膜的机械变形控制其开或关。

（二）主动转运

主动转运（active transport）是逆着电化学梯度进行的转运，需要细胞提供能量。其结果是被转运物质在高浓度一侧浓度进一步升高，而在低浓度一侧浓度则逐渐下降。主动转运所需能量是由细胞膜或细胞膜所属的细胞提供。主动转运包括原发性主动转运和继发性主动转运。

1. 原发性主动转运　在主动转运中如果所需的能量是由 ATP 直接提供，则称为原发性主动转运（primary active transport）。

通过细胞膜主动转运的物质有 Na^+、Ca^{2+}、H^+、I^-、Cl^-、葡萄糖和氨基酸等。在各种细胞膜上普遍存在着一种 Na^+-K^+ 泵（sodium-potassium pump），简称钠钾泵。这是镶嵌在膜脂质双分子层中的一种特殊蛋白质，它除了能逆着浓度差将细胞内的 Na^+ 移出膜外，同时还能把细胞外的 K^+ 移入膜内，保持膜内高 K^+ 和膜外高 Na^+ 的不均衡离子分布状态；钠钾泵之所以能对 Na^+、K^+ 进行主动转运，是由于它本身具有 ATP 酶的活性，能分解 ATP 使之释放能量，为本身主动转运 Na^+、K^+ 供能。因此，钠钾泵就是一种具有酶活性的 Na^+-K^+ 依赖式 ATP 酶。一般情况下，每分解一个 ATP 可使 3 个 Na^+ 移出膜外，同时有 2 个 K^+ 移入膜内。钠钾泵的启动和活动的强度与细胞出现膜内 Na^+ 浓度和膜外 K^+ 浓度较高有关。主动转运——钠钾泵见二维码 1-3。

主动转运是机体内重要的物质转运形式，除了钠钾泵，目前了解比较清楚的还有钙泵（Ca^{2+}-Mg^{2+} 依赖式 ATP 酶）、H^+-K^+ 泵（H^+-K^+ 依赖式 ATP 酶）、I^- 泵。这些泵蛋白在分子结构上与钠钾泵类似，都以直接分解 ATP 为能量来源，将有关离子进行逆浓度差转运。

2. 继发性主动转运　钠钾泵活动形成的贮备势能可用来完成其他物质逆浓度梯度的跨膜转运，这种由 ATP 间接供能的逆浓度差转运方式称为继发性主动转运（图 1-1）。例如，肠

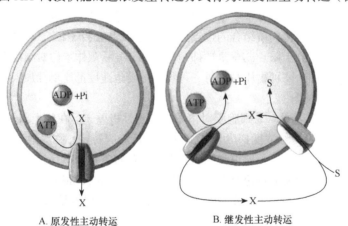

A. 原发性主动转运　　　　　B. 继发性主动转运

图 1-1　原发性主动转运和继发性主动转运的模式图

X. 被转运的物质；S. 同时被转运的其他物质

上皮细胞从肠腔液中（或肾小管上皮细胞从小管液中）吸收葡萄糖、氨基酸。

　　而执行这一主动转运的是 Na^+ 依赖转运蛋白，该蛋白必须与 Na^+ 和被转运物质同时结合，才能顺着 Na^+ 浓度梯度将被转运物质逆浓度梯度转运，往往为单向转运。每一种物质都有特定的转运体蛋白。继发性主动转运中，如被转运的分子与 Na^+ 扩散方向相同，称为同向转运；如果二者方向相反，则称为逆向转运，合称协同转运（图1-2）。

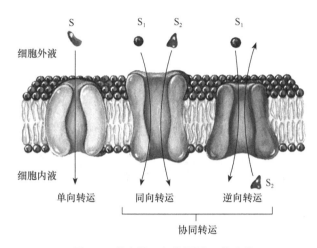

图 1-2　单向转运与协同转运的比较

S. 被动转运或者原发性主动转运中被转运的物质；S_1. 原发性主动转运泵入细胞外的物质；S_2. 协同转运的物质

（三）出胞与入胞作用

　　对于一些大分子物质或团块，细胞膜能通过更复杂的结构和功能变化使之通过细胞膜，包括出胞（exocytosis）和入胞（endocytosis）两种过程（图1-3）。

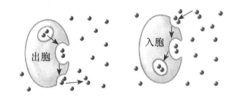

图 1-3　出胞和入胞

　　1. 出胞　　出胞是细胞分泌的一种机制，如内分泌腺分泌激素、外分泌腺分泌酶原颗粒或黏液、神经细胞释放神经递质。细胞的分泌物大多数都由糙面内质网合成，在向高尔基体转移过程中被包裹上一层膜性结构，称为囊泡并贮存在细胞质中。当细胞分泌时，小泡会被运送到细胞膜的内侧面，与细胞膜融合后向外破裂开口将内容物一次性排出，而囊泡膜也就变成细胞膜的组成部分。分泌过程的启动是膜的跨膜电位变化或特殊化学信号引起膜中 Ca^{2+} 通道开放并导致 Ca^{2+} 内流（或通过第二信使导致细胞内 Ca^{2+} 的释放）所诱发。出胞是一个比较复杂的耗能过程。

　　出胞有持续性出胞和间断性出胞两种形式。前者囊泡所含的大分子物质连续不断地分泌，是细胞本身固有的功能活动，如小肠黏膜上皮杯状细胞分泌黏液的过程。后者的合成物质首先贮存在细胞内，当细胞受到化学刺激或电刺激时才分泌，是一种受调节的出胞过程，如神经末梢释放神经递质就是由动作电位的刺激产生的出胞过程。这种受调节的出胞过程通常与刺激引起的 Ca^{2+} 内流有关。

　　2. 入胞　　入胞是指细胞外某些物质团块（如细菌、病毒、异物、血浆中脂蛋白及大分子营养物质等）借助于与细胞膜形成吞噬泡或吞饮泡的方式进入细胞的过程。

入胞可分为吞噬和吞饮。吞噬主要发生在单核细胞、巨噬细胞等特殊细胞中，吞噬泡的直径较大（1～2μm）。吞饮可发生在几乎所有细胞中，吞饮泡直径较小（0.1～0.2μm）。如果是微小的液体则形成较小的囊泡，称为胞饮。

吞饮可分为液相入胞和受体介导入胞。液相入胞是细胞本身固有的活动，指细胞外液及所含溶质连续不断地进入细胞内。受体介导入胞则是通过被转运物质与膜受体特异结合，二者一同凹入细胞内再分离的过程，细胞膜与受体均可以重复使用（图1-4）。通过这种方式入胞的物质很多，包括胰岛素及一些多肽类激素、内皮生长因子、神经生长因子、低密度脂蛋白颗粒、结合了铁离子的运铁蛋白、结合了维生素的转运蛋白、抗体及细菌等。受体介导入胞与其他入胞相比，速度快、特异性高。

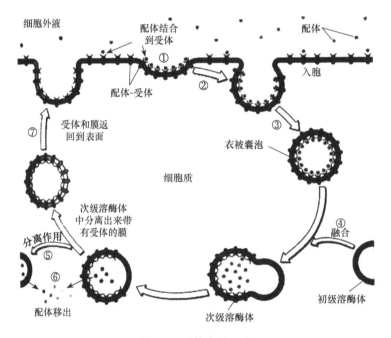

图 1-4　受体介导入胞

①细胞环境中的某物质被细胞膜上相应受体识别，发生特异性结合；②结合后形成的复合物通过横向移动，逐渐向衣被凹陷的特殊部位集中；③衣被凹陷处的膜向细胞内部呈轻度下凹，最后与细胞膜断离，在细胞质内形成分离的衣被囊泡；④衣被囊泡形成后不久，蛋白质结构被初级溶酶体与次级溶酶体溶解在细胞质中，衣被囊泡再与胞内体相融合；⑤次级溶酶体分离出来带有受体的膜，产生分离；⑥配体移除；⑦保留在胞内膜上的受体，与一部分膜结构形成较小的循环小泡，移回细胞膜并与之融合，再成为细胞的组成部分

第二节　跨膜信号转导

生物体内细胞之间、细胞内细胞器之间、同一细胞器不同亚结构之间以及分子之间，都存在着广泛的信息传递过程。细胞的信息传递伴随着细胞的整个生命过程。在多细胞生物中，尽管不同器官之间存在远距离或近距离的信息沟通，但其本质都是由一个细胞释放某种信息通过内分泌、神经内分泌、旁分泌等方式作用于另一个细胞的过程。

一、跨膜信号转导的概念

各种形式的外界信号作用于细胞时，通常并不需要进入细胞直接影响细胞内过程，只需作用于细胞膜，通过引起细胞膜上一种或数种特异蛋白质分子的变构作用，将外界环境变化的信息以一种新的信号形式传递到膜内，再引起被作用细胞（即靶细胞）相应功能的改变，包括细胞出现的电反应或其他功能改变。这一过程被称为跨膜信号转导（transmembrane signal transduction）。跨膜信号转导可分为 3 种方式：通道型受体介导的跨膜信号转导、G 蛋白偶联受体介导的跨膜信号转导、酶偶联受体介导的跨膜信号转导。

（一）通道型受体介导的跨膜信号转导

目前已确定细胞膜上至少有 3 种类型的通道样结构感受不同的外界刺激，这些离子通道的开放或关闭不仅决定离子本身的跨膜转运，而且还能实现信号的跨膜转导。大多数离子通道都具有可开关的门控结构，称为门控通道（gated channel）。根据控制其开放或关闭的原理不同，可将它们分为化学门控通道、电压门控通道和机械门控通道。

1. 化学门控通道　细胞膜上有些生物活性物质的受体本身就是离子通道，如 N 型乙酰胆碱受体（位于肌细胞的终板膜上）、A 型 γ- 氨基丁酸受体、甘氨酸受体（位于神经元的突触后膜）等。当膜外特定的化学信号（配体）与膜上的受体结合后，通道开放，因而将后者称为化学门控通道（chemically gated channel）或配子门控通道，也称为通道型受体。因其激活能直接引起跨膜离子流动，又称为促离子型受体。例如，在神经 - 骨骼肌接头的接头后膜上存在的化学门控阳离子通道就是一种典型的通道型受体，又称为 N 型乙酰胆碱受体。骨骼肌细胞运动终板上的 N 型乙酰胆碱受体与乙酰胆碱（acetylcholine，ACh）结合后，受体蛋白构象发生变化，导致离子通道开放，Na^+、K^+ 经通道跨膜流动造成膜的去极化，产生去极化型局部电位即终板电位，后者使邻近的肌细胞膜去极化并产生动作电位，从而引发肌细胞的兴奋和收缩（图 1-5）。

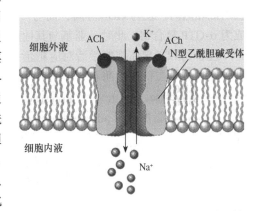

图 1-5　化学门控通道——N 型乙酰胆碱受体（Na^+-K^+ 通道）

2. 电压门控通道　主要分布在除突触后膜和终板膜以外的神经和肌肉细胞表面膜中，有 Na^+、K^+、Ca^{2+} 等电压门控通道（voltage gated channel）。通道所在膜两侧的跨膜电位控制这类通道的开放，即在这些通道的分子结构中存在着一些对跨膜电位改变敏感的结构或亚单位，通过其构象的改变诱发通道的开、关和离子跨膜流动的变化，把信号传到细胞内部。电压门控通道（K^+ 通道）见二维码 1-4。

3. 机械门控通道　体内许多细胞膜表面存在着能感受切向力（机械）刺激引起开放并诱发离子流动的变化，把信号传递到细胞内部的通道。例如，动物内耳或侧线器官的毛细胞顶部的纤毛受到切向力弯曲时，毛细胞会出现暂时的感受器电位。这是纤毛受力，使其根部的膜变形（牵拉）直接激活了其附近膜中的机械门控通道而出现离子跨膜移动造成的。机械门控通道（mechanically gated channel）包括非选择性阳离子通道、Na^+、K^+、Ca^{2+}等通道。机械门控通道见二维码1-5。

离子通道的开放取决于细胞膜上"运动蛋白"的位移运动。"运动蛋白"深入膜内造成通道与膜之间的挤压，通道关闭；反之通道开放。

（二）G蛋白偶联受体介导的跨膜信号转导

由G蛋白偶联受体介导的跨膜信号转导是一个相当复杂的过程，主要包括：①受体识别配体并与之结合；②激活与受体偶联的G蛋白；③激活G蛋白效应器；④产生第二信；⑤激活或抑制依赖第二信使的蛋白激酶或通道。

G蛋白偶联系统由三部分组成：G蛋白偶联受体、G蛋白和G蛋白效应器。G蛋白偶联系统见二维码1-6。

G蛋白偶联受体是由7个跨膜α螺旋组成的膜蛋白，它与细胞膜内侧的G蛋白相偶联。与该受体结合的配体包括大部分激素、多种神经递质以及嗅味分子等。该受体与配体结合可引起细胞内物质代谢的改变，又被称为促代谢受体。与通道型受体介导的信号转导相比，G蛋白偶联受体介导的信号转导效应缓慢，但反应灵敏。G蛋白偶联受体见二维码1-7。

G蛋白通常由α、β和γ共3个亚基组成，其中α亚基具有催化作用，G蛋白未被激活时，它与一分子鸟苷二磷酸（guanosine diphosphate，GDP）结合，当G蛋白与激活的受体蛋白在膜内侧相遇时，便与GDP分离，而与一分子鸟苷三磷酸（guanosine triphosphate，GTP）结合成为α-GTP复合物；此时α亚基与其他两个亚基分离，β亚基和γ亚基成为一个β-γ二聚体。

复合物和二聚体都能激活对应靶蛋白，即G蛋白效应器。G蛋白效应器有两种，分别为可催化生成第二信使的酶和离子通道。G蛋白调控的酶主要是位于细胞膜上的腺苷酸环化酶（adenylate cyclase，AC）、磷脂酶C（phospholipase C，PLC）、磷酸二酯酶（phosphodiesterase，PDE）以及磷脂酶A_2（phospholipase A_2，PLA_2），它们均为催化生成或分解第二信使的酶（图1-6）。

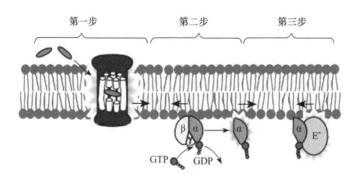

图1-6　G蛋白偶联受体介导的跨膜信号转导

第一步．信号分子（配体）与G蛋白偶联受体结合；第二步．受体配体复合物激活G蛋白，催化结合GDP的无活性的G蛋白，G蛋白的α亚基转而结合GTP，变成有活性的G蛋白；第三步．激活的G蛋白激活G蛋白效应器（E*），产生细胞内一系列生物学效应

细胞表面受体接受细胞外信号进行转换的细胞内信号称为第二信使，而细胞外的信号称为第一信使。第二信使是第一信使同其膜受体结合后在细胞膜内侧或细胞质中出现，仅在细

胞内部起作用的信号分子，能启动或调节细胞内随后出现的应答信号，主要包括环磷酸腺苷（cyclic adenosine monophosphate，cAMP）、肌醇三磷酸（inositol triphosphate，IP_3）、二酰基甘油（diacyl glycerol，DG）、环磷酸鸟苷（cyclic guanosine monophosphate，cGMP）和 Ca^{2+} 等。它们将细胞外信号分子作用于细胞膜的信息"传达"给胞内靶蛋白，包括各种蛋白激酶和离子通道。

（三）酶偶联受体介导的跨膜信号转导

酶偶联受体具有和 G 蛋白偶联受体完全不同的分子结构和特性，受体分子的胞质侧自身具有酶的活性，或者可直接结合并激活胞质中的酶。较重要的有酪氨酸激酶受体和鸟苷酸环化酶受体两类。

1. 酪氨酸激酶受体途径　这一系统的受体都是贯穿细胞膜的膜蛋白，一般只有一个 α 螺旋，其膜外有与配体结合的位点，伸入细胞质的一端具有酪氨酸激酶结构域，因此被称为具有酪氨酸激酶的受体或受体酪氨酸激酶。酪氨酸激酶受体具有受体和激酶的双重活性，结构比较简单。膜外的肽段为与信息分子结合的受体部分，膜内的结构域为酪氨酸激酶。当配体与受体结合时，受体本身发生自磷酸化，而激活自身的酪氨酸激酶活性。激酶磷酸化靶蛋白的酪氨酸残基，再通过一系列磷酸化的级联反应，影响基因的表达。近年来发现，一些肽类激素如胰岛素，以及在机体生长、发育过程中出现的统称为细胞因子的物质，包括神经生长因子（nerve growth factor，NGF）、上皮生长因子（epidermal growth factor，EGF）、成纤维细胞生长因子（fibroblast growth factor，FGF）、血小板源生长因子（platelet derived growth factor，PDGF）等，它们对相应靶细胞的作用是通过细胞膜上的酪氨酸激酶受体完成的。酪氨酸激酶受体途径图见二维码 1-8。

2. 鸟苷酸环化酶受体途径　鸟苷酸环化酶受体也称受体鸟苷酸环化酶，只有一个跨膜 α 螺旋，分子的 N 端有与配子结合的位点，C 端位于膜内侧有鸟苷酸环化酶（guanylate cyclase，GC）。鸟苷酸环化酶受体与配体结合，将激活 GC，GC 使胞质内的 GTP 环化，生成的 cGMP 结合并激活蛋白激酶 G（protein kinases G，PKG），PKG 使底物蛋白磷酸化，从而实现信号转导。

二、跨膜信号转导的方式

（一）受体 -G 蛋白 - 腺苷酸环化酶（AC）信号转导途径

参与这一信号转导途径的 G 蛋白被活化了的受体激活后，可进一步激活 AC，催化胞内的 ATP 生成 cAMP，胞内一旦生成，就会引起一系列级联反应，最终产生生物效应（图 1-7）。

一些含氮的激素，如肾上腺素（adrenaline）、促肾上腺皮质激素释放激素（corticotropin releasing hormone，CRH）、促甲状腺激素（thyroid stimulating hormone，TSH）、促黄体激素（luteinizing hormone，LH）、生长激

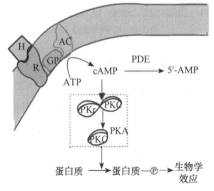

图 1-7　含氮激素作用机制示意图

H. 激素；R. 受体；GP. G 蛋白；AC. 腺苷酸环化酶；PDE. 磷酸二酯酶；PKr. 蛋白激酶 A 调节亚单位；PKC. 蛋白激酶 A 催化亚单位

素释放激素（growth hormone-releasing hormone，GHRH）、血管升压素（vasopressin，VP）等，作为第一信使与靶细胞膜上的特异性受体结合，并通过 G 蛋白激活膜内侧的腺苷酸环化酶。活化的腺苷酸环化酶，在 Mg^{2+} 存在的条件下催化 ATP 生成 cAMP。cAMP 能激活细胞内依赖于 cAMP 的蛋白激酶 A（PKA）。cAMP-PKA 正常时处于不活动状态，被 cAMP 激活后，在 ATP 供能和供给磷酸基团的条件下，可使细胞内多种蛋白质（包括酶蛋白）磷酸化，改变其构型和功能，进而引起细胞内各种生物效应，如腺体分泌、肌细胞收缩、细胞膜通透性改变等。通过 AC 和 PKA 进行信号转导的激素主要是含氮类激素。cAMP 在完成第二信使作用后灭活，被细胞内的磷酸二酯酶降解成为 5'- 磷酸腺苷（5'-AMP）。与上述相反，G_i 属于抑制型 G 蛋白，活化的受体激活时，则抑制 AC 的活性，从而降低细胞质内的 cAMP 水平，引起的一些生物学效应相应被抑制。但降低 cAMP 的激素很少，且通常只作用于降低因其他因素升高的部分，并不影响基础水平。

（二）受体 -G 蛋白磷脂酸 C（PLC）信号转导途径

许多配体与 G 蛋白偶联受体结合后，可激活 G 蛋白，进而激活细胞膜上的 PLC，PLC 可将膜脂中的磷脂酰肌醇二磷酸（PIP_2）迅速水解为两种第二信使物质，即三磷酸肌醇（IP_3）和二酰基甘油（DG）。

IP_3 生成后离开细胞膜，与内质网或肌质网上的 IP_3 受体结合并使之激活，导致内质网或肌质网内的 Ca^{2+} 释放，使胞内游离 Ca^{2+} 浓度升高。脂溶性的 DG 生成后仍留在细胞内，与 Ca^{2+} 和膜磷脂中的磷脂酰丝氨酸共同将 PKC 结合于膜的内表面，并使之激活。胞质内增加的 Ca^{2+} 和激活的 PKC 可进一步作用于下游的信号蛋白或功能蛋白实现细胞内的信号转导（图 1-8）。

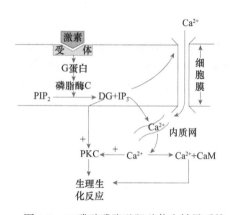

图 1-8　二磷酸磷脂酰肌醇信息转导系统
PIP_2. 磷脂酰肌醇二磷酸；IP_3. 肌醇三磷酸；DG. 二酰基甘油；C. 钙调蛋白（CaM）

（三）受体 -G 蛋白 - 离子通道途径

少数 G 蛋白可以直接调节离子通道的活动，它通常可激活细胞的 K^+ 通道而抑制 Ca^{2+} 通道，使细胞活动趋于稳定。例如，心肌细胞膜上的 M_2 型 ACh 受体与 ACh 结合后，可激活 G 蛋白，G 蛋白活化后激活 ACh 门控 K^+ 通道（K_{ACh} 通道）。多数情况下，第二信使可间接作用于离子通道，实现跨膜信号转导或产生生理效应。例如，在平滑肌细胞中经 G 蛋白 -PLC 途径产生的第二信使 IP_3 可激活肌质网上的 IP_3-RCa^{2+} 释放通道，引起胞质内游离 Ca^{2+} 浓度升高，高浓度的 Ca^{2+} 又可激活肌膜上的 K^+ 通道；在视杆细胞外段的膜上有大量的 cGMP 门控 Na^+ 通道。在暗处，胞质中的 cGMP 维持该通道开放而使膜处于去极化状态；光照时，光量子配体与膜中的视紫红质（光量子受体）结合并激活 G_i 蛋白，G_i 进而激活附近 cGMP 依赖型的磷酸二酯酶，后者加速 cGMP 的分解，从而抑制了细胞膜上的 cGMP 依赖型 Na^+ 通道（使之关闭），完成细胞膜超极化，形成超极化型感受器电位；在嗅细胞中，引起嗅觉的气体分子可刺激嗅感受细胞的嗅受体，通过活化 G_s 蛋白，激活 AC 而使胞质内的 cAMP 水平升高，从而提高感受细胞膜上 cAMP 依赖性 Na^+ 通道开放，产生去极化的感受器电位。

第三节　兴奋的产生及其传导与传递

一、兴奋性

（一）兴奋、抑制和兴奋性

各种生命活动都具有一些基本特征，包括兴奋性、新陈代谢、适应性和生殖等，这里讨论兴奋性（excitability）。各种生物体都生活在一定的环境中，当所处的环境发生变化时，常引起体内代谢过程及其外表活动的改变，称为反应。反应有两种表现形式：①由相对静止状态变为显著活动状态，或由活动弱变为活动强，称为兴奋（excitement）；②由显著活动状态变为相对静止状态，或由活动强变为活动弱，称为抑制（inhibition）。

并非所有的环境变化都能引起生物体反应，只有那些能被生物体所感受到的环境变化，才有可能引起生物体的反应。这种能被生物体所感受并且引起生物体发生反应的环境变化称为刺激。活组织或细胞对刺激发生反应的能力定义为兴奋性。

（二）兴奋的生理特征

1. 兴奋的本质　可兴奋细胞在兴奋时，虽然外部表现形式有所不同，如肌肉细胞的收缩反应、腺细胞的分泌活动、神经细胞产生可传导的跨膜电位变化，但在受刺激处的细胞膜都会最先出现一次电位变化，称为动作电位（action potential，AP）。而其他的外部反应都是由该动作电位引起或触发的；动作电位是绝大多数细胞在受到刺激产生兴奋时所共有的特征性表现。所以，兴奋性被更加准确地定义为细胞受刺激时产生动作电位的能力。而兴奋则指产生动作电位的过程或是动作电位的同义语。那些在受到刺激时能产生动作电位的组织称为可兴奋组织。组织产生了动作电位即产生了兴奋。

2. 引起兴奋的条件　任何刺激要引起组织兴奋必须在强度、持续时间、强度对时间变化率3个方面达到最小值，这称为刺激的三要素。当刺激持续时间固定于某一适当数值时，要引起组织兴奋，都有一个最小的刺激强度，该强度称为阈强度，简称阈值。把引起组织兴奋，即产生动作电位所需的最小刺激强度，作为衡量组织兴奋性高低的指标，这个刺激就称为阈刺激。强度小于阈值的刺激，称为阈下刺激。

3. 细胞兴奋时的兴奋性变化　各种组织中细胞的兴奋性高低不同，即同一组织所处的环境发生变化（或细胞自身的状态改变），其兴奋性也不相同。值得注意的是，各种组织、细胞在接受刺激而兴奋时及以后的一小段时期内，兴奋性发生一系列有序变化后才恢复正常。也就是说，组织或细胞接受连续刺激时，后一个刺激引起的反应可受到前一个刺激作用的影响。这是一个非常重要的生理现象。

以神经细胞为例，在接受一次有效刺激而兴奋后的短暂时期内，无论后续刺激强度如何都不能引起神经元再次兴奋。也就是说，这一段时期里神经的兴奋性下降至零，这段时期称为绝对不应期（absolute refractory period，ARP）。在绝对不应期之后，第二个刺激有可能引起新的兴奋，但刺激强度必须高于该神经的阈强度。说明神经的兴奋性有所恢复，这段时期称为相对不应期（relative refractory period，RRP）。经过绝对不应期、相对不应期，神经的兴奋性继续上升，可超过正常水平，低于正常阈强度的刺激就可引起神经第二次兴奋，这个时期称为超常期。继超常期之后神经的兴奋性又下降到低于正常水平，此期称为低常期，这一时期持续时间较长，此后组织、细胞的兴奋性才完全恢复到正常水平。

二、生物电现象

一切活着的细胞或组织无论在静息还是活动时期，都具有生物电现象。动物机体及其器官所表现的电现象都以细胞水平的生物电现象为基础。细胞水平的生物电现象主要有两种表现形式：静息时的静息电位和受到刺激时所产生的电位变化，包括局部电位和可以传播的动作电位。而兴奋和抑制的产生都伴随着生物电现象。

（一）静息电位与动作电位

1. 静息电位　　细胞在未受刺激、处于静息状态时，膜内外侧的电位差称为静息电位（resting potential，RP）。如果将相连的两个电极一个放在细胞的表面，另一个连接微电极插入膜内。当两个电极都在膜外时，只要膜未受到伤害或刺激，细胞膜外表面都是等电位的。如果让微电极刺穿细胞膜进入膜内，那么在电极尖端刚刚进入膜内的瞬间，记录仪将显示一个电位突变，这就显示了细胞膜内外存在的电位差。在研究过的所有动物细胞中，静息电位都表现为膜内较膜外为负。如果规定膜外电位为 0mV，则膜内电位大都在 $-100\sim-10$mV，如枪乌贼巨大神经轴突和蛙骨骼肌纤维的静息电位为 $-70\sim-50$mV。大多数细胞的静息电位都是一种稳定的直流电位，只要细胞维持正常的新陈代谢，在没有受到任何刺激时，它的静息电位就能维持在某一恒定的水平上。

2. 动作电位　　当可兴奋细胞接受一次短促的阈刺激或阈上刺激而发生兴奋时，细胞膜在静息电位的基础上会发生一次迅速而短暂的、可向周围扩布的电位波动，称为动作电位。膜内原来存在的负电位消失，进而变成正电位，即膜内电位在短暂时间内由原来的 $-90\sim-70$mV 变到 $20\sim40$mV 的水平；由原来的内负外正状态变为内正外负状态；膜内外电位变化的幅度为 $90\sim130$mV。这构成了动作电位的上升支。但是，这种由刺激所引起的膜内外电位的倒转只是暂时的，很快就出现膜内正电位值的减少，恢复到受刺激前原有的负电位状态，构成了动作电位下降支。

静息时细胞的膜内负外正的状态称为膜的极化状态；当膜两侧的极化现象加剧时，称超极化；相反地，当极化现象减弱时，称为去极化；当膜由原来的 -70mV 去极化到 0mV，进而变化到 $20\sim40$mV 时，去极化超过 0 电位的部分称为超射，此时膜的状态为反极化状态。去极化、反极化构成了动作电位的上升支；由去极化、反极化向极化状态恢复的过程称为复极化，它构成了动作电位的下降支。

在动作电位曲线中，快速去极化（上升支）和快速复极化（下降支）形成一个短促尖锐的脉冲样变化，称为锋电位。锋电位是动作电位的主要部分。在锋电位之后还会出现一个较长的、微弱的电位变化叫后电位，它是由缓慢的复极化过程和低幅的超极化过程组成，分别称为负后电位（或叫后去极化）和正后电位（或叫后超极化）（图 1-9）。

将动作电位的进程与细胞进入兴奋后兴奋性的变化相对照，锋电位的时间相当于细胞的绝对不应期；负后电位期细胞大约处于相对不应期和超常期，而正后电位期则相当于低常期（图 1-10）。

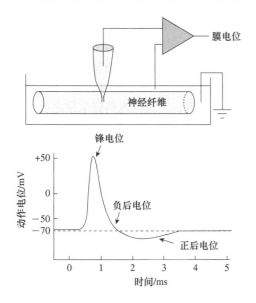

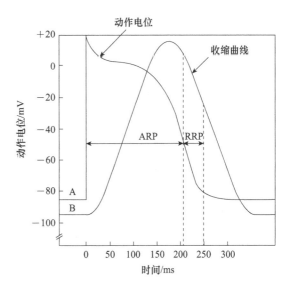

图 1-9　动作电位的测定原理与动作电位模式图

图 1-10　动作电位进程与兴奋性变化对照图
（以心肌为例）

ARP. 绝对不应期；RRP. 相对不应期

（二）生物电的产生机制

1. 静息电位和 K$^+$ 平衡电位　　Bernstein（1902）提出的膜学说认为，细胞膜内、外 K$^+$ 分布不均匀和安静时膜主要对 K$^+$ 有通透性是细胞保持膜内负、膜外正极化状态的基础。在细胞膜内有较多的 K$^+$（膜外的 20～50 倍）和带负电荷的有机阴离子（主要是有机酸和蛋白质，A$^-$）；膜外有较多的 Na$^+$（膜内的 5～14 倍）和 Cl$^-$（膜内的 4～5 倍）。这种膜内外 K$^+$、Na$^+$ 分布不均匀的现象主要是钠钾泵活动的结果。

由于高浓度的离子具有较高的势能，再加上静息时细胞膜主要对 K$^+$ 有通透性，K$^+$ 可顺着浓度梯度向细胞膜外扩散；带负电的有机阴离子（A$^-$）有随同 K$^+$ 外流的趋势，但它不能通透过细胞膜，只能聚集在膜的内侧；由于正、负电荷相互吸引，K$^+$ 不能离开膜很远，只能聚集在膜的外侧面。这样在膜内、外就形成了电位差；该电位差（电场力）又成了阻止 K$^+$ 外流的力量，随着 K$^+$ 向外扩散，这种电位差越来越大，当与浓度梯度促使 K$^+$ 外流的力量达到平衡时，K$^+$ 的净流量为零。此时的膜内、外电位差称为 K$^+$ 平衡电位（E_K），即静息跨膜电位（图 1-11）。

由于膜上有钠钾泵存在，在细胞静息状态下能将细胞内多余的 Na$^+$ 泵出，将 K$^+$ 吸入，不会因离子的流动而改变细胞膜内、外离子分布的特征，使跨膜静息电位得以维持，这对维持细胞的兴奋性有重要意义。

2. 动作电位产生的机制　　动作电位不仅是从静息电位的 −70mV 去极化到 0mV 电位，

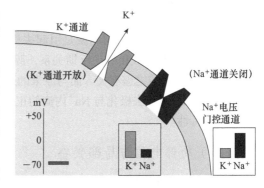

图 1-11　静息电位形成的机制

而且还继续上升，出现反极化，其峰值达 30mV，接近 E_{Na}（Na^+ 平衡电位）。

①在细胞膜静息时，电压门控 K^+ 通道（只具有激活门）关闭；Na^+ 通道（电压门控 Na^+ 通道，具有激活门和失活门）的激活门关闭，失活门开放，但总体上 Na^+ 通道是关闭的。②当膜受到刺激时，Na^+ 通道（电压门控 Na^+ 通道）激活，此时 Na^+ 通道上的激活门和失活门同时开放，但只有一部分 Na^+ 通道开放；但 K^+ 通道激活门还未打开，一直延迟到锋电位之后才开放。③当到达阈电位时，细胞膜上的 Na^+ 通道全部开放，出现膜对 Na^+ 的通透性的增加超过对 K^+ 的通透性的现象；由于细胞外高 Na^+，而且膜内静息时原已维持的负电位对 Na^+ 的内流具有吸引作用，于是 Na^+ 迅速内流，结果造成膜内负电位迅速消失；同时由于膜外较高的 Na^+ 浓度势能，即使在膜电位为零时 Na^+ 仍可继续内流，直至内流的 Na^+ 在膜内所形成的正电位足以阻止 Na^+ 的净内流为止，这时膜内所具有的电位值即 Na^+ 平衡电位。④当达到锋电位时，Na^+ 通道的激活门仍然开放，但失活门关闭，总体上是 Na^+ 通道关闭；此时电压门控 K^+ 通道开放，K^+ 在电势能的作用下外流，出现复极化。⑤恢复到静息电位时，Na^+ 通道的激活门和失活门全部关闭，电压门控 K^+ 通道还在延迟开放，造成过多的 K^+ 外流，出现超极化。动作电位产生的机制见二维码 1-9。

动作电位的产生机制简单讲就是：膜的去极化引起电压门控 Na^+ 通道激活，Na^+ 通道开放造成 Na^+ 的大量内流，膜去极化达到接近 Na^+ 的平衡电位水平。其中，有两个因子限制了动作电位持续时间，一是 Na^+ 通道打开后，很快就失活；二是使 Na^+ 通道打开的去极化也使电压门控 K^+ 通道较迟打开，K^+ 外流，使膜复极化到静息状态。

三、兴奋在同一神经纤维上的传导

（一）动作电位的引起

当刺激引起膜的去极化，并且当刺激加强使膜内去极化达到某一临界值时就可以在已经去极化的基础上产生动作电位，这个能进一步诱发动作电位去极化的临界值，称为阈电位。阈电位是可兴奋细胞的一项重要功能指标。

如前所诉，动作电位是由电压门控 Na^+ 通道的开放所引起。对于细胞膜上的一个 Na^+ 通道来说并不表现出"阈"的特性，但对于一段膜来说达到阈电位的去极化会引起一定数量的 Na^+ 通道开放，而因此引起的 Na^+ 内流会使膜进一步去极化，结果又引起更多的 Na^+ 通道开放和更大的开放概率，如此反复下去，出现一个"正反馈"或再生性去极化的过程。其结果出现一个不依赖于原有的刺激，而使膜内 Na^+ 通道迅速且大量开放，使膜外 Na^+ 快速内流，直至达到 Na^+ 平衡电位才停止，形成锋电位的上升支。

从兴奋性角度来看，阈刺激是引起去极化达到阈电位水平的刺激。只要是阈上刺激，均能引起 Na^+ 内流与去极化的正反馈关系，膜去极化都会接近或达到 E_{Na}，所以动作电位的幅度只与 E_{Na} 和静息电位之差有关，而与原来的刺激强度无关；而阈下刺激使膜的去极化达不到阈电位水平，不能形成去极化与 Na^+ 内流的正反馈，因而不能形成动作电位，这就是动作电位的"全或无"特性。

（二）局部电位与局部兴奋

阈下刺激不能引起膜去极化达到阈电位水平，但也可引起少量 Na^+ 通道开放，有少量 Na^+

内流。这时电刺激造成的去极化与少量 Na^+ 内流造成的去极化叠加在一起，在受刺激部位出现一个较小的去极化，称为局部反应或局部兴奋。但由于该去极化程度较小，可被 K^+ 外流所抵消（维持当时 K^+ 平衡电位），不能形成再生性去极化，因而不能形成动作电位，这种去极化电位称为局部的去极化电位（简称局部电位）。局部电位具有以下特点。

1. 局部电位只局限在局部，不能在膜上远距离传播　　但由于膜本身有电阻和电容特性以及膜内外溶液都是电解质，所以发生在膜的某一点的局部兴奋可按物理的电学特性引起邻近膜产生类似的去极化。而且局部电位随着距离的增加而迅速减小和消失，所传播的范围一般不超过数十乃至数百微米，称为电紧张性扩布。

2. 不具有"全或无"特性　　在阈下刺激范围内，去极化的幅度随刺激强度增强而增大。

3. 可以总和（或叠加）　　如果在距离很近的两个部位，同时给予两个阈下刺激，它们引起的去极化可以叠加在一起以致有可能达到阈电位水平而引发一次动作电位，这称为空间总和。如果某一部位相继接受数个阈下刺激，只要前一个刺激引起的去极化尚未消失，就可以与后面刺激引起的去极化发生叠加，这称为时间总和。

（三）兴奋在同一神经元上的传导

细胞膜任何一处兴奋，均会引发一次动作电位，其动作电位都可沿着细胞膜向周围传播，使细胞经历一次类似于被刺激部位的跨膜离子运动，表现为动作电位沿着整个细胞膜传导。

在无髓神经纤维的某一小段，因受到足够强的外加刺激而出现了动作电位，即该处出现了膜两侧电位的暂时性倒转，由静息时的内负外正变为内正外负，但和该段神经相邻的神经段仍处于安静时的极化状态；由于膜两侧的溶液都是导电的，在已兴奋的神经段和与它相邻的未兴奋的神经段之间，将由于电位差的存在而有电荷移动，称为局部电流。它的运动方向是，膜外正电荷由未兴奋段移向已兴奋段，膜内正电荷由已兴奋段移向未兴奋段。这样的流动造成未兴奋段膜内电位升高而膜外电位降低，即引起该处膜的去极化；这一过程开始时，就相当于电紧张性扩布（图 1-12）。根据上述关于兴奋产生机制的分析，当任何原因使膜的去极化达到阈电位的水平时，都会大量激活该处的 Na^+ 通道而导致动作电位的出现。因此，当局部电流的出现使相邻的未兴奋的膜去极化到阈电位时，也会使该段出现自身的动作电位。所谓动作电位的传导，实际是已兴奋的膜部分通过局部电流"刺激"了未兴奋的膜部分，使之出现动作电位；这样的过程在膜表面连续进行下去，表现为兴奋在整个细胞的传导。该过程沿着神经纤维膜继续下去，动作电位（兴奋）也就在神经纤维膜上传导开来，称为神经冲动。

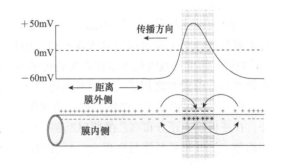

图 1-12　兴奋在无髓神经纤维上的传导原理

由于有髓神经纤维在轴突外面包有一层相当厚的髓鞘，髓鞘主要成分的脂质是不导电或不允许带电离子通过的，因此只有在髓鞘暂时中断的郎飞结处，轴突膜才能和细胞外液接触，使跨膜离子移动得以进行。因此，当有髓纤维受到外加刺激时，动作电位只能在邻近刺激点的郎飞结处产生，而局部电流也只能发生在相邻的郎飞结之间，其外电路要通过髓鞘外面的组织间液，因此，动作电位表现为跨过每一段髓鞘而在相邻郎飞结处相继出现，这称为兴奋的跳跃式传导。

四、兴奋在细胞间的传递

单细胞生物直接对外界环境的变化做出反应。高等生物往往是由成亿个细胞所组成的有机体，其生命活动不可能只靠一个细胞来完成，大多数细胞不与外界直接接触，而且已分化成具有特殊结构与功能的细胞。每一个细胞活动（兴奋）的信息必须传递给相关的细胞，然而细胞之间在结构上并没有原生质的直接连续，只是彼此发生接触，所以如此众多的细胞之间必然需要有效的信息联络，对细胞功能进行调控，从而发挥各自的功能。

兴奋在神经元之间的传递靠突触；在神经元和效应器（肌肉或腺体）之间的传递靠接头，如神经 - 肌肉接头；在有些器官的细胞，如心肌细胞、平滑肌细胞、嗅球的僧帽细胞等则靠缝隙连接传递信息。

（一）兴奋在神经 - 肌肉接头处的传递

1. 神经 - 骨骼肌接头　　神经 - 骨骼肌接头也叫运动终板（motor end plate），由运动神经末梢与骨骼肌细胞膜接触形成。运动神经末梢到达肌肉细胞表面时先失去髓鞘，以裸露的轴突末梢嵌入肌细胞膜的凹褶中，这部分轴突末梢也称为接头前膜。与其相对的肌膜是特化了的肌细胞膜，叫终板膜或接头后膜，两者之间的间隔为接头间隙，约 50nm，其中充满细胞外液。终板膜厚而且有许多小褶，褶上有高密度的 ACh 受体。

当神经产生兴奋，动作电位沿着神经细胞膜传到接头前膜，引起前膜去极化。当去极化达到一定程度时，则引起前膜上的电压门控 Ca^{2+} 通道开放，细胞外（突触间隙）液的 Ca^{2+} 顺着浓度梯度进入突触小体内，导致胞内 Ca^{2+} 浓度瞬间升高，由此诱发突触小泡出胞，ACh 从轴突末梢释放出来，ACh 很快与终板上的 ACh 受体结合，使 ACh 门控 Na^+-K^+ 通道打开，允许 Na^+ 流入和 K^+ 流出，但 Na^+ 的流入远远超过 K^+ 的流出，总的效果使终板较缓慢地去极化，产生约 60mV 的突触后电位。这是一种兴奋性突触后电位，又叫终板电位（end-plate potential，EPP）（图 1-13）。

EPP 与前述的突触后电位都是一种局部电位，其电位的大小可随 ACh 释放量增多而增加，但不能传播，只能在局部呈紧张性扩布，而且可以产生总和。由于终板膜上不存在电压门控 Na^+ 通道，因此终板电位不能在终板处转换为快速并可传导的动作电位；但由于终板电位的紧张性扩布，可使与之相邻的普通肌细胞膜去极化而达到阈电位水平，激活该处的电压门控通道，引发一次可沿整个肌细胞膜传导的动作电位，引起肌细胞的兴奋，产生一次肌肉收缩。另外，在终板膜上还分布有乙酰胆碱酯酶（acetyl cholinesterase，AChE），可将 ACh 分解为胆碱和乙酸，这使神经纤维每次兴奋时所释放的 ACh 在发生效应之后得以迅速清除，使神经 - 肌肉接头传递保持 1∶1 的关系。

2. 神经 - 平滑肌接头和神经 - 心肌接头传递　　以乙酰胆碱或去甲肾上腺素为递质的自主神经节后纤维轴突末梢分成许多分支在各种平滑肌细胞之间或沿其表面传递。在这些分支上会形成串珠状膨大结构，称为曲张体，每个神经元约含 20 000 个曲张体。曲张体内含有大量小而具有致密中心的突触小泡，是释放神经递质的位置。曲张体和效应细胞之间既没有明显的突触结构，也没有骨骼肌终板结构。曲张体沿末梢分支依附在平滑肌细胞附近。当神经冲动抵

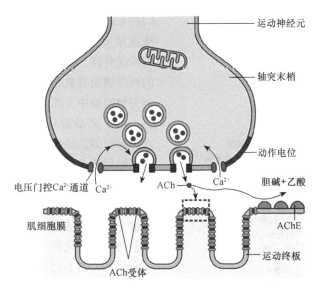

图 1-13　运动终板

达曲张体时，曲张体释放递质，通过弥散作用到达效应细胞细胞膜的受体，引起平滑肌细胞反应。这种结构能使一个神经元支配许多平滑肌（图 1-14）。把这样的传递方式称为非突触性化学传递（non-synaptic chemical transmission）。

由于曲张体和效应细胞间的距离长（有时可达几微米），传递花费的时间也长，有时可达几百毫秒甚至 1s。这种传递不存在 1 ： 1 的关系，作用较弥散，可同时作用于一个以上的细胞。能否对效应细胞发挥作用，则取决于效应细胞的细胞膜上有无相应的受体存在。

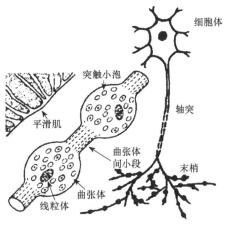

图 1-14　神经 - 平滑肌接头处的曲张体

（二）兴奋在神经细胞间的传递

1. 经典的突触传递过程　　突触是指一个神经元的轴突末梢与另一个神经元的胞体或突触相接触的部位。突触的结构包括 3 个组成部分：突触前膜（presynaptic membrane）、突触间隙（synaptic cleft）和突触后膜（postsynaptic membrane）。突触的前一个神经元轴突末梢可分成许多小支，每个分支末端球状膨大形成突触小体（synaptic terminal bouton），贴附在后一神经元的胞体或树突（有时也为轴突末梢）上。突触前膜即前一神经元的轴突末梢进入突触的轴突膜。突触后膜是后一个神经元与突触前膜相对应的膜部分。两膜之间的间隙称为突触间隙，其内充满细胞外液。经典的突触结构见二维码 1-10。

经典的突触传递过程可分为突触前过程（presynaptic processes）和突触后过程（postsynaptic processes）。

（1）突触前过程　　当突触前神经元兴奋时，动作电位以"全或无"方式传到轴突末梢。神经末梢的动作电位可以使突触前膜去极化，当去极化达到一定程度时，则引起前膜上的电压

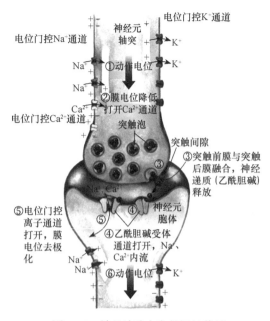

图 1-15　神经冲动在突触间的传导

门控 Ca^{2+} 通道开放，细胞外液中的 Ca^{2+} 顺着浓度梯度进入突触小体内，导致胞内 Ca^{2+} 浓度瞬间升高，由此诱发突触泡出胞，神经末梢的神经递质释放是以小泡为单位倾囊而出释放到突触间隙中（图 1-15 ①~③）。

（2）突触后过程　释放的神经递质进入突触间隙，经扩散很快到达突触后膜，作用于突触后膜上的特异受体或化学门控通道，引起突触后膜上特定离子通道通透性的改变，导致某些离子进入突触后膜，从而使突触后膜发生一定程度的去极化或超极化。这种突触后膜上的电位变化称为突触后电位（postsynaptic potential）（图 1-15 ④~⑥）。

经典的突触传递实际上是一个"电 - 化学 - 电"的过程，即由突触前神经元的生物电变化，通过突触末梢的化学物质释放，最终引起突触后神经元的生物电改变。由于突触前膜释放的神经递质性质不同，而引发的突触后膜电位的性质也会不同，如果突触后膜在递质作用下发生去极化，使该突触后神经元的兴奋性升高，这种去极化电位变化称为兴奋性突触后电位（excitatory postsynaptic potential，EPSP）。产生 EPSP 的机制是，某种兴奋性递质作用于突触后膜上的受体，导致后膜上的 Na^+ 或 Ca^{2+} 通道开放，Na^+ 或 Ca^{2+} 向内流动，使局部膜发生去极化。如果突触后膜在递质作用下发生超极化，使该突触后神经元的兴奋性下降，这种超极化电位变化称为抑制性突触后电位（inhibitory postsynaptic potential，IPSP）。

2. 电突触　在突触前神经元与突触后神经元之间存在着电紧张偶联（electrotonic coupling），突触前膜产生的生物电可以直接向突触后膜传递，使突触后神经元兴奋性发生变化，这种类型的突触称为电突触（electrical synapse）。电突触的结构基础是细胞间的缝隙连接（gap junction）（图 1-16）。电突触两层膜的间隙仅有 2~3nm；连接部位的神经细胞膜不增厚，膜两侧的细胞质内不存在突触小泡；两层膜之间有沟通两侧细胞质的水通道蛋白。

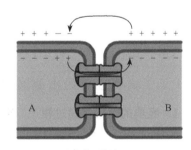

兴奋从A传给B

图 1-16　电突触的结构基础——缝隙连接

动作电位在缝隙连接处的传递与在神经轴突上传递完全一样，神经兴奋可由一个细胞直接传给下一个细胞，几乎没有潜伏期，并且是双向的，传递速度快，不易受外界因素的影响。电突触主要存在于树突与树突、胞体与胞体、轴突与胞体、轴突与树突之间。电突触传递的意义在于同步激活多细胞的活动。

第二章

肌肉的收缩功能

二维码内容
扫码可见

肌肉按照结构和收缩性能可分为三类：骨骼肌（skeletal muscle）、心肌（cardiac muscle）和平滑肌（smooth muscle）。骨骼肌具有横纹，也称横纹肌（striated muscle），大多固定在骨骼上，受运动神经系统控制。它的收缩能引起骨骼的运动，主要与动物机体的运动有关。心肌也具有横纹，是构成心脏的肌肉。平滑肌没有横纹，一般构成机体内部中空器官和管道，如胃、肠道、血管、膀胱、子宫等。三种肌肉在结构、收缩和控制方面各有其特点，但收缩机制基本一致。

第一节　与肌肉收缩功能有关的结构基础

在骨骼肌细胞（也叫肌纤维）中，与收缩功能有关的结构是肌原纤维和管道系统（肌管系统）。

一、肌原纤维

（一）肌原纤维与肌小节

肌原纤维（myofibril）中含有若干肌小节（sarcomere），每个肌小节又由粗肌丝（thick filament）、细肌丝（thin filament）和细胞骨架（cytoskeleton）构成。细胞骨架作为收缩蛋白的附着点，维持粗、细肌丝的精确几何位置。骨骼肌的结构组成见二维码2-1。

在肌原纤维周围分布着纵管系统和横管系统，肌小节是肌肉收缩的最小功能单位，粗肌丝和细肌丝是肌肉收缩功能实现的直接物质基础，由一系列蛋白质分子聚合而成（图2-1）。

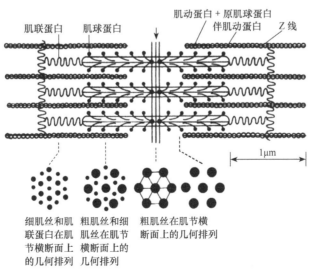

图 2-1　肌小节的超微结构

（二）粗肌丝与细肌丝

组成粗肌丝的蛋白质分子是肌球蛋白（myosin，也叫肌凝蛋白），分子呈长杆状，其头端有两个球状膨大部。在粗肌丝内，肌球蛋白分子的杆部朝向 M 线，呈束状排列，而它的头部则规律地分布在粗肌丝表面，形成横桥（cross bridge），肌球蛋白分子结构见二维码 2-2。横桥有两个重要的特性：①横桥在一定条件下可以和细肌丝上的肌动蛋白分子可逆地结合，同时出现横桥向 M 线方向的扭动；②横桥具有 ATP 酶的作用，可以分解 ATP 获得能量，作为横桥扭动和做功的能量来源，但只有当横桥与肌动蛋白结合时酶的作用才被激活。

组成细肌丝的蛋白质分子有以下 3 种。

1. 肌动蛋白（肌纤蛋白）　两列球形肌动蛋白分子相互扭缠成双螺旋体构成细肌丝的主干。细肌丝的一端固定在肌纤维的 Z 线上，另一端插入粗肌丝之间。肌动蛋白上有与横桥结合的位点。

2. 原肌球蛋白（原肌凝蛋白）　原肌球蛋白为双螺旋状结构，与肌动蛋白的双螺旋体平行排列。肌肉静息时，原肌球蛋白的位置正好处在肌动蛋白和横桥之间，起到阻碍二者结合的作用（图 2-2）。

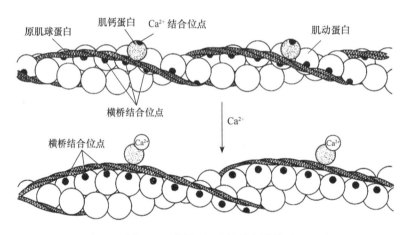

图 2-2　组成细肌丝的蛋白质分子

骨骼肌的细肌丝和肌动蛋白（AT）上横桥结合位点暴露的控制：当骨骼肌静息时，肌钙蛋白（Tn）未与 Ca^{2+} 结合，原肌球蛋白（TM）覆盖在 AT 上的横桥结合位点上，起到阻碍作用；当肌质中 Ca^{2+} 浓度升高，Ca^{2+} 和 Tn（TnC）结合，引起 Tn 构象改变，随即引起 TM 构象发生扭转，暴露出 AT 上的横桥结合位点

3. 肌钙蛋白（肌宁蛋白）　肌钙蛋白是由 T、C、I 三个亚单位组成的复合体。其中 C 亚单位（TnC）带有双负电荷的结合位点，对肌质中出现的 Ca^{2+} 有很大的亲和力，而且每一个原肌球蛋白分子可与一个肌钙蛋白复合体结合。T（TnT）与 I（TnI）亚单位位于 C 亚单位两侧，分别与原肌球蛋白和肌动蛋白相结合。肌钙蛋白与 Ca^{2+} 结合激活横桥的示意图见二维码 2-3。

由于肌球蛋白与肌动蛋白都与肌肉收缩有直接关系，所以统称为收缩蛋白。原肌球蛋白和肌钙蛋白虽不直接参与肌丝的滑行，但可影响和控制收缩蛋白之间的相互作用，所以称为调节蛋白。

二、肌管系统

肌纤维中有两套肌管系统。一套是横管（transverse tube）系统，简称 T 管。横管是由肌细胞膜在肌纤维的 Z 线处向内凹陷而形成。其膜具有与肌膜相类似的特性，可以产生以 Na^+ 为基础的去极化和动作电位。横管膜或肌膜上有一种 L 型 Ca^{2+} 通道（L-type Ca^{2+} channel）。另一套是纵管（longitudinal tubule）系统，即肌质网或肌浆网（sarcoplasmic reticulum，SR），简称 L 管。L 管与肌原纤维平行，包绕于肌小节中间部分，L 管在接近肌小节两端的 T 管处，形成特殊的膨大，称为终末池或连接肌质网（junctional SR，JSR），其内贮存大量 Ca^{2+}。肌管系统见二维码 2-4。

骨骼肌中的 T 管与其两侧的终末池形成三联管（triad）结构。终末池虽与 T 管不相通，但在靠近 T 管的终末池上有 Ca^{2+} 释放通道，又称雷诺丁受体（ryanodine receptor，RYR），静息时 Ca^{2+} 释放通道是关闭着的。当横管膜上产生动作电位时，L 型 Ca^{2+} 通道发生构型改变，激活终末池膜上 Ca^{2+} 释放通道，而使终末池内的 Ca^{2+} 大量进入肌质，引起肌丝滑行。三联管结构见二维码 2-5。

第二节 骨骼肌收缩原理和兴奋收缩偶联

一、骨骼肌收缩原理

骨骼肌收缩的原理可以用肌丝相对滑行理论（sliding filament theory of muscle contraction）来解释。该学说认为肌肉收缩时，肌小节缩短，是细肌丝在粗肌丝之间主动滑行的结果。收缩时，肌小节中的粗肌丝与细肌丝的长度均未发生变化，只是细肌丝在向粗肌丝中央滑行时，增加了与粗肌丝重叠的区域，因此 H 区的宽度减少直至消失，甚至出现细肌丝重叠的新区带，相应肌小节的亮带也变窄。肌肉收缩的肌丝相对滑行见二维码 2-6。

肌丝滑行的触发因子是 Ca^{2+}。当肌质中 Ca^{2+} 浓度升高时，Ca^{2+} 与肌钙蛋白 C 亚单位结合并引起肌钙蛋白构象的改变，这种改变传递给原肌球蛋白，引起原肌球蛋白构象发生变化，除去静息时阻碍肌动蛋白与横桥结合的障碍。随后，横桥与肌动蛋白结合后向 M 线方向扭动，把细肌丝拉向 M 线方向，使肌节缩短。此时横桥头部贮存的能量转变为克服负荷的张力。在横桥与肌动蛋白结合、摆动时，ADP 和无机磷与之分离，在 ADP 解离的位点，横桥头部马上又与一分子 ATP 结合，结果降低了横桥与肌动蛋白的亲和力，遂使其与肌动蛋白解离。

如果细胞质内 Ca^{2+} 浓度仍较高，又会出现横桥同细肌丝上新位点的再结合、再扭动。如此反复进行，称为横桥周期（cross-bridge cycling），也称横桥循环。一旦肌质中的 Ca^{2+} 浓度降低，横桥与肌动蛋白分子解离，则出现相反的变化，肌小节恢复原状，肌肉舒张。此时，横桥结合的 ATP 被分解，产生 ADP 和无机磷贮存在头部，横桥处于高势能状态，对肌动蛋白保持着高度亲和力，以备新一轮的横桥循环。因为 Ca^{2+} 是触发肌丝相对滑行的因子，所以又称为去抑制因子。横桥循环见二维码 2-7。

横桥循环在一个肌小节，以至在整个肌肉中都是非同步的，这样就可能使肌肉产生恒定的张力和连续缩短。能参加循环的横桥数目以及横桥循环的速率，决定了肌肉收缩的强度和速度。

二、骨骼肌兴奋收缩偶联

肌肉在收缩之前，总是先在肌膜上产生一个可以传播的动作电位，然后才产生肌肉收缩。所以，在以膜电位的变化为特征的兴奋过程与以肌丝滑行为基础的机械收缩活动之间，必然存在着某种过程把两者联系起来，这一过程就是兴奋 - 收缩偶联（excitation-contraction coupling）。目前认为，它至少包括三个主要过程：兴奋通过横管系统传向肌细胞的深处；三联管结构处信息的传递；肌质网（sarcoplasmic reticulum）又称肌浆网对 Ca^{2+} 的释放与回收（图 2-3）。

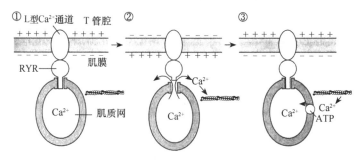

图 2-3　骨骼肌兴奋时的 Ca^{2+} 释放与回收

①静息时，Ca^{2+} 释放通道（RYR）被 L 型 Ca^{2+} 通道（二氢吡啶受体）堵塞关闭；②兴奋传到三联管处的 T 管，膜去极化，L 型 Ca^{2+} 通道激活，Ca^{2+} 释放通道打开，Ca^{2+} 释放到肌质中，与细肌丝中的肌钙蛋白结合；③T 管膜恢复到静息电位水平，Ca^{2+} 释放通道关闭，与细肌丝中的肌钙蛋白结合的 Ca^{2+} 解离进入肌质，肌质网上的钙泵回收肌质中的 Ca^{2+}

当肌细胞膜兴奋时，动作电位可沿着凹入细胞内的横管膜传导，引起横管膜产生动作电位。当动作电位传到终末池时，同时激活 T 管和肌膜上的 L 型 Ca^{2+} 通道；L 型 Ca^{2+} 通道通过变构作用激活终末池膜上的 Ca^{2+} 释放通道，使其开放；终末池内的 Ca^{2+} 则顺着浓度梯度迅速释放到肌质中；肌质中的 Ca^{2+} 浓度迅速升高，Ca^{2+} 足够与肌钙蛋白（troponin，Tn）结合并达到饱和，从而触发肌丝的相对滑行，肌肉收缩。骨骼肌的兴奋 - 收缩偶联机制见二维码 2-8。

当肌质中 Ca^{2+} 浓度升高时，肌质网膜上的 Ca^{2+} 泵随即被激活，可将 Ca^{2+} 逆着浓度梯度由肌质转运到肌质网，遂使肌质中 Ca^{2+} 浓度下降到静息浓度；肌钙蛋白与原肌球蛋白的构象也随之恢复静息状态，重新阻碍横桥与肌动蛋白的结合，细肌丝滑出，肌肉舒张。肌质网上的 Ca^{2+} 泵对 Ca^{2+} 的亲和力高于肌钙蛋白，因此由肌质网释放的 Ca^{2+} 在与 Tn 短暂结合后，最终全部被 Ca^{2+} 泵回收。被回收的 Ca^{2+} 流入终末池，与腔内的钙扣压素（calsequestrin，或叫集钙蛋白）结合，使肌质网中游离的 Ca^{2+} 浓度下降，这有助于钙泵的转运和在终末池内贮存更多的 Ca^{2+}。事实上，钙泵转运能力的提高，不仅加速了细胞质内 Ca^{2+} 浓度的下降，有助于肌肉的舒张，而且由于肌质网内 Ca^{2+} 贮存量的增加，还能使肌肉收缩时肌质网释放更多的 Ca^{2+}，从而加强肌肉的收缩能力（图 2-4）。

触发骨骼肌兴奋 - 收缩偶联完全取决于横管膜和肌膜上的 L 型 Ca^{2+} 通道的激活而引起的终末池 Ca^{2+} 释放通道的激活；其所需要的 Ca^{2+}100% 来自肌质网。而心肌不同，其所需要的 Ca^{2+}90% 来自肌质网，10% 来自细胞外液经 L 型 Ca^{2+} 通道内流的 Ca^{2+}。而终末池上的 Ca^{2+} 释放通道须先由内流的 Ca^{2+} 激活，才能释放其中的 Ca^{2+}。因此心肌的兴奋收缩偶联高度依赖细胞外液的 Ca^{2+}。这种 Ca^{2+} 经由 L 型 Ca^{2+} 通道内流、触发肌质网释放 Ca^{2+} 的过程称为钙致钙释放（calcium-induced calcium release，CICR）。兴奋 - 收缩之后，心肌除了依靠肌质网上的 Ca^{2+}

兴奋
1. 肌膜去极化产生动作电位（AP）
2. AP 传到 T 管
3. 激活 T 管上 L 型 Ca^{2+} 通道
4. RYR 被激活，Ca^{2+} 从肌质网中释放
5. Ca^{2+} 扩散到细肌丝
收缩
6. 肌钙蛋白与 Ca^{2+} 结合，构象改变
7. 原肌球蛋白（TM）构象改变
8. 去除 TM 对肌动蛋白（AT）上横桥结合位点的阻碍
9. 横桥与肌动蛋白结合
10. 横桥（ATP 供能）拉动 AT 发生扭动
11. 肌丝相对滑行，肌小节缩短
舒张
12. Ca^{2+} 被回收到肌质网中，Ca^{2+} 浓度下降
13. Ca^{2+} 与肌钙蛋白解离，肌钙蛋白恢复静息时构象
14. TM 恢复静息时构象，重又阻碍了 AT 上的结合位点
15. 横桥和 AT 解离
16. 细肌丝滑出粗肌丝，肌小节变长
17. 肌球蛋白又结合 ATP，水解 ATP 产生能量储存在横桥

图 2-4　骨骼肌兴奋 - 收缩 - 舒张过程

泵回收 Ca^{2+} 之外，肌膜上的 Na^+-Ca^{2+} 逆向交换体也将肌质中部分 Ca^{2+} 转运到细胞外。心肌收缩的离子活动示意图见二维码 2-9。

三、骨骼肌收缩的外部表现

骨骼肌的收缩表现为肌肉长度或张力的变化，这两种收缩形式的产生取决于外加刺激的条件和收缩时所遇到的负荷大小以及肌肉本身的功能状态。在整体情况下，一个运动神经元的轴突在肌肉内有许多分支，每一个分支支配着一条肌纤维，当该神经元兴奋时，它所支配的肌纤维将全部收缩。一个神经元及其传出神经纤维所支配的所有肌纤维组成了一个运动单位（motor unit）。在整体情况下，运动单位才是肌肉收缩的功能单位。而运动单位收缩活动的特征有许多地方又与肌纤维相似，为了便于理论上的分析，以下将介绍单根肌纤维收缩的特征。

（一）单收缩

给神经或肌肉一次电刺激，会引起肌肉一次收缩，叫单收缩（single twitch）。单收缩包括3 个时相：从施加刺激开始到肌肉开始收缩，一般在标本的外形上无任何变化的时期，叫潜伏期（latency）。在潜伏期内，标本内部发生了一系列如兴奋的产生、传导、传递及兴奋 - 收缩偶联等复杂变化过程。潜伏期的长短与刺激施加到标本上的部位有关。从收缩开始到收缩达到高峰的时期叫收缩期（contraction period）。此期出现细肌丝向粗肌丝中央的滑行。此后肌肉从最大收缩限度恢复到静息状态，叫舒张期（relaxation period）。

根据肌肉收缩时期张力及长度是否变化，单收缩又分为两种：等张收缩（isotonic contraction）和等长收缩（isometric contraction）。等张收缩时，肌肉的张力几乎不发生变化，而肌肉的长度却缩短。等长收缩是肌肉的两端被固定，肌肉收缩时长度几乎不发生变化，而张力却发生了变化。

由于刺激强度不同，同一时间内参加收缩活动的运动单位数量不同，因而肌肉收缩产生的张力也有所不同。单根肌纤维收缩时产生的力量大小还与肌细胞的动作电位频率相关。

（二）单根肌纤维收缩的总和

当支配肌纤维的运动神经末梢传来的动作电位频率较低时，由于下一次动作电位到来之前，肌质中的 Ca^{2+} 浓度已恢复到静息水平，肌小节已回复静息时的长度，因此会产生一系列与动作电位频率一致的单收缩。当动作电位出现的频率较高时，由于前一次动作电位引起的 Ca^{2+} 释放尚未完全从肌质中回收，第二次 Ca^{2+} 释放又开始了，于是未完全舒张的肌纤维将进一步缩短，出现多次收缩的总和（summation of contraction），得到一条锯齿状收缩曲线，称为不完全强直收缩（incomplete tetanus）。当传来的动作电位的频率更高时，会使肌质网中的 Ca^{2+} 持续释放，肌质中的 Ca^{2+} 浓度持续上升，横桥作用不断发生，因而肌纤维持续收缩而不舒张，得到一条平滑的收缩总和曲线，称为完全强直收缩（complete tetanus）。产生强直收缩的另一个原因是，动作电位持续的时间短于机械性收缩时间，能保证第二次动作电位引起的肌纤维收缩活动出现在前一次动作电位引起收缩的缩短期内（图 2-5）。

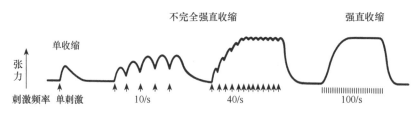

图 2-5　骨骼肌收缩的总和

在整体中，骨骼肌纤维的收缩几乎都是强直收缩。而心肌不同，因为它的动作电位持续时间比收缩的时间还要长，所以当第二个动作电位到达时，已开始舒张了。因此，正常的心肌不会产生强直收缩，这对维持心脏正常的泵血功能具有重要意义。

第三节　骨骼肌的能量代谢

肌肉利用的能量由 ATP 分解提供，因此 ATP 是肌肉收缩的直接供能物质。糖、脂肪和蛋白质则是通过相应的分解代谢，将储存在分子内的化学能逐渐释放出来，并转移至 ATP 分子内，以保证 ATP 供能的连续性。

一、肌肉 ATP 的利用和再合成途径

（一）肌肉 ATP 的利用

在骨骼肌收缩时，起直接供能作用的是 ATP 酶催化的水解反应。磷酸化合物水解时释放出能量，一般在标准状态下，磷酸酯水解时释放 8～12kJ/mol。ATP 分子末端的高能磷酸键释放 30.6kJ/mol（ATP＋H_2O ══ ADP＋Pi＋30.6kJ/mol）。在正常生理条件下，由于受到 pH、

离子浓度和反应物浓度的影响，ATP 水解实际可释放能量约为 51.6kJ/mol。在某些特殊情况下，ADP 分子末端磷酸基团上的高能磷酸键也能被水解释放能量（ADP＋H_2O ══ AMP＋Pi＋30.6kJ/mol）。

运动时，肌肉 ATP 利用包括三个步骤：肌球蛋白 ATP 酶消耗 ATP，引起肌丝相对滑行，肌肉收缩做功。肌质网膜上的钙泵消耗 ATP，转运 Ca^{2+}，致使肌质中 Ca^{2+} 浓度的下降，引起肌肉松弛。肌膜上的钠钾泵消耗 ATP，转运 Na^+/K^+，调节膜电位。肌肉细胞对 ATP 的利用见二维码 2-10。

（二）ATP 的再合成途径

肌细胞中的 ATP 储量十分有限，但由于 ATP 在消耗的同时又不断合成，其水解过程几乎总是和再合成过程相偶联。因此机体利用 ATP 的总量非常大。而 ATP 的合成基本就是水解过程的逆转（ADP ＋ Pi ＋能量 ══ ADP ＋ H_2O）。

肌细胞中可提供能量合成 ATP 的代谢系统包含以下 3 种功能系统：磷酸原供能系统、糖酵解供能系统和有氧代谢供能系统，构成运动肌肉能量供应系统。

二、运动时的骨骼肌供能系统

ATP 的再合成途径包括磷酸肌酸（creatine phosphate，CP）分解、糖酵解和有氧氧化 3 种途径，形成了运动时骨骼肌内的 3 种供能系统。前两种途径是不需氧的代谢过程，为无氧代谢供能系统；第三种途径需要氧的参与，为有氧代谢供能系统（图 2-6）。

（一）磷酸原供能系统

ATP、CP 分子内均含有高能磷酸键，在代谢中均能通过转移磷酸基团的过程释放能量，所以将 ATP、CP 合称磷酸原。由 ATP、CP 分解反应组成的供能系统称为磷酸原供能系统。

ATP 是肌肉收缩将化学能转变为机械能的唯一直接能源。肌肉中 ATP 的储量有限，但 ATP 的转换率却很高。在运动过程中，ATP

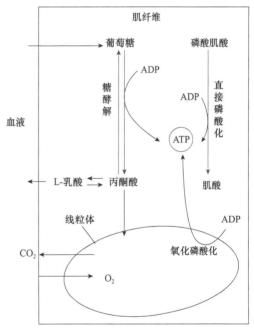

图 2-6 运动时的骨骼肌功能系统

水解释放能量的同时生成 ADP，定位在收缩蛋白附近。肌质中的肌酸激酶（creatine kinase，CK）对 ADP 浓度非常敏感，几乎与 ATP 水解同步作用，催化 CP 分解，将高能磷酸基团转移至 ADP，快速合成 ATP。同时，在肌原纤维附近的肌激酶（myokinase，MK）也会因肌质内 ADP 浓度升高而活性增强，催化两分子 ADP 合成 ATP。但 MK 催化的反应在肌肉 ATP 转换总量中只占相对小的比例。

磷酸原系统中 ATP 和 CP 均以水解分子内高能磷酸基团的方式供能。所以，在开始运动时，磷酸原系统启动最早、利用最快，具有快速供能和最大功率输出的特点。但肌肉中磷酸原储量有限，所以磷酸原供能能力在短时间最大强度的运动中起主要供能作用。

运动强度越大，骨骼肌对磷酸原供能的依赖性也越大。在以最大强度运动至力竭时，CP储量几乎耗尽，而ATP储量还可达到静息值的一半以上。这是因为在这类运动中，CP分解是ATP合成的基本途径，所以CP储量下降速度要快于ATP。

当动物以高强度持续运动至力竭时，CP储量可降至静息值的20%左右，但ATP储量只略低于静息值。在此种运动状态下，CP没有耗尽，是因为ATP合成除了CP分解反应外，主要依靠糖酵解和有氧代谢途径供能。

当以中低强度运动时，CP储量几乎不下降。这是因为在此种状态下，ATP的合成主要是依靠糖、蛋白质和脂肪的有氧代谢。

（二）糖酵解供能系统

糖原或葡萄糖无氧分解生成乳酸，并合成ATP的过程为糖的无氧代谢，又称为糖酵解。糖酵解供能是机体进行大强度剧烈运动时的主要能量系统。

糖酵解反应在肌质中进行，有两种高能磷酸化合物（1,3-二磷酸甘油酸和磷酸烯醇丙酮酸）通过底物磷酸化方式生成ATP。1分子葡萄糖经糖酵解净获2分子ATP；如果反应从肌糖原开始，经糖酵解可净获3分子ATP。

在动物以最大强度运动后不久，CP即成为主要的供能物质。同时，糖酵解过程被激活，肌糖原迅速分解参与供能，成为维持极量运动的重要供能系统。在肌肉中，糖酵解的主要基质是肌糖原。一般来讲，高等动物肌肉中肌糖原的储量较高，当动物以最大速度运动至力竭时，肌糖原储量消耗不足一半。但鱼类肌肉中的肌糖原储量相对较低，并且鱼类自身清除乳酸的能力较高等动物差，所以鱼类肌肉相对容易疲劳。

（三）有氧代谢供能系统

在氧的参与下，糖、脂肪和蛋白质氧化生成CO_2和H_2O，在此过程中释放出能量合成ATP，构成骨骼肌内的有氧代谢供能系统。

糖、脂肪和蛋白质这三大细胞燃料的氧化分解途径虽然各异，但末端氧化的共同途径都是三羧酸循环（tricarboxylic acid cycle，TCA）。糖和脂肪酸氧化分解均可产生乙酰辅酶A，加入三羧酸循环进一步氧化分解，生成CO_2和H_2O，同时生成大量的ATP。氨基酸经脱氨基作用生成相应的α-酮酸从不同部位加入三羧酸循环（图2-7）。

三、肌肉收缩时的能量利用

（一）肌肉的能量储备

肌肉内的不同能量物质的储备存在较大差异，储备量的多少直接决定了鱼类等水生动物机体运动时可利用的总能值。

（二）肌肉供能系统之间的相互关系

按照最大功率输出的特点，肌肉供能系统的功率输出大小依次为：磷酸原系统＞糖酵解系统＞糖的有氧氧化＞脂肪有氧氧化。当鱼类以最大游泳速度运动时，耗能接近或超过最大氧耗

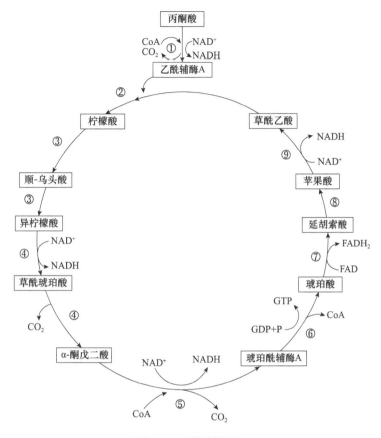

图 2-7　三羧酸循环

①丙酮酸脱氢酶；②柠檬酸合酶；③乌头酸脱氢酶；④异柠檬酸脱氢酶；⑤α- 酮戊二酸脱氢酶；⑥琥珀酰辅酶 A 连接
酶；⑦琥珀酸脱氢酶；⑧延胡索酸水合酶（延胡索酸酶）；⑨苹果酸脱氢酶

量，而且要求能量快速供给，同时由于氧气供应不足，糖酵解途径提供主要能量，但能量维持时间较短。短时间剧烈运动时，糖是主要的细胞燃料。随着剧烈运动时间延长，脂肪氧化供能的比例增大，但运动强度变小。当运动至力竭时，CP 接近耗尽，ATP 浓度下降量可高达贮备量的 30%～40%，血乳酸浓度显著升高。当鱼类做长时间巡航游泳时，肌肉的能量供给还是主要依靠有氧代谢途径。而在运动后，ATP 和 CP 的恢复以及乳酸等代谢产物的清除都要依靠有氧代谢系统才能完成。

（三）快肌和慢肌的能量利用特点

水生动物肌肉的功能类型不同决定了各自利用能量的特点也存在差异。水生动物的骨骼肌纤维因功能不同可分为快肌纤维与慢肌纤维，它们在能量利用上都有自己的特点（图 2-8）。

快肌又称颤搐纤维（twitch fiber），相对粗短；它们的肌原纤维排列整齐，明暗带清晰可见，微管系统广泛存在；肌纤维中不含肌红蛋白，颜色浅，因此又被称为白肌。白肌是构成鱼类大侧肌最主要、体积最大的肌肉。白肌中的肌糖原和乳酸脱氢酶含量高，适于糖原酵解代谢，所以快肌适于快速收缩，但容易疲劳。多数鱼类借助白肌收缩产生冲刺性运动来捕捉食物

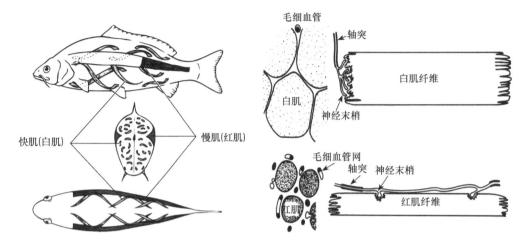

图 2-8　硬骨鱼类的快肌和慢肌

白肌纤维较红肌纤维大，占肌肉总量的大部分，白肌内线粒体和毛细血管较少；红肌数量较少，红肌内线粒体较多，有较发达的毛细血管网

或逃避敌害。当鱼类剧烈运动时，白肌产生氧债；一旦机体恢复平静，获得充足的氧气，氧债得以偿还。

慢肌又称为紧张性纤维（tonic fiber），它们的肌原纤维束大小不一致，微管系统不发达；慢肌中肌红蛋白含量高，肌红蛋白能结合氧，颜色鲜红，因此又被称为红肌。红肌内磷酸化酶、细胞色素氧化酶、琥珀酸脱氢酶含量高，能够进行糖原有氧代谢，因而慢肌适于持久、缓慢的运动，不易疲劳。慢肌的作用在于维持姿势，即在动物该部分没有运动时，它们能够产生足够的张力以使肌肉保持在一个特殊的位置上。在鱼类中，慢肌的反应可以减少对氧气的需要量。在正常游泳时利用慢肌要经济得多，只有需要快速前进时才启用快肌纤维。鱼类在高速游泳约 3min 后，红肌糖原含量开始下降，红肌糖原的利用率仅为白肌的 15%～20%。

动物的肌肉绝大多数是由快肌、慢肌混合组成，只有少数完全（或主要）由快肌纤维或慢肌纤维组成。例如，鱼类的大侧肌中既有快肌也有慢肌，其轴上、下肌属于快肌，而红肌属于慢肌；蟾蜍等两栖类的缝匠肌属于快肌，而腹直肌属于慢肌。通常在水生动物中，这两类肌肉只有一类发生主要作用，而另一类则处于相对较不活跃的状态。例如金枪鱼、角鲨等，持续巡航游泳，耐久力强，红肌也比较发达；而有些行动迟缓的鱼类，不做长距离持续游泳，红肌则较少。

（四）集群性鱼类对能量利用的节省

对于集群性鱼类（如欧洲舌齿鲈）来讲，鱼群中处于不同空间位置的鱼类的能量消耗是不一样的。处于群体前面和后面游泳的鱼类所消耗的能量要高于处于群体内部的鱼类，其耗氧率高出 9%～23%。

（五）肌肉疲劳

肌肉收缩过程中必须有足够的 ATP 供应，当肌肉的 ATP 含量衰竭，肌细胞将不能保持收缩状态，而且张力下降，这一现象叫肌肉疲劳。在强直收缩过程中，ATP 的消耗非常快速，这比连续单收缩更容易导致肌肉疲劳。而且，如果肌肉恢复不彻底，将更易造成继发性的肌肉疲劳。中等程度的收缩运动时，肌肉对于 ATP 的消耗可以依靠肌细胞内氧化磷酸化产生的 ATP 得以弥补，并且 ATP 再生速率和 ATP 消耗速率可以持平。这样，肌肉就不会发生疲劳。但当动物以超过最大极限运动量的 50% 运动时，有氧代谢将不能 100% 补充 ATP 的消耗。氧化磷酸化的限制性因子主要是氧气。因此，动物以最大极限运动量的 50% 运动时，氧气供应不足，糖酵解将承担起肌肉内供应 ATP 的角色。但如果动物长期持续运动，肌肉疲劳势必会发生（图 2-9）。

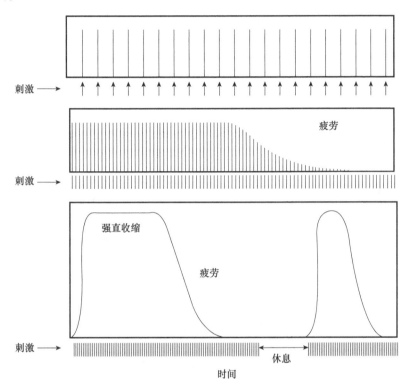

图 2-9　刺激频率与肌肉疲劳

强直收缩较连续单收缩更易引起肌肉疲劳；在连续单收缩中，高频刺激较低频刺激更易引起肌肉疲劳

第四节　平滑肌的收缩功能

平滑肌广泛存在于水生动物机体的消化器官、呼吸道、血管、泌尿及生殖系统中。与横纹肌不同，平滑肌是一组异质性结构，其在形态学排列和生理学特性等方面，都表现出明显的差异。例如，在胃肠道、血管、输精管等处，平滑肌排列成层，而在某些腺体等处则以独立成分存在。平滑肌在收缩时可产生张力和缩短，为器官的运动和形状的改变提供动力；同时平滑肌的收缩具有持续性和紧张性，可使中空的器官内产生一定的压力，以对抗外界负荷，并保持器官一定的形状。有些器官（如肠道）的平滑肌具有自发产生兴奋的特性，而有些平滑肌则不产生自发兴奋。同一种体液因素对不同部位的平滑肌可能具有不同的作用。

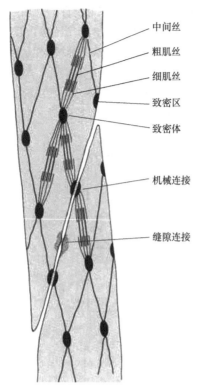

图 2-10　平滑肌细胞收缩结构模式图

一、平滑肌的结构特点

平滑肌细胞一般呈梭形，直径远较骨骼肌细胞小。平滑肌细胞膜表面没有内凹形成的横管，但可形成烧瓶状凹陷；肌质网极不发达，其膜上钙泵的 ATP 酶活性低，无三联管结构。平滑肌细胞内存在粗、细肌丝，但排列不整齐，因此在显微镜下既无横纹，也无肌节结构。粗肌丝主要由肌球蛋白组成，粗细不均，横桥头部的 ATP 酶活性低。细肌丝含有肌动蛋白和原肌球蛋白，无肌钙蛋白，但平滑肌细胞内存在钙调蛋白，在功能上类似于肌钙蛋白。平滑肌中细肌丝与粗肌丝之比（12 : 1～18 : 1）大大超过骨骼肌和心肌（2 : 1）。在平滑肌细胞内有许多致密体（dense body），为梭形结构，细肌丝排列成束插入致密体，位于两个相邻致密体之间的细肌丝中有粗肌丝重叠（图 2-10）。该收缩单位类似于骨骼肌，而致密体可能起着骨骼肌中 Z 线的作用。

尽管各种器官、组织的不同类型的平滑肌的特性差异明显，但一般可根据它们的形态与功能特性分为单单元平滑肌（single-unit smooth muscle）和多单元平滑肌（multi-unit smooth muscle）两类。

（一）单单元平滑肌

如内脏平滑肌，能自主产生节律性兴奋，由于细胞间存在着许多缝隙连接，兴奋可迅速传播到周围细胞，使许多平滑肌细胞像一个单元一样进行整体性收缩，功能上为合胞体细胞。只有少量细胞受植物性神经支配，能对牵拉起反应而产生主动张力。

（二）多单元平滑肌

如大血管的平滑肌。这类平滑肌常离散分布，一般细胞之间无直接联系，各细胞在活动时各自独立，并受自主性神经纤维末梢的支配或体液因素的影响。

二、平滑肌的收缩机制

平滑肌的兴奋 - 收缩偶联也需要细胞质内 Ca^{2+} 浓度的升高触发。细胞质中 Ca^2 浓度的升高来自两条途径：经细胞膜 Ca^{2+} 通道进入的 Ca^{2+} 和由肌质网（sarcoplasmic reticulum，SR）释放到细胞质中的 Ca^{2+}。由于平滑肌的 SR 不发达，没有横管系统，细胞内增加的 Ca^{2+} 更加依赖于细胞外液中的 Ca^{2+}。去极化刺激或牵张刺激诱发动作电位（平滑肌动作电位的上升支是由 Na^+ 和 Ca^{2+} 内流形成的），使肌膜上的电压门控 Ca^{2+} 通道或机械门控 Ca^{2+} 通道开放，细胞外液中的 Ca^{2+} 进入，进入的 Ca^{2+} 一方面直接提高了细胞质内的 Ca^{2+} 浓度，同时还可触发 SR 膜上的雷诺丁受体，诱发 SR 内 Ca^{2+} 的释放（CICR）；另外，有些化学信号（配体，如 ACh）可经激活受体 -G 蛋白 -PLC 途径生成 IP_3，再激活 SR 膜的 IP_3R，引起 Ca^{2+} 的释放，而不需要动作电位的引发。

平滑肌的收缩也是通过横桥运动引起粗、细肌丝相对滑行而实现的，但其收缩机制与骨骼肌存在不同。平滑肌的细肌丝无肌钙蛋白，却有一种与肌钙蛋白 C 相似的调节分子钙调蛋白（calmodulin，CaM）。Ca^{2+} 与钙调蛋白结合形成钙 - 钙调蛋白复合物，并激活细胞质中的一种肌球蛋白轻链激酶（myosin light chain kinase，MLCK），分解 ATP，为肌球蛋白轻链（myosin light chain，MLC）磷酸化提供磷酸基团，使肌凝蛋白头部构象发生改变从而导致横桥和细肌丝肌动蛋白的结合，进入与骨骼肌相同的横桥周期，并产生张力并缩短肌纤维。当兴奋过后，通过肌膜、肌质网膜上的钙泵和肌膜上的 Na^+-Ca^{2+} 交换体的活动，使细胞质内 Ca^{2+} 的浓度下降，一切过程往相反方向发展，平滑肌舒张。平滑肌的收缩机制见二维码 2-11。

三、平滑肌的收缩特点

无论哪种类型的平滑肌，都可产生两种形式的收缩：时相性收缩（phasic contraction）和紧张性收缩（tonic contraction）。时相性收缩是一种间断的或节律性的收缩，如胃肠道的蠕动就是管壁环行平滑肌的时相性收缩引起的。紧张性收缩是一种持续性的收缩活动，如血管张力就是血管壁平滑肌的紧张性收缩引起的。

紧张性收缩是平滑肌主要的收缩特点，表现为平滑肌可以长时间地维持一种稳定的收缩状态。这种收缩状态可以是由一连串单收缩总和而成，类似于骨骼肌的强直收缩，可能是由局部组织因素或激素（如加压素、血管紧张素）长期作用于平滑肌而引起。

平滑肌还具有收缩缓慢的特点。平滑肌收缩的潜伏期较长，为 200～300ms，是骨骼肌潜伏期的 50 倍，所以收缩缓慢。由于平滑肌中 ATP 的分解速度慢，所以平滑肌的收缩比骨骼肌和心肌都慢；同时由于 Ca^{2+} 移至细胞外或被肌质网摄回的过程也很慢，故平滑肌的舒张也很慢。

此外，平滑肌收缩具有较大延伸性。平滑肌可以大幅度缩短，从正常长度的 2 倍，缩短到正常长度的 1/2；而骨骼肌一般只可缩短至正常长度的 1/4 左右。平滑肌收缩时虽长度发生了很大的改变，但其张力并没发生多大变化。当一段平滑肌突然被拉长 1 倍时，张力明显增加，几分钟内几乎恢复到拉长前水平。这可能是由于肌纤蛋白丝和肌凝蛋白在平滑肌中排列疏松，肌肉被拉长后，粗、细肌丝之间重新调整其连接点，使张力恢复到接近正常水平。当肌肉缩短时则发生相反的过程，即张力由丧失到恢复。

第五节　心肌的生物电现象和生理特性

心肌细胞可大致分为普通心肌细胞和自律细胞两类。普通心肌细胞（又称工作细胞）包括心房肌和心室肌，这类细胞具有兴奋性、传导性和收缩性，但不具有自律性，故称为非自律细胞。另一类是一些特殊分化的心肌细胞，组成了心脏的特殊传导系统，这类心肌细胞基本不具有收缩性，但具有兴奋性和传导性，同时还具有自律性，故称为自律细胞。心肌细胞的兴奋性、自律性、传导性和收缩性与心肌的生物电活动有密切关系。

一、心肌的生物电现象

心肌细胞的跨膜电位（transmembrane potential）产生的机制与神经和骨骼肌细胞相似，但因心肌细胞跨膜电位的产生涉及多种离子通道，故心肌细胞的生物电活动更为复杂，而且不同类型心肌细胞的跨膜电位形成的离子基础、跨膜电位的幅度以及持续时间等都不完全相同。

（一）心肌细胞的静息电位

心肌细胞静息电位的形成机制与神经、骨骼肌细胞的相似，即静息状态下膜两侧处于极化状态，主要是 K^+ 的平衡电位。

（二）普通心肌细胞的动作电位

普通心肌细胞的动作电位与神经和骨骼肌细胞的动作电位明显不同，其特点是复极化过程复杂，持续时间长，动作电位的升支与降支不对称，由去极化和复极化过程组成，共分为 5 个时期，分别为 0 期、1 期、2 期、3 期、4 期。

1. 0 期是去极化　　膜内电位由静息状态时的 −90mV 上升到 20～30mV，膜两侧由原来的极化状态转变为反极化状态，构成了动作电位的上升支，持续时间 1～2ms。其形成机制是膜上的快 Na^+ 通道（I_{Na} 通道）被快速激活引起 Na^+ 内流。

2. 1 期是快速复极初期　　心肌细胞膜电位达到锋电位后，迅速下降至 0mV。其机制是，I_{Na} 通道的失活使 Na^+ 内流停止，K^+ 通道 I_{to}（一过性外向钾电流）通道的激活引起 K^+ 外流形成瞬时性外向电流，膜呈现出 I_{to} 复极化过程。

3. 2 期是平台期　　表现为膜电位复极化缓慢，电位接近于 0mV 水平，此期历时 100～150ms。此期为心室肌细胞区别于神经或骨骼肌细胞动作电位的主要特征。心肌细胞动作电位平台期主要是由于慢钙通道（I_{ca-L} 通道）开放引起 Ca^{2+} 缓慢持久地内流和少量 K^+ 缓慢外流造成的。

4. 3 期是快速复极化末期　　继平台期之后，膜内电位由 0mV 逐渐下降至 −90mV，完成复极化过程，历时 100～150ms。3 期快速去极化主要是由于 Ca^{2+} 内流停止，K^+ 外流进行性增加形成。

5. 4 期是静息期　　此期是膜复极化完毕后和膜电位恢复并稳定在 −90mV 的时期。由于此期膜内、外各种阳离子浓度的相对比例尚未恢复，细胞膜的离子转运机制加强，通过 Na^+-K^+ 泵、Ca^{2+} 泵的活动和 Ca^{2+}-Na^+ 交换作用将内流的 Na^+ 和 Ca^{2+} 排出膜外，将外流的 K^+ 转运入膜内，使细胞内外离子分布恢复到静息状态水平，从而保持心肌细胞正常的兴奋性（图 2-11）。

（三）自律细胞的动作电位

构成特殊传导系统的心肌细胞属于自律细胞（autorhythmic cell）。自律细胞跨膜电位的共同特征是在没有外来刺激的条件下会发生自主的去极化，当去极化达到阈电位水平时，就会产生一个动作电位。因为自律细胞在发生一次兴奋之后，随即会自主发生另一次缓慢的去极化，不会保持在稳定的静息膜电位，因此用其动作电位复

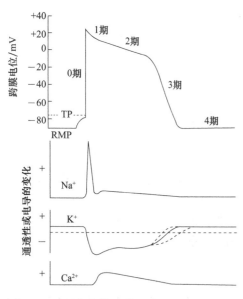

图 2-11　心室肌细胞跨膜电位形成的离子机制
RMP. 静息膜电位；TP. 阈电位

极化到最大极化状态时的膜电位数值代表静息电位值，称为最大舒张电位（maximal diastolic potential，MDP）或最大复极电位（maximal repolarization potential，MRP）。舒张去极化是心肌自律性的电生理学基础（图 2-12）。

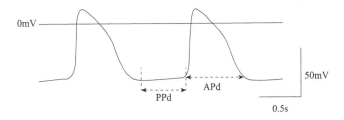

图 2-12 欧洲鲽（*Pleuronectes platessa*）的静脉窦（起搏点）自律细胞自动去极化产生动作电位
PPd. 起搏点自动去极化电位时程；APd. 动作电位时程

二、心肌的生理特性

心肌组织具有兴奋性、自律性、传导性和收缩性。其中，兴奋性、自律性、传导性是以心肌细胞的生物电活动为基础，属于电生理学特性。收缩性则是以细胞质内收缩蛋白的功能活动为基础，属于心肌的机械活动特性。

（一）心肌的兴奋性

心肌的兴奋性是指心肌细胞在受到刺激时产生兴奋的能力。心肌细胞兴奋的产生包括静息电位去极化到阈电位水平以及 Na^+ 通道的激活两个环节，当这两方面的因素发生变化时，兴奋性将随之发生变化。

心肌细胞每兴奋一次后，其膜电位将发生一系列有规律的变化，膜通道由备用状态经历激活、失活和复活等过程，兴奋性也发生相应的周期性变化。兴奋性的这种周期性变化影响着心肌细胞对重复刺激的反应能力，对心肌的收缩反应和兴奋的产生及传导过程具有重要作用。心肌兴奋性的变化可以分为以下几个时期。

1. 有效不应期和绝对不应期 心肌细胞发生一次兴奋后，由 0 期开始到 3 期的膜内电位恢复到−60mV 这一段时期内，如果再给予第二次刺激，不会引起心肌细胞产生动作电位和收缩的时期，称为有效不应期（effective refractory period，ERP）。在这一时期，由 0 期开始到复极 3 期，膜电位降至约−55mV 的时期内，不论刺激有多大，不仅不能使心肌发生收缩，而且也不会引起细胞膜的任何除极现象，其兴奋性真正下降到零，称为绝对不应期（absolute refractory period，ARP）（图 2-13）。

2. 相对不应期 从有效不应期之后，膜电位从−60mV 到复极化约−80mV 的这段时间内，给予高于正常阈值的强刺激才能产生动

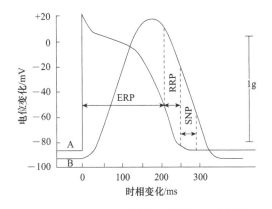

图 2-13 心室肌细胞动作电位期间兴奋性的变化及其与机械收缩的关系
A. 动作电位；B. 机械收缩；ERP. 有效不应期；RRP. 相对不应期；SNP. 超常期

作电位，称为相对不应期（relative refractory period，RRP）。

3. 超常期　在相对不应期后，膜内电位由－80mV 恢复到－90mV 这段时期内，由于膜电位已经基本恢复，但其绝对值尚低于静息电位，与阈电位水平的差距较小，引起该细胞发生兴奋所需的刺激阈值比正常要低，表明此期心肌的兴奋性高于正常，故称为超常期（supranormal period，SNP）。

（二）心肌兴奋性周期变化与收缩活动的关系

心肌细胞在发生一次兴奋过程中，其兴奋性发生周期性变化，而心肌的舒缩活动与心肌兴奋性的周期变化密切相关。

1. 不发生强直收缩　由于心肌细胞的有效不应期长，几乎延续到心肌收缩期及舒张早期。在此期内任何刺激都不能使心肌发生第二次兴奋和收缩。这个特点使心肌不会像骨骼肌那样产生强直收缩而始终保持收缩和舒张交替的规律性活动，从而保证了心脏泵血功能的实现（图 2-14）。

2. 期前收缩和代偿间歇　在正常情况下，人和哺乳动物的窦房结产生的每一次兴奋都是在前一次兴奋的不应期之后才传导到心房肌和心室肌，因此心房肌和心室肌都能按照窦房结发出的节律性兴奋进行收缩活动。但在实验条件下，如果在有效不应期之后给心室肌一个外加刺激，则可使心室肌产生一次正常节律以外的兴奋和收缩，称为期前兴奋和期前收缩（extrasystole，或叫期外收缩）。期前兴奋也有其有效不应期，因此紧接在期前兴奋之后的一次窦房结兴奋传到心室肌时，正好落在期前兴奋的有效不应期内，因而不能引起心室肌兴奋和收缩，必须等到下一次兴奋传导到心室时才能引起心室肌的收缩。这样，在一次期前收缩之后往往出现一段较长的心室舒张期，称为代偿性间歇（compensatory pause）。随后，心肌收缩才恢复正常节律（图 2-14）。

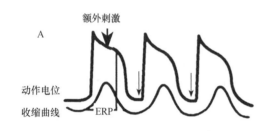

图 2-14　心肌的期前收缩和代偿间歇

A. 额外刺激落在有效不应期内，心肌收缩没有变化；B. 额外刺激落在有效不应期外，引起了期外收缩和代偿间歇。细箭头表示正常自律细胞发来的节律性兴奋刺激；粗箭头表示额外刺激

（三）心肌的自律性

心肌在没有外来刺激的条件下，能够自主地发生节律性兴奋的特性称心肌的自动节律性（autorhythmicity），简称自律性。心肌的自律性起源于心肌细胞本身。在高等动物心脏内特殊传导系统（房室结的结区除外）的细胞有自律性，而心房、心室工作细胞不具有自律性。具有自律性的组织或细胞，称自律组织或自律细胞。

心脏的自律性来源于心脏的特定部位，即起搏点（pacemaker）。起搏点也称为自动中枢

（automatic centre）。鱼类、两栖类动物的起搏点位于静脉窦（sinus venosus）。但鱼类的自动中枢又可细分为 3 个类型（图 2-15）。

1. A 型　　A 型心脏见于硬骨鱼类日本鳗鲡（*Anguilla japonica*）和康吉鳗科等，有 3 个自动中枢，第一个自动中枢（A_1）位于总主静脉（也称居维叶管）与静脉窦之间，第二个自动中枢（A_2）位于心房底部（心耳道），第三个自动中枢（A_3）位于心房与心室之间。其中 A_1 为主导中枢，成为正常心脏活动的起搏点。其他自动中枢（A_2、A_3）受 A_1 的控制。

2. B 型　　B 型心脏见于软骨鱼类如电鳐目（Torpediniformes）、猫鲨科（Scyliorhinidae）、锯尾鲨属（*Galeus*）、角鲨属（*Squalus*）等，第一自动中枢（B_1）位于静脉窦，第二自动中枢（B_2）位于心房与心室之间，第三自动中枢（B_3）位于动脉圆锥基部。

3. C 型　　C 型心脏见于大部分硬骨鱼类，只有两个自动中枢，第一自动中枢（C_1）位于静脉窦与心房交界处，第二自动中枢（C_2）位于心房与心室交界处。

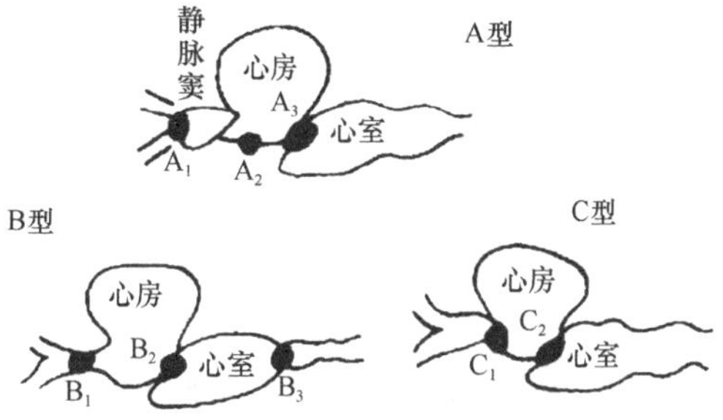

动物进化到哺乳动物，其静脉窦已退化，由窦房结（sinoatrial node）作为起搏点。但心脏各部分自律细胞的自律性存在等级差异。

影响和决定心肌自律性的因素包括以下 3 个方面。

图 2-15　鱼类心脏的自动中枢
A 型. 体型细长的鱼类；B 型. 软骨鱼类；C 型. 硬骨鱼类

1. 4 期自动去极化的速度　　心肌细胞 4 期自动去极化速度加快时，达到阈电位水平所需要的时间就缩短，心肌的自律性则增高；反之，4 期自动去极化速度减慢，达到阈电位水平所需要的时间就延长，心肌的自律性则降低。

2. 最大复极电位水平　　心肌细胞最大复极电位的绝对值（舒张电位水平）减小，与阈电位的差距减小，达到阈电位所需要的时间就缩短，因此心肌的自律性增高；反之，心肌最大复极电位的绝对值增大，则心肌自律性降低。

3. 阈电位水平　　阈电位水平降低，使最大复极电位与阈电位水平的距离缩小，心肌的自律性增高；反之，阈电位水平升高，与最大复极电位的距离增大，因而心肌的自律性降低。

（四）心肌的传导性

心脏在功能上是一种合胞体，心肌细胞膜的任何部位产生的兴奋不但可以沿整个细胞膜传播，并且可以通过闰盘（intercalated disc）传递到另一个心肌细胞，从而引起整个心房、心室兴奋和收缩各自成为一个功能合胞体。通常将动作电位沿细胞膜传播的速度作为衡量心肌传导性的指标。影响心肌传导性的因素有以下 4 个方面。

1. 心肌细胞的直径　　由于心肌细胞的直径大小与细胞的电阻成负相关，直径大，横截面积大，对电流的阻力小，则局部电流传播的距离远，因而兴奋传导的速度快。反之，细胞直径小，横截面积小，其电流的阻力大，则兴奋传导的速度慢。

2. 细胞间联系　　心肌细胞间的兴奋传导靠缝隙连接完成，心脏不同部位心肌间的缝隙连接密度不同，是传导速度不同的重要因素，浦肯野细胞之间的缝隙连接密度高，传导速度快，房室结细胞之间的缝隙连接密度低，传导速度慢。

3. 动作电位 0 期去极化速度和幅度　心肌细胞动作电位 0 期去极化速度和幅度越大，形成的局部电流也越大，达到阈电位水平所需要的时间越短，兴奋在心肌上传导的速度就越快。反之，心肌的传导速度则越慢。

4. 邻近部位膜的兴奋性　邻近部位膜的兴奋性取决于静息电位和阈电位的差值。当邻近部位的膜电位和阈电位间的差值减小时，邻近膜的兴奋性高，则传导速度快。反之，则传导速度慢。

（五）心肌的收缩特性

心肌细胞与骨骼肌细胞一样，含有由粗、细肌丝构成的肌原纤维，其收缩原理与骨骼肌收缩相似。但是心肌细胞的结构和电生理特性与骨骼肌又不尽相同，如心肌具有自主收缩的特性。

1. 心肌收缩依赖外源性 Ca^{2+}　因为心肌细胞的肌质网释放 Ca^{2+} 首先需要横管中（细胞外液）Ca^{2+} 的激活，因此心肌细胞的兴奋 - 收缩偶联所需的 Ca^{2+} 除从终末池释放外，还依赖于细胞外液的 Ca^{2+}。在一定范围内，细胞外液的 Ca^{2+} 浓度降低，则收缩减弱。当细胞外液中 Ca^{2+} 浓度降至很低，甚至无 Ca^{2+} 时，心肌肌膜虽然仍然能兴奋，爆发动作电位，但心肌细胞却不能收缩，这一现象称为"兴奋 - 收缩脱偶联"。

2. 具有功能合胞性　每个心肌细胞均有完整的细胞膜，细胞之间没有原生质的联系。两个相连心肌细胞两端之间的细胞膜呈锯齿形，此部位称为闰盘。闰盘部位有缝隙连接，动作电位可以通过细胞之间的缝隙连接传导。心肌在结构上虽然不是合胞体，但功能上却与之类似，动作电位由相邻心肌细胞之间低电阻的闰盘部分传导到另一个细胞，使整个心房或心室的活动像一个大细胞一样。这一特性叫功能合体性，而将功能上类似合体细胞的心房或心室称为功能合胞体。

3. "全或无"式收缩　在骨骼肌中，单个细胞产生的兴奋不能传播到其他肌细胞，必须通过支配该肌细胞的神经末梢引起神经冲动，使肌细胞产生兴奋和收缩。如果产生兴奋的神经末梢数目增多，则引起更多的肌细胞兴奋和收缩，因此，骨骼肌的收缩强度取决于单个细胞的收缩强度和参与收缩的肌细胞数目。而在心脏中，由于心房和心室内特殊传导组织的传导速度快，心肌细胞之间的闰盘结构可引起心房或心室所有心肌细胞同步收缩，使整个心房或心室构成一个功能合胞体，其收缩力量大，泵血效果好。对于心室而言，阈下刺激不能引起心室收缩，而当刺激达到阈值时，可使所有心肌细胞同步收缩，所以心脏一旦发生收缩，其收缩就达一定强度，表现为"全或无"式收缩。因此，整个心肌的收缩强度取决于单个细胞的收缩强度。

4. 不发生完全强直收缩　如果给骨骼肌较高频率的电刺激，使每一次收缩都落在前一次收缩的收缩期内，肌肉则表现为完全强直收缩。但在心肌细胞中，由于心肌兴奋后有效不应期特别长，因此，心脏不会产生完全强直收缩，而始终保持着收缩与舒张交替的节律活动。这样有利于心脏泵血功能的实现。

第六节　水生无脊椎动物肌肉功能特点

一、甲壳动物肌肉的功能特点

甲壳动物的肌肉系统（体壁肌、心肌和内脏肌肉等）都是由横纹肌组成的，其基本的收缩机制和脊椎动物的骨骼肌收缩机制相同，但其收缩特点和肌肉的神经支配却具有独特之处。

（一）甲壳动物肌肉结构和收缩特点的关系

几乎从事虾蟹养殖的人们都有被虾蟹的大螯夹疼的经历，同时也惊讶于小小的螯钳会产生如此巨大的力量。其实，这倒不是因为甲壳动物的肌肉产生的力量异常巨大，而是因为其独特的肌肉纤维排列方式。附着在外骨骼上的肌肉常常由肌纤维成束按节排列，形成羽状结构的肌肉。这种肌肉纤维的排列呈一定角度，代替了水平排列，产生的张力方向不是水平方向的，这大大提高了肌肉收缩时的机械效能。与水平肌肉排列方式相比，羽状排列保证了在螯内狭小的空间里可以填充更多和更短的肌肉纤维。得益于羽状排列，肌肉收缩可以在有限的活动空间内产生持续增加的力量。而且，羽状肌肉收缩时产生的张力是平行排列的 2 倍。羽状排列肌肉收缩时的角度改变可以保证肌肉在狭小空间内充分收缩（图 2-16）。

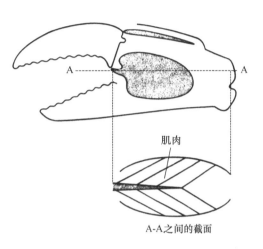

图 2-16　蟹螯或龙虾螯中的肌肉排列

（二）甲壳动物的快肌和慢肌

在甲壳动物的肌肉系统中存在快速收缩肌肉（快肌）和慢速收缩肌肉（慢肌）两种类型。而且，肌小节长度和肌肉收缩速度存在一定相关性，即肌小节越短，收缩速度越快，但这种现象在鱼类中是不存在的。快肌收缩速度快，肌小节短（1～3μm），肌质网较发达，细肌丝和粗肌丝的数量比率相对较低；慢肌收缩速度慢，肌小节长（6～15μm），肌质网较不发达，细肌丝和粗肌丝的数量比率相对较高。慢肌主要用于慢速活动和维持姿势，而快肌只在快速运动（如游泳和逃逸时尾部弹射运动）时才会使用。甲壳动物的快肌和慢肌很少分开，经常是成对存在的，如小龙虾腹部伸肌和屈肌中的快慢肌。另外，每一条肌肉都有相应的拮抗肌，即伸肌和屈肌成对排列。当肌肉收缩时，就会牵引外骨骼弯曲或伸直，从而完成敏捷而精细的动作。甲壳动物的快肌和慢肌见二维码 2-12。

（三）甲壳动物肌肉运动的神经支配

绝大多数甲壳动物的肌肉受到多重神经支配，一根肌肉纤维可能会受到 2 根或 3 根神经纤维的支配。这些神经中有刺激肌肉收缩的纤维，也有使已收缩的肌肉舒张的抑制性纤维。例如，有的肌肉受到 3 种神经的支配：快肌神经纤维、慢肌神经纤维和抑制性神经纤维。快肌神经纤维引起肌肉快速收缩；而慢肌神经纤维的一个冲动所引起的肌肉反应几乎不被察觉，但连续的神经冲动会增加肌肉收缩的张力。而有的肌肉纤维既受到慢肌神经纤维又受到抑制性纤维支配，抑制性纤维的冲动可以降低肌肉对慢肌神经纤维支配的响应，并引起肌肉舒张（图 2-17）。

甲壳动物肌肉神经支配的另一个特点是，整块肌肉组织往往只受到极少数或者单独一根神经轴突的支配。这就使得整块肌肉可以像一个整体一样同步运动。肌肉反应的级别主要取决于

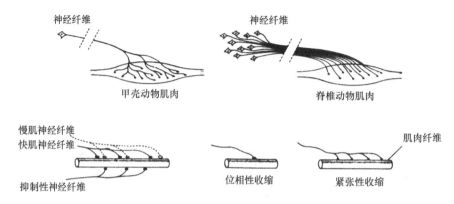

图 2-17　甲壳动物和脊椎动物肌肉的神经支配

兴奋性和抑制性神经发送的冲动数量及两者之间的相互平衡关系。

甲壳动物和脊椎动物的肌肉神经支配存在不同。甲壳动物肌肉神经支配的最大特点是：支配肌肉纤维的神经往往由两种或者更多种不同的神经纤维组成。一般包含快兴奋神经纤维、慢兴奋神经纤维和抑制性神经纤维。大多数肌肉中的神经主要是快兴奋纤维，而少部分肌肉受慢兴奋纤维支配。抑制性神经纤维的参与可以调节肌肉运动的不同收缩等级，保证肌肉有较大幅度的收缩强度范围。

二、软体动物肌肉的功能特点

（一）软体动物的肌肉种类

软体动物的肌肉可分为三大类：横纹肌、斜纹肌（obliquely-striated muscle）和平滑肌。虽然肌肉类型不同，但它们都包含有粗、细肌丝和基本相似的结构特征，同时又具有各自的特点。

1. 横纹肌　软体动物的横纹肌中的粗、细肌丝相互叠加而形成横纹，就像脊椎动物的横纹肌，它可以产生快速的收缩。例如，扇贝属（*Pecten*）闭壳肌中的横纹肌可以使其贝壳产生一系列的快速运动，并以此来完成扇贝的游泳运动。

2. 斜纹肌　软体动物的斜纹肌类似于脊椎动物的横纹肌，横纹条带也是肌丝相互重叠而形成的。但不同的是，条带并非垂直于肌丝的走向，而是存在一定的角度，肌肉呈斜横纹，并且角度还会随着肌肉的收缩而变大。横纹斜行是由于邻近嵌接的细肌丝逐渐离开原有排列位置而形成的。斜纹肌的 Z 膜发育不良，会在 Z 膜上形成致密体。斜纹肌又可以分为两类：普通斜纹肌（regular obliquely-striated muscle）和异常斜纹肌（irregular obliquely-striated muscle）。

普通斜纹肌具有规则的斜纹条带，以线粒体为核心形成肌纤维，斜纹收缩部分在肌纤维的外层。这类斜纹肌常见于头足类等软体动物的肌肉中，如章鱼属（*Octopus*）和乌贼属（*Sepia*）物种的腕和漏斗的缩肌。异常斜纹肌中没有线粒体核心，在肌纤维中央和外层都是收缩单元的粗、细肌丝。肌纤维中对侧的斜纹条带必然会在中心区域发生融合，导致异常斜纹肌中心区域的条带排列顺序发生变化。在这一区域，可以看到条带交织的不同排列方式。这类斜纹肌纤维在内部排列规律上存在很大的变化，可形成瓣鳃纲等动物闭壳肌中半透明的肌肉部分，如牡蛎属（*Crassostrea*）。软体动物斜纹肌的结构模式见二维码 2-13。

3. 平滑肌　　软体动物平滑肌同样没有明暗相间的条带。平滑肌是组成软体动物握肌的主要肌肉成分，可以维持瓣鳃纲动物的贝壳长时间闭合。在闭壳肌的透明或白色部分，以及足丝收缩肌中也存在平滑肌。闭壳肌中的平滑肌为白色，类似于肌腱的颜色。

（二）软体动物的握肌

贝类和蚌类等软体动物可以长时间紧闭贝壳来对抗捕食者和不良的生活环境，以保护自身。闭壳肌似乎可以毫不疲劳地持续收缩，以此来对抗贝壳间韧带的弹性使贝壳紧闭。而此期间，这些双壳类的耗氧量并没有明显增加。类似于闭壳肌一样的肌肉称为握肌（catch muscle）。握肌可以承受很大的负荷，并能长时间不疲劳地保持收缩状态，其承担负荷的能力极强，牡蛎足部的运动肌力量约为 $0.5kg/cm^2$（$1kg/cm^2=98kPa$），而闭壳肌可达 $12kg/cm^2$。肌肉紧张状态的解除，需要抑制性神经的刺激。

握肌主要由平滑肌组成，但某些软体动物种类的握肌（如闭壳肌）可分为两部分：①时相性收缩部分，也称为快速收缩部分，由横纹肌构成；②紧张性收缩部分，也称为慢收缩部分，由平滑肌构成。例如，扇贝科（Pectinidae）物种的闭壳肌有横纹肌和平滑肌两种。一般来说，平滑肌的收缩缓慢，有力而持久，横纹肌反应灵敏，能迅速收缩，但耗能多，易疲劳。扇贝能依靠贝壳的迅速张开和闭合来游泳，这种快速的活动是由横纹肌的收缩舒张和两贝壳间韧带的弹性而实现的。扇贝以及其他贝类在环境不良，如缺水或遇敌害时，能较长久地关闭贝壳。这种长久关闭贝壳则是依靠平滑肌持久而轮替的收缩实现的。

在贻贝中，足丝收缩肌也是一种握肌。例如，紫贻贝（*Mytilus edulis*）的前足丝收缩肌（anterior byssus retractor muscle，ABRM）均由平滑肌组成的。ABRM 可以在几秒钟内完成舒张，也可以维持几分钟或几小时的紧张性收缩。ABRM 受到多重神经支配，既有兴奋性神经也有舒张神经。兴奋性神经末梢释放乙酰胆碱，而舒张神经末梢释放 5-羟色胺（5-hydroxytryptamine，5-HT），5-HT 可以快速地引起肌肉的舒张（图 2-18）。

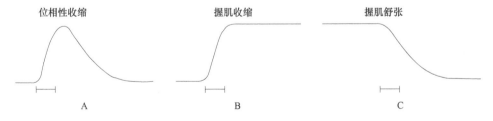

图 2-18　前足丝收缩肌（ABRM）的收缩

A. 神经兴奋引起 ABRM 位相性收缩；B. 当 5-羟色胺（5-HT）拮抗剂存在，神经兴奋引起 ABRM 产生持续性的握肌收缩；
C. 当乙酰胆碱（ACh）拮抗剂存在，神经兴奋引起 ABRM 的握肌收缩产生舒张

握肌最显著的特点是，可以在刺激消失后仍保持强有力的收缩而不舒张。其原因是横桥一直保持肌动蛋白结合状态（制动），直到舒张神经的兴奋传来才会引起横桥与肌动蛋白的解离产生舒张。舒张神经的活动与抑制性神经不同，舒张神经兴奋并不抑制收缩，而是防止制动的形成和维持。这也就意味着，一旦贝类闭壳肌收缩进入制动状态，维持肌肉的收缩长度恒定将不再需要额外的能量。这一机制有利于软体动物在缺氧环境下维持肌肉的紧张性收缩，并能维持很长时间。

第三章

水产动物感觉生理功能

二维码内容
扫码可见

为了在不断变化的环境中生存与繁殖，水产动物必须能够感知环境的变化并做出相应的反应。它们通过各种感觉器官中的感受器，将感受到的内外环境刺激转换为神经冲动，经神经传导通路，传送到中枢神经系统而产生相应的感觉。水产动物在感知环境的变化后，通过传出神经将反应信息传递到肌肉、鳍等效应器，完成摄食、逃避敌害、生殖洄游、集群等反应行为。如果丧失了感觉功能就不可能因外界刺激而产生反射活动，因此，感觉对于水产动物适应外界环境的变化及自身生存具有重要的生物学意义。

第一节　水产动物感觉器官概述

一、感受器和感觉器官

感受器（receptor）是指分布在体表或组织内部的一些专门感受机体内、外环境变化的特殊结构或装置，如耳蜗中的毛细胞、视网膜上的视锥细胞和视杆细胞等。

感受器与神经细胞不同，它不能单独将刺激转变为感觉，而是首先将刺激转变为神经冲动，传送到中枢神经系统后，经过加工处理再传送到效应器，使之发生规律性反应。由此可见，感受器的基本功能是转换能量，即将各种形式的刺激能量（光能、声能、机械能和化学能等）转译为神经冲动，因此有人称之为微型换能器。

感受器的组成形式多种多样，有的感受器就是外周感觉神经的末梢本身，如体表或组织内部与痛觉感受有关的游离神经末梢；有些感受器是在裸露的神经末梢周围再包绕一些特殊结缔组织的被膜样结构，如分布在各种组织中与触压有关的环层小体；但对一些与机体功能密切相关的感觉来说，体内存在着一些结构和功能已高度分化的感觉细胞，以类似突触的形式再和感觉神经末梢相联系，如视网膜的光感受细胞、耳蜗中的声波感受细胞、味蕾中的味觉感受细胞等。

感觉器官（sensory organ）是指感受器以及与其相连的非神经性附属结构共同构成的特殊装置，如视觉器官，除视网膜上的视锥细胞和视杆细胞外，还包括折光系统；听觉器官除毛细胞外还有传音系统等。高等动物的一些最重要的感觉器官如眼、耳、嗅、味等均分布于头部，常称为特殊感官。而对于鱼类，虽然感觉器官不如高等脊椎动物那样发达，但某些感觉器官的灵敏度却大大地超过陆生动物，这些感觉器官与周围环境相互适应，在摄食、洄游、逃避敌害等方面发挥重要的作用。

二、感受器的分类

根据不同方法可对机体众多的感受器进行分类。按照分布的部位，感受器可分为外感受器和内感受器。外感受器是指位于身体表面，主要感受外界环境变化的感受器，如视觉、听觉、触觉、嗅觉、味觉等感受器；内感受器是指位于身体内部，感受内环境变化的感受器，如动脉化学感受器、内脏压力感受器等。按照所接受刺激的性质，感受器可分为光感受器、声感受器、化学感受器、电磁（包括光和热）感受器、机械感受器、温度感受器等。但实际上以上各种感觉分类常混合使用。

三、感受器的一般生理特性

各种感受器虽然在结构与功能活动方面不尽相同，但它们却具有某些共同特征。

（一）感受器的适宜刺激

各种感受器最突出的功能特点是各具最敏感的刺激信号，这一敏感性最高的刺激形式或种类，为该感受器的适宜刺激（adequate stimulus），如一定波长的电磁波是视网膜光感受细胞的适宜刺激，一定频率的机械振动是耳蜗毛细胞的适宜刺激等。每一种感受器只有一种适宜刺激。但感受器对非适宜刺激也可能产生反应，如压迫眼球也能产生光觉，但所需要的刺激强度较适宜刺激大得多。正因为如此，机体内、外环境的变化总是先作用于对应的感受器。动物在长期进化过程中逐步形成了具有各种特殊功能结构的感受器以及相应的附属结构，从而对内、外环境中某种有意义的变化进行精确分析。

对一感受器施以适宜刺激，要使该感受器兴奋也必须具有一定的强度，即产生感觉的刺激强度必须达到或超过阈值。此外，刺激也必须持续一段时间，才能引起感觉，即感觉的时间阈值。某些感受器还有面积阈值的概念，如施以一较弱的刺激时，必须有较大的面积才能产生触觉。但各种感受器对其适宜刺激的感觉阈值并非一成不变，如在寂静的环境和噪声大的环境中听觉的感觉阈值就不同，前者的感觉阈值低，后者的感觉阈值高。感受器构造越是高度分化，其敏感性和特殊性也越显著。

（二）感受器的换能作用

各种感受器在功能上都有一个共同点，即把各种刺激的能量转换为相应的传入神经纤维上的动作电位，这种能量转换作用称为感受器的换能作用（transduction of receptor）。因此，每一个感受器都可看作一个特殊的生物换能器。感受器换能的基本过程是将刺激能量转换为膜蛋白分子构象的改变，引起细胞膜的离子通透性改变，从而在感受末梢或感受细胞上引起一个在性质上类似于局部兴奋或终板电位的电位变化，这种电位变化称为感受器电位（receptor potential）或发生器电位（generator potential）。感受器电位不是"全或无"形式的，它的大小在一定范围内和刺激强度成正比，有总和现象，只能以电紧张的形式在膜上扩布一个很短的距离，但感受器电位的这种影响可以使邻近的静息的膜产生去极化，当这种去极化达到该处膜的阈电位数值时，就会在感觉神经上引起一次传向中枢的动作电位。

（三）感受器的编码作用

感受器在把外界环境的刺激转换成动作电位时，不仅仅是发生了能量的转换，更重要的是把刺激所包含的环境条件变化的信息，转移到了动作电位的序列和组合中，这一过程就是感受器的编码作用。例如，外界物体可以在视网膜上成像，但由视网膜传向中枢的信号，只能是视神经纤维上的动作电位，因此，外界物体或物像的信息只能包含在这些动作电位的序列和组合中。

当外界环境的刺激逐渐加大，感受器电位会因"时间"或"空间"上的总和而达到阈电位，最终在感觉神经上爆发一次动作电位。但由于动作电位是"全或无"式的，因此刺激强度的信息不可能体现在动作电位的幅度大小和波形上，而是以频率编码的形式传入中枢神经系统。强刺激引起高频率的冲动，弱刺激引起低频率的冲动，但每个冲动的动作电位幅度是一样的。

刺激强度一般以两种方式影响动作电位的频率。当刺激强度在一定范围内增大时，一种方式是使单一神经纤维产生动作电位的频率按比例增加；另一种方式则由于感觉神经元的感觉阈值有高低之分，因此强刺激可引起更多数目的神经纤维参加反应。给皮肤以触、压刺激时，随着触、压力量的增加，传入神经上动作电位频率逐渐增高，参与电信号转导的神经纤维数目也逐渐增多。

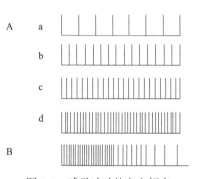

图 3-1　感觉冲动的产生频率
（Bronk and Stella，1934）
A. 不同刺激强度的发放频率：
a. 40mmHg[①]；b. 80mmHg；
c. 140mmHg；d. 200mmHg；
B. 光感受器对持续刺激的适应，
示冲动频率的降低

（四）感受器的适应现象

感受器接受刺激后，感觉冲动的发放频率不仅与刺激强度有关，也与刺激作用的持续时间有密切的关系。当以恒定强度的刺激持续作用于感受器时，将引起感觉传入神经上动作电位的频率随刺激时间延长而逐渐降低，这一现象称为适应（adaptation）（图 3-1）。

适应是所有感受器的共同功能特点，但其出现的快慢有很大差别，根据适应出现的快慢，通常将感受器分为快适应感受器（rapidly adapting receptor）和慢适应感受器（slowly adapting receptor）。快适应感受器以触觉感受器和嗅觉感受器为代表，当受到刺激时，只是在刺激作用后的短时间内有传入冲动产生，此后刺激虽然依然存在，但传入冲动可以逐渐降低为0；慢适应感受器以肌梭、颈动脉窦压力感受器和痛感受器为代表，它们在刺激持续作用时，一般只在刺激开始后不久出现一次冲动频率下降，但以后仍可较长时间维持在这一水平，直到刺激消除为止。感受器适应的快慢各具生理意义，如触觉的作用一般在于探索新异的物体和障碍物，快适应有利于感受器和中枢再接受新的刺激，增强机体对环境的适应能力；而慢适应则有利于机体对某些功能如姿势、血压等进行持久而恒定的调节，或者向中枢持续提供有害刺激信息，以达到保护机体的目的。适应并非疲劳，因为对某一刺激适应后，增强此刺激强度又可引起新的冲动增强。

感受器适应的机制比较复杂，可发生在感觉信息转换的不同阶段。一般认为，适应出现快慢与感受器特有的非神经性附属结构有关。此外，感受器的换能过程、离子通道的功能状态、感受器细胞与感觉神经纤维之间突触传递的特性等，都可以影响感受器的适应。在整体情况下，感觉的适应不仅与感受器的适应现象相关，还与产生感觉的有关中枢的特性有关。

---

① 1mmHg≈133.32Pa

第二节　水产动物视觉

眼是动物的光感受器，它由含有感光细胞的视网膜和作为附属结构的折光系统等结构组成。外界物体的光线射入眼中，透过眼的折光系统，成像于视网膜上；视网膜上的感光细胞将光能转变成神经冲动，再经视神经到达高级中枢，产生视觉。

鱼类生活于水环境中，为了适应这一特定的外界环境，它们的视觉器官——眼睛的构造和功能有了相应的变化。各种鱼类眼睛的大小和位置，随它们所处的水域环境和生活习性的不同而有很大差异。有的鱼类眼睛很大，如大眼鲷（*Priacanthus macracanthus*）、带鱼（*Trichiurus lepturus*）、黑斑狗鱼（*Esox reicherti*）等；而有的鱼类眼睛很小，如条鳅类、鲇鱼类、鳎鱼类等；还有一些生活于深海或洞穴中的鱼类如金平鲉（*Sebastes norvegicus*）的眼睛则完全退化。鱼眼通常位于头部左右两侧，但某些底栖鱼类如比目鱼类、鳐鱼类等眼睛位于头部上方。双髻鲨科（Sphyrnidae）的鱼类眼睛生长位置很特殊，双眼分别位于头前部向两侧的突出物上。

与陆栖高等动物不同，鱼类没有泪腺，大多数鱼类还缺少眼睑。但某些鲨鱼具有由下眼皮褶形成的瞬膜，能遮住一部分眼球；某些鱼类如白腹鲭（*Scomber japonicus*）、太平洋鲱（*Clupea pallasi*）、鲻（*Mugil cephalus*）等具有含脂肪的脂眼睑，几乎可以盖到瞳孔。不少鱼类甚至在生殖季节时整个眼睛上都覆以脂肪，因此在怀卵时不趋光。

鱼类的眼球近似椭圆形，其内部构造和其他高等脊椎动物相似，由眼球壁和内部的折光系统组成。典型硬骨鱼类眼的纵断面模式图见二维码 3-1。

一、眼的构造

（一）眼球壁的结构

眼球壁由巩膜、脉络膜和视网膜三层构成。最外层为不透明的巩膜（sclera），由结缔组织构成，对眼起保护作用。软骨鱼类及鲟鱼类的巩膜是软骨质的，硬骨鱼类巩膜则大多数是纤维质的。巩膜在眼球前方形成透明的角膜（cornea）。角膜具有折光作用，光线透过角膜落到晶状体上。鱼类角膜比较平坦，折射系数与水相近，与水中生活相适应。

紧贴在巩膜内面的一层是脉络膜（choroid），富含血管及色素，既可供给视网膜营养，又可吸收眼内光线以防止光的散射，具有高度的新陈代谢功能。脉络膜大致由三层组织构成，第一层紧贴在巩膜内面，称银膜，含鸟粪素，作用类似反光体，它可将微弱光线反射到视网膜；第二层为血管膜，主要由分支的血管组成；第三层为色素膜，由色素细胞组成。血管膜与色素膜两层相贴，颜色相仿，解剖时不易区分。脉络膜向前延伸成为虹膜（iris），其中央的小圆孔即瞳孔（pupil）。虹膜的肌纤维可调节瞳孔的大小，但通常鱼的瞳孔反应都比较差。七鳃鳗虹膜缺少肌肉，瞳孔不能收缩。但少数硬骨鱼类如鳗鲡、鲹鲦、鲽等，它们的瞳孔收缩运动比较强。

眼球壁的最内层为视网膜（retina），为高度分化的神经组织，是产生视觉作用的部位。视网膜的结构按主要细胞层次可简化为 4 层，由外到内依次为色素上皮、光感受细胞、双极细胞（联合细胞）和神经节细胞。色素细胞层含有黑色素颗粒和维生素 A，对感光细胞起营养和保护作用。软骨鱼类色素细胞层还有反光片（鸟粪素），能反射微弱光线，加强对感光细胞的刺

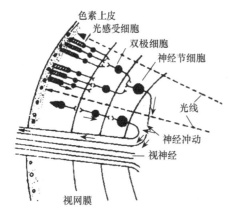

色素上皮
光感受细胞
双极细胞
神经节细胞
光线
神经冲动
视神经
视网膜

图 3-2　视网膜的主要细胞层次及其联系模式图

激。感光细胞层由视杆细胞（rod cell）和视锥细胞（cone cell）构成，它们含有的感光色素在感光换能中起重要作用。双极细胞层具有联络功能，通过突触将感光细胞和神经节细胞联系起来。神经节细胞是视网膜的最后一个层次，其轴突组成视神经，通往视觉中枢（图 3-2）。

（二）眼的折光系统

眼的折光系统包括角膜、水状液、晶状体和玻璃体。眼球的内腔充满具有折光作用的水状液、晶状体和玻璃体。晶状体由无色透明角质体组成，一般呈球形，具有聚焦作用。角膜与晶状体之间充满一种类似盐水、透明且流动性大的液体，称水状液。晶状体与视网膜间的空腔中充满一种黏性很强的透明胶状物即玻璃体，起着固定视网膜的位置，并阻止晶状体向后移动的作用。

（三）眼折光的调节

正常状态下，来自远处物体的平行光线聚焦在视网膜上。当物体向眼移近时，鸟类和哺乳动物等可以依靠眼的自行调节，包括晶状体变凸、瞳孔缩小以及眼球汇聚三个方面使来自较近物体的光线在视网膜上聚焦，形成清晰的图像，这个过程叫作眼的调节。但鱼类的晶状体是很坚实的球体，没有弹性，不能改变形状，因此，眼的调节是依靠悬挂晶状体的悬韧带（位于晶状体上方）、晶状体牵缩肌（位于晶状体下方）和睫状肌的舒缩来改变晶状体与视网膜的距离而完成的。看远物时，晶状体缩肌收缩，使晶状体后移，缩短了晶状体与视网膜的距离，使远处物体在视网膜上聚焦成像；看近物时，晶状体牵缩肌放松，由于焦距短，近处的物体也能在视网膜膜上成像。有些鱼类晶状体呈椭球形，晶状体到视网膜侧面的距离短于到后面视网膜的距离，因此这类鱼可以从侧面看清远方的物体，而不需要进行眼的调节。

由于鱼类的晶状体呈球形，没有弹性，而且大多数鱼类生活在浑浊的水域里，光线在水里被大量颗粒质点如浮游生物、细菌、有机盐类等吸收和散射，因此曾普遍认为，鱼类是近视眼。但近年来许多研究表明，鱼是正视眼，大多数鱼类在静息状态或进行眼的调节后能看清远处的物体，如黑鲷在水质良好时能看清楚 50m 远的饵料生物；体长 5～10cm 的小鱼在 0.5～3.0m 范围内，彼此能清楚地看到并辨别其他个体。

二、视网膜的感光功能

（一）光感受细胞

光感受细胞有视杆细胞和视锥细胞两种。硬骨鱼类还有一种由两个形态相似的视锥细胞纵向融合而成的双锥细胞。视杆细胞呈圆柱状，可以感受弱光，但无法感受强光，不能辨别颜色，对物体精细结构的分辨能力差；视锥细胞呈圆锥状，能感受强光刺激，并具有辨色和精细分辨的能力。这两种细胞在结构上相似，都由外段、内段、核部和终足 4 个部分构成。外段是一个个薄片平行排列的片层结构，是感光色素集中的部位，视杆细胞和视锥细胞的区别除了外形不同，所含的感光色素也不同。内段富含线粒体，密集成团形成椭圆体。椭圆体与核部之间是肌样体，具有收缩作用，可改变外段的位置。感光细胞的末段为终足，两种感光细胞都通过终足与双极细胞发生突触联系。感光细胞模式图见二维码 3-2。

光感受细胞在视网膜上的分布因鱼的种类不同而变化很大。一般来说，昼出性鱼类的视网膜中，视杆细胞的数量略多于视锥细胞，如黑斑狗鱼、花鲈（*Lateolabrax maculatus*），其视杆细胞和视锥细胞之比约为 3：1，大白鲨（*Carcharodon carcharias*）为 4：1；而在夜出性鱼类的视网膜中，视杆细胞的数量则大大超过视锥细胞，如鳊（*Parabramis pekinensis*）的视杆细胞和视锥细胞之比为 20：1，江鳕（*Lota lota*）为 90：1；栖息于水深大于 300m 的深海鱼类的感光细胞全部都是视杆细胞，如鲑鱼类等。

在人类的视网膜中，有一个中央凹，其大部分区域内只有视锥细胞而无视杆细胞，此处的视锥细胞特别细长和密集，它们与双极细胞、神经节细胞的联系呈一对一状态，因此中央凹是视觉最敏感的部位。某些鱼类的视网膜中也有相当于中央凹的部位。绝大多数鱼类虽然没有中央凹，但在视网膜后部，有视锥细胞密度较高的部位。只有视杆细胞的深海鱼类，在视网膜也可形成类似中央凹的结构，此处视杆细胞小而密集。一般认为这些部位是鱼类视觉最敏感的部位。

（二）光化反应

视网膜感光细胞能接受光线的刺激，并将光能转变为神经冲动，这种功能的物质基础就是感光细胞中的感光色素。感光色素在吸收光能以后，发生一系列的化学变化，进而引起电位变化，形成神经冲动。

由视杆细胞提取出的感光色素称为视紫红质（rhodopsin）。视紫红质是由一分子视蛋白（opsin）和一分子称为视黄醛（retinene，11- 顺视黄醛）的生色基团所组成的结合蛋白。在暗处，视黄醛以 11- 顺视黄醛形式和视蛋白紧密地结合在一起。光照时，视黄醛分子发生分子构象的改变，即由原本呈 11- 顺式（一种较为弯曲的分子构象）变成全反式（11- 全反视黄醛，一种较直的分子构象），与视蛋白分离。视黄醛的这种改变，可同时导致视蛋白分子构象改变，是诱发视杆细胞换能的关键过程。视紫红质在光照时迅速分解为视蛋白和视黄醛，在暗处又可重新合成，这种可逆反应的平衡点取决于光照的强度，光照越强，分解越强。视紫红质在分解和再合成过程中，有一部分视黄醛将消耗，必须靠血液循环中的维生素 A 来补充，以维持足够量的视紫红质的再生。维生素 A 经氧化可转变为 11- 顺视黄醛，参与视紫红质的合成。当血液中维生素 A 不足时，就会影响视紫红质的再生及其光化学反应的正常进行，从而影响机体对暗光的感觉，导致夜盲症（图 3-3）。

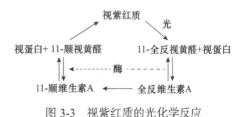

图 3-3　视紫红质的光化学反应

鱼类视杆细胞中的感光色素为视紫红质和视紫质。海水鱼类主要是视紫红质，淡水鱼类既有视紫质，也有视紫红质。只含有视紫红质（某些鲤科和花鳅科）或视紫质（主要是淡水的鲇鱼类和棘鳍类）的鱼类很少。此外，有些鱼类的两种感光色素比例呈季节性变化；不同的光照强度也可以影响这种比例。

视锥细胞的光化反应还不十分清楚，仅推测与视杆细胞中的光化反应基本相同。视锥细胞的感光色素也是一种结合蛋白，即视蛋白和视黄醛的结合体。在鸡的视网膜（只含有视锥细胞）中提取出一种感光色素，称为视紫蓝质，但目前还不能证明其他物种的视锥细胞也含有这种感光色素。目前已证明，大多数脊椎动物都有 3 种不同的视锥色素，分别存在于 3 种不同的视锥细胞中。3 种视锥色素都含有相同的 11- 顺视黄醛，但视蛋白的分子结构不同，导致视锥细胞和视杆细胞在性质以及感光功能上的差异。视蛋白分子结构的微小差异，决定了与它们结合的视黄醛分子对某种波长的光线最为敏感。视锥细胞功能的重要特点在于它具有辨别颜色的能力。

（三）光强调节

鱼类受到不同光强度的照射时，可通过调节达到光感受细胞的有效光强度，以保护光感受细胞免受过强光线的损伤，或保证在昏暗时行使视觉功能。

通常鱼类的瞳孔对光线调节的功能很差，而且有些鱼类的虹膜缺少肌肉，其瞳孔不能收缩，仅鲨鱼和鳗鲡反应较好。夜行性的鲨鱼瞳孔收缩能力强，虹膜肌发达，在光亮条件下瞳孔括约肌收缩使瞳孔缩小成一个水平或垂直的缝，减少入射的光线；弱光时瞳孔开大肌收缩，瞳孔放大。某些鳐鱼、比目鱼和线口鲇等则有瞳孔盖，利用瞳孔盖的缩小和扩大，来调节射入瞳孔的光量。

绝大多数硬骨鱼类没有瞳孔盖，也不能调节瞳孔大小，因此视网膜中色素细胞和感光细胞的相对运动是调节光线适宜强度的重要调节机制。色素细胞具有长突起，这些突起向感光细胞延伸并与其外段交错对插。光照时，色素细胞伸展，细胞内大部分黑色素颗粒转移到长突起中，视杆细胞的肌样体伸长，把视杆细胞外段耸入色素细胞层中保护起来。与此同时，视锥细胞的肌样体收缩，以防止其外段被色素细胞包围。在强光下只有视锥细胞感受光线，产生明视觉。微光或暗光时出现相反的过程，色素细胞向内即细胞核方向收缩，黑色素集中在细胞体，视杆细胞的肌样体也收缩，结果使其外段脱离色素细胞层而行使视觉功能，视锥细胞放松，朝着视杆细胞相反的方向运动。这时视锥细胞虽然未被色素细胞覆盖，但由于它们对光的敏感性较视杆细胞低，因此，弱光不能使视锥细胞兴奋。视网膜黑色素细胞与光感受细胞的相对运动见二维码 3-3。

多数鱼类的视网膜或脉络膜内具有透明的反光层，能将反射到视网膜上的光线再次反射到光感受细胞，从而使鱼类在光线昏暗的环境里仍有敏锐的视觉。软骨鱼类的色素细胞层还含有反射性物质鸟嘌呤的颗粒或其结晶形成的反光板，在强光下，反光板上覆盖着色素细胞的突起，吸收光线防止反射到视网膜；在弱光时，经过透明的视网膜的光线射至反光板上，可第二次反射至视网膜，从这种反光板折回的反射亮度非常高，能使鱼眼在弱照明条件下也可以较清晰地视物（图 3-4）。

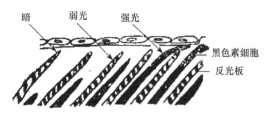

图 3-4　角鲨反光层在不同光照条件下的有效反光面积

三、颜色视觉

（一）可见光谱

光是一种电磁辐射波，波长变化大，人类可感受的光谱范围为 390～770nm，此范围的光称为可见光。与陆生脊椎动物相比，水产动物对长波光不敏感，这可能与这些波长的辐射线在水中被吸收有关。鱼类种类不同，可见光谱范围也存在差异，但和高等动物相近。底层鱼类的可感受光谱范围较窄，为410～650nm，而上层鱼类则有比较宽的光谱范围，为400～750nm。

（二）三原色学说

通过光谱敏感曲线的测定以及条件反射方法等手段，已证明大多数鱼类同哺乳动物一样，都具有颜色感觉。颜色视觉的形成可以用三原色学说（trichromatic theory）解释。该学说认为，视网膜中存在3种不同的视锥细胞，分别含有对红光（最大吸收峰值在625nm）、绿光（最大吸收峰值在525nm）、蓝光（最大吸收峰值在450nm）敏感的一种主要感光色素或光化物质，对一种颜色敏感的视锥细胞可能也含有其他两种感光色素，但不敏感，因此，3种视锥细胞的吸收光谱有很大部分的重叠。由于3种视锥细胞对不同的波长具有不同的敏感性，因此当一定波长的光线作用于视网膜时，可引起3种视锥细胞不同程度的兴奋，这样的信息传至中枢，经过综合就产生不同的颜色感觉。例如，红、绿、蓝这3种视锥细胞兴奋的程度比例为4∶1∶0时产生红色感觉，三者比例为2∶8∶1时产生绿色感觉。显然，分别对红、绿、蓝三色最为敏感的视锥细胞的存在，是色觉形成的基础。

色觉感受符合色混合现象。当红光和绿光同时作用于同一个色域时，除可引起灰白色感觉外，也可以产生橙、黄等感觉，具体颜色取决于这两种光的相对强度。用红、绿、蓝3种色光以适当强度相混合，可以配比出光谱中任何一种颜色光，这种原理早已广泛应用于彩色照相、彩色电视等方面，因此，红、绿、蓝这3个单色称为原色，色觉的这个性质也称为色觉的三色性。三色可以配比出各种有色光及白光。也就是说，当几个色感受机制同时兴奋时，可产生亮度感觉。

按色觉的有无，鱼类可以分成两大类型。第一种类型的鱼类只能感知光亮度的差别，而不能辨别颜色，板鳃鱼类几乎没有视锥细胞，因此属于无色觉鱼类。第二种类型的鱼类能辨别颜色，它们能感觉的光谱分为两段：一个有色段（在感光光谱的中央）和两个色盲段（在感光光谱的两端），大多数硬骨鱼类属于这一类型。一般鱼类可清楚地分辨蓝色、绿色，但红色和黄色常会混淆。由于长波光在水的浅表层已被吸收，而紫色光却能深入500m水深处，因此，鱼眼对红光不太敏感，而对黄、绿、蓝、紫的色光较为敏感。根据鱼类对颜色的辨别能力，可以运用有色光源进行光诱捕鱼。

四、其他水生经济动物的光感受器

（一）贝类的光感受器

贝类所在的软体动物门为动物界的第二大门，种类仅次于节肢动物门，它们的光感受器在各纲中差异很大。

大多数多板纲和双壳纲动物都没有头眼，但某些多板纲种类的贝壳表面，有一种特殊的感光器官——微眼（aesthete），在微眼中有角膜、晶状体、色素层、虹彩和视网膜，基本构造与脊椎动物的眼近似。瓣鳃类虽然也没有头眼，但它们外套膜和水管上的色素细胞却具有很大的感光性，真正的眼是在外套膜边缘的这些色素斑特化形成的。双壳纲眼的构造表现出两种不同的形式：一种以蚶为代表，它们的视觉器官分化不大，都聚集在一起，构成复眼，其中每个单眼仅是一个具有角膜的色素细胞；另一种以扇贝为代表，眼的构造相当复杂，有角膜、晶状体、色素层和视网膜等结构，内部还有一折光层，可能具有色觉。

几乎所有的腹足纲都有一对头眼，但不同种类之间眼构造的复杂程度不同，简单的眼只有一层带有色素的视网膜，没有晶状体和玻璃体，而复杂的眼分化出了角膜和玻璃体等构造。营掩埋型生活或深海生活的种类，由于眼的作用显著减弱，眼不同程度地退化或完全消失。

原始的头足纲动物鹦鹉螺的眼像一个小孔，没有晶状体，与单眼类似；高等头足类动物，感官十分发达，眼通常位于头部两侧。眼的结构也较复杂，前方有角膜，后面有巩膜，此外还有虹膜、瞳孔、晶状体、睫状肌等构造，巩膜之内有视网膜。

（二）虾蟹类的光感受器

虾蟹类的感觉器官相当发达，是节肢动物里最完善的，不但具有发达的视觉器官，还具有化学感受器、触觉感受器、平衡器、内感受器和弦音器等多种感受器。

甲壳动物的光感受器主要是复眼（compound eye），一般为一对，大而具柄，结构与昆虫的复眼相似。每一复眼由辐射状排列的单位小眼镶嵌而成，每个小眼具有一个小眼面。多数长尾类、铠甲虾类的小眼面为四边形，而多数短尾类、口足类、寄居蟹类和磷虾类的小眼面为六边形，小眼面形态的多样性可能与进化有关。

小眼分为折光系统和感光系统两部分：折光系统包括角膜、角膜生成细胞和晶锥，角膜和晶锥共同起着晶状体的作用，具有通过和集合光线使之到达感光部分的功能；感光系统由7～11个小网膜细胞构成，分成3种类型，分别为"1＋7"结构、"4＋7"结构和罗氏沼虾（*Macrobrachium rosenbergii*）由7个小网膜细胞组成的结构。小眼周围具有吸收和反射光线的色素层。中国对虾（*Fenneropenaeus chinensis*）小眼表层为角膜，角膜下为晶锥细胞，晶锥细胞下为晶锥柄，晶锥细胞和晶锥柄外均含有色素。在甲壳动物的眼上，色素细胞或完全包含在小网膜细胞内，或者在小网膜细胞内与远端色素细胞合在一起，其功能是使眼能够适应强光照。在亮光下，色素分散，并保卫整个小眼，使光不能从邻近的小眼漏光；在暗光下，色素沿着小眼下移，使晶锥裸露，进入小眼的光线可从侧面反射到邻近的小眼内，以确保收集到最大光照。晶锥柄与视网膜细胞相连，下接神经系统，构成一个光路系统。无数小眼形成的"点"影像互相结合，便形成一个"镶嵌的影像"。组成复眼的小眼数目因种而异，小眼数目越多，成像清晰度越高。

目前还没有人测量过虾蟹类对不同强度白光的敏感性。日本沼虾（*Macrobrachium nipponense*）对红光（750nm）和绿光（560nm）的敏感性高于蓝光（480nm）和黄光（580nm）；而中国对虾对蓝光反应敏感，但对红光波段的光线不敏感；海虾也可对不同波长的光产生不同的行为反应，并具有一定程度的辨色反应，研究揭示虾蟹类应该具有两种光感受系统。

（三）两栖类（蛙）的视觉器官

蛙的视觉器官与鱼类相似，但眼球的角膜较为突出，晶状体近似于圆球形而稍扁平，晶状体与角膜之间的距离比鱼类的眼球稍远，因此比鱼类能看到的物体稍远。晶状体缩肌能牵拉晶状体向角膜靠近，从而调节聚焦，这一点与鱼类眼中的镰状突将晶状体向后方牵引聚焦正好相反。此外，在脉络膜和晶状体之间有辐射状肌肉可控制瞳孔的大小以调节进入眼球的光量。眼的附属结构有眼睑、瞬膜、泪腺、鼻泪管等，后两种是陆生动物为保护角膜不致干燥受伤的构造。

蛙类有少许色觉，但不发达，蛙眼对静止的物体或有规律运动的物体反应很弱，但对头前部飞翔的昆虫等反应迅速。

第三节　水产动物侧线感觉与听觉

在水生环境中，鱼类应用视觉定向的正确性相对较低，因此，机械性感受可以起到辅助视觉进行定位、摄食、避敌等作用。鱼类的机械感觉器官主要包括内耳和侧线等。当感受器细胞受到声音、水流、压力及重力等刺激后，可将机械能转变成神经冲动，传到中枢产生听觉、位觉和侧线感觉等。研究表明，内耳有听觉（频率为 $16\sim13\,000Hz$）和平衡感觉（位觉）的功能，而侧线则具有感觉水流、水压、听觉（频率为 $1\sim25Hz$）和触觉等方面的功能。鱼类的趋流性（逆流的趋性）、趋音性（趋向或避开声源）、趋触性（接触刺激的趋性）、发声现象等行为的形成与鱼类的机械感觉均有一定的联系，因此，听觉与侧线感觉在鱼类摄食、生殖、防御、洄游和集群等生命活动中起着重要的作用。侧线和内耳末梢器官在起源和构造方面基本相似，因此这两个器官常被合称为听觉侧线系统。

一、侧线

（一）侧线的构造

对于脊椎动物，最原始的声音感受器就是鱼类和少数两栖类所特有的侧线感觉系统。侧线（lateral line）是沟状或管状的皮肤感觉器。原始的侧线感觉器是一种感觉芽（sensory bud），常常个别分散分布，具有触觉及水流感觉功能。随着发育，感觉芽逐渐沉入皮下，彼此连接相通并形成封闭的长管，且完全与皮肤分开，仅以一个个小孔与外界相通。低等的鲨类和全头类的银鲛（*Chimaera phantasma*）侧线大多呈沟状，高等的鲨类、鳐类和硬骨鱼类的侧线则常呈管状。侧线主支分布在躯干的两侧，由迷走神经的侧线分支支配。头部的侧线主要由面神经的各分支所支配，有些种类头部侧线不明显。

侧线管内充满淋巴液，感受器浸润在黏液中。感受器由梨状的感觉细胞和柱形的支持细胞所组成。感觉毛细胞（感觉细胞）的顶部有 $30\sim50$ 条感觉毛，其中位于胞顶一侧边缘的一条最长，称为动纤毛，其余的短毛数量较多，长度分级，称为静纤毛（图 3-5）。

感觉毛细胞具有感觉及分泌功能，它们的分泌物在感受器外表凝结成长的胶质顶（感觉顶），感觉毛即被包藏在感觉顶的内部，在感觉细胞上有感觉神经末梢分布（图 3-6）。

鱼类侧线的发展和生活习性及栖息场所有着密切联系。经常生活在流水中的活泼游泳种类具有发达的侧线管；底栖

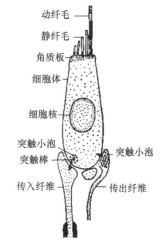

图 3-5　感觉毛细胞的亚显微结构

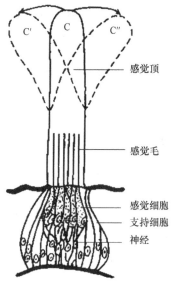

图 3-6　侧线感受器的基本构造

鱼类如鳅和狗鱼行动迟缓，侧线管则相对较少；鳐类营底栖生活，身体扁平，善于感受来自上下的震动，在背、腹面有发达的侧线器官；以游泳生物为食的鱼类，体两侧侧线尤其发达。

（二）侧线的功能

研究表明，侧线具有感受水流的功能。当用橡皮管直接喷水到狗鱼的侧线上时，狗鱼背鳍会张开，身体向对侧弯曲；增加刺激强度，所有的鳍均会运动，并且改变自身的位置。但切断神经及破坏侧线器官后这些反应全部消失。经过训练的盲鱼（*Astyanax fasciatus mexicanus*）能准确地找到发出刺激的场所；鳑鱼甚至可以感知直径仅 0.25mm 的玻璃丝在身体附近所造成的水流扰动。鱼类通过侧线感受身体周围的水流情况来确定物体的位置，不仅可感觉到水中运动的物体，而且还能感觉到静止的物体。据此推测，侧线器官的主要功能还包括根据水流扰动感知在一定距离处运动的饵料、敌害等。生活在江河或潮汐区域的海水鱼类依赖水流的方向来确定游泳方向，因此，侧线也被认为是控制这种趋流行为的主要感觉器官。

表面波是在风、潮汐、地震作用下，以及船只和活动渔具等搅动下在水表面所产生的现象。鱼类通过侧线对水流的高度敏感性可对表面波产生很好的反应。非洲齿鲽（*Pantodon buchholzi*）能根据表面波而发现在水面上运动的昆虫，这种鱼对 10～40Hz 的表面波最敏感。当频率为 15Hz 时，非洲齿鲽能感觉到的表面波振幅低至 2μm。利用电生理和条件反射等方法也相继证明了鱼类具有测定表面波方向的能力，并对表面波存在高度的敏感性。

大量的实验表明，侧线不仅具有水流感觉的功能，还具有听觉。侧线能对低频音起反应，而其可接受的频率范围依种类有所不同。鲫（*Carassius auratus*）的侧线能感受 1～25Hz 的低频音，鲤（*Cyprinus carpio*）侧线能感受 5～25Hz 的低频率，而中华海鲇（*Arius sinensis*）的侧线器官能感觉到的近场声波为 50～150Hz。也有人认为，6～16Hz 的低频声是鱼类侧线最适宜的刺激，而其对过高或过低频率的声刺激，均不太敏感。此外，侧线也具有辨别声源方位的能力。当声源垂直于身体侧面时，海鲇后侧线神经记录到的反应最大。

鱼类触觉十分发达，但没有专门触觉感受器。除分布于皮肤的感觉神经的自由末梢能接受触觉刺激外，感觉芽、侧线等均具有接受触觉刺激的作用。用毛发触及靠上侧线鳞片，可得到相近于人类皮肤触觉最敏感区的触觉阈值。由此可见，侧线感受器作为触觉感受器也是相当灵敏的。

二、听觉

耳的适宜刺激是空气或水震动的疏密波。动物种类不同，适宜的声波刺激频率相差很大。一般哺乳动物的可听声频范围为 20～20 000Hz，而狗为 16～30 000Hz；家禽的听力范围为 125～10 000Hz；除骨鳔鱼类外，大多数鱼类的听觉很差，听觉频率的上限一般低于 1000Hz。鱼类只有内耳，受位听神经的支配。鱼类内耳的构造比其他脊椎动物简单得多，没有耳蜗或任何耳蜗的痕迹，较差的听觉可能与其没有特化的耳蜗，从而无法使声音集中到耳石上有关。

（一）内耳的构造

一般认为，内耳是由一个或几个侧线器官演化而来的。典型的内耳可以分成上下两部分：上部包括椭圆囊（utriculus）和3个互相垂直的半规管（semicircular canal，前半规管、后半规管和侧半规管）及其壶腹（ampulla），主要起平衡感觉的作用；下部包括球状囊（sacculus）和瓶状囊（lagena，听壶），主要起听觉作用。椭圆囊、球状囊、瓶状囊和半规管都是膜质的管道，管道内外充满淋巴液，对内耳起着周密的保护作用（图3-7）。

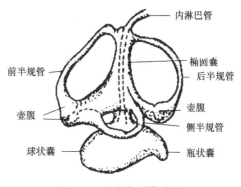

图 3-7　鱼类内耳模式图

脊椎动物的半规管共有3个，各处于一个平面上，彼此互相垂直。每个半规管与椭圆囊连接处都有一个相对膨大的部分，称为壶腹。壶腹内有一隆起的结构，称为壶腹嵴或听嵴（crista ampullaris）。听嵴的构造很像侧线感觉器官。听嵴是由长椭圆形的感觉毛细胞、支持细胞和基底细胞所组成的感觉上皮。感觉毛细胞一端有许多纤细而短的静纤毛和一根较长且粗的动纤毛，这些纤毛伸到位于壶腹腔的胶质顶器内，可以随着半规管内的内淋巴液的流动而偏斜，从而反射性地引起某些平衡反应。

椭圆囊、球状囊和瓶状囊又称为耳石器官，囊内侧壁上具有特殊的感受结构——位觉斑（macula acoustica，听斑），位觉斑上的感觉上皮由感觉毛细胞和支持细胞组成。3个囊内都含有石灰质的耳石（otolith）或耳砂。耳石和感觉毛细胞之间由耳石膜隔开，耳石膜的表面有无数小孔，毛细胞的纤毛从小孔伸入。

（二）内耳的功能

鱼类的内耳既是声音感受器，也是重力感受器和角加速度感受器。摘除内耳后，鱼类身体会严重丧失平衡，暂时或长期失去肌肉的紧张性。因此，内耳除具有听觉功能，还具有保持和调节肌肉紧张性、维持身体平衡的作用。

1. 平衡感觉　　平衡感觉是指察觉身体是否保持平衡的感觉，即察觉头相对于地心引力方向的位置和头做直线加速运动或角加速运动时的加速情况的感觉。内耳的上部，即椭圆囊和半规管是平衡机构的中心，切除椭圆囊和半规管，鱼完全失去平衡，但不影响听觉。鱼类表达平衡反射的效应器是眼、鳍和躯干部的肌肉。

对于半规管来说，角加速或角减速运动是最适宜的刺激。由于半规管位于3个相互垂直的平面内，因此无论鱼体朝哪个方向转动，总会使相应半规管壶腹中的感觉毛细胞因管腔中内淋巴的惯性而受到冲击，顶部纤毛向某一方向弯曲，引起传入神经上冲动频率的升高或下降。这些信息传入中枢神经系统，引起眼和鳍、肌肉的补偿性运动，以调整姿势，保持平衡。

电生理研究表明，水平半规管对鱼绕背腹轴的旋转有反应，但对绕头尾轴和横轴的旋转没有反应，而前、后半规管对绕3个轴的旋转都有反应。概括地说，半规管只对头部转动时所产生的角加速度起反应，一旦头部位置稳定，不管这时头的方位如何，反应都消失。而耳石器官是感受头部静态位置的变化或鱼体运动时产生的重力加速度或线加速度。通常，耳石和感觉上皮都是紧紧地黏附在一起的。进一步的研究表明，鱼类椭圆囊囊斑中感觉毛细胞的动纤毛是朝内、外侧散开排列的。当耳石受到重力或直线加速运动的影响而在囊斑表面运动时，感觉毛细胞就会因其上的纤毛束受到牵拉弯曲刺激而发放神经冲动，从而对鱼体各轴（包括由头部到尾部、两侧和对角）的倾斜产生姿势的调节反射。对于大多数鱼类来说，椭圆囊可以控制位置变化所引起的所有姿势反射，而球状囊和瓶状囊几乎没有感觉平衡的功能。但在少数鱼类（如鳐），球状囊和瓶状囊也和椭圆囊一样参与身体平衡的调节。此外，鱼类视觉定向在控制姿势与运动上也有一定的作用。

2. 听觉　　鱼类的听觉器官主要是内耳下半部的球状囊和瓶状囊，侧线器官和鳔也参与或辅助内耳的听觉功能。侧线器官主要感受 100Hz 以下的低频声波和察觉近距离的物体，而内耳和鳔则组成远处声波感受器。当外界声波传到鱼体时，内耳的内淋巴液发生震荡，对感觉毛细胞上的纤毛产生横向切力，触发毛细胞产生去极化或超极化。

侧线、听嵴以及囊斑中的感觉毛细胞都具有一种重要的特性，即当纤毛保持自然状态直立时，细胞膜内外存在约 -80mV 的静息电位，同时与它相连的神经纤维有中等频率的神经冲动产生；当外力使静纤毛倒向动纤毛一侧时，毛细胞发生去极化（-60mV），神经纤维传入冲动频率升高，表现为兴奋效应；相反，外力使动纤毛倒向静纤毛一侧时，毛细胞发生超极化，同时神经纤维传入冲动频率下降，低于毛细胞静息时的频率，表现为抑制效应。冲动频率增减的信息传至中枢，产生听觉，从而引起相应的反应。毛细胞顶部纤毛受力对细胞静息电位和神经纤维冲动产生频率的影响见二维码 3-4。

鱼类听觉的敏感性及可听频率范围在不同种类中有相当大的差异。大量的实验结果表明，鳔的有无、大小、形状及其与内耳的联系方式与听觉能力密切相关。此外，耳石的形状、大小及其在各囊中的相对位置等对鱼类的听觉敏感性及可听频率范围也有影响。一般来说，无鳔的鱼类听觉敏感性很低，可听频率范围也很小，如鲽的可听频率范围仅为 40～250Hz。听觉阈值高达 -13～-10dB。而有鳔鱼类，鳔与内耳有联系的鱼类比鳔与内耳没有联系的鱼类对高频声有更大的敏感性，且具有较高的可听频率上限。但鱼类无论鳔与内耳有无联系，对低频声都很敏感，其可听频率一般均在 50Hz 以下，某些鱼类甚至还能感受到人类所不能感受的频率为 16Hz 以下的次声波。内耳通过韦伯器（Weberian apparatus）与鳔相联系的骨鳔鱼类，或者鳔自身的盲管和球状囊相联系的长颌鱼科、攀鲈科等鱼类，可听频率范围较宽；在最佳听觉频率范围内，骨鳔鱼类和鳔耳间有联系的鱼类，听觉阈值可低达 -60～-50dB，比人类的听觉还要灵敏；音调辨别能力较强，鲹鱼可辨别 1/4 全音。但非骨鳔鱼类和鳔耳间无联系的鱼类听觉能力差，可听频率上限均降至 1000Hz 以下；听觉阈值高达 -20～7dB，远比人类的听觉阈值高；音调辨别能力较差，斗鱼的音调辨别幅度在 1 个八度以上。骨鳔鱼类的韦伯器及其与鳔、内耳的关系见二维码 3-5。

鱼类听觉能力的差异，是因为不同鱼类对声音感受的机制不同。声波是发声体的机械振动引起空气、液体或固体发生相应的振动而产生的，声源在水下振动同时产生质点位移波和声压波，骨鳔鱼类除能直接感受质点位移波外，还可通过鳔接受声压波。有些非骨鳔鱼类如鲱鱼的鳔与内耳有联系，也能感受这两种波，但无鳔鱼或鳔与内耳没有联系的非骨鳔鱼只能感受质点位移波。听觉的生物学意义不仅是预告危险或食物存在的信号，对于可发音的鱼类，它们可从同种个体那里得到信号，这在生殖季节选择异性具有重大意义。

三、其他水生动物的机械感觉

（一）软体动物的机械感觉

软体动物瓣鳃类身体外露的部分触觉比较灵敏，特别是外套膜的边缘，其上有环绕神经的分布。在外套边缘常有感觉突起或发达的触手。此外，在外套膜缘、唇瓣和身体的上皮部，还有一种没有分化成特殊器官的感觉上皮，呈圆筒状，有很长的波浪形感觉毛，专司触觉作用。腹足类整个身体表面的皮肤，特别是身体前部、头和足的边缘，感觉最为灵敏。此外，在身体表面还形成特殊化的感觉附属物如触角，专司触觉功能。而多种裸鳃类在鳃的附近或周围，甚至整个体表面，都布满了对触觉较敏感的皮肤延长物和触角状突起。

瓣鳃类平衡器位于足部，平衡器中有耳砂或耳石。平衡器壁由具有纤毛的支持细胞和感觉细胞相互排列而成，并共同分泌液体充满平衡器腔。腹足类听觉器，是皮肤陷入的一个小囊，囊壁内面由纤毛上皮构成，上皮中有感觉细胞。小囊中含有由囊壁分泌的液体，液体中沉有结晶的耳石或耳砂。某些腹足类无平衡器，在爬行的种类中位于足神经节附近。平衡器受脑神经节控制。

（二）虾蟹类的机械感觉

触觉感受器主要有分布于体表的各种刚毛、绒毛结构以及平衡囊（statocyst）。各类司触觉作用的刚毛、绒毛又称感觉毛（sensillae hair）、触觉毛，一般遍布全身甲壳表面。它们都是表皮细胞向外突出而成的，基部有神经末梢。通常在附肢上也存在多种感觉毛以感知触觉。感觉毛也可作为声音感受器，对空气的周期性移动发生反应，或者作为一个运动的本体感受器，这一作用可能与低频振动有关，或者是作为一个运动的本体感受器。作为触觉和振动感受器的感觉毛，只在被真正触动时才产生感受器电位，在其他情况下，主要作为本体感受器，当"休止"位置被改变时就持续产生动作电位。

研究表明，对虾科和樱虾科虾类第二触角的触鞭是检测振动的特化器官，作用类似于鱼类的侧线。触鞭上各节均具刚毛，虾类在活动时两触鞭向左右及背侧方向弯曲，平行伸向躯体后方，可检测到来自周围的振动，其感受范围可与视野相比，因而对虾类动物能够很好地探测到捕食者。

虾蟹类的平衡囊功能类似于脊椎动物的相应器官，是对地心引力起反应的无脊椎动物原始的体位感受器，也可以对振动起反应。平衡囊主要提供平衡反射的输入信号，也作为补偿眼运动的输入信号。平衡囊通常是一个囊状结构，囊内排列着一些感觉毛细胞，并充满液体，囊壁悬挂着石灰质颗粒（平衡石）或外来的砂粒。当动物运动时，受地心引力的牵引，平衡石的位置发生改变，从而压迫位于平衡囊内的不同部位的毛细胞。对虾的平衡囊通常位于小触角的原肢节基部，由体壁内凹形成，内凹的空腔即平衡囊腔。囊壁为几丁质，其上分布有多种感觉刚毛，每一刚毛基部的感觉神经末梢均与脑相连。在刚毛丛中有砂粒或平衡石，砂粒位置的改变可触及一方的刚毛，从而引起兴奋并传输至脑，产生相应的平衡身体动作。引起感受器电位的力是作用于纤毛上的定向移动力而不是压力。平衡囊在节肢动物也具有声音感受器的作用。

（三）两栖类（蛙）的听觉器官

蛙耳的构造与鱼类不同，除了内耳，还有中耳。内耳构造与鱼类相似，瓶状囊已较为发达。中耳的发生，可适应空气中听觉的需要。中耳的鼓膜，可以接受空气中声波的能量，经过耳柱骨的递送，将声能传至内耳的卵圆窗。

（四）爬行类（龟）的听觉器官

龟听觉器官的基底膜很短，不可能靠行波进行频率分析，主要通过毛细胞产生电共振导致频率的调谐。这种电共振主要通过位于毛细胞基底膜上的 Ca^{2+} 通道和由 Ca^{2+} 激活的 K^+ 通道（或 K^+-Ca^{2+} 通道）完成。

第四节　水产动物嗅觉与味觉

嗅觉和味觉是动物对化学物质的感觉器，它们都是特殊分化的外部感受器。对于陆生脊椎动物，嗅觉是距离性感觉，其感受器感受气体状态物质的刺激；味觉为接触性感觉，其感受器感受溶液状态物质的刺激。而水生动物的嗅觉和味觉都是由溶液状态物质的刺激所引起的，二者分工具有重叠性，但二者仍可明确加以区分，如嗅觉中枢在端脑，而味觉中枢在延脑。此外，嗅觉器官为内陷的嗅囊，其感受器具有低刺激阈；而味觉器官则为分布范围极广的味蕾，其感受器具有高刺激阈。

在鱼类，除了嗅觉和味觉器官专门感受化学刺激外，鱼体体表还存在一些神经丘和游离的神经末梢，它们也具有感受化学刺激的能力，这种化学感受称为"一般化学感觉"。体表神经丘的一般化学感觉与嗅觉和味觉不同，其敏感的是单价阳离子，如 K^+、Na^+、NH_4^+、Li^+ 等，二价阳离子中，对 Ca^{2+}、Mg^{2+} 的敏感度较高。生活环境的差异，导致了海水鱼与淡水鱼体表神经丘对 Na^+ 敏感度的明显差异，海水鱼对 Na^+ 不敏感，对 K^+ 很敏感；而淡水鱼对 K^+ 和 Na^+ 都很敏感。

水产动物大多具有敏锐的化学感觉，以感受其生存环境中的许多信息。水生动物生活在含有各种化学物质的水体中，因此它们的行为会受到某些引诱物、驱避物、信息素、种间的异常物等化学物质的影响，通过嗅觉、味觉以及体表神经丘的感受，引起它们对食物和配偶的识别、对栖息环境的选择、对敌害和有害物质的逃避以及洄游等行为反应。明确水产动物化学感觉的作用及作用机制，对渔业生产有重大的实践意义。

一、嗅觉

（一）嗅觉器官的结构

鱼类的嗅觉器官为内陷的嗅囊，嗅囊表面由有许多皱褶的嗅觉上皮覆盖。嗅觉上皮由嗅细胞、支持细胞、基底细胞和黏液细胞组成，血管、淋巴管和嗅神经分布其上。嗅细胞是双极初级神经元，一端发出若干细长的树突到达嗅上皮表面，树状突起末端膨大并具有一些能运动的纤毛，称为嗅结；另一端细长的突起（轴突）伸向固有膜，称为嗅神经纤维。无嗅球而具嗅叶的鱼类，嗅神经长，它们在固有膜内集合成束形成嗅神经，通到嗅脑的嗅叶，如鳗鲡、狗鱼、鲑和大多数硬骨鱼类；有嗅球的鱼类轴突不集成束，嗅神经细短，通达紧接嗅囊的嗅球，如所有板鳃类（包括鲨类和鳐类）。

鱼类嗅觉的发达程度，可以从嗅上皮的形状加以判断。嗅觉迟钝的鱼类，如狗鱼、刺鱼，嗅上皮呈圆形，皱褶少或无；嗅觉敏锐的鱼类，如鳗鲡，嗅上皮呈长形或椭圆形，皱褶多，有的呈玫瑰状，因而得名"嗅玫瑰"。从嗅上皮占身体表面积的百分比及其所含的嗅细胞数量，也可以看出鱼类嗅觉的敏感程度。嗅觉迟钝的狗鱼和刺鱼，嗅上皮只占 0.2% 和 0.4%；嗅觉发达的鮈，嗅上皮占 3.6%。鳗鲡嗅上皮的显微结构见二维码 3-6。

软骨鱼类属嗅觉灵敏型，嗅觉器官比视觉器官发达；硬骨鱼类则分为三大类群，第一类是一些非肉食性鱼类，如鲹与鮈，眼与嗅囊同样发达；第二类眼比嗅囊发达，是一些嗅觉不太发达、白日捕食的肉食性鱼类，如狗鱼与刺鱼；第三类眼比嗅囊发达，是一些嗅觉发达肉食性鱼类，如鳗鲡和江鳕。

鱼类的嗅觉器官依鱼种类不同存在相当大的差异，有些鱼类的嗅觉器官还存在性别差异。圆口纲嗅觉器官最为特殊，单一的鼻孔开口于头背部正中，只有一个嗅囊；软骨鱼类和硬骨鱼类多具有成对嗅囊，绝大多数鱼类每个嗅囊都有完全分开的前、后 2 个鼻孔，前面是进水孔，后面是出水孔。水被动地进入前鼻孔，经嗅囊后从后鼻孔流出，或主动地借纤毛摆动或借嗅囊后方的副嗅囊起唧筒作用。

（二）嗅觉机制

鱼类的嗅觉刺激物是溶解在水中的化学物质，因此只有水流通过嗅上皮，嗅感受细胞才能接受刺激。水流经过嗅觉器官有 3 种方式：①纤毛摆动型，这些鱼类（如鳗鲡）的嗅上皮除感觉细胞具有纤毛外，还有纤毛细胞，纤毛的同步摆动具有蠕动泵的作用，使水连续地通过嗅囊；②副嗅囊活动型，这些鱼类（如鲤）的嗅囊与 1～2 个副嗅囊相连，当鱼类呼吸或口腔张开、闭合时，副嗅囊的体积扩大或缩小，将水从前鼻孔吸入，后鼻孔泵出，形成水流通过嗅囊；③中间型，这些鱼类（如斑月鳢）同时具有纤毛和副嗅囊。

一般认为当嗅细胞受悬浮于空气或溶解于水中的气味物质刺激时，可通过膜受体 -G 蛋白 - 第二信使系统引起膜上电压门控式 Na^+ 通道开放，Na^+ 内流，从而产生去极化型感受器电位；当感受器电位经总和达到阈电位时，在轴突膜上引起不同频率的动作电位，并沿着轴突传入嗅球，进而传向更高级的嗅觉中枢，引起嗅觉。

（三）嗅觉敏感性

物质气味有上千种，但基本气味只有 7 种，即乙醚味、薄荷味、樟脑味、花卉味、麝香味、腐臭味和辛辣味，其余各种气味感觉都是由上述 7 种基本气味组合而成。气味相同的物质，都具有共同的分子结构。每一种嗅细胞只对一种或两种特殊气味刺激产生反应，而且不同性质的气味刺激有专用的传入路径和投射终端位点。各种嗅细胞兴奋程度不同，总和后产生不同的嗅觉感觉。

电生理学和条件反射方法常被用来研究鱼类的嗅觉敏感性。鱼类大多具有灵敏的嗅觉，经训练后能够辨别纯粹的气味（如香豆素、粪臭素）和品味（如葡萄糖、乙酸、奎宁等）物质。鱼类不但能感受多种化学物质，而且能对结构相似的化学物质加以区别，如盲鱼、鲹鱼可辨别浓度为 5×10^{-9}mol/L 的氯苯酚和酚。鱼类的嗅上皮对乙醇、酚和许多其他化合物的敏感性阈值范围和哺乳类相似，如虹鳟（*Oncorhynchus mykiss*）能感受浓度为 1×10^{-9}mol/L 的 β- 苯乙醇，红大麻哈鱼（*Oncorhynchus nerka*）能感受浓度为 1.8×10^{-7}mol/L 的丁香酚。欧洲鳗鲡（*Anguilla anguilla*）的嗅觉更为灵敏，能感受浓度为 2×10^{-6}mol/L 的芷香酮和 3.5×10^{-19}mol/L

的苯乙醇，其嗅觉灵敏度与犬相似，超过人类嗅觉能力的 1200 倍。鱼类的嗅上皮对氨基酸也呈现出电生理上的高度敏感性，较敏感鱼类的阈值为 $10^{-8} \sim 10^{-7}$mol/L，但在各种鱼类的研究中，脯氨酸和羟脯氨酸都是较差的嗅觉刺激物。对某些鲑鳟鱼类来说，胆盐是强刺激剂，可能与其洄游行为有关。

不同鱼类的嗅觉敏感性差异很大，如多鳍鱼对牛心提取液的敏感性阈值为 $10^{-14} \sim 10^{-13}$g/L，鲂鱼为 $10^{-7} \sim 10^{-6}$g/L。不同发育阶段，鱼类的嗅觉灵敏度也存在差异。黑鲷（*Acanthopagrus schlegelii*）初孵仔鱼的嗅囊很小、很浅，细胞没有分化，5 天后嗅囊细胞才开始分化，24d 嗅囊分化完毕，嗅觉开始功能化，参与摄食反应。此外，嗅觉敏感性还受温度、湿度、大气压、作用时间等外界因素以及体内各种内在因素变化的影响，如秋冬季节，嗅觉一般不敏感。湿度增大时，嗅觉敏感性提高。某些鱼的嗅觉还与激素有关，如给金鱼（*Carassius auratus*）注射雌二醇，其灵敏度升高。

嗅觉和味觉一样都具有明显的适应现象。但值得提出的是，动物对某种气味适应后，并不影响对其他气味的敏感性。

（四）其他水生动物的嗅觉

1. 贝类的嗅觉 瓣鳃类在每一鳃神经的基部，接近脏神经节处，有一个附属神经节，在它上方的皮肤变化成感觉器官，作用类似于腹足类的嗅检器，有感觉呼吸水流的作用；除此以外，瓣鳃类还具有一个与嗅检器同样性质的附属器官，称为"外套器"。外套器是表皮的突起物，形状多样，在不同贝类所处的位置不同。嗅检器和外套器在瓣鳃类均司嗅觉功能。

嗅检器为外套腔或呼吸腔的感觉器，大多数腹足类都有，但陆生种类或者水生无呼吸腔的种类常缺少嗅检器。没有嗅检器的种类，一般具有嗅触角神经节。腹足类的嗅检器是由一部分上皮特化而来，常位于呼吸器的附近，通常具有突起、纤毛及感觉细胞。嗅检器在腹足类不同亚纲的分化程度不同，但都位于嗅检神经节上，位于水流冲洗鳃的通道上。

2. 虾蟹类的嗅觉 甲壳动物的化学感受器与脊椎动物相比差别较大，由于其视觉较原始，因此化学感受器在甲壳动物的摄食过程中占重要地位。甲壳动物的化学感受器几乎分布于动物体全身，但主要集中在身体前端，即附肢的第一对触角、口器、颚足上。对龙虾的研究表明嗅觉感受器存在于第一对触角上，而味觉感受器位于口器和颚足。

甲壳动物第一触角上分布着整齐排列的嗅毛，是执行第一触角嗅觉功能的主要感觉毛。嗅毛外形基本上呈圆柱形，末端有孔。脊椎动物嗅觉细胞（嗅觉感受细胞）的树突外覆以黏液层，而甲壳类嗅觉细胞的树突则浸没在感受器的感觉淋巴液中。嗅感觉淋巴液是味觉分子与感受器膜之间相互作用的介质，故感觉淋巴液对嗅觉过程具有重要意义。

甲壳动物的化学感受器通常由大量的化学受体调控，每个十足目甲壳动物的体表感觉毛含有 100 个以上的神经元，在感觉毛基部，细胞体集中形成纺锤状簇，每个细胞体簇调控一根感觉毛；感觉毛依赖高度分支的树突感受外界信息。据报道，龙虾的嗅感觉神经元的数目为 35 万个，能对一磷酸腺苷、三甲基甘氨酸、半胱氨酸、谷氨酸、氯化铵、牛磺酸、琥珀酸酯等物质产生不同反应，电镜下江鳕和剑尾鱼（*Xiphophorus hellerii*）的嗅感觉神经元分别有 713 万个和 40 万～50 万个。

在许多甲壳动物中，雌性个体的排泄物含有性外激素，而这种激素可被雄体小触角感知。有人推测对虾类成熟雌体存在两种性外激素，以此引诱雄虾的追逐与交配。

二、味觉

（一）味觉器官的结构

味觉器官和嗅觉器官在生理功能方面相似，但在结构和发生上存在很大差异。味觉是由一组细胞聚合而成的味蕾介导的，典型的味蕾呈梨形，直径 20~60μm，长度 30~100μm。味蕾由味觉感受细胞、支持细胞和基底细胞组成。味感受细胞上端均有被称为味毛的微绒毛突起，由味蕾孔伸至外面，基部有味觉神经纤维细支分布，神经纤维和味觉细胞形成突触联系。味蕾起源于内胚层，与其他感觉器官不同。鲇鱼的味蕾见二维码 3-7。

关于鱼味蕾细胞类型，目前有两种分类法：①将味蕾细胞分成亮细胞、暗细胞和基细胞 3 种类型，少数动物味蕾含有 3 种以上的细胞。②把味蕾细胞分为 Ⅰ、Ⅱ、Ⅲ 和Ⅳ型。Ⅰ 型细胞类似于暗细胞，Ⅱ 型细胞类似于亮细胞，Ⅲ 型细胞类似于基细胞，Ⅳ 型像中间细胞并被认为是味觉受体细胞。在哺乳类味蕾超微结构研究中曾普遍认为暗细胞是味觉感受细胞，而通过对大量非哺乳类脊椎动物味蕾的研究发现，亮细胞的上行突起能到达味觉刺激点——味孔，其胞体与味觉神经纤维联系较为紧密或者直接形成突触，表明亮细胞应为味觉感受细胞。也有研究发现，中间细胞与传入突触相联系，因此认为中间细胞有可能也是味感觉细胞。但到目前为止，关于亮细胞、暗细胞究竟哪种是味觉感受细胞的问题尚无定论。而关于基细胞，有人认为其具有机械感受器的功能，也有人认为它可能行使调节功能。

鱼类味蕾的分布范围极广，在口咽腔、触须、唇、颚、舌、鳍、鳃、食道等区均有分布，鳅科、鲇科和鳕科鱼类味蕾甚至遍布全身。研究显示，味蕾的最大密度范围为 140~300 个 /mm²，但随鱼种以及味蕾所处的位置不同变化很大。水生两栖类中，味蕾主要分布在口腔黏膜上皮，在爬行动物如蜥蜴类、海龟类，味蕾则仅分布于舌区。口咽腔、鳃弓上的味蕾由舌咽神经、迷走神经支配，头部皮肤（包括触须、颚器）的味蕾由面神经支配，躯干部、尾部皮肤由舌咽神经、迷走神经或二者共同支配。面神经支配的味蕾在寻找食物时起主要作用，而舌咽神经和迷走神经支配的味蕾在吞咽或唾弃食物时起主要作用。

味蕾由生发层细胞特化后形成，其衰老更替现象终生存在。斑点叉尾鮰（*Ietalurus punetaus*）味觉感受细胞的更新速度与温度有关，温度为 30℃时，味感受细胞平均 12d 更新一次；但温度为 12℃时，42d 才更新一次。

（二）味觉机制

与嗅觉感受细胞不同，味感受细胞不是神经元，但是这些味感受细胞在基底端与传入神经轴突终末形成突触。这些味感受细胞可通过化学突触或电突触作用于基底细胞，由基底细胞通过突触传送到感觉神经轴突。

普遍认同的味觉机制为：味感受细胞的微绒毛膜表面具有受体，味刺激物与受体的结合使膜的构型发生变化，引起膜上电压门控式 Ca^{2+} 通道开放，或者受体激活导致细胞内储备的 Ca^{2+} 释放，细胞内 Ca^{2+} 浓度增加，味感受细胞发生去极化产生感受器电位。已知鲇的味感受细胞与嗅神经末梢之间是化学突触，感受器电位使味感受细胞释放递质，递质使味神经末梢产生突触后电位，进而激发动作电位。

（三）味觉敏感性

一般认为，各种味觉是由酸、甜、苦、咸4种基本味觉组合而成的。不同物质的味道差异可能与它们的分子结构有关。通常认为，氯化钠（NaCl）能引起典型的咸味；无机酸中的H^+是引起酸感觉的关键因素，而有机酸的味道也与其带负电荷的酸根有关；甜味的强弱与葡萄糖的主体结构有关；一些有毒植物生物碱的结构能引起典型的苦味。人类舌尖部对甜味比较敏感，舌两侧对酸味和咸味比较敏感，而舌根部对苦味比较敏感。

实验证明，鱼类也有酸、甜、苦、咸4种味觉。失去前脑因而也就失去嗅觉的鲦鱼，仍然能够用具有各种味道的物质进行训练，并且能够区别上述4种味道。鲦鱼味蕾对葡萄糖、NaCl、乙酸和盐酸奎宁的敏感性阈值分别是$4.8×10^{-5}$mol/L、$4×10^{-5}$mol/L、$4.8×10^{-6}$mol/L和$4×10^{-8}$mol/L，显示出比人类更高的味觉敏感性。鲤对多价阴离子化合物如柠檬酸钠、磷酸氢钠、$Na_4Fe(CH)_6$、四甲基铵-Cl、胆碱-Cl、谷氨酸钠、果糖、甘氨酸都有强烈的味觉反应。大多数鱼类在中性pH环境时对短链、中性或碱性氨基酸最敏感。在所检测的鱼类中，浓度范围为10^{-5}～10^{-4}mol/L的核苷是最有效的刺激物。虹鳟可感受的牛磺石胆酸味觉阈值低至10^{-12}mol/L，脯氨酸味觉阈值为10^{-8}mol/L，有机酸味觉阈值为10^{-7}～10^{-4}mol/L。此外，鱼类对人的唾液、牛奶、蚯蚓浸泡液、沙蚕提取液、氨基酸及其衍生物溶液都有反应。

鱼类的味觉敏感性具有物种特异性。红鳍东方鲀（*Takifugu rubripes*）的味觉感受器对丙氨酸、甘氨酸和脯氨酸最敏感；真鲷（*Pagrus major*）的味觉感受器对精氨酸、丙氨酸、脯氨酸和甜菜碱最为敏感。不同鱼类饵料不同，饵料化学成分在质和量上的差异，导致了鱼类对某一成分特殊的味觉敏感性。

同种鱼类对不同化学物质的味觉敏感性也不同。例如，莫桑比克罗非鱼（*Oreochromis mossambicus*）对精氨酸、谷氨酸和天冬酰胺最敏感，对半胱氨酸和丙氨酸敏感性次之，对脯氨酸最不敏感。

（四）其他水生动物的味觉

1. 贝类的味觉　由于腹足类可以自主选择食物，因此推断它具有味觉。腹足类的味觉器官也是由感觉细胞构成的味蕾，位于口腔内或口腔的周缘。

2. 虾蟹类的味觉　口器和步足是甲壳动物的味觉器官，口器（特别是大颚）主要与食物咀嚼有关，而步足主要与捕食有关。组成中国对虾口器的感觉毛绝大多数为细齿状刚毛，也有许多简单光滑刚毛；步足上分布着锥状刚毛、鳞状刚毛和齿状刚毛，这些感觉毛的分布方式和外部形态都表明其与味觉有关。甲壳类刚毛受控于多个双极神经元，十足目感觉毛上每个刚毛具100多个神经元（每个寄居蟹感觉毛上具300～500个感觉器），双极神经元的树突伸入刚毛腔，树突具有广泛分支，感受外环境变化，各种神经元的轴突整合成束，通入中枢神经系统，每一束神经支配一个感觉毛。

克氏原螯虾（*Procambarus clarkii*）对味觉的空间定位主要靠感觉毛上的感觉器，中间的触角无定向作用。克氏原螯虾总能迅速无误地朝向食物味道方向，切除一侧第二触角的克氏原螯虾则丧失这种能力，但并不总是依赖另一侧触角；切除中央第二触角并不影响定向能力；切除侧触角全部感觉毛后定向能力减弱，但程度不及全部切除侧触角。当克氏原螯虾抽动时触角能使紧密排列其上的感觉毛舒展开，增加了与周围化学物质的接触面；抽动波使化学物质的味道连续释放，延长了感受时间。

3. 两栖类蛙的嗅、味觉器官　　蛙的嗅、味觉器官与鱼类相似。蛙的鼻囊有嗅觉细胞，司嗅觉。口咽腔顶部还有一个犁鼻器或称贾氏器，这是一对盲囊状结构、也有嗅黏膜和神经纤维分布，司味觉。

三、化学感觉的功能

嗅觉几乎在水产动物行为的各个方面均有表现，对诸如摄食、觅偶、交配、洄游、避敌、集群、共栖和附着生物幼体的附着变态等方面都起着重要的作用；而味觉除对摄食起作用外，在非摄食性行为方面的作用意义不大。

（一）寻觅食物

鱼类在寻找食物时采用多种感觉渠道。依照各种感觉在寻找食物中的作用大小，可将鱼类分为视觉鱼、味觉鱼、嗅觉鱼和混合类型鱼（利用嗅觉和其他感觉觅食）。视觉鱼虽然在寻找食物时以视觉为主，但嗅器官也不可或缺，如用棉花堵住星鲨的鼻孔，星鲨就不能准确识别蟹肉的位置；致盲的钝吻胖头鲦（*Pimephales notatus*）能辨别非常稀薄的水生植物气味。某些鱼类不仅能通过嗅觉器官辨别食物的气味，甚至还会根据食物气味的分布确定食物的位置。

（二）洄游过程的定向

嗅觉信息对洄游性鱼类（如溯河洄游的鲑鳟鱼类和降河洄游的鳗鲡）的定向十分重要。未经处理的正常鲑鱼大部分能选择洄游到原来的河流，而切断嗅神经或堵塞鼻孔的鲑鱼会因失去嗅觉而影响洄游。鲑鳟鱼类最终能洄游到它们原来出生的河流产卵，是因为故乡水中有特殊气味。将正在溯河洄游的大麻哈鱼放养在池塘中，只需在水中加入少量的故乡河水，就会瞬间使其嗅球产生高幅度的电位反应。实验证明，鲑鱼确实能够感知各条河流中的特殊气味，同时将出生河流的气味铭记下来。进一步的研究发现，河流中有气味的物质是一种挥发性的有机芳香物质，它可能来源于洄游鱼类原来出生河流中的泥土、水草、非洄游性的定栖鱼类群体，此气味不随季节和年份而变化，也不会受到伐木、垦荒等人为干扰的影响。在产卵场孵化的鲑鱼，对故乡河水的特有气味形成记忆并铭记下来，所以幼鱼在成熟洄游时，会根据这种气味回归它们出生的河流。

也有假说认为，在故乡河流中生活的幼鱼所释放的胆酸和自然界的钙离子梯度是使鱼类洄游的诱导物。实验证实海水七鳃鳗幼鱼所释放的胆酸吸引成年个体回到合适的河流产卵。

研究洄游性鱼类生殖洄游行为的机制有重大的实践意义。例如，在银大麻哈鱼（*Oncorhynchus kisutch*）幼鱼离开产卵场的前几周，在河中加入一种叫作"吗啉"的化学制剂，当这批鱼在海洋里发育成熟向原河流洄游时，在它们到达产卵场之前，在另一条支流中加入吗啉，可以把它们诱入新的河流。采用这种方法，有可能改变鱼类的洄游路线。

（三）辨别种群和性别

嗅觉在认知同种个体方面也起重要作用，这种认知是所有社会行为和繁殖行为的基础。鱼类根据气味识别同种或异种的个体，这可能是鱼类夜间结群的方法之一。盲虾虎鱼属的个体常猎食其他鱼的仔鱼但从不误食自己的后代。据实验观察，致盲的鲹鱼经过训练后能根据气味辨认 8 科 15 种不同鱼类，还能鉴别青蛙和蝾螈，除去嗅叶后就失去这种能力。

盲虾虎鱼是鱼类根据气味鉴别性别最典型的例子。这种成对穴居的鱼类不允许其他个体进入洞穴，若闯入的是雄性，则雄虾虎鱼对付，若闯入的是雌性，则雌虾虎鱼应战。

（四）警戒反应

动物具有感知危险的能力对其生存非常重要。把一尾受伤的鳑放入鳑鱼群之中时，在经过半分钟的潜伏期后，整群鱼就会出现警戒反应，即迅速集中，寻找隐蔽场所，并避开受伤的个体。切除嗅觉系统后鱼类失去上述反应，证明警戒反应是由嗅觉来调节的。警戒反应是由受伤皮肤所释放的警戒素所引起的，它只存在于皮肤中，而且只在受伤时才会释放，胃、肠、肝、脾、肌肉等组织中都不含有警戒素，鱼死后警戒素即消失。在 100mL 水中浸入 0.1g 鳑皮肤，然后将浸泡液注入 25～150L 的水族箱中，足以引起鳑的警戒反应。目前仅在骨鳔鱼类中发现警戒反应。警戒反应还与季节有关，如黑头呆鱼（*Pimephales promelas*）在生殖季节时即使皮肤破损也没有警戒反应。警戒素的提取分离尚未完全成功，但实验证实，嘌呤（purine）或蝶呤（Pterin）类化合物能引起鱼类的警戒反应，它们可能是某种警戒素。

鱼类皮肤分泌物不仅会被同种鱼类感知还会被异种鱼类感知。鱼类对异种鱼类皮肤分泌物的警戒反应程度与彼此间亲缘关系有关，亲缘关系越密切，警戒反应越明显。

（五）阻抗反应

洄游的大麻哈鱼对人或猛兽的气味十分敏感，人在河流游泳，或猛兽从河流上游经过，都会阻止溯河洄游的大麻哈鱼前进，它们在原地彷徨或顺流逃避，直到气味消失后才重新溯河而上。化学分析表明，从哺乳动物皮肤上洗脱下来的化合物 L-丝氨酸可能就是阻抗物之一，浓度为 8×10^{-10}mol/L 的丝氨酸就能对大麻哈鱼起强烈的驱逐作用。用人的洗手水和 10^{-6}mol/L 的丝氨酸处理后能在虹鳟的嗅球记录到脑电反应。

（六）嗅与生殖

嗅觉在鱼类的求偶、交配中也起着重要的作用。至少有 19 种鱼类在产卵前释放性诱导物质，通过嗅觉吸引雄鱼，并激发其性活动。例如，雄金鱼追逐排卵前的雌鱼，若将雄鱼的鼻囊堵塞，或将其嗅神经切断，则上述求偶行为消失。金鱼的性诱导物质由卵巢产生，从泄殖孔释放，沾有卵巢液的纸条同样有吸引雄鱼的作用。有些鱼类的皮肤黏液中也含有性诱导物质。

鳎、鲇、虹鳟等鱼类的雄鱼也会释放性诱导物质，通过嗅觉吸引雌鱼。鳎通过臀鳍上的特殊结构释放性诱导物质，鲇的性诱导物质存于尿和皮肤黏液中；虹鳟的性诱导物质则由精巢合成。此外，性成熟鱼类在产卵场排出大量的精子和卵细胞，这些精子和卵细胞具有一种特殊的气味，可以随水流传播到很远的地方，引诱其他成熟个体前来产卵。

（七）群体控制

化学感觉亦可影响群体大小。过高密度饲养虹鳟，会使其生长受到抑制，求偶行为减少。将这种高密度养鱼的水倒入正常饲养密度的水族箱也会引起养殖鱼出现同样的反应，表明高密度饲养能使鱼释放出某种化学物质，通过化学感觉产生抑制性生理和行为反应。

第五节　水产动物发电器官与电感觉

生物电现象最早发现于鱼类的放电现象。就目前所知，生物界只有某些鱼类具有放电的能力，它们通过专门的发电器官产生强电或弱电，进行捕食、防御、定位或通讯等活动。现在已知的发电鱼类已达 700 种以上，分布在 6 个目，至少代表 11 个独立的谱系，分布范围很广。但在众多已报道的发电鱼类中，真正进行系统研究的仅数十种。

一、发电器官的结构及其神经支配

除小尾电鳗（*Electrophorus electricus*）等少数发电鱼类的发电器官起源于神经组织外，绝大多数电鱼的发电器官是由丧失了收缩能力的骨骼肌演变而来的。发电器官（electric organ）的基本单位是电细胞（electrocyte），常称为电板（electroplate），电板的内部构造以及电板之间的联系方式在各种发电鱼类大致相同。

典型的发电细胞是扁平的薄饼形，有规则地排列。每个电细胞分 3 层，即乳头层、中间层和绒毛层。乳头层具有很多乳头突起以增加表面积，无神经分布，但分布着许多毛细血管，因此被认为与营养代谢有关，也称为营养层；绒毛层在乳头层的背面，具有很多细小的绒毛，有神经伸入，故也称神经层或兴奋膜，各个电细胞神经层的表面都朝向一个方向，在绒毛层的表膜下分布有神经末梢网；中间层在乳头层和绒毛层之间，充满均匀的黏蛋白。电板的结构及相互联系见二维码 3-8。

每个发电细胞都浸在由结缔组织构成的小室内的透明胶状物中，神经和血管深入小室分布到电细胞上。每一小室只含有一个电细胞，若干个这样的小室叠连在一起，堆砌成电板柱；若干个电板柱并列排列构成发电器官。各种电鱼发电器官的分布位置、大小、形状和排列方式等均有差异。生活在海水中的电鳐，发电器官并列的电板柱多，能产生强电流，适应海水的低电阻；生活在淡水中的电鳗，发电器官的电板柱长，产生高压脉冲以克服淡水的高电阻，两者都有提高电力的效果。鱼类发电器官的位置和形状（黑色区域）见二维码 3-9。

发电器官和其他效应器一样，由神经中枢在接受某些感觉信号并经过协调后发出适宜性的运动性脉冲而引起放电活动。发电器官放电的起步中枢随鱼类不同而有所不同，分别分布在中脑、延脑和脊髓。例如，颌鱼起步中枢在中脑，裸背鱼的起步中枢在延脑背侧，电鲇的起步中枢是脊髓第一节段中的两个神经元。调控中枢中的神经元通过电紧张突触而相互联系、相互激活以确保数以万计的电细胞在极短的时间内同时进入放电状态，保证电器官放电同步化。

二、发电器官的放电原理

发电鱼按照其发电器官的放电强弱，可以分为强电鱼（10～600V）和弱电鱼（毫伏水平），大多数发电鱼都是弱电鱼，放电微弱。电鳗的放电电压最高可达到 800V，电鲇为 400～500V，电鳐为 100V 左右；但大部分发电鱼类的放电强度相当微弱，如裸臀鱼的放电电压最高记录仅为 0.03V，裸背鳗为 1V；而有些鱼类如电鳐和电鳗则可根据不同需要，产生强电压或弱电压，捕捉猎物时电脉冲的电压较大，频率高；防御敌害时电脉冲的电压也较大，但频率较低；探索目标时电压较低，而且脉冲连续具有规律。

不论发电鱼的放电强度大小，其放电原理相同。发电细胞不仅是发电器官的结构单位，也是放电的基本单位。如前所述，发电细胞的一侧为特化的神经层而另一侧为乳突状的营养层，神经层有神经支配，而营养层无神经支配。静息状态时，整个发电细胞膜处于极化状态，膜内带负电荷，膜外带正电荷，神经层和营养层之间没有电位差，不产生电流。但当发电中枢传来放电指令时，神经层的膜发生去极化直至反极化，而非神经支配的营养层极化状态不变，神经层和营养层之间就形成一定的电位差，这样每一个电细胞就成为一个小电池，电流方向从负极到正极，依神经层所在的方向而定。

单个发电细胞产生的动作电位很微小，只有几十毫伏（mV），但在电板柱中电细胞是串联的，因此，电板柱两端的电压等于各电细胞电位差之和。以电鳗为例，电鳗的每一个电板柱约有 6000 个电细胞，若每一个电细胞产生 100mV 电压，整个电板柱的电位差就高达 600V，成为巨大电压。神经将发电器官各电板柱并联在一起以增加电流，电板柱越多则放电时产生的电流越强。电鳐虽然只能放出 20～60V 的电压，但其电板柱多达 1000 个，可产生 60A 的强电流。

电细胞的神经支配与神经 - 肌肉接头相同，也是化学突触，递质为乙酰胆碱，因此，箭毒、酯酶胆碱抑制剂等能影响接点传递的因素都会影响电鱼的放电。对于活体，电鱼放电是由支配电细胞的传出神经兴奋所激发，神经冲动使电细胞产生动作电位，因此鱼电是一种脉冲电流。对于某些产生弱电并利用电脉冲起电 - 回波定位作用的鱼类，如裸背电鳗科下物种和锥颌象鼻鱼（*Gnathonemus petersii*），由于电细胞的两个表面都可出现电位变化，因此神经组织一面和非神经组织一面交替活动能产生非常快的双相电脉冲而不是单脉冲，有时甚至产生三相电脉冲。

电鱼产生脉冲电的强弱和频率的高低随鱼种不同而异，并受环境变化的影响。在一定温度范围内，放电频率随温度升高而提高，但放电强度会减弱。由于放电次数的增加，发电器官会疲劳，放电强度逐渐减弱，直至停止放电。

三、发电器官的生物学意义

发电鱼放电的生物学意义相当广泛，不仅可以用作猎食、攻击及防御的直接武器，而且还可以用来探索目标、探明障碍物以及发现敌害和猎物等，甚至还可以根据放电特征进行种类或性别的识别。

强电鱼，如电鳐、电鳗，以突然放电或高压放电将小动物击昏取而食之，或吓跑敌人用于防御。因此，一般认为，强力放电可以用作攻击和防御的直接武器。强发电鱼类的活动一般相对迟缓，通过放电行为击昏、击死那些活动力强于自身或比自身大很多的动物，不论对于猎食还是防御，都是非常重要的手段。电瞻星鱼是目前所知唯一没有电感受器的电鱼，其放电强度通常只有几伏，但由于其生活在海洋，海水导电性强，它发放的电流虽不足以将小动物击昏，但可以将其击麻以捕食。多数强电鱼的放电行为主要用于猎食，但有些鱼类如巴西双鳍电鳐（*Narcine brasiliensis*）的放电行为仅用于防御。还有许多鱼类的强力放电行为两者兼顾，有时用于攻击，有时用于防御，或者同时用于攻击和防御。

弱电鱼一般产生 0.2～2V 的微弱电压，因此不可能有效地作为防御和攻击武器，它的生物学意义主要是以电定位作用，探测水下目标，进行水下通讯。弱电鱼通常是生活在浑浊、阴暗、能见度甚低的环境里，视觉一般不发达，但具有发电器官和电感受器。弱电鱼连续不断地发出电脉冲或连续电波，在其身体周围水域形成电场，当有目标在附近出现时，由于目标的电导率与水不同，电鱼周围的电场受到电波的干扰引起畸变，它的电感受器可以感受这种微弱的变化并将其转变为神经冲动，传到中枢神经系统。裸臀鱼（*Gymnarchus niloticus*）、电鳗等都通过发电器官和电感受器的这种电定位作用去定位周围目标，从而发现饵料、逃脱敌害和避开障碍物。

弱电鱼的放电行为除能定向测距、探测目标外，还具有通讯作用。将两尾电鲇分养在两个水族箱中，水族箱以导线相连来传导电鲇所发出的电脉冲，当以不同方法刺激其中一尾电鲇时，另一尾电鲇会出现相似的行为反应。显然，不同的电脉冲传递了不同的信息。实验证明，电鳗亚目和长颌鱼目的鱼类均利用放电来传递信息。在生殖季节，雌雄间对答式发放定型连续电脉冲串，这些电脉冲串对吸引异性、促使排精和排卵同步化等方面起着重要作用。不同的电脉冲串代表不同的意义，这是发电鱼类种内联系的一种方式。

鱼类放电的频率和波形等特征依种类、性别和年龄而不同。长颌鱼目不同种类的电鱼放电的频率和波形均不同，甚至同一群的不同个体也有各自特有的放电频率，这是电鱼辨别种群的依据之一。电鱼依据对方发出的电信号识别种类、性别和觅食，又能利用自身发出的电信号传达求偶、觅食、逃避敌害等信息。

四、电感受器

所有的细胞都具有对电刺激产生反应的能力。但就目前所知，生物界只有脊椎动物具有专门的利用特殊的感觉细胞或器官将周围电场转换成动作电位，并通过特定的神经纤维将这种信息传到中枢神经系统的感觉系统。除针鼹鼠外，几乎所有能产生电流或感受电流的种类都是水生的。许多两栖动物幼年生活在水里的时候也具有感知电场的能力，一些种类保持这种能力直至成年阶段。

在光线不良的情况下，电感受器和机械性感受器在捕食、洄游定位、个体或群体间相互联系等方面所起的作用相似。电感受器是一种能接受外侧微弱电流并产生传入冲动的特殊结构，通常由侧线感受器衍变而成，并有侧线神经的分支分布，分壶腹型（ampullary type）和结节型（tuberous type），可感受外界微弱电流和电场的存在。电感受器的感觉细胞呈柱形或立方形，基部和传入神经形成突触，顶部表面有很多微绒毛伸向外侧。在现存的脊椎动物中，只有不到十分之一的种类（约5400种）具有电感觉，而且在这些具有电感觉的鱼类中，约三分之二属于鲇形目。从系统进化的角度看，比较原始的鱼类绝大部分都有电感觉，进化程度最高的真骨鱼类中，只有3个目的鱼类有电感觉。据此推测，电感受器官起源于原始鱼类。

（一）电感受器结构

壶腹型电感受器是所有发电鱼类所共有的一种电感受器官。典型的壶腹型电感受器呈长颈瓶状，由一根通向皮肤表面的细管（壶腹管）和细管基部的球形"壶腹"组成。壶腹和壶腹管内充满胶状物质，起传导电流的作用。壶腹底部壁内埋藏有数个与神经相联系的感觉细胞，感受外界电流的存在和变化。结节型电感受器与壶腹型的主要区别在于管腔中没有胶状物质，但腔内充满疏松排列的"塞状"上皮细胞，感觉细胞位于这些上皮细胞"塞"的下方，与神经细胞相连。细胞表面覆盖许多微绒毛，与支持细胞呈鳞状排列，因此又称为鳞颈状电感受器官。

裸背鳗、象鼻鱼和裸臀鱼具有以上两种类型的电感受器，而板鳃鱼类和鲇鱼类只有壶腹型电感受器。壶腹型电感受器的结构见二维码3-10。

（二）电感受器功能

壶腹型电感受器是紧张性电感受器，其特点是具有自发性的节律脉冲产生，在弱电流下其自发性锋电位频率发生改变，能持久地对低频率（0.3～30Hz）或直流电刺激产生反应，因此也称为低频电觉器官或紧张性电感受器。壶腹型电感受器的胶状物质和感觉细胞顶部的微绒毛都是很好的电传导体，对刺激电流电阻很小，因此，感觉细胞和神经纤维的突触联系能直接反射外界环境的变化。密集的电流使电感受器基膜迅速去极化，致使突触释放化学递质的速度大于自发性释放速度，从而使分布在感觉细胞上的传入神经纤维产生传入冲动的频率增加。当外界电流通过鱼体后，电感受器基膜呈现超去极化，使突触释放化学递质的速度小于自发性释放速度，传入神经纤维产生传入冲动的频率也随之减少。这样，传入神经冲动产生频率的高低取决于通过电感受器的电流强度。具有壶腹型电感受器的鱼类能够觉察外界微弱电流的变化，电感受器把接收到的信息通过侧线神经传到小脑和延脑，经过分析与整合后发出指令到效应器官而产生相应的反应。当一条鲨鱼从埋藏在沙里的鲽鱼附近经过时，它能够通过电感受器感受鲽鱼呼吸运动所产生的微弱电流（动作电位），从而轻易发现鲽鱼并翻开泥沙将之捕食。当用小型人工发电装置释放和鲽鱼呼吸动作所产生的相似电流时，鲨鱼会出现相同的寻找捕食动作。洄游性鱼类可能还可以感受地球磁场在水中形成的微弱天然电流，并以此进行定位以利于洄游。

结节型电感受器的特点是经常处于静默状态，只对高频（70～3000Hz）电流刺激产生反应，对低频或直流电刺激不敏感并迅速出现消退性反应，也称为高频电感受器官或相位性电感受器。结节型电感受器能感受电场的变化，其感觉细胞顶部的微绒毛起着电容器的作用，当外界电流通过上皮细胞传到感觉细胞时引起基膜去极化，使内膜产生峰电位并激活传入神经纤维，随着电容器的逐渐充电，电流对突触作用逐渐减弱以至终止。当外界的刺激结束时则出现相反的变化。结节型电感受器依靠这种机制来探测环境或确定外界物体的位置。此外，结节型电感受器既能感觉异体或同种电鱼发出的高频声波，也能感受自己发出的高频声波，因此还具有通讯的功能。

第四章

水产动物环境生理学

二维码内容
扫码可见

了解淡水环境适应中所有因素的相互作用，包括它们在生理和行为水平上的影响，以及对形态学、生化和生活史的影响至关重要。淡水生物让我们更深入地了解到生物群体之间的共同进化和趋同在塑造当今环境中的关键作用。对于潮间带动物来说，减少盐分暴露可能导致耗氧量、氮排泄和酸碱平衡的改变，也可能导致摄食减少，活动水平降低，繁殖能力下降。地球大部分动物进化史都源自海洋，生理系统也在细胞水平上随海洋背景而进化，因为海洋具有相当稳定的盐度、温度和气体供应条件，稳定的海洋环境也不会对生物造成很大的生理和机械水平的挑战。

第一节 淡 水 动 物

一、淡水生境和生物群落

（一）淡水生境

"淡水"是指任何含盐量非常低、不能检测到咸味的水体，相当于盐浓度为 0.5‰～0.1‰，大约是海水盐度的 1% 以下。地球上只有 3% 的水资源是淡水，却只有大约 0.1% 的水是"可见"的液态淡水，如湖泊、池塘和河流。

作为一种生境，淡水具有极大的生物价值，原因如下：①水资源利用率高，使得洪泛区和河流三角洲成为异常高产地区。尽管它们只占地球陆地表面的 3%，却占陆地生产力的 12%。②淡水相关生境高度多变，比其他生境类型都多，而且没有任何两个淡水水体是完全相同的。③淡水是一种重要的驱动力，通过水文循环在陆地环境中使矿物质和营养物质循环。④生境对人类活动影响非常大，因为聚落一直集中在河流湖泊附近。⑤人类对淡水生境的影响也很大，因此它们是环境研究和保护的中心问题。

天然水有多种形式，地表淡水可分为流水（河流、溪流等）和静水（湖泊、池塘等），还包括湿地（草本沼泽、木本沼泽等）等。

1. 流水 流水根据流量和流速以及坡度和地质的相互作用分为永久或水库河流和临时流。水库河流由深水潭、浅溪流和沙洲交替组成，提供了一系列底栖生境，但它们的分布可能因风暴和不同的侵蚀而改变。溪流缺乏生境的可预测性，如果没有深水潭，甚至可能完全干涸。流水也因气候带和地形的不同存在差异，如热带地区的大型河流的流域较大。这些河流可能存在营养状况的差异，甚至同一条河流也存在营养状况不同的流域，如亚马孙河的白水、清水和黑水区。

沿河生物也有分带现象，鱼类可以分为典型的 4 个区域：①上游鳟鱼带，水流湍急，坡度陡峭，河床岩石，冷水充气良好，有机质的主要输入来自陆地植被的落叶。②鲃鱼和鲹鱼带，坡度适中，有水塘和砾石表面。③鲃鱼和雅罗鱼带，坡度较缓，有大量静水，随着植物生长的增加，提供了原生有机来源。④下游鲷鱼带，水流缓慢，夏季温度高，含氧量低，水流浑浊，水体较深，植物生长旺盛。

在流水中的动物将会经历许多环境特性的变化。如果水量小或流速慢，温度会发生季节性变化（特别是在高纬度地区），甚至日变化。离子和 pH 会随降雨输入速率和周围土壤和岩石的径流模式而变化，如白垩高地的 pH 为 9～10，而低洼腐殖林地的 pH 为 4～5。氧含量随温度、混合模式和流速以及沉水植物生长和腐烂程度而变化。食物供应具有强烈的季节性，如浮游动植物很难在冬季捕获。河流和溪流的物理结构确保了各种不同的生态位，因此，利用不同部分的流水系统的动物往往在生物学特性上相当特殊。

2. 静水　　在封闭的静水中，每个池塘或湖泊实际上都是一个生态"岛屿"。湖泊中的生物群落没有特殊的纵向"分带"现象，但可能存在其他类型的分层模式。这受水体大小的影响。

（1）湖泊　　在某些地区，湖泊被风垂直混合，在季节性气候中，湖泊由明显的温跃层（热层结）划分成湖上层与湖下层。温跃层通常春季形成，秋季消失；所形成的水平面被称为变温层。可能随之而生一个氧跃层，阻止湖深层气液混合，并逐渐失去所有的氧气。这可能与有光区和无光区之间的区别有关，其边界的补偿深度随光照强度和水透明度而变化。因此，许多湖泊可以清楚地分为变化很大的浅水区和物理化学条件一致的深水区，而每个区都有自己独特的生物群。

从营养水平可以分为两大类，称为贫营养型和富营养型，中间营养作为中间类别。贫营养型湖泊通常深邃清澈，营养水平低，离子电导率低，藻类少，包括英国沃斯特湖、西伯利亚贝加尔湖，其生物量较低。富营养型湖泊通常很浅，营养水平高，离子电导率高，以及有丰富的浮游植物和动物，包括英国德温特沃特湖、美国纽约州的卡尤加湖，通常动物的生物量很高，但物种多样性很低。

（2）池塘　　池塘主要受对流混合的影响。虽然浅但也有高度分层的水域。因此，生物模式在种类上与湖泊相似，但变化更快，池塘也会更快地富营养化和缺氧。

（二）生物群落

在所有淡水环境中，底栖生物以无脊椎动物为主，开阔水域以鱼类为主。轮虫和小型甲壳动物（尤其是桡足类和枝角类）通常在数量上占优势，而蝇幼虫是溪流中重要的滤食者。涡虫、线虫、甲壳类、双壳类和腹足类软体动物等类群往往在深水群落中占主导地位，蝇蠓幼虫（摇蚊）则主要分布在泥质和沙质/砾石沉积物中。淡水中较高营养层次的物种主要是鱼类，尤其是硬骨鱼类。

二、渗透适应与水平衡

淡水动物面临的主要问题是低渗环境，其 Na^+、K^+ 和 Ca^{2+} 的含量通常非常低，体内离子顺梯度流失并且水向体内渗透，因此它们必须不断抵消淡水的稀释和膨胀作用。因为水总是倾向于从低渗的水环境流入它们的体内，所以淡水池塘、湖泊和河流的生物都有渗透压和离子调节的能力，才能在持续的低盐环境下维持组织功能。有两个不同的且相互关联的因素：在淡水中保持的体液离子浓度水平（通常为 0.1～5mmol）和耐受范围。中华绒螯蟹（*Eriocheir sinensis*）是一种广盐性的动物，它在淡水河流中生活，在繁殖期必须回到海洋中完成生殖活动；即使在淡水生活阶段，它的血液离子浓度也保持在海水的2/3以上。相比之下，河蚌是一类低盐淡水栖息动物，它的血液浓度要略低于海水的1/10，超过海水浓度1/10将无法生存。双壳类也同样受到环境盐度的限制，会在外部NaCl浓度大约50mmol下死亡。许多淡水双壳软体动物、轮虫和海绵动物等都是这种模式，而腹足类、环节动物和昆虫往往介于这一模式和甲壳动物模式之间。

水生动物离子调节机制如下。

（1）渗透性　　淡水无脊椎动物和脊椎动物的渗透压值虽然均低于海洋动物，但由于淡水物种渗透压与环境差异度相对较大，水向体内的渗透和离子向水环境的扩散损失仍然很大。蚊子幼虫在渗透作用下每天可获得3%的身体总水量，而对于血浓度更高的龙虾，这一数字可能接近5%。

（2）离子吸收　　淡水鱼类和无脊椎动物离子的吸收通常集中在皮肤或鳃上。与海洋和微咸水动物群相比，比率（J_{max}）会相当高，亲和力（K_m值）明显低。盐的吸收速率往往根据生活史而变化，淡水钩虾（*Gammarus zaddachi*）在暴露于0.3mmol Na$^+$溶液时比暴露于10mmol Na$^+$溶液能够更快地吸收盐。淡水螯虾的鳃上皮是典型的淡水离子吸收上皮细胞模式。顶端的V-ATP酶将H$^+$泵出细胞，从而为Na$^+$进入提供了更大的电化学梯度，并且导致直接的Cl$^-$/HCO$_3^-$交换。首先离子细胞顶部电中性（1:1）离子交换，随后是通过细胞基部的钠钾泵主动转运离子，体液中的二氧化碳和水提供离子（H$^+$和HCO$_3^-$）。这个转运过程与氨含量有一定的关联性，是酸化作用通过鳃对NH$_3$渗透性的影响而不是通过NH$_4^+$的直接参与而起作用的。淡水离子吸收过程见二维码4-1。

淡水鱼类CO$_2$和鱼鳃排出NH$_3$之间的联系也很复杂。NH$_3$会沿着降浓度梯度从血液向水被动地从鳃中漏出，碳酸酐酶催化的二氧化碳水合作用通过产生H$^+$并将NH$_3$转化为NH$_4^+$来增强这一作用。上皮细胞中存在H$^+$-ATP酶，而不是Na$^+$/H$^+$泵，这些ATP酶通过主动排出更多的H$^+$来帮助氨的排出。淡水鱼鳃的离子运输、CO$_2$水合作用和NH$_3$排泄的相互作用见二维码4-2。

（3）渗透压和细胞调节　　淡水无脊椎动物倾向于通过K$^+$从细胞质向胞外液的转运来调节其体积，从而减少渗透摄入，减少渗透导致的肿胀，维持适当的电化学平衡。K$^+$是双壳类调节自身体积的必须离子，周围介质中K$^+$与Na$^+$的理想比值约为1:100。能够忍受一定程度盐度升高的淡水动物往往在微咸水中合成氨基酸作为细胞内效应物以应对环境盐度变化。沼虾血淋巴中的氨基酸含量是21μg/mL或28μg/mL，氨基酸的水平受眼柄和胸神经节的神经激素细胞的内分泌因子调节，而鳃钠钾ATP酶水平随着离子吸收速率的降低而降低。硬骨鱼类影响渗透压的主要离子是Na$^+$和Cl$^-$，而在肺鱼及"原始"的鲟鱼和七鳃鳗中，有机成分则有相当比例，细胞内除K$^+$取代Na$^+$作为主要阳离子外，其他模式相似。

（4）低渗尿　　由于淡水不断从体外向体内渗透，进食时也会摄入淡水，通常淡水动物需要从尿液中回收离子，以产生低渗尿（尿液：血液<1）。与鳃或皮肤上皮细胞的离子吸收基本相同，从初滤尿液中吸收离子转运回体内。其中典型的结构就是焰细胞，焰细胞将30~90个鞭毛投射到细胞管道。周围的墙壁有狭缝状的穿孔，使焰细胞与管道细胞相遇，这些狭缝充当过滤器。鞭毛通过这些狭缝吸入等渗流体，然后将其沿着导管向下转运，导管细胞能迅速吸收离子，并将液体留在导管腔内。

从解剖学或进化的角度来说，腹足类的确切分类尚不清楚，但腹足类有一个肾，其功能与原肾系统相似。甲壳类触角腺是类似的过滤和吸收系统，在小龙虾中，高达95%的初始过滤液在远端小管中被吸收。淡水中甲壳类动物的排泄器官见二维码 4-3。

脊椎动物的主要吸收部位是肾小管，相对于血液，尿液的渗透压总是低渗的（表 4-1）。

表 4-1 淡水动物的尿液浓度和流速

物种	流速 / [mL/（kg·h）]	浓度 / （mOsm/kg）	尿液：血液
环节动物			
环毛蚓属（*Pheretima*）		45	0.19
甲壳动物			
绒螯蟹属（*Eriocheir*）		800	1.04
钩虾属（*Gammarus*）	21		
软体动物			
田螺属（*Cipangopaludina*）	6	30	
无齿蚌属（*Anodonta*）	19	25	
鱼类			
鲫属（*Carassius*）	14		
鳟属（*Salmo*）	5		
七鳃鳗属（*Lampetra*）	7		
狗鱼属（*Esox*）		30	0.09

在鱼类和两栖动物中，肾脏通常由带肾小球的肾单位组成，有的也包含一些具有球蛋白的肾单位，它们从体腔收集液体。大约一半的初滤液被重新吸收，只有一半到达膀胱，但多达 99% 的过滤离子可能被重新吸收。肾单位与盐和水平衡模式见二维码 4-4。

三、温度适应

湖泊、池塘中温度分布和热循环的模式存在季节性变化，其上层和下层差异较大。在流动水域中，热量会因流量和体积的变化在短时间内发生巨大变化，从而导致热循环复杂化，水生动物也会因季节性和沿水流迁移而导致复杂化。此外，水温升高会促进细菌的繁殖活动，水中的化学变化加剧，给其他生物群带来更多问题。

水产动物大多是水生变温动物，淡水变温动物的热量变化受到水的高导热性和高比热容、大部分栖息地缺乏辐射热以及蒸发热损失的极大限制。热量在鳃等大面积组织中散失迅速，以至于动物体温几乎与水温相同。

（一）生化适应

淡水变温动物的生化适应可能是：①大多数酶的功能几乎不受温度变化的影响；②每种酶的亚型可以根据季节温度适当地切换。在许多淡水动物中，不同酶的亚型在不同季节表达也不同。对于钠钾 ATP 酶等关键酶，在上皮、神经和肌肉细胞中的数量会随季节而发生实质性的变化。在硬骨鱼中，拟鲤的哇巴因（ouabain）结合位点在冬季增加近两倍；鲑鱼酶的变化较为有限，它通过改变膜的流动性来实现调控。

（二）行为适应

一些水生动物可以利用水中的局部热生态位，通过有限的行为调节来选择温度。小型淡水鱼和蝌蚪可能选择池塘边缘较温暖的水，朝向太阳表现出"晒太阳"的行为，或穿梭进出较温暖的水域，以保持稳定的体温。尽管大多数水生变温动物不能超过周围的水温，但只要存在可用的温度梯度，其活动范围即可从深水到浅水或从中游到体温缘。大多数水生动物表现出热偏好。

（三）应对严寒

严寒对于温带淡水变温动物，特别是小水体中的个体生存是一个重大问题。但在中高纬度的湖泊中，底部水也可能永远不会冻结，并保持在 4℃。底部水密度最大，被上面的隔热冰雪保护。淡水动物易受冰冻的影响，因此一些温带地区的物种在冬季来临时会寻找更大的池塘。高纬度地区的淡水无脊椎动物可能会遭受季节性严寒的威胁，许多无脊椎动物可能会在溪流底部挖足够深的洞以避免严寒。

四、呼吸适应

虽然水的含氧量相对较少，但淡水的含氧量要高于咸水。湖泊中的氧含量和二氧化碳含量相对稳定，而它们的变化趋势又依赖于温度。但有几个因素可以显著降低河流和富营养湖泊水中的氧含量，包括：①生产力的季节性循环，会导致湖下层缺氧，而湖上层却发生氧的过饱和。溪流和池塘会存在与生产力相关的氧气水平的昼夜节律。②在春季和夏季，湖泊可能仅仅因为温度升高而损失 50% 的氧气。③高营养区水草生长。④雨季溪流的强流动影响。⑤冰封阻挡气体交换，氧气可能逐步耗尽，直到春季融化后才会更新。不同类型湖泊的氧和二氧化碳分布见二维码 4-5。

在低氧胁迫下，或被转移到较冷水中，许多淡水无脊椎动物表现出简单的"低温行为"反应。如果缺氧不能通过行为避免，动物可以通过以下方案来解决缺氧问题：①扩张或细化呼吸表面；②使用亲和力较高的储氧色素；③调节通气和 / 或循环速率。

（一）呼吸表面

在淡水无脊椎动物中，鳃是摄取氧气最主要的器官，而大多数环节动物和软体动物保留着皮肤气体交换能力。与原始祖先相似，淡水甲壳类动物同样具有鳃，鳃根部通常与腿连接，因此它们可以通过腿部运动来呼吸，十足类（螃蟹和小龙虾）则通过颚和鳃室内羽毛状鳃丝进行呼吸。

淡水脊椎动物可以使用皮肤或鳃进行基础的呼吸，或者依靠肺部呼吸空气。皮肤呼吸在淡水幼鱼中很常见，许多鳗鱼和鲇鱼依赖皮肤呼吸来维持其静止代谢率。沼泽生活的鱼类通常进化出一种空气呼吸的方法，如多鳍鱼和肺鱼都用肺呼吸。而一些鲇鱼、弓鳍鱼及巨型亚马孙鱼类则通过血管化的膀胱或肠道进行呼吸。但大多数鱼类，以及幼小或新生的两栖动物都使用鳃，而几乎所有的成年两栖动物都通过肺部呼吸空气。

（二）呼吸色素

淡水无脊椎动物主要利用色素作为氧气载体和储存物，其中红色或绿色较为普遍。通常色素的特性可以随着栖息地和生活方式的不同而不同，水蚤缺氧会导致血红蛋白浓度增加，这与其在缺氧水域中的游泳能力直接相关。小龙虾缺氧会通过增加血蓝蛋白亲和力来调节氧合状态。季节性流量变化的河流中鱼类通过调整不同血红蛋白组分的表达以及红细胞（red blood cell，RBC）的丰度，使其具有不同的季节性氧合状态。在不同温度条件下驯化的金鱼会出现新生红细胞的形成、现有红细胞的凋亡和中幼年红细胞的分裂，从而调节血红蛋白同质异构体的丰度，而对总体红细胞压积和血液黏度没有太大影响。另一种应对缺氧的方法是从脾脏中调用储存的红细胞来应对缺氧或运输更多氧气的需求。

（三）通气和循环

增加通气率通常是淡水动物对氧气需求变化的第一反应，也是最快的反应，这与缺氧的诱因是环境缺氧还是代谢活动增加无关。在海绵和轮虫等小型动物中，通气主要依靠纤毛或鞭毛活动完成，其活动量/速率根据需要增加。无脊椎底栖动物可以摆动身体，增加局部的鳃活动。当 CO_2 值下降时，软体动物和甲壳动物往往通过增加鳃活动速度、增加每搏流量，或两者兼有的方式增加通气率。小龙虾最初在低 CO_2 时表现出明显的过度换气，但随着缺氧延续，会出现心动过缓，改变血流循环使大脑的血流增加。

淡水脊椎动物对缺氧表现出相对复杂的呼吸反应。鱼类利用调节鳃活动每搏流量和频率（通过改变口腔和盖部泵送模式）来使鳃的摄氧量与需求相匹配，这通常受位于大脑和主动脉中的氧气感受器检测并调控。

（四）双重呼吸方式

许多淡水动物能够同时利用空气和水中的氧气，当它们的水生栖息地变得缺氧或者富含 CO_2 的 H_2O 时，它们会转为呼吸空气。双重呼吸方式是一个复杂的生理过程，因为空气中的 O_2 含量是水的 30 倍，而水中的 CO_2 含量是空气的 28 倍，这就形成了两种截然不同的呼吸环境。甲壳动物、鱼类双重呼吸方式最为显著。

在甲壳动物中，高亲和力血蓝蛋白是很常见的，并会根据含氧量发生切换，许多双重方式呼吸的蟹表现出鳃面积缩小。鳃室存储的水有限，因此可以从空气和水同时进行气体交换，这样 O_2 就会从空气吸收到鳃室中，而 CO_2 主要通过鳃排入储存的水中。鱼类双重方式呼吸需要血管重构，以允许鳃、肺或皮肤充分与水接触交换，并与不同色素亚型的利用相关。

五、生殖和生命周期适应

淡水无脊椎动物的一般趋势是生命周期很短，世代更替很快，幼虫形态减小，更直接的发育涉及更大卵黄卵（许多软体动物）或孵化囊（如甲壳类水蚤）。

通常情况下，淡水无脊椎动物的年繁殖量非常高。一个研究得很好的例子是斑马贻贝，其中一只雌性每年释放超过 100 万个卵母细胞。贻贝是雌雄异体的，体外受精，因此采用协调的成熟和产卵行为。产卵发生在晚春，激素、血清素作为触发因素，导致卵母细胞加速减数分裂。产出的卵子含有物种特异性的精子引诱剂，增加了快速受精的机会。

（一）短生命周期策略

许多浮游动物体现了短生命周期策略，能够充分利用季节性藻类大量繁殖。轮虫和枝角类动物在几天内完成生命周期。它们很快成熟，并将大部分吸收的能量用于配子生产。在这些分类群中，多为孤雌生殖，其卵子不需要受精即可发育，但只产生雌性。雌性远离被捕食的产卵场，产下大量快速发育的卵，世代间隔时间只有 1～4 周。

（二）长生命周期策略

大多数桡足类和底栖无脊椎动物在蜕皮周期生长相对缓慢，它们通常不表现单性生殖，更少有休眠期。有些桡足类通常为了避免鱼类捕食或避免与其他草食动物竞争食物瓶颈期可以滞育一段时间，这通常发生在卵期。这些寿命较长的动物年繁殖量较低，每个卵子或胚胎都受到更严密的保护。桡足类在腹部携带卵囊，淡水蟹和小龙虾的卵比海洋 / 半咸水同类的卵更大，卵和幼体中的碳氮比更高，表明脂质含量很高。水对于自由配子和浮游幼体阶段特别危险，生活于激流中的无脊椎动物采取体内受精策略，把幼卵留在体内，或把卵牢牢地粘在石头等基质上。

（三）表型可塑性和多态性

水温对大型蚤的体型有明显的影响。当水温较低时，成熟期水蚤的体积较大，这可能是因为较高的温度和快速的新陈代谢导致了生长和蜕皮的能量不足。形态周期变化的现象在许多单性生殖的淡水动物中较为常见，其不同世代的形态、生理、行为等方面都表现为多态性。形态之间的表型差异包括成熟时的年龄、卵大小和繁殖投入，这些差异受遗传因素控制，但在早期胚胎发育过程中也会受到环境因素的较大影响。

（四）淡水脊椎动物的生命周期

淡水鱼的繁殖表现出与无脊椎动物相似的季节性产卵模式。淡水鱼卵通常比海鱼卵大，保护在黏液泡沫"巢"或植被中；在池塘或溪流干涸的地方，卵会在底部的淤泥中存活。一些来自沼泽栖息地的肺鱼可以像成鱼一样生存，它们被包裹在一个硬化的泥茧中，里面有分泌的黏液，表面有狭窄的气管。湖泊、池塘中的鱼类物种，常进化出特殊的繁殖习性，以实现物种间隔离，如包括精心建造的巢，甚至"口孵"幼鱼等。一些生活在流水中的鱼类小心地筑巢，以避免幼鱼被冲到下游。

六、机械、运动和感觉适应

（一）深度、浮力和运动

淡水深度有限，所以淡水动物通常不需要应对巨大的水压。淡水的比重较低，浮力也相对较小，为增加阻力，无脊椎动物必须把身体变得更尖或更多皱褶，或者增加组织中的脂肪含量或充气。在淡水硬骨鱼中鱼鳔的比例要高得多，淡水鱼鳔的体积为总体积 6%～9%，而海水鱼鳔的体积仅为 4%～5%。

在流水中，淡水动物需要持续游泳来对抗水流。淡水双壳类则通过它们的足丝黏附在石头上。在中等速度的水流中，流线型的体型紧贴水底可以确保其稳定性，因为上表面的快速水流会有效地将动物压下并保持在适当的位置。很多淡水双壳类贝壳也因为类似的原因呈扁平状体型。

（二）感官

1. 视力　静水环境在其大部分深度光线充足。然而，在河流和富营养化的湖泊中，夏季光被植被耗尽，光环境多变。因此眼睛需要在非常昏暗的条件下工作，尤其是在杂草丛生的池塘或河流中捕食。淡水梭子鱼的眼睛与陆地夜间活动动物的眼睛相似，有大的眼面或瞳孔。一些硬骨鱼和小龙虾可以检测偏振光，这种能力在水生动物中很少见。从水面反射的"眩光"是高度偏振的，这为水面捕食者提供了有利的条件。

2. 化学感受　对于许多淡水动物来说，化学感受对于躲避捕食者、确定猎物及宿主或配偶的位置都很重要。淡水动物对环境物质有特定敏感度，硬骨鱼可以有效感知水环境中微量的酸、碱和盐，幼鱼可以检测 10^{-5} mol/L 蔗糖或 4×10^{-5} mol/L 氯化钠。许多鱼类有特定的感受器来探测同类释放的信号，鱼类被攻击受伤后皮肤会释放警报物质，这些化学物质通常是胆碱、多肽或蛋白质。

3. 机械感受　流量感受器对水生物种非常重要，它包括侧线可形变的神经上皮细胞或毛细胞。甲壳类动物和一些鱼类头部的触角或触须也是感受器。

4. 其他感官　淡水鱼也有电接收和发生器官，弱电鱼有时使用这个系统来识别配偶，雄性的放电能力比雌性弱。电鳗可以在非常浑浊的水域中探测到并击晕猎物。

七、捕食和被捕食

一个典型温带湖泊的营养级联概况可以凸显浮游生物和微食性摄食系统在大多数淡水系统中的重要性。

（一）微食性摄食

大多数淡水浮游动物为滤食性，以细菌、微藻和碎屑为食。其食性具有高度选择性，食用特定种类的绿藻、硅藻或鞭毛虫。轮虫主要以 1～20μm 的颗粒为食。枝角类摄食的藻类略大，达 50μm，而较大的甲壳桡足类摄食 5～100μm 的浮游植物和浮游动物。其他底栖无脊椎动物以藻类水华下沉的残骸为食。

（二）草食性

在温带系统中，比食藻动物更大的草食性动物相对较少。因为在许多湖泊中很少有大型植物，而且它们在浅水中相对较少。许多软体动物以及双足类、小龙虾和一些鱼类以池塘的草和睡莲为食。

（三）食肉性

在淡水中活动的食肉动物可以分为潜伏者和捕食者。捕食在鱼类生命周期中无处不在，而较大的浮游动物构成了大多数鱼类食物的重要组成部分。

淡水食肉动物捕食水表面的薄膜，破坏许多昆虫用以支撑的水膜表面张力，捕食其他落入水中时被同样的表面张力困住的小昆虫，或者捕捉水面以下的小型甲壳动物。

（四）摄食和生长

淡水中食物丰度的昼夜和季节节律对物种的生长有很大影响。季节性对摄食活动也有很大的影响，浮游动物的许多组成部分都表现出垂直的昼夜迁徙，浮游食肉动物也会随之移动。在温带湖泊中，通常会出现"春季水华"，有时会出现两个阶段，硅藻和鞭毛虫的聚集使得草食性枝角类和桡足类大量增长，并伴随着肉食性桡足类的出现。鱼类种群与这些水华有不可避免的营养联系。

（五）避免被捕食

水生动物在白天活动一定程度上与捕食者有关。淡水浮游生物中有明显的躲避捕食者策略，这与浮游生物周期形态变化有关。许多枝角类动物由于肉食性鱼类种群的存在变得小而透明。与开放水域中鱼类数量相比，近岸鱼类数量更多，便于其躲避捕食者的攻击。同样轮虫和枝角类季节性产生的脊骨、盔甲和其他突起可能是抵御无脊椎动物捕食的一种防御措施。透明的躯体结构不容易被捕食者看到，盔甲和突起的刺使动物不容易吞咽。

被捕食活动也与生理周期有关，特别是对于必须经历周期性蜕皮的动物。钩虾属中两个物种在同一个地方共存，并在蜕皮阶段互相捕食。在淡水中，捕食不同程度地有利于某些种类，而在稍高的盐度条件下，捕食却是平衡的。

八、人为问题

（一）废物和污染

人类居住区总是在河岸上，当今的许多大城市仍然横跨着世界上的主要河流。然而，淡水环境是地球上所有栖息地中最易遭到破坏的。

1. 污水和青贮饲料　　无论是来自人类居住区还是集约化农场，未经处理或处理不当的污水都会在淡水中产生大量的生物需氧。未经处理的污水的生物需氧量（biochemical oxygen demand，BOD）可能高达 120mg/（L·d），而经过良好处理的污水的 BOD 可能降至 6mg/（L·d），而干净的淡水仅约为 1mg/（L·d）。这种高生物需氧量有利于耐受低氧的真菌和动物种群，这样引起的种群变化可能需要很长一段时间来恢复。河流和湖泊中富营养化不断加剧，藻类的高速生长产生"水华"，使水产生潜在毒性。淡水动物对污染的敏感性显示了高度敏感（耐缺氧）群体作为环境损害指示物种的关键作用（表 4-2）。

表 4-2　淡水动物对污染的敏感性

分类	动物分类群
1	寡毛纲
2	摇蚊幼虫
3	大多数池塘蜗牛；大多数水蛭；水虱
4	蜉蝣；泥蛉；水蛭
5	大多数虫子和甲虫；大蚊；墨蚊；扁形虫
6	蜗牛；贻贝；伽马虫；一些蜻蜓

分类	动物分类群
7	一些蜉蝣；一些石蝇；大多数石蚕
8	小龙虾；大多数蜻蜓
9	一些蜻蜓
10	大多数蜉蝣和石蝇；大多数石蚕；河蟹

注：1= 不敏感，10= 高度敏感性

2. 采矿废弃物　　采矿活动产生的酸性废水主要是由矿石中的硫化物转化为硫酸而产生的，部分是细菌的作用。酸性水会溶解铜、铁和锌等金属，使污染问题更加严重。而铜对鱼的毒性很大。

3. 热废物　　热废物主要来自于发电站将热水排入河流。一些动物由于自身的低耐热性而直接死亡，另一些则因为细菌的快速繁殖和氧气水平的降低而死亡。

4. 农用化学品　　排放到河流和湖泊的化学物质主要是硝酸盐和磷酸盐。当这些离子进入水体，水中往往会长满藻类，藻类的腐烂可能会通过氧气的减少或碱度的增加杀死鱼类。

第二个与农业相关的问题是除草剂和杀虫剂的投放，这些化学物质对淡水动物有直接毒性和雌激素效应，会引起许多生物体生殖功能障碍，特别是雄性鱼类的雌性化和生育力下降。

5. 工业外排　　工业排放通常涉及不同程度预处理的有机和无机化学品。这些工业污水几乎未经处理，而且往往又是有毒的。对于重金属而言，非常低的剂量就可以引发毒性，表现为镉、汞和锌等金属抑制关键酶活性，而铜是血红蛋白功能的抑制剂。

（二）酸化

雨水是天然的酸性物质，因为空气中的 CO_2 溶解后会产生微弱的碳酸，pH 通常在 5.5 左右。酸雨是一个区域性问题，而不是全球性问题；SO_2 排放，无论是未转化为气体还是溶解为硫酸，都会导致水体酸化；60% 的 SO_2 来自发电站（尤其是火力发电站），20% 来自其他工业工厂。

酸化对淡水动物有许多影响：①生殖力下降和死亡率上升。动物在酸性水域表现出体重减轻。这在鱼类和两栖动物中尤为明显，后者的直接原因主要是猎物捕获率降低。②酸雨溶解了河流或湖泊沉积物中的矿物质。在许多酸化的湖泊中，鱼类的死亡主要因为铝中毒导致黏液的产生受到影响并堵塞了鱼鳃。③酸化对生理过程有直接影响，如甲壳动物的角质层形成，因此降低了这些动物的渗透调节能力。④尤其是春季融雪时经常出现酸性条件，这与许多鱼类的孵化时间冲突。许多幼鱼在低 pH 下无法孵化，这使鱼类资源受到很大影响。

第二节　河口和海岸带动物

一、半咸水栖息地和生物群落

向海洋边缘靠近，在水、土地和空气的交界处，环境条件不断变化，无论底栖动物还是中上层动物的生存都面临很多问题。这里的动物生活在周期性变化的环境中，不断面临新的挑战，也有新的应对策略。

本节的主题是河口和海岸，河口是海洋与淡水汇合的地方，海岸在海洋与陆地交界处。这些栖息地均涉及半咸水。其关键特征：①表面积或体积并不大；②周期性连续变化，不易存活；③介质之间的界面由于侵蚀、沉积或海平面的变化，导致栖息地演化迅速。

然而这些栖息地的生境多种多样，因此其生物多样性很高，且生物群之间有精细构型。海岸位于空气、土地和水的交界处，在三者的平衡中具有复杂的时空变化，其他环境因子梯度也很明显。淡咸水栖息地生物群面对的问题见二维码4-6。

虽然潮水引起的水位变化会影响呼吸方式、渗透平衡、温度平衡和捕食压力等，但是在海边生活也有一些优势，如丰富的食物供应。光线可以透过海水照射在附着的底部植物，各种各样的多细胞藻类可以繁衍生息，构成强大的初级生产力，支撑起庞大的食物网。丰富的资源导致食物的快速消耗和种间的激烈竞争，因此许多动物的种群密度是周期性变化的（表4-3）。

表 4-3　淡咸水生态系统的生产力（与海洋和淡水系统相比）

生态系统	生产力/[g/(cm²·a)]	生态系统	生产力/[g/(cm²·a)]
开阔海水	5~50	潮间带	
沿海水域（温带）		沙滩	10~30
浅海大陆架	30~150	岩滩海草	100~250
上升流区	50~220	河口泥滩	500~750
沿海海湾	50~120	潮上带	
潮下带		盐沼	700~1300
海藻	800~1500	红树林沼泽	350~1200
珊瑚礁	1700~2500	沙丘	150~400
海草	120~350	富营养盐淡水湖	400~600

（一）沿海生境

海岸种类众多，但这些海岸也有相似之处：①三个主要栖息区域空气、土地和水面都有各自的压力；②三个生境之间的平衡变化是周期性的，并伴随着几个与日月相关的相互作用节律，给生物群提供了每日潮汐和可预测的暴露和浸没变化；③海边生物都整齐地呈现二维阵列，具有动植物的不同"层次"，依据特定海岸的特征精确分层。

1. 岩石海岸生物群模式　优势种出现在垂直分布的不同水平带，通常用特定生物的上限和下限来描述，潮上带的顶部生存着黑色地衣、蓝藻和细菌，底部为陆生的有花植物群落；潮间带主要以永久性的附着动物藤壶为主；潮下带是海岸的最低部分，生存着海带目的下层植被。不同区域的宽度和数量以及这些区域内的多样性取决于当地的地理、气候、潮汐大小和高低潮时间（图4-1）。

2. 沙滩生物群模式　沙滩动物有三种主要的栖息方式：生活在沙砾中、沙层的顶部及

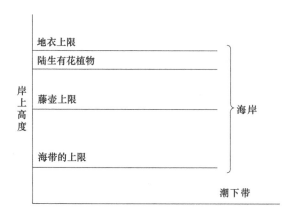

图 4-1　主要生物群类型划分的基本分带模式

洞穴中。依据生物的大小和摄食方式，沙滩生物被分为以下几类。

（1）微型动物　生活在沙砾中的生物，尺寸小于 0.1mm。这一类包括原生生物和一些非常微小的无脊椎动物，只能在细沙间摄食。

（2）小型动物　尺寸为 0.1～0.5mm，也生活在沙子中。包括一些水螅纲动物、小扁形虫、一系列假线虫、一些环节动物群，以及一些小型甲壳动物。这些动物形态趋同，都是蠕虫状，利用刚毛或短粗的"腿"来帮助推进沙子。

（3）大型动物　分为两种类型：①底层水生动物，是生活在沉积物洞穴中的可见大型生物。最主要的物种是环节动物和软体动物，特别是双壳软体动物以及多毛类动物，也有一些棘皮动物（海胆和海星），一些蠕虫群，以及大量的小穴居蟹、端足目动物和等足目动物。②表层动物，包括从双壳类到螃蟹在内的一切表层可见动物，一些是浅水中的海洋动物（包括黄貂鱼、小型鲨鱼、各种比目鱼和虾虎鱼）。

（二）河口栖息地

河口是与海洋相连的半封闭水体，淡水与咸水在此处相遇。随着水位的变化，盐度也随之变化，临界盐度范围是海水的 10%～25%。与海水或淡水相比，这种栖息地中的动物种类要少得多。河口物种多样性见二维码 4-7。

1. 栖息地的特征和生物　河口在盐度、深度、宽度和水流方面非常多变。河口是初级生产力非常高的区域，特别是在热带。这种生产力反映在动物密度高，多样性低；一些河口已成为主要的渔场，特别是软体动物、甲壳动物和鱼类，如鲻鱼、比目鱼和鲈鱼。

河口最明显的特征是从河口向上游移动时，伴随盐度降低，从耐低盐性较差的物种向耐低盐性较强的物种过渡。由于淡水和咸水的密度不同，许多河口也有垂直梯度（分层）。底部的盐度大于表层水，淡水在盐水"楔"的顶部移动，而下面是相对稳定的中间盐度的水，被称为盐跃层。河流湍急的流态可能掩盖河口原有的混合模式。河口地带划分图见二维码 4-8。

2. 河口生物群　在半咸水中也可能有强烈的季节性模式，特别是温带河口生物群。当陆地和河流径流达到峰值时，浮游植物会在春季大量繁殖。初级生产力繁盛之后会出现以浮游植物为食和互为食物的动物种群的连续高峰。温带河口的季节性丰度模式见二维码 4-9。

（三）半咸水动物

半咸水动物生物多样性较低，但有非常高的生物量和密度。半咸水动物主要由四大类组成：①环节动物类的蠕虫；②腹足类软体动物（包括滨螺、帽贝等）和滤食或沉淀食双壳类软体动物（贻贝、竹蛏）；③甲壳动物，包括虾、蟹等；④鱼类，包括虾虎鱼、鲇鱼、鳉鱼等。

（四）核心问题和策略

影响生物在海岸生存的主要因素是潮汐和波浪引起的持续性变化。最明显的影响体现在栖息地交界面的渗透、热平衡、呼吸交换以及食肉动物和食草动物的进食策略。其次，潮汐变化改变了离子水平、pH 和光照水平等：一方面，波浪会产生冲击，造成挤压甚至会使生物位移，还会带来悬浮物质导致浑浊，会淤塞和掩埋动物，堵塞鳃和过滤表面，降低藻类的光合作用速率；另一方面，海滩上的淡水径流会降低渗透浓度、离子水平和 pH。

面对这些问题，简单的回避策略极其重要。如果变化是周期性的，并且可以保证在规律的时间范围内恢复，那么通过简单地关闭外壳或深入隐藏来避免可预见的短期不利条件是非常有意义的。

二、离子和渗透适应与水平衡

所有的动物都在一定程度上调节着离子平衡，所需的泵和通道是细胞的基本特性。在河口和海岸的所有动物需要应对更多的外部变化。海岸经历季节性和日夜潮汐变化，由于岩石池和裂缝中水的蒸发，退潮时会有一段时间的高渗状态，雨水和淡水径流会造成低渗胁迫。这种水在冬季月份大多数是低渗的，但在夏季浓度与海水一样，此时伴随着缺氧。生活在海滩上且暴露于空气中的动物会遭受干燥胁迫。海岸生境微环境变化见二维码 4-10。

（一）策略

1. 躲避者　为了避免渗透胁迫和组织的干燥，许多动物在半咸水中躲进缝隙，或在沙子、泥土中挖深洞以保持水分。这些选择可能会导致额外的氧气消耗，并使其暴露在异常的 pH 或高水温的环境下。

另一种解决办法是储存水，甲壳动物在鳃室内、软体动物在地幔腔中存水，使软组织暴露在盐度不同于外部环境的水中，可以让动物"缓解"实际环境变化的胁迫。

第三种是有一个保护层，可以保护动物暂时与外界隔绝。明显的例子如软体动物、腕足动物和甲壳动物中的钙质壳或角质层以及一系列环节动物中的沙管、几丁质管、固结黏液管或碳酸钙管。

2. 调节者　一般动物为了维持合理的细胞体积，在血液 - 细胞界面上进行调节。半咸水中调节者的控制集中在皮肤 - 血液界面，从而保持相对恒定的体液浓度。

甲壳动物［如蓝蟹（*Callinectes sapidus*）和中华绒螯蟹］和脊椎动物（如鲑和鳗鲡）有很强的渗透调节能力，能够在淡水向海水移动时直接穿越河口区域并循环返回（分别是溯河产卵和降海产卵的种类，在淡水和海水中产卵，在两种介质之间有规律地移动）。

渗透调节能力还随个体发育而变化，许多甲壳类幼体是耐盐性差的渗透调节动物，成体可以在较低的盐度下生存。这种变化部分源于内分泌系统的成熟，也来自渗透调节器官的变化。

（二）机制

与渗透适应有关的主要机制有：外部渗透性的改变、盐吸收的变化和细胞渗透调节。生活在半咸水环境中的动物需要尽可能降低体表渗透性，因为这会降低渗透压变化率和血容量变化率到可控水平。

透水性 P_w 在大多数半咸水螃蟹和鱼类中明显降低。然而，在一些深穴的双壳类（如蛤蜊）中，P_w 相当高，而在贻贝中，P_w 则较低。对于 P_{Na}（钠渗透性），半咸水物种通常介于海水和淡水之间（表4-4）。

表 4-4　半咸水动物的透水性（P_w）和钠渗透性（P_{Na}）

种和栖息地	$P_w/$（10^{-4}cm/s）	$P_{Na}/$（10^{-6}cm/s）
双壳类		
半咸水		
海螂属（*Mya*）	3.8	5.7
贻贝属（*Geukensia*）	1.3	4.0
甲壳类		
海水		
蜘蛛蟹属（*Libinia*）	12.8	13.2
磁蟹属（*Porcellana*）	4.7	1.0
蜘蛛蟹属（原）（*Maia*）	12.4	1.6
滨蟹属（*Carcinus*）	3.4	12.9
50% 海水		
滨蟹属（*Carcinus*）	9.0	5.0
黄道蟹属（*Cancer*）		2.7
淡水		
绒螯蟹属（*Eriocheir*）	0.22	0.87
螯虾属（*Astacus*）	0.88	0.10
脊椎动物		
淡水		
鲫属（*Carassius*）	3.9	0.4
鲑属（*Salmo*）	1.6	0.3
鳗鲡属（*Anguilla*）	1.2	0.6

有些动物在经历一段时间的空气暴露后，不会随着环境盐度的降低而改变 P_w 值。双壳类蛤蜊和贻贝分别通过生活在湿润的洞穴和保持很低的 P_w，以减少这种暴露过程中的水分损失。脊椎动物体内有一系列激素，如抗利尿激素（antidiuretic hormone，ADH）可以控制皮肤和肾小管细胞中的 P_w 变化。大多数无脊椎动物通过皮肤阻止盐的流失，海葵上皮细胞表面的离子具有很强的渗透性，可以向任何方向快速扩散。

在一些半咸水动物中，渗透性的变化可能伴随着细胞形态的变化。在水螅和螃蟹鳃中裸露的上皮细胞在半咸水条件下变得更加圆润，总表面积减小，有助于减少净通量。

表面渗透性降低是第一道防线，但这只是一种拖延策略。活的有机体不可能完全不渗透，也不可能与外界的变化完全隔离。因此，总体策略必须有一个调控机制，使内部液体的渗透压保持在可承受的变化水平。

1. 离子运输机制　在半咸水中，动物被动降低离子和水的渗透性后，其体内的离子和水仍然会沿着渗透梯度移动，发生离子外流。这种情况会发生在水生动物进行气体交换的鳃表面。因此，鳃作为离子交换部位，需要控制离子的进出。甲壳动物的鳃通常有两种细胞类型："薄"细胞主要参与气体交换，而"厚"细胞是离子交换的主要部位。除了在一些甲壳动物中，鱼类也是通过鳃进行离子交换。此外，在胚胎发育中卵黄膜和幼体皮肤中的盐细胞在离子交换中起主要作用，但随后会退化。另外，幼年和成年甲壳动物的中肠区域也是盐吸收的主要场所，在一些成年水生动物中，肾也可对某些离子进行吸收，肾小管细胞将离子从滤液中吸收到体内，产生轻微的低渗尿。

动物血液渗透压主要靠 NaCl 维持，因此无论是在鳃部还是肾，Na^+ 和 Cl^- 通量的调节必定是渗透调节的核心。

2. 细胞渗透适应　即使当外界环境和周围环境（即血液）低渗时，细胞也需要恒定的离子浓度。这是因为离子会显著影响许多细胞内部的功能，特别是对酶活性和 DNA- 组蛋白相互作用变构效应的影响。因此，当面对低渗的环境时，细胞倾向于保留其离子，而失去一些其他具有渗透活性的溶质，主要是氨基酸，这个作用被称为渗透效应或代偿渗透。

三、温度适应

为应对不断变化的环境温度，生活在河口和海岸带的动物都是广温性的。这种温度变化可以以多种方式表现出来，包括潮汐效应以及季节性变化。

（一）过热

热压力是一个周期性问题，除了热带海岸以外受季节性影响的所有地区都存在过热问题。

在河口和海岸，软体动物会通过调节形态大小、形状和颜色来应对热胁迫的问题。体型小的软体动物往往吸热（散热）速率很快，干燥速率也较快；体型较大的动物热交换率相对较低，海岸的贻贝有较大较厚的壳，一方面可以抵抗捕食者的攻击，另一方面可以避免长时间暴露在阳光下而导致机体过热。调节体色也是一种重要的适应策略，一些动物会改变自身颜色来达到调节温度的作用，黑色螺壳的反射率为 2%～10%，而体色呈亮黄色或白色的贝类外壳反射率为 30%～50%，浅色有助于反射辐射降低吸热速率。贻贝黑色和棕色之间的颜色差异也足以产生显著的吸热差异，加拿大东部的贻贝几乎 100% 是黑色的，而纬度低、光强的美国东南部的贻贝只有大约 40% 是黑色的（图 4-2）。

沿海生物还依靠行为策略应对热胁迫，特别是无脊椎动物，包括撤退至洞穴，寻找阴凉的裂缝，隐藏在密集的海藻丛下，或依靠石头降温等。沿海端足类生物，在春季靠近潮汐线下游挖掘较浅的洞穴，夏季则挖掘更深的洞以避免机体过热。无论是在夏天保持凉爽还是在

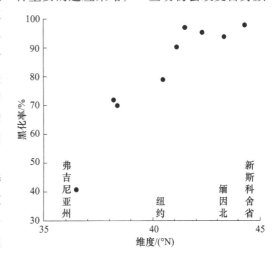

图 4-2　北美洲东海岸紫贻贝颜色的变化趋势
（Innes and Haley，1977；Mitton，1977）

冬天保持温暖，生物聚集都是一些动物的天生习性。在炎热夏天，成群的贻贝体温比单独的要低4～5℃；而另一些沿海脊椎动物，则会依靠冰冷的岩石或寒冷的水流来解决热胁迫的问题。

除了行为、形态适应以外，许多动物会利用体内细胞膜和酶提高细胞和组织的耐受性，从而适应所处的自然生境。加州贻贝的体温每天都会经历20℃的周期性变化，且季节影响明显，其鳃膜磷脂表现出季节性的膜黏性适应，增加了细胞膜的流动性以应对夏季的最高温。随着温度升高，贻贝的泛素和热休克蛋白在鳃中的含量也会升高，表现出局部和季节性的变化。泛素具有调节膜稳定性的作用，热休克蛋白含量的升高可以抑制膜蛋白的形成，从而提高细胞和组织的耐受性。许多动物会增加体内膜组织的耐热性，潮间带藤壶在高温下能够保持滤食性环状物正常的生理活性。然而，海岸滨螺的耗氧量并没有与温度变化成正相关，由于其经历明显的昼夜温度变化，夏季温度补偿的收益会被极端的昼夜温度波动所抵消。

（二）寒冷

冬季的潮汐周期可能导致水面结冰等寒冷问题。因此，在高纬度地区的河口和海岸动物大多是耐寒动物，其体液能够承受定期的冻融；大多数的藤壶、双壳类和腹足类动物都是如此，这些无脊椎动物存活的最低温度为－10℃左右。一部分生活在洞穴里的动物，在退潮时身体也不会被冻结，因为寒冷使上层水不断结冰，同时也吸收了下层很多淡水，导致剩下的水盐度非常高，所以才会维持洞穴里的生物不结冰。

体内细胞膜和酶的适应策略同样能帮助生物应对寒冷。沿海的螃蟹受到寒冷应激，会改变鳃膜磷脂的膜黏性，增加细胞膜流动性，并且降低胆固醇和磷脂的比例，维持饱和脂肪酸和不饱和脂肪酸的比例基本不变。帝王蟹比普通蟹有更大的膜流动性和较低的胆固醇磷脂比。贻贝在应对低温时，使参与碳水化合物代谢的多种细胞溶质和线粒体酶的协调受到抑制，主要是通过可逆的蛋白质磷酸化，从而使生化途径保持平衡。

四、呼吸适应

海岸带一般不会出现缺氧现象，而河口往往会发生严重的缺氧。由于温度的升高，CO_2的增加，生境中的生物很快会出现缺氧现象。因此，大多数海岸和河口动物的有氧和无氧呼吸都很重要。

（一）有氧代谢

在许多潮间带中，有氧代谢的适应策略通常通过降低有氧代谢率和逐步增加厌氧途径而实现，生物往往会减少活动，以降低不必要的氧气消耗。许多物种会改变心率和呼吸频率，螃蟹在氧气充足时心率会高一倍，并且可以通过改变换气频率来改变它们的通气量。双壳类会降低心率，并在退潮时停止所有滤食活动。另外，一部分河口和海岸动物还可以利用体内的色素进行有氧代谢。沙蚕和星虫，它们有足够的血红蛋白来维持整个低潮周期氧化活动，对氧的亲和力可直接通过使用更具亲和力的血红蛋白来实现。而在蓝蟹中，长时间缺氧会产生更具亲和力的血蓝蛋白，动物在不断缺氧适应进化过程中会产生更高亲和力的色素。

当退潮时，许多潮间带软体动物在鳃腔中保留了水分，甲壳动物也会使用类似的方式储存水分。许多生活在沙滩上的穴居动物可以在涨潮时吸取新鲜的含氧水，并将其储存在洞穴中。

泥滩上的弹涂鱼能在其洞穴内积累空气，先通过在水面吸气，然后在洞穴中释放气泡。

一些潮间带动物利用更高级的呼吸系统在水中和空气中一起发挥作用。在退潮时，一些水中呼吸的动物会露出水面，它们的鳃不断塌陷以形成储存空气的腔。为了呼吸空气，许多前鳃类软体动物的外套膜边缘和外套膜底部的一部分血管化，以便在鳃变得无用时吸收氧气。而另一些动物则可以直接从空气中获取氧气，进行有氧代谢。北美贻贝会张开以进行组织的气体交换；草虾则会在水中缺氧时跳跃出水面直接从空气中摄取氧气。

（二）厌氧代谢

一些动物可以保持有氧代谢，但无氧代谢则是更普遍的反应。其中，糖酵解是一种高度保守的途径。甘油醛在一系列磷酸脱氢酶作用下被氧化。丙酮酸是末端电子受体，一般最后一步脱氢酶常为乳酸脱氢酶（lactate dehydrogenase，LDH），产生终产物乳酸。节肢动物、棘皮动物和脊椎动物都依赖经典的糖酵解途径来进行无氧代谢，导致大量乳酸的积累。然而，含氨基酸的厌氧途径在河口和海岸物种中特别常见。这些途径产生不同的"亚氨基"终产物：精氨酸产生章鱼碱，甘氨酸产生谷氨酰胺。因此，乳酸脱氢酶被一种类似的"亚氨基脱氢酶"取代。所有这些亚氨基脱氢酶在功能上等同于乳酸脱氢酶，因此每个糖基单位的ATP输出量是相同的。

在许多研究的微咸水物种中，高水平的磷酸精氨酸（arginine phosphate，AP）与章鱼碱的形成有明显的相关性，在双壳类和头足类动物中尤为常见。双壳类动物和其他软体动物对缺氧有特殊的耐受能力，部分原因是它们在恢复阶段具有良好的抗氧化防御能力；缺氧一段时间后清除厌氧终产物和补充糖原储备恢复代谢稳态。为应对氧含量的恢复，潮间带物种需要快速重建常氧细胞，以便快速补充ATP和磷酸酶水平、天冬氨酸和糖原的再合成、酸性终产物的清除，以及正常活动（如进食）的恢复，保证能量的需求。

五、生殖和生命周期适应

许多河口和海岸动物通常会采用更复杂的繁殖行为来为后代争取更多生存的可能性。很多动物选择将产卵时间与潮汐同步，要么进行直接交配以达到高受精率。大多数无脊椎动物在幼体阶段数量庞大，有一定的游泳能力，会很快定居。有些蟹的受精卵呈蛋黄状，体积较大，幼体体积较大，耐盐能力强，仅靠卵磷脂就能存活至少两个潮汐阶段。包括许多甲壳动物在内的无脊椎动物用育卵袋保护卵，直到胚胎相对较大和独立。许多海岸带的鱼类如虾虎鱼亲本会出现护卵现象。还有一些海岸动物会将卵产在岩石缝隙等隐蔽区域或者像珊瑚这样具有防御性的巢穴之中孵化。此外，一些软体动物和鱼类在整个生命周期里会发生性逆转现象。这对于种群相对分散的物种而言，能够极大地增加交配机会，提高繁衍概率。

六、机械、运动和感觉系统

（一）物理构造

海浪会产生相当大的压力和撕裂力。动物可能会选择挖洞、躲在稳定的大岩石下或裂缝中进行躲避。但有相当大比例的海岸无脊椎动物进化出了保护壳。软体动物的外壳微观结构与动物生活方式之间存在着一定的关系。软体动物的外壳是由碳酸钙的小晶体块包裹在蛋白质基质中，然后以不同的几何排列组合在一起，达到了最大的机械强度（$35\sim115N/m^2$）。交叉层状结构强度较低（9~60N/m²），其晶体层在方向上交替。棱柱结构，与垂直于壳体表面的棱柱堆叠，这提供了合理的抗压机械强度（大约 60N/m²）。而在捕食压力大的生境中，交叉层状结构占主导地位。海浪和潮汐会对所有动物产生影响，动物为了不被海浪转移，进化出了不同的应对策略。藻类通过根部牢固的支撑物保持局部稳定，海葵利用有黏性的圆盘、贻贝利用分泌的足丝固定。

（二）爬行、游泳和穴居

受昼夜节律影响，大多数蠕虫和许多甲壳类动物都以有节奏爬行的方式觅食，并在海岸带的岩石和杂草中分散。一些两栖甲壳动物在潮汐之间穿过干燥的沙子或岩石时，以爬行或跳跃的方式移动。

无论是在海滨或河口地带，动物为避免被捕食，只在岩石池或当潮汐很好的时候游动。亚滨海区域的海洋动物保持着自由游泳的模式，当游泳有危险时，它们可以进入裂缝或用吸盘抓住岩石。无脊椎幼体会在水体中自由游动，使水流将它们分散到更广泛的地方。

穴居可能是河口和海岸动物最重要的生存方式。退潮时，穴居可以避免渗透、热和缺氧胁迫，还可以减少被捕食的风险。穴居动物通过将一端伸出底层来过滤或摄取沉淀的食物，或者通过吃掉底层的有机碎片来开辟新的食物来源。

（三）视觉感官

相较其他感官，河口和海岸动物的视觉敏感度和对光的反应更为重要。大多数微咸水的不同深度都可以接受光线，尽管在夏季这种光线可能会因为植物的生长而有所减少。在海岸带和珊瑚礁周围的水生动物具有良好的辨别不同颜色的视力，如一些虾类有 10 种或更多的光感受器。而生活在泥泞海岸和河口的动物很少有良好的视力和颜色辨别能力。

（四）运动感官

运动器官对许多生活在半咸水中的动物意义重大。这一生境下的动物通过皮肤或绒毛感受潮流和波浪等外部介质流动，许多节肢动物和鱼的感觉器官是刚毛。大多数软体无脊椎动物门都有纤毛神经上皮细胞，它们充当流动和压力的直接"流变感受器"。在鱼的侧线系统中，神经肥大细胞是水流和压力的主要传感器，提供方向和重力信息。

七、摄食和饵料生物

河口和海岸栖息地动物的食物来源于海洋和陆地，但同时也存在这两种生境的捕食者。而捕食者也可能通过大量捕获幼体决定种群规模。

多岩石的海岸蕴藏着丰富的食物：滤食动物摄食的浮游动物和腐食动物摄入的食物碎屑，这两者在每次潮汐中均会更新；大型海藻在不同的深度为食草动物提供密集的生长空间；河口也有丰富的食物，其营养来自河流。然而，一些动物可以摄食沙子和泥土，以大部分细菌为食，如招潮蟹属（*Uca*）、太平洋蝉蟹（*Hippa ovalis*）等可以在淤泥表面的碎屑上觅食。相当多的浅水动物体内都有微藻，营共生关系。藻类通过光合作用固碳，同时间接帮助珊瑚沉积碳酸钙骨架。某些蛤和海葵体内也有微藻。

大部分沿海动物面临着被捕食的危险，因此，躲避潜在捕食者的生存策略是必须的。一些无脊椎动物的生存策略依赖于自身的化学感官。当附近有捕食者存在时，滨蟹类似乎会对"报警物质"做出反应，迅速躲藏在裂隙中。许多动物主要通过躲藏或挖洞来躲避捕食者。然而，这并非绝对安全，因为一些常见的海滩掠食者能够深入淤泥、沙子、缝隙或小石头之间捕食猎物。

八、污染

（一）污染物

从海洋中泄漏出来的大部分石油和化学物质都聚集在海岸上。因为人类倾向于生活在河流和河口地区，生活污水也经常排放到那里，在低潮时，这些污染物会导致大肠菌群数量增加和氧气枯竭。农业化学品（如硝酸盐、磷酸盐）和工业废物（包括碳氢化合物和重金属）从河流流入河口和附近海岸的累积沉积物也增加了富营养化和毒性等普遍问题。最严重的问题来自污染的河流流出物以及处理不当的污水和不可降解的塑料废物。内陆森林砍伐增加了侵蚀和河流沉积物负荷，进而导致近海沉积物增加。

（二）海岸线变化和旅游业

另一个影响沿海地区及动物的问题是，人类倾向于改变和"治理"海岸线，以减少悬崖的侵蚀，稳定沙丘，排干湿地，或改变海岸线沉积物的移动。这些措施可能会影响循环过程的平衡，在这一过程中，生物通常会将大量营养物质从泥滩和湿地循环回陆地。在极端情况下，利用海岸线地区进行旅游、近海体育活动，会彻底破坏脆弱的生态系统，也会严重破坏依赖渔业和海洋牧业的当地人类活动。

（三）沿海能源

相对偏远的海岸通常是建造炼油厂和核电站的合适地点，而且人类在利用海浪和潮汐能作为未来可再生能源方面也有重要的计划。这些想法表面上很吸引人，但到目前为止，由于海浪的异常变化，沿海能源是非常难以获取的。现在确实存在一些小型潮汐发电站，法国、加拿大、英国和我国已经深入研究了大型潮汐坝的影响，但投入还很有限。然而，这些发展必然会在未来对沿海环境和生物群产生影响，特别是对接近其环境极限的固着物种，以及可能对那些在较高营养水平上的鱼类产生影响。

通常在一个垂直分区的栖息地内每一种生物都有自己非常严格的生态位。本节介绍了不同环境变量如盐度、温度和氧气这些高度相互依赖因素的相互作用，而这些因素中，单一因子作用对滨海环境影响不大。例如，盐度和温度变化导致的死亡率是关联的，反过来又因氧气利用率的变化而改变。在任何一个物种中，减少盐分暴露都可能导致耗氧量、氮排泄和酸碱平衡的改变，但也可能导致摄食减少、活动水平降低、繁殖能力下降。因此，海岸的不同地区，同一物种的不同个体可能会采取差异明显的生理和生活史策略；很明显，个体间耐盐性的差异对低渗河口环境的适应能力产生了非常微妙的影响（图 4-3）。

物种间的分带性分布是由于不同物种面对干旱、热胁迫、冷冻、缺氧和缩短摄食时间等相互作用的耐受性变化造成的，同时还受到幼体偏好和耐受性以及幼体群居性的影响。但最重要的是，分带性也是由竞争引起的，无论是直接的影响，还是通过更有效地利用资源而间

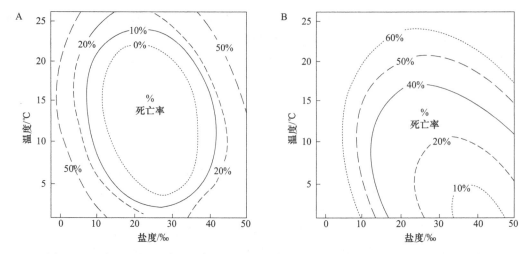

图 4-3　温度、盐度和含氧量之间的相互作用决定了褐虾（*Crangon crangon*）的死亡率

A. 完全充氧的水体，在中等温度和盐度接近或稍低于完全海水的情况下，死亡率是最小的；B. 含氧少的水，死亡率高得多，但动物在较冷的水和较高的盐度范围内生存得更好（Haefner, 1969, 1970）

接影响。而且分带性可能还受到不同捕食压力的影响，特别是在鱼类和甲壳类捕食者较多的近岸浅海。

第三节　海 洋 动 物

一、海洋生境和生物群落

海洋占据地球约 70% 的面积，由于其深度大（平均深度约 3800m，海沟达 11 000m），构成了地球上至少 99.9% 的可用生存空间。生命起源于海洋、海岸带和池塘，而细胞最初适应于一定的离子渗透性环境。因此，绝大多数现代海洋生物与周围环境是等渗的。然而，水生脊椎动物需要应对海洋咸水，保持体内渗透压的相对稳定。

（一）海洋环境

地球上的海洋都是相互连通的，而且整体的化学成分是相对一致的，海水被海流和潮汐很好地混合在一起。海洋化学平衡实际上是由复杂的地球化学循环过程维持，这些循环使海洋化学环境保持相当稳定的状态。

不同大洋都有自己的环流，这些洋流扰动海水，促进了混合和恒定的盐度，同时也使寒冷和温暖的海水汇聚在一起。不同温度和盐度的海水也会混合在一起，形成盐度交错上升的暖水和下降的冷水。

（二）海洋生物群落

海洋藻类植物以微藻类（浮游植物）和大型藻类（海藻）为主。海洋种子植物大约只有 30 种，并且主要分布在河口和海岸地区。这意味着对于大多数海洋而言，初级生产力主要来自藻类活动，特别是浮游藻类。

洋流和涡流对每个海洋的生产力都有重大影响。部分地区的初级生产力非常高，这类区域往往是温暖和寒冷水域交汇的湍流区域，纽芬兰岛附近的渔场则是大河岸湾流和拉布拉多冷流碰撞产生的。更多高产地区出现在富含养分的冷水与大陆西海岸汇合处，厄瓜多尔和秘鲁海岸就是最好的例证，世界沙丁鱼捕获量的很大一部分来自该地区。极地海洋代表了另一个生产力很高的地区，至少在极地春季和夏季，冰川融水引入硝酸盐和硅酸盐，进而促进藻类群落的快速增长。此外，铁含量的高低是生产力的限制因素，特别是太平洋地区，但从南极岛屿中浸出的铁，提高了当地的生产力。

海洋动物可以根据与深度相关的位置分类，底栖动物可分为：表生动物（附着，不活动或爬行动物）和生活在底层内的动物群，后者包括洞穴中的无脊椎动物和生活在基质颗粒之间的许多微型脊椎动物的间质动物群。

在远洋区域，动物可按运动能力的大小分类。游泳量大的远洋动物称为游泳动物（nekton），主要由鱼类和头足类动物组成。那些随水流漂浮的小动物被称为浮游动物，包括水母（海蜇属）、梳齿水母（栉水母属）、弓形虫（毛颚类）和各种甲壳纲动物，还包括多种幼鱼。

二、离子平衡和渗透压适应

（一）海水

海水盐度为35‰～36‰，渗透压为1000～1150mOsm，正常海水的化学成分见表4-5。

表 4-5　正常海水化学成分表

成分	物质的量浓度 /（mmol/L）	质量浓度 /（g/L）
Na^+	470	10.8
K^+	10	0.39
Mg^{2+}	54	1.30
Ca^{2+}	10	0.41
Cl^-	548	19.4
SO_4^{2-}	28	2.7
HCO_3^-	2	0.14

（二）海洋动物的体液

根据海洋生物对盐度的适应范围（表4-6），可将其分为狭盐性和广盐性两大类。海洋无脊椎动物的体液与周围环境是等渗的，离子渗透压［K^+（150～400mmol/L）、Na^+（25～80mmol/L）、Cl^-（25～100mmol/L）］只占动物细胞内总渗透压的一半，其余则由细胞内的氨基酸和其他有机分子维持。狭盐性海洋无脊椎动物与周围环境的渗透压相同，但是广盐性海洋无脊椎动物与周围环境的渗透压不同，这些动物可以在微咸水和高盐海水中生存。在高渗胁迫下，细胞会迅速失水。而在低渗胁迫下，细胞外的主要渗透效应器是常见的中性氨基酸（丙氨酸、甘氨酸和脯氨酸）及其衍生物（甜菜碱、牛磺酸和氧化三甲胺）（图4-4）。

表 4-6   无脊椎动物渗透压表

种类	渗透压 / mOsm	种类	渗透压 / mOsm
刺细胞动物门		螯肢亚门	
水母	1050	鲎	1042
软体动物门		棘皮动物门	
乌贼	1160	海胆	1065
章鱼	1061	脊索动物门	
贻贝	1148	板鳃类	
环节动物门		鲨鱼	1075
沙蠋	1120	角鲨	1096
沙蚕	1108	硬骨鱼	
甲壳纲		牙鲆	337
滨蟹	1100	大西洋鳕	308
海蟑螂	1220	海水	1000～1050
海螯虾	1108		

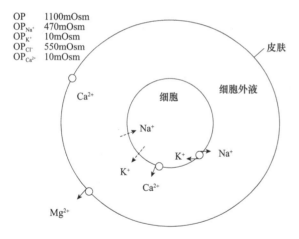

OP　　1100mOsm
OP_{Na^+}　470mOsm
OP_{K^+}　10mOsm
OP_{Cl^-}　550mOsm
$OP_{Ca^{2+}}$　10mOsm

图 4-4   海洋生物细胞典型模型
实心箭头的圆圈表示离子运输；OP 表示渗透压

（三）适应机制

海洋动物能控制其体内的离子通过量，同时限制自身的有机成分参与渗透，特别是二价阳离子和阴离子，因此海水动物体表的渗透性比体内的渗透性要低。

1. 无脊椎动物　钠钾 ATP 酶和氨基酸调节系统共同调节海洋生物的渗透压。在海洋无脊椎动物中，钠钾 ATP 酶的 K_m 值较高，能快速将 Na^+ 逆浓度梯度转运，细胞离子泵还利用 ATP 产生的能量维持细胞内高钙和高钾水平。此外，无脊椎动物的体表负责 75%～95% 的盐流失和吸收。

海洋动物的身体是一个动态平衡系统，不断地参与微小的调节以保持其细胞体积恒定，并保持血液与水环境、细胞与血液之间的离子浓度梯度。由于无脊椎动物的结构简单，只需要非常简单的渗透调节或排泄器官就可以维持体内的渗透压平衡和含氮废物的处理。海洋动物的每日尿量通常相当于其身体体积的 3%～15%，狭盐性甲壳动物每日尿量特别低（3%～5%），这与许多广盐性潮间带动物的每日尿量 15%～50% 形成鲜明对比。

2. 脊椎动物　海洋脊椎动物的体液基本上都是低渗透压的，容易失去水分并从环境中获得盐分。因此，它们必须不断地进行渗透调节和离子转运。水和离子的渗漏发生在体表渗透性最强的部位，如硬骨鱼的鳃上皮。体表其他部位的渗透性通常会较低。盐和水通过以下 4 个步骤进行调节：① 大量饮用海水；② 通过肠壁和食道吸收水分（70%～80%）和水中的单价离子（Na^+、K^+、Cl^-），而二价离子（Ca^{2+}、Mg^{2+}、SO_4^{2-}）沉淀则随粪便排出体外；③ Na^+通过鳃和皮肤表面的主动运输被排出体外，鳃中的泌氯细胞通过钠钾 ATP 酶和 Cl^-通道分泌多余的 Cl^-；④多余的二价盐（Mg^{2+} 和 SO_4^{2-}）以尿液的形式排出体外。

此外，动物可以通过激素控制来改变排泄过程的相对速率，使其可以短时间迁移到淡水环境中。例如，溯河产卵物种（七鳃鳗和鲑鱼）和降海产卵物种（鳗鲡）具有特殊的调节模式：能够在海水中向外泵送 Na^+，在淡水中向内泵送 Na^+。海洋硬骨鱼肾单位的盐类和水的转运见二维码 4-11，全鱼盐类和水的转运见二维码 4-12。

三、温度适应

（一）海洋热环境

海洋的热量主要来源于地热和太阳辐射，并且由于其体积巨大和热容高，海洋温度变化很小。海水的凝固点为 $-1.86℃$，但在寒冷的环境中，冰层会为深的海水提供缓冲，防止大量的深度结冰。海水温度在垂直方向上随着深度的增加而降低。从海水的深度与温度的关系可将海水分为 3 层：上层为混合层，此层温度是均匀变化的；中间层为温跃层，此层温度急剧下降；最底层位于温跃层下，海水的温度较平稳地下降。海水深度每下降 1000m，海水温度就会下降 $1\sim2℃$，在水深 $3000\sim4000m$ 处，海水温度只有 $1\sim2℃$。

（二）海洋动物的体温

根据海洋生物体温变化可以将其分为变温动物和恒温动物两大类。恒温性海洋动物身体温度始终控制在一定范围内，这类动物很少。由于这些海洋生物向水中散发热量，其脂肪具有一定的隔热作用，所以能在海中保持较高的体温。绝大多数海洋动物仅依靠迁徙维持自身体温的恒定性，几乎不需要其他适应性或调控策略，如鱼类在冬天迁移到深水。

（三）适应机制

海洋生物的细胞和酶可以在相对寒冷的温度下工作，且不需要同工酶变化或变构调节，所以海洋生物可以很容易适应环境的温度变化。

1. 适应不同的温度 海洋动物的行为在一定程度上受温度的调节和影响。龙虾喜好的水温为 $13\sim19℃$，春季温暖的水域可以刺激其进行生长和繁殖。海洋生物的酶活力和代谢物浓度表现出季节适应性，其细胞中的线粒体数量也随温度上升而增加，以确保充足的 ATP 供应。鱼类的热休克蛋白可以增强鱼类对低温的耐受程度。此外，暴露于低温环境对游泳速度和耐力产生负面影响，但是长时间处于低温环境下，动物的游泳性能则会大大改善。这主要是神经和肌肉的适应性变化，包括红肌数量的增加和肌肉细胞线粒体密度的增加。

2. 大型恒温脊椎动物区域体温的生理调节 少数大型海洋鱼类具有维持体温的能力，包括硬骨鱼类（鲭鱼、金枪鱼、鲣鱼和比目鱼）和魟鱼科（魟鱼）。区域性体温生理调节的基础条件是拥有较大的体型和热源，还有保存热量的热交换器，通常肌肉供能是主要的热源。

金枪鱼通过调节体温将热量保留在肌肉组织内，可以使肌肉温度比周围水温高出 10℃ 以上。金枪鱼具有丰富的红肌，其通过皮下动脉供应血液，静脉血也返回皮下血管，离开肌肉的温血用于加热传入的冷血，热量被逆流换热保留。金枪鱼的区域吸热见二维码 4-13。

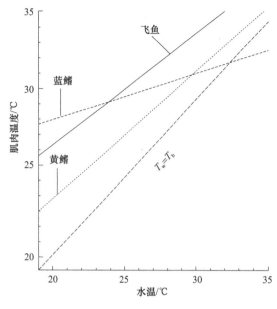

图 4-5　水温与肌肉温度的相对关系

不同动物的逆流网有所不同，蓝鳍金枪鱼（*Thunnus thynnus*）的动脉和静脉进入和离开肌肉时会形成密集的小动脉和小静脉，而黄鳍金枪鱼（*Thunnus albacores*）有多个中央网，鳃部的冷动脉血与周围肌肉向内排出的暖静脉血汇合。换热器的存在是为了维持躯干肌肉核心的热量，确保从肌肉流出的静脉血中 90% 的热量返回动脉血。因此，尽管鱼的表面温度接近其周围环境的温度，但核心运动肌肉温度都高于环境温度 10℃ 以上（图 4-5）。

海洋恒温鱼类体温水平与周围环境的温度非常接近。它们有非常有效的绝缘层（脂肪或外部皮质），脂肪上覆皮肤的温度通常与海水的温度大致相同，其外部 5～6cm 的脂肪上有一个明显的温度梯度，而其内部的温度几乎恒定。

四、呼吸适应

海水中的氧气浓度为 4‰～6‰，相当于 6mL/L。但由于氧气的溶解度随温度升高而下降，因此与深层海水相比，表层海水的氧气要少得多。而二氧化碳在海水中含量很高，占溶解气体总量的 3/4（而在空气中仅占 0.04%），海洋里大部分二氧化碳以碳酸氢根离子的形式存在。

对于大多数海洋动物而言，呼吸不是太大的问题。但是，如下几种情况例外：① 部分浮游动物和底栖动物生活在氧含量极低的水层；② 底栖生物分解的污泥和未经搅拌的水会产生几乎厌氧的环境；③ 在这些氧含量低的环境区域之间，昼夜或季节性高低纬度迁徙的动物；④ 一些鱼类和大多数恒温脊椎动物的新陈代谢率往往很高，而爆发性游泳会导致肌肉的暂时性厌氧状况。

在这些情况下，海洋动物进化出独特的呼吸系统来避免缺氧。海洋动物的呼吸系统都具有足够暴露面积，利用表面交换单向流动水呼吸来补偿氧。在底栖和中等活动的海洋无脊椎动物中，可以通过疏松多孔的身体结构（海绵），或有褶皱的触手或较大表面积的鳃（蠕虫和海葵）来实现与海水的气体交换。海洋无脊椎动物的各种呼吸结构见二维码 4-14。

软体动物和甲壳动物具有非常精细的丝状或片状鳃。在甲壳动物中，甲壳质角质层的覆盖在一定程度上增加了扩散路径长度，从而降低了扩散速率。然而螃蟹和虾将这些鳃藏在保护性甲壳下，通过鳃的运动进行单向通气。这种结构的开合频率是决定水流运动的主要因素。在相对活跃的无脊椎动物中，游泳蟹和头足类被鳃及其血管是逆向流动。

海水鱼除了通过鳃呼吸，还可以通过皮肤实现气体交换（5%）。海水鱼鳃的扩散距离短，鳃丝和鳃板的排列复杂，血液循环通常会产生逆流，水的流速要比血的流速快得多，使得扩散表面的氧气分压达到最大。鱼鳃薄片水和血液的流动见二维码 4-15。

通常动物在面临氧气不足时，会提高氧气摄取效率，降低代谢率或使用厌氧途径。浮游甲壳动物会扩大鳃的表面积，减少鳃表面的扩散距离，并提高血蓝蛋白的亲和力（图 4-6）。

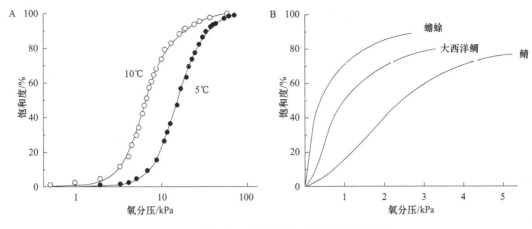

图 4-6 不同温度和物种氧分压和饱和度的关系

结构简单的海洋动物面临一定程度的缺氧时，大多数（无脊椎动物或鱼类）表现出两种生理反应：增加通气率或减慢鳃灌流。在轻度缺氧时，海参增加呼吸量维持氧气的吸入。但是如果缺氧持续或恶化，海参就会进入低代谢状态。许多硬骨鱼鳃的扩散距离非常短，因此面积和灌注率可能会降低，但在减少鳃表面的离子损失方面，这是一种优势。

五、生殖与生命周期适应

海洋生物的生殖方式主要包括无性生殖和有性生殖两种模式。无性生殖主要为出芽生殖系统，如水生珊瑚、苔藓虫和被衣海鞘。海洋生物的有性繁殖包括配子发生、配子转移释放和受精，如海龙鱼的性腺同时或按顺序产生雄配子和雌配子并进行受精。

（一）浮游底栖交替

海洋动物有许多不同的繁殖选择，可以通过群体大量产卵进行繁殖，也可以一对一交配和胎生，每种方法都有其自身的优点和问题。浮游底栖交替是海底动物生活方式，大多数海洋动物在生命周期中都有浮游幼体状态，直接孵化没有变态的幼体相对较少。因此，浮游底栖交替的生活方式允许幼体以季节性浮游生物为食，并在底栖生活前迅速生长。这种方式减少了世代之间的竞争，且有利于幼体的扩散。

（二）浮生性和营养性幼体

浮生性和营养性幼体的发育方式之间有很大的区别，浮生性幼体以丰富的浮游生物为食，而营养性幼体以卵黄储备为能量来源。大多数海洋无脊椎动物采用浮游性繁殖的方式，产生大量的简单配子，这些配子在体外受精，孵化成幼体。但这种方式的死亡率巨大，成活率远低于1%。由于营养性幼体以卵黄作为能量来源，因此其在浮生阶段的时间比浮生性幼体短。卵黄发育释放的配子更少，每个受精卵有更好的生存机会。卵黄营养的物种需要在母体中进行卵黄发生，以便向发育的卵细胞中转运卵黄（脂类和蛋白质）。

（三）直接发育

直接发育是指幼体和成体形态结构基本相同，仅有成熟与不成熟之分，生活习性、生态需求都基本一致，如大多数鱼类、鸟类和哺乳动物的胚后发育过程。

六、浮力

海洋的平均密度为 $1.025\sim1.028g/cm^3$。细胞质的密度为 $1.02\sim1.10g/cm^3$，其总体密度明显高于周围环境，所有海洋生物都倾向于下沉。因此海洋生物需要通过适应调整机体的浮力，将自身保持在特定深度以减少深度的不利影响。

有些生物通过大幅度增加表面积与体积比来改善浮力。只有几毫米大小的有机体主要受黏性阻力控制，有褶皱或尖的轮廓本身就可以增加阻力，足以防止下沉。许多海洋幼虫和小型浮游动物利用了这一特性，在形态上与同一生境中相对流线型的大型动物有着显著的差异。

因为压缩空气在海平面上的密度仅为 $0.0012g/cm^3$，所以体型较大的动物通过充气调整浮力。此外，包括海藻等海洋植物也利用气体调整浮力。在海洋动物中，充气漂浮的方法主要有两种：①由于各种头足类软体动物（如鹦鹉螺和墨鱼）的刚性，充气不会被压缩并以此漂浮。②在僧帽水母属和其他刺胞动物中发现的软壁小室可储存气体进行漂浮，也有更复杂的形式，如鱼的鳔。这种储存气体方式的缺点是气体可以被压缩，其体积会随着深度而变化，下潜时的升力会降低。因此，垂直迁移的动物不会采用这个系统。

鱼鳔有一个血管化组织的界面，能够吸收来自鱼鳔的气体，通常有一个肌肉瓣膜，这样它就可以暴露在气体中或与之隔绝。通过平衡气体压盖和吸收窗口的活动，可以调节腔室中的气体体积。远洋鱼类的充气游囊通常只在 1000m 以下的深度发挥作用，而位于海沟中部的深海鱼类则有充油游囊。

七、感官：海洋信号

（一）光和视觉器官

光和悬浮或溶解物质之间存在复杂相互作用，因此随海水深度的变化，光环境比陆地要复杂得多，变化也更大。当海洋中的光逐渐渗透到更深处时，它的强度、频率和偏振度都会发生变化。在海水中，50% 的光在距水面 2m 的范围内被吸收，90% 的光在 8m 的范围内被吸收。此外，红光最容易被吸收，因此 50m 以下大部分是蓝光。根据光的强度，可以将海洋分为透光带（200m 以内，可能有足够的光进行光合作用）和不透光带（200～1000m，蓝光仍然存在，但光合强度不足，无法满足呼吸需要）和无光区（1000m，所有太阳光都被吸收）。

在无脊椎动物和鱼类中，根据栖息地的不同，光的吸收峰有一定的变化。无脊椎动物眼睛的感光峰值为 450～500nm。位于透光带的鱼有杆状和锥形两种视网膜细胞，分别对多不同波长的光敏感，可适应一天中不同的光周期。

（二）化学信号和化学感受

化学感受在海洋生物的生活中起着重要的作用，化学物质可以在水系统中扩散相对较远的距离。鱼体各个部位都有嗅觉受体的分布；在深海鱼中，这些嗅觉受体可以用来跟踪气味，感知远处的大型鱼类和鲸鱼的腐烂残骸。海洋动物的信息素可用作警报、定居或交配的信号。当海葵受伤时，释放的信息素会迅速引起邻近海葵的快速收缩和抽搐。当蛞蝓吃掉海葵时，这种信息素会在蛞蝓组织中储存几天，并逐渐扩散出去。因此，当蛞蝓接近时，海葵会预先得到捕食者靠近的警告。

海洋鱼类具有复杂的化学环境和信号检测系统，它们的嗅觉器官很大，受体密度很高，与鳃、皮肤和鳍上的化学传感器相连。鱼类也利用信息素调节配偶间、亲子间的相互作用。鱼类使用信息素作为性外激素，在七鳃鳗中，一只成熟的雄性个体可以吸引数百只雌性个体。鱼皮中广泛存在的警报物质，如鱼群中的小鱼受伤则会成为其同类的警报源，鲑鱼以极低的嗅觉阈值探测自身特定产卵场从而进行归巢繁殖。海洋生境中信息素的存在时间、脉冲和检测系统都相当复杂。

（三）机械感官

声音可以更有效地通过水传播，并且在长距离内不会受到严重的衰减和干扰，因此水生生物也将其作为主要的通信方法。在鱼类中，侧线系统的灵敏度和频率范围通过与鱼鳔的联系而增强，而鱼鳔通过韦伯器放大振荡以增强信号。但是头足类没有真正的机械感觉系统。

八、人为影响

海洋健康状况令人担忧，人类活动对海洋环境的影响表现在海洋污染、珊瑚礁白化和海洋生物灭绝。目前，居住在离海边 100km 以内的人比 20 世纪 50 年代整个地球上的人还多。水质降低，渔业和游览区的威胁，对海洋健康产生新的危害。

（一）生境的改变和破坏

污染对海洋环境产生了严重的影响。挖泥作业、倾倒泥土、围海造田和使用炸药等活动改变或破坏了生物的生境，这些物理扰动的效应是直接和瞬间的。而排放污染物的影响则是间接和长期的，造成生境破坏的间接影响能辐射相当大的区域，如破坏鱼类产卵场。多数被破坏的生境位于人类居住地附近的海岸，如河口和红树林，这主要是计划或无序的海岸开发造成的。

（二）珊瑚礁

全世界超过 1/4 的珊瑚礁已经消失或面临高度威胁。尽管珊瑚礁支撑了富饶多样的海洋生命，提供了大量必需的蛋白质和潜在药物，但它们正遭受着人类活动的压力，包括由污水和农业径流造成的富营养化、海藻的过度生长和过度捕捞等。珊瑚礁是地球上最古老和最丰富的环境之一，近岸挖沙造成的沉积物再悬浮也增加了沉积物的输送量。

捕鱼时使用漂白剂和氯化物等有毒药品同样也会杀死珊瑚礁。在东南亚和西太平洋一些地方，仍然广泛使用有毒药物。人类还开采珊瑚礁用于水族生意，以及作为纪念品和装饰品销售。

（三）拖网捕鱼

在海底拖网捕捞鱼虾是对潮下带生境的一个主要威胁。拖网在海底拖拉会在松软的沉积尤其是淤泥质底部上留下伤痕，这也导致沉积物的再悬浮并杀死悬食动物。在坚硬的底部，拖网也拖落了许多附着的动物，以及一些如海绵和管虫等为鱼和其他动物的幼体提供栖息地的动物。拖网也会移动或翻转石头，伤害或杀死表面的生物。反复地拖网使底部群落减少了恢复的机会。持续的干扰有利于那些生命期短、繁殖迅速的物种，如小蠕虫。而生命期长、繁殖慢的动物如海绵、蛤、海星则容易消失，物种的总量明显下降。深水拖网也会威胁到许多居住在深海的敏感物种。

（四）污水

对持续增加的污水的处理是全世界城市面临的一个重要问题。污水包括来自家庭和城市建筑的各类废水，也包括暴雨径流水、工业废水（含有来自工厂和相近产业的不同废物）。多数社会污水被排入大海或流入河流，最终进入大海。进入海中的大量污水危害了海洋环境和人类健康。

（五）富营养化

农业排放和污水中的肥料是海洋环境中氮、磷和其他养分主要来源。化石燃料燃烧的大气排放是氮的另一主要来源，事实上对海洋来说也是最大的来源。现在人为排到海中的氮已经超过了自然排入量。因此，人类已经主宰着地球的氮循环，而且形势还在加剧。肥料的利用、化石燃料的燃烧以及其他人类活动增加了营养物质向海洋的排放，且这些都还在增加。

尽管海洋初级生产者需要养分，但过多的营养将促使藻类大量生长，这就是富营养化。目前富营养化是海水的主要问题，尤其是在浅的、部分封闭的区域。富营养化能够破坏重要的栖息地如海草床、珊瑚礁，因为它可使浮游植物长期大量增长、降低底部太阳光的吸收、加速海藻的过量生长；还可导致藻华，浮游植物短期爆发性增长。浮游植物暴发的残余和以浮游生物为食的浮游动物和鱼类的排泄物沉到底部，威胁到水产养殖业。

（六）热污染

海水经常用作发电厂、炼油厂和其他工厂的冷却剂，冷却过程中产生的热水被泵回海里，导致环境的改变，这称为热污染。在一些混合较差的海湾会产生局部温暖的区域。一些鱼类被吸引到这里，但如此高的温度对一些生物却产生了不利的影响。较高的温度也会降低水中溶解氧的量。海水淡化厂的卤水是许多海区的主要污染。卤水的温度和盐度均高于自然的海水。

（七）固体废弃物

海洋固体废弃物中多数是塑料制品，此外还有橡胶、玻璃和金属。塑料由于坚固、不被生物降解而被认为是对海洋环境的最大威胁。泡沫聚苯乙烯和其他塑料最终降解成小颗粒，分散在海洋的每一个角落，许多海洋动物的内脏中已发现这些颗粒的存在。许多动物由于消化道被塑料袋及其碎片阻塞而死。

（八）重金属

重金属是世界海洋化学污染物新增的类群。汞是一种特别棘手的重金属，它可以通过几种不同的途径进入海洋：岩石的风化、火山作用、河流、空气中的灰尘粒子。汞曾作为一种有效化学成分用于杀灭细菌和霉菌以及用于防腐油漆中；它也被用于氯、塑料的生产和其他化学过程中，还用于电池、荧光灯、药品。来自工厂、城市和煤炭燃烧的废弃物也含有微量的汞，这些都增加了海洋环境中汞的浓度。铅是最广泛分布的一种金属。和汞一样，有机铅化合物具有持久性，在生物的组织中累积。海洋环境中铅污染的主要来源是使用含铅燃料的交通工具排放的废气。在许多产品里也发现铅的存在，如颜料和陶器中，最终这些铅都汇聚到海里。镉和铜是另一类有毒重金属，它们可在海洋生命中缓慢蓄积。采矿和冶炼是这些金属的主要来源。镉还存在于电池加工的废弃物和废弃的电池中。这些有毒金属经常渗入河流和海洋中。

<table>
<tr><td>第五章</td><td># 水产动物神经－内分泌－
免疫网络</td></tr>
</table>

二维码内容
扫码可见

本章开篇，首先与读者分享法国 Olivier Kah 博士的一篇回忆文章，讲述他的求学与科研经历，希望这则小故事能对鱼类内分泌感兴趣的青年学者有所启迪。之后论述鱼类脑的结构、进化与生理功能研究进展，脑是鱼体内重要的神经内分泌中枢、感觉神经中枢系统和运动中枢，调控鱼类各项复杂的生理功能和行为方式。近年来，大量研究证实神经内分泌与免疫系统之间存在紧密的联系且功能互助互补，共同构成有机体复杂的稳态（homeostasis）调节网络，本章以硬骨鱼类为例对该领域研究进展进行论述。

第一节　科学家的生活故事

本节概述了法国国家科学研究中心（CNRS）的 Olivier Kah 博士的真实故事，为读者展示科学家的学术与生活经历。Olivier Kah 在非洲长大，对动物有着浓厚兴趣，随后他在巴黎和波尔多学习生物学。1978 年，Olivier Kah 在波尔多大学进修博士，1983 年获得理学博士学位。他于 1979 年加入法国国家科学研究中心，直到 2016 年退休。Olivier Kah 致力于鱼类生殖学的研究，特别是研究大脑神经肽和神经递质在脊椎动物（主要是鱼类）生殖中的调控作用，运用形态功能技术，研究下丘脑－垂体复合体的组织。此外，他对虹鳟和斑马鱼中雌激素和糖皮质激素受体的表达和调节进行了深入研究。Olivier Kah 的科研团队专注于芳香化酶在脑中的表达明确和调控，明确了芳香化酶的表达仅限于一种独特的脑细胞类型，即放射状胶质细胞，在鱼的整个生命周期中发挥着重要作用。他还对以斑马鱼为模型的内分泌干扰物的作用十分感兴趣，他的团队开发了一种灵敏的在体实验方法，用于筛选斑马鱼胚胎中的雌激素类的化学物质。

该部分不再使用经典的综述形式，而是抓住这个特殊机会与读者分享 Olivier Kah 博士的一些回忆、一些缘由，希望让这些经历成为研究鱼类生殖内分泌学的驱动力，借此激励新一代的年轻人奋发努力。法国雷恩第一大学环境和职业健康研究所的 Olivier Kah 博士的综述文章 "A 45-years journey within the reproductive brain of fish" 原文发表于 General and Comparative Endocrinology，2020，288:113370。具体内容见二维码 5-1。

第二节　辐鳍鱼脑的发生、分化及生理功能研究进展

大约 4.3 亿年前，硬骨鱼祖先分化为肉鳍鱼和辐鳍鱼。其中肉鳍鱼祖先演化为四足动物和现生肉鳍鱼（肉鳍鱼大多已灭绝，现存种仅剩 6 种肺鱼和 2 种腔棘鱼）。已鉴定的硬骨鱼种类超过 3 万种，除去上述 8 种肉鳍鱼外，均属于辐鳍鱼；而真骨鱼类（teleosts）又是辐鳍鱼类中

的主要类群。传统意义上硬骨鱼超纲（Osteichthyes）仅包含硬骨鱼类，但随着近年对脊椎动物基因组研究的深入，将四足动物归入硬骨鱼超纲，有的学者为避免歧义，将其称为"硬骨脊椎动物（bony vertebrates）"。从进化角度来看，四足动物是一类"登陆成功"的肉鳍鱼，与辐鳍鱼分离了数亿年，两者为平行进化的关系。肉鳍鱼的脑在结构上与四足动物更为接近，与辐鳍鱼差异较大。硬骨鱼和四足动物的系统进化树见二维码 5-2。

早期对辐鳍鱼脑的研究借鉴了哺乳动物的研究成果。尽管辐鳍鱼遵循脊椎动物保守的脑发育模式，但辐鳍鱼成鱼脑的解剖构造与哺乳动物差异很大，并非简单版本的哺乳动物脑，也不能代表四足动物祖先脑的形态。最早关于辐鳍鱼脑的研究主要是基于脑组织的显微结构和超微结构。1975 年，R. E. Peter 等借助鱼脑立体定位装置研究脑的组织形态，绘制了完整的金鱼（*Carassius auratus*）和底鳉（*Fundulus heteroclitus*）的脑分区图谱，为辐鳍鱼脑的研究做出了巨大贡献。辐鳍鱼脑区的命名主要是基于神经元分布及细胞形态，也有少数脑区、脑室采用了哺乳动物的命名方法并沿用至今。20 世纪 80 年代末，多巴胺、血清素（5- 羟色胺，5-HT）等小分子神经递质相应抗体的开发和使用，推动了鱼类下丘脑单胺能神经元的定位研究。1993年，脂溶性羰花青染料被应用于辐鳍鱼，追踪定位脑神经元的神经纤维和突触连接。21 世纪以后，脑分区的研究趋向于分子生物学水平。学者们发现，包括辐鳍鱼在内的所有脊椎动物胚胎阶段神经管分化依赖于某些特定脑区表达的形态发生素（morphogen），对脑区分化至关重要，这些脑区被称为信号中心（signaling center）或组织中心（organizer center）。借助于原位杂交或者转基因共表达荧光蛋白等技术，追踪定位特定的形态发生素 / 转录因子，可以识别定位特定的脑区。基于近些年来分子生物学水平的研究，脊椎动物中许多脑区被重新定义，分区也更为细致、精准。

鉴于辐鳍鱼类的进化地位，本节更多采用的是"辐鳍鱼"的概念，通过与四足动物 / 肉鳍鱼进行比较神经学研究，可以更好地理解辐鳍鱼脑的系统发生与功能分区。斑马鱼（*Danio rerio*）作为一种模式生物，其个体小、易养殖、繁殖能力强、生殖周期短、遗传背景清晰、体外受精且胚胎发育透明，是用于研究辐鳍鱼脑的发育生物学的理想材料，因此本节主要以斑马鱼脑为辐鳍鱼脑模型展开论述。

一、脊椎动物脑的系统发生概述

脊椎动物脑的发生具有固定模式。在脊椎动物的神经胚阶段，背侧外胚层（神经板）向下凹陷形成神经沟，进而闭合形成神经管（neural tube）并脱离外胚层埋入中胚层组织中；神经管沿管腔水平面可分为上、下两部分，上半部分叫作翼板，下半部分被称作基板。

神经管形成后，前端分化为前、中、后 3 个脑泡，即前脑（prosencephalon 或 forebrain）、中脑（mesencephalon 或 midbrain）、后脑（rhombencephalon 或 hindbrain）。前脑进一步分化，从后向前依次为前脑神经原节 p1～p3、hp1、hp2（后两者也称 p4、p5）；后脑从前向后依次分化为后脑神经原节 r0～r11，其中 r0 也叫峡部，连接中脑与后脑。前脑神经原节 p1～p3 将发育为间脑，hp1、hp2 发育为次级前脑（secondary prosencephalon，2nd Pr）。次级前脑可进一步细分为端脑（包括大脑皮层和下大脑皮层）、视隐窝区以及下丘脑。与此同时，后脑神经原节 r1 翼板隆起形成小脑，基板形成脑桥，r2～r11 将发育为延髓，延髓后神经管发育为脊髓。

脊椎动物发育到成年以后，脑仍然保留了上述脑区，但不同脊椎动物类群脑各部分的比例、形态差异较大。辐鳍鱼外观上易于识别的几个脑区或结构，包括端脑、中脑、下丘脑、小脑、脑桥和延髓，丘脑包埋在内部，位于端脑和中脑之间。真骨鱼类和全骨鱼类的脑具有下叶（下叶为下丘脑和中脑复合的结构），有的辐鳍鱼还具有血管囊。辐鳍鱼类脑的发生图见二维码5-3。

二、脑室系统

在脊椎动物胚胎背侧外胚层内陷、闭合形成神经管后，其内部为充满脑脊液的管腔。随着神经管前端发育为脑，其管腔发育为脑室系统（brain ventricular system）；脑后的神经管发育为脊髓，管腔演变为脊髓中央管。最初神经管的神经元祖细胞和胶质母细胞分布于管腔壁，因此神经管发育为脑和脊髓后，神经元细胞体也大多分布于脑室和脊髓中央管的腔壁附近，但有部分神经元可沿着放射状胶质细胞形成的骨架迁移到神经管壁以外的区域。

脑室系统由一些相互连接的管道、腔室组成，其内部充满脑脊液。脑室系统通过第四脑室与脊髓中央管相连；第四脑室也和脑外区域相通。所有的脑室和脊髓中央管的腔壁都具有室管膜，室管膜由特化的上皮细胞构成。脑脊液由室管膜上皮分泌，并且室管膜上皮具有纤毛，纤毛单方向的节律性摆动驱动脑脊液在脑室和脊髓中央管中流动。

哺乳动物的 4 个脑室依次为：2 个侧脑室、第三脑室以及第四脑室。辐鳍鱼类脑室与哺乳动物起源相同，但形态结构差异较大。激光共聚焦显微镜 3D 成像，可用于展示斑马鱼的脑室系统空间构象。斑马鱼脑室主要包括 4 部分：端脑室、第三脑室、顶盖室（中脑室或中脑导水管）、第四脑室。端脑室与四足动物 / 肉鳍鱼的侧脑室同源，但由于发育模式的差异，其形态差异较大。辐鳍鱼第三脑室与哺乳动物第三脑室同源，主要为下丘脑所包围的腔室，但不同之处在于，辐鳍鱼下丘脑室向下、向后延伸，形成 2 个明显的隐窝，即外侧隐窝（LR）和后隐窝（PR），这是大多数辐鳍鱼类所特有的结构。中脑通常是辐鳍鱼脑中最大的脑区，较为发达，并且因为小脑瓣膜侵入视顶盖之下，形成了较大、较薄、微曲的顶盖室（而哺乳动物的中脑室仅为细小的导水管）；尽管如此，部分学者仍然将辐鳍鱼顶盖室称为"中脑导水管"。辐鳍鱼第四脑室较为保守，与四足动物相似度较高，上方为小脑，下方为脑桥、延髓；在小脑后侧与延髓交界处，第四脑室具有小孔与脑外相通。斑马鱼成鱼脑室系统 3D 结构见图 5-1。

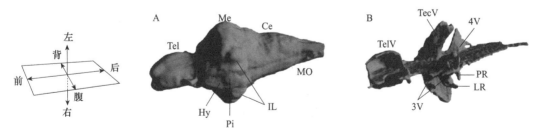

图 5-1　斑马鱼成鱼脑室系统 3D 结构

A. 斑马鱼脑；B. 斑马鱼脑室系统。Tel. 端脑；Me. 中脑；Ce. 小脑；Hy. 下丘脑；Pi. 垂体；IL. 下叶；MO. 脑干；TelV. 端脑室；TecV. 顶盖室；3V. 第三脑室；4V. 第四脑室；LR. 外侧隐窝；PR. 后隐窝

三、辐鳍鱼脑分区与生理功能

（一）次级前脑——端脑、视隐窝区、下丘脑

基于斑马鱼胚胎脑 3D 结构分析和分子标记，次级前脑包括三部分：端脑、下丘脑以及视隐窝区，分别围绕着 3 个脑室：端脑室、视隐窝室和下丘脑室。在之前的研究中，对胚胎简单地纵切并不能观察到向左右两侧突出的视隐窝区。不仅是辐鳍鱼类，所有脊椎动物的次级前脑均沿用这一保守的发育模式。斑马鱼胚胎次级前脑形态以及眼球的发生见二维码 5-4。

1. 端脑　端脑起源于次级前脑背侧的大脑皮层和下大脑皮层。在哺乳动物中，端脑也被称为大脑。多数脊椎动物（包括四足动物和肉鳍鱼、软骨鱼、无颌脊椎动物等）的端脑采用的是"外凸"的形成方式，在这个过程中，神经管向左右两侧突出，形成 2 个半球，每个半球中心具有 1 个侧脑室。唯独辐鳍鱼比较特殊，采用的是"外翻"的形成方式，顶部向两侧延伸发育为左右 2 个半球，并形成较薄的脉络膜组织覆盖顶部，形成横截面为"T"字形的脑室。尽管两者形态差异巨大，但细胞谱系追踪显示，辐鳍鱼端脑与哺乳动物大脑存在对应的同源脑区。

结构上，辐鳍鱼成鱼的端脑由左右 2 个半球组成，其前端具有一对嗅球，与嗅神经相连。端脑的背侧区域和嗅球来源于大脑皮层，而腹侧区域来源于下大脑皮层，与人类的基底神经节同源。端脑背区也是辐鳍鱼端脑外翻的部分，大多数细胞经过迁移远离脑室表面；相反，端脑腹区的细胞组成核团，大多靠近脑室。脊椎动物端脑中，兴奋性的谷氨酸能神经元仅存在于大脑皮层中，而抑制性的 γ- 氨基丁酸（GABA）能神经元起源于下大脑皮层，并迁移扩散至整个端脑，辐鳍鱼类也沿用这一保守的神经元分化、迁移的模式。辐鳍鱼类的下大脑皮层（端脑腹区）系统发育比较保守，是辐鳍鱼类端脑非外翻的部分。分子证据表明，辐鳍鱼下大脑皮层的背核（Vd）和腹核（Vv）分别与四足动物纹状体和苍白球同源。

辐鳍鱼大脑皮层（端脑背区）发育过程经历了"外翻"，理论上与四足动物大脑皮层的拓扑结构截然不同。四足动物的大脑皮层按照定位大致可分为 4 部分：内侧大脑皮层（MP）、背侧大脑皮层（DP）、外侧大脑皮层（LP）、腹侧大脑皮层（VP）。在哺乳动物中，这几部分分别被称作海马（hippocampus）、新皮层（neocortex）、梨状皮质（piriform cortex）和杏仁核（amygdala）。辐鳍鱼大脑皮层按照细胞结构、功能可分为：端脑背区的内侧部（Dm）、端脑背区的外侧部（Dl）、端脑背区的后侧部（Dp）和端脑背区的中部（Dc）等。

与其他脊椎动物相同，辐鳍鱼的端脑背区也是一个多模态感觉整合的中心，包括视觉信号输入 Dl 区、听觉信号输入 Dm 区、嗅觉信号输入 Dp 区，参与了空间学习、逃避反应学习。一种学说认为，辐鳍鱼 Dl 与四足动物 MP 同源，Dm 与 DP 同源，Dp 与 LP 同源，Dm 与 VP 同源。但也有学者认为，辐鳍鱼大脑皮层发育过程并不是简单的外翻，实际情况可能更加复杂，因此辐鳍鱼大脑皮层可能不能完全和四足动物一一对应。辐鳍鱼和哺乳动物端脑形成方式以及拓扑结构图见二维码 5-5。

2. 视隐窝区　脊椎动物胚胎次级前脑的视隐窝区（ORR）围绕视隐窝组织，位于端脑和下丘脑之间，边界清晰（与端脑、下丘脑边界分别为前视连合、后视连合），并且 ORR 表达了特定的基因 *dlx2a*、*sim1a* 和 *otpb*。在分子水平上，辐鳍鱼 ORR 与其他脊椎动物同源。胚胎发育过程中，视隐窝向左右两侧突出形成杯状结构，即视柄和视杯，与视杯接触的外胚层发育

为眼球的晶状体，视杯则发育为视网膜神经和色素上皮，视柄发育为视神经，最终这几部分复合形成眼球。

脊椎动物成体的视前区也来源于胚胎阶段的 ORR。辐鳍鱼的视前区根据组织学特征，可划分为大细胞视前核（PM）和小细胞视前核（PP）。PM 包含大的神经内分泌细胞。精氨酸 - 加压催产素（AVT）属于神经九肽的家族，包括硬骨鱼催产素（IST）以及哺乳动物同源的精氨酸血管升压素（AVP）和催产素（OXT）。AVT 参与调节水盐平衡、血管功能，并对一系列生理进程、社会行为、生殖行为起调节作用。辐鳍鱼中，AVP、IST 神经元主要定位于视前区 PM 和 PPa（PP 前部），这些神经元的轴突穿过下丘脑深入神经垂体内，在生理、行为、感觉、运动等方面起到广泛的调节作用。

3. 下丘脑 - 垂体　　辐鳍鱼下丘脑位于视前区的后下方、丘脑的下方。早期的柱状模型认为下丘脑与丘脑来源于同一神经原节，将下丘脑定义为一个位于丘脑腹侧的区域，但根据目前已被广泛接受的前体细胞模型，下丘脑起源于次级前脑的腹侧区域，不属于间脑。羊膜动物、两栖动物、真骨鱼和多鳍鱼的次级前脑室系统，可见真骨鱼下丘脑室具有 2 个隐窝——外侧隐窝（LR）和后隐窝（PR），而羊膜动物、两栖动物、多鳍鱼缺乏下丘脑室隐窝或者隐窝不明显。

下丘脑的细胞核团大多靠近脑室，主要有：前结节核（NAT）、外侧结节核（NLT）、血管囊核（NSV）、后隐窝核（NRP）等。此外，外侧隐窝（LR）从两侧向后延伸进入下叶，围绕着 LR 的细胞核团为外侧隐窝核（NRL），为典型的下丘脑来源。脊椎动物的下丘脑是内分泌的调节中枢。下丘脑向下延伸，与垂体相连，两者在功能上有着密切联系。辐鳍鱼垂体可分为神经垂体（NH）和腺垂体（AH）两部分。神经垂体发育起源于脑，神经垂体的神经元位于视前区，分泌激素暂存于神经垂体中。腺垂体为垂体的内分泌腺部。辐鳍鱼缺乏四足类所具有的正中隆起和门脉系统，取而代之的是下丘脑神经元延伸直接与腺垂体细胞接触，调控其生理活动。脊椎动物次级前脑及其脑室形态见二维码 5-6。

下丘脑分泌激素种类繁多，主要包括与下丘脑 - 垂体 - 性腺 / 甲状腺 / 肾间腺轴相关的促性腺 / 甲状腺 / 肾上腺激素释放激素、促黑素细胞激素系统、生长激素释放激素、生长抑素、神经肽 Y 家族、食欲肽、黑素浓集激素、缩胆囊肽等，涉及了摄食、能量代谢、生长、应激、环境适应、生殖等多种生理活动。硬骨鱼肾间腺与哺乳动物的肾上腺皮质为同源组织，分布于头肾中，受促肾上腺皮质激素调控，参与皮质醇合成。

血管囊（saccus vasculosus）是某些硬骨鱼和软骨鱼脑特有的构造之一，但并非所有的鱼类都具有明显的血管囊。血管囊位于脑下叶腹面，但它并不与下叶相连，而是在前端与下丘脑相连，并且血管囊腔与第三脑室相通，所以被认为是下丘脑的附属结构。辐鳍鱼血管囊与昼夜节律、季节感知有关；在鸟类和哺乳动物中，垂体的结节部和排列在中下丘脑第三脑室腹侧壁的室管膜细胞在调节光周期方面具有关键作用，有可能与辐鳍鱼血管囊同源。有关辐鳍鱼血管囊生理功能的研究资料较少，可能还会有其他功能。

（二）间脑

传统意义上，将前脑除端脑以外的部分（视前区、下丘脑、丘脑）划归为间脑。但根据目前已被广泛接受的前脑模型，下丘脑和视前区被划归到次级前脑，间脑由前脑神经原节 p1、p2、p3 发育而来，分别发育为前顶盖（PrT）、丘脑（Th）、前丘脑（PTh）。

脊椎动物的间脑是一个"感觉中转站"，作为大脑皮层和深层脑结构之间的枢纽，它负责对脑的各个部分收集的信息进行分配、修改和过滤。间脑在人类和其他哺乳动物中研究资料较多，哺乳动物的丘脑在功能上被细分为 4 种类型的核团，这些核中含有传向大脑皮层的神经元。比较神经生物学家正试图通过类群外比较和鉴定不同脊椎动物间脑的共同特征来探索其进化历程。辐鳍鱼间脑功能与哺乳动物类似。辐鳍鱼间脑中具有一个松散的神经核团，叫作小球前核复合体（preglomerular complex），由 p1、p2、p3 翼板的神经元迁移到基板发育而来，哺乳动物不具有该结构。事实上，小球前核复合体是辐鳍鱼间脑中的主要感觉中转站，接收各种来源的感觉信号，如视觉、听觉、侧线机械感觉、电感觉系统和味觉系统，并将信号传向大脑皮层。

对于辐鳍鱼丘脑的起源问题，除了研究脑区特异性的转录因子，还可以通过研究丘脑不同的神经核团与端脑特定脑区的信号传递对应关系来探索辐鳍鱼与四足动物间脑的同源关系，这将会是未来的研究方向之一。

（三）下叶

某些辐鳍鱼类脑腹侧具有明显突出的脑区，叫作下叶（inferior lobe，IL）。该结构仅存在于真骨鱼类、全骨鱼类（如雀鳝），而鲟鱼、多鳍鱼、四足动物不具有该结构，所以认为下叶是辐鳍鱼类中新鳍亚纲（全骨鱼、真骨鱼）所特有的结构。组织结构上，下叶从外向内依次为下叶外区（OZIL）、无细胞体的纤维区（FB）和外侧隐窝核（NRL）。

传统意义上认为，下叶为下丘脑外侧隐窝的延续，属于前脑的一部分。但有新的研究表明，下叶为中脑、下丘脑来源的复合结构。*her5* 转录因子是中脑 - 后脑边界细胞（MHB 细胞）的标志物，通过追踪定位 *her5* 可追踪 MHB 祖细胞的去向，定位结果表明：丘脑下叶弥散核（NDLI）为阳性，属于中脑；而下叶的腔为下丘脑第三脑室侧隐窝 LR 的延伸，LR 室周的 FB 和 NRL 均为阴性，NRL 的神经元属于脑脊液接触型神经元（CSF-C 神经元），来源于下丘脑。IL 外区是在胚胎发育过程中中脑祖细胞持续侵入 IL 形成的。

电刺激 IL 外区会诱发鱼类撕咬物体的行为，所以在早期研究中 IL 被认为参与了摄食行为的调控。事实上，IL 外区接收除了味觉之外的各种感官输入：视觉、体感、听觉，可能还有触觉。IL 参与了视觉检测，但没有数据涉及动机状态，因此学者们更倾向于另一观点：IL 是一个多感官整合中心。斑马拟丽鱼（*Maylandia zebra*）的 IL 外区和端脑背区的相对比例均大于斑马鱼（低等真骨鱼），可能是因为 IL 外区和端脑背区参与感觉信号整合，而斑马拟丽鱼属于高等的新真骨鱼类，并具有筑巢、护幼等复杂的生殖行为，需要整合更为复杂的感觉信号，因此这两部分更加发达。斑马鱼第三脑室及下叶的发生过程见二维码 5-7。

（四）中脑

人类中脑体积较小，被高度发达的大脑和小脑所遮盖。与之相反，辐鳍鱼的中脑通常是最大的脑区，在鱼类生命活动中扮演着重要角色。

胚胎发育过程中，中脑的翼板和基板分别发育为上丘（顶盖）和下丘（脚盖）。非哺乳类脊椎动物（包括鱼类在内）的上丘也叫视顶盖（optic tectum，TeO），是包括视觉在内的多功能感觉中枢。在辐鳍鱼中，视网膜和其他感觉信号（听觉、侧线、体感、电感觉）输入视顶盖中，以自身为中心感知所处的空间环境和周围发生的事件。视顶盖通过与运动前中枢的连接，控制眼球运动、接近和回避运动。因而，辐鳍鱼的视顶盖是高度发达的神经处理器，对于生存和繁殖所必需的行为反应的感觉辨别和快速应对是不可或缺的。其中，视顶盖作为辐鳍鱼视觉中枢之一，接收视神经的视觉信号，经间脑小球前核的信号中转，将信号传递到端脑 Dm 区和 Dl 区。辐鳍鱼类的视觉中枢的部分信号通路并不能与哺乳动物完全对应，这有待进一步研究。

中脑下丘主要包括半规隆凸（半环枕，TS）以及下叶外区（OZIL）。辐鳍鱼中脑下丘的 TS 是听觉、侧线感觉中枢重要的组成部分之一，它接收来自听觉通路中几个脑桥核的输入。TS 与间脑相互联系，将听觉信号传递至端脑腹侧的 Vd 区和背侧的 Dm 区。辐鳍鱼类脑的听觉中枢系统与哺乳动物高度一致，十分保守。

（五）小脑、脑桥及延髓

1. 小脑　　小脑（cerebellum）在脊椎动物中发挥运动协调、运动学习的功能，也涉及调节情感、情绪等生理功能。从硬骨鱼到哺乳动物，小脑的基本结构是保守的。辐鳍鱼小脑主要包括 3 部分，小脑主体、小脑瓣膜、小脑尾侧叶。组织结构上，辐鳍鱼小脑主体和小脑瓣膜大致相似，可分为 3 层：分子层、浦肯野细胞层和颗粒细胞层。研究表明，许氏平鲉（*Sebastes schlegelii*）小脑的相对比例比低等真骨鱼（如斑马鱼）更大，并且许氏平鲉小脑瓣膜具有更复杂的脑回结构，推测可能是因为卵胎生高等真骨鱼具有更为复杂的生活习性和行为。

辐鳍鱼小脑组织结构、神经元种类与其他脊椎动物相似，并且神经元的连接模式、神经递质种类也相似。浦肯野细胞（PC）是小脑中最大的神经元，树突伸入小脑分子层，轴突伸入小脑颗粒层。PC 在小脑信号处理、中转网络中发挥核心作用。例如，斑马鱼小脑外侧的 PC 可以调控同侧躯干运动行为，小脑尾侧 PC 调控身体对侧的眼球运动；抑制某一区域 PC 的活性可以相应地抑制其身体特定部位的运动调控作用。

小脑结构及神经连接见二维码 5-8。

2. 脑桥和延髓　　人类的中脑与脑桥、延髓形成连续的具有管腔的不规则柱状结构，合称为脑干。辐鳍鱼的中脑较发达，体积膨大，不与脑桥、延髓形成连续的筒状结构。为研究方便，这里主要讨论辐鳍鱼脑干的脑桥和延髓两部分结构，不考虑中脑。脑干中的细胞核团包括 3 类：①脑神经的起源和 / 或终末中心；②排列松散的细胞核团中心，如网状结构；③众多的中继核。有许多中继核属于小脑前核，发射出神经纤维，终止于小脑。不同脊椎动物的脑干结构、功能具有较高的保守性，但也存在一定的差异。

与其他脊椎动物类似，辐鳍鱼脑干由 2 个纵向区域组成：翼板（感觉区）和基板（运动区）。这两部分均可再分为躯体和内脏区，即在翼板可分为躯体感觉区和内脏感觉区，基板可分为内脏运动区和躯体运动区。脑干主要负责调控心脏、呼吸和血管运动中枢，负责调节呼吸、心率、血压和睡眠觉醒周期等无主观意识自主功能。

第三节　神经 - 内分泌 - 免疫网络

一、神经 - 内分泌 - 免疫网络概述

30 年前，（神经）内分泌系统与免疫系统被认为是彼此独立的系统。近年来，大量的研究

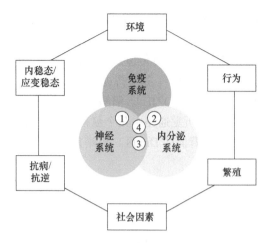

图 5-2　神经 - 内分泌 - 免疫系统与内外因子的交互作用

内因子包括生物固有的生理功能，包括抗病、抗逆能力，繁殖能力等；外因子指生态因子（如温度、光周期等）和社会因素（如社会分工、社会地位等），以及相应的胁迫干扰。①神经系统与免疫系统的作用机制，如交感神经系统支配的免疫系统；②内分泌系统与免疫系统的作用机制，如激素调控的炎性细胞因子分泌；③经典的神经 - 内分泌网络，如下丘脑 - 垂体 - 肾上腺轴，下丘脑 - 垂体 - 甲状腺轴，下丘脑 - 垂体 - 性腺轴等。④神经 - 内分泌 - 免疫系统可以整合①～③的交互作用，对有机体的行为形态等表型和生理生化功能等进行整体的调控，对能量与物质进行二次分配，选择性地促进（抑制）某些生理生化功能，进而对外因子的刺激做出最终的选择——"克服"或"妥协"，即 Fight 或 Flight 理论

证实两个系统存在紧密的联系且功能互补，共同构成有机体复杂的稳态调节网络。实际上，（神经）内分泌系统与免疫系统的互动机制研究最早可以追溯到 1936 年，加拿大麦吉尔大学的科学家 Hans Selye 发表在 *Nature* 的论文。论文中，Hans Selye 指出：在胁迫状态下，大鼠的胸腺、脾、淋巴腺和肝等器官萎缩，而肾上腺呈现扩张状态。随后，胁迫学研究的先驱 Hans Selye 提出了胁迫（stress）的概念："胁迫"由真实环境或潜在的危险信号产生，对生物的心理和生理稳态产生挑战。生命体对胁迫的系统性生理学反馈称为胁迫反应或应激反应（stressful response）。胁迫反应的最终目的是"战胜"胁迫因子，或向胁迫因子妥协，进而再次恢复心理和生理的（次）稳态。胁迫反应是一系列从微观到宏观的生物学变化，包括分子生物学、生物化学、生理学、免疫学等层面的改变，进而导致神经系统、内分泌系统、代谢系统、循环系统等功能的改变，以及相应的行为学反应和生物学表型的改变。大量的研究证实，（神经）内分泌系统与免疫系统存在广泛的、双向的互作机制，进而在胁迫状态下，或帮助有机体维持原有的生理稳态，或帮助有机体建立新的生理稳态。此处的胁迫泛指环境胁迫（如温度骤变）、疾病胁迫（病原体入侵）和精神心理上的胁迫（如压力、恐惧等）（图 5-2）。

（一）内分泌系统简述

内分泌系统主要由内分泌腺和内分泌细胞组成。在 1905 年，Starling 提出了内分泌的概念：某些可以传递信息和调控生理功能的化学物质被称为激素（hormone）。激素即"激活"之意。随着生物学和现代医学的不断发展，激素的概念随之拓宽，包含了更丰富的化学物质和更广泛的生理功能。现代意义的激素既包含传统激素（如多肽激素和类固醇激素），也包含细胞因子、生长因子、神经递质、神经肽等可传递信息和调控生理功能的化学物质。同时，传统的内分泌途径也被扩充，包含神经内分泌、内分泌、旁分泌和自分泌等途径（图 5-3）。激素作为第一信使，与其相应的受体结合，触发一系列的级联反应，进而调节蛋白质的功能与基因的表达，最终调节有机体的生理功能，维持内环境稳态。

哺乳动物中，经典的内分泌学认为下丘脑、垂体、甲状腺、肾上腺、性腺等器官是主要的内分泌腺体。其中，下丘脑 - 垂体 - 性腺、下丘脑 - 垂体 - 甲状腺、下丘脑 - 垂体 - 肾上腺是调控繁殖、发育和胁迫的主要内分泌轴。近年来，广泛的研究证实心脏、血管、肝、消化系统、脂肪组织、免疫细胞和皮肤也具有可以分泌激素的内分泌细胞。作为低等脊椎动物

的鱼类也具有内分泌系统，鱼类既保守地保留了脊椎动物的经典内分泌结构，如下丘脑-垂体-性腺，下丘脑-垂体-甲状腺、下丘脑-垂体-肾间组织这3条内分泌主轴，也与高等的内分泌系统存在差异，如鱼类下丘脑与垂体的连接结构不存在垂体门脉系统。鱼类的血脑屏障（blood-brain barrier，BBB）功能尚不完善，促进了中枢内分泌系统和外周内分泌系统的双向互动（如血清素，serotonin）。鱼类的肾间组织和嗜铬组织分别行使鱼类肾上腺的部分生理功能，鱼类拥有一些独特的内分泌器官（图5-4）。

　　生物具有多样性和复杂性，这也决定了传递信息和调控生理功能的内分泌系统的多样性和复杂性。尽管有机体中的激素种类繁多，且具有不同的化学性质和生理功能，但最重要的四大特性包括信息传递、相对特异、生物放大和相互作用。①信息传递是指激素作为第一信使，在激活细胞膜或细胞内的受体后，将细胞外的信息传递到细胞内部，进而触发细胞的各种生化反应。同时，信息的传递是双向的，高级别中枢（如下丘脑）向低层级组织（如垂体）传达"命令"的同时，低层级组织通过正（负）

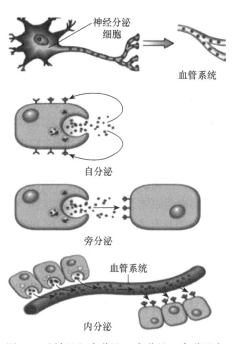

图5-3　（神经）内分泌、自分泌、旁分泌与内分泌

内分泌系统通过血液循环实现远距离调控；旁分泌系统对邻近的靶细胞进行调控；自分泌是细胞的自我调控

反馈途径，向高级别中枢进行实时反馈。②相对特异是指激素只能激活与其对应的某类受体，类似于钥匙与锁的组合。尽管受体具有广泛的分布性，但是在不同的组织，甚至是同一组织的不同发育阶段，激素与受体的组合具有不同的生理学功能和药理学特征。③生物放大是指激素传递的信号具有级联放大的特征。血液或组织液中，激素浓度较低，且半衰期短。但是激素激活受体后，迅速触发一系列的级联放大作用，改变第二信使的浓度或基因的转录丰度。④相互作用是指各种激素间可以触发协同作用、拮抗作用和允许作用。其中，允许作用是指激素A本身不产生生理效应，但是激素A促使激素B的功能显著增强。例如糖皮质激素通过允许作用，显著增强儿茶酚胺类激素对血管平滑肌的生理功能，包括提高血管张力、维持血压等。

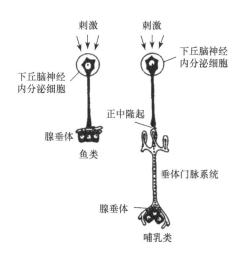

图5-4　哺乳动物（人）和硬骨鱼的下丘脑-垂体轴（林浩然，2011）

中枢神经系统：硬骨鱼类无正中隆起和垂体门脉系统。
外周系统：鱼类的肾间组织相当于哺乳动物的肾上腺皮质；鱼类的嗜铬组织相当于哺乳动物的肾上腺髓质；尾下垂体和斯氏小体是鱼类特有的内分泌组织

（二）鱼类的免疫系统简述

鱼类的免疫系统主要由免疫细胞、免疫组织和免疫器官组成。免疫细胞是执行免疫应答的主要单位，包括淋巴细胞和吞噬细胞。鱼类具有 T 淋巴细胞和 B 淋巴细胞，且两种淋巴细胞的生理功能与哺乳动物相似。吞噬细胞则包括单核细胞（monocyte）、巨噬细胞（macrophage）和粒细胞（granulocyte）。粒细胞即颗粒白细胞，可以再分为嗜中性粒细胞（neutrophil）、嗜酸性粒细胞（eosinophil）和嗜碱性粒细胞（basophil）。硬骨鱼类中，肾和脾是粒细胞发生、分化、成熟和增殖的主要免疫器官。除肾和脾外，胸腺、头肾和黏膜淋巴组织也是鱼类的重要免疫器官。在黏膜淋巴组织中，含有淋巴细胞和吞噬细胞的黏液覆盖皮肤、鳃和消化道，组成了鱼类防御病原体入侵的第一道防线。不同于哺乳动物，鱼类缺少骨髓的淋巴结。

鱼类具有非特异性免疫系统和特异性免疫系统。鱼类是否具有发达的特异性免疫系统仍存在争议。此处主要简述非特异性免疫功能。在非特异性免疫系统中，参与细胞免疫的主要有单核细胞、巨噬细胞、粒细胞和细胞毒细胞（cytotoxic cell）。细胞毒细胞主要的生理功能是调控细胞凋亡和细胞坏死。例如，鱼类的非特异性细胞毒细胞可以破坏寄生的原生动物，行使的功能与高等哺乳动物的自然杀伤细胞（natural killer cell）相似。鱼类的非特异性免疫系统可以触发炎症，细胞因子、补体系统和类花生酸等是调控鱼类炎症反应的重要物质。鱼类的非特异性免疫系统调节吞噬细胞的移行能力和吞噬功能。吞噬细胞的杀伤机制包括氧依赖性（oxygen dependent）和非氧依赖性（oxygen independent）杀伤。在氧依赖性杀伤过程中，鱼类的免疫细胞受到病原体的刺激，触发呼吸爆发，进而产生大量具有杀伤效果的活性氧（reactive oxygen species，ROS）和活性氮（reactive nitrogen species，RNS）。而在非氧依赖性杀伤过程中，鱼类主要通过各种具有溶解和吞噬功能的酶类杀伤病原体。鱼类的非特异性体液免疫系统同样保护鱼类免受病原体入侵。主要的免疫调节物质包括溶菌酶、补体、干扰素、运铁蛋白、凝集素等。鱼类特有的黏膜淋巴组织是体液免疫的重要组成部分。

（三）神经 - 内分泌 - 免疫网络结构

生命体在受到环境或心理胁迫的数秒内，交感神经系统激活肾上腺髓质，分泌儿茶酚胺（catecholamine），应对胁迫；淋巴细胞也直接受到交感神经系统的支配。鱼类的嗜铬组织与哺乳动物的肾上腺髓质同源。嗜铬组织既是交感神经的一部分，也是内分泌系统的一部分，其分泌的儿茶酚胺帮助有机体应对胁迫。此外，在受到胁迫的数分钟内，下丘脑 - 垂体 - 肾上腺轴（hypothalamic-pituitary-adrenal axis，HPA）也被完全激活。下丘脑释放促肾上腺皮质激素释放激素（corticotropin-releasing hormone，CRH），进而触发垂体的促肾上腺皮质激素（adrenocorticotropic hormone，ACTH）分泌，最终导致糖皮质激素（glucocorticoid）的应激分泌。糖皮质激素是 HPA 末端的主要效应激素，帮助有机体动员能量。糖皮质激素对能量物质（主要是葡萄糖）重新分配，保证大脑、免疫系统等获得足够的能量供给，进而帮助机体克服胁迫状态。鱼类不具备肾上腺，肾间组织行使哺乳动物肾上腺皮质的部分生理功能。因此，与哺乳动物 HPA 对应的内分泌轴是鱼类的下丘脑 - 垂体 - 肾间组织轴（hypothalamic-pituitary-interrenal axis，HPI）。

HPA 与免疫系统存在互动机制，为研究神经 - 内分泌 - 免疫网络的调节机制提供了很好的素材。在哺乳动物的免疫细胞中鉴定到了肾上腺激素和糖皮质激素的受体，证实免疫细胞是胁迫相关激素的靶细胞。有研究进一步证实淋巴细胞可以分泌较少量的促肾上腺皮质激素，暗示免疫细胞通过旁分泌的方式调节微环境中的 HPA。除了免疫细胞表达 HPA 激素的受体，许多细胞因子的受体也在内分泌细胞和脑细胞中表达，包括白细胞介素 -1（interleukin-1，IL-1）和肿瘤坏死因子 -α（tumor necrosis factor-α，TNF-α）等。在垂体中也检测到了细胞因子的 mRNA 表达，暗示垂体具有分泌细胞因子的能力。上述研究证实 HPA 与免疫系统共享信号分子（激素、细胞因子），具有双向的互作机制。

　　免疫系统分泌的细胞因子促进胁迫相关的激素分泌。在外周组织注射细胞因子（如 IL-1 或 TNF-α），可以刺激下丘脑释放 CRH，进而激活 HPA，刺激糖皮质激素分泌。同时，有研究证实细胞因子可以直接刺激肾上腺皮质，分泌糖皮质激素。胁迫相关的内分泌激素抑制免疫系统，通过负反馈机制防止有机体免疫系统过度活跃及炎症反应过度强烈，如 ACTH 和糖皮质激素对免疫系统具有抑制作用。以糖皮质激素为例，其对免疫系统的抑制表现为以下 3 个方面：①糖皮质激素诱导免疫细胞的凋亡；②糖皮质激素抑制免疫细胞的流动性；③糖皮质激素抑制免疫细胞产生细胞因子。值得注意的是，未成熟的 B 淋巴细胞和 T 淋巴细胞对糖皮质激素诱导的细胞凋亡敏感，成熟的淋巴细胞会表达抗细胞凋亡的基因，对糖皮质激素敏感性降低。哺乳动物（人）神经内分泌与免疫系统的双向调节机制见二维码 5-9。

　　1. 神经 - 内分泌 - 免疫网络的结构基础和物质基础　　神经 - 内分泌 - 免疫网络的互作具有解剖学的结构基础。大脑通过神经内分泌系统对免疫系统进行整体的功能"部署"，分散全身的免疫细胞负责检测有机体的健康状态。解剖学证实，中枢神经系统、外周神经系统和免疫系统存在众多的反射弧。在中枢系统，至少有背外侧前额叶皮质、内侧前额叶皮质、下丘脑、垂体、海马等部位参与免疫功能的调节。上述脑组织通过交感神经或 HPA 的激素对免疫细胞进行精准调控。在外周系统中，神经和内分泌系统与免疫系统的反射弧散布于全身各处，主要包括肠道、皮肤、骨髓和肾上腺等。免疫细胞分泌的细胞因子也可以通过血脑屏障，与相应的受体结合，进而调节中枢神经系统的功能[①]。

　　神经 - 内分泌 - 免疫网络的互作具有生理学的物质基础，即神经、内分泌、免疫系统拥有共同的配体和受体系统。免疫细胞表达神经递质和内分泌激素的受体，同时，神经细胞和内分泌细胞也表达细胞因子的受体。通过共享的配体和受体系统，神经 - 内分泌 - 免疫网络赋予生物体应对胁迫和病原体的"第六感"。

　　2. 神经 - 内分泌 - 免疫网络的调节机制　　神经 - 内分泌 - 免疫网络通过反馈机制，构成生理学调节的闭合回路。反馈机制包括正反馈与负反馈。在面对胁迫时，负反馈调节保证有机体做出迅速的级联放大响应。与此同时，负反馈调节避免有机体的过度反应，防止系统"过载"。神经 - 内分泌 - 免疫网络最重要的生理功能是维持稳态，因此，负反馈调节是维持系统平衡的重要机制。细胞因子促进胁迫相关激素分泌，而胁迫相关的激素降低免疫反应，减少细胞因子分泌，最终恢复稳态。

――――――――――

① 相较于外周组织，脑部（实指中枢神经系统）的功能复杂，且细胞再生能力弱。所谓"谬以毫厘，失之千里"，脑部极小的功能紊乱或丧失，在经过一系列的神经传导和级联反应放大后，会对生物体造成难以估量的损伤。因此，早期的免疫学者认为血脑屏障可以完全隔绝免疫细胞，进而让脑部细胞免受免疫细胞的攻击，即脑部免疫豁免（immune privilege）理论。然而近 20 年的研究证实，脑部免疫豁免是相对的，而非绝对，免疫细胞可以从不同的路径进入脑部。推荐阅读下列经典综述：Trends in Immunology, volume 28, pages 12-18（2007）; Nature Reviews Immunology, volume 3, pages 569-581（2003）; Nature Reviews Immunology, volume 17, pages 49-59（2017）; Nature Reviews Immunology, volume 18, pages 83-84（2018）

在日常生活中，电池、用电器、电线构成了简单的闭合回路。神经 - 内分泌 - 免疫网络组成的闭合回路与之相似。我们可以认为激素、细胞因子等信号分子类似电源，信号分子导致的生理学与行为反应属于用电器，而血液循环系统、内分泌系统、旁分泌系统类似电线。当受到胁迫（或病原体）刺激时，身体打开电源。神经 - 内分泌 - 免疫网络组成的闭合回路可以分为：长距离闭环循环（long loop interaction）和局部闭环循环（local interaction）。长距离闭环指多器官的偶联反应，如免疫组织分泌细胞因子，细胞因子通过内分泌系统调节远端的神经内分泌系统。局部闭环指在同一器官或组织，或彼此相近的器官或组织间的生理反应。局部闭环通常以自分泌或旁分泌的形式构成闭合回路。值得注意的是，在不同的闭环通路中，主要的糖皮质激素可能不同，并且具有种属特异性。例如在鸟类中，皮质酮（corticosterone）是长距离闭环循环中的主要糖皮质激素，而在胸腺的局部循环中，主要的糖皮质激素是皮质醇（cortisol）。相反，在哺乳动物鼠（小鼠）中，皮质酮是胸腺、肝、脾、脑局部循环的主要糖皮质激素，但不是长距离循环的效应激素。目前普遍认为皮质醇是硬骨鱼类主要糖皮质激素。在不同的局部循环中，鱼类主要的糖皮质激素是否存在变化，值得进一步研究。

神经内分泌系统与免疫系统存在双向的互作机制，这种互作机制不仅在胁迫或病原体入侵等紧急状态时得到呈现，在生命体的生长发育过程中或日常的稳态维持过程中也具有重要的生理意义。神经 - 内分泌 - 免疫网络组成的闭合回路见二维码 5-10。

二、神经 - 内分泌 - 免疫网络的调节

（一）交感神经支配的调节机制

早期小鼠的研究证实胸腺和肾受到肾上腺素能神经元支配。进一步研究证实，淋巴结、骨髓、肠道等免疫器官均受到肾上腺素能神经元的支配，并且这种机制广泛存在于脊椎动物中，包括银大麻哈鱼（Oncorhynchus kisutch）等硬骨鱼类。肾上腺素能神经元是一类可以释放肾上腺素（epinephrine 或 adrenaline）、去甲肾上腺素（norepinephrine 或 noradrenaline）或多巴胺（dopamine）等儿茶酚胺类物质的神经元。肾上腺素能神经元通过释放儿茶酚胺类物质，激活靶细胞的儿茶酚胺受体系统，实现胞外信号向胞内信号的转导。肾上腺素能神经元作用于肌肉系统、循环系统、代谢系统等，增强机体对胁迫的抵抗和适应能力。以（去甲）肾上腺素为例，其受体属于 G 蛋白偶联受体（G protein-coupled receptor，GPCR），可分为 α 亚型和 β 亚型。α 亚型和 β 亚型分布不同，且具有不同的生理功能和药理学特征。例如，去甲肾上腺素激活血管的 α 亚型受体，刺激血管收缩和能量动员；激活心脏的 β 亚型受体，增强心跳和心肌收缩。

尽管鱼类不具备哺乳动物的肾上腺结构，但是鱼类的肾间组织和嗜铬组织具有肾上腺的生理功能。鱼类的嗜铬组织起源于外胚层，和哺乳动物的肾上腺髓质同源。早期的研究证实，鱼类在受到内源或外源压力时，嗜铬组织可以分泌肾上腺素和去甲肾上腺素等儿茶酚胺类物质。此外，在虹鳟（Oncorhynchus mykiss，α1a-AR、α1b-AR、α1d-AR 和 β2-AR、β3-AR）、斑马鱼（Danio rerio，α2b-AR、α2c-AR、α2d-AR 和 β1-AR、β2-AR、β3-AR）和黑头呆鱼（Pimephales promelas，β1-AR、β2-AR、β3-AR）等众多硬骨鱼类中鉴定得到了多种亚型的（去甲）肾上腺素受体，且在免疫组织表达较高。上述证据显示肾上腺素能神经元支配的胁迫系统在哺乳动物和硬骨鱼类中具有结构与功能的保守性。需要指出的是，因为鱼类的祖先经历了额外的 1 次或 2 次全基因组复制，导致旁系同源基因的扩增，因而鉴定到了多种亚型的（去甲）肾上腺素受体。

体外实验证实 α 亚型的激动剂苯肾上腺素（phenylephrine，α 亚型特异激动剂）可以刺激

虹鳟免疫系统的呼吸爆发和抗体的产生；β 亚型的激动剂异丙肾上腺素（isoproterenol，β1 和
β2 亚型特异激动剂）则抑制免疫功能，压制虹鳟的呼吸爆发和抗体产生，抑制白细胞的扩增
与吞噬作用。罗非鱼的在体实验同样发现异丙肾上腺素胁迫刺激儿茶酚胺的释放，抑制白细胞
的吞噬功能，降低血清中免疫球蛋白 IgM 的含量。翠鳢（*Channa punctatus*）的实验进一步暗
示肾上腺素和去甲肾上腺素可以激活不同的受体，进而刺激呼吸爆发，抑制巨噬细胞的吞噬功
能。上述研究说明，通过开发不同肾上腺素受体的特异性激动剂，或许可以对硬骨鱼类的神
经 - 内分泌 - 免疫网络进行调控，进而降低经济鱼类养殖、运输、管理中环境变化和人为操作
对鱼类应激创伤。

（二）HPI

哺乳动物中，HPA 是应对胁迫的主要内分泌元件。当大脑感受到刺激信号时，下丘脑的
室旁核（或室前核）区域活跃，促进 CRH 分泌。CRH 是具有 41 个氨基酸的多肽类激素，通
过垂体门脉系统到达腺垂体。腺垂体的促肾上腺皮质素细胞是 CRH 的靶细胞，表达相应的受
体。在 CRH 和其结合蛋白的共同作用下，受体被激活，刺激促肾上腺皮质素细胞分泌 ACTH。
ACTH 通过血液循环，到达肾上腺皮质，刺激皮质醇等糖皮质激素的合成。皮质醇是应对胁迫
的最主要的糖皮质激素，通过调节循环、代谢、免疫等多系统的动态平衡，帮助有机体应对胁
迫。值得注意的是，胁迫状态触发 CRH 和 ACTH 的急剧分泌；而在基础状态时，上述两种激
素呈现脉冲式的分泌方式，且具有昼夜周期节律（图 5-5）。

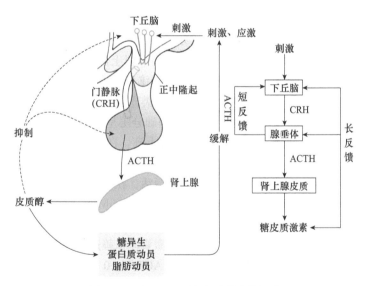

图 5-5　HPA/HPI 和糖皮质激素的调节
实线箭头表示促进，虚线箭头表示抑制

鱼类的肾间组织行使肾上腺皮质的生理功能，分泌皮质醇以应对胁迫。因此，鱼类的 HPI
对应于哺乳动物的 HPA。此外，鱼类具有特殊的内分泌器官——尾垂体，其位于脊髓后部，
也被称为尾部神经分泌系统。尾垂体分泌的尾加压素 I（urotensin I，U I）大约有 41 个氨
基酸，属于直链多肽，与 CRH 的结构相似。U I 与 CRH 有相似的药理学特征，可以被受体的

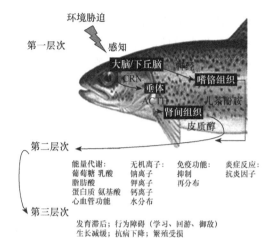

图 5-6　鱼类 HPI 介导的胁迫反应层次

鱼类对胁迫的响应可大致分为 3 个层次。第一层次是 HPI 活性的改变。环境胁迫刺激鱼类大脑的感知系统，下丘脑释放 CRH，从而调控整条 HPI，并且以皮质醇为主要的效应激素。第二层次以皮质醇为主要调节者，肾间组织分泌皮质醇，调节鱼类的能量代谢、水盐平衡和免疫应答。皮质醇选择性地激活（抑制）某些生理功能。第三层次是多组织与多器官的整体功能改变，进而导致鱼类表型的改变，包括生长减缓、发育滞后、行为障碍、抗病与抗胁迫的能力下降等

非特异性拮抗剂影响。大量实验证实 UⅠ刺激 ACTH 的分泌。例如，白亚口鱼（*Catostomus commersonii*）的 UⅠ可以刺激金鱼产生 ACTH，且效果好于牛源的 CRH。硬骨鱼类的神经垂体激素也参与调控 ACTH 的分泌。硬骨鱼类中，加压催产素（arginine vasotocin，AVT）和硬骨鱼催产素（isotocin，IT）分别对应哺乳动物的精氨酸血管升压素（arginine vasopressin，AVP）和催产素（oxytocin，OT）。生理学实验证实虹鳟与金鱼的上述两种激素可以刺激 ACTH 的合成。同时解剖学发现上述两种鱼类催产素的分泌神经元与 CRH 和 ACTH 的分泌神经元共表达，也证实了这几种激素存在功能关联。相比于异源的 CRH 和 UⅠ，硬骨鱼同源的 AVT 和 IT 刺激 ACTH 合成的效能较低，在金鱼中只有 50% 左右。有趣的是，上述两种鱼类催产素可以提高虹鳟 CRH 的效能，却对金鱼无效。此外，血管紧张素（angiotensin）和促甲状腺激素释放激素（thyrotropin-releasing hormone，TRH）也促进 ACTH 的分泌，而多巴胺和黑素浓集激素（melanin-concentrating hormone，MCH）则抑制 ACTH 的分泌（图 5-6）。

1. 促肾上腺皮质激素的生理功能　ACTH 调节肾上腺（肾间组织）类固醇皮质激素（corticosteroid）的分泌，包括基础状态时的节律性分泌和胁迫状态下的应急（刺激）性分泌。基础状态时，ACTH 的表达呈现日节律性，进而调控类固醇皮质激素合成的日节律性表达，以及相关调控基因的日节律性表达。人类 ACTH 的基础分泌呈现早上高、夜晚低，活动高、静息低的特点。而啮齿类等夜行性动物的 ACTH 则晚上高，白天低。此外，有学者提出肾上腺（肾间组织）存在内置的生物钟，调节靶细胞对 ACTH 的敏感性。对于胁迫状态时的应急分泌，普遍认为交感神经与肾上腺素系统第一时间被激活，在数秒内启动高强度的胁迫响应，属于"快速反应部队"；而 HPA（HPI）系统作为"后续机动部队"，在更长的时间内维持强度适中的胁迫响应。

ACTH 可以直接调节免疫功能，即类固醇皮质激素非依赖途径；也可以通过类固醇皮质激素进而间接调节免疫功能，即皮质激素依赖途径。ACTH4-10（MEHFRWG）不具备刺激糖皮质激素分泌的能力。在体实验证实 ACTH4-10 抑制巨噬细胞的吞噬作用，减弱免疫细胞分泌炎性细胞因子的能力。给切除肾上腺的动物注射促肾上腺皮质激素，仍然观察到促炎性细胞因子的分泌降低。在欧洲舌齿鲈（*Dicentrarchus labrax*）发育的早期阶段，卵黄囊、肾小管、肾间组织、胸腺、肝、脾、主静脉、皮肤等器官、组织观察到 ACTH 的分布，且 ACTH 对脂多糖的刺激做出反应。在虹鳟中也观察到淋巴细胞分泌 ACTH，推测其参与炎症调节。以上证据支持 ACTH 具有独立调节免疫系统的功能。

离体实验的结果进一步验证了上述观点。使用 ACTH 处理胶质细胞、星形胶质细胞和

小胶质细胞的混合细胞液，可以减少毒性物质引起的细胞死亡。证实 ACTH 调节中枢神经系统的炎症反应。在外周系统，如角质形成细胞，ACTH 抑制 TNF 触发的核因子 κB（nuclear factor kappa-B，NF-κB）信号，进而调节炎症反应。使用 ACTH 刺激巨噬细胞，观察到白介素 -6（IL-6）和 TNF-α 等细胞因子的表达量急剧升高，并且 ACTH 调节脂多糖刺激的巨噬细胞分泌细胞因子。

　　ACTH 还调节氧化应激与呼吸爆发。肾上腺（肾间组织）在合成类固醇激素的过程中，强烈的代谢反应（特别是脂质的过氧化代谢反应）产生大量的 ROS。研究显示 ACTH 与抗氧化酶的表达相关，减少细胞的氧化应激反应。分离虹鳟的头肾细胞（主要含吞噬细胞），观察到 ACTH 调节虹鳟头肾细胞的呼吸爆发（图 5-7）。

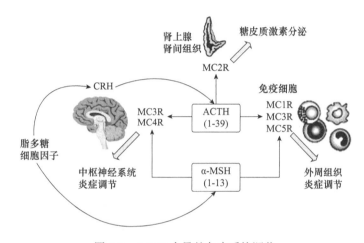

图 5-7　ACTH 介导的免疫系统调节

刺激因子（如脂多糖和细胞因子）刺激下丘脑分泌 CRH，CRH 刺激垂体分泌 ACTH，ACTH 可以在中枢神经系统中激活 MC3R 和 MC4R（详见促黑素细胞激素系统部分），调节中枢神经系统的炎症反应。ACTH 也可以激活外周组织的 MC1R、MC3R 和 MC5R，在外周组织调节免疫细胞功能，进而调节炎症反应。与此同时，α- 促黑素细胞激素（α-MSH）和 ACTH 由共同的前体激素分泌（详见促黑素细胞激素系统部分）。α-MSH 也可以在中枢神经系统和外周组织激活相应的黑皮质受体，调节炎症反应

　　2. 促肾上腺皮质激素的作用机制　　ACTH 激活其受体黑皮质素受体 2（melanocortin 2 receptor，MC2R），进而调节细胞功能与下游基因的转录。ACTH 的受体属于 G 蛋白偶联受体。在 ACTH 被鉴定 60 年之际，国外学者提出了促肾上腺皮质激素受体的 6 种主要作用途径。

　　（1）ACTH 激活受体后，引起 G 蛋白的构象变化，G 蛋白的 Gα 亚基和 Gβγ 亚基分离。随后，$G\alpha_s$ 和 $G\alpha_i$ 信号通路被激活，调节细胞内的环磷酸腺苷含量。$G\alpha_s$ 信号通路刺激细胞内的环磷酸腺苷水平升高，$G\alpha_i$ 信号则抑制细胞内的环磷酸腺苷合成。此外，Gβγ 亚基也可以调节下游信号通路和细胞功能，包括 MAPK 信号通路和离子通道等。

　　（2）细胞内的环磷酸腺苷与蛋白激酶 A（protein kinase A）结合，激活环磷酸腺苷 - 蛋白激酶 A 通路。蛋白激酶 A 可以直接将效应蛋白磷酸化，如类固醇生成急性调节蛋白（steroidogenic acute regulatory protein，StAR）。该过程不依赖于基因转录，触发快速的细胞功能。与此同时，蛋白激酶 A 也可以在细胞核中并磷酸化 cAMP 反应元件结合蛋白（cAMP response element-binding protein，CREB），后者属于转录因子，与 DNA 上的 cAMP 反应元件

（cAMP response element，CRE）结合，调控下游基因转录，特别是编码类固醇合成催化酶的基因。

（3）ACTH 激活受体后，导致细胞膜上的钙离子通道极化，细胞外的钙离子内流。

（4）ACTH 激活受体后，受体与细胞外基质（extracellular matrix，ECM）和细胞骨架相互作用。

（5）动员与类固醇激素合成相关的基因与底物，促进胆固醇向线粒体转运。该过程可由（2）或（4）触发。

（6）类固醇激素的合成在线粒体启动。该过程可由（3）或（5）触发，其中（3）主要刺激盐皮质激素合成。

3. 皮质醇　　皮质醇水平是指示硬骨鱼类是否处于胁迫状态的重要指标。HPA（HPI）最主要的生理功能是刺激糖皮质激素（皮质醇）的合成与分泌。此过程高效、迅速、特异：神经系统感知刺激后，即刻刺激下丘脑。下丘脑承接神经信号，并将该信号转化为内分泌信号，起到"中转站"的作用。下丘脑在数秒内释放 CRH，垂体在数秒或数分钟内释放 ACTH。ACTH 激活肾间组织的受体，在数分钟后刺激皮质醇的释放。尽管有证据显示某些胁迫因子可以"绕过"ACTH，直接诱导皮质醇的合成与分泌，但是大量的胁迫实验显示硬骨鱼类的皮质醇和 ACTH 水平有一致性，即胁迫导致两种激素的含量共同上升。这些实验证据进一步证实了皮质醇的分泌依赖于 ACTH 的刺激。

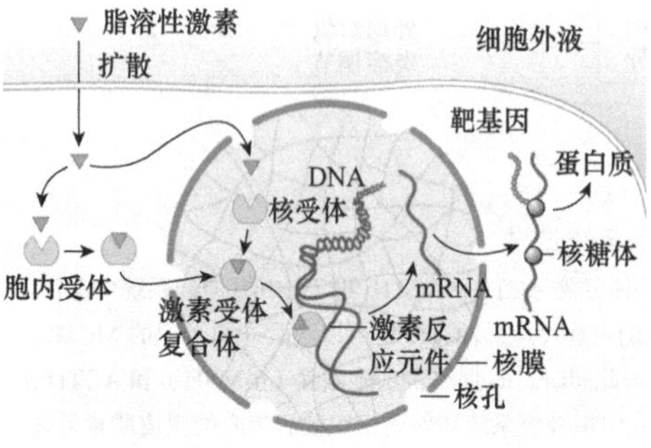

皮质醇分泌后，经内分泌（或旁分泌）途径，到达靶位点激活受体。皮质醇属于脂溶性激素，不能溶解于血液，因此皮质醇需要与其结合蛋白结合，形成具有极性的复合体。复合体不具备生物活性，可随血液运输，达到靶位点后，皮质醇与结合蛋白分离，分离后的皮质醇具有生物活性。脂溶性的皮质醇可以自由通过细胞外膜，激活细胞内的受体，进而调节基因转录。受体被皮质醇激活后，构型发生变化，两个单体受体组合成二聚体，并在核内转运信号的指引下，暴露隐藏于分子内部的 DNA 结合结构域和转录调节结构域。进入细胞核后，受体二聚体与靶基因的特定应答元件结合，调控下游基因的转录（图 5-8）。

图 5-8　皮质醇受体的激活

皮质醇属于脂溶性激素，与结合蛋白形成极性复合体在血液中运输。到达靶细胞后，皮质醇与结合蛋白分离，脂溶性的皮质醇穿过细胞膜，进入细胞质。皮质醇的受体位于细胞质或细胞核。皮质醇激活受体后，与细胞核 DNA 的特定序列结合（即糖皮质激素反应原件）。糖皮质激素反应原件可以调节基因的转录，进而合成新的功能蛋白质

在高等动物中，类固醇皮质激素可分为糖皮质激素和盐皮质激素。与之对应，存在糖皮质激素受体（glucocorticoid receptor）和盐皮质激素受体（mineralocorticoid receptor）。顾名思义，糖皮质激素（如皮质醇）系统主要调节葡萄糖的能量代谢，而盐皮质激素（如醛固酮，aldosterone）系统主要调节水盐平衡。两种类固醇皮质激素对应的受体则分别是糖皮质激素受体和盐皮质激素受体。两种受体拥有共同的祖先基因——皮质类固醇受体（corticosteroid receptor）。在鱼类中，糖皮质激素与盐皮质激素系统的功能存在交叉。皮质醇既是糖皮质激素受体的配体，也是盐皮质激素受体的配体，且皮质醇对两种受体的生理学与药理学效应具有种间差异性。例如，在斑马鱼的胚胎发育过程中，糖皮质激素受体

的表达呈现下降趋势。相反，盐皮质激素受体表达水平不断上升，且皮质醇的主要受体是盐皮质激素受体。在鲑科大麻哈鱼（*Oncorhynchus keta*）的鳃中鉴定到糖皮质激素受体，且糖皮质激素受体的表达水平受到盐度的调节，暗示鱼类的糖皮质激素兼具调节胁迫状态与渗透压平衡的双重生理功能。根据虹鳟对皮质醇的响应能力进行定向选择，低胁迫响应虹鳟家系的盐皮质激素受体表达水平高于高胁迫响应虹鳟家系。根据哺乳动物的研究成果，在海马等脑边缘系统（limbic system），盐皮质激素受体对糖皮质激素的亲和力高于糖皮质激素受体。这些区域调控认知、情绪、记忆、警戒、行为等。根据以上观点，推测在低胁迫响应虹鳟家系中，较高的脑盐皮质激素受体水平与早期关于胁迫的认知和记忆，以及后期对胁迫的适应等有关。部分观点认为鱼类缺乏醛固酮等盐皮质激素。已知皮质醇可以结合并激活盐皮质激素受体，调节鱼类渗透调节器官。例如，皮质醇可以对鳃组织离子交换通道的活性和相关的基因表达进行调控。

近年的研究证实，皮质醇的某些受体位于细胞表面，属于膜受体。膜受体通常触发快速的细胞应答，如蛋白质的磷酸化等。因为不涉及基因转录、蛋白质合成等费时的生物过程，这种调节方式也被称为非基因组依赖性生理作用 / 非基因组依赖性信号通路（nongenomic effect/signaling）等。国外学者最近提出了鱼类皮质醇的非基因组依赖性生理作用模型，推测皮质醇通过 4 种方式触发快速的细胞反应。①第一种方式认为脂溶性皮质醇直接跨过细胞膜，进入细胞质。此时皮质醇不与其受体结合，而是作用于蛋白激酶 A、蛋白激酶 B、蛋白激酶 C（PKA、PKB、PKC）和丝裂原活化蛋白激酶（mitogen-activated protein kinase，MAPK）等信号蛋白，介导蛋白质磷酸化等反应，触发细胞效应。这种方式认为皮质醇既作为第一信使（如胞外激素），也作为第二信使（如胞内信号分子）。②第二种方式认为皮质醇只作为第一信使，通过激活跨膜蛋白（如 G 蛋白偶联受体或离子通道），触发与跨膜受体偶联的胞内第二信使，如环磷酸腺苷（cyclic adenosine monophosphate，cAMP）等，进而激活蛋白激酶 A、蛋白激酶 B、蛋白激酶 C 和 MAPK 等信号蛋白。这种方式在其他类固醇类激素中已得到证实，如雌激素可以激活膜受体 GPR30，GPR30 属于 G 蛋白偶联受体。③第三种方式认为皮质醇激活钙离子通道，胞内钙离子作为第二信使，触发信号蛋白。并且胞内钙离子调节糖（盐）皮质激素受体的转运，促进受体向细胞膜运动，作为第四种方式的前导过程。④第四种方式认为皮质醇与位于细胞膜的糖（盐）皮质激素受体结合，触发信号蛋白的活性（图 5-9）。

4. 皮质醇的生理功能 鱼类的糖皮质激素受体和盐皮质激素受体分布广泛，在中枢神经系统、免疫系统、消化系统和繁殖系统中均有表达。糖皮质激素受体和盐皮质激素受体呈现出不同的生理功能和药理特征，且具有种间差异性。例如，虹鳟与鲤科鱼类的糖皮质激素受体亚型 II 对皮质醇的敏感性较高，糖皮质激素受体亚型 I 较低。不同类型的皮质醇受体具有不同的组成型活性，即不存在配体刺激时，也可以激活下游信号通路。

（1）皮质醇对能量代谢的影响 生命体是物质的集合，也是能量的集合。不同的生理活动，其本质是对生命所需的物质和能量的调控与分配。胁迫与免疫反应也是如此。皮质醇主要调控能量物质的代谢，保证应激反应的能量消耗。

皮质醇调控糖类的代谢。与肾上腺素相比，皮质醇的起始效果较慢，但持续时间较长。皮质醇刺激肝的糖异生，进而提高肝细胞中的糖原含量和血液葡萄糖水平。使用合成的糖皮质激素类似物（地塞米松，dexamethasone）处理斑马鱼后，与糖异生相关的基因表达量显著上调。部分上调基因的启动子区域具有糖皮质激素应答元件（glucocorticoid response element，GRE），暗示糖皮质激素受体参与皮质醇介导的糖异生。皮质醇还刺激外源的氨基酸进入肝，作为糖异

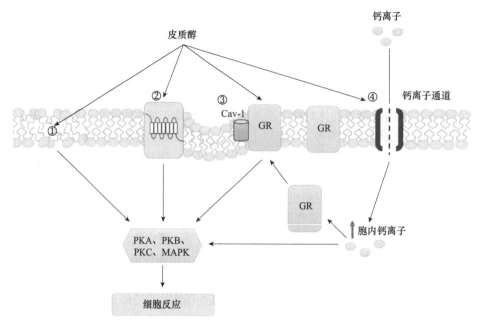

图 5-9　鱼类皮质醇的非基因组依赖性生理作用模型

Cav-1. 微囊蛋白 1（caveolin-1）；GR. 糖皮质激素受体（glucocorticoid receptor）

生的原料。皮质醇不仅可以"开源"，还可以"节流"。皮质醇降低脂肪组织等对葡萄糖的利用，进一步提高血糖水平。例如，鲑鱼洄游产卵前，亲鱼停止摄食。此时肾间组织高度活跃，通过糖异生维持生命活动。在虹鳟中，葡萄糖调节 ACTH 诱导的皮质醇分泌。使用糖皮质激素受体的抑制剂则可以消除皮质醇对葡萄糖的生理作用。体外实验证实肾间组织中具有葡萄糖的"感受器"，较高水平的葡萄糖促进皮质醇的分泌。上述实验证实皮质醇对葡萄糖的调节作用是双向的，两者存在动态调节。

皮质醇调控蛋白质和脂类的代谢。在非肝组织，皮质醇促进蛋白质的分解代谢，因此也部分降低了其生理功能。但是皮质醇不分解维持生命活动最基本的蛋白质。游离的氨基酸向肝组织"汇总"，在肝组织中，皮质醇促进新蛋白质的合成，促进氨基酸转化为葡萄糖。在肝组织，皮质醇促进脂肪酸的氧化，促进糖异生。

（2）皮质醇对免疫系统的影响　　皮质醇被认为是免疫系统的抑制剂。在医学研究中，该观点最早可以溯源到 1850 年，著名的医学家 Thomas Addison 发现一位患者有肾上腺功能缺陷的同时，其血液中有较高的免疫细胞水平。随后，1950 年的诺贝尔生理学或医学奖获得者 Philip Showalter Hench 观察到自发免疫疾病的患者血液中含有较高的"某种"激素，而这种激素通常在胁迫状态时才产生。这种激素可以减轻自发免疫疾病患者的症状。随后，与 Philip Showalter Hench 一同获得诺贝尔生理学或医学奖的 Edward Calvin Kendall 发现了肾上腺类固醇类物质，并以此治疗自发免疫疾病[①]。此后，大量的研究证实糖皮质激素抑制有机体的先天性

---

① 1950 年的诺贝尔生理学或医学奖由 Philip Showalter Hench、Edward Calvin Kendall 和 Tadeus Reichstein 共同获得，用以表彰三位学者在发现类固醇类激素（cortisone，肾上腺皮质酮）和将其用于治疗自发免疫疾病中的贡献

免疫和获得性免疫功能。例如，糖皮质激素诱导 T 淋巴细胞和嗜中性粒细胞等免疫细胞的凋亡，进而抑制炎症反应。糖皮质激素通过抑制 MAPK 途径的 p38 信号通路，调节巨噬细胞分泌细胞因子。糖皮质激素通过调控激活蛋白 -1（activator protein-1，AP-1）和 NF-κB 等转录因子，调节促炎性细胞因子和抗炎性细胞因子的产生。

鱼类的免疫系统也受到皮质醇的抑制。在鲑科、鲷科、鲤科鱼类中，大量的在体实验和离体实验证实鱼类受到胁迫后，皮质醇激素含量升高，头肾的糖皮质激素受体数目增加，炎性细胞因子和补体系统等免疫功能被抑制。在体实验中，鲤科鱼类在腹腔注射皮质醇后，血液中的淋巴细胞数量减少。脂多糖（lipopolysaccharide，LPS）刺激虹鳟肝细胞后，IL-1β 和 IgM 等的基因表达上调。皮质醇通过抑制 JAK/STAT 信号通路、激活细胞因子信号转导抑制因子（suppressors of cytokine signaling，SOCS）的基因表达，消除脂多糖的刺激作用，抑制免疫功能。离体实验也得到了一致的结果。皮质醇抑制脂多糖的刺激效果。皮质醇抑制金头鲷（*Sparus aurata*）炎性细胞因子的基因表达，使用糖皮质激素受体的拮抗剂米非司酮（mifepristone）可以部分恢复被皮质醇抑制的免疫功能。皮质醇抑制免疫功能，避免免疫系统过载，是自我保护机制。

糖皮质激素对炎症反应的调节具有双效性。有研究指出：慢性的糖皮质激素暴露抑制免疫调节功能，而急性的糖皮质激素刺激触发抗炎反应。例如，有研究指出糖皮质激素受体与 Toll 样受体（Toll-like receptor）和 NOD 样受体家族（NOD-like receptor family）存在互作机制，进而促进 TNF-α 和 IL-1β 等细胞因子的合成与分泌。因此，有机体的糖皮质激素急剧升高，指示有机体遇到了剧烈的"危机"，此时启动抗炎反应是有机体的一种预警机制。正如许多病毒，其致命性在于病毒引起的细胞因子风暴。免疫系统的启动消耗大量能量，在攻击病原体的同时，难免附带损害正常的细胞。

（3）免疫系统对皮质醇等糖皮质激素的影响　　HPI 和免疫系统存在双向调节机制。免疫系统通过炎性细胞因子调节 HPA（HPI）。早期观点认为细胞因子主要调节下丘脑 CRH 的合成与分泌。CRH 是 HPA（HPI）最上游的激素，调节 CRH 可以调节整个 HPA（HPI）的生理功能。近年来，越来越多的证据显示炎性细胞因子可以通过下丘脑、垂体、肾上腺（肾间组织）3 个层次，调节 HPA（HPI）的生理功能。下丘脑、垂体、肾上腺（肾间组织）均有炎性细胞因子的受体表达。另有研究证实下丘脑、垂体、肾上腺（肾间组织）也可以分泌炎性细胞因子。根据以上证据，有理由推测：①炎性细胞因子可以通过内分泌、旁分泌等多种方式调节 HPA（HPI）；②下丘脑、垂体、肾上腺（肾间组织）等器官（组织）均拥有局部的小型神经 - 内分泌 - 免疫网络，以旁分泌或自分泌为调节方式；③围绕不同组织器官的小型神经 - 内分泌 - 免疫网络，循环系统进行串联，组成了横跨中枢神经系统和外周免疫系统的大型神经 - 内分泌 - 免疫网络。

炎性细胞因子抑制糖皮质激素受体的生理功能，包括抑制其表达，阻碍其向细胞核转移，干扰其结合 DNA 等。以 IL-1 为例，地塞米松激活糖皮质激素受体，随后，受体转移到细胞核，与 DNA 上的特定 DNA 序列（即糖皮质激素受体反应元件）结合，调节下游基因的转录。IL-1 抑制上述反应，IL-1 受体的拮抗剂可以消除 IL-1 的抑制功能。进一步实验证实 IL-1 通过 p38 MAPK 信号通路抑制糖皮质激素受体的生理功能，抑制 p38 MAPK 信号通路的活性后，IL-1 的抑制功能减弱。

除 p38 MAPK 信号通路外，炎性细胞因子还通过 JNK（c-Jun N-terminal kinases，c-Jun 激

酶）、MAPK、STAT（signal transduction and activator of transcription，信号转导及转录激活因子）和 NF-κB 等通路调节糖皮质激素的表达和生理功能。例如，炎性细胞因子激活 JNK 信号通路后，通过末端的效应蛋白 AP-1 调节糖皮质激素受体与其他调控蛋白质的相互作用，调节糖皮质激素受体向细胞核外转运，进而调节糖皮质激素受体在静息状态的生理功能（非刺激）。使用药理学方法阻断 JNK 信号通路，观察到糖皮质激素受体与其反应元件的结合力增强，转录调节作用增强。上述现象在中枢神经系统的细胞系和外周系统的细胞系中均有呈现。

此外，有证据显示炎性细胞因子可以改变糖皮质激素受体不同亚型的表达比例。普遍认为糖皮质激素的 β 亚型基因因为第 11 和 12 位 α 螺旋的改变或缺失，其与激素的结合能力减弱或丧失。相较于 α 亚型，肿瘤坏死因子和 IL-1 诱导更多 β 亚型的转录。基于显性负效应（dominant negative effect），推测较高的 β 亚型抑制糖皮质激素触发的受体活性，导致糖皮质激素抵抗（glucocorticoid resistant）。炎性细胞因子可以刺激糖皮质激素的代谢速率。11β- 羟基类固醇脱氢酶（11 beta-hydroxysteroid dehydrogenase，11β-HSD）是调节糖皮质激素（皮质醇）功能的重要催化酶。其中 II 型 11β-HSD 降低皮质醇活性，防止持续激活。研究证实，炎性细胞因子增强 II 型 11β-HSD 活性，抑制皮质醇触发的受体激活。炎性细胞因子还可以调节糖皮质激素结合蛋白，影响激素的生理功能。只有脱离极性的结合蛋白后，非极性的皮质醇才能跨过细胞膜，作用于其受体，展现生理功能。

（三）促黑素细胞激素系统

促黑素细胞激素（melanocyte stimulating hormone，MSH）系统主要包括：α- 促黑素细胞激素、β- 促黑素细胞激素、γ- 促黑素细胞激素（α-MSH、β-MSH、γ-MSH）和 ACTH 四种内源激动剂，刺鼠信号蛋白（agouti-signaling protein，ASIP）和刺鼠相关蛋白（agouti-related protein，AgRP）两种内源拮抗剂，以及五种黑皮质素受体（黑皮质素受体 -1、-2、-3、-4、-5，MC1R～MC5R）组成。在人类或其他哺乳动物中，MC3R 和 MC4R 主要在中枢神经系统表达，因此也被称为神经黑皮质素受体（neural melanocortin receptor）。然而在鱼类中，MC4R 的表达不仅局限于中枢神经系统，在性腺、肝、肾间组织等外周组织中也广泛表达。早期研究认为鱼类的 MC3R 缺失，这是因为 MC3R 主要是 γ-MSH 的受体，而鱼类的 γ-MSH 缺失。但是近年通过基因组注释，在许多鱼类中也鉴定得到了编码 MC3R 的基因，并且某些鱼类的 MC3R 具有组成性活性。阿黑皮素原（pro-opiomelanocortin，POMC）作为前体物质，经过选择性剪切及转录后的修饰，产生 α-MSH、β-MSH、γ-MSH 和 ACTH。阿黑皮素原在垂体的远侧部被肽解为 ACTH，而在垂体的中间部被肽解为促黑素细胞激素。上述四种激素与不同的受体结合，在促黑素细胞激素系统中表现出不同的生理学作用与药理学特征。例如，α-MSH 与 MC1R 结合，调节动物皮肤与毛发的颜色；促肾上腺皮质激素与 MC2R 结合，调节 HPA（HPI）；α-MSH、β-MSH、γ-MSH 与 MC3R 和 MC4R 结合调节能量平衡，α-MSH、β-MSH、γ-MSH 和 ACTH 与 MC5R 结合调节能量代谢与外泌体功能（图 5-10 和图 5-11）。

1. α-MSH　除促肾上腺皮质激素外，其他的几种促黑素细胞激素，特别是 α-MSH，也参与有机体的免疫调控。细胞实验显示 α-MSH 通过 NF-κB 信号通路，调节炎性细胞因子的产生。同时，α-MSH 调节一氧化氮（NO）、前列腺素 E（prostaglandin E，PGE）、活性氧自由基等不依赖于细胞因子的炎症调节物质和黏附分子（adhesion molecule）。

2. α-MSH 调节中枢神经系统和外周组织的免疫功能　在中枢神经系统，研究显示脂

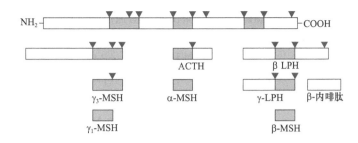

图 5-10 阿黑皮素原翻译后的加工产物

通过选择性剪切和转录后修饰，POMC 被肽解为 α-MSH、β-MSH、γ-MSH 和 ACTH 等不同产物，
这些产物具有不同的生理功能。LPH 为促脂解素（lipotropin）

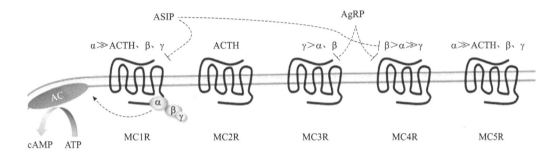

图 5-11 促黑素细胞激素系统

配体包括激动剂和拮抗剂系统。激动剂：α-MSH、β-MSH、γ-MSH 和 ACTH。拮抗剂：ASIP 和 AgRP。不同配体对特定受体的亲和力有差异，如 MC1R 对 α-MSH 的亲和力最高，MC2R 对 ACTH 的亲和力较高。受体：MC1R～MC5R。物种配体具有生理功能和药理特性的差异性。MC1R 主要调节体色和免疫功能；MC2R 主要调节肾上腺（肾间组织）合成与分泌糖皮质激素；MC3R 调节摄食效率、摄食行为和炎症反应；MC4R 主要调节摄食率和能量消耗；MC5R 主要调节外分泌和能量代谢

多糖或外源性大脑损伤刺激 MC1R 的结合位点增多。通过进一步研究小神经胶质细胞，推测 α-MSH 激活 MC1R，抑制大脑的炎症反应。使用 MC1R 的外源激动剂，也产生抑制炎症的效果。使用外源性大脑损伤或大脑缺血的动物模型，证实 α-MSH 通过激活 MC4R，产生神经保护性功能，启动抵抗大脑神经细胞凋亡的信号通路。在黑素细胞、肺部上皮细胞、角质细胞、巨噬细胞、中性粒细胞等外周组织的细胞系中，α-MSH 可以抑制肿瘤坏死因子激活的 NF-κB 信号通路，进而抑制炎性细胞因子、生长因子、黏附分子等免疫调节分子的分泌。研究揭示 α-MSH 通过 cAMP-PKA 和 p38 MAPK 等信号通路，调节 NF-κB 信号，且推测 MC1R 是调节上述生理功能的主要受体。此外，使用内源性表达 MC1R 的巨噬细胞，证实 α-MSH 抑制脂多糖和细胞因子诱导的炎症调节物质，包括 NO、PGE 和 ROS 等。在后续研究中，该结论在外周免疫系统（如中性粒细胞、单核细胞）和中枢神经系统（如星形神经胶质细胞、小神经胶质细胞）得到进一步验证。使用动物实验，证实在中枢神经系统或外周组织给予 α-MSH 后，可以显著降低动物的炎症反应。α-MSH 还调控与炎症和胁迫相关的基因表达（图 5-12）。

3. α-MSH 调节鱼类的免疫功能 　　早在 1938 年，美国加利福尼亚州斯克里普斯海洋研究所的研究人员发现在深色水箱中的鱼类比白色水箱的鱼类对传染疾病更敏感，暗示某种调节色彩的激素参与免疫调控。在金鱼的胸腺中，α-MSH 和炎性细胞因子在凋亡细胞中共表达，进一步证实 α-MSH 调节鱼类的免疫功能。在鲤科鱼类中，观察到 α-MSH 促进巨噬细胞释放氧

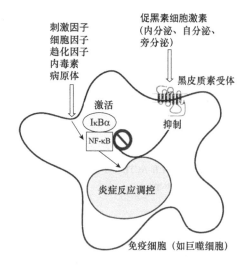

图 5-12　促黑素细胞激素系统介导的抗炎反应
刺激因子激活 NK-κB 信号通路，刺激炎症反应。
α-MSH、β-MSH、γ-MSH 和 ACTH 通过内分泌、旁分泌
和自分泌等途径，激活免疫细胞（如巨噬细胞等）的黑
皮质素受体，触发下游信号通路，如 cAMP-PKA 等，抑
制 NK-κB 信号通路，起到抗炎效果

自由基，增强巨噬细胞的吞噬作用，不同转录后修饰形式的 α-MSH 具有相同的免疫增强作用。在鲑科鱼类中，α-MSH 同样促进头肾的巨噬细胞和中性粒细胞的吞噬作用。动物实验中，观察到虹鳟被杀鲑气单胞菌（*Aeromonas salmonicida*）感染后，其血清 α-MSH 水平升高。鲑科和鲤科鱼类的实验证实 α-MSH 刺激淋巴细胞的有丝分裂。以上证据显示 α-MSH 对哺乳动物和鱼类的免疫功能具有不同的影响。α-MSH 抑制高等哺乳动物的免疫功能，增强鱼类的免疫功能。

4. α-MSH 调节类固醇激素的分泌

α-MSH 是否可以调节类固醇激素的分泌仍存在争议。对金头鲷和虹鳟施加胁迫（空气暴露），观察到 α-MSH 水平升高。对鲑科鱼类施加热胁迫（thermal shock）、触摸（handling）和囚禁胁迫（confinement），观察到 α-MSH 和 ACTH 同时升高。在莫桑比克罗非鱼（*Oreochromis mossambicus*）中，垂体中部提取液（含有 α-MSH）具有温和地刺激皮质醇分泌的功能。β-内啡肽（β-endorphin）可以增强 α-MSH 刺激皮质醇分泌的功能，但是其本身不具备刺激皮质醇分泌的能力。虹鳟和条斑星鲽（*Verasper moseri*）的研究也证实 α-MSH 具有促进皮质醇分泌的能力。鲤科鱼类垂体中部的提取液刺激肾间组织分泌皮质醇，但是单独或组合使用 α-MSH 和 β-内啡肽无法刺激皮质醇合成。在虹鳟的肾间组织鉴定到 MC4R 的表达，使用 α-MSH 和其他高效能的激动剂激活 MC4R，未观察到皮质醇的分泌。进一步使用 MC3R、MC4R 的拮抗剂，不影响促肾上腺皮质激素诱导的皮质醇分泌。

除 α-MSH 外，其他的 MSH 也调节免疫功能。哺乳动物中，动物实验（神经炎症动物模型）证实 MSH 可以抑制脂多糖诱导的 NO 产生，且效果如下：β-MSH＞γ-MSH＞α-MSH。细胞实验也证实 γ-MSH 抑制多形核白细胞的移动能力，抑制相应细胞因子和化学因子的分泌。使用 MC3R 的拮抗剂则可以消除 γ-MSH 的生理功能。硬骨鱼类中，使用 γ-MSH 的前体物质刺激鲑科鱼类和鲤科鱼类的巨噬细胞，观察到巨噬细胞的吞噬能力增强。在体实验也证实注射该类物质后，体内超氧化物阴离子的含量升高，巨噬细胞的吞噬能力增强，暗示鱼类的免疫能力增强。除 MSH 和 ACTH 外，β-内啡肽也是阿黑皮素原的肽解产物。β-内啡肽具有多种形式，且生理功能不同。在垂体的远侧部，阿黑皮素原肽解成 β-内啡肽与 ACTH，在垂体的中间部，阿黑皮素原肽解为 α-MSH 和乙酰化的 β-内啡肽。推测垂体中间部产生的 β-内啡肽可以增强 α-MSH 的生理功能。此外，观察到在热胁迫和触摸胁迫时，褐鳟（*Salmo trutta*）循环系统的 β-内啡肽水平显著升高。但其是否直接作用于 HPI 或免疫系统的调节，尚缺乏实验证据。

（四）阿片神经肽

阿片神经肽来源于阿片神经肽激素原的转录后修饰。阿片神经肽激素原包括脑啡肽原

（proenkephalin，PENK）、强啡肽原（prodynorphin，PDYN）和阿黑皮素原。脑啡肽原经转录后修饰，主要生成甲硫氨酸脑啡肽（Met-enkephalin，ME）和亮氨酸脑啡肽（Leu-enkephalin，LE）；强啡肽原经转录后修饰，主要生成强啡肽 A（dynorphin A，DYN A）、强啡肽 B（dynorphin B，DYN B）和新内啡肽（neoendorphin，NEO）；阿黑皮素原则经转录后修饰，生成 β- 内啡肽和 α-MSH、β-MSH、γ-MSH。此外，近年还陆续鉴定得到了一些新的阿片神经肽，如内吗啡肽（endomorphin）、孤啡肽（orphanin）等。普遍认为编码阿片神经肽的激素原拥有共同的祖先基因（脑啡肽原）。阿片神经肽的使用最早可以追溯到公元前，作为宗教仪式的安慰剂；在近 200 年前，阿片神经肽在医学上用作镇痛药物。近年来，研究显示阿片神经肽广泛参与哺乳动物和非哺乳动物的免疫调节。例如，阿片神经肽和调节炎症的细胞因子具有某些相同的生理特征；部分抗菌肽来源于阿片神经肽激素原；白细胞不仅可以分泌阿片神经肽，且在白细胞中鉴定到了阿片神经肽的不同受体（图 5-13）。

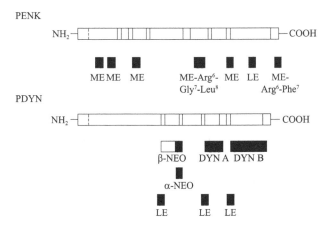

图 5-13　脑啡肽原和强啡肽原的转录后修饰

　　阿片神经肽的受体属于 G 蛋白偶联受体。哺乳动物的阿片受体可以分为 μ（MOR）、δ（DOR）和 κ（KOR）3 种主要类型。与促黑素细胞激素系统类似，所有的阿片神经肽均可以结合并激活 3 种阿片受体，且生理学功能与药理学特征在不同的组织器官中并不统一。此外，共定位实验证实不同的阿片神经肽可以在相同的神经（细胞）中共同表达，进一步说明不同的阿片神经肽具有相近的生理功能。通常，甲硫氨酸脑啡肽和亮氨酸脑啡肽与 δ- 阿片受体亲和力较高；强啡肽 A 和强啡肽 B 与 κ- 阿片受体亲和力较高；β- 内啡肽和内吗啡肽与 μ- 阿片受体亲和力较高。在不同种类的鱼类中也鉴定到了这些阿片受体。例如，在鲤和斑马鱼中均鉴定得到了 μ、δ 和 κ 三种阿片受体。而在金鱼的白细胞中不仅鉴定到了脑啡肽的结合位点，还观察到 μ、δ 和 κ 三种阿片受体有较高的组成性活性。受体通常被配体（特别是激动剂）激活，才具有活性。组成性活性指受体在没被配体激活时，就有一定的活性。在人类中，通常突变后的受体有较高的组成性活性，且可能导致疾病。在鱼类中，除此处提到的阿片受体外，还观察到黑皮质素受体也具有一定的组成性活性。

　　普遍认为阿片神经肽系统广泛分布于哺乳动物的中枢神经系统和外周免疫系统，且抑制免疫系统功能，如抑制炎症功能基因的表达、抑制巨噬细胞功能等。阿片神经肽系统参与鱼类免疫功能的调节，但是其作用效果不一致。动物实验和细胞实验均证实吗啡影响鲤科鱼类头肾的白细胞，包括趋化因子（chemokine）和趋化因子受体的表达、NO 的产生和细胞凋亡等生理功能。进一步实验证实阿片神经肽降低感染组织的白细胞数量，且推测是下调的趋化因子和趋化因子受体导致白细胞无法向被感染的组织靠拢。而在鲑科鱼类中，使用大麻哈鱼的 β- 内啡肽刺激虹鳟的头肾细胞，观察到 β- 内啡肽刺激巨噬细胞产生更多的超氧阴离子。大麻哈鱼的β- 内啡肽同样激活鲤的免疫功能。使用阿片神经肽处理斑马鱼胚胎，低剂量（100ng/L）刺激产生较强的炎症反应，而高剂量（1mg/L）刺激产生较弱的炎症反应。进一步观察到较高剂量的阿片神经肽抑制斑马鱼免疫功能基因的表达。同时，低剂量的阿片神经肽显著增强脂多糖诱导的炎症反应，而高剂量则抑制脂多糖触发的炎症反应。考虑到鲤的实验是通过注射阿片神经肽从而观察到免疫功能被抑制，而注射会造成体内药物浓度较高。根据以上证据，有理由推测阿片神经肽对鱼类免疫系统的调节功能与剂量相关。

（五）多巴胺系统

神经递质的生理功能并不局限于神经系统。近年来，越来越多的证据显示神经递质可以串联神经系统与其他系统，进而调节有机体的运动与行为、消化与代谢、内分泌平衡和免疫调控。多巴胺（dopamine，DA）是大脑中含量较丰富的单胺类神经递质，是串联中枢神经系统和其他生理系统的重要物质。多巴胺的生理功能包括调控认知、动机、奖赏、行为、繁殖等功能。此外，有证据显示多巴胺系统与免疫系统具有互动机制。例如，当有机体遭遇病原体入侵时，小鼠模型证实与奖赏相关的多巴胺神经元活跃，且可以同时激活先天性免疫系统和获得性免疫系统。在对斑马鱼的研究中，证实免疫系统可以促进多巴胺能神经元的再生。外周免疫系统不仅具有多巴胺摄取系统，也具备分泌多巴胺的能力，如淋巴细胞和树突状细胞（dendritic cell，DC）均可以分泌多巴胺，进而调控相邻细胞的生理功能。上述证据显示，多巴胺可以通过神经、内分泌、旁分泌和自分泌等多种途径调控免疫功能。

多巴胺的受体属于 G 蛋白偶联受体，主要包括 D1 和 D2 两个大类。其中 D1 大类可以再细分为 D1 和 D5 亚型，而 D2 大类可以再细分为 D2、D3 和 D4 亚型。D1 大类的多巴胺受体同时在突触前膜和突触后膜表达，被激活后主要触发 G 蛋白的 $G\alpha_s$ 通路，激活腺苷酸环化酶（adenylate cyclase），刺激细胞合成更多的环磷酸腺苷。D2 大类的多巴胺受体仅在突触后膜表达，被激活后主要触发 G 蛋白的 $G\alpha_i$ 通路，抑制腺苷酸环化酶，进而抑制细胞的环磷酸腺苷合成。值得注意的是，D1 大类的多巴胺受体在突触前膜表达，这意味着神经元可以通过反馈途径进行自我调节，也被称为自身受体（autoreceptor）。而 D2 大类的多巴胺受体只能被动接受突触前膜的多巴胺，不具备调节能力，被称为异身受体（heteroreceptor）。在神经系统中，自身受体通常具有较高的优先级。多巴胺受体的分布并不局限于神经系统，在免疫系统也广泛分布。大量实验证实 D1、D2、D3、D4 和 D5 多巴胺受体在免疫细胞中分布。例如，观察到 T 淋巴细胞和单核细胞的多巴胺受体表达量较低，嗜中性粒细胞和嗜酸性粒细胞则有适中的多巴胺受体表达，而 B 淋巴细胞和 NK 细胞则具有较高或持续的多巴胺受体表达。

多巴胺系统的异常（激素分泌异常、受体功能异常）严重干扰有机体的免疫系统。例如，在中枢神经系统中，多巴胺神经元的降解造成中枢神经系统多巴胺功能低下（hypodopaminergic activity），而多巴胺神经元的过度活跃则导致多巴胺功能亢进（hyperdopaminergic activity）。多巴胺功能低下和多巴胺功能亢进均导致严重的神经系统紊乱，并伴随炎症反应。进一步研究指出，中枢神经系统的多巴胺功能紊乱严重影响外周免疫系统的功能。此外，多巴胺受体还影响中枢神经系统的小神经胶质细胞的迁移。D1 大类和 D2 大类的多巴胺受体在小神经胶质细胞中均表达，且多巴胺通过 D1 大类受体调控小神经胶质细胞合成一氧化氮，进而调节炎症反应。多巴胺功能低下导致外周免疫系统的 T 淋巴细胞的 D3 多巴胺受体表达下降，伴随 γ 干扰素（interferon γ，IFN-γ）分泌水平下降。与之相反，多巴胺功能亢进导致 T 淋巴细胞的 D3 多巴胺受体表达显著升高，且 T 淋巴细胞分泌的 γ 干扰素水平显著升高。多巴胺功能低下导致外周 T 淋巴细胞的增殖能力减弱，分泌抗体的能力下降，而多巴胺亢进刺激外周免疫系统。

较多的研究证实多巴胺调控鱼类的胁迫反应。胁迫处理后，可观察到虹鳟和塞内加尔鳎（*Solea senegalensis*）脑中的多巴胺活性增强。给莫桑比克罗非鱼注射多巴胺，观察到实验组产生胁迫类似的症状，且使用多巴胺受体拮抗剂可以消除上述症状。鲤的研究证实多巴胺调节 CRH-ACTH 神经内分泌轴活性。另有实验证实在莫桑比克罗非鱼中，多巴胺通过 D1 受体作用于促黑素细胞激素系统，进而调节胁迫反应。多巴胺对鱼类免疫功能作用的研究较少。有研究显示外源硒元素导致斑马鱼的学习障碍和多巴胺系统损伤（包括多巴胺受体和转运基因的显著改变），并伴随严重的大脑氧化应激反应。在印度囊鳃鲇（*Heteropneustes fossilis*）的研究中，观察到肾上腺素和去甲肾上腺素抑制脂多糖诱导的细胞因子 IL-6 分泌，但是同为儿茶酚胺类物质的多巴胺不具备上述能力。

（六）血清素系统

血清素也称为 5- 羟色胺（5-hydroxytryptamine，5-HT），是一种重要的单胺类神经递质。血清素以色氨酸为底物，是合成褪黑素的重要中间产物。血清素是调节免疫系统、消化系统、神经系统、内分泌系统、旁分泌系统的重要信号分子。超过 90% 的血清素由消化系统的肠嗜铬细胞（enterochromaffin cell，EC cell）分泌，少部分的血清素在中枢神经系统中分泌，免疫细胞也具备分泌血清素的能力。在外周系统，血清素调控稳态、消化、代谢与免疫等生理功能，其合成速率由色氨酸羟化酶 1（tryptophan hydroxylase 1，TPH1）决定；中枢神经系统的血清素合成受到色氨酸羟化酶 2（TPH2）的调控。在中枢神经系统中，血清素调节睡眠、心情、食欲和神经免疫等生理功能。因血脑屏障的存在，哺乳动物中枢神经系统的血清素与外周组织的血清素彼此分隔，而鱼类的血脑屏障似乎不具备上述能力。

血清素的受体系统较为复杂，目前已鉴定出的血清素受体超过 15 种，被分为 7 个大类，即血清素受体 1（5-HT$_1$）到血清素受体 7（5-HT$_7$）。其中血清素受体 3（5-HT$_3$）属于离子通道偶联受体，与钠、钾离子通道偶联；其他六大类受体则属于 G 蛋白偶联受体，与 Gα_s、Gα_i 或 Gα_q 通路偶联。血清素受体 1 的亚型最多，至少可以再分为 5-HT$_{1A}$、5-HT$_{1B}$、5-HT$_{1D}$、5-HT$_{1E}$、5-HT$_{1F}$ 等亚型。作为神经递质的受体，血清素的受体既包含自身受体，也包含异身受体。例如，5-HT$_{1A}$ 分别在突触前膜和突触后膜表达。突触前膜的 5-HT$_{1A}$ 作为自身受体，可以通过负反馈抑制血清素的释放。5-HT$_{1B}$ 作为自身受体，在血清素神经元和非血清素神经元表达，显示其具有广泛的生理调节功能。血清素受体 4（5-HT$_4$）也被证明与多巴胺的功能相关联，进一步证实了血清素系统具有广泛的生理调节功能。血清素受体不仅在中枢神经系统表达，在外周系统，如血管系统、消化系统、肌肉系统和免疫系统中也存在广泛的分布。

血清素系统调节多种免疫功能。尽管有研究指出只有少数的免疫细胞具有合成和分泌血清素的能力，但是通过内分泌、旁分泌等途径，血清素可以调节几乎所有的免疫细胞。此外，血清素系统具有复杂的反应元件，包括受体、转运蛋白和合成（降解）酶等。这些反应元件在不同的免疫细胞中特异表达，进而组成特异的血清素 - 免疫调节网络。例如，脾和胸腺等免疫器官直接受到血清素神经元的支配，且血清素受体在免疫细胞中广泛表达。血清素通过激活位于表面的受体，刺激免疫细胞的激活、平移、扩增，调控细胞因子的分泌和细胞凋亡。以吞噬细胞为例，单核细胞表达多种类型的血清素受体。在脂多糖刺激后，血清素通过激活 5-HT_4 和 5-HT_7，进而调控单核细胞分泌 IL-12。所分泌的 IL-12 作为趋化因子，引导巨噬细胞的平移。同时，血清素还抑制肿瘤坏死因子的分泌，并表现出剂量依赖效应。血清素还可以激活 5-HT_3、5-HT_4 和 5-HT_7，刺激白介素（IL-1、IL-6、IL-8）分泌，调控脂多糖引发的炎症反应。此外，在单核细胞来源的树突状细胞，也鉴定得到了多种血清素受体，并行使不同的生理功能。血清素受体同样参与炎症反应的负反馈调节，如有研究证实 5-HT_2 降低巨噬细胞对 IFN-γ 刺激的敏感性。血清素的代谢产物也参与免疫功能的调控。巨噬细胞和 T 淋巴细胞中含有血清素的代谢酶，并观察到犬尿氨酸等中间代谢产物。有观点认为血清素的代谢产物通过负反馈途径，影响血清素对炎症反应和促炎细胞因子分泌的调节能力。

在鱼类中，关于血清素系统对免疫功能调节作用的研究较少。早期研究证实血清素抑制脂多糖和植物凝聚素诱导的虹鳟淋巴细胞扩增。在鱼类的 T 淋巴细胞和 B 淋巴细胞鉴定到了血清素受体，进一步证实血清素具有免疫调节功能。激活虹鳟的血清素受体（5-HT_{1A} 和 5-HT_3）可抑制 T 淋巴细胞的增殖。蓝鳃太阳鱼（*Lepomis macrochirus*）的在体实验证实血清素的合成抑制剂抑制 T 淋巴细胞和 B 淋巴细胞的扩增，细胞实验观察到血清素受体的拮抗剂抑制脾中淋巴细胞的扩增。在三棘鱼（*Gasterosteus aculeatus*）的研究中，观察到血清素对免疫细胞的影响存在剂量和时间依赖性。棘鱼的头肾细胞经过长期（4d）且高浓度的血清素刺激后，淋巴细胞数量减少，而短期（2h）的高浓度血清素刺激不对头肾的淋巴细胞产生影响。长期的高浓度血清素刺激显著提高细胞的氧化自由基含量，较高的氧化胁迫水平刺激细胞凋亡，因此头肾淋巴细胞数量减少。推测在炎症发生初始阶段，血清素激活免疫系统，而长期炎症反应中，血清素抑制免疫系统，避免免疫系统过载。

血清素调节胁迫反应。研究显示哺乳动物和鱼类处于胁迫状态时，脑中的血清素系统兴奋性增强。例如，当鱼类处于心理胁迫（如社交胁迫：暴露于捕食者、鱼群分级与争斗）或环境胁迫（如热胁迫、盐度胁迫）时，脑中的血清素神经元活性增强。色氨酸是合成血清素的前体物质。鼠类处于胁迫状态时，脑中的色氨酸含量升高，暗示中枢神经系统通过动员色氨酸，合成血清素。色氨酸可以越过血脑屏障，到达外周系统。另有研究显示血清素刺激 ACTH 的分泌，而后者是 HPA（HPI）的重要调节物质。有趣的是，鱼类处于胁迫时，观察到神经末梢直接分泌血清素，而非动员色氨酸。此外，鱼类的血清素可以越过血脑屏障。基于以上事实，有理由推测鱼类可以通过循环系统调节中枢神经系统和外周组织的血清素分布，而高等哺乳动物因血脑屏障的阻碍，只能利用色氨酸合成血清素。

（七）褪黑素系统

褪黑素（melatonin，MT）的化学结构是 *N*- 乙酰 -5- 甲氧色胺。在松果体（图 5-14）中，血清素被 *N*- 乙酰转移酶和羟基吲哚 -*O*- 甲基转移酶先后催化，最终产物为褪黑素。褪黑素是生物体内在的生物节律调节因子。褪黑素的分泌具有日周期性，白昼低，夜间高；也具有季节周期性，昼长时分泌高峰期较短，夜长时分泌高峰期长（图 5-15）。此外，视网膜、消化系统和免疫组织也具有分泌褪黑素功能。褪黑素系统在中枢神经系统、生殖系统、皮肤组织、内分

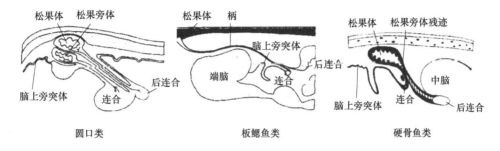

图 5-14　鱼类的松果体切面图（林浩然，2011；Matty and Lone，1985）

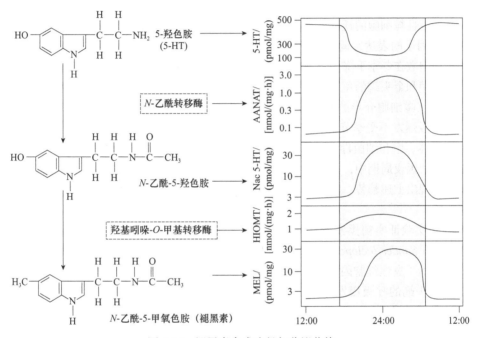

图 5-15　褪黑素合成途径与分泌节律

泌腺体和免疫细胞中广泛表达，调控生殖、体色、代谢与免疫等生理功能。

　　褪黑素的受体属于 G 蛋白偶联受体，主要为褪黑素受体 1（melatonin receptor 1，MT1）和褪黑素受体 2（MT2）。MT1 和 MT2 在中枢神经系统表达，包括视交叉上核（suprachiasmatic nucleus，SCN）和下丘脑等调节生物节律和节律相位移动的重要区域。中枢神经系统的褪黑素受体还参与神经系统发育、学习与奖赏刺激、调节海马神经网络等功能。此外，在下丘脑、海马的突触前膜鉴定到褪黑素受体，表示褪黑素受体可以作为自身受体，调节突触前膜分泌神经递质，如有研究指出被激活的褪黑素受体抑制多巴胺的释放。在鱼类中，褪黑素受体在松果体、垂体、视网膜、鳃、皮肤等多个组织表达。除传统的 MT1 和 MT2 外，在鱼类和两栖类等非哺乳动物中还鉴定得到了褪黑素受体 1c（Mel1c）。在金鱼和鲑科的马苏大麻哈鱼（*Oncorhynchus masou*）中观察到，褪黑素受体的分布密度、褪黑素受体对褪黑素的亲和力呈现周期性节律。

　　褪黑素系统同样调节免疫功能。褪黑素激活 B 淋巴细胞、T 淋巴细胞、自然杀伤细胞和单核细胞等免疫细胞，并且刺激调节炎性细胞因子释放，抑制细胞凋亡。淋巴细胞自身也可以分泌褪黑素，且褪黑素调节淋巴细胞炎性细胞因子及其受体的合成。若在淋巴细胞中敲除编码褪黑素受体的基因，则淋巴细胞丧失合成褪黑素的功能。上述证据暗示褪黑素的合成与释放存在自分泌和旁分泌调节途径，且可能存在局部的正反馈调节机制，上调免疫功能。早期研究认为褪黑素激活其受体后，激活 $G\alpha_i$ 信号通路，下调细胞内的 cAMP 含量。例如，实验证实在胸腺和淋巴细胞中，被激活的 MT1 和 MT2 下调细胞内的 cAMP 含量。但最近的实验证实褪黑素刺激免疫细胞后，细胞内的 cAMP 含量升高，暗示褪黑素受体也可以激活 $G\alpha_s$ 信号通路，且具有免疫调节功能。外源病原体（寄生虫、细菌、真菌）侵入宿主细胞后，通过激活 NF-κB 信号通路，刺激吞噬细胞分泌褪黑素。褪黑素增强免疫细胞的吞噬能力。褪黑素及其代谢产物也是重要的电子供体，可以有效中和细胞内的氧自由基，避免细胞受到氧化胁迫的损害。

有研究证实鱼类的免疫功能具有季节周期性。例如，使用内源褪黑素缺乏的斑马鱼突变家系，观察到中性粒细胞的迁移能力减弱，暗示免疫功能缺陷。进一步实验观察到褪黑素通过诱导炎性细胞因子的表达，调控中性粒细胞的迁移。在经济鱼类中，鲑科鱼类和丁鱥（*Tinca tinca*）的白细胞数在冬季下降而在夏季上升。随后在恒温实验（消除温度的季节变化）中，观察到欧洲舌齿鲈和金头鲷的免疫功能呈现节律性，且与褪黑素的分泌水平高度相关。在虹鳟中也观察到头肾巨噬细胞介导的呼吸爆发具有季节特异性。但弗氏绒须石首鱼（*Micropogonias furnieri*）的呼吸爆发不受季节更替的影响。补体系统联结先天性免疫系统和获得性免疫系统，具有裂解病原体、中和细菌毒素的重要生理功能。欧洲舌齿鲈补体系统也呈现光周期节律性。在固定的白昼和黑夜周期中，白昼补体系统活性高，而在夜晚补体系统活性弱。尽管金头鲷的补体系统也表现出上述趋势，但是不具有统计学差异性，且外源注射的褪黑素不改变金头鲷的补体系统功能。

体外细胞实验证实褪黑素刺激欧洲舌齿鲈白细胞介导的呼吸爆发，且呈现剂量依赖效应。白梭吻鲈（*Sander lucioperca*）的研究也证实，使用褪黑素刺激脾和头肾，可以改变多种免疫基因的表达（炎性细胞因子和急性期蛋白等），进而刺激全身免疫的激活。细胞实验显示褪黑素不对金头鲷的呼吸爆发产生影响，但是腹腔注射褪黑素 1d 后，金头鲷头肾的白细胞呈现显著增强的呼吸爆发。使用褪黑素刺激金头鲷头肾的巨噬细胞，不对细胞的细胞毒活性（cytotoxic activity）产生影响，但是在腹内注射褪黑素后 1～3d，观察到细胞的细胞毒活性显著增高。上述实验证据显示褪黑素对免疫功能的调节具有种间差异性，且不同的褪黑素给予方式也会产生不同的免疫调节效果。

（八）生长激素与类胰岛素样生长因子

鱼类的生长受到下丘脑、垂体、外周组织的多种激素调控。下丘脑释放生长激素释放激素（growth hormone releasing hormone，GHRH），刺激垂体分泌生长激素（growth hormone，GH）。GH 由腺垂体的生长激素细胞分泌，靶组织遍布全身，是调控组织生长、能量物质转运、核酸和蛋白质合成的重要激素。下丘脑释放的生长抑素（somatostatin，SST）则抑制 GH 的过度分泌。GH 随血液释放到靶细胞，激活生长激素受体（growth hormone receptor，GHR），刺激外周组织释放类胰岛素样生长因子（insulin-like growth factor，IGF）。IGF 是有机体生长与代谢的重要"调节者"。IGF 的生理功能与药理学特征受到 IGF 受体（IGFR）和 IGF 结合蛋白（IGFBP）的共同调节（图 5-16）。

越来越多的证据显示 GH 和 IGF 参与生命体的免疫功能调节。大量研究证实哺乳动物和硬骨鱼类的免疫细胞具有分泌 GH 的能力，且 GH 受体在免疫细胞中表达。哺乳动物中，GH 不仅调节细胞因子的生理功能，还具有类细胞因子的功能，参与调控淋巴细胞的细胞周期，抑制细胞凋亡。且 GH 的受体属于 I 型细胞因子受体（class I cytokine receptor）家族，进一步显示了 GH 和细胞因子在生理功能、药理学特征的相似性。

最早关于鱼类 GH 和免疫功能的研究可以追溯到 1950 年左右，使用含有 GH 的鲤科鱼类垂体提取液处理墨西哥丽脂鲤（*Astyanax mexicanus*），观察到头肾和脾的白细胞含量升高。随后，给虹鳟和莫桑比克罗非鱼注射牛科 GH，观察到促进生长和增强免疫功能的双重效果。上述证据显示适量的 GH 刺激可以动员能量储备，刺激生长和免疫功能增强。然而有机体的能量储备是有限的，若生长过度消耗能量，则导致其他的生理功能被抑制。例如，使用转基因技术诱导银大麻哈鱼的 *GH* 基因过表达，观察到银大麻哈鱼的生长性状增强，但是肌肉组织的免疫功能被破坏。进一步研究证实过量的生长激素破坏了能量稳态。

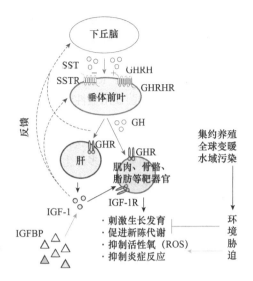

图 5-16　调控鱼类生长的内分泌系统

下丘脑可以分泌 GHRH 和 SST，前者刺激垂体分泌 GH，后者抑制垂体分泌 GH。垂体分泌 GH 后，GH 随血液到达肝、肌肉等组织器官。GH 激活 GHR，刺激细胞合成并分泌 IGF。IGF 的生理功能具有多效性，可以调节能量和物质的转运与代谢，细胞的增殖、成熟、分化，最终促进生长发育。IGF 的生理功能受到 IGFBP 和 IGFR 的共同调节。环境胁迫导致鱼类的胁迫反应，扰乱 GH 和 IGF 的生理功能，进而抑制有机体的生长

哺乳动物中，IGF 系统在免疫细胞中广泛分布，如外周血单核细胞表达 IGF 及其受体的 mRNA、蛋白质。IGF 刺激淋巴细胞成熟和粒细胞的形成。使用注射或转基因的方法增加体内的 GH 或 IGF 的水平，可以促进 B 淋巴细胞和 T 淋巴细胞的成熟。炎性细胞因子调控 IGF 的合成与分泌、IGF 的生理生化特性、IGF 激活受体后介导的信号通路，显示 IGF 参与调控有机体的炎症反应。另有证据显示氧化胁迫通过 p53 信号通路抑制 IGF 受体的转录和表达，而该受体的过表达可以抑制细胞凋亡。

鱼类的 IGF 系统同样参与免疫调控。对虹鳟和大西洋鲑的研究显示，患病后，鱼类的 IGF 功能被抑制，进而减少生长和发育消耗的能量储存，保证免疫系统得到充足的能量供给。例如，虹鳟被鲁氏耶尔森菌（*Yersinia ruckeri*）感染后，头肾和脾的 IGF 受体基因呈现下降趋势。然而，虹鳟幼鱼在遭受细菌类（杀鲑气单胞菌）或病毒类（出血性败血症病毒）病原体入侵时，免疫组织 IGF 受体的表达显著升高，显示 IGF 对鲑科鱼类的免疫调节功能具有多效性。体外培养罗非鱼头肾组织的白细胞，细胞表达且分泌 IGF，使用鲑科鱼类的 IGF 可刺激罗非鱼头肾组织的白细胞分泌 IGF。上述结果显示 IGF 的生理功能在硬骨鱼类高度保守。鱼类的鳃组织不仅负责呼吸和渗透压调节功能，也具有一定的免疫调节功能，如抗原的加工。IGF 调控鳃组织的免疫功能，如在大西洋鲑中，GH 可以刺激鳃组织分泌 IGF，进而合成溶解酶和细胞凋亡蛋白酶等多种免疫因子。

在血液循环或局部循环中，IGF 与其结合蛋白组成复合体，进而调节 IGF 的运输和生理功能。IGF 结合蛋白具有多效性。在人类和高等哺乳动物中，鉴定得到了 6 个亚型的结合蛋白

（IGFBP1～6）。鱼类因额外的全基因组复制，IGF 结合蛋白的基因数目增加。例如，在斑马鱼中鉴定得到了 9 个结合蛋白亚型，其中亚型 1 和亚型 2 可再分为 1A、1B 和 2A、2B，而结合蛋白的亚型 4 缺失。鲑科鱼类因经历了 4 次全基因组复制，IGF 结合蛋白系统更为复杂。例如，大西洋鲑具有至少 19 个 IGF 结合蛋白亚型，并且具有广泛的生理功能（图 5-17，图 5-18）。研究证实在杀鲑气单胞菌或出血性败血症病毒感染后，虹鳟的 IGF 结合蛋白 1A1 亚型（IGFBP1A1）和 6A2 亚型（IGFBP6A2）参与细胞因子的分泌调节，在鲁氏耶尔森菌感染后，上述两种 IGF 结合蛋白在免疫组织的表达量显著升高。此外，研究证实 IGF 结合蛋白 3 亚型（IGFBP3）协调鱼类的生长、代谢和免疫等多种生理功能，如调控牙鲆（*Paralichthys olivaceus*）的免疫功能。而在卵形鲳鲹（*Trachinotus ovatus*）中，研究也证实 IGFBP3 激活巨噬细胞，刺激外周血白细胞的增殖，且具有促进细胞凋亡和抑制病原菌的生理功能。

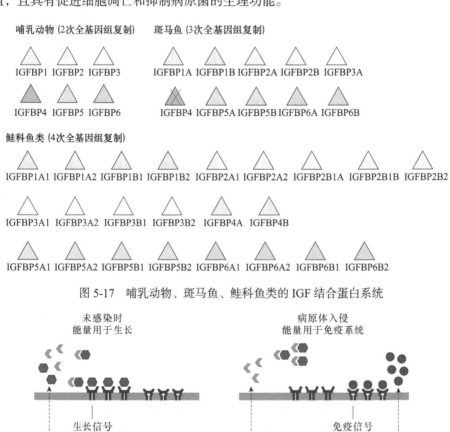

图 5-17　哺乳动物、斑马鱼、鲑科鱼类的 IGF 结合蛋白系统

图 5-18　IGF 结合蛋白调节生长与免疫平衡

未感染时，促进型 IGF 结合蛋白表达量高，刺激 IGF 与受体结合，促进生长。病原体入侵后，抑制型 IGF 结合蛋白表达量高，抑制 IGF 与受体结合。与此同时，细胞因子与受体结合，刺激免疫信号

二维码内容
扫码可见

所有的鸟类，绝大多数的两栖类、爬行类、鱼类、无脊椎动物，营卵生的生殖方式。卵生可分为两类：产卵细胞的卵生（ovuliparity）和产受精卵的卵生（oviparity）。前者通常为体外受精，雌雄个体分别将卵细胞、精子排出体外，精卵于水中结合受精；后者通常为体内受精，成为受精卵，卵细胞在母体体内受精，受精卵由母体产出后，在体外孵化，成为新个体。本章概述典型卵生硬骨鱼类、水生甲壳动物、水生双壳和单壳贝类、头足类、海参等重要经济水产动物繁殖特征，为深入研究其生理机制奠定基础。

第一节　硬骨鱼类繁殖生理概述

繁殖是保证种族延续的各种生理过程的总称，包括生殖细胞形成、交配、受精、胚胎发育等重要事件。大部分硬骨鱼类为雌雄异体，软骨鱼类和部分硬骨鱼类中也有雌雄同体现象，还有行孤雌生殖的现象。鱼类的生殖器官包括主性器官和副性器官，前者一般为性腺，雄性称为精巢，雌性称为卵巢，它们既是产生生殖细胞的场所，也能分泌性激素，属于内分泌器官。副性器官也是生殖过程所必需的，大多数鱼类的雌性副性器官为输卵管和产卵管，雄性的为输精管和交接器等。副性器官和副性特征的发育有赖于性腺内分泌作用。大多数鱼类的生殖活动都有明显的季节性变化规律，部分鱼类常年连续繁殖。通常情况下，温带地区的鱼类在春夏之交繁殖，冷水性鱼类在秋季繁殖，热带地区鱼类在雨季繁殖。各种鱼类生殖周期的精确时间性能够保证幼鱼得到适宜的生存环境和饵料条件。事实上，许多鱼类生理活动过程的内在周期性是响应季节变化的反应，在各种环境因子中，光周期、温度和降雨对鱼类生殖的周期性活动最为重要。温带的鲤科鱼类，温度可能是最主要的调节生殖周期的环境因素；冷水性鲑科鱼类，光周期变化对生殖周期起着重要作用。鱼类生殖周期的机制可能是多种多样的，目前只对部分鱼类进行过系统研究，本部分内容以花鲈（*Lateolabrax maculatus*）为例概述硬骨鱼类繁殖生理特征。

一、花鲈繁殖特性与性腺发育

在人工养殖条件下花鲈雄鱼容易达到性成熟，成熟度鉴别也比较容易；而雌鱼性腺发育状况通常差别较大，且鉴别难度较大，可通过外观检查、活体取卵镜检、组织切片等方法对雌鱼性腺的成熟度进行鉴定。

（一）花鲈繁殖特性

花鲈在黄海、渤海水域的繁殖季节为9～11月，水温为16～20℃，每年只有1个繁殖期，其在此期间分批产卵。网箱养殖条件下雌鱼和雄鱼均提早性成熟，雌鱼体重达到2.0kg即可性成熟。成熟卵巢呈黄色，未成熟卵巢近红色；成熟精巢呈乳白色。在自然海区、淡水水库、海水池塘培育的后备亲鱼，在同一个季节，性腺发育进程不同，原因可能是亲鱼培养条件不能完全满足其生理需求。有时雌鱼性腺发育程度不好，常出现腹腔脂肪堆积现象。除与环境因素有关外，也可能与饲料营养不均衡有关。花鲈性腺发育图见二维码 6-1。

花鲈是广盐性鱼类，幼鱼生活于沿海或者河口区域，性腺成熟时需要进入盐度较高的水体进行排卵或排精。花鲈的养殖模式多样，有半咸水养殖，也有海水网箱养殖和淡水池塘养殖，但有关各个水体中鱼体渗透压及繁殖状态的关系研究较少。通过研究低盐胁迫过程中花鲈血清渗透压、激素水平、精巢发育状态以及精巢和垂体内类固醇生成相关酶等变化趋势，发现盐度从海水到淡水驯化过程中，花鲈血清渗透压水平降低，血清内繁殖相关激素水平亦呈降低趋势，性腺内直接参与性激素合成基因表达量明显下降。该结果暗示长期淡水养殖会抑制花鲈精巢的成熟和繁殖，在接近性成熟年龄，需要对花鲈进行海水养殖驯化。

（二）花鲈生殖力与产卵类型

花鲈雌鱼 4 龄即可达性成熟，雄鱼一般比雌鱼提前一年，但是人工养殖在热带水域（如海南三亚），可能会提早进入繁殖期。花鲈的绝对怀卵量变动在 $3 \times 10^5 \sim 2.2 \times 10^6$ 粒，平均为 1.2×10^6 粒左右，相对怀卵量为 $180 \sim 850$ 粒 /g 体质量。从总的趋势看，随着体长和体重的增加，怀卵量有增大的趋势。

卵巢发育进入大生长期的初期，即显示出积累卵黄的非同步性，在 IV 期早期的卵巢中，除去第 4 时相的卵母细胞外，还有正在积累卵黄的第 3 时相卵母细胞。产过一次卵后，雌鱼的泄殖孔明显红肿，卵巢内有许多空滤泡及大量第 4 时相卵母细胞，这是重复发育的 IV～VI（或 IV）期卵巢，在适宜环境条件下，细胞迅速积累卵黄，很快转入 V 期，进行第二次产卵。因此，花鲈属于分批非同步型产卵鱼类，在短时间内产两次卵。花鲈的性腺指数（GSI）变化与生殖周期同步。性腺发育受到温度的影响，性腺随着降温逐渐成熟。我国北方地区花鲈亲鱼群体性腺成熟一般要早于南方 1 个月左右，山东东营地区一般在 9 月中下旬开始进入成熟期，10 月达到完全成熟，持续排卵 2 个月左右。翌年 1 月前后花鲈亲鱼性腺即进入退化期，保持在 II 期卵巢阶段，直到下一次繁殖期的到来。花鲈精巢繁殖周期内的性腺指数显示，卵巢在 II～IV 期（7～9 月），GSI 处于较低水平，而到了 V 期 GSI 显著升高（9～11 月），处于繁殖期（图 6-1）。

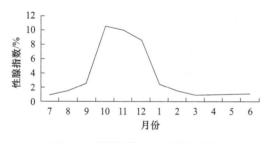

图 6-1　花鲈卵巢 GSI 的周年变化

（三）花鲈性腺发育组织学

1. 卵巢发育程度分期　　根据发育程度，卵巢发育可划分为以下 6 个时期。

I 期：卵巢呈透明细线状，紧贴于鳔两侧与体壁交界处，肉眼难辨雌雄；具卵巢腔，卵粒径 $8 \sim 30 \mu m$。

II 期：性未成熟 II 期的卵巢和重复发育 II 期的卵巢之间有较大的差别。性未成熟 II 期的卵巢呈透明细线状，卵细胞排列致密；而重复发育 II 期的卵巢较粗大，呈线状，卵细胞排列较疏松。此期卵径为 $32 \sim 110 \mu m$。

Ⅲ期：卵巢扁带状，淡黄色；卵径为148～468μm。

Ⅳ期：初次性成熟的Ⅳ期卵巢和重复性成熟的Ⅳ期卵巢有明显的区别。初次性成熟的Ⅳ期卵巢呈长囊状，橘黄色，几乎充满体腔，大部分卵径为343～622μm，尚有相当数量的第3时相卵母细胞及第2时相卵母细胞；重复性成熟的Ⅳ期卵巢，外观仍然丰满，看不出与未产卵巢的区别，但卵母细胞间有排卵后剩下的空滤泡和未产出的过熟卵。

Ⅴ期：卵巢胀大，卵透明、游离、充满卵巢腔，轻压腹部，成熟卵从泄殖孔流出。卵径773～811μm，一般有1～3个油球，也有一些超过3个油球。

Ⅵ期：产完卵后的卵巢，体积明显变小，萎缩成厚囊状，外观仍呈黄色，在卵巢内壁小卵间有空滤泡和未产出的过熟卵。

花鲈卵巢发育组织学图片见二维码6-2。

2. 精巢发育组织学　花鲈雄性亲鱼性腺发育程度要早于同龄雌鱼，多数雄性花鲈在2～3龄即达到性成熟，并且在每个繁殖季节之内，雄性花鲈性腺也要领先于雌鱼进入繁殖期。

Ⅰ期：此阶段雄性花鲈性腺呈细线状，浅橙色，紧靠在鳔下方，外观上无法判断雌、雄。主要见于首次性成熟前的雄性花鲈。

Ⅱ期：此阶段花鲈精巢为细条状，颜色加深，偏红，血管不明显。切片镜检可观察到精小叶密实无腔隙，结缔组织明显。

Ⅲ期：精巢呈一定厚度的扁条状，中央血管明显，整体呈粉红色。切片镜检可看到精小叶出现空腔，初级精母细胞密布。

Ⅳ期：性腺更加丰满，为圆筒状，中央血管陷入其中，表面仅可看到一条缝隙。精巢为乳白色，有透明质感。

Ⅴ期：精巢饱满，颜色呈不透明的乳白色。镜检可观察到精小叶的空腔扩大，腔中充满精子。

Ⅵ期：此阶段精巢处于排精后退化期，性腺体积缩小，颜色加深呈淡红色。大部分雄性花鲈性腺会继续退化为Ⅱ期精巢，直到下一次繁殖期的到来。

精巢发育组织学图片见二维码6-3。

（四）雌雄鉴别与成熟度鉴别

1. 雌雄鉴别　对于海捕和人工培育的花鲈亲鱼，繁殖之前都要进行检查，选择合适的亲鱼用于后续繁殖。花鲈成鱼的副性征不明显，从外观上较难分辨雌雄，但可以通过以下指标综合判别：臀鳍鳍条数雌鱼为9、雄鱼为8，背鳍鳍条数雌鱼为15、雄鱼为14。雌鱼体形较短粗、头圆钝，雄鱼体形较细长、头较尖。成熟雌鱼腹部略显膨大，泄殖孔松弛、呈微红色；雄鱼轻压亲鱼腹部，有白色黏稠精液流出。

2. 成熟度鉴别　雌雄亲鱼分出后，从中选出成熟度较好的亲鱼，具体做法是：用挖卵器从雌鱼泄殖孔取卵少许，进行镜检。花鲈成熟的卵透明、呈橘黄色、饱满富光泽、大小均匀，卵径平均700μm以上，卵黄颗粒充满核外整个空间，卵粒在海水中分散度好。充分成熟卵的卵黄和油球，有不同程度的融合。用手轻压雄鱼泄殖孔两侧，成熟个体会流出乳白色精液，有一定稠度，遇水分散。如精液呈现黏稠细线状，遇水不散，表明尚未充分成熟；精液清稀、带微黄色，表明已过熟。如果雌鱼达到性成熟，说明雌鱼性腺发育也同步成熟了。

二、花鲈繁殖调控的分子机制

鱼类性激素包括雄激素（睾酮、雄烯二酮）、雌激素（雌二醇）和孕激素（孕酮、17α-羟孕酮、17α，20β-双羟孕酮及17α，20，21-三羟孕酮）等。在雄性硬骨鱼类中，精巢分泌的活性最高的雄激素为睾酮和11-酮基睾酮（11-KT），调节精巢发育、精子发生和行为。血液中的类固醇含量与性腺发育周期密切相关，在未成熟的性腺中也可以检测出类固醇激素的变化，随着性腺发育程度的增加，相应激素含量也升高。在鱼类达到排卵或排精状态时，高水平的激素含量也可以反馈到神经内分泌系统，从而对体内的激素含量进行反馈调节。对于已成熟的个体，性腺的发育会呈现周年变化，而了解每个地域中所研究物种的性腺发育周期对于科研和生产都有重大意义。硬骨鱼类中，性腺是主要的类固醇生成组织，其他组织如下丘脑、垂体、肝、头肾等也都参与类固醇生成过程，而在肠、胃、鳃等组织中也可以检测到类固醇生成相关基因的表达，但这些基因所发挥的具体作用却未见研究。促性腺激素（GtH）一直被认为是仅由垂体组织合成和分泌的，越来越多的研究发现其他组织中也可以检测到GtH亚基的表达。

花鲈为秋季产卵鱼类，在黄渤海水域的繁殖季节为9～11月，为分批产卵鱼类。目前花鲈精巢发育内分泌机制了解得很少，以下介绍繁殖相关基因（GtH亚基基因、*star*、*amh*、*ftz-f1*、*cyp17a*、*hsd3b*和*ar*）在花鲈各个组织分布以及精巢发育周期中表达量的变化，并结合组织切片观察和血清睾酮含量的变化等，推测这些基因在花鲈体内可能发挥的生物学作用，并判断近海网箱养殖花鲈雄鱼是否具有正常繁殖功能，为人工繁育与亲本选育奠定基础。

（一）几种繁殖相关基因结构与进化分析

1. 花鲈GtH亚基的基因结构与进化分析 以花鲈垂体cDNA为模板克隆了GtH亚基的核苷酸序列。多序列比对分析和进化树分析都显示克隆得到的花鲈GtH亚基氨基酸与其他脊椎动物的GtH氨基酸序列有高度的同源性。花鲈的GtHα亚基含有两个N联糖基化位点和10个半胱氨酸残基，这些位点都参与配体与受体的连接以及亚基组装等过程。多序列比对结果也显示鱼类的GtHα亚基比FSHβ和LHβ亚基更加保守，α亚基为所有的垂体糖蛋白激素共用，进化过程中压力更大。FSHβ和LHβ亚基的一级结构分析显示它们都含有12个半胱氨酸残基和1个可能的N联糖基化位点。LHβ亚基比FSHβ具有更高的保守性，这种现象也在欧洲舌齿鲈（*Dicentrarchus labrax*）和斑马鱼（*Danio rerio*）中有报道，可能是FSHβ亚基在进化中比LHβ亚基分化更迅速有关。

2. 花鲈StAR、AMH和FTZ-F1的基因结构与进化分析 克隆了花鲈*star*基因的全长序列，与其他脊椎动物的StAR氨基酸比对，含有几个保守的序列，这些序列包括参与疏水通道构成的氨基酸残基以及C端的氨基酸序列和N端线粒体靶向氨基酸残基，它们都参与StAR蛋白在线粒体内外转运过程。这些结果暗示了脊椎动物的StAR蛋白在功能位点上非常保守。

花鲈*amh*基因的多序列比对和进化树分析结果都显示了其结构和功能具有保守性，目前对鱼类*amh*基因的结构和功能分析着重于对其启动子的分析，因此对花鲈*amh*基因转录子的研究有利于加深对其功能的了解。

在几种硬骨鱼类体内分离出两个或者更多的FTZ-F1同源蛋白，它们一部分划分为NR5A2分支，而其他的主要属于FTZ-F1相关蛋白（NR5A4），目前为止只有硬骨鱼类才有这一分支。在花鲈中发现了两种FTZ-F1蛋白的同源基因，它们分别属于NR5A2和NR5A4分支，这与哺乳动物中 NR5A1 和 NR5A2 的分类方式明显不同，所以硬骨鱼类 FTZ-F1 应该有不同的分类方式。

3. 花鲈 *cyp17a*、*hsd3b* 和 *ar* 基因结构与进化分析　克隆花鲈 *cyp17a* 基因全长序列，所获得的序列 3′ 端非编码区仅含有 1 个多聚腺苷酸化信号。研究 CYP17A 与其他脊椎动物 CYP17A 之间的同源性表明，其与硬骨鱼类的同源性较其他脊椎动物要高，而且与其他脊椎动物一样，花鲈 CYP17A 的氨基酸序列也含有 4 个保守的功能区。

克隆得到花鲈 *hsd3b* 基因全长序列。在高等脊椎动物中发现 *hsd3b* 存在多个基因亚型，如人类和小鼠中都发现该基因的两种亚型。而硬骨鱼类的相关研究较少，仅在少数鱼类如尼罗罗非鱼中报道了新发现的 *hsd3b* 亚型。花鲈中未发现 *hsd3b* 基因的其他亚型，保守区域分析和进化树分析结果显示花鲈 *hsd3b* 的基因在进化上很保守。

克隆获得花鲈 *ar* 基因 DNA 结合区以及激素配体结合区的序列信息，值得注意的是欧洲舌齿鲈 *ar* 基因的克隆过程中同样出现了 5′ 端片段很难获得的情况，其原因仍需要进一步研究。保守区域分析和进化树分析结果都显示了花鲈 *ar* 基因在进化上很保守。

（二）几种繁殖相关基因表达与功能分析

1. 花鲈 GtH 亚基的周期表达　脑中 GtH 亚基的周期表达研究发现，GtHα 和 LHβ 亚基在繁殖周期中表达量存在随着精巢发育而显著增加的情况，而这期间 FSHβ 整体变化不大。

在垂体内，3 个 GtH 亚基的转录物在精巢发育周期中都处于同步变化的状态。在精巢发育周期内，GtH 亚基 mRNA 的表达与 GSI 和血清内的睾酮水平趋势相同，都是在 V 期达到最大值。这与其他的硬骨鱼类如牙鲆和真鲷等报道的结果相似，这暗示了花鲈垂体内的这 3 个亚基参与了类固醇生成的调控过程。虽然 GtHα 亚基在垂体的促性腺激素细胞和甲状腺细胞内都有表达，但是花鲈垂体的 GtHα 亚基表达量的增加可以用来衡量促性腺激素细胞内的增加而不是甲状腺细胞内。另外，在 II 期到 V 期，FSHβ 和 LHβ 亚基的 mRNA 含量相似，这暗示了在花鲈垂体中 FSH 可能和 LH 一样在性腺成熟后期和排精过程中发挥作用。在排精期 FSHβ 的表达量仍然很高，这可能与花鲈多次排精的繁殖特征有关。

在花鲈精巢发育周期内，3 个 GtH 亚基的 mRNA 都在 V 期有一定程度的降低，在雄性博纳里牙汉鱼（*Odontesthes bonariensis*）中也发现了相似的现象，3 个亚基的表达量在精母细胞中比精原细胞中低。另外，在动情期的早晨小鼠卵巢中 LH mRNA 的含量降低，但在动情期之前却有一个 LH 含量的激增期。这些发现可能是由于循环中的激素（睾酮、雌二醇或促性腺激素等）含量升高，引起了它们对性腺内源性促性腺激素的抑制作用。

2. 花鲈精巢中 *star*、*amh* 和 *ftz-f1* 基因的周期表达　花鲈精巢内的 *star* 在繁殖周期的表达量变化结果显示，在繁殖周期内其含量变化与 GSI 以及睾酮水平的变化趋势相同。在精巢发育早期含量相对恒定，在精细胞转变为精子的过程中显著增加，这与欧洲舌齿鲈的研究结果一致。

花鲈精巢内的 *amh* 基因随着精巢发育程度的增加，其表达量逐步降低，在斑马鱼、牙鲆和欧洲舌齿鲈中也有相似的报道。花鲈 *amh* 的表达与血清睾酮含量趋势呈明显的相反关系，在其他雄性物种的精巢繁殖周期中也发现相似现象。睾酮主要是从精巢睾丸间质细胞内产生，受到 LH 的刺激，激活腺苷酸环化酶以及后续的 cAMP 信号转导通路。然而在其他研究中发现 *amh* 能抑制类固醇生成酶类如芳香化酶和 17α- 羟化酶 /C17-20 裂解酶（C17α-hydroxylase/C17-20 lyase）等的表达从而抑制睾丸间质细胞的增殖和分化。

花鲈 *ftz-f1* 的最高表达量出现在Ⅳ期，然而睾酮的最高含量出现在Ⅴ期，这种可能的激活作用在黑鲷中也有报道。在精巢发育周期中，花鲈 *ftz-f1* 基因表达量的增加是在 *star* 表达量增加以及 *amh* 表达量降低之前，很多研究发现，FTZ-F1 可能作为转录因子参与 *star* 和 *amh* 的调控过程，花鲈的结果也一定程度上验证了该假设。

3. 花鲈精巢中 *cyp17a*、*hsd3b* 和 *ar* 基因的周期表达　17α 羟化酶是睾丸间质细胞内雄激素合成的关键酶，花鲈精巢内 *cyp17a* 的周期表达也间接验证了其作用。在整个精巢发育期内都有 *cyp17a* 的表达，且与精巢发育状态成正相关。随着精巢发育，*cyp17a* 表达量持续升高，在Ⅴ期精巢内达到最高值，而此时血清内睾酮含量最高。在金鱼内，高 *cyp17a* 表达量同样配合着血清内高睾酮（T）、小酮基睾酮（11-KT）和双羟孕酮（17α, 20β-DHP）含量，因此认为花鲈 *cyp17a* 基因参与其性类固醇激素的合成过程。

花鲈精巢中 *hsd3b* 的表达情况和 17α- 羟化酶一致，都是整个发育阶段表达量不断上升，在Ⅴ期达到最高值。在尼罗罗非鱼和虹鳟中也发现 *hsd3b*/hsd3b type-Ⅱ型变体 mRNA 在成熟过程中含量显著增加，但在斑点叉尾鮰中却发现 *hsd3b* 表达量在整个卵巢发育周期内相对稳定，也有研究发现 *hsd3b* 的表达激活可能和血液中的促性腺激素含量升高有关。因此，花鲈精巢中 *hsd3b* 基因及其可能存在的变体的作用机制仍需要研究。

花鲈精巢中 *ar* 表达量的变化趋势却和 *cyp17a* 及 *hsd3b* 基因不同，呈现出先增加后降低的趋势，在Ⅲ期表达量最高。硬骨鱼类 *ar* 基因在精巢发育周期中表达情况相关研究较少。通过用不同的类固醇和抗雄激素物质转染肾细胞（COS cell）发现在类固醇浓度较低时，*ar* 基因与有生理活性的雄激素结合的亲和力较高，而在激素类固醇浓度较高时则会降低其与 *ar* 基因的亲和力。因此推测花鲈精巢中 *ar* 基因在精巢发育后期表达量下降可能是体内睾酮等雄性激素含量升高所致，但其中具体的作用方式仍需要深入研究。

三、花鲈性腺分化及其分子机制

本部分以花鲈的仔稚鱼和幼鱼为研究对象，自受精卵孵化之日起，对花鲈性腺的发生、发育及分化进行追踪，以确定原始性腺发生及性别分化时间；另外对花鲈 *sox* 基因家族进行了系统的研究，包括基因鉴定、序列结构和进化特征分析；还检测了一系列性别相关基因的表达模式。此外，还对性腺芳香化酶基因 *cyp19a1a* 启动子区域中潜在的转录因子结合位点进行预测，得到了性别相关转录因子 SOX3、SF1、FOXL2 的潜在结合位点，通过双荧光素酶报告基因技术研究了其对 *cyp19a1a* 的转录调控作用。研究结果一方面可补充花鲈性腺发育和分化的基础知识，丰富花鲈生理学资料；另一方面将有助于更好地了解 *sox* 基因及其他性别相关基因在花鲈中的生物学作用，为进一步研究其生殖调控机制与育种技术建立奠定良好的基础。

（一）花鲈性腺分化组织学观察

1. 花鲈性腺形成及分化　取样期间，随着天数的增加，花鲈全长呈现平稳增长趋势（图 6-2）。在 180dph，花鲈平均全长（12.28±1.30）cm，此前性腺处于未分化状态，自此性腺开始出现组织学分化。

（1）原始性腺的形成和未分化性腺的发育　30dph，仔鱼平均全长（1.28±0.10）cm，原始生殖细胞（primordial germ cell，PGC）迁移到中肾管前端的腹腔膜周围。PGC 为圆形或者

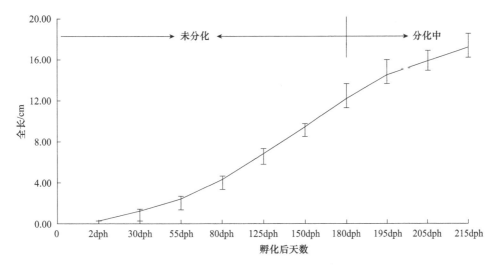

图 6-2　花鲈全长与孵化后天数之间的关系

椭圆形，直径为 6.48～7.26μm，具有一个大且明亮的圆形细胞核，在苏木精浓染下呈现紫色，而细胞质则由于嗜弱酸性呈现出较浅的着色。

55dph，稚鱼平均全长（2.45±0.19）cm。此时观察到 PGC 已迁入生殖峰中，并且一对原始性腺已经形成，呈对称分布，从腹腔后侧的肠系膜出发向前延伸。原始生殖细胞在原始性腺中排列较稀疏，周边有丰富的结缔组织。

80dph，幼鱼平均全长（4.33±0.34）cm。牵引性腺一端的系膜变长，另一端持续向腹部延伸，并且体积明显增大，呈梨形，其中生殖细胞的数量也显著增加。

125dph，幼鱼平均全长（6.83±0.49）cm。性腺继续生长，横切面平均长度为（100.45±9.20）μm，宽度为（38.90±4.15）μm；180dph，幼鱼平均全长（12.28±1.30）cm，原始性腺横切面平均长度增长至（187.36±19.18）μm，宽度为（49.02±4.32）μm。此时伴随着有丝分裂的不断进行，性原细胞逐渐被体细胞包绕形成生殖细胞囊，散布在整个性腺中。花鲈性腺发育组织学图片见二维码 6-4。

（2）精巢的分化　195dph，花鲈幼鱼平均全长（14.54±1.54）cm，在靠近背部的区域出现裂缝状的输精管，表明在解剖学上精巢已经开始分化，此时为Ⅰ期精巢。Ⅰ期精巢的横切面为三角形，通过系膜与鳔组织相连，并且周围结缔组织丰富；在靠近腹部的边缘区域观察到数个精原细胞。当精巢发育至 205dph 时，靠近腹部的区域已被隔膜分割成很多小叶状结构，但排列较稀松。215dph，精巢继续发育，伴随着精原细胞强烈的有丝分裂，精小叶的排列变得紧密，形状不规则。精小叶由一圈精原细胞囊构成，每个生殖细胞囊周围都由一个或多个着色很深的 Sertoli 前体细胞围绕；精小叶中间形成一个空腔也就是小叶腔，待精子成熟后可将其排出体外。精原细胞为圆形或者椭圆形，它的细胞核大而圆，可占整个胞体体积的 4/5，并且有一个着色很深的核仁，相反细胞质不易着色。

（3）卵巢的分化　205dph，花鲈幼鱼平均全长（15.86±0.94）cm。此时在性腺中部出现一条较整齐的细长条裂缝，将来发育为卵巢腔，这标志着组织学上卵巢的分化。Ⅰ期卵巢的横切面呈弯曲的梨形，靠近背部的有丰富的结缔组织和血管组织，卵原细胞分散地排列在性腺中。此时仅凭大小和形态上的区别不能将卵原细胞和精原细胞区分开。

215dph，幼鱼平均全长（17.20±1.28）cm。在卵巢中，随着性腺的分化卵巢腔逐渐地向外围延伸形成完整的腔体结构，此时产卵板开始形成，逐渐地向卵巢腔内延伸，产卵板外侧分布着卵原细胞。卵原细胞形态同精原细胞一样为圆形或椭圆形，细胞质较少，着色浅，大而圆的细胞核呈嗜碱性着色较深。花鲈卵巢分化组织学图片见二维码6-5。

2. 花鲈幼鱼Ⅱ期精巢和卵巢的发育　18月龄花鲈幼鱼性腺发育到Ⅱ期。在解剖镜下，可观察到Ⅱ期精巢与Ⅰ期精巢组织结构相似，但是血管组织增多。此阶段管腔内的生殖细胞主要包括精原细胞和初级精母细胞，与精原细胞相比，初级精母细胞体积明显缩小，但细胞核的嗜碱性增强。

　　Ⅱ期卵巢与Ⅰ期卵巢相比，产卵板变宽变长，呈大小不一的细长板状紧密排列在卵巢腔四周。此阶段仍有少量的卵原细胞，但大部分已停止有丝分裂进入初级卵母细胞的小生长期阶段，此时的卵母细胞体积明显大于卵原细胞，核膜清晰，细胞质增多且呈强嗜碱性，被染成深紫色，而细胞核则不易被染色，但是核内有数个染成蓝紫色的核仁。

　　PGC作为鱼类生殖细胞系的祖先，在胚胎发育的早期阶段就已经形成，然后按照特定的路线迁移至生殖嵴的位置，与周围体细胞共同发育形成原始性腺。在不同鱼类中，存在着各不相同的原始性腺发生时间。在花鲈中，30dph首次在性腺原基区域观察到PGC的出现，55dph观察到线形原始性腺已经形成，因此，推测30dph前是花鲈胚后PGC迁移至生殖嵴的关键时期，原始性腺发生在30～55dph。

　　在硬骨鱼类中，最普遍的性腺分化类型就是雌雄异体型，大多数雌雄异体的卵巢或精巢由鱼类未分化性腺直接分化而来。鱼类的性腺分化包括解剖学分化以及细胞学分化两个方面，解剖学分化主要包括卵巢腔、输精管和血管的形成等组织形态的变化，细胞学分化的标志为生殖细胞开始进行减数分裂，一般解剖学分化在时间上要先于细胞学分化。不同鱼类的性腺分化时间存在较大差距，即便是同一物种，雌性和雄性的性腺分化时间也不尽相同。在花鲈幼鱼中，180dph时性腺还处于未分化状态，随后在195dph时可见输精管的出现，标志着精巢在解剖学上开始分化，于207dph看到了卵巢腔的形成，标志着卵巢解剖学分化已经开始，在此阶段雌雄性腺均未出现细胞学分化的标志。这说明与大多数鱼类一样，花鲈性腺的解剖学分化要早于细胞学分化。花鲈Ⅱ期精巢和卵巢发育组织学图片见二维码6-6。

（二）花鲈性腺分化的分子机制

1. 芳香化酶 *cyp11b* 和 *cyp19a1a* 基因在精巢和卵巢中的表达　在鱼类性别决定和分化过程中，性类固醇激素发挥重要作用。在鱼类中，存在性腺芳香化酶和脑芳香化酶两种类型，分别由 *cyp19a1a* 和 *cyp19a1b* 编码。*cyp19a1a* 基因在脊椎动物中以高度保守的方式在性别决定的早期表现出性别二态性，在雌性性腺中呈现高表达，这使得该基因成为性别决定和卵巢分化的关键因子，多种鱼类卵巢中的表达量显著高于精巢，都表明了其在卵巢发育中发挥更重要作用，而其在精巢中也存在低表达是因为通过芳构化产生的低水平雌激素对精子形成是必要的。细胞色素P450家族的另一个成员 11β- 羟化酶（CYP11B）是催化11-KT合成所必需的，而11-KT是硬骨鱼类内源性的雄激素，对阻碍卵巢分化并导致精巢的分化及维持有重要作用，多种硬骨鱼的精巢分化早期阶段 *cyp11b* 都被检测到高表达。更重要的是，在与花鲈进化关系很近的欧洲舌齿鲈中，*cyp19a1a* 和 *cyp11b* 的表达差异可在组织学水平性别分化迹象前1个月检测到，它们与未来的雌雄表型有明显的相关性，因此它们可以作为组织学上未分化欧洲舌齿鲈表型性别预测的早期分子标记。在花鲈性别分化初期（Ⅰ期）以及性腺发育到Ⅱ期的雌鱼和雄鱼中，*cyp11b* 在Ⅰ期和Ⅱ期精巢中的表达都显著高于卵巢，相反，*cyp19a1a* 在Ⅰ期和Ⅱ期卵巢中的表达都显著高于精巢。这说明在性腺分化及维持期间，*cyp11b* 在精巢中扮演更重要的角色，而 *cyp19a1a* 主要是在卵巢中发挥作用。由于目前在花鲈中尚缺乏性别相关的遗传分子标记，所以不能确定在组织学上的性别分化标志出现之前，*cyp19a1a* 和 *cyp11b* 的表达趋势是否可以预测未来卵巢和精巢的分化。但是根据欧洲舌齿鲈的研究结果，有理由推测在花鲈性腺分化的第一个组织学特征明显之前，*cyp19a1a* 和 *cyp11b* 在性腺中的差异表达或许可能成为预测未来分化成卵巢和精巢的分子依据。

2. 花鲈 *sox* 基因家族鉴定　在花鲈基因组中共有 26 个 *sox* 基因被鉴定出来，并进一步划分为 8 个亚家族：soxb1（*sox1a*、*sox1b*、*sox2*、*sox3*、*sox19*）、soxb2（*sox14a*、*sox14b*、*sox21*）、soxc（*sox4a*、*sox4b*、*sox11a*、*sox11b*）、soxd（*sox5*、*sox6a*、*sox6b*、*sox13*）、soxe（*sox8a*、*sox8b*、*sox9a*、*sox9b*、*sox10*）、soxf（*sox7*、*sox18*）、soxh（*sox30*）和 soxk（*sox32*）。通过结构域同源性、序列结构分析和系统发育分析进一步证实了它们的注释。与高等脊椎动物相比，大多数硬骨鱼的 *sox* 基因数量显著增加。在这些基因中，*sox19* 和 *sox32* 只在硬骨鱼中被发现。*sox19* 首先在斑马鱼中被鉴定出来，然后相继在其他几种硬骨鱼类中被鉴定出来。*sox19* 在花鲈中以单拷贝形式存在，而在斑马鱼和斑点叉尾鮰中存在两个拷贝，这是由硬骨鱼类特有的全基因组复制（teleost-specific whole genome duplication，tsWGD）事件产生的。在花鲈中，*sox32* 基因似乎是 *sox17* 的重复，它们是位于同一染色体上的串联重复基因。在几个硬骨鱼基因组中报道了相同的排列方式，如斑马鱼和罗非鱼，这表明在硬骨鱼中检测到的 *sox17* 和 *sox32* 的同源序列可能是通过小规模重复（small scale duplication，SSD）事件而非 WGD 引起的。相比之下，花鲈中其他所有重复的 *sox* 基因，包括 *sox1a/1b*、*sox4a/4b*、*sox6a/6b*、*sox8a/8b*、*sox9a/9b*、*sox11a/sox11b* 和 *sox14a/sox14b*，则可能来自硬骨鱼类特有的 WGD。这一现象在以往研究中所检测的硬骨鱼物种中是保守的，因为这些重复基因位于源自 WGD 的同源染色体上，这表明硬骨鱼类特有的 WGD 在 *sox* 基因家族的扩增中发挥着举足轻重的作用。除了基因复制外，特定物种中还发生了特定 *sox* 基因的丢失。然而，后来在一些硬骨鱼类基因组中也检测到了 *sox30* 基因的存在，青鳉的基因组中未检测到 *sox19* 的存在。

3. 花鲈 *sox* 基因的表达分析及性别相关转录因子对 *cyp19a1a* 的转录调控　*sox*（Sry-ralated HMG-box）基因家族以高度保守的 Sry（sex-determining region on Y chromosome）高迁移率盒区 HMG-box（High-mobility group box）结构域为特征，编码了一系列与 *sry* 基因相关的转录因子。SOX 蛋白不但在早期胚胎发生、神经发育、晶状体发育、软骨形成、血管生成等多种组织和器官的形成中发挥重要的作用，而且控制着成体组织的内稳态。特别地，通过对 *sox* 基因突变或敲除的研究表明，*sox* 基因还参与了性别决定和分化过程。

（1）花鲈 *sox* 基因在胚胎发育阶段的表达模式　为了检测 *sox* 基因是否在花鲈胚胎发育的不同阶段表现出广泛而动态的表达模式，检测 11 个胚胎发育阶段，即受精卵阶段、16 细胞阶段、多细胞阶段、囊胚阶段、原肠胚阶段、神经胚阶段、眼囊形成阶段、肌节形成阶段、心跳阶段、尾芽阶段、破膜前期以及孵化后 1d 时 *sox* 基因的表达水平。结果表明，大多数 *sox* 基因在花鲈胚胎发育过程中表达量增加，与胚胎发生过程相一致。值得注意的是，半数 *sox* 基因水平在多细胞期上调表达，尽管开始诱导的起始时间不同。例如，*sox7* 在多细胞期上调表达；*sox2*、*sox17*、*sox32* 在囊胚期上调表达；*sox3*、*sox6b*、*sox9b*、*sox10*、*sox11a*、*sox21* 在原肠胚阶段上调表达；*sox1a*、*sox1b*、*sox9a*、*sox13* 在神经胚阶段表达水平显著升高；*sox14a* 和 *sox18* 在心跳阶段表达。心跳阶段后，这些 *sox* 基因的表达略有增加，或在随后的胚胎发育阶段保持在一个相对较高的水平。相反，其余的 *sox* 基因（包括 *sox4b*、*sox5*、*sox6a*、*sox8a*、*sox11b*、*sox14b*、*sox19* 和 *sox30*）的表达量在胚胎发育期间没有剧烈变化。花鲈胚胎发育阶段 *sox* 基因的时间表达模式见二维码 6-7。

（2）*sox* 基因在花鲈成鱼组织中的表达模式　　*sox* 基因在花鲈不同组织中表现出不同的表达水平。值得注意的是，大多数 *sox* 基因在脑中表现出相对较高的表达水平。例如，脑中 *sox1a*、*sox1b*、*sox2*、*sox3*、*sox5*、*sox8b*、*sox9b*、*sox10*、*sox11a*、*sox13*、*sox17*、*sox19* 和 *sox21* 的表达量在所有检测组织（性腺除外）中最高。值得注意的是，在成鱼性腺中，一些 *sox* 基因的表达存在性别差异。结果显示 *sox3*、*sox4b*、*sox11b* 和 *sox19* 主要在卵巢中表达，而 *sox4a*、*sox5*、*sox6a*、*sox6b*、*sox8a*、*sox9a*、*sox9b*、*sox10*、*sox14b*、*sox17*、*sox18*、*sox21*、*sox30* 和 *sox32* 在精巢中表现出较高的表达水平。*sox* 基因在花鲈成鱼组织中的表达模式见二维码 6-8。

（3）花鲈 *sox* 基因在性别分化初期的表达模式　　检测 *sox* 基因在花鲈性别分化初期的表达模式之前，观察幼鱼性腺的组织学结构以验证发育阶段。重点研究了幼鱼性别分化初期的样本，这些样本来自 205～215dph 的幼鱼性腺，平均体长为（15.48±0.87）cm。结果表明，在性别分化初期，卵巢和精巢中只观察到生殖细胞的卵原细胞或精原细胞。在这个阶段，生殖细胞还没有进行减数分裂，尽管卵巢腔和输精管已经形成。

26 个 *sox* 基因中，*sox1a*、*sox3*、*sox19*、*sox14a*、*sox6a*、*sox6b*、*sox10*、*sox18* 和 *sox32* 等 9 个基因在花鲈性别分化早期表现出性别差异（表达差异 > 2 倍）。其中，大多数 *sox* 基因在卵巢中的相对表达水平显著高于精巢，尤其是 *sox3*、*sox19* 和 *sox6b*，差异大于 4 倍。只有 *sox2*、*sox14b*、*sox11a* 和 *sox9b* 主要在精巢中表达，但在性别分化初期这个阶段表达差异不显著。花鲈幼鱼性别分化初期组织学及 *sox* 基因的表达模式见二维码 6-9。

（4）*cyp19a1a* 启动子结构分析　　*cyp19a1a* 启动子序列中存在 SOX3、FOXL2、SF1 这 3 个转录因子的潜在结合位点。其中，SOX3 转录因子存在 13 个潜在结合位点，FOXL2 转录因子存在 5 个潜在结合位点，SF1 存在 6 个潜在结合位点。

（5）SOX3、SOX19、SF1、FOXL2 对 *cyp19a1a* 的转录调控　　通过双荧光报告基因系统检测 SOX3、SOX19、FOXL2、SF1 转录因子对 *cyp19a1a* 的转录调控。结果显示，共转染细胞与转入空载体及转入启动子序列的细胞相比，转录因子 SOX3 和 SOX19 不仅没有激活 *cyp19a1a* 的表达，反而起到转录抑制作用，SF1 单独存在对 *cyp19a1a* 的转录不发挥作用。只有转入转录因子 FOXL2 的实验组萤光素酶相对活性值显著增加，并且在 SF1 共转染的条件下，萤光素酶相对活性值增加更显著。说明在 *cyp19a1a* 基因启动子区域存在 FOXL2 转录因子结合位点，并可激活其表达，且 SF1 为 FOXL2 的协同作用因子，共同促进 *cyp19a1a* 的转录。

SOX 转录因子通过组织或发育特异性的方式激活或抑制其靶基因的转录，在多种生理过程中发挥重要作用。在胚胎发育阶段，包括细胞命运的决定、胚胎形态发生等在内的各种过程同时发生，SOX 转录因子被认为在这些胚胎发育过程中起着关键作用。在花鲈原肠胚形成之前检测到 *sox17* 和 *sox32* 的高表达，最高表达水平出现在原肠胚阶段；*sox7* 在多细胞阶段表达开始上调，并且随后一直保持在高表达水平；*sox1a*、*sox1b*、*sox2* 和 *sox3* 属于 *soxb1* 亚家族，在花鲈的原肠胚阶段开始表现出显著的高表达。显然，在花鲈胚胎发育过程中也观察到 *sox21*

和 *sox2* 的表达模式具有高度相似性。*sox2* 和 *sox21* 被编织成高度相互关联的调控网络，在多个层面上发挥作用，控制胚胎干细胞的命运。在花鲈中，大多数 *sox* 基因的表达水平随着胚胎发育而变化，这与胚胎发生过程是一致的，表明 *sox* 家族在胚胎发育过程中发挥着关键作用。

在花鲈成鱼组织中检测了 *sox* 基因的表达模式。*soxb1* 亚家族的成员已被证明在发育中和成鱼的中枢神经系统（central nervous system，CNS）的神经祖细胞增殖过程中共同表达；在花鲈的脑中也发现了 *soxb1* 亚家族成员的高表达水平，如 *sox1a*、*sox1b*、*sox2* 和 *sox3*。此外，在成年花鲈的脑中也检测到 *soxb2* 亚家族的成员 *sox21* 高表达，由此可以推断，*soxb* 亚家族的转录因子在中枢神经系统中的作用可能是进化保守的。此外，在花鲈的脑中检测到相对高表达的 *soxe* 亚家族基因，包括 *sox8b*、*sox9b* 和 *sox10*。因此，与其他组织相比，成年花鲈肌肉中 *sox6a* 和 *sox6b* 的表达量更高，这可能是维持肌肉中特定的生物学过程所必需的。

花鲈性别决定和分化的机制尚不清楚。在花鲈研究中，共有 9 个 *sox* 基因（*sox1a*、*sox3*、*sox19*、*sox14a*、*sox6a*、*sox6b*、*sox10*、*sox18* 和 *sox32*）在花鲈性别分化初期的卵巢和精巢中显示出显著的表达差异，特别是 *sox3*、*sox19* 和 *sox6b* 这 3 个基因在卵巢中的表达量比在精巢中的表达量高出 4 倍以上。*sox3* 在性别分化初期和成鱼的卵巢中表达水平均显著高于精巢，提示其可能在花鲈卵巢发育中发挥作用。此外，作为硬骨鱼类特有的 *sox* 成员，花鲈的 *sox19* 基因在性别分化初期和成鱼阶段都表现出明显的卵巢偏倚性表达；在花鲈实验中，*sox9a* 和 *sox9b* 在花鲈中的表达水平在性别分化初期的精巢和卵巢中没有显著差异。由于在性别分化后期没有追踪其表达水平，因此无法推测 *sox9* 基因在性别决定和性别分化中的作用。然而，*sox9b* 在花鲈成鱼精巢中的表达水平显著高于卵巢中的表达水平，这表明 *sox9b* 可能在花鲈精巢的维持中起作用。

在鱼类性别决定和分化过程中，性类固醇激素发挥重要作用，性激素可以导致性腺雌性化和 / 或雄性化，雌激素是鱼类卵巢分化所必需的。在花鲈中，不管是在性别分化初期的性腺中还是在成鱼性腺中，*cyp19a1a* 在卵巢中的表达量都很高，因此，确定在花鲈中上调 *cyp19a1a* 转录的因子很重要。那么，哪些因素会上调花鲈性腺雌性化过程中 *cyp19a1a* 的转录？为了鉴定花鲈 *cyp19a1a* 表达的重要序列元件，分析了 *cyp19a1a* 启动子的核苷酸序列，以寻找潜在的转录因子结合位点。在 *cyp19a1a* 的启动子区域发现了性别相关转录因子 SOX3、SF1 以及 FOXL2 的结合位点，它们可能是在转录水平上参与 *cyp19a1a* 调控的候选基因。双萤光素酶报告基因检测，观察到转录因子 SOX3 和 SOX19 不仅没有激活 *cyp19a1a* 的表达，反而起到转录抑制作用，SF1 单独存在对 *cyp19a1a* 的转录不发挥作用。只有转入转录因子 FOXL2 的组萤光素酶相对活性值显著增加，且与 SF1 共转染，萤光素酶相对活性值增加更显著。在花鲈中，SOX3 不但没有激活花鲈 *cyp19a1a* 的转录，反而起到转录抑制作用，当其与转录因子 FOXL2 共转染时，相对活性值显著低于 FOXL2 单独转染时，进一步说明了 SOX3 对 *cyp19a1a* 的转录有抑制作用。在花鲈中 *cyp19a1a* 的启动子区域预测到了假定的 SF1 结合位点，但是 SF1 对 *cyp19ala* 转录激活也没有作用，SF1 可能不可直接促进 *cyp19a1a* 在花鲈性腺中的转录。就此研究来说，在花鲈中 FOXL2 是 *cyp19a1a* 最有效的转录调节因子，在 SF1 的介导下作用更强。

第二节　甲壳动物繁殖生理概述

目前甲壳动物生殖生理学研究主要集中在：雌雄生殖系统的结构与发育；精子发生与精

子形成、质量和活力评价；卵子发生及卵子的成熟；生殖过程（交配、受精和产卵）；胚胎发育等。

一、雌雄生殖系统的结构与发育

甲壳动物雌性生殖系统由卵巢和输卵管组成，卵巢分为对称的左右两叶，一对输卵管分别从两叶卵巢后三分之一处伸出，经过肝胰脏后，与雌性生殖孔相连，雌性生殖孔开口于第三对步足基部。卵巢壁很薄，由外膜和生殖上皮组成，外膜为疏松结缔组织，发育初期比较厚，随着卵巢发育，卵母细胞体积不断增大，外膜扩展，卵巢成熟时变为薄层。生殖内皮为复层上皮，发育初期，上皮细胞十分活跃，产生大量的卵原细胞，同时分化出卵泡细胞。卵巢下腹面两叶交界处是产生卵原细胞的生殖区，随着卵巢发育，生殖区向卵巢内扩散，发育成熟的卵母细胞被推向外周。卵原细胞经过分裂增殖产生初级卵母细胞，随着卵巢发育，一部分卵母细胞发育较慢，另一部分细胞发育迅速，位于卵巢四周，被单层卵泡细胞包裹而形成卵巢腔。当成熟卵排出后，滤泡呈现空腔状，同时发育缓慢的细胞开始生长，为第二批成熟卵做准备。

根据卵巢的外观将甲壳动物卵巢划分为四个时期。

第一期：卵叶呈半透明状，直径小于肠直径，卵母细胞处于发育初期。

第二期：卵叶透明，直径与肠的相当，卵母细胞增大。

第三期：卵叶呈浅黄色，直径比肠直径大，卵黄磷蛋白积聚于卵母细胞中。

第四期：卵叶颜色加深，占据背部区域，卵母细胞成熟。

在第三期和第四期，活体背部均可见卵巢，卵巢的颜色随产卵期的临近而加深，但最终颜色取决于不同种类。颜色深的种多呈橄榄绿色，但也可能呈蓝灰色；颜色浅的种多呈黄色或橘黄色。

粗糙沼虾（*Macrobrachium asperulum*）有精巢一对，表面多褶皱，位于胃的后方，肝胰腺的上方。精巢前端愈合，末端分离。性成熟时精巢可延伸至腹中部。在精巢前端两侧近 1/3 处伸出一对输精管，由雄性生殖孔开口于第五步足基部内侧。精巢早期较小，为乳白色，而后颜色逐渐加深，直至为紫红色，体积也逐渐增大。粗糙沼虾的雄性生殖系统结构如图 6-3 所示。

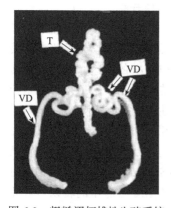

粗糙沼虾精巢是由结缔组织包围了许多生精小管而成，在小管之间含有血窦。生发区位于生精小管的一侧，另一侧为单层扁平上皮，这与中华绒螯蟹（*Eriocheir sinensis*）和中国对虾（*Fenneropenaeus chinensis*）相似。粗糙沼虾的精子发生为非同步性，精原细胞由生发区产生，并向管腔内逐步进行分化增殖，发育成不同细胞类型的生殖区域，从而保证精子的持续供给，为沼虾的多次交配繁殖提供了物质基础。

图 6-3　粗糙沼虾雄性生殖系统
T. 精巢；VD. 输精管

二、配子的发生与形成

（一）精子发生与形成

目前，许多研究主要集中在雌虾的生殖系统及卵发育，对雄虾生殖系统的研究相对较少，大部分集中在雄虾生殖系统的结构，性腺的结构、作用及精子的形态、发生，而对雄虾成熟度、精子质量评价及影响精子成熟的因素研究较少。事实上，雄虾的发育和成熟度同样是对虾繁殖中的重要限制因素，尤其对于纳精囊开放式的种类如凡纳滨对虾（*Litopenaeus vannamei*）来说，更是如此。对虾个体发育的基础是精子与卵子的结合，在繁殖过程中，精荚的发育和精子质量直接影响卵的受精率、孵化率和幼体的质量。

　　1. 精子形态结构　　甲壳动物精子多种多样，其中须虾亚纲、蔓足亚纲、鳃尾亚纲等精子具鞭毛，能运动，其他5个亚纲的精子形状各异，没有中间体和鞭毛。游泳十足目的虾类精子有一个单棘，而爬行亚目的蟹类精子则有多条辐射臂。甲壳动物有多种精子传输方式，其中大部分产生精荚，粘于雌体腹部或通过交接器输到纳精囊中，而蔓足类则直接传输精子。另外精子在雌性纳精囊中可能还具有一个获能过程。对于短尾类，如锯缘青蟹（*Scylla serrata*），其受精发生在纳精囊内部，使用贮存的精子，因此很难获得未受精的卵子，不能采用受精率作为精子质量评价的标准。虾蟹等十足目甲壳动物的精子没有鞭毛，不能运动，保存困难，因此其精子质量好坏及活力判断的最大困难就是缺少一个可靠的依据。另外，精荚移植、杂交育种和精子库计划需要高质量的精子，创造好的雄性繁殖条件以提高繁殖质量也需掌握精子质量的评价标准。

　　中国对虾、长毛对虾（*Penaeus penicillatus*）、斑节对虾（*Penaeus monodon*）、刀额新对虾（*Metapenaeus ensis*）、近缘新对虾（*Metapenaeus affinis*）的成熟精子属于单一棘突类型，其内部结构分为棘突、中间部和主体部，没有鞭毛，不主动运动。来自雄虾体内和雌虾纳精囊内的精子有很多不同之处，雄虾体内精子外形似"梨形"，棘部短粗，其基部有螺旋结构，而雌虾纳精囊中的精子不具螺旋结构，较细长；雄虾体内精子核后细胞质带结构更完整，而雌虾纳精囊内精子核后细胞质带囊泡发达，并常与细胞膜融合发生胞吐现象；雄虾体内精子核膜比雌虾纳精囊精子核膜完整；雌虾纳精囊精子的环状片层结构更发达；雄虾体内的精子主体部上方内质网发达，而雌虾纳精囊中精子的内质网浓缩为团块状或颗粒状（图6-4）。

　　2. 精子发生　　精子发生于精巢管的外缘生发层，由精原细胞减数分裂发育而成，精原细胞经过细胞核、内质网等一系列变化形成精子。根据顶体形成过程中超微结构的变化，把精子发生分为精原细胞、初级精母细胞、次级精母细胞、精子细胞、精子5个阶段。精子发生过程中化学成分也有相应的变化。刀额新对虾成熟精子发生过程中精原细胞、精母细胞、精子细胞核内均含有丰富的碱性蛋白，但在精细胞变

图6-4　秀丽白虾（*Palaemon modestus*）
成熟精子结构
AC. 顶帽；PM. 细胞膜；SP. 棘突；N. 核

态成精子过程中，只有顶体内出现碱性蛋白，核内没有碱性蛋白，在成熟精子中外顶体层碱性蛋白多于内顶体层，棘突中无碱性蛋白存在。

　　以粗糙沼虾为例，精原细胞期精巢小，呈透明乳白色。生精小管内充满着精原细胞，包围精巢的结缔组织膜较厚。生精小管内的营养细胞少。发育后期，在生精小管内侧，有少数精

原细胞开始向初级精母细胞过渡。精母细胞期精巢体积增大，呈半透明乳白色，表面分布有少量的紫色斑点。营养细胞明显增多，分布在生精小管四周以及精母细胞周围。生精小管逐渐变大，管壁上皮扁平状，生发区内细胞形态复杂，但精母细胞占优势，管腔中有少量精细胞。精细胞期精巢体积进一步增大，颜色进一步加深，生精小管管径继续变大，管壁结缔组织变薄，营养细胞散布在精细胞之中。成熟精子期精巢充分发育，可延伸至腹中部。生精小管管腔可达最大值，几乎占满整个生精小管，腔内充满成熟精子。生发区体积进一步减小，其内分布少量精原细胞和精母细胞。生精小管管壁薄。退化期生精小管呈空泡状，残存的精原细胞开始恢复增殖。精巢表面褶皱增多、退化，呈半透明乳白色，表面有少量紫色斑点。

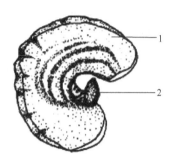

图 6-5　中国对虾精荚结构示意图
1. 瓣状体；2. 豆状体

3. 精荚　精荚是十足类甲壳动物所具有的特殊结构（图 6-5）。精荚成对存在于精囊中，每侧各一个，其质量优劣直接关系到卵子受精率和人工育苗的产量。对虾受精前，精荚具有传输和保护精子的双重作用。按照其形态结构可将精荚分成 3 种基本类型：柄状（异尾类）、管状（长尾类）和球形或圆形（短尾类）。精荚由精子、精荚基质、精荚壁三部分构成。一般认为精荚是在精子从精巢进入输精管前段以后，由输精管上皮细胞分泌物随即包被精子团形成的，精荚壁则是由这些分泌物逐渐沉积而成，是一种非细胞结构的物质。从输精管中段到精囊，形成精荚的物质供应是不连续的，精荚的形成与蜕皮周期有关，在蜕皮间期精荚在输精管末端逐渐形成，夜间蜕皮时移到精囊。

对虾精子的发生是连续的、非同步的，从精巢中排出的时间有先后，精巢中产生的精子数量远远超过形成一对精荚所需的精子，这决定了雄虾具有多次交配的能力，对虾的精荚可以再生。精荚再生分为 4 个阶段：未发育阶段、早期发育阶段、晚期发育阶段、成熟阶段，每阶段持续的时间与对虾种类、眼柄是否切除及精荚摘除方式有关。中国对虾交配后精荚再生的平均时间为 3d，但部分雄虾在交配的次日就可生成新精荚。雄性斑节对虾在人工摘除精荚后，精荚再生需要 7～11d。种间差异、生理状态、营养条件和环境因素等都可能影响精荚的再生。

4. 精荚和精子质量评价　评价指标：精荚重量和外观；精子总数；活精子的百分含量；畸形精子的百分含量。

评价方法有如下几种。

（1）形态观察法　评价精子和精荚质量的普遍方法。畸形精子表现为主体部畸形，棘突弯曲或缺少，变形的精子不具有正常的受精能力。增加正常精子的数量或提高总精子的数目可以提高繁殖性能，精子数量和精子质量的提高对增强封闭式纳精囊的斑节对虾的繁殖质量显得特别有用。睾酮可显著提高凡纳滨对虾精子数目和精荚重量，同时降低异常精子数，而孕酮则没有此效果。健康的精荚是具有正常形态的白色精荚；早期退化的精荚有黑色素沉着，前、末端可能变黑；中期退化的精荚变成黑褐色，黑化部分扩展到更多的区域，周边区域可能糜烂；严重退化的精荚表面完全变黑，糜烂的区域进一步扩大。精荚的黏度对于雌虾获得受精能力是很重要的，黏稠的分泌物贮存在精囊，可能影响精子获能，精荚形态结构的改变可以影响精荚的黏度，进而影响交尾时黏附到纳精囊的稳定程度，从而影响受精率。精荚颜色、膨胀度和外观能指示精子质量，但不能为精子质量提供数量上的检测依据。形态观察法比较直观，却易受以下因素的影响：精子悬液的制备方法、雄虾的年龄、交尾频率、种间差异，对精子活力的生理、生化方面的检测是有限的。

（2）生物染色剂法　　一般采用台盼蓝和吖啶橙作为生物染色剂。用台盼蓝染色时，活精子不被染色，死精子膜间隙变大而被染成蓝色；吖啶橙用来评价核膜的完整性，具有完整核膜的精子呈淡绿色，活力弱的精子呈黄色或橙色，死精子呈黑红色。用这种方法可能对活精子比例估计过高，可能与精荚和精子膜的通透能力及不同色素的通透能力之间存在着差异有关；该方法只是一种粗略估计精子活力的方法，无法区分 10%～20% 的存活力差异，实验过程中精子存活力将受到影响。生物染色剂法多与形态观察法共同使用，以区分活精子和畸形精子，进而在精子生活力方面得到更多的信息，但有时棘突缺少、弯曲的精子台盼蓝染色时无色，吖啶橙染色时呈淡绿色，而不是黄色、橙色或黑红色。

（3）卵水诱导反应　　与卵水发生反应的精子比例可用来评价精子质量。用这种方法可以评价低温贮藏的单肢虾精子的活力。

（4）生化成分分析法　　根据精子物质和能量代谢的酶活力来检验精子质量和活力，是一种间接的评价方法，主要测定 Na^+、K^+-ATPase 和 Mg^{2+}-ATPase，具有明显的季节变动。精液和精荚富有蛋白质、糖及脂肪，且精荚含量显著高于精液；精子在雌雄生殖系统中的能量代谢是一个无氧糖酵解过程，未交配的雌蟹纳精囊中有机物质很少，交配后由于精液的输入则富有有机物质，精子贮存在纳精囊中时糖含量显著降低。因此精子营养成分的不同，可以反映不同部位或不同发育阶段的精子状况。

（5）低渗外吐法　　在低渗溶液中评价精子膜完整性的方法，具有敏感、可重复的特点，与其他膜完整性测试方法相结合，可能是一种检验质量和活力低下精子群体的有效方法。

5. 生殖质量下降及影响精荚和精子质量的因素　　生殖管道退化综合征和生殖系统色素沉着：生殖管道的退化是对虾养殖中普遍存在的问题，主要表现为精子总数和活精子数逐渐减少，畸形精子量增加，并伴随着生殖管道和精荚的黑化。引起生殖质量下降的原因可能是种间差异、多次排出精荚、电刺激排精荚、细菌感染、营养因素和温度等多种因素单一或协同作用的结果。影响生殖质量下降的主要因素有如下几种。

（1）外源激素及内分泌　　注射生理剂量的 17α- 甲基睾酮能提高精荚质量，推测原因可能是这种化合物的药理作用提高了精子发生和精荚合成机制。去掉眼柄抑制因素可加快蜕皮后新精荚的转移，加快精子发生的同步性，对不同的对虾有不同的影响：切除眼柄可以诱导斑节对虾和墨吉对虾雄虾精荚早熟；可以增加凡纳滨对虾后备亲虾的性腺大小和交尾频率，增加成虾精荚重和精子数，减少畸形精子量；可缩短白对虾新精荚形成的时间，但未发现能显著影响白对虾的交尾率、产卵量、受精率和孵化率；也未发现能增加斑节对虾的性腺指数和精子质量，但能增加精子数量；切除眼柄对南美蓝对虾（*Penaeus stylirostris*）受精率没有显著的影响，但能缩短其蜕皮周期。可见不同种类对虾之间存在着一定的差异。促雄腺在甲壳动物性别发育、性别分化中有重要作用。中国对虾的促雄腺对精子成熟未起重要作用，推测可能对精荚的形成有作用，也可能对雄性交配活动和精荚的排出提供了能量，相关问题有待于进一步深入研究。

（2）温度　　凡纳滨对虾、白对虾、蓝对虾对温度的敏感性很高，推测温度可能与精荚和精子的变质有关。温度对亲虾精子质量有一定的影响，温度低时虾发育缓慢，虾的规格较小，在性腺产生精子时，输精管可能没有同步成熟，畸形精子的百分率较高；温度高时畸形精子量也会增加。

（3）营养物质　营养物质是影响精荚发育、再生，精子质量的重要限制因素之一，雄性亲虾的发育与雌虾发育所需的营养物质可能存在差异，需要深入研究，以提高雄虾的成熟和精子的质量。

（二）卵子发生与形成

1. 卵子发生　在发育和重复发育的卵巢中，卵子发生主要经历卵原细胞的增殖和初级卵母细胞的分化、生长、成熟这两个阶段。根据卵子发生过程中雌性生殖细胞形态的变化，这两个阶段又可细分为6个期：卵原细胞期、卵黄发生前卵母细胞期、小生长期、大生长期、近成熟卵母细胞期和成熟卵母细胞期。三疣梭子蟹（*Portunus trituberculatus*）的卵巢壁很薄，由结缔组织外膜和内生殖上皮构成。结缔组织中含有血管和血窦；内生殖上皮紧衬于外膜内侧，系特殊的复层上皮。在性未成熟雌蟹的卵巢和刚产完卵的卵巢组织切片上，可见卵巢壁向内皱褶形成的卵巢壁内突。内生殖上皮不断地产生出两种形态、大小各异的细胞，其中较大的一种为卵原细胞，较小的一种为卵泡细胞。卵原细胞一般近圆形，胞核较大，占据细胞的绝大部分，细胞质稀少。

随着卵原细胞的增殖、分化，在卵巢分隔小区内形成卵细胞发育区。同一卵巢不同的卵细胞发育区内，初级卵母细胞分化时间和发育阶段并不完全相同，刚转化的初级卵母细胞，细胞核膨大，为卵黄发生前的卵母细胞。初级卵母细胞的生长可划分为小生长期和大生长期，小生长期卵母细胞呈椭球形，具有1个或多个趋周边分布的核仁。小生长期卵母细胞一个明显的细胞学特征是具有强嗜碱性的细胞质，是核仁颗粒物质的外排及细胞质中核糖体剧增所造成，核不规则的卵泡细胞零星散落在小生长期卵母细胞间。同一卵细胞发育区内，周围的卵母细胞较中央的发育快，先转入卵母细胞的大生长期，此时可见卵泡细胞正在对卵母细胞进行分割包绕以形成卵泡结构。随着卵黄物质的旺盛合成与快速积累，大生长期卵母细胞的细胞质逐渐转变为嗜酸性或强嗜酸性。卵母细胞直径增加到250μm左右时，初级卵母细胞细胞质呈强嗜酸性；核发生皱缩，嗜碱性增强，核膜破裂，此即近成熟初级卵母细胞。包绕在卵母细胞外的卵泡细胞已被挤压成极薄的单层，近成熟滤泡间有时可见新一批的小生长期卵母细胞正在发育。近成熟卵巢呈橘红色葡萄状。形态学上，成熟卵巢也呈橘红色葡萄状，其内的成熟卵母细胞因相互挤压而较不规则，细胞质呈强嗜酸性；成熟卵子外具壳膜，壳膜外包绕着单层卵泡细胞，卵周隙宽窄不一。成熟滤泡间有时可见新一批的小生长期卵母细胞正在发育。形态上成熟的卵母细胞一般并不处于游离的可流动状态，初级卵母细胞在形态和生理上都成熟的时间窗口很窄。刚产出的成熟卵母细胞或近圆球形或椭球形，仍处第一次减数分裂中期，纺锤体长轴或与细胞膜平行或与细胞膜垂直。

排卵后再发育的卵巢内快速地进行着初级卵母细胞的分化和生长，卵巢内的残留卵母细胞发生退化，其卵黄物质被重吸收、利用。

2. 卵黄形成　甲壳动物卵黄发生是指各种卵黄物质（包括蛋白质、脂类、碳水化合物等）的形成及其在卵母细胞中的积累，是卵母细胞发育成熟的必要前提，也是雌性甲壳动物生殖周期的决定性时期，它以血淋巴中卵黄蛋白原浓度的大量增加和卵巢的发育为特征。目前，甲壳动物卵黄发生的研究绝大多数集中在卵黄蛋白的产生和积累上。动物的卵黄根据来源不同可分为内源性卵黄和外源性卵黄两种。卵母细胞内合成卵黄物质的过程称为初级卵黄发生，胞饮方式形成卵黄物质的过程称为次级卵黄发生。来自胞饮的卵黄物质被认为是卵黄蛋白原（Vg），是卵黄脂蛋白的前体物，与其有着相似的细胞化学特性和免疫原性。Vg在肝胰腺、脂肪组织和卵巢上合成，罗氏沼虾肝胰腺有合成Vg作用，而卵巢未见有合成。跳钩虾属的皮下脂肪组织有Vg的合成，同时认为卵巢组织无Vg的合成作用。外源的Vg通过血淋巴进入卵巢，可能运输脂类到卵巢中，卵母细胞膜Vg特异受体的存在使得Vg也可以直接融入卵母细胞中。

卵黄脂蛋白存在于卵巢及胚胎，作为卵黄蛋白的主要成分，含有糖和类胡萝卜素辅基。类胡萝卜素的存在可以影响卵黄脂蛋白的颜色，卵黄脂蛋白是胚胎发育的营养源。卵黄中的脂类物质主要是磷脂和中性脂，磷脂主要存在于卵黄体中，中性脂则以脂肪滴的形式存在于卵黄物质中，合成脂类的物质来自外界食物。中性脂可能由肝胰腺的R细胞吸收脂肪物质，再经线粒体和内质网加工而成；磷脂则不同，卵黄发生初期，磷脂成分可能主要源于自身肝胰腺吸收的外源脂肪物质，而卵黄发生旺期，磷脂成分则主要由外源性磷脂而来。卵黄发生期，不同的种类其营养、生活习性、生殖习性不同，卵巢和肝胰腺的总脂含量的变化以及二者之间的相关性也有不同。

三、生殖过程

（一）交配行为

大多数对虾拥有开放型纳精囊，在卵巢成熟后、蜕皮周期的末期交配；封闭型纳精囊类型的对虾在蜕皮后不久即交配，交配时角质层柔软。由于对虾多在夜间蜕皮，大多数封闭型纳精囊的对虾也在夜间交配。南美白对虾为开放型纳精囊类型，蜕皮中的雄虾和处于蜕皮后期的雌虾交配。封闭性纳精囊类型的雌虾能交配的时间非常短，因此，雌虾蜕皮期间，异性吸引是很有利且很重要的。交配的第一阶段，日本对虾和斑节对虾的雌虾蜕皮后游来游去，时而上游20~40cm，时而停留于底部。这期间，一只或几只雄虾追随一只雌虾，伺机仰游于雌虾下面，与雌虾抱对。雌虾用步足抱住雄虾的胸甲，一同游泳。而圣保罗对虾的雌虾在交配前和交配期一直待在底部并不游动。斑节对虾这种抱对姿势可维持20~120min。如果雄虾被赶走，另一只即取而代之。交配第二阶段，位于雌虾下面的雄虾上移，雌雄用步足相互拥抱。这时，别的雄虾欲再取而代之就困难了，但一旦取代，即刻回复于第一阶段的位置。第三阶段，雄虾仅仅抱住雌虾且在瞬间翻转，二者呈垂直状；身体呈弓形环抱雌虾，且越抱越紧；与此同时，雄虾还轻弹其头部和尾节，以便于精荚传递。交配结束后雌雄虾分开，各自游去。而日本对虾交配时雄虾部翻转，始终与雌虾上、下平行。斑节对虾的交配时间为30min至3h，日本对虾却仅需10min。

南美白对虾的交配发生于雌虾卵巢充分成熟后。在交配发生前1~2d即可观察到追尾现象，通常发生在傍晚6：00左右，天刚暗时。追尾时，雄虾靠近并追逐雌虾，游动速度比较快。一般雄虾头部位于雌虾尾部下方作同步游泳，这一过程时间较长，反复多次才能成功。真正交配时间仅2~3min。雄虾转身向上，将雌虾抱住，释放精荚并将其粘贴到雌虾第3~5对步足间的位置上。如果交配不成，雄虾会立即转身，并重复上述动作。这期间还观察到雄虾追逐性腺未成熟的雌虾，甚至雄虾追逐雄虾的现象。只有成熟的雌虾才能接受交配行为。

（二）产卵

在封闭型纳精囊的对虾中，雌虾蜕皮后即刻纳入精荚，在甲壳变硬的蜕皮前期产卵。食用对虾的蜕皮周期在 27d 左右，精荚需保留 10～20d。开放型纳精囊的对虾中，在产卵前 3d 内交配，受精才能成功。

对虾常于夜间产卵，产卵前，日本对虾静静地潜伏在底部，有时侧身躺着。接着，便开始游泳，大约 1min 后开始产卵。胸肢簇在一起用力地拍打躯体，挤排出卵粒，腹足的扇动有助于卵的散开。排卵持续 3～4min，然后雌虾潜入底部休息。卵在水体中缓慢沉降，其产卵时间随季节而变。

（三）受精

对虾的受精区域由第三、四胸节基节所围成，同时也被这些结构的腹刚毛所部分遮盖。精子从精荚内向前移动；卵从第三胸节基节的生殖孔内排出，精卵受精后进入水中。第四胸节基节均与纳精囊的中板形成了一个通往受精腔的又细又深的通道，外覆刚毛，起到很好的保护作用。这些通道是精子从精荚进入受精腔的正常路线。受精过程可分为 6 个步骤。

1. 精子最初附着阶段　产卵时，精子与卵膜结合，一个卵的卵黄膜上可有 20 个精子，精子通过其前顶端的刺突附着于卵。

2. 初级顶体作用　精子迅速进入顶体反应第一阶段，然后穿过卵黄膜和卵表面结合。顶体的胞吐作用能促使体外利用卵液或靠外围的 Ca^{2+} 使凝胶隔离。

3. 卵液的排放　凝胶前体自小囊内溢出，于卵周围形成一非均质胶体，使卵黄膜消失。凝胶前体经历过渡期变成凝胶层。

4. 次级顶体作用　精子经过初级顶体反应之后仍与卵表面结合，且逐渐被形成的凝胶层包被。精卵最初结合的 10～20min 后，精子释放顶体丝完成顶体反应。顶体丝的形成与细胞间 pH 的降低和 K^+ 的外流有关。

5. 精卵结合　精子的突起与卵膜融合，使细胞核传递。受精的精子没有前颗粒，其刺突也比其余的精子短。

6. 孵化膜的形成　孵化膜是皮层反应形成的，孵化膜可自发形成，不需要受精。但膜的形成与皮层小囊的胞吐作用有关，其过程与其他种受精膜的形成过程类似。孵化膜形成后，其余未受精的精子不能进入。

四、胚胎发育

（一）受精卵

不同种属的甲壳动物受精卵大小都不同，拟对虾属的卵最大，其次是鹰爪虾属、仿对虾属和新对虾属属中等大小卵。受精卵大小的差异主要是由受精后形成的卵周隙的大小决定的，对虾卵排出后一般属底栖性的，但也可能受卵周隙的大小等因素的影响，卵的浮力会发生变化。产卵后欧洲对虾的卵被大量透明胶体包被成一团，在水中可悬浮一至几小时。某种新对虾的卵有很大的卵周隙，浮力很大，属浮游性。某种鹰爪虾的大多数卵属沉性卵，比白对虾的轻。四脊滑螯虾（*Cherax quadricarinatus*）受精卵为乳白色或淡黄色，卵体柔软，卵膜明显。内为初级卵膜，其外为三级卵膜。前者在卵母细胞形成时由卵细胞本身所产生，后者由母体黏液腺分泌而成。卵呈椭圆形，外膜突起形成的卵柄附着于母体腹足的刚毛上。受精5～6h后，受精卵外膜逐渐变硬，表面光滑。在解剖镜下观察，可见卵膜内充满细小、分布均匀的卵黄颗粒。中华绒螯蟹受精卵外部形态和附着情况见二维码6-10。

（二）发育

以四脊滑螯虾（*cherax quadricarinatus*）为例叙述胚胎发育过程（图6-6）。

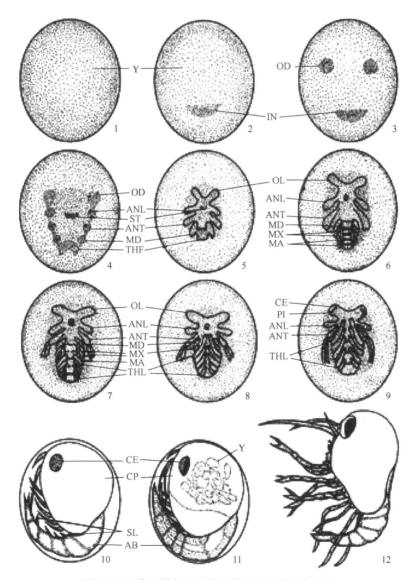

图6-6　四脊滑螯虾胚胎外部结构的形态发育过程

1. 受精卵；2～3. 原肠期；4. 前无节幼体期；5～8. 后无节幼体期；9. 复眼色素形成初期；10. 复眼色素形成后期；11. 孵化准备期；12. 刚刚孵化的幼体。AB. 腹部；ANT. 大触角；ANL. 小触角；CE. 复眼；CP. 头胸甲；IN. 内陷区；MD. 大颚；MA. 颚足；MX. 小颚；OD. 视叶原基；OL. 视叶；PI. 复眼色素；ST. 口道；THF. 胸腹突；THL. 步足；SL. 游泳足；Y. 卵黄

1. 卵裂期与囊胚期 发育 3～4d 的受精卵呈橄榄绿色，整个卵表颜色不均匀，局部有白色斑块。随后几天的发育过程中，卵色逐渐变成黄绿色。整个卵裂期和囊胚期，未出现分裂沟、分裂球或其他的外形特征。

2. 原肠期 排卵 10～11d 后，受精卵呈黄绿色。卵的一端出现一个透明的、近似半圆形的凹陷，内无卵黄颗粒，标志着胚胎发育进入原肠期。原肠期开始后不久，逐渐形成 2 个细胞的视叶原基，后来发育成 1 对复眼。原口两侧的细胞分裂增殖，逐渐形成 2 个细胞群，为最初的 1 对腹板原基。

3. 前无节幼体期 原肠后期，在胸腹突与两视叶原基之间形成 1 对左右对称的细胞群突起，为胚体的大颚原基。随后在两者之间先后出现大、小触角原基。大触角原基发育成消化系统的口道。胸腹突末端中央细胞向内集中凹陷形成肛道。

4. 后无节幼体期 五对附肢期：胚胎前端背侧头胸甲原基形成，3 对附肢原基此时基部较细，末端钝圆并快速生长，形成 3 对肢芽。大颚之后又先后出现 2 对附肢原基，不久发育为 2 对小颚肢芽。七对附肢期：身体开始分节，将胚体分为左右对称的两部分，尚未出现分节现象，先后长出 2 对颚足肢芽，此时胚胎共有 7 对附肢。十三对附肢期：胸部渐渐增长，腹部向胚体腹面弯曲。胸部出现 6 对附肢，胸部与腹部开始出现明显的分节现象，相邻体节间胚体向内缢缩。胸部每一体节有 1 对附肢，腹部附肢尚未发生。随后的发育过程中，头胸部附肢体积不断增大，并开始出现分节现象。后来腹部也已分为 6 节，第 2～6 腹节出现肢芽，第 6 腹节将形成尾叉。十八对附肢期：腹部肢芽由第 2 腹节开始生成后，第 2～5 腹节的 4 对肢芽不断长大，而第 6 腹节的肢芽却慢慢与尾叉愈合形成尾扇。至此，胚胎附肢已经全部长出，共 18 对，包括头部 8 对、胸部 5 对、腹部 5 对。

5. 复眼色素形成期 复眼色素形成初期：复眼外侧先出现稀疏分布的黑色素点，以后逐渐连成 2 条新月形的黑色色素细线，胚胎发育进入复眼色素形成初期。随后复眼内侧出现左右对称的膜状结构，此膜逐渐加厚，形成复眼的眼柄。头胸甲在头胸部的两侧形成 1 对鳃腔。

复眼色素形成后期：复眼色素带加宽，颜色加深，而长度却不再增加，此时复眼的结构发育已基本完成，各复眼由许多单眼组成。

6. 孵化准备期 此期胚胎发育已基本完成，外骨骼变硬，体形与成体相似。身体分为头胸部与腹部两部分。头胸甲侧缘游离，覆盖头胸部，边缘出现红斑，并逐渐增多向背部蔓延。腹部附肢出现分节现象。当卵黄消耗殆尽时，仔虾脱离母体，在水中自由活动、觅食，虾体呈灰褐色。

在 28℃ 的水温条件下，整个胚胎发育历时 39d 左右。

第三节 双壳和单壳贝类繁殖生理概述

一、生殖系统

贝类的有性生殖分为卵生、卵胎生和幼生，由专门的器官来完成。一般又将这些参与全部生殖过程的组织和性腺器官总称为生殖系统。贝类的生殖腺由体腔壁形成，生殖输送管一端通向生殖腺腔，另一端开口于外套腔或直接与外界相通。在双壳类中，性腺由分枝的小管组成，配子从小管的上皮内层脱出。微管结合形成导管，进而再形成较大的导管，最终在一个短的生殖管中终止。在原始的双壳类动物中，生殖细胞进入肾脏，卵子和精子通过肾脏的开口（肾孔）进入外套膜腔。在大多数双壳类动物中，生殖道不再与肾脏相连，而是通过独立的孔打开，进入靠近肾孔的外套腔。在体外受精的贝类中，配子通过外套膜的排气口排出（图6-7）。

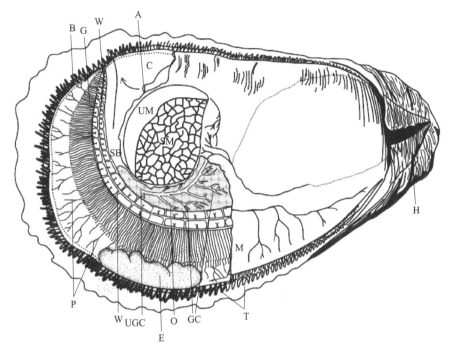

图 6-7　雌性美洲牡蛎（*Crassostrea virginica*）（Galtsoff，1938）

A. 肛门；B. 外套膜边缘；C. 泄殖腔；E. 穿过鳃并聚集在外套腔中的卵；G. 鳃；GC. 生殖管；
H. 铰合部；M. 外套膜；O. 卵巢；P. 外套腔；SB. 鳃上腔；SM. 闭壳肌的横纹肌区域；T. 外
套膜边缘触须；UGC. 泄殖孔；UM. 平滑肌区域；W. 水管

　　贝类存在雌雄同体或雌雄异体，但是性别在某些种类中并非恒定，常有性变现象。在雌雄异体的种类中，两性的形态区别不明显，尤其是双壳纲的雌雄异体，在外形上并没有第二性征，但在某些蚌类如淡水珠蚌（*Unio tumidus*），雌性个体比雄性个体大。有极少数的种类雌雄之间壳形存在差异。有些双壳类的性别可以通过生殖腺的颜色来区别，生殖腺常呈现红色、粉红色、橘红色、淡黄色和乳白色，通常红色为雌性，白色为雄性。也有部分双壳类如牡蛎，雌雄生殖腺颜色都为乳白色，无法通过颜色辨别雌雄，多采用组织切片进行性别鉴定。在腹足类中，可通过生殖器官外形辨别雌雄，如交接突起的有无（雄性田螺右触角粗短，成为交接器）、壳口和厣的形状不同等。

　　贝类的产卵方式多种多样，大多数贝类为卵生，即受精卵在体外发育，胚胎发育过程中依靠卵细胞自身所含的卵黄进行营养；卵胎生的种类较少，其受精卵虽然在母体内发育，但营养仍然依靠卵母细胞自身所含的卵黄，与母体没有或只有很少的营养联系，直至发育成幼体才离开母体，通常见于腹足纲和多板纲贝类；幼生类似于卵胎生，是双壳类牡蛎属和蚌科部分种类的一种繁殖方式，其受精卵在鳃腔中受精，并在亲体的鳃腔中发育成面盘幼虫，然后离开亲体。雌雄同体的个体一般为异体受精，但密鳞牡蛎（*Ostrea denselamellosa*）能自体受精。

腹足类常常选择合适的产卵地点，一般把卵产在温度较高、光线较好、氧气浓度高且饵料丰富的场所。雌性产卵的数目随种类及生活环境的不同而存在较大差异，一般海产的种类产卵较多，陆生和淡水的种类产卵较少；体外受精的种类产卵量多，体内孵化或者卵胎生的种类产卵少。腹足类有明显的护卵行为。

二、性腺发育和繁殖

（一）性成熟

相比于无性生殖，有性生殖的意义在于，后代个体的基因由双方提供，可产生丰富的遗传变异供自然选择，使物种不断提升其适应能力，从而加速进化。有性生殖过程需要雌雄个体分别产生生殖细胞，并通过一定的生殖行为实现。因而，生殖功能是动物出生后生长发育到一定阶段才能完成的生理活动。

贝类的性成熟年龄是指性腺初次发育成熟的年龄。生物学最小型是指第一次性腺成熟时期的最小个体大小。例如，缢蛏（*Sinonovacula constricta*）的性成熟年龄为 1 龄，其生物学最小型为 2.5cm。许多贝类出生 1 年内即达性成熟，如双壳类的贻贝（*Mytilus edulis*）、长牡蛎（*Crassostrea gigas*）、菲律宾蛤仔（*Ruditapes philippinarum*）、马氏珠母贝（*Pinctada martensi*）等，腹足类的大瓶螺（*Pomacea canaliculata*）、泥螺（*Bullacta exarata*）等。性成熟年龄随着环境的变化而变化，如泥蚶（*Tegillarca granosa*）在南方 1 龄即达到性成熟，而在北方则需要到 2 龄；皱纹盘鲍（*Haliotis discus*）在自然海区 3 龄达到性成熟，而在人工养殖条件下 2 龄即可性成熟。

贝类的繁殖季节，随种类和栖息环境的不同而不同，即使同一种类，在不同环境中的繁殖季节也有差异。一般地说，贝类的繁殖季节与种类、区域、温度等因素有关。

（二）贝类的性腺发育

贝类性腺发育过程中，表现出明显的阶段性，根据各阶段性腺发育的组织学特征，将其分为若干不同的时期，这就是性腺发育分期。国内外学者对贝类性腺发育的分期标准不尽一致，经典的 Chipperfield 分期法主要根据生殖细胞的发育阶段和各阶段生殖细胞在滤泡中的形态和数量比例，将性腺分为 4~6 期。现以长牡蛎为例，将各期特征叙述如下。

1. 增殖期　　性腺开始形成，软体部表面初显白色，但薄而少，内脏团仍见生殖管呈现叶脉状，其内生殖上皮开始发育。随着发育的继续，滤泡壁开始增厚，附着于滤泡壁上的生殖细胞开始增多。雌性：由生殖上皮形成的原始生殖细胞进入雌性发育途径后，就变成卵原细胞，它们迅速增殖。细胞分裂停止后，次级卵母细胞就转化为卵细胞。雄性：滤泡生殖上皮的原始生殖细胞开始增殖，经过有丝分裂形成精原细胞，精原细胞不断分裂产生数目较多的次级精母细胞，并着生在滤泡壁的基底膜上。

2. 生长期　　乳白色性腺占优势，遮盖着大部分内脏团。滤泡内生殖细胞的数量开始增多。雌性：滤泡数量增多，分布范围增广，滤泡内卵原细胞分裂停止后，开始增大成为初级卵母细胞，卵黄开始积累。卵母细胞已基本挤满整个滤泡壁，呈梨形或长形等不规则形状，整个滤泡空隙逐渐变小。雄性：滤泡数量增加，体积增大，滤泡腔空隙逐渐缩小，此时精原细胞体积增大，成为初级精母细胞，并开始出现精子，此时在滤泡内可见从精原细胞到精子各个阶段的雄性生殖细胞。与此同时，滤泡内的生殖细胞已从原来的单层排列变成多层排列。

3. 成熟期　性腺急剧发育，覆盖了全部内脏团，软体部极其丰满。整个滤泡腔被生殖细胞所充满，腔内无空隙。雌性：牡蛎卵母细胞不在体内完成减数分裂，此时卵母细胞在滤泡内相互挤压，呈不规则状，有椭圆形、梨形及多角形等。雄性：成熟精子呈密集辐射状排列，充满滤泡腔中央，且着色深。精母细胞分布于滤泡壁，着色浅。初级精母细胞进行减数分裂。在减数分裂Ⅰ期，每个初级精母细胞分裂成2个次级精母细胞，核内染色体数目减少了一半成为单倍体。紧接着进入减数分裂Ⅱ期。减数分裂Ⅱ期与有丝分裂过程相似，染色体数目不变，仍为单倍体。分裂的结果是1个次级精母细胞形成了4个精细胞。精子细胞必须经过一系列的变态分化才能形成精子，称为变态期。这一时期包括细胞核的变化、顶体形成、中心粒的发育、线粒体的变化等。镜检精子活力强，此时精子已具受精能力。

4. 排放期　牡蛎在一个生殖季节里多次成熟多次产卵，成熟排放后性腺在软体先端逐渐向后变薄，重现褐色内脏团。滤泡腔逐渐出现大小不等的空腔，滤泡缩小，而它们之间填充组织逐渐增多。雌性：滤泡内仍残留卵母细胞，并且滤泡腔内有部分分散的成熟卵。雄性：滤泡内可见精母细胞和精子，但精子的数量已显著减少，不再呈辐射状排列。

5. 休止期　软体部表面透明无色，内脏团色泽显露。滤泡变为一个大空腔，滤泡壁由一单层扁平上皮细胞组成，滤泡间隙逐渐加大。

长牡蛎性腺发育见二维码6-11。

（三）影响因素

1. 性腺发育的影响因素

（1）外因　温度是决定贝类性腺发育的重要外界因素，对于水生贝类来说，水温升高，可使其性腺提早发育成熟；若水温过低，则其繁殖期就会被推迟。

在自然海区中，盐度的变化对牡蛎等双壳类的产卵也有很大影响，特别在河口附近更为明显。连续降雨使海水盐度显著下降，往往会引起牡蛎大量排精产卵。

潮汐对滩涂埋栖型贝类的产卵也有很大影响，如泥蚶、缢蛏、菲律宾蛤仔等常常在大潮期产卵，这主要是因为潮差较大，水温变化幅度也较大，加上潮流的强烈震荡，促使了贝类排放精卵。

饵料是贝类积累营养物质的来源，也是贝类性腺发育的物质基础。因此，环境中饵料的质量和数量，直接影响贝类的繁殖。在自然海区，饵料丰度又受季节、海流、食物链等因素制约。在人工饲养条件下，饵料的营养搭配、饲养密度、水质管理等，也直接或间接地影响贝类的繁殖（图6-8）。

（2）内因　在软体动物中，有关类固醇的合成及其生理学意义知之甚少。软体动物中已经报道了许多参与类固醇代谢的酶。近年来，通过不同的分析方法［高效液相色谱（HPLC）、酶免疫测定（EIA）、放射免疫测定（RIA）等］，在一些无脊椎动物，尤其是软体动物中也检测到了许多"脊椎动物类型"的性类固醇。例如，17β-雌二醇（E_2）、睾酮（T）和孕激素已在腹足类、头足类和双壳类（如牡蛎、虾夷扇贝、贻贝和缢蛏等）物种中发现。双壳类动物中性类固醇含量的变化与卵母细胞直径、性腺指数和性腺成熟过程相关，说明这些激素在诸如卵黄发生的生殖调控中具有生理功能。而且，E_2在体内和体外对性别决定、卵黄发生、性腺发育有一定作用。在许多软体动物中，性腺和消化腺似乎是产生类固醇的主要

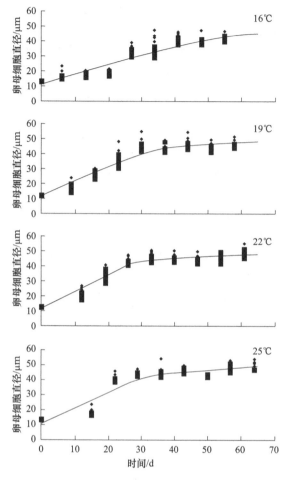

图 6-8　不同温度条件下长牡蛎卵母细胞直径
随时间的变化（Chávez-Villalba et al., 2002）

点序列（散点图）对应于卵母细胞直径测量数据上的十分位数，
曲线为长牡蛎 Logistic 生长模型的拟合

器官。研究表明，双壳类中雌体雌激素含量较高，雄体雄激素含量较高，而卵泡膜细胞层中产生的睾酮可以通过颗粒细胞中的芳香化酶转化为 E_2；抑制芳香化作用可引起雄激素增加并导致腹足纲动物的性畸变。

2. 排卵的影响因素

（1）外因　在自然界、实验室和孵化场的种群中，水温是影响产卵开始的最常见因素。此外，通过敲击或摩擦贝壳、拉扯或剪断足丝等物理刺激，可以刺激贻贝的产卵。其他自然刺激包括盐度变化、月相和潮汐波动。

（2）内因　在双壳类中，生殖周期是由神经节神经分泌和类固醇之间的相互作用控制的。神经分泌细胞主要位于中枢神经系统的脑神经节，分泌神经肽，对性腺产生各种生理作用。其中一个是肽类激素促性腺激素释放激素（GnRH），它通过刺激垂体前叶分泌卵泡刺激素（FSH）或黄体生成激素（LH）间接调节生殖。在双壳类中，GnRH 和其他 GnRH 样肽通过刺激有丝分裂对性腺产生直接影响，但相关机理尚未阐明。在牡蛎中，胰岛素样肽在冬季参与性腺小管重建，春季参与生殖细胞发育，夏季参与配子成熟。单胺类 5-羟色胺（5-HT）是另一种作为神经激素调节产卵和双壳类性腺卵母细胞成熟过程的分子。神经分泌细胞的活性在配子发育的静止期较低，与性腺的发育同步增加，并在产卵前达到最大值（图 6-9）。

许多分析技术，如色谱法、放射免疫分析法和 ELISA 已被用于鉴定和定量动物组织中的类固醇。代谢性类固醇如睾酮、雌二醇 -17β 和黄体酮代谢在几种软体动物中被鉴定出来，而且在双壳类动物中，性类固醇水平的转变与性成熟周期有关，提示性类固醇可能在生殖调节中起重要作用。例如，注射性类固醇可刺激扇贝的卵子和精子发生，注射雌二醇可刺激牡蛎卵黄的发生。也有证据表明性类固醇可能在性别及其比例的决定中起重要作用。同时，在软体动物中也发现了产生性类固醇所需的大多数酶以及雌激素受体。双壳贝类的产卵既受环境化学因素的影响，也受内部化学介质的影响。扇贝嗅检器已被证明能产生神经分泌物质，并以轴突方式运输到性腺，这表明扇贝嗅检器在检测传播信息素和产生储存于内脏神经节（在产卵时从内脏神经节释放）的神经分泌物质中都有作用。单胺类 5-HT 与前列腺素 PGE$_2$ 和 PGF$_{2\alpha}$ 在配子释

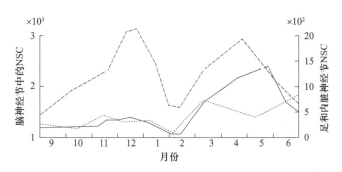

图 6-9　贻贝各神经节中活跃的神经分泌细胞（NSC）在每年繁殖周期中的变化
断线 . 脑神经节；实线 . 足神经节；虚线 . 内脏神经节

放过程中起着重要的中介作用。将 5- 羟色胺（$10^{-6} \sim 10^{-4}$mol/L）注入紫斑扇贝雌性性腺，会增加卵子释放的数量，并且这些数量会随孵化时间的延长而增加。PGE_2（10^{-6}mol/L）也增加了卵母细胞的释放，但 $PGF_{2\alpha}$ 不影响这一过程。此外，5-HT 和两种前列腺素还提高了生发泡卵母细胞的破裂率。类固醇激素在产卵过程中也起着重要作用，注射 17β- 雌二醇能够提高成熟雌雄扇贝产卵的强度，睾酮能提高雄性的产精强度，而孕酮 / 黄体酮能降低产卵个体的比例。注射雌二醇促进了两性 5-HT 诱导的产卵，而睾酮只促进了雄性的产卵；黄体酮抑制了雌性的 5-HT 诱导的产卵，但增强了雄性 5-HT 诱导的产卵。

软体动物性类固醇生成途径见二维码 6-12。

第四节　头足类繁殖生理概述

一、头足类生殖系统

头足类动物雌雄异体，生殖系统存在差异。

（一）雌性生殖系统

雌性的生殖系统由卵巢、输卵管、输卵管腺、缠卵腺、副缠卵腺等器官组成。乌贼、鱿鱼和章鱼的生殖系统各有不同。乌贼雌性生殖系统见二维码 6-13。鱿鱼雌性生殖系统二维码 6-14。

1. 卵巢　　卵巢位于胴体腔，卵母细胞在卵巢中形成，许多卵泡被生腺腔包围。在未成熟的雌性乌贼和鱿鱼的卵巢中，可以观察到大量未成熟的、不同大小的卵黄前期卵母细胞。较小的卵母细胞形状扁平，并且可能与其他卵母细胞接触，而在较大的卵母细胞中，明显可见较厚的上皮，只有少数卵母细胞表面有皱褶。在较大的卵母细胞中，细胞上皮存在大量的有丝分裂，细胞核呈颗粒状染色质，但核仁不明显。鱿鱼和乌贼卵巢组织学图片见二维码 6-15。

而成熟雌性乌贼的卵巢含有不同发育阶段的卵泡，最晚期为卵黄形成期。不同发育阶段滤泡的存在表明，雌乌贼只有一个繁殖季但多次产卵。在卵黄期卵泡（vitellogenic follicle）中，卵泡上皮细胞随着卵母细胞表面的皱褶而折叠，呈曲折状。这些褶皱相互吻合，形成一个复杂的网络。卵泡细胞较短，细胞核多为圆形浓缩形。有时可见未浓缩的染色质，其呈现出大而圆的卵母细胞核，其外观与灯刷染色体相似（未凝聚的二价体），细胞质有轻微的嗜碱性。大的卵黄期卵母细胞嗜碱性强，有一个位于细胞中央的颗粒状核。整个滤泡被结缔组织（滤泡膜）包围，结缔组织和血管进入滤泡上皮内折的轴。卵母细胞充满嗜酸性的卵黄，由圆形的层状结构形成。滤泡直径在卵黄形成阶段增大。卵巢也可见闭锁卵泡（atretic follicle）。

在章鱼中，未成熟卵巢的切片里可以看到大量发育中的小卵泡。这些卵泡是梨形的，具长柄，与近端连续，卵泡隔膜向内生长，突出于卵巢腔内。章鱼卵母细胞呈瓶状，较薄的部分靠近茎部，较厚的区域位于远端。卵母细胞被内滤泡上皮覆盖，周围是扁平的卵巢上皮和薄血管，血管伸入这些层之间的茎中。未成熟卵母细胞的细胞核呈圆形，核仁大，为颗粒状。在章鱼成熟的卵巢中，含有非常大的充满卵黄的卵母细胞，这些卵母细胞被厚厚的卵泡上皮所覆盖，卵泡上皮呈现出纵向的内折。覆盖在每个卵母细胞上卵泡细胞的数量是巨大的。这些卵泡细胞合成主要的卵黄蛋白、卵黄生成素和其他脂质物质，形成卵黄储备物质。在这些大的卵母细胞切片中很少观察到细胞核。未成熟和成熟雌性章鱼卵巢切片见二维码6-16。

2. 输卵管和输卵管腺 　输卵管是一个内表面折叠的导管，由位于厚结缔组织上的高纤毛上皮组成，在结缔组织的外部包裹着肌肉。雌性乌贼、鱿鱼和章鱼的输卵管数量不同，枪鱿和乌贼具有一个输卵管，开眼类鱿鱼和章鱼均有两条输卵管。成熟雌性章鱼的输卵管腺是一个致密的卵球形腺体，分为两个不同的部分，外层由高度嗜酸性的腺体细胞组成，内层由淡色的腺体细胞组成，中间有明显的界线。这些组织含有黏蛋白和黏多糖，黏多糖作为黏蛋白黏合剂，形成卵串，将其固定到适当的底物上。输卵管腺呈紧密的叶状，由薄的连接隔膜（connective septa）分开，连接隔膜贯穿两部分，并被一层薄的结缔组织的包膜所覆盖。叶由分支的腺状上皮小管组成，有厚壁和小腔，由非常薄的隔膜分隔，使腺体外观非常紧凑。小管从叶的中心区域开始分支，那里小管的管腔较大。嗜酸的小管由腺细胞和支持细胞两类细胞组成，腺细胞细胞质充满大量嗜酸性的圆形分泌颗粒，小而浓缩的细胞核则位于离隔膜较近的基底部。支持细胞的核较大，位于顶部或基底部，但被大量的分泌颗粒所掩盖。非嗜碱性部分也由紧密重叠的厚支状上皮小管和小管腔组成。在这个区域，支持细胞清楚地显示它们的顶核和基底，因为颜色明亮的腺细胞没有遮盖它们。颜色明亮的腺细胞在基底区有浓缩的细胞核。在嗜酸性叶的中央区域，一些短的小管显示没有腺体细胞的区域被纤毛上皮细胞覆盖，形成向腺体导管的过渡，腺体导管被高纤毛上皮覆盖，表面呈波浪状。在导管的切片上，它们充满了大量的嗜酸性颗粒，包括浓缩的核，表明这个腺体部分的分泌是全分泌型的（holocrine type）。

乌贼和鱿鱼的纳精囊则位于口部下方，而章鱼存储精子的位置在于输卵管腺的受精囊（spermathecae）。它们是细长的囊，表面光滑，被柱状上皮覆盖，基底部有细胞核。在交配的雌性中，上皮细胞与大量的精子通过头部连接，而长精子的尾巴充满了囊腔，并伴有大量的嗜酸性小球体，精子在纳精囊中可以一直存活到排卵。与成熟的雌章鱼不同，未成熟章鱼的输卵管腺的外观非常不同，它们有宽的导管，由褶皱和分支的壁组成，形成许多齿槽结构。这些导管在输卵管周围呈放射状排列，各导管及其小叶与邻近的导管和小叶被丰富的结缔组织分开。导管被高纤毛上皮覆盖，管壁未见腺上皮外观。成熟雌章鱼输卵管腺的纵向切片见二维码6-17。

3. 缠卵腺和副缠卵腺 　缠卵腺的功能是产生卵的外层。副缠卵腺具有许多分泌器官的结构特征，基本的结构单元是一个由单层上皮细胞组成的小管，其中含有有序排列的糙面内质网，管腔表面覆盖着特化的微绒毛、纤毛，推测与分泌有关。乌贼的缠卵腺是一个外观巨大的腺体，由许多层膜组成，从外围向中心延伸。薄层由两层紧密贴合的腺状上皮组织组成，由一薄的血管结缔组织轴区分开。腺细胞组织成平行条带，部分由纤毛上皮细胞分隔。在这些条带中，腺体细胞核向轴向片的边缘或相邻条带之间的边缘移动，而分泌颗粒丰富的细胞质则向中心-顶端区域移动。当切片与薄层表面相切时，可见这种组织产生的平行条带的特征模式。伸长的腺单位可在某些点上吻合。覆盖细胞是小细胞，细胞核主要位于上皮细胞的顶端，长基突主要在腺体细胞之间向上皮细胞的基底或相邻分泌带之间的线移动。这些细胞有纤毛。向层膜的顶端，上皮细胞逐渐变薄，大多数腺细胞消失，上皮细胞变成类似于覆盖腺体导管的薄的高纤毛上皮。向层膜基部，可见纤毛上皮区域。腺体的外表面由血管结缔组织层构成。

乌贼副缠卵腺是一个巨大的腺状结构，由大量的管状和齿槽状结构组成，周围有结缔组织和血管组织层。小直径的管状部分被简单的单层立方上皮覆盖，管腔缩小，而扩张的小管和窝泡（alveoli）被扁平上皮覆盖。其中可见丰富的无定型分泌物。在小管和窝泡之间有含有许多血管的薄的结缔血管组织。

在未成熟的雌性鱿鱼中，副缠卵腺显示出大量紧密平行的薄层，它们由两个重叠的长方体上皮构成，中间有一薄的结缔血管组织层。在薄层的边界处，每一层上皮与相邻的层相连。在这个不成熟的阶段，上皮细胞表现出频繁的顶端有丝分裂和缺乏腺样外观。鱿鱼在性成熟过程中，副缠卵腺的颜色由白色变为斑驳的红色。性成熟鱿鱼的副缠卵腺由红、白、黄3种颜色的小管组成，在不同情况下，小管的颜色都是由占据小管的细菌种群决定的。

章鱼无缠卵腺和副缠卵腺，生殖孔在外套腔中直接开放。头乌贼缠卵腺见二维码6-18。

（二）雄性生殖系统

头足类动物的雄性生殖系统包括一个精巢和生殖管，生殖管由输精管、精荚腺（尼登氏囊）、附腺等组成。乌贼雄性生殖系统见二维码6-19。

1. 精巢　　在未成熟的雄性鱿鱼中，精巢巨大，由紧密贴附的精巢索或小管组成。成熟雄性章鱼的精巢由许多厚壁的精巢小管组成，腔内有成熟的精子。小管被一个薄的结缔血管组织分开。从管腔外到管腔内的生殖阶段，小管壁呈现出一系列的精子发生过程。精巢细胞很容易被识别，因为它们显示出相同的外观。最外层的细胞层由精原细胞附着于连接膜上，连接膜部分区域似上皮细胞。这一层偶尔可见有丝分裂。在其他层，带有细染色质的次级精原细胞群是前期细胞。初级精母细胞数量众多，这些细胞的特征是体积大（它们是精巢中最大的细胞），细胞核内的染色质特征表明每组细胞都处于长期第一次减数分裂前期的同一阶段（细线期、偶线期、粗线期和双线期）。一些细胞处于减数第一次分裂中期，显示染色体呈菱形。这是第一次减数分裂最长的阶段，减数第一次分裂后期和减数第一次分裂末期很少被观察到。初级精母细胞时期的细胞多为小的精细胞，细胞核小而圆，因为第二次减数分裂是短暂的阶段。在向精子转化的不同阶段，精子细胞改变其核的形状（延长），也可在腔内附近观察到。具有长丝状核的精子团和缠结的长精子鞭毛占据管腔。鱿鱼、章鱼精巢发育组织学图片见二维码6-20。

2. 输精管和精荚腺　　输精管中含有大量精子，是一个复杂的结构。精荚腺存在近端和远端区域，近端区域的特征：①由精细褶皱的壁形成的迷宫，其内壁由高纤毛的上皮组成，有两层细胞核，顶端为纤毛细胞，底层为大量的腺细胞；②上皮细胞呈细褶状，并有一薄的基底血管结缔组织层将其不同的褶皱分开；③形成一个"C"形腔。

因为管壁的一侧向外突出，纤毛腺上皮非常厚，且覆盖外腔的上皮较厚，而内腔的上皮较薄。在管腔外表面，大量的细胞核分布在大部分的上皮细胞中。几排密集的纺锤形细胞核位于顶部，与纤毛上皮细胞和顶端黏液细胞的细胞核相对应。其他腺体细胞的核较大，核浓缩程度较低，大部分分布在厚层壁上。深层的腺细胞成组出现，形成垂直的柱状结构，与上皮基层边缘的叶状结构相对应。腺细胞在此区凸面呈明显的小叶状分布，基底叶在疏松的结缔组织黏膜下层延伸。深部腺细胞呈嗜酸性细胞质，但未见分泌颗粒。在通过上皮顶端的切向切片中，可见两种类型的腺细胞镶嵌在颈部。在厚上皮的某些部位，可见大细胞，细胞核大，常见明显的核仁。这些细胞可能与上皮内感觉神经元相对应。在含有这些细胞的区域，还可以看到小的上皮内神经束在上皮细胞的基底附近水平分布。在上皮细胞下面，有一层疏松的结缔组织，连接着腺传导的主要转变。在成熟的雄性乌贼中，精原细胞的厚上皮与章鱼的很相似。基底腺体区域的叶状外观比章鱼更明显，薄的连接层在叶之间上升，直到近顶端区域。成熟雄性乌贼和章鱼精荚腺切片见二维码 6-21。

精荚（spermatophore，SA）是雄性用来包裹精子的管状结构，较长（章鱼长 2～3cm），能够容纳数百万精子，存在种间差异，结构主要包括五部分：弹射装置（ejaculatory apparatus）、射精管（ejaculatory tube）、胶合体（cement body）、连接管（connective complex）和精团（sperm mass）。乌贼的精荚结构见二维码 6-22。

Gestal 等（2019）发现精荚的冠线结构呈薄层状，含嗜酸性物质。精子头部斜向细胞壁，精子内还含有尾巴以及朝向中心和前方的物质。精囊（spermatangium）被一层稍厚的嗜碱性内膜和一层薄薄的嗜酸性外膜所包围。这些膜一直延伸到环绕着其他精荚的鞭毛顶端。精荚的前缘是一种瓶状结构，形状复杂，收缩后继续形成螺旋状的层状结构，染色不同程度。

3. 尼登氏囊　成熟的雄性个体储存精荚的囊状物，被称为尼登氏囊（Needham's sac），也称精荚囊（spermatophoric sac），由褶皱的内壁组成，其大部分由厚厚的腺上皮覆盖着，这些腺上皮含有成熟的精子。上皮细胞由具有圆形细胞核的高纤毛细胞组成。这些细胞的细胞核密集，位于腺细胞的基底极，而颗粒状分泌物占据着大部分的顶端细胞质。在腺上皮向非腺区过渡区，大量的腺细胞消失，而纤毛细胞则形成所有的上皮细胞。腺区位于丰富的血管连接层之上。腺区囊内壁的皱褶由长的初级皱褶和短的次级皱褶组成，有时分岔，而非腺区皱褶短而简单。折叠区域围绕着精荚，根据剖面图，精荚在剖面中呈现出长棒状或圆形。囊的周围是疏松的结缔组织，含有大量血管，但明显缺乏肌肉组织。成熟雄性乌贼、章鱼尼登氏囊切片见二维码 6-23。

4. 端器　章鱼成熟的精荚储存在尼登氏囊中，它可通过胴体腔或端器（terminal organ）直接进入水。虽然一些开眼亚目的端器［如大王鱿（*Architethis dux*）］非常长（达胴体长的80%），但它的功能并不是真正的阴茎的功能。

二、性成熟及繁殖

破膜而出的头足类幼体经过 4～6 个月的生长，就能达到性成熟。性成熟初期，卵巢快速生长，卵黄形成，缠卵腺和副缠卵腺（乌贼和鱿鱼）成熟。通常，大中型种类一年性成熟，而耳乌贼属、微鳍乌贼属等物种半年左右就可性成熟。一般采用胴体长、性腺指数、性比等指标来确定性成熟程度。雌、雄个体在上述指标上差异显著，如雌性短柔鱼（*Todaropsis eblanae*）

在达到性成熟时，胴体长约168mm，雄性平均只有130mm；美洲大赤鱿（*Dosidicus gigas*）性成熟的雄性也小于雌性，而性腺指数和性比则代表了不同繁殖群体的生长状态。进入性成熟和繁殖期后，雌性胴体部生长明显变缓甚至停滞。在大多数沿海和海洋表层物种中，繁殖是季节性的，雄性和雌性都在产卵后不久死亡，或在胚胎发育期间［如真蛸（*Octopus vulgaris*）］护卵一段时间后死亡。头足类生殖后普遍死亡，主要是由于头足类性成熟是由视腺（optic glands）释放的激素控制，视腺及其分泌物的量不断发生着变化。然而，在深海底栖章鱼中可能存在长寿命情况。

　　头足类动物繁殖过程包括交配、产卵与孵化等。这种求偶通常涉及复杂的颜色和身体模式的变化，通过包括争斗与展示、雌性配偶选择、精子移除和替代、护卫等一系列复杂的求偶行为来完成交配，在这个过程中所需的能量主要来源于消化腺中消化的食物。在繁殖季节，能观察到乌贼具有明显的争斗与展示现象。雄性拟目乌贼（*Sepia lycidas*）求偶过程中，会与其他雄性个体发生激烈的争斗行为，最初表现为双方个体的体色变化和腕的攻击性动作，对峙通常会持续5～50s，失败的个体离开，否则对峙行为将升级为肢体接触，此时双方体色异常艳丽，并且通过腕互相攻击，最终失败者逃离，胜利者赢得交配权。章鱼也存在争斗与展示行为，其中短蛸（*Octopus ocellatus*）争斗行为相对激烈。有研究者指出，蛸类动物的雄性个体喷墨可能是一种求偶信号。交配行为中，雌性个体对其配偶具有选择性，通常会拒绝大多数雄性的交配请求。对无针乌贼繁殖行为观察中发现，82组雄性个体交配请求中，只有41.4%（34组）成功。雌性的配偶选择性会加剧雄性个体间的竞争压力，使体型大、力量强的个体获得更多机会，有利于提高精子质量，对提升后代群体质量有显著作用，如雌性虎斑乌贼通常选择比自己体型大的雄性个体进行交配。雄性为提高自身精子占有率，进而提高受精成功的概率，通常在交配中采用精子移除与替代、护卫与伴游这两种生殖策略。精子移除与替代是指雄性头足类个体与雌性个体交配前，会花费大量的时间使用腕清除和漏斗水流冲刷雌性个体纳精囊和输卵管口，以清除之前其他雄性个体残留的精子或精荚，并用自己的精荚取而代之，这种现象在章鱼中也广泛存在。为提高受精率，将自身遗传物质传递给后代，雄性头足类个体还存在护雌行为。金乌贼交配后，雄性会伴游护卫，以保护雌性个体不受其他雄性个体干扰，顺利产卵。通常，金乌贼雄性个体与雌性距离在3～24cm，其间雄性会伺机再次进行交配。

　　头足类动物具有多种交配方式多样，鱿鱼存在头对头式平行式交配，乌贼多为头对头式，而章鱼多采用距离式交配（图6-10）。一般认为乌贼"多夫多妻"交配模式对提高受精率具有显著作用，一次交配或许不能保证卵子全部受精，因此雌性通过"多夫多妻"的交配模式来增加交配次数，以期提高受精成功率。虎斑乌贼就存在同一雌性与不同雄性多次交配的现象。章鱼交配与乌贼类相似，也没有固定交配伴侣，存在"多夫多妻"交配现象。薄其康等（2015）使用微卫星标记发现10组长蛸家系中，6组具有多父性现象。

　　头足类怀卵量及卵径大小因种而异，怀卵量从数百粒到几十万粒不等，卵径差别亦很大，从几毫米到几十毫米都有（表6-1）。大多数雌性会在洋底或任何其他硬物上产下成簇的大卵黄卵。然而，鱿科产卵时，卵群具有中性浮力，在水层中保持一个特定的位置，漂浮在密度略有不同的水层之间的界面上。头足类卵细胞的分裂是不均匀的，不像双壳贝类和腹足类呈螺旋状。

　　乌贼和鱿鱼类不像多数双壳贝类和腹足类具有浮游幼虫阶段，但是，小卵型章鱼初孵幼体具有浮游期（paralarvae）。受精卵孵化时间受环境条件影响较大，条件适宜方能确保胚胎正常发育。章鱼胚胎发育中，还存在2次翻转现象，为幼体破膜孵化提供必要的条件。

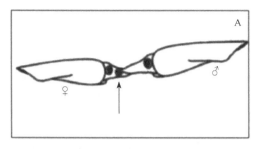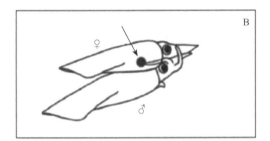

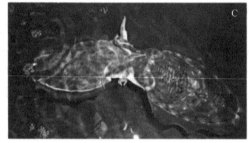

图 6-10 枪乌贼、乌贼、蛸类的交配方式（郑小东等，2009）

A. 头对头式交配；B. 平行式交配；C. 头对头式交配；D. 距离式交配。箭头示受精部位

表 6-1 中国主要经济头足类产卵量、卵径大小、孵化条件和天数（宋旻鹏等，2018）

种名	产卵量/粒	卵径（长径×短径）/（mm×mm）	孵化条件及天数		
			温度/℃	盐度	孵化/d
金乌贼	1000～1500	（14.55±2.14）×（10.46±1.69）	22～24	30	21～22
拟目乌贼	354	（39.7±1.7）×（17.1±1.1）	20～23	28	28～30
虎斑乌贼	500～3000	（30.7±2.4）×（13.4±1.3）	23±0.5	28	14～31
无针乌贼	800～2000	（10±0.10）×（5.5±0.05）	20～26	25～32	17～26
短蛸	300～500	（5.5±0.2）×（2.3±0.1）	19.46～25.93	28～32	29～41
长蛸	9～125	（13～20）×（4～6）	21～25	28～31	72～89

第五节　刺参繁殖生理概述

刺参（*Stichopus japonicus*）俗称"沙喋"，海参纲刺参科，体长 20～40cm。体柔软，呈圆筒形，色黑褐、黄褐或灰白。背面隆起，有 4～6 个大小不等、排列不规则的圆锥形肉刺。腹面平坦，有 3 行管足密布。口位于前端，有 20 条总状围口触手，体壁内骨骼退化成微小骨片。喜生活于海底岩石下，或藻类丛间，作迟缓运动。有夏眠习性，水温过高或混浊时，常自肛门排出内脏，如环境适宜，2 个月左右能再生。中国北方辽宁、山东沿海多产，多制成干品，为

名贵海珍品。现已规模化人工养殖，形成非常重要的海水养殖产业。

一、刺参繁殖特性

刺参的生殖周期具有明显的季节规律。隋锡林等（1985）对大连沿海刺参生殖腺发育的调查表明，9月末生殖排放期结束而转入休止期，此期持续到11月末，生殖腺细小难以见到。从12月起，生殖腺发育。翌年4月中旬，生殖腺逐渐变粗，发育到生长期。自6月起，肉眼可辨别其雌雄。7月初至8月中旬，生殖腺极发达。8月中旬后，生殖腺因排出精子或卵子而萎缩变细。

二、刺参繁殖生理

刺参的生殖腺位于食道悬垂膜的两侧，呈分支状，各支在围食道环处汇聚成总管。在组织学上，生殖腺的发育阶段分为5个比较明显的时期。

（一）休止期

生殖腺细小，呈透明状细丝。雄性生殖上皮沿管壁分布，未出现皱褶，由1～3层精原细胞乃至精母细胞组成。雌性生殖上皮沿管壁分布，无凹凸皱褶，由1～2层卵原细胞组成，卵径10μm左右。

（二）增殖期

又称恢复期，性腺多呈无色透明或淡黄色，生殖腺清晰可见，但肉眼尚难以分辨雌雄。生殖腺指数大多在1%以内。雄性生殖上皮出现凹凸皱褶，由1～2层精母细胞组成，但精子尚未形成。雌性生殖上皮由一层卵母细胞组成，生殖腺的横断面呈梅花瓣状。卵细胞直径为30～50μm。

（三）生长期

亦称发育期，可分为发育Ⅰ期和发育Ⅱ期。发育Ⅰ期时，性腺逐渐增粗，分支增多，呈杏黄色或浅橘红色，发育Ⅱ期时，性腺迅速发育，性腺颜色变深，雌雄明显可辨。精子已开始形成。雌性卵母细胞已布满整个卵巢，直径为60～90μm。

（四）成熟期

生殖腺各分支肥大，颜色加深，性腺指数10%以上，高者可达18%以上。雄性生殖腺呈乳白色，整个精巢腔充满精子。雌性生殖腺呈橘红色、半透明状，卵粒清晰可见。卵母细胞充满整个卵巢，卵母细胞直径110～130μm。

（五）排放期

精卵排出体外。

因纬度不同，各地刺参产卵期也稍有不同。山东半岛南部沿海，刺参产卵期为5月底至7

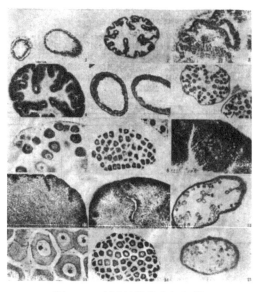

图 6-11　刺参性腺发育组织学
（隋锡林等，1985）

月中旬。山东半岛北部沿海（蓬莱、长岛、烟台、威海等地）为 6 月上旬至 7 月中旬。自然产卵水温在 15～23℃，多在 16～20℃。

刺参性腺发育组织学如图 6-11 所示。

三、刺参早期胚胎发育

刺参受精卵经过 1h 开始分裂，进入 2 细胞期，然后细胞迅速分裂，依次进入 4 细胞期、8 细胞期、32 细胞期等；在 5h 时，进入囊胚期；在 20h，进入原肠胚阶段；随后在 33h 进入耳状幼体阶段，经过初耳状幼体、中耳状幼体和大耳状幼体 3 个阶段，刺参开始附着在基质上，在 10d 左右大部分幼体进入樽形幼体阶段，随后经过五触手阶段，成为稚参（表 6-2）。

表 6-2　刺参幼体发育历程

阶段	所需时间	阶段	所需时间
受精卵		原肠胚	20h
2 细胞期	1h	初耳状幼体	33h
4 细胞期	1h 30min	中耳状幼体	4d
8 细胞期	2h 30min	大耳状幼体	7d
32 细胞期	4h	樽形幼体	10d
囊胚	5h	五触手幼体	12d
脱膜囊胚	12h	稚参	14d

我国刺参的幼体发育见二维码 6-24（王吉桥和田相利，2012）。

在不同发育阶段，刺参的形态和体长有很大变化。刺参受精卵的大小为（143.0±2.5）μm，外面包被胶质膜。受精卵分裂为辐射型等裂，2 细胞期和 4 细胞期直径分别为（197.2±18.2）μm 和（224.6±6.6）μm。当细胞分裂到一定程度时，幼体进入囊胚阶段，囊胚基本上为圆形，直径为（195.5±5.9）μm。随后幼体进入原肠胚阶段，幼体为椭圆形，长度为（146.3±61.3）μm，此时胚孔开始出现。在耳状幼体阶段，幼体体长迅速增加，初耳状幼体、中耳状幼体和大耳状幼体体长分别为（223.3±53.7）μm、（535.8±34.5）μm 和（747.2±34.0）μm。纤毛带、球状体和肠体腔逐渐出现。在大耳状幼体后期，幼体进入樽形幼体阶段，体形迅速缩小（339.6±54.3）μm，仅为大耳状幼体的一半左右。五触手幼体体长比樽形幼体略有增加，幼体体表形成骨片，转入底栖生活。随着骨片、次级触手和管足数目的增加，五触手幼体逐渐转入稚参阶段，体长为（734.1±67.9）μm（图 6-12A～I）。

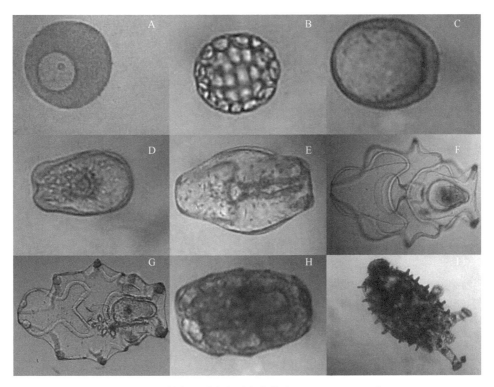

图 6-12 刺参不同阶段形态变化（Wang et al., 2015）

第二篇

卵生硬骨鱼类
生理学案例

第七章

淡水养殖罗非鱼生理学

罗非鱼（tilapia）原产非洲，又称非洲鲫鱼、越南鱼、吴郭鱼、福寿鱼等，属热带鱼类。罗非鱼属包括亚种共100多种，具有生长快、产量高、食性杂、疾病少、繁殖力强等特点。罗非鱼是我国主要养殖水产品，素有"白肉三文鱼""21世纪之鱼"之称，近年来已成为世界范围内养殖、加工、出口的经济鱼类之一。目前，我国罗非鱼养殖主要集中在广东、广西、海南等温度较高的地区，以池塘精养为主。除了内销外，大部分企业利用罗非鱼制作鱼片、鱼排等出口国外。本章论述罗非鱼营养需求、消化和吸收、摄食、生长等生理学内容，以期为罗非鱼产业可持续发展奠定基础。

第一节　罗非鱼概述

一、罗非鱼引种与养殖情况

20世纪80年代以来，我国引进的罗非鱼种类有个体较小的莫桑比克罗非鱼（*Oreochromis mossambicus*），个体居中的奥利亚罗非鱼（*O. aureus*）以及个体较大的尼罗罗非鱼（*O. niloticus*）（联合国粮食及农业组织推荐）；还有杂交品种如奥尼罗非鱼、红罗非鱼和福寿罗非鱼；全雄罗非鱼制种技术是目前水产养殖研究的焦点。

罗非鱼最初分布于南非，后来逐渐遍及整个非洲的内陆水域及沿海的咸淡水域，直至中东地区。罗非鱼虽然分布于非洲，但其养殖主要在东南亚地区。1938年在爪哇偶然发现了莫桑比克罗非鱼，这是亚洲首次发现罗非鱼，几年后，该鱼在爪哇普遍养殖。迄今未见有莫桑比克罗非鱼从非洲移殖到亚洲的其他记载，许多证据都直接或间接地证明亚洲的莫桑比克罗非鱼是自然分布的。以色列是唯一一个拥有罗非鱼自然分布的亚洲国家，该国自然分布有4种罗非鱼，即奥利亚罗非鱼、尼罗罗非鱼、伽利略罗非鱼（*Sarotherodon galilaeus*）和齐氏罗非鱼（*Tilapia zillii*），然而其养殖用的罗非鱼主要是1954年从加纳引进的'加纳'品系的尼罗罗非鱼及其与奥利亚罗非鱼杂交生成的全雄后代。菲律宾于1950年从泰国引进莫桑比克罗非鱼，但现已淘汰；20世纪70年代之后，菲律宾先后十余次引进尼罗罗非鱼、奥利亚罗非鱼、齐氏罗非鱼，罗非鱼的引进与养殖彻底改变了该国的淡水养殖业的面貌。越南于1951年引入莫桑比克罗非鱼，1978年又引入尼罗罗非鱼。美国于1955年引进莫桑比克罗非鱼，又于1957年和1974年分别从以色列和巴西引入奥利亚罗非鱼和尼罗罗非鱼的'加纳'品系及'埃及'品系到奥本大学。日本于1962年从埃及引进尼罗罗非鱼，之后又从埃及引入齐氏罗非鱼。1965年泰国从日本引进尼罗罗非鱼，大量繁殖并形成了较纯品系。

早在1946年，吴振辉、郭启鄣将莫桑比克罗非鱼从新加坡引进我国台湾省，为纪念这两个人，台湾省将其称为"吴郭鱼"。1956年我国大陆从越南首次引进莫桑比克罗非鱼，因而罗非鱼最早被称为越南鱼，又因其外形似鲫鱼又不是鲫鱼，也称非洲鲫鱼。1978年中华人民共和国水产部长江研究所从苏丹尼罗河引入尼罗罗非鱼，自此，罗非鱼在中国的养殖得到了蓬勃的发展。1983 年中国水产科学院淡水渔业研究中心从美国奥本大学引入奥利亚罗非鱼，1988 年湖南省湘湖渔场从埃及尼罗河下游地区引进尼罗罗非鱼。而我国最初从越南引进的莫桑比克罗非鱼则由于种质不良逐渐被淘汰。1992 年中国水产科学院淡水渔业研究中心从美国引进了尼罗罗非鱼，1994 年上海水产大学又从菲律宾再次引进尼罗罗非鱼，此鱼是由菲律宾国际水生生物资源管理中心通过 4 个非洲尼罗罗非鱼品系（埃及、加纳、肯尼亚、塞内加尔）和亚洲 4 个养殖比较广泛的尼罗罗非鱼品系（以色列、新加坡、泰国、中国台湾），经混合选育获得的优良品系。1994 年上海水产大学将它们的 F_3 代引入中国，现称之为吉富罗非鱼。1999 年淡水渔业研究中心又从埃及农业和农垦部水产研究中心实验室引进奥利亚罗非鱼和尼罗罗非鱼，至今仍围绕罗非鱼种业进行相关研究。目前我国除西藏、青海等个别几个省（自治区、直辖市）外，有 30 多个省（自治区、直辖市）广泛养殖罗非鱼。但养殖分布很不平衡，我国南方地区广东、广西、海南、福建等得益于气候，罗非鱼养殖发展迅速，产量较高时可达淡水养殖总产量的 30%，是这些地区主要养殖对象之一。而北方地区仅利用发电厂的废热水及水库网箱进行罗非鱼单个品种的养殖。在我国主要养殖鱼类中，罗非鱼是最宜开拓国际市场的养殖品种，有助于带动中国内地整个养殖业及相关行业的发展。根据联合国粮食及农业组织（FAO）的统计，目前世界上有 85 个国家和地区养殖罗非鱼。罗非鱼生物学上的一系列优点，使其适合在淡水或咸淡水的池塘、网箱、水槽、流水池、循环系统等各种水体中生长，是 FAO 推广养殖的重要鱼类品种之一。

二、主要生物学特性

以尼罗罗非鱼为例阐述其生物学特性。

1. 分类地位和分布　　尼罗罗非鱼属于鲈形目慈鲷科（Cichlidae）罗非鱼属（*Tilapia*），原产于非洲内陆及中东大西洋沿岸的咸水水域，现已广泛为许多国家和地区所引进。目前，中国养殖的罗非鱼主要是尼罗罗非鱼及其作为亲本的后代。

2. 形态特征　　体侧扁，头中等大小，口端位；眼中等大小，略偏头部上方。成熟雄鱼颌部不扩大，下颌长为头长的 2%～37%。鳞大，圆形，侧线分上、下两段。体色呈黄褐至黄棕色，从背部至腹部，由深逐渐变浅；喉、胸部白色。成体雄鱼显得特别鲜艳；雌鱼体色较暗淡，孵育期间呈茶褐色，体侧黑，体条纹特别明显，头部也出现若干不太规则的黑色条纹。

3. 生活习性　　尼罗罗非鱼是热带鱼类，适宜的温度范围 16～38℃，致死温度上限为 42℃，下限为 10℃；最适生长水温 24～32℃，在 30℃时生长最快；14～15℃食欲减退。尼罗罗非鱼耐低氧能力很强，在溶解氧低于 0.7mg/L 的水体中仍能摄食，窒息点为 0.07～0.23mg/L。水中溶解氧为 1.6mg/L 时，尼罗罗非鱼仍能生活和繁殖；但是只有水中溶解氧为 3mg/L 以上才能保持旺盛的摄食和健康快速的成长。尼罗罗非鱼可在盐度 17‰ 以下的海水中生长、发育和繁殖，在 pH 为 4.5～10 的水体中均可生长。

4. 食性　　其食物种类繁多，在天然水体中完全取决于水体中天然饵料的种类及数量，通常以浮游植物、浮游动物为主，也摄取底栖生物、水生昆虫及其幼虫，甚至小鱼、小虾，有时也吃水草等。幼鱼期，几乎全部摄食浮游动物——轮虫卵、桡足类、无节幼体和小型枝角类，随着个体的生长逐渐转为杂食性。

5. 生长　　尼罗罗非鱼在 6～10 个月期间，鱼种至成鱼的生长阶段可日增重 1g 以上，通常饲养 1 年可以达到 500～800g，饲养 2 年的尼罗罗非鱼可以长至 1.6kg。雄性个体生长速度远远大于雌性个体，因此全雄罗非鱼育种研究成为目前国内外焦点。

6. 繁殖习性　尼罗罗非鱼初次性成熟年龄为 4～6 个月，温度高，营养条件好，则生长快，成熟早，反之则成熟晚。初次性成熟个体体重为 150～200g，雄鱼成熟稍早，个体也大。尼罗罗非鱼性成熟早，产卵周期短，口腔孵育幼鱼。由于其对繁殖条件要求不严，它能在静水小水体中正常繁殖；雌鱼口腔孵卵、育幼，并具有护幼特性；因此，尽管每次的怀卵量不多（第一次性成熟的雌鱼仅 300 粒左右，以后逐渐增多，体长 18～23cm 的雌鱼产卵量为 1100～1600 粒，体长 25～27cm 为 1600～1700 粒），但其群体生产力高。成熟雄鱼具有"挖窝"能力，成熟雌鱼进窝配对，产出成熟卵子并立刻将其含于口腔，使卵子受精。受精卵在雌鱼口腔内发育，水温 25～30℃时，4～5d 即可孵出幼鱼。然而孵出的仔鱼不会马上离开母体，它们需要在雌鱼口腔中待到卵黄囊消失、能自由游泳摄食天然饵料为止。这一阶段，雌鱼不摄食。孵化出苗所需时间与温度有关，一般需要 12～15d。在水温稳定在 25～29℃的情况下，每隔 30～50d 即可繁殖一次鱼苗。在我国南方地区，罗非鱼一般一年可产苗 7～8 次，在温控条件下可终年繁殖。尼罗罗非鱼有相互残食的习性，主要表现在鱼苗期间，大苗吞食小苗的现象比较严重。

第二节　罗非鱼营养需求与消化吸收

一、营养需求

随着人口增长，人类对食物需要量日益增加。鱼类是人类食物蛋白质的重要来源，由于鱼类自然资源减少，人工养殖越来越受到重视，而为养殖鱼类提供充足并适当的食物则是养殖成败的关键因素之一。因此，为了给罗非鱼提供健康生长所需要的食物，首先应深入了解其营养需要。

（一）蛋白质

蛋白质是维持包括罗非鱼在内的所有动物机体的结构和功能必不可少的营养物质，用于机体的生长和繁殖。因此，持续稳定的蛋白质及氨基酸的供应是必需的。罗非鱼在不同的生长阶段，没有单一确定的蛋白质需求，重要的是必需氨基酸和非必需氨基酸的平衡。蛋白质摄入不足会导致发育迟缓或停止生长；提供的蛋白质过多，则仅一部分用于合成新组织，其余的将转化为能量。

1. 蛋白质需要量　研究人员使用高纯度或半纯度的试验饵料来确定罗非鱼的最佳蛋白质需要量。根据剂量 - 生长情况曲线得出最大生长所需的最低饮食蛋白质。罗非鱼的最佳日粮蛋白质水平受到鱼体的大小或年龄影响，范围为 28%～50%。对于鱼苗（首次进食，体重约 0.5g），日粮蛋白质水平在 36%～50% 可以获得最大生长值；对于幼鱼（体重 0.5～5g），日粮蛋白质水平在 29%～40% 可以得到最大生长值；对于较大体型的幼鱼（体重小于 40g），27.5%～35% 效果是最佳的。养殖罗非鱼较常用的饲料一般含有 25%～35% 粗蛋白质。在池塘养殖中，鱼类可能会获得富含蛋白质的天然食物，因此，估计低至 20%～25% 的膳食蛋白质水平是足够的。养殖水体的盐度也会影响蛋白质的需求，盐度越高，往往蛋白质的需要量就越低。

2. 必需氨基酸及其需要量　罗非鱼需要 10 种必需氨基酸（精氨酸、组氨酸、异亮氨酸、亮氨酸、赖氨酸、甲硫氨酸、苯丙氨酸、苏氨酸、色氨酸和缬氨酸），这与其他鱼类和陆生动物相同。尼罗罗非鱼幼鱼生长对必需氨基酸的定量要求见表 7-1。虽然鱼类可以自身合成足够的非必需氨基酸，但在饲料中补充这些非必需氨基酸很有意义，因为它可减少鱼类合成这类氨基酸的需求，起到节省的作用，如甲硫氨酸向胱氨酸的转化和苯丙氨酸向酪氨酸的转化。非必需氨基酸一般由必需氨基酸的前体合成，罗非鱼有含硫氨基酸的需求，这可以通过单独使用甲硫氨酸或甲硫氨酸和胱氨酸的适当混合物来解决。莫桑比克罗非鱼中高达 50% 含硫氨基酸需求量可以用饲料中胱氨酸替代。芳香族氨基酸之间也存在类似的替代关系，饲料中酪氨酸的存在会减少鱼体对苯丙氨酸的需求。

表 7-1　罗非鱼必需氨基酸需要量（Shiau and Hsu，2002）

氨基酸	需要量（% 日粮蛋白质含量）	氨基酸	需要量（% 日粮蛋白质含量）
精氨酸	4.2	甲硫氨酸	2.68
组氨酸	1.72	苯丙氨酸	3.75
异亮氨酸	3.11	苏氨酸	3.75
亮氨酸	3.39	色氨酸	1
赖氨酸	5.12	缬氨酸	2.8

3. 食物蛋白质的来源与利用　　通常，具有与必需氨基酸需求特征匹配度高的蛋白质来源具有更高的营养价值，鱼粉被用作水产养殖饲料中的主要常规蛋白质来源。目前在罗非鱼饲料中，一般用便宜的、可从当地获得的蛋白质来源部分或全部代替鱼粉。其中的佼佼者豆粕已在多个方面取得了不同程度的成功，如抗营养因子、氨基酸受限、矿物质和日粮蛋白质水平研究等。有学者对罗非鱼饲料中可供选择的蛋白质来源做了全面的研究，包括动物副产品、种子植物和水生植物的油料、单细胞蛋白质、谷物和豆类等植物蛋白质的浓缩物。

（二）脂质

饲料中的脂质是鱼类正常生长发育所需的必需脂肪酸的唯一来源。它们也是重要的载体，有助于吸收脂溶性维生素。脂质，特别是磷脂，对于细胞结构以及维持膜的柔韧性和渗透性极为重要。脂质也可作为类固醇激素和前列腺素的前体，改善饲料的风味并影响养殖鱼类的饵料结构和脂肪酸组成。

1. 脂肪的需要量　　对罗非鱼的研究表明，将饲料中的脂质增加至 15% 可以显著提高蛋白质效率比（protein efficiency ratio，PER）和蛋白质沉积率（protein productive value，PPV）。罗非鱼能够在肌肉和内脏中储存大量的脂质，在粗放型的池塘养殖过程中，这些储存的脂质对促进生长并无作用；但在属于半精养或精养的集约化养殖系统中，机体内存贮的脂质会对养殖产量有影响。饵料中的脂质有助提高罗非鱼对蛋白质的利用。当饵料中的脂质从 5.7% 增加到 9.4%，碳水化合物从 31.9% 增加到 36.9%，就可以把罗非鱼饵料的蛋白质含量从 33.2% 降低到 25.7%。饵料中的脂质含量超过 12% 会抑制杂交罗非鱼幼鱼的生长。但是当饵料中含有 7.5%～10% 的鲱鱼油或鱼油时，杂交罗非鱼的生长会优于饲料含较低水平鲱鱼油或鱼油的鱼的生长。用 5 种以 5% 为增量、含有从 0～20% 脂质（玉米油、鳕鱼肝油和猪油，以 1∶1∶1 混合）、等能量和等氮的饵料投喂罗非鱼杂交仔鱼，结果表明，5% 的脂肪就可以满足罗非鱼仔鱼的最低需求，但要达到最大的增长水平，则需要 12% 的脂肪。

2. 必需脂肪酸的需要量　一般而言，冷水鱼对 n-3 多不饱和脂肪酸（polyunsaturated fatty acid，PUFA）的需求更高，而温水鱼则倾向于需要更大量的 n-6 脂肪酸。不同种罗非鱼的脂肪酸需求已有相关研究报告。有学者在齐氏罗非鱼中发现，罗非鱼无法将 18：2（n-6）转换为 20：4n-6。但是，也有报道指出齐氏罗非鱼可以把饲料中的 18：2（n-6）转化为 20：4（n-6），这种矛盾的结果表明鱼类营养方面的研究需要更严谨。在奥利亚罗非鱼，饵料中含有 2% 的亚油酸对其生长没有影响，但当饲料中含大豆油时，随着亚油酸含量的增加，其生长会提高。研究还发现，与玉米油或大豆油日粮相比，只含鱼油的日粮会使尼罗罗非鱼的生长显著降低。莫桑比克罗非鱼产的卵中 22：6（n-3）的含量异常高，表明二十二碳六烯酸在生殖和胚胎发育中具有重要作用。尼罗罗非鱼采用含有 10% 豆油 [18：2（n-6）高] 或 10% 鲱鱼油 [20：5（n-3）和 22：6（n-3）] 的饲料，生长良好。奥利亚罗非鱼需要相对高水平的 n-6 脂肪酸含量，如果同时有 n-3 脂肪酸，n-6 的需要量会降低。有学者比较了日粮中含有不同梯度的鲇鱼油和鲱鱼油的尼罗罗非鱼的生长情况，发现用 10% 的鲱鱼油日粮获得了最佳的生长。对于杂交罗非鱼（*O. niloticus* × *O. aureus*）而言，有学者研究发现，n-3 和 n-6 高度不饱和脂肪酸对实现鱼体最大生长率至关重要。未来需要进一步量化罗非鱼种类和杂交种的基本脂肪酸需求。

（三）碳水化合物

1. 不同类型碳水化合物的利用　碳水化合物对于家畜而言是最廉价的膳食能量来源，但是在鱼类中的利用却千差万别。鱼类对饲料中碳水化合物的利用率低下，罗非鱼也不例外。有研究表明，在罗非鱼可利用的碳水化合物中，利用率最高的是淀粉，其次是二糖，最差是葡萄糖。在二糖中，麦芽糖的利用率较好，其次是蔗糖和乳糖。罗非鱼饲喂淀粉时，体内的苹果酸酶、葡萄糖 -6- 磷酸脱氢酶（G-6-PD）和磷酸葡糖酸脱氢酶（phosphogluconate dehydrogenase，PGD）的活性高于饲喂葡萄糖时的水平。如果将淀粉改为葡萄糖，则会降低苹果酸酶、G-6-PD 和 PGD 的活性；反之，从葡萄糖变为淀粉，会增加罗非鱼肝中这些酶的活性。此外，罗非鱼肝中的脂肪酶活性也会随着饲料中碳水化合物类型的改变而改变。有学者指出，喂养以葡萄糖为碳水化合物的罗非鱼，血液中胰岛素浓度高于喂养以淀粉为碳水化合物的罗非鱼，而且罗非鱼的血浆胰岛素特性与人相似。目前，罗非鱼利用碳水化合物过程中胰岛素的确切机制仍不清楚。

2. 不同添加因素对碳水化合物利用的影响　天然纤维素是自然界中分布最广、含量最多的多糖，纤维素经羧甲基化后得到羧甲基纤维素（carboxymethyl cellulose，CMC），其水溶液具有增稠、成膜、黏结、水分保持、胶体保护、乳化及悬浮等作用，广泛应用于食品、医药等行业。研究人员研究了羧甲基纤维素对罗非鱼的生长、消化和胃排空时间的影响。当 CMC 分别占饲料的 2%、6%、10% 和 14% 时，在用糊精作为碳水化合物源的情况下，随着罗非鱼日粮中 CMC 含量的增加，体重增加和饲料转化率均下降。研究人员研究了 5 种不同的膳食纤维（瓜尔胶、琼脂、角叉菜胶、CMC 和纤维素）对罗非鱼中糊精和葡萄糖利用的影响，每种纤维的添加量为 10%。结果表明，用添加食用纤维的饲料投喂，其增重率显著低于单独喂食糊精或葡萄糖的罗非鱼。不论哪种纤维素，都会导致罗非鱼肠道对碳水化合物的吸收和血糖含量降低。此外，饲料中补充甲壳素或壳聚糖会降低罗非鱼的生长，且与补充水平是 2%、5% 还是 10% 无关。

烟酸是碳水化合物代谢所需的某些辅酶的前体。研究证明，罗非鱼饲料中所需的烟酸含量随碳水化合物的来源改变而变化。当罗非鱼鱼苗达到最大生长率时，对饲料中的烟酸水平进行比较发现，饲料中碳水化合物为葡萄糖时，烟酸需求量为 26mg/kg；而碳水化合物为糊精时，烟酸需求量为 121mg/kg。

其他营养物质，如铬，也会影响鱼类对碳水化合物的利用。研究证明，补充氯化铬可显著改善罗非鱼对葡萄糖的利用，但不能改善淀粉的利用。罗非鱼的日粮中添加氧化铬对葡萄糖利用的改善显著高于其他形式的铬，包括氯化铬。另外，饲料中氧化铬的水平也会改变罗非鱼对葡萄糖的利用。饲喂含氧化铬 5000mg/kg 饲料的葡萄糖日粮，罗非鱼的体重增加比饲喂氧化铬 20 000mg/kg 饲料的葡萄糖日粮的更高，这可能是由于过高水平铬有毒性作用。使用含氧化铬 204.4mg/kg 饲料的葡萄糖日粮，可以实现杂交罗非鱼的最大生长率和葡萄糖利用率。

3. 罗非鱼碳水化合物利用的影响因素　罗非鱼对碳水化合物的利用受到多种因素的影响。生物因素，如不同的生长阶段，可以影响罗非鱼对碳水化合物的利用。研究人员用两种个体大小不同（4.55g 和 0.46g）的罗非鱼比较研究了葡萄糖和淀粉作为碳水化合物的利用率。结果显示，喂食葡萄糖时，大鱼的体重增加率、饲料转换率、蛋白质和能量沉积率都优于小鱼；但是用淀粉作为碳水化合物时，大鱼和小鱼的表现没有显著差别。

此外，碳水化合物的种类会对罗非鱼的氨排泄和氧气消耗产生影响。有研究发现，用 33%、37% 和 41% 三种水平的碳水化合物（包括淀粉和葡萄糖）投喂罗非鱼 8 周。在碳水化合物的 3 种水平下，饲喂淀粉的鱼的总氨排泄量均低于饲喂葡萄糖饲料的鱼。饲喂葡萄糖的鱼的氨排泄量随碳水化合物含量的增加而降低。在以淀粉为食的鱼中，41% 水平下的氨排泄明显低于 33% 和 37% 水平。淀粉喂养的鱼总耗氧量明显高于葡萄糖喂养的鱼。在以葡萄糖和淀粉喂养的鱼中，在 37% 和 41% 碳水化合物水平下观察到的耗氧量均高于 33% 水平。

（四）维生素、矿物质与微量元素

在集约化高密度的养殖系统中，罗非鱼日粮必须补充维生素。表 7-2 列出了不同种罗非鱼的维生素需求量。罗非鱼需要的水溶性维生素种类为硫胺素、核黄素、吡哆醇、维生素 B_{12}、烟酸、生物素、胆碱、泛酸和抗坏血酸。在海水（32‰）中养殖的红色杂交罗非鱼（*O. mossambicus* × *O. niloticus*），如果出现硫胺素缺乏症，生长和饮食效率会降低，血细胞比容也降低。饮食中硫胺素水平为 2.5mg/kg 体重，足以达到最大生长和预防缺乏症。罗非鱼典型的缺乏核黄素的症状为厌食症，生长不良，死亡率高，鳍糜烂，正常体色消失，个体小，晶状体白内障。淡水中生长的奥利亚罗非鱼幼鱼的日粮中核黄素需求量为 6mg/kg 体重，在海水（32‰）中养殖的红色杂交罗非鱼的核黄素需求量为 5mg/kg 体重。

表 7-2　不同种罗非鱼的维生素需求量（Shiau and Hsu, 2002）

维生素	需求量 /（mg/kg 日粮）				
	O. niloticus × *O. aureus*	*O. aureus*	*O. niloticus*	*O. mossambicus* × *O. niloticus*	*O. spilurus*
硫胺素	—	—	—	2.5	—
核黄素	—	6	—	5	—
吡哆醇	1.7～9.5（28% 化学纯） 15～16.5（36% 化学纯）	—	—	3	

续表

维生素	需求量 /（mg/kg 日粮）				
	O. niloticus × *O. aureus*	*O. aureus*	*O. niloticus*	*O. mossambicus* × *O. niloticus*	*O. spilurus*
维生素 B$_{12}$	—	—	—	—	—
烟酸	121	—	—	—	—
生物素	0.06	—	—	—	—
叶酸	—	—	—	—	—
肌醇	—	—	—	—	—
胆碱	1000	—	—	—	—
泛酸	—	6～10	—	—	—
抗坏血酸	79（C1） 41～48（C2S） 37～42（C2MP-Mg） 63.4（C2MP-Na）	50（C1）	420（C1）	—	100～200（C2S）
维生素 A	—	—	—	—	—
维生素 D	0.00937（374.8IU/kg）	—	—	—	—
维生素 E	42～44（5% 脂质） 60～66（12% 脂质）	10（3% 脂质） 25（6% 脂质）	50～100（5% 脂质） 500（10%～15% 脂质）	—	—
维生素 K	—	—	—	—	—

注：C1、C2S、C2MP-Mg、C2MP-Na 均为抗坏血酸及其衍生物

饲料中不添加吡哆醇，罗非鱼会出现异常的神经系统症状，厌食，抽搐，尾椎细小扭转，口腔病变，生长不良和死亡率增高。在淡水中饲养的尼罗罗非鱼和奥尼罗非杂交的幼鱼，日粮中吡哆醇的最适添加量为 1.7～9.5mg/kg 饲料和 15.0～16.5mg/kg 饲料，分别含有 28% 和 36% 蛋白质。投喂饲料含 38% 蛋白质，在海水中饲养的杂交罗非鱼（*O. mossambicus* × *O. niloticus*）吡哆醇的需要量为 3mg/kg 饲料。罗非鱼可以通过细菌合成在胃肠道产生维生素 B$_{12}$，因此无须额外添加。有关罗非鱼对矿物质需求的研究较少，目前已有的数据主要是量化了 5 种矿物质（即钙、磷、镁、锌和钾）的需求量（表 7-3）。

表 7-3　不同种罗非鱼的矿物质需求量（Shiau and Hsu，2002）

矿物质	日粮需求量 /（% 日粮）		
	O. aureus	*O. niloticus*	*O. niloticus* × *O. aureus*
钙	0.7	—	—
磷	0.5	<0.9	—
镁	0.05	0.059～0.077	—
锌	0.002	0.003	—
钾	—	—	0.21～0.33

二、消化和吸收

（一）概述

食物进入鱼体后，经过消化器官的物理作用和消化腺分泌物的化学作用，被分解成小分子物质而被机体所吸收。目前已知，鱼类对食物的消化和吸收与高等脊椎动物相似，但由于鱼类生活于水体中，对栖息环境和食物性质不同而产生独特的适应性。

1. 消化系统的组成和基本结构　　消化器官是消化和吸收的结构基础，包括消化道以及附属的消化腺。罗非鱼的消化道起自口腔，经过咽、食道、胃和肠等部分，止于肛门。消化腺主要包括肝脏、胰腺和胆囊。消化道壁的基本结构，从内到外依次为黏膜、黏膜下层、肌层（包括环行肌和纵行肌）和浆膜。

2. 消化系统物理消化的方式及调节　　罗非鱼消化系统的物理消化（又称机械消化）是指消化道的运动，其形式主要有蠕动、摆动和分节运动 3 种方式。

蠕动是胃运动的主要方式，指消化道环行肌的顺序收缩所形成的收缩环沿着管道向后方推进的运动。通过蠕动，食物逐渐与胃液接触合成食糜，同时以适当的速度逐渐把食糜推入肠。蠕动是由神经控制的，即神经源性的运动。

摆动是纵行肌缓慢而有规律的收缩，通常在消化道排空的时候出现。当消化道因摄入饵料而膨大，特别是蠕动时，这种摆动方式就不明显。摆动是肌原性的运动，不受神经控制，破坏神经的药物不影响摆动运动。

分节运动是以环行肌舒缩为主的节律性运动。其特征是：存在于一段肠管内的食糜，当一群等间隔的环行肌同时收缩，把食糜分成很多节段；数秒钟以后，原先收缩的部位开始舒张，而原先舒张的部位收缩，使食糜又重新分节；这样反复进行，使得食糜和消化液充分进行混合，肠黏膜对消化产物的吸收等得以充分进行。目前，罗非鱼中的相关研究还较少。

3. 消化腺及消化系统化学消化的特性　　鱼类的消化腺是消化道的附属腺体，可以分泌消化液和消化酶，对食物进行化学消化。与其他鱼类相似，罗非鱼的口、咽和食道也没有消化腺，一般没有消化作用。但它们能分泌黏液，润滑食物，便于吞咽。鱼类消化酶分泌的特点与其生活环境、营养习性等有着结构上和生理上的适应性。

1）食性和消化酶：鱼类消化道的形态和功能依食性而各有所异。消化酶的种类和分泌量也是与此相对应的。通常，肉食性鱼类的消化道短，蛋白酶活性高；植食性鱼类的消化道长，淀粉酶活性高；罗非鱼是杂食性鱼类，消化道长度和消化酶活性都介于两者之间。从消化酶的种类来看，肉食性鱼类主要分泌蛋白酶，不存在麦芽糖酶，植食性鱼类则主要分泌淀粉类消化酶。从消化酶的数量和活性来看，肉食性鱼类的蛋白酶多，活性高；植食性鱼类与之相反；杂食性鱼类则居中。

2）饲料和消化酶：饲料的种类和质量对消化酶的分泌有影响，鱼类能适应于不同的饲料而调整消化酶的分泌。杂食性的罗非鱼分别用蛋白质饲料（兔肉）、淀粉类饲料（面包）、脂肪饲料（含脂牛肉）投喂，可发现其胃蛋白酶活性及脂肪酶活性不受饲料成分的影响，而胰蛋白酶的淀粉酶活性则与饲料中的蛋白质和淀粉含量成正相关变化。

3）运动和消化酶：由于运动的能量来自营养物质的氧化，而消化酶的质和量又直接影响代谢底物的含量。所以，鱼的运动能力与代谢所需的酶分泌量成正比。罗非鱼属于中等游泳活性的鱼类，消化酶含量和活性适中，高于底栖鱼类但低于大洋性鱼类。

4. 主要营养物质的消化和吸收特点

1）蛋白质的消化和吸收：一般有胃鱼类的蛋白质消化作用开始于胃。罗非鱼的胃蛋白酶的肽链内切酶活性对食物蛋白质进行了第一步分解。进入肠以后，胰蛋白酶和胰凝乳蛋白酶进一步把蛋白质分解为多肽。接着，在羧肽酶和肠肽酶的作用下，多肽又分解成小肽和氨基酸，从而被机体所吸收。蛋白质主要以氨基酸和二肽的形式被吸收，这种吸收逆着浓度梯度，而且依赖于钠离子，是主动运输的过程。此外少量蛋白质和多肽也能被鱼体吸收，其机制可能是胞饮作用或与此有关过程。

2）脂质的消化和吸收：罗非鱼的脂肪酶能把甘油三酯分解为甘油二酯、甘油一酯或甘油和脂肪酸。脂肪酶也能消化蜡酯和磷脂，但水解甘油三酯的速度要比蜡酯快 4 倍左右，蜡酯水解后释放乙醇和脂肪酸。胆盐能溶解脂解作用的产物并一起形成胶粒，类固醇、胆固醇和脂溶性维生素等需要和胆盐结合成胶粒后才能被吸收。脂质吸收的部位主要是肠的前部，包括幽门盲囊，胃和肠的中后部也能吸收少量脂肪。

3）碳水化合物的消化和吸收：碳水化合物的消化作用主要在肠中进行，由胰脏和肠上皮细胞分泌的各种淀粉类消化酶能把多糖分解为单糖。例如，α-淀粉酶能将淀粉分解为麦芽糖，再由麦芽糖酶将其分解为葡萄糖。纤维素只在少数鱼类中能被分解，这些鱼类的肠管中具有能分解纤维素的微生物。罗非鱼吸收的单糖有己糖（葡萄糖、半乳糖、果糖、甘露糖等）和戊糖（核糖、木糖和阿拉伯糖）。这些糖在肠内的吸收速率不一样，一般己糖比戊糖吸收快些。因此认为己糖的吸收是通过主动运输，与钠钾泵有关；而戊糖的吸收很慢，可以认为是通过简单扩散方式吸收的。

（二）口咽腔和食道

罗非鱼的口腔和咽没有明显界线，通常合称为口咽腔。口咽腔内有齿、舌和鳃耙等结构，鱼类口裂的形状及大小一般与食性和摄取饵料的大小有关，肉食性鱼类，如狗鱼、鲑鱼和鲈鱼等，口裂一般都很大；植食性鱼类则相对较小；罗非鱼是杂食性鱼类，口裂大小适中。鱼类的舌一般不发达，没有肌肉但具有味蕾，起味觉作用。鳃耙是滤食器官，罗非鱼的鳃耙长而细密，数量多且结构复杂。罗非鱼的食道与大多数鱼类相似，食道短，内壁具黏膜褶，以增强扩张能力。食道壁的黏膜层有丰富的黏液分泌细胞，能分泌黏液以助食物吞咽，有的还是味蕾。

（三）胃

鱼类的胃是食物消化的主要器官。靠近食道的部分为贲门部，近肠的一端为幽门部。胃的大小与其食性有关，罗非鱼的胃居于吃大型捕获物的鱼和食物较小的鱼之间。胃壁的黏膜上有分泌黏液、胃蛋白酶和盐酸的各种细胞，分泌细胞多聚集在贲门部。幽门部没有分泌作用，而具有丰富的血管，可能有吸收作用。

1. 盐酸和胃消化酶

1）盐酸：胃分泌盐酸的作用在取食后增加，表现为取食后胃液的 pH 降低，而空腹时测到的胃液则呈弱碱性或中性。大多数硬骨鱼在空腹时的胃液 pH 接近中性，有的呈弱酸或弱碱性，而在胃充满饵料时的胃液则呈强酸性。胃液的酸性依食物类型和数量而改变，大的食物需要更多盐酸。从某种意义上来说，盐酸的分泌比胃蛋白酶的分泌更为重要。因为如果没有合适的 pH，胃蛋白酶便不能发挥作用。罗非鱼是广盐性鱼类，当从淡水进入海水，鱼体要调节体内渗透压平衡，需要吞饮海水。碱性的海水大量进入胃中必然会降低胃液的酸性。它们往往采用以下几种方法进行调节：①食物在胃中消化时不吞饮海水；②分泌过量的酸以酸化进入胃中的海水；③食道和幽门相互靠近，使海水通过胃的部位受到限制；④在胃黏膜上消化食物，胃蛋白酶和盐酸直接分泌在食物的表面。

2）胃消化酶：胃蛋白酶是胃液中最重要的消化酶。它以酶原的形式分泌出来，在酸性环境中被激活而成为胃蛋白酶。它是一种肽链内切酶，作用于酸性氨基酸和芳香族氨基酸所形成的肽键，从而把蛋白质分解成多肽和胨。胃蛋白酶能水解多种蛋白质，但对黏蛋白、海绵硬蛋白、贝壳硬蛋白、角蛋白或分子量小的肽类不起作用。胃蛋白酶的结构和特性，如氨基酸组成、最适 pH、最适温度以及活性等都有着种类特异性。胃蛋白酶的最适温度变动范围很大，为 30～60℃。温水性鱼类最适温度较高，冷水性鱼类则较低。罗非鱼属于热带和亚热带鱼类，胃蛋白酶的最适温度变动范围较大。

除胃蛋白酶外，罗非鱼胃里还发现有脂肪酶，一些吃昆虫的硬骨鱼类和多鳍鱼的胃黏膜有壳多糖酶，日本鲭鱼胃黏膜有透明质酸酶等。

2. 胃液分泌的调节　　罗非鱼的胃酸分泌与其他大多数鱼类相同，胃酸的分泌是间歇性的，只有在消化食物或受到刺激时才开始分泌。下列因素可促进其胃酸分泌。

1）胃扩张：扩张胃体能刺激胃酸的分泌，这可能与胆碱能迷走神经的反射活动有关。

2）组胺：组胺是胃酸分泌的有效促进剂。注射组胺能使鱼的胃酸分泌增加。此外，这些鱼的胃黏膜上也有大量组胺存在，这表明组胺具有调节胃酸分泌的生理功能。

3）胆碱能药物：氨基甲酰胆碱能促进胃酸分泌，这一作用伴随有血管扩张，可用可托品阻断。

4）激素的作用：在罗非鱼的胃肠道中发现很多与高等脊椎动物相似的胃肠激素，但是它们在鱼体中的作用还不能完全肯定。

在哺乳类，胃蛋白酶原的分泌受迷走神经的刺激。鱼类的胃也有丰富的迷走神经，但至今仍不清楚它们是否影响胃蛋白酶原的分泌。

（四）肠

罗非鱼的肠前端与胃相连，后端止于肛门。在肠与胃交界处有一些盲囊状的突起，称为幽门盲囊。幽门盲囊的组织学结构和酶含量等都与附近的肠相似，说明它们的作用可能是扩大肠的表面积。

肠的形状与食性有密切关系。植食性鱼类的肠很长，且常常盘曲于腹腔中，如草鱼的肠长度可达体长的 2.29～2.54 倍，盘曲达 8 次之多。肉食性鱼类的肠较短，多为一直管，没有盘曲。罗非鱼是偏杂食性鱼类，肠管长度介于植食性和肉食性鱼类之间。肠管越长，消化作用的时间也越长，使得食物能充分被消化吸收。

肠壁的组织学结构和胃壁相似，也分为黏膜、黏膜下层、肌层和浆膜。黏膜由起吸收作用的柱状细胞和能分泌消化酶和黏液的杯状细胞组成。柱状细胞的边缘具有纹状缘，黏膜下组织很薄、含疏松胶质、弹性纤维、血管和神经等。肌层由内层的环行肌和外层的纵行肌组成，有些鱼类还发现横纹肌。浆膜由疏松结缔组织和间质细胞组成，罗非鱼的肠管有发达的黏膜褶，在空腹时黏膜褶比较深，当食团进入肠以后，肠管伸展，皱褶便变浅甚至消失了。肠的后段通常分化为较宽的类似直肠的结构，其黏膜含有大量杯状细胞。

肠是吸收消化产物的主要部位。鱼类肠壁的结构比较原始，没有像哺乳类那样发达的微绒毛，只是形成各种各样的黏膜褶以此延缓食物通过的时间，并增加吸收面积。肠上皮的吸收功能由柱状细胞完成，除肠以外，幽门盲囊也具有吸收作用。

鱼类与哺乳类不同，没有由多细胞组成的肠腺，罗非鱼也不例外，只是肠黏膜的杯状细胞分泌一些酶类。肠液中所发现的酶类，除了肠细胞分泌的以外，还有一些来自胰液和胃液，甚至来自食物中的微生物。一般认为肠黏膜能分泌下列酶类：①分解肽类的酶，如氨肽酶、肠肽酶（包括二肽酶和三肽酶）；②分解核苷的碱性和酸性核苷酶以及多核苷酸酶；③酯酶，包括脂肪酶、卵磷脂酶等；④糖类消化酶，如淀粉酶、麦芽糖酶、异麦芽糖酶、蔗糖酶、乳糖酶、海藻糖酶和地衣多糖酶等。罗非鱼中，肠液淀粉酶的活性要明显高于肉食性鱼类，如鳟、大西洋鳕和鲽，并且由于罗非鱼还取食浮游生物和植物碎屑，其肠液有很强的地衣多糖酶活性。

（五）肝胰腺

鱼类肝脏分2～3叶，鲤科鱼类的肝脏无一定形状，分散在肠系膜上。部分硬骨鱼类胰为一弥散的腺体，分散于肠的弯曲处，常有一部分或全部埋在肝组织中，与肝混合，称肝胰腺，罗非鱼为肝胰腺。肝脏分泌的胆汁由肝管通入胆囊贮存，胆囊的胆管开口于小肠，胰细胞外分泌部分泌胰液经胰管送入胆总管与胆汁一起进入小肠，胰腺分泌各类消化酶，是消化液的主要来源。正常情况下，淀粉酶主要由肝胰脏分泌，淀粉酶进入肠道对淀粉进行消化和吸收。

第三节　罗非鱼摄食与生长

一、摄食

摄食是一项复杂的生理活动，其调节不仅涉及大脑和外周信号的精密协作，还取决于机体的能量储存、释放和食物摄取之间的协调，外周组织中的饥饿或饱感信号，如胃肠道中的食物营养信息和脂肪组织中的能量储存信息等，通过血液循环或各级传入神经到达下丘脑。下丘脑是机体的摄食调节中枢，其中下丘脑弓状核（arcuate nucleus，ARC）中产生神经肽Y（neuropeptide Y，NPY）和刺鼠相关蛋白（AgRP）的神经元，即NPY/AgRP神经元和产生阿黑皮素原（POMC）的神经元，即POMC神经元是接收并整合这些饥饿或饱感信号的一级神经元。NPY/AgRP神经元和POMC神经元在下丘脑ARC中交互存在，并在下丘脑其他调节摄食的核区，包括室旁核（paraventricular nucleus，PVN）、腹内侧核（ventromedial nucleus，VMH）、围穹隆区（perifornical area）和下丘脑外侧区（lateral hypothalamic area，LHA）等，也有相同的二级神经元。饱食信号激活POMC神经元并抑制NPY/AgRP神经元，而饥饿信号激活NPY/AgRP神经元并抑制POMC神经元。当POMC神经元被激活，会通过释放α-促黑素细胞激素（α-MSH）并激活其二级神经元中的促黑激素受体，进而抑制摄食并增加能量消耗。NPY/AgRP神经元被激活后，通过直接或间接抑制POMC神经元的活性，抑制POMC引起的厌食/分解代谢，促进摄食和抑制能量消耗。

1. 罗非鱼神经肽 Y 系统的组成　　NPY 系统既在脑中又在胃肠道中参与对食欲的调节，在脑和外周组织相互协作共同调节摄食的过程中发挥重要作用，因此备受关注。人类 NPY 系统的配体包括 NPY、PYY 和 PP，三者均为由 36 个氨基酸组成的多肽，序列高度保守并具有类似的结构，其中 NPY 是脑中重要的促摄食因子，而 PYY 和 PP 是胃肠道中的饱食因子，这些多肽拥有共同的受体。NPY 受体的祖先基因经过 2 次局部复制产生了 3 个受体基因，这 3 个受体基因经过脊椎动物的 2 次基因组复制产生了 3 个受体家族，分别是 Y1 家族受体（Y1、Y6、Y8、Y4）、Y2 家族受体（Y2、Y7）和 Y5 家族受体（Y5）。在人类中包括 Y1、Y2、Y4 和 Y5 四种类型，而其他脊椎动物中的受体类型均多于人类。NPY 系统的配体在不同的组织和细胞中与不同的 NPY 受体结合，参与对机体摄食等多种生理功能的调节。

罗非鱼 NPY 家族的多肽和受体系统具有多种配体和受体的组成特征。尼罗罗非鱼中存在 4 种 NPY 家族多肽，分别是 NPYa、NPYb、PYYaA 和 PYYb。一般认为，硬骨鱼的第三次全基因组复制事件（3R）使其 NPY 家族的多肽产生多个成员，但并非所有种类的硬骨鱼在进化过程中都保存了 3R 中的复制产物。目前已知，在尼罗罗非鱼、三棘鱼、红鳍东方鲀（*Takifugu rubripes*）和黑青斑河鲀（*Tetraodon nigroviridis*）中同时存在这 4 种 NPY 家族多肽。染色体上 NPY 家族多肽基因的共定位情况表明，罗非鱼 *NPYa* 和 *NPYb* 所处的染色体骨架上同时存在 *MPP6*、*Hox A* 和 *OSBPL* 基因，说明罗非鱼中 *NPY* 和 *MPP6*、*Hox A*、*OSBPL* 在一次基因复制事件中同时被复制，产生了各自的复制本。而罗非鱼 *NPYa* 和 *NPYb* 位于两个不同的连锁群上，说明产生这两种 *NPY* 基因的复制事件是染色体复制。罗非鱼 *PYYa* 和 *PYYb* 所处染色体骨架上同时存在 *DLX3b*、*DLX4* 和 *MPP2* 基因，而且二者也位于不同的连锁群上，说明罗非鱼中的两种 *PYY* 也是由染色体复制产生。与目前推测的有颌类祖先的 NPY 和 PYY 序列相比，罗非鱼 NPYa 和 PYYa 的成熟肽分别与其存在 3 个和 1 个氨基酸差异，而 NPYb 和 PYYb 的成熟肽分别与其存在 8 个和 9 个氨基酸差异。表明 NPYb 和 PYYb 的进化压力更小，使其保留了更多的突变，而 NPYa 和 PYYa 可能发挥着祖先 NPY 和 PYY 的主要功能。此外，有研究表明 NPY 家族多肽 C 端第 27～36 位的序列和 N 端的 Try 和 Arg 对配体与受体的结合至关重要。而在罗非鱼的 4 种 NPY 家族多肽中，N 端的 Try 和 Arg 以及 C 端的 10 个氨基酸高度保守，仅 PYYb 在 C 端的第 28 位发生突变（由 Ile 突变为 Val）。由此推测罗非鱼的 NPYa、NPYb、PYYa 和 PYYb 可能具有相似的受体结合特性。

尼罗罗非鱼中存在有 6 种 NPY 受体，分别是 3 种 Y1 家族受体（Y4、Y8A、Y8B）和 3 种 Y2 家族受体（Y2、Y2-2、Y7）。尼罗罗非鱼中的 *y8a* 和 *y8b* 是罗非鱼染色体在 3R 过程中 *y8* 的复制产物，*y8a* 和 *y8b* 基因分别位于不同的连锁群 LG7 和 LG12 上，与斑马鱼和红鳍东方鲀相似。罗非鱼中还发现了两种 Y2 受体，其中 *y2* 位于 LG6 上，而 *y2-2* 可能是由 *y2* 通过局部复制产生，暂不能确定 *y2-2* 基因所处的连锁群。与此相似，在斑马鱼和青鳉中也发现存在两种类型的 *y2* 基因，而且二者位于同一条染色体上，是染色体局部复制的产物，被命名为 *y2* 和 *y2-2*，这样的命名以示与 3R 的复制产物区分。尼罗罗非鱼基因组数据库中没有发现 *y1* 基因，在红鳍东方鲀、黑青斑河鲀、青鳉和三刺鱼中也存在类似的情况，推测罗非鱼可能已丢失了 Y1。在这 6 种 NPY 家族受体中，与其他 5 种 NPY 受体相比，Y4 的开放阅读框（open reading frame，ORF）更长，其氨基酸序列中第 II 个胞外环被延长。Y4 第 II 个胞外环的延长在红鳍东方鲀中也有报道，推测这个延长可能是由于内含子的插入而后又失去了剪切信号所致。NPY 受体 N 端的糖基化修饰对其翻译后的正确折叠非常重要，而 C 端的棕榈酰化修饰可以使受体 C 端锚定在细胞膜上，形成额外的一个胞内环，进而影响受体的构象。这些关键的氨基酸位点在罗非鱼的 6 种 NPY 受体中均存在。

2. 罗非鱼神经肽 Y 系统的多肽和受体的表达特性　罗非鱼中 *npya* 和 *npyb* 都主要在中枢神经系统（central nervous system，CNS）中表达，其中在脑中的表达水平最高。在硬骨鱼中，*npya* 在脑中的高表达十分普遍，在草鱼、红鳍东方鲀、牙鲆、大西洋鳕鱼（*Gadus morhua*）和大西洋鲑鱼（*Salmo salar*）中都发现 *npya* 在脑中表达水平很高，并且在端脑中的表达水平远高于其他脑区，类似的情况在金鱼、红鳍东方鲀、斑马鱼和欧洲舌齿鲈也有报道。这种保守的组织特异性表达说明 *npya* 在脑中功能的重要性。罗非鱼 *npyb* 也主要在脑中表达，但其表达水平远远低于 *npya*。在牙鲆中，RT-PCR 研究结果也显示 *npyb* 在脑中的表达水平比 *npya* 低。牙鲆中的 *npyb* 在早期的研究中被误认为 *pyy*。在脑中，与 *npya* 不同，罗非鱼 *npyb* 主要在延脑中表达，类似的情况在红鳍东方鲀中也存在。罗非鱼 *npya* 和 *npyb* 在外周组织中的表达都比较局限，仅 *npya* 在精巢和肾脏中有一定表达，该表达特征在红鳍东方鲀和大西洋鳕鱼中也有报道，推测其可能参与对渗透压等相关生理功能的调节。

罗非鱼 *pyya* 和 *pyyb* 的组织分布特点不同，*pyyb* 主要在前肠和中肠中表达，在中枢神经系统中的表达水平较低，而 *pyya* 仅在脑和脊髓中有一定表达。与罗非鱼中的情况类似，在草鱼、牙鲆、红腹水虎鱼（*Pygocentrus nattereri*）和五条鰤（*Seriola quinqueradiata*）中 *pyyb* 都在肠高表达，而在脑的表达水平则较低。这种组织分布特性与哺乳动物中 PYY 的情况类似，说明硬骨鱼中 PYYb 可能也主要作为一种肠激素，传递肠道中的营养信息，通过这种方式参与摄食调节。

除 *y2* 外，其他 5 种罗非鱼 NPY 受体都主要在中枢神经系统中表达，在外周组织中的表达很局限。类似地，红鳍东方鲀和斑马鱼的 *y4*、*y8a*、*y8b*、*y2*、*y7* 在脑中都有较高表达，与此相对应硬骨鱼 *npy* 和 *pyy* 在脑中也都有表达，说明 NPY 家族受体和配体可能主要在脑中结合发挥其对生理功能的调节。在脑中，罗非鱼 *y8a* 的表达水平远远低于 *y8b*，推测在 *y8* 的两个复制产物中，*y8b* 可能发挥主要功能。此外，在罗非鱼的两种 Y2 受体中，*y2* 的表达水平在检测的所有组织中都很低，这种受体的生理功能还有待研究。在外周组织中，罗非鱼 *y8b* 在免疫器官头肾和脾脏中均高表达，且在头肾白细胞中也有表达，提示 Y8B 可能在这些组织中参与对免疫功能的调节。除此之外，*y8b* 在罗非鱼的肠中也有较高表达，推测 Y8B 可能在肠中参与生理功能的调节，另外，罗非鱼 *y7* 和 *y8b* 在胃中也有较高表达，推测肠中的 PYYb 也可能通过旁分泌的方式与胃中的 Y7 或 Y8b 结合参与摄食调节。除胃肠道外，罗非鱼 *y8b* 和 *y2-2* 在肾脏中也有一定表达，*y8b* 和 *y7* 在精巢中也有较高表达，与 *npya* 在肾脏中和精巢中的表达相对应，这些 NPY 受体可能参与 NPY 在肾脏和精巢中的功能。

罗非鱼 Y8A、Y8B、Y2、Y2-2 和 Y7 均能够定位在细胞膜上，且可以被其内源性配体 NPYa、NPYb、PYYa 和 PYYb 激活，抑制毛喉素（forskolin）引起的 cAMP 升高和激活 ERK 的磷酸化，是具有生物学活性的 NPY 受体。但罗非鱼 Y4 的第 Ⅱ 个胞外环很大，可能由于这个原因，在哺乳动物细胞中该 Y4 不能定位至细胞膜，同时也不能被罗非鱼的 4 种内源性配体激活，提示罗非鱼的 Y4 可能不是功能性受体。

3. 罗非鱼神经肽 Y 系统摄食调控作用　罗非鱼是一种食欲很强的鱼类，研究发现，在饲料供给充足的情况下罗非鱼能够持续摄食约 1h。完成摄食后 1h 罗非鱼处于饱食状态，其下丘脑中 *npya* 的表达水平显著降低。但在摄食后 3h 这种降低就消失，且在随后的检测时间点

npya 的表达水平升高至与对照组（不投喂饲料）相似，推测在投喂后 3h 取样时，罗非鱼已不处于饱食状态，因此下丘脑中 *npya* 的表达水平又升高至不投喂饲料的对照组水平。另一方面，禁食 7d 引起罗非鱼下丘脑中 *npya* 的表达水平显著升高，而在重新投喂后其表达水平能够快速恢复至正常投喂组的水平。下丘脑中 *npya* 的表达水平在摄食后 2h 显著降低，且禁食 7d 引起其表达水平显著升高，但摄食和禁食并不显著影响罗非鱼下丘脑中 *npyb* 的表达水平，这与 *npya* 不同，在红鳍东方鲀中有类似的情况。这些结果说明，在硬骨鱼 *npy* 的两个复制产物中，仅 *npya* 的表达水平受摄食和禁食的调节，而 *npyb* 的表达可能不受机体能量平衡状态的影响。

与 *npy* 的情况不同，罗非鱼下丘脑中 *pyya* 和 *pyyb* 的表达水平在摄食后均显著升高，金鱼、草鱼和墨西哥盲鱼（*Astyanax fasciatus mexicanus*）中 *pyya* 和 *pyyb* 的表达也有类似情况，说明在这些鱼类中，脑中的 PYYa 和 PYYb 可能是抑制摄食因子。而且，禁食 7d 引起罗非鱼下丘脑中 *pyya* 的表达水平显著降低，且重新投喂后升高至对照组水平，进一步证明了罗非鱼的 PYYa 是抑摄食因子。但是禁食 7d 对罗非鱼下丘脑中 *pyyb* 的表达水平并没有显著影响，类似的结果在红腹水虎鱼和墨西哥盲鱼中也有报道，说明脑中 PYYb 的表达水平可能对长期的能量缺乏不敏感。此外，摄食后罗非鱼下丘脑中 *pyya* 表达水平的升高一直持续至 6h，而 *pyyb* 仅在摄食后 1h 出现显著升高，这种差异说明二者参与摄食调节的方式可能不同。

在哺乳动物和硬骨鱼类的研究中发现，腹腔和脑室注射 NPY 可以提高摄食量。同样地，罗非鱼腹腔注射 NPYa 后 1h 和颅内注射 NPYa 后 30min，罗非鱼摄食量均显著升高。此外，投喂 NPYa 也能够提高罗非鱼的摄食量，说明与多数硬骨鱼类相同，罗非鱼中的 NPYa 也是促摄食因子。在哺乳动物中，NPY 主要在脑中尤其是下丘脑中与 Y1 和 Y5 结合提高食欲，罗非鱼的 *y4*、*y8a*、*y8b*、*y2-2* 和 *y7* 在脑和下丘脑中都大量表达，可以推测罗非鱼中 NPY 也主要在脑中与 NPY 受体结合发挥对食欲的调节。腹腔注射后多肽主要通过肠系膜中的毛细血管进入血液循环，而后经过血脑屏障进入下丘脑中发挥作用，因此颅内注射 NPYa 发挥促摄食效果的速度比腹腔注射更快。研究发现，腹腔注射 NPYa 后 4h 及颅内注射 NPYa 后 2h，观察到罗非鱼的摄食量出现下降，并且在注射 NPYa 后的检测时间点内，罗非鱼的累积摄食量并没有显著变化，这种结果可能是注射 NPYa 后促摄食作用的补偿性效果，同时也说明在这两种注射方法中 NPYa 的促摄食作用都是短暂的，外源注射的多肽在体内很快被肽酶降解，NPY 在人类血浆中的半衰期仅为 39min。此外，在罗非鱼中颅内注射 NPYb 可以显著提高摄食量，且提高的幅度与注射 NPYa 相近，说明罗非鱼 NPYb 在脑中可以直接促进摄食，颅内注射 NPYb 的促摄食效果也是短暂的，仅在注射 30min 后的摄食量显著升高。

罗非鱼腹腔注射 PYYa 后 4h 和 6h 摄食量均显著降低，按 1000ng/g 体重注射 PYYa 的累积摄食量在注射后 6h 和 8h 均显著降低，说明罗非鱼的 PYYa 可以抑制摄食。罗非鱼 *pyya* 的 mRNA 主要在脑和脊髓中表达，而且除 *y2* 外，其他 5 种罗非鱼 NPY 受体基因在脑和脊髓中也高表达，说明 PYYa 可能主要在脑和脊髓中参与抑制食欲。但颅内注射罗非鱼 PYYa 对摄食量并无显著影响，对于引起这种现象的原因目前还不清楚。另一方面，颅内注射 PYYb 后 30min 和 1h 摄食量显著降低，但在随后的检测时间点摄食量均无显著变化。这些结果一方面说明，与注射 NPY 的情况相同，颅内注射 PYYb 的抑摄食效果发生的速度很快；另一方面也说明颅内注射的 PYYb 能够快速被酶解，其作用效果不能持久。腹腔注射 PYYb 在注射后 2h 和 8h 摄食量显著降低，但其累积摄食量并无显著变化。

罗非鱼颅内注射 NPYa 后，端脑中 *y8a* 表达水平显著降低，而 NPYb 引起下丘脑和端脑中 *y8b* 和 *y2-2* 表达水平显著升高。此外，PYYa 和 PYYb 引起端脑和下丘脑中 *y8a* 表达水平显著降低。而颅内注射 *y8b* 的寡脱氧核苷酸（oligodeoxynucleotide，ODN）引起罗非鱼严重厌食，说明 Y8b 在维持罗非鱼的正常摄食中必不可少。此外，用反义 ODN 干扰 *y8b* 表达能够完全阻断 NPYa 和 NPYb 的促摄食作用，说明罗非鱼中 NPY 主要通过 Y8b 提高食欲。对于 Y8a 在摄食调节中的具体作用还需进一步研究。

综上所述，罗非鱼 NPYa 和 NPYb 的成熟肽都能够提高其摄食量，但只有 *npya* 在下丘脑中的 mRNA 表达水平受摄食状态的调节，摄食引起其表达水平降低而禁食可以提高其表达水平。此外，罗非鱼 PYYa 和 PYYb 都能够抑制摄食，它们在下丘脑中的表达水平均受摄食条件的调节，*pyyb* 在前肠中的表达水平也受摄食条件的调节。

二、生长

（一）生长的主要特性及相关影响因素

1. 罗非鱼的肌肉生长抑制素和激活素　　在养殖鱼类的生长性状中，肌肉的生长是关键部分。鱼类的肌肉发生和其他脊椎动物相似，来源于表皮细胞层肌源性细胞的招募。在此过程中，生肌调节因子（myogenic regulatory factor，MRF）家族成员发挥着重要作用，其中 myoD 和 myf-5 在肌细胞特化的早期胚胎发育中至关重要，有研究发现，把大口黑鲈（*Micropterus salmoides*）的 *myf-5* 基因整合到载体并注射到罗非鱼的背肌中，体内可检测到外源基因表达，罗非鱼肌肉肥大、生长显著加强。

肌肉生长抑制素和激活素受体能够直接或间接影响 MRF 家族的各成员，通过控制或影响骨骼肌的肌肉纤维的肥大生长或数量生长作用，最终可以调控骨骼肌的生长。肌肉生长抑制素和激活素受体途径是目前研究较为透彻的调节途径。肌肉生长抑制素 myostatin 是转化生长因子 -β（transforming growth factor beta，TGF-β）超家族的成员，主要和激活素受体结合，启动下游的信号转导，最终实现其生物学作用。激活素受体ⅡB（activin receptor ⅡB，ActRⅡB）是一种丝氨酸 / 苏氨酸激酶，是肌肉生长抑制素的一种受体，和配体有很高亲和力，myostatin-ActRⅡB-Smad 信号途径对肌肉生长有着极其重要的负调控作用。有研究发现，ActRⅡB 的缺失对肌肉生长的促进作用要比 myostatin 缺失的作用更为显著，表明 ActRⅡB 可以整合不止一种配体的作用来对肌肉生长进行调控。

尼罗罗非鱼 ActRⅡB 的 ORF 全长为 1545bp，同其他物种的 ActRⅡB 结构相似，成熟的 ActRⅡB 包含细胞外配体结合结构域，单次跨膜结构域和细胞内激酶结构域。罗非鱼 ActRⅡB 的序列中有 9 个保守的氨基酸残基（Val73、Leu79、Phe82、Val99、Lys74、Glu39、Tyr60、Trp78 和 Phe101）。罗非鱼 ActRⅡB 的组织分布表明，其在白肌、性腺、脑和肝脏中表达量较高，而在红肌、肠等组织中表达量较低。该结果与 ActRⅡB 在草鱼等鱼类的分布相似，但同时也有其自身的特点。

对罗非鱼幼鱼进行重组 ActRⅡB 蛋白或其抗体的腹腔注射，每周注射一次，连续注射 4 周，重组蛋白组和抗体组与对照组罗非鱼相比，从第二次注射结束起，体重出现显著增加，在第三次和第四次注射后出现极显著变化，而重组蛋白组和抗体组之间在任一相同时间点都没有显著差异。在第四次注射后，重组蛋白组和抗体组与对照组罗非鱼相比，肌肉纤维直径极显著增加，但肌肉特异性基因 *myod*、*myog* 和 *mhc* 的 mRNA 水平检测结果表明，任何两组之间都没有显著差异。

2. 罗非鱼的生长内分泌调控轴及生长调控机制

（1）生长激素与生长的内分泌调控　　在鱼体内存在着生长调控轴，即下丘脑 - 垂体 - 靶器官轴，下丘脑通过分泌促生长激素释放激素（GHRH）或者生长抑素（SST）分别促进或者抑制垂体生长激素（GH）的分泌，GH 作用于肝脏进而促进其分泌胰岛素样生长因子 1（IGF-1），IGF-1 作用于外周组织，继而促进鱼类的生长。许多研究表明，IGF-1 与生长、分化和繁殖的调控密切相关。在对不同饲养方式和温度条件下的养殖罗非鱼的影响研究中发现，IGF-1 转录水平与鱼类生长正相关。

GH 由腺垂体的生长激素细胞合成及分泌，通过生长激素受体（GHR）的介导而发挥调控作用。GH 调控的生理过程非常广泛，包括离子和渗透压平衡，蛋白质、脂类、碳水化合物代谢，促进骨骼肌和其他软组织的生长、生殖、免疫等，同时对摄食、躲避天敌、觅食也有影响。在莫桑比克罗非鱼中，*gh* 由 6 个外显子和 5 个内含子组成，mRNA 转录物大小为 1666nt，加尾信号 AATAAA 位于终止密码子 178bp 处，TATA 盒序列 TATAAA 位于转录起始位点上游 23bp 处。在罗非鱼中，GH 对生长的促进通常是通过调控 IGF-1 实现的，GH 与 GHR2 结合，激活下游信号通路进而激活 *igf-1* 转录，*ghr2* 的单核苷酸多态性对 IGF-1 有着重要的影响。IGF-1 是促进鱼类生长的直接因子，注射 IGF-1 能够促进鱼类生长。IGF-1 通过其受体（IGF-1R）介导，促进细胞分裂，发挥促进生长功能，IGF-1R 在不同组织和器官中是广泛分布的。

生长激素、催乳素（prolactin，PRL）和生长促乳素（somatolactin，SL）属于 GH/PRL 超家族，其中生长促乳素是鱼类独有的激素。GH/PRL 超家族共同的转录因子是垂体特异性转录因子 1（pituitary-specific positive transcription factor 1，pit1），基因称作 POU 家族同源基因 1（*pou1f1*）。在莫桑比克罗非鱼中，*pou1f1* 基因长度为 5.6kb，5′ 端序列长度为 3.7kb，3′ 端序列长度为 0.3kb，由 6 个外显子和 5 个内含子组成。POU1F1 蛋白大小为 39kDa，在 C 端具有高度保守的 POU 结构域，在垂体的前外侧（proximal pars distalis，PPD）、远外侧（rostral pars distalis，RPD）和中间部（pars intermedia，PI）特异性表达。在生长激素基因的 −2863bp、−1292bp、−463bp 处，这些位点的突变导致生长激素表达量降低。细胞内 cAMP 浓度也能够影响 POU1F1 对生长激素的激活作用。

（2）microRNA 对罗非鱼生长的调控机制　　microRNA 是一种大小为 22 个核苷酸的非编码 RNA，通过作用 mRNA 3′-UTR 抑制靶基因表达，广泛参与发育、生长、免疫、代谢等生理过程。近年来 microRNA 在鱼类的研究取得了长足进步。在罗非鱼中，miR-206 通过调控生长调控轴的相关因子而影响生长。miR-206 是一种高度保守、特异性在骨骼肌中表达的 microRNA，具有促进肌肉细胞分化的功能。在罗非鱼中，miR-206 能够抑制 *igf-1* 表达，注射 miR-206 特异性的拮抗剂 antagomiR 能够使实验动物生长速率加快 30%。microRNA 参与罗非鱼的肌肉生长调控，在两种生长速率具有显著差异的罗非鱼品系中，let-7j、miR-140、miR-192、miR-204、miR-218a、miR-218b、miR-301c、miR-460 在生长速率快的品系表达量下降，let-7b、let-7c、miR-133、miR-152、miR-15a、miR-193a、miR-30b、miR-34 在生长速率快的品系上调表达。

尼罗罗非鱼 miR-223 被认为是 *pou1f1* 特有的靶 microRNA。miR-223 和生长激素在不同生长阶段罗非鱼垂体中表达丰度的研究表明，miR-223 与生长激素具有明显的负相关，miR-223 能够在蛋白质水平和 mRNA 水平抑制罗非鱼 *pou1f1* 以及下游基因表达，包括 *prl*、*prl* Ⅱ、*sl*

和 *tshβ*。

此外，在尼罗罗非鱼中，miR-219 参与罗非鱼摄食节律形成的调控。研究者使用颅腔注射的方法，证明了胰岛素通过 PI3K-AKT-FoxO 信号通路调控罗非鱼摄食，且通过该信号通路抑制 *npy/agrp* 的表达；还证明 FoxO1a 是 *npy* 和 *agrp* 的转录因子，并且在启动子序列具有相应的结合位点；miR-219 是通过 *zfpm2a* 基因激活 PI3K-AKT-FoxO 信号通路的，并且对 *npy/agrp* 进行调控；miR-219 以及 *zfpm2a*、*npy/agrp* 的表达具有节律性，在白天表达量比较低，在晚上表达量升高；miR-219 受到禁食和再投喂的调控，禁食下调其表达，而再投喂促进其表达。

（二）养殖管理方式对罗非鱼摄食和生长的影响

1. 养殖模式对于罗非鱼生长的影响

养殖模式通常指在水产养殖中为了使生产达到一定的产量和质量，养殖者通过某种技术以及由此所形成的规范化、标准化的养殖方式。随着养殖技术的不断进步，罗非鱼的养殖越来越产业化、精细化、标准化，形成了各式各样的养殖模式，如淡水池塘养殖、海水养殖、网箱养殖、工厂流水养殖等传统与现代并存的养殖模式。养殖模式的不同通常会形成投喂模式、投放规格、水体处理、品种选育手段、生长过程监理手段等的差异。例如，使用自动投料机播撒全价颗粒饲料或膨化颗粒饲料，并设置增氧机为池塘增氧，使得罗非鱼单位面积产量显著高于静水池塘。在我国罗非鱼养殖的主产区，主要的养殖模式包括以下几种。

传统养殖模式（或称池塘养殖模式）：是一种古老而传统的养殖模式，分为自然泥塘和人造池塘，养殖主体为罗非鱼，同时可根据不同鱼类种间栖息习性、食性等生物学特性的差异，将不同种类的鱼放养在同一池塘，这样能充分利用水体空间，提高渔业养殖的生产潜力，提高单位面积渔业产量，降低生产成本。每年 4 月初，分批投放混养品种鱼苗，10 月份起捕捞达到上市规格的鱼产品，一年养一造，投喂配合饲料为主。

一年两造：以罗非鱼为养殖主体，并且分级标苗，每年养殖两造后再干塘。在养殖过程中投喂配合饲料，并且定期调节水质。该模式可控性强，产品质量有保障，养殖户可以根据市场变化来调整饲料投料量及改变饲料营养成分，有目的地控制鱼类生长速度。这是一种高投入、高产出、高密度的养鱼方法，但对水质调控要求比较高。

鱼虾混养：以罗非鱼的养殖为主体，虾苗分批入塘，全程投喂饲料，在年底干塘。这是一种有效利用生态效益的养殖模式，通过以罗非鱼的稳产来分摊各种成本，降低风险，从混养对虾获得更高的收益，而且水质容易控制，一般仅限于沿海地区。

对这 3 种养殖模式养殖罗非鱼的生长情况进行比较可以看出，在同等的时间范围内，鱼虾混养以终体重大、增重率高、饲料系数低、肥满度佳而表现出非常明显的优势；一年两造中的第一造表现出比传统养殖模式略胜的体重收益；传统养殖终体重较小、增重率较低、饲料系数高。对 3 种模式的 *gh* 转录水平做比较，传统养殖显著高于其他两种模式（$P < 0.05$），但终体重最小，可能与该模式中外界不利的环境（高氨氮、高亚硝酸盐）使得 GH 的功能主要用于维持鱼体健康稳态方面有关。不同养殖模式 *igf-1* 相对表达量并不同，总体而言，鱼虾混养模式超过其他两种模式，特别是在养殖后期。

2. 环境因素对罗非鱼生长的影响

（1）盐度变化对罗非鱼生长的影响　　罗非鱼属于广盐性鱼类，不同盐度下呈现生长性能的差异。当水体盐度渗透压与罗非鱼体液渗透压接近等渗状态的时候，罗非鱼生长性能最优。在定量投喂方式下，罗非鱼在 7‰～8‰ 的盐度下，能量利用率最高。也有研究发现，以饱食投喂的方式投喂尼罗罗非鱼，罗非鱼在淡水中具有最高的摄食率，可以获得最高的生长速率，但随着盐度升高，罗非鱼特定生长率（SGR）逐渐降低。GH 是鱼类生长的关键调控因子，提高鱼类体内 GH 水平可以促进鱼类的生长。在莫桑比克罗非鱼中，研究者反复升高和降低盐度，使得其始终处于盐度变化的水体中，刺激血清中 GH 含量维持在高水平，促使在这种环境下养殖的莫桑比克罗非鱼相较于只在淡水中养殖或者只在海水中养殖者都具有更高的生长速率。可见，只有盐度变化可以促进 GH 血清水平的提高，而盐度本身不具有这种效应。在急性盐度胁迫下，罗非鱼肝脏中 IGF-1 会在 6h 时随着盐度升高产生显著性下调，这一趋势在 12h 仍可观察到，但是已不具有显著差异，在 24h 时已恢复到正常水平，并持续保持稳定。此外，在不同盐度中养殖 8 周后，罗非鱼肌肉中粗脂肪含量呈现出随着盐度升高而显著下降的趋势，而粗蛋白质相应地随盐度升高而呈现上升趋势，胶原蛋白含量也随盐度升高而显著上升，但是含水量和灰分无显著变化。这些结果表明：一般认为的盐水养殖罗非鱼肌肉口感相较于淡水更加紧致，可能与肌肉中脂肪含量下降而胶原蛋白含量升高有关。

（2）溶氧变化对罗非鱼生长的影响　　低氧环境不仅对鱼类的呼吸、运动产生直接影响，也会对鱼类的摄食和生长产生影响。在低氧环境中，尼罗罗非鱼摄食量的显著降低造成幼鱼生长受阻。在黄颡鱼（*Pelteobagrus fulvidraco*）幼鱼和欧洲舌齿鲈中也有类似发现，大菱鲆（*Scophthalmus maximus*）幼鱼在遭受低氧胁迫 [DO=（3.5±0.3）mg/L] 的情况下，摄食量显著减少，降幅甚至超过了 50%，而且随着胁迫强度继续增加，大菱鲆幼鱼最终完全不产生摄食行为。将平均体重 50g 的罗非鱼在溶氧值分别为 4.5～5mg/L、2.8～3.1mg/L 和 0.9～1.1mg/L 的养殖水体中饲养 30d，特定生长率分别为 1.36%/d、1.26%/d 和 1.24%/d，DO5 组罗非鱼生长最优；体重 150g 的罗非鱼在不同溶氧值的养殖水体中饲养 30d 后，特定生长率分别为 3.32%/d、2.74%/d 和 1.27%/d，这些结果表明随罗非鱼体重的增加，溶氧对于罗非鱼的生长产生的影响也越来越大。另外，在不同溶氧值情况下，养殖罗非鱼的饲料系数也发生变化。受低氧胁迫影响，罗非鱼的生长状态受到抑制，摄食量显著降低，罗非鱼促摄食基因 *npy*、*orexin* 表达有降低趋势，而抑摄食基因 *cck*、*pomc* 表达有上升趋势。肌肉产生了更少的干物质，同时没有积累正常的脂肪含量，降低了养殖的经济效益。

3. 投喂策略对罗非鱼摄食和生长的影响　　一般认为，体重小的鱼比大的鱼要消耗更多的饲料。水温影响代谢率和能量消耗，因此要对投喂频率进行调整。天气寒冷时，罗非鱼的摄食量要比天气温暖时少，一般建议在水温低于 16℃时停止喂食。在池塘养殖系统中的天然食物可以更好地满足鱼类的营养需求，因此，池塘养殖罗非鱼所需的日粮应少于高密度集约化养殖的罗非鱼。

许多因素会影响鱼体的饲料消耗，因此，饱食投喂比按照鱼体重设定的定量投喂更好。研究发现在网箱中以饱腹感（90%）投喂杂交罗非鱼（*O. urolepis hornorum×mossambicus*），可以获得最大生长速率，但是如果以饱腹感的 70% 进行投喂，就可以在不显著降低生长的情况下降低饲料成本。

投喂频率可以随鱼的大小而改变。一般而言，喂食频率可以随鱼的生长而降低。较小的鱼苗可以每天喂 3～4 次，但成鱼则减少到每天 2～3 次。由于持续摄食行为和较小的胃容量，频繁喂食对罗非鱼产生的效果优于斑点叉尾鮰和鲑鱼。尼罗罗非鱼鱼苗每天饲喂 4 次要比每天喂 2 次长得更快，但每天饲喂 8 次并不能长得更快。有学者研究了投喂频率对罗非鱼碳水化合物利用的影响，分别用含 44% 葡萄糖、糊精和淀粉的饲料进行投喂，每天投喂 2 次或 6 次。结果发现，无论哪种碳水化合物，每天喂食 6 次的鱼，在体重增加、食物效率、蛋白质沉积和能量保留方面都显著优于喂食 2 次的鱼。这项研究还表明，随着投喂频率从每天 2 次增加到每天 6 次，投喂淀粉和糊精日粮的鱼比投喂葡萄糖日粮的鱼体重增加更明显，但差异无统计学意义。而每天饲喂 6 次葡萄糖日粮的罗非鱼生长性能要高于每天饲喂 2 次淀粉或糊精日粮的罗非鱼生长性能（葡萄糖的利用率要显著低于淀粉和糊精），表明一天多次喂食比 2 次喂食更能提高罗非鱼对碳水化合物的利用率。

投喂方式通常包括手工喂养、鼓风机、自动喂食器或按需喂食器。手工喂养是劳动密集型的，在大型养殖场不可行，但是与其他喂养方法相比也具有优势，因为它可以使喂养者观察鱼体的摄食活力和行为，从而调节喂养的饲料量以防止过度喂养。大池塘喂食的最常见方法是使用安装在车辆上或后拖的机械设备将饲料吹洒到水面上，由计时器或电气设备再驱动自动喂食器，这使渔民可以预设在不同时间间隔喂食的饲料量。按需喂食器则是由一个料斗组成，该料斗的顶部开口用于装料，底部开口用作料斗的活动门。附在闸门上的是一根杆，其顶端向下延伸到水中，可以被鱼激活。只要鱼击中这根杆，饲料就会持续流出。采用按需喂食器可能是在网箱养罗非鱼的最佳饲喂方法，因为它提供了良好的生长和饲料转化，同时减少了劳动力。

第四节　罗非鱼的排泄与渗透压调节

一、排泄器官与功能特点

鱼体新陈代谢过程中会产生多种无机物和有机物，包括水、二氧化碳、氢离子和钠、钾、钙、磷等各种盐类，以及非蛋白质含氮化合物如氨、尿素、尿酸、肌酸、肌酸酐等。这些代谢产物随血液流经排泄器官时，会以不同的形式排出体外。鱼体主要的排泄器官包括肾脏和鳃。肾脏主要排泄水、无机盐以及含氮代谢产物中比较难扩散的物质，如尿酸、肌酸、肌酸酐等。鳃则以排泄二氧化碳、水和无机盐以及易扩散的含氮物质如氨和尿素为主。

（一）排泄器官的结构特征

1. 肾脏　肾单位是脊椎动物肾脏构成的基本单位。每个肾单位包括肾小体和肾小管两部分；肾小体由肾小囊和肾小球组成，肾小管包括颈区、近端小管、中段小管和远端小管、集合小管和收集管等。其中，肾小体中的肾小囊是具有单层细胞的中空的环状凹囊构造，由中肾小管前端扩大呈球状，其前壁向内凹形成；肾小球则是网状血管小球，由背大动脉分支的肾动脉进入肾小囊内形成。肾小球与肾小囊内壁紧密相接，形成完整的肾小体结构。肾小体后方为肾小管，长而盘曲，基于其细胞形态及功能，可以分为以下几个区段：颈区，肾小管开始部分，具有纤毛结构，可以通过纤毛活动把物质由肾小囊向肾小管腔推动。接着是第一近端小管，细胞有明显的刷状缘（顶管系统），线粒体丰富，溶酶体发达，酸性磷酸酶含量高，这种结构特征表明第一近端小管可能发挥着吸收的功能。然后是第二近端小管，细胞内有大量线粒体，但溶酶体和胞饮小囊泡系统不发达，表明它对大分子的吸收作用不明显，有研究证明它参与有机酸和二价离子的分泌。中段小管的划分仍有争议，主要出现在一些淡水硬骨鱼类。中段小管富有纤毛，可能是第二近端小管的特化部分，它的功能推测是促进尿液沿肾小管推进。之后就是远端小管，细胞内具有长的线粒体，一般认为它对单价离子的保存和尿的稀释是重要的。最后是集合小管和收集管，细胞具有大量线粒体和很高的线粒体酶活性，一般认为它参与渗透压调节。许多集合小管汇集成收集管，收集管又汇集到总的输尿管中，尿液通过输尿管排出体外。

肾脏通过肾小体的滤过作用和肾小管的重吸收及分泌作用完成尿的形成。鱼类的尿液是透明无色或黄色的液体。罗非鱼为杂食性鱼类，尿液近中性，尿液中无机物成分包括水和无机盐类，后者有磷酸盐、氯化物、硫酸盐、钙、镁、钾、钠及氢离子等。罗非鱼作为广盐性鱼类，在淡水环境时，其尿液成分与淡水硬骨鱼类相近，包含许多肌酸和一些氮代谢产物，如氨基酸、少量尿素及氨等，尿中排出氮的量占总排出量的 7%～25%，而大部分的含氮废物通过鳃排泄。在海水环境时，其尿液成分则与海水硬骨鱼相近，尿中包含有肌酸、肌酐、NH_3、尿素、尿酸及氧化三甲胺。其中，氧化三甲胺排泄占总氮排泄中相当大的比例，是弱碱性、可溶性的无毒物质。

2. 鳃　　鱼类的鳃不仅是进行 O_2 和 CO_2 交换的呼吸器官，而且参与代谢物的排泄、渗透压调节和酸碱调节。罗非鱼也不例外。

鳃的功能通过鳃上皮来实现。鳃上皮一般是指包围鳃丝和鳃小片的上皮组织，它是鳃与外界环境接近并进行气体交换、排泄和渗透压调节的部位，其中，排泄和渗透压调节功能主要由鳃丝上皮完成；气体交换功能则由鳃小片上皮承担，它的组织结构适于进行气体交换，又称呼吸上皮。

鳃丝上皮有多层上皮细胞，最外层为扁平上皮，下方为结缔组织，结缔组织只有血管和神经分布。鳃丝上皮包含 5 种主要的细胞类型，即扁平上皮细胞、黏液细胞、未分化细胞、泌氯细胞和神经上皮细胞。扁平上皮细胞覆盖于上皮组织的最外面，细胞多边形，直径 3～10μm，具明显的高尔基体。扁平上皮细胞的外缘形成复杂的微脊结构，在有的扁平上皮细胞之间露出泌氯细胞的顶部。黏液细胞在鳃丝的前缘和尾缘最多，它们并排在一起。另外有些黏液细胞分布于鳃小片之间的鳃丝上皮中，并靠近泌氯细胞。罗非鱼随着从淡水向海水生活的适应，其鳃丝上皮的黏液细胞体积增大，但数目逐渐减少。黏液细胞在渗透压调节中的作用尚不清楚，但在淡水中鳃的黏液细胞最丰富，表明它们可能参与控制离子或水的内流。

鳃丝上皮的最主要特征之一是泌氯细胞的存在。泌氯细胞在鱼类鳃的离子交换和渗透压调节中起重要作用。泌氯细胞最早由 Keuys 和 Willmer（1932）发现并命名，此外，泌氯细胞还有离子细胞或富含线粒体细胞之称。泌氯细胞除了在鳃丝上皮内，还在鱼的皮肤、假鳃和鳃盖上皮中发现。在鱼鳃中，泌氯细胞主要位于鳃小片间的鳃丝上皮内以及鳃丝的尾缘上皮中。泌氯细胞在上皮中无规则地分布而形成互不相邻的细胞群。

泌氯细胞的结构十分特化，具有密集分支和管状系统、大量的线粒体，朝向水流的细胞顶端有微绒毛和许多小囊泡。管系形成一个三维的网络，且或多或少地均匀分布在细胞内。在靠近细胞顶部的细胞质中分布有大量圆形或长形的囊泡，管系中管和线粒体膜之间的距离常小于 10nm。冰冻蚀刻术的研究表明这些管和膜之间有颗粒排列；颗粒与管膜的网状表面相联系，这些颗粒可能是依赖于 Na^+ 和 K^+ 的 ATP 酶转换复合体的一部分。泌氯细胞管系的管腔是相通的，并且与氯细胞基侧的细胞外空间相通。管系可能还通过一个迅速的囊泡转移系统与细胞顶部的膜系联系，这种联系是泌氯细胞进行离子转移的机制之一。因此，泌氯细胞发达的内膜系统包含有 3 个部分，即与细胞基侧膜相连的管状系统，位于细胞顶部的囊管系统和内质网等一般的细胞内膜系统。

罗非鱼在海水环境时，它的泌氯细胞比在淡水环境时体积大，数量多，结构亦较为复杂，线粒体丰富，管系发达，富有 ATP 酶活性，在顶部形成顶隐窝，每个泌氯细胞旁边还有一个辅助细胞，辅助细胞并非发展中的泌氯细胞，而是独立的细胞类型。罗非鱼在淡水环境时，泌氯细胞数量减少，辅助细胞都和邻近的上皮细胞形成很紧密的多脊结合，细胞内线粒体、管系和内质网等较少而不发达，表明其排出 NaCl 的功能已大大减弱。

鱼类的鳃部除了进行气体交换排出 CO_2 外，还可以以氨的形式排泄氮代谢产物。大部分氨是在肝脏中产生，由血液运送到鳃而排出体外的。鱼类氮代谢产物主要以氨的形式通过鳃上皮排出体外，与肾脏对氮的排泄相比，鳃排泄氨的含氮量是肾脏以各种形式排出总氮量的 6～10 倍。此外鳃排泄物中还含有一些易溶的含氮物质，如尿素、胺、氧化胺等。与排泄尿素、尿酸相比，除了氨具有毒性外，鱼类排泄氨有许多优点：① 蛋白氮转化为氨不需要消耗能量，而且一些氨生产的反应中，同时还伴随着自由能的产生（如脱氨反应）；② 氨具有较小的体积和较高的脂质可溶性，因此很容易通过生物膜排出，而不必伴随水的额外流失。

（二）排泄特征与调节

1. 外界因素对罗非鱼排泄的影响　　外界温度的变化会影响鱼体的生理活动，排泄也不例外。低温会使罗非鱼产生应激，进而影响其氨氮排泄水平。在吉富罗非鱼（英文名为 genetic improvement of farmed tilapia，GIFT）中，当水温以 1℃/h 的速度降至应激温度（14.3±0.8）℃，平均体重（232±10）g 的 GIFT 的血糖、肌糖原、乳酸水平均有上升，而水中氨氮水平也有所增加，该应激的影响在 24h 后通过罗非鱼自身调整消除，各生化指标最终趋于稳定，表明其受到冷应激时，体内的蛋白质分解增强，排出的含氮代谢产物增加，应激消除后，代谢水平随即恢复正常。在 10～30℃条件下，测定呼吸室内吉富罗非鱼的呼吸频率、水体溶解氧、pH、游离二氧化碳以及氨氮的变化。结果表明，耗氧率和排氨率随着温度的升高而增大，氨熵（Qa）为 0.065～0.099（<0.33），蛋白质供能比为 5%～30%，表明吉富罗非鱼主要由脂肪和碳水化合物供能。当温度在 15～30℃时，随着温度的降低，二氧化碳排放率从 0.0684mg/（g·h）下降至 0.0114mg/（g·h），出水的 pH 明显低于进水 pH，且进出水口 pH 的降低幅度随温度升高而增大。在 30℃和 35℃的测试中，莫桑比克罗非鱼在氧气充足情况下，耗氧量、二氧化碳生成量和氨氮排泄量随温度升高而增加，不影响呼吸商（respiratory quotient，RQ），RQ 保持接近 1。在足够的环境氧气下，35℃时罗非鱼的常规和标准代谢率略高于 30℃，但总体代谢率非常接近，这表明 30～35℃的温度范围并不会在罗非鱼中引起明显的代谢差异。

养殖水体盐度的改变同样会影响鱼体的排泄活动。将莫荷罗非鱼（*O. mossambicus*×*O. urolepis hornorum*）幼鱼养殖水体的盐度从淡水渐变至 12‰、18‰、24‰、30‰ 共 4 个目标盐度，每天提升 6‰，利用间歇式呼吸仪分析幼鱼在目标盐度下 5d、10d、15d、20d 时的呼吸和氨氮排泄的变化。结果表明，在实验前期，莫荷罗非鱼幼鱼耗氧率、排氨率随盐度的升高而增加，各盐度处理组均在 5d 时升到最大值，之后开始下降，下降时间、幅度与外界盐度有关。盐度 12‰、18‰ 组的幼鱼耗氧率在 10d 时下降至对照组水平，20d 时低于对照组水平，差异有统计学意义（$P<0.05$）。盐度 24‰、30‰ 组幼鱼耗氧率则在 15d 时下降至对照组水平并维持稳定。随实验时间的延长，各盐度处理组幼鱼排氨率呈现先上升后下降的变化，盐度 24‰、

30‰组幼鱼排氨率在第15天下降并维持在对照组水平，盐度12‰、18‰组幼鱼排氨率在15d时下降至对照组水平并于20d时低于其他盐度组，差异显著。莫荷罗非鱼幼鱼适应新盐度环境后，盐度18‰组的耗氧率、排氨率最低，与盐度12‰组无显著差异，但与其他盐度处理组有显著差异（$P<0.05$），推测其等渗点为盐度12‰～18‰。不同盐度条件下，氧氮比值为18.810～24.216，氨熵为0.083～0.108，表明莫荷罗非鱼幼鱼主要依靠蛋白质和脂肪氧化供能。

进一步探讨温度与盐度的互作效应对吉富罗非鱼幼鱼的耗氧率、排氨率与CO_2排泄率等能量代谢指标的影响。在温度13～36℃与盐度0～20‰范围内，温度与盐度的一次效应、盐度的二次效应及其互作效应对耗氧率、排氨率及CO_2排泄率均有显著影响；温度的二次效应对耗氧率和CO_2排泄率没有显著影响。温度效应较盐度明显，盐度较低时，能量消耗对温度变化较为敏感；在等渗点附近，耗氧率、排氨率和CO_2排泄率较高；盐度超过等渗点时，低温和高盐环境都对幼鱼的能量代谢有抑制作用。氧氮比（O：N）随盐度变化而变化，温度对其没有显著影响。当温度与盐度分别为13～36℃与0～10‰时，罗非鱼幼鱼主要依靠蛋白质和脂肪氧化供能，盐度为20‰时，脂肪成为主要供能物质。这些研究表明当温度较低时（13～24℃），幼鱼在微咸水环境（9‰～10‰）中的能量代谢水平较高；当温度较高时（33～36℃），幼鱼在淡水环境中的代谢水平较高。在适宜温度范围内，罗非鱼幼鱼有较高的渗透压调节能力，经过适当的驯化，可以在微咸水中饲养，这对缓解当前养殖用淡水紧缺的局面具有重要意义。

酸碱胁迫会对不同体质量尼罗罗非鱼幼鱼的呼吸、排泄、乳酸脱氢酶（LDH）和Na^+，K^+-ATPase活力产生影响。尼罗罗非鱼幼鱼的耗氧率和排氨率随pH的升高先上升后下降，在pH7.0～8.0时达到最高值；体重的一次效应和pH的一次效应、二次效应对尼罗罗非鱼幼鱼的耗氧率和排氨率有极显著影响；但是，体重与pH之间无互作效应。体重对氧氮比值有显著影响，酸碱胁迫使尼罗罗非鱼幼鱼的能源物质利用模式发生改变，高pH条件不利于LDH活力的增加，但有利于Na^+，K^+-ATPase活力的上升，pH的一次效应和二次效应对酶活力有极显著影响，体重对Na^+，K^+-ATPase活力没有显著影响，且pH与体重对酶活无互作效应。

2. 养殖过程的饲料营养和养殖模式对罗非鱼排泄的影响　　不同营养组成的饲料会对包括排泄在内的鱼体生理活动产生影响。用生物学方法测定和比较了3种饲料喂养的'吉富'品系尼罗罗非鱼的氮收支。结果表明，饲料种类对尼罗罗非鱼的特定生长率及饲料转化效率有显著影响，饲喂欧洲料（蛋白质含量52.99%）的个体特定生长率最快；饲料种类对尼罗罗非鱼的氮收支分配也有显著影响，饲喂大江料（蛋白质含量37.55%）的个体用于生长的氮的比例最高。饲料蛋白质源的质量、含能量以及营养平衡状况直接影响鱼的氮代谢，提高饲料质量是从源头控制养殖污染的关键。

养殖鱼类的氮收支状况直接反应其排泄活动并影响养殖水体的水质。对'吉富'品系尼罗罗非鱼从鱼种（18g）生长至成鱼（180g）过程中氮收支变化进行研究，试验为期73d，每日饱食投喂并收集鱼粪，溶解氧质量浓度为6.0～8.0mg/L，pH为6.5～7.5，水温为24～30℃。在鱼均体重达到50g、100g和180g时测定并计算当前生长阶段的氮收支。结果表明，生长氮比例在养殖初期最高（64%），养殖中期最低（47%）；粪氮比例在养殖中期最高（9%），养殖初期和末期分别为5%和4%；排泄氮比例随鱼的生长而逐渐增加；试验期间水中总氮增加速度在养殖中期减慢，养殖末期再次加快。

循环水养殖是一种新的养殖模式，养殖过程中吉富罗非鱼的氮收支和水质情况有别于传统的池塘养殖模式。水体起始养殖密度 $8kg/m^3$，投饲率 2%，系统循环量 $1m^3/h$，总水量 $0.8m^3$。试验期间溶解氧大于 6mg/L，pH7.0～7.2，水温 23～25℃。每周监测水质 2～3 次，监测指标包括氨氮、亚硝酸盐氮、硝酸盐氮，实验前后饲料、试验鱼体、粪便、悬浮颗粒的氮含量和水中总氮。结果显示，摄食氮有 50.00%±1.50% 转化为生长氮，32.61%±1.38% 转化为排泄氮，17.39%±4.0% 转化为粪氮；粪氮 58% 为悬浮颗粒物，42% 为可沉淀颗粒物。

利用稳定同位素示踪技术比较鲢（*Hypophthalmichthys molitrix*）和尼罗罗非鱼在摄食微囊藻（microcystis）干粉后，水体中排泄氮的迁移转化规律、营养盐浓度、浮游生物群落结构等的变化特征。其中，营养盐数据分析结果显示，罗非鱼组的水体营养盐浓度后期急剧升高，而鲢鱼组营养盐浓度变化较小，后期部分浓度低于对照组。营养盐浓度变化主要是鱼类排泄和摄食等活动综合作用的结果。鲢鱼组、罗非鱼组的水体中悬浮颗粒物浓度、叶绿素 a 浓度和细胞密度总体高于对照组，罗非鱼组悬浮颗粒物浓度、叶绿素 a 浓度和细胞密度中期显著高于鲢鱼组和对照组。浮游生物统计数据显示，鲢鱼组、罗非鱼组藻类总生物量显著增加，各自最大总生物量分别为对照组的 4.5 倍和 7.4 倍，且主要贡献藻类为蓝藻和绿藻。浮游动物密度随鱼类滤食显著降低，罗非鱼组浮游动物密度末期趋近零。可见，干粉微囊藻经鱼摄食后，排泄物中的氮直接参与水体营养盐循环，为藻类增殖做出直接贡献。

3. 罗非鱼排泄对养殖水体的影响 鱼类通过摄食和营养盐排泄可以对水体生态系统产生影响，杂食性鱼类由于可摄食不同生境中的食物，可使生境之间的耦合作用发生变化。罗非鱼是我国南方很多水体的优势种，食物包括浮游植物、附着藻类等。通过研究水体生态系统中罗非鱼对浮游植物和附着藻类的影响，发现罗非鱼组附着藻类生物量显著降低，附着藻类叶绿素 a 的平均值为 $0.15mg/cm^2$，显著低于对照组中的 $1.26mg/cm^2$；罗非鱼组浮游植物的生物量显著增加，浮游植物叶绿素 a 平均值为 31.99μg/L，显著高于对照组中的 14.99μg/L。这说明，杂食性的罗非鱼可以促进水体生态系统的附着藻类向浮游植物转化。从控制浮游植物生物量的角度看，湖泊等水体的管理应该对罗非鱼密度加以有效控制。

此外，罗非鱼通过摄食和营养盐排泄，影响浮游植物群落和附着藻类数量，从而成为水库、湖泊等水体水质的重要控制因素。有研究发现，与对照组相比，罗非鱼组中总氮、总磷和叶绿素 a 浓度分别升高了 42%、129% 和 347%，罗非鱼的排泄增加了水体营养负荷，为浮游植物生长提供大量的营养盐，引起浮游植物生物量增加，水体透明度降低。罗非鱼组中甲藻的生长明显受到限制，而蓝藻的密度和生物量增加；从生物量上看，对照组中甲藻占优势，罗非鱼组则是蓝藻占优势。可见，罗非鱼对浮游植物的生长和群落结构有重要的影响。即使在贫营养条件下，罗非鱼对水库浮游植物群落结构仍有着明显的影响，其营养盐排泄产生的上行效应大于由于摄食产生的下行效应，从而促进了浮游植物的生长。

在浅水富营养化湖泊中，决定湖泊清水态或混水态的关键因子是沉水植被。罗非鱼作为一种杂食性鱼类，具有摄食附着藻的能力，其下行效应可以在一定程度上减轻附着藻对沉水植物生长的这种不利影响。蓝藻水华和海洋赤潮被专家并称为水体"生态癌症"。目前国内普遍采用鲢、鳙除藻法，但由于这两种鱼对蓝藻的消化率只有 20%，且其排泄出的粪便会再次繁殖蓝藻，治理效果不尽如人意。经反复试验，筛选出罗非鱼作为除藻鱼种。罗非鱼不仅对蓝藻消化率达 70%，而且对蓝藻毒素分解能力也远远强于鲢、鳙。

作为我国南方水体中的优势种类，适当种群密度的罗非鱼在富营养化浅水湖泊生态修复过程中可加以利用，可在一定程度上抑制附着藻的生长和发展，有利于浅水湖泊的生态修复和管理。同时，罗非鱼也具有通过摄食、排泄等活动加速水体氮、磷营养盐再生，摄食浮游动物、沉水植物等不利的一面。因此，综合考虑多种因素，需要对罗非鱼 - 附着藻 - 沉水植物三者之间的相互关系进行深入研究，尤其是沉水植被的重建与保护的理论意义和实践价值。

二、渗透压调节

能阻止渗透发生的压力称为渗透压力。所谓溶液渗透压是指溶液中溶质微粒对水的吸引力。溶液渗透压的大小取决于单位体积溶液中溶质微粒的数目：溶质微粒越多，即溶液浓度越高，对水的吸引力越大，溶液渗透压越高；反过来，溶质微粒越少，即溶液浓度越低，对水的吸引力越弱，溶液渗透压越低。溶液渗透压与无机盐、蛋白质的含量有关。

鱼类生活在淡水或海水中，通常它们体液的渗透浓度比较稳定，但它们所生活的外界水环境的盐度可能相差很大。鱼类为了维持体内一定的渗透浓度必须进行渗透压调节，不同的鱼种类以及不同的水环境，渗透压的调节方式和调节能力是不同的。例如，有些圆口类的体液渗透压和环境中的水体相同，且随水体的渗透压变化而变化，称为变渗动物。一般鱼类都具有调节渗透压的能力，使体液渗透压保持相对稳定，又称调渗动物或恒渗动物。鱼类调节渗透压能力的大小，决定了鱼类适应环境的能力。有些鱼类只能在盐度变化不大的环境中生活，这些鱼类称狭盐性鱼类；有些鱼类可以忍受较大的盐度变化，能进入半咸水内，或在淡水和海水之间洄游，它们调节渗透压的能力强，适应的环境盐度范围广，称为广盐性鱼类。

（一）渗透压调节的生理特点

罗非鱼属于广盐性鱼类，能生活在盐度变化范围较大的水环境中，或能在淡水和海水之间迁移，维持相对稳定的渗透压和离子浓度。

1. 由淡水进入海水的调节　　罗非鱼由淡水进入海水后，由于海水对鱼体液是高渗的，面临的主要问题是大量失水的补偿和如何将吞饮海水而吸收的过多盐分排出体外。因此，要通过以下途径调节水盐平衡。

（1）吞饮海水　　广盐性鱼类体液的渗透压比海水低得多，为了补偿失水，最明显的反应是大量吞饮海水。通常在进入海水后几小时内饮水量显著增大，并在 $1 \sim 2d$ 内补偿失水而使体内的水分代谢达到平衡，饮水量随之下降并趋于稳定。但是，离子外排机制的激活则较为缓慢，一般需要几天时间。

（2）减少尿量　　进入海水后，在神经垂体分泌的抗利尿激素作用下，肾小球的血管收缩，使肾小球滤过率降低；与此同时，肾小管壁对水的渗透性增强，使大量水分从滤过液中被重新吸收，导致尿量减少。虽然进入海水数天后肾小球滤过率又可以恢复到原来的水平，但因肾小管重吸收水分的能力很强，使排出的尿量继续保持低水平。在吞饮海水时吸收的 Ca^{2+}、Mg^{2+}、SO_4^{2-}、PO_4^{3-} 等主要经过肾脏从尿液中排出。

（3）排出 Na^+ 和 Cl^-　　广盐性鱼类进入海水后，大量吞饮海水时吸收的 NaCl 主要通过鳃上皮的泌氯细胞排出体外，维持体内的离子和渗透压平衡。

将尼罗罗非鱼从淡水直接转入盐碱水（2g/L 和 4g/L $NaHCO_3$）中，血清渗透压、离子浓度以及鳃、肾、肠中离子转运酶活力均与盐碱胁迫浓度呈正相关，血清渗透压呈现先上升、后下降的变化趋势，24h 达到峰值，鳃、肾和肠中 CA Ⅱ、CA Ⅳ、SLC4A4、SLC26A6 活力均呈现先短时间降低、后升高、再降低并趋于稳定的趋势。离子（Na^+、K^+、Cl^-、Ca^{2+}）浓度、鳃组织碳酸酐酶（carbonic anhydrase，CA）酶活、CA 与鳃中 Na^+，K^+-ATPase（nka）基因、CA 基因、Na^+/HCO_3^- 共转运子（$slc4a4$）基因 mRNA 表达变化均与胁迫强度呈正相关。

Na^+，K^+-ATPase 活性增加为广盐性鱼类在海水中大量排出 NaCl 提供能量。在盐度为 0、10‰、20‰、30‰ 时，萨罗罗非鱼、尼罗罗非鱼和以色列红罗非鱼鳃和肾中 Na^+，K^+-ATPase 活性会发生变化。①不同盐度对不同组织的 Na^+，K^+-ATPase 活性有显著影响，但是 Na^+，K^+-ATPase 活性的种间差异不明显。②在实验盐度范围内，鳃和肾的 Na^+，K^+-ATPase 活性均随盐度的升高而增高，萨罗罗非鱼的 Na^+，K^+-ATPase 活性随盐度的升高增大最为剧烈，以色列红罗非鱼次之，尼罗罗非鱼最小。③低盐度时尼罗罗非鱼的 Na^+，K^+-ATPase 活性相对较高，高盐度时萨罗罗非鱼的 Na^+，K^+-ATPase 活性相对较高，Na^+，K^+-ATPase 活性与罗非鱼的耐盐能力有着一定的联系。④在盐度 20‰ 和 30‰ 中的尼罗罗非鱼及盐度 30‰ 的以色列红罗非鱼，肾的 Na^+，K^+-ATPase 活性高于鳃，其余情况下，一般是鳃中的 Na^+，K^+-ATPase 活性高于肾。

2. 由海水进入淡水的调节 鱼类由海水移入淡水后，适应于海水的渗透压调节机制受到抑制，而适应于淡水的调节机制被激活，从而维持体内的高渗透压。

（1）停止吞饮水 当鱼类由海水进入淡水后，停止吞饮水，Ca^{2+}、Mg^{2+}、SO_4^{2-} 等的吸收和排出都迅速减少。刚开始的 1h，鱼的体重因水分渗入体内而有所增加；但在随后 1～2d，体重逐步恢复正常。

（2）增加尿量 由海水进入淡水后，由于激素的调节作用，促使肾小球滤过率增大，肾小管对水的渗透性降低，从而减少水分的重吸收，使肾脏排出大量稀薄的尿液，最终使水分渗入体内与通过肾脏排出的水分达到相对稳定的状态。

（3）减少 Na^+ 和 Cl^- 排出 进入淡水后，鱼类鳃上皮排出的 NaCl 会迅速下降，包括鳃上皮细胞对 Na^+、Cl^- 的通透性降低，顶隐窝对 Cl^- 的通透性降低，细胞旁道关闭，影响 Na^+ 扩散出去，整个泌氯细胞不能很好地将 NaCl 排出体外。

广盐性鱼类由海水进入淡水后，不仅减少 NaCl 外排，还能通过离子主动转换系统从低渗的水环境中吸收 Na^+ 和 Cl^-。另外，离子转换系统包括 Na^+/NH_4^+、Na^+/H^+ 和 Cl^-/HCO_3^- 的转换等，也同时在酸碱调节和氮代谢产物排泄中起到重要作用。从切片上可以看到尼罗罗非鱼对高浓度盐度的适应，主要表现在鳃丝中泌氯细胞体积增大，而数量上无明显增加。从低渗水体到高渗海水处理 3～4d，明显可见近鳃小片基部有大的圆形细胞，小型灰尘状的线粒体分散在整个细胞质中。适应海水的泌氯细胞，其细胞核处于细胞基部，常具半圆形，在凹陷处有小空泡。由于海水处理后个体的泌氯细胞线粒体中富有活化的琥珀酸脱氢酶，使细胞染色成紫色或深紫色，海水中泌氯细胞内除具有许多小空泡外，在细胞顶部还具有大型向外开着的空泡。

通常，同种鱼类的较大个体对盐度变化有较强有适应能力，所以鱼类在幼体时多为狭盐性，而成体则可能为广盐性。小鱼和大鱼对渗透压调节能力的差别很可能和身体表面积和体重的比例不同有关。因为小鱼的相对体表面积较大，需要付出较多能量才能调节水分和离子的渗透压平衡；而大鱼正相反，相对体表面积较小，比较容易保持体内和体外的渗透压平衡。尼罗罗非鱼渗透压调节的具体时间过程及特点取决于其内外渗透浓度变化的梯度（从淡水到海水或半海水）以及水温、饵料条件。

罗非鱼幼鱼从原水体（盐度为 8.1‰）直接投放到盐度为 16.8‰ 的半海水中，历经 4d，同对照组的水体一样，无一尾死亡，这说明健壮的幼鱼，在适温条件下，完全能适应该盐度的变化。从原水体投放到盐度为 30.89‰ 海水中，4d 共死亡 24 尾，死亡率为 17.1%，其中大部分是在 12～24h 死亡的，这期间死亡鱼数占总死亡鱼数的 45.8%，随后在 24～28h 期间死亡数占总死亡数的 29.2%，48～72h 期间死亡数占 20.8%，到第 4 天死亡率已大大降低，仅为 4d 总死亡鱼数的 4.2%，为试验鱼数的 0.7%，说明已接近正常状态了，可见，将幼鱼直接投放到海水中，由于体内水盐平衡失调的死亡现象主要发生在前 4d，特别是前 3d，这完全符合有关渗透压的变化规律，因为到第 4 天后，能成活下来的绝大部分鱼的血液渗透压已调整降至稳定状态。

（二）渗透压调节的相关基因及其作用

水通道蛋白（aquaporin，AQP）是一类细胞膜通道蛋白，能够选择性地高效转运水分子。橙色莫桑比克罗非鱼 *aqp1* 基因的 cDNA 全长 2612bp，ORF 长 774bp，编码 258 个氨基酸；其 DNA 序列全长 3215bp，包含 2 个内含子、3 个外显子。用实时荧光定量 PCR 技术（qRT-PCR）分析了该基因在各个组织中的表达分布及其在盐度梯度胁迫（低盐 22‰ 和高盐 35‰）条件下在鳃、肾和肌肉的表达特征，结果显示 *aqp1* 基因在各组织都有表达，在肾、皮肤和肌肉中表达量相对较高；在盐度为 22‰ 时鳃和肾中表达量在 6h 达到峰值，肌肉中在 24h 达到峰值；当盐度升至 35‰ 时，鳃、肾和肌肉表达量均升高。说明 *aqp1* 基因的表达与盐度密切相关，并参与橙色莫桑比克罗非鱼的渗透压调节。萨罗罗非鱼鳃组织中水通道蛋白 3（AQP3）的 cDNA 序列全长 1894bp，其中 ORF 长 912bp，编码 303 个氨基酸，5′ 和 3′ 非编码区长度分别为 98bp 和 884bp。氨基酸序列分析显示，萨罗罗非鱼 AQP3 与莫桑比克罗非鱼同源性最高，达 94%，含 6 个跨膜区。用 qRT-PCR 方法检测了不同盐度胁迫下萨罗罗非鱼 11 种组织中 *aqp3* mRNA 的相对表达水平，结果显示 0 和 15‰ 盐度下，鳃、肌肉、皮肤中表达水平相对较高，其他组织表达相对较低，且 15‰ 盐度中各组织的表达水平低于 0 盐度；30‰ 盐度下各组织以肠道相对表达量最高。推测在不同的渗透压调节作用中，萨罗罗非鱼通过不同组织器官中 AQP3 来参与水的转运过程。

催乳素基因（*prl*）是由垂体合成分泌的一类蛋白质激素。橙色莫桑比克罗非鱼、荷那龙罗非鱼（*O.hornorum*）等的 *prl* 基因的 cDNA 已被克隆，长度均为 798bp，ORF 长 639bp，共编码 212 个氨基酸；橙色莫桑比克罗非鱼和荷那龙罗非鱼仅在 31 号位点存在一个氨基酸残基差异。*prl* 基因在不同组织或器官中的表达，罗非鱼 *prl* 基因在垂体中的表达量最高，在其他组织中的表达量较低，盐胁迫后罗非鱼垂体中的 *prl* mRNA 水平均显著降低，而在其他组织中的表达变化不大。由此可推测，*prl* 基因主要在垂体表达，参与罗非鱼的渗透压调节。

不同种罗非鱼的生长特性和耐盐特性存在差别，一般认为，尼罗罗非鱼生长快但耐盐性弱，萨罗罗非鱼耐盐性强但生长慢，杂交子代（*O. niloticus* ♀ ×*S. melanotheron* ♂）的生长与耐盐均较优。对这 3 种罗非鱼的 *prl* 基因 cDNA 序列片段进行克隆与序列对比分析，结果表明，所得 cDNA 序列长度均为 339bp，编码 112 个氨基酸；它们的 cDNA 具有高度的保守性，核苷酸序列同源性为 97.94%～99.71%，氨基酸序列同源性均在 99.11% 以上，说明罗非鱼的 *prl* 基因具有高度保守性。杂交子代同尼罗罗非鱼的 cDNA 序列相比有 5 个碱基的变异，变异比例为 1.47%，同萨罗罗非鱼相比有 1 个碱基的变异，变异比例为 0.30%；并且在 *prl* 基因的表达方面，杂交子代同父本萨罗罗非鱼的关系较近。

在对'吉丽'罗非鱼（尼罗罗非鱼♀×萨罗罗非鱼♂）*nkcc1a* 基因表达的盐度组织特异性研究中发现，*nkcc1a* 基因 mRNA 表达量存在显著的组织特异性，在低于 25‰ 盐度环境中，*nkcc1a* mRNA 在鳃、肝、肾及肠中均有表达，当盐度从 0 提高到 48‰ 时，表达量在鳃中与盐度变化呈高度正相关（$R > 0.9$，$P < 0.01$），在肠和肾中与盐度变化呈负相关（$R \approx 0.7$，$P < 0.05$），但在肝中则不受盐度变化的影响。当盐度提高到 64‰，*nkcc1a* 基因 mRNA 表达量在鳃和肠 3h 后达最高值，5h 后下降，前后变化差异显著；表达量在肝中则是在 5h 后达最高值，变化差异也显著；表达量在肾中持续下降，但差异不显著。以上结果揭示，在盐度高于 25‰ 的环境中，'吉丽'罗非鱼主要由鳃组织的 NKCC1A 排出多余的离子以维持鱼体的水盐平衡，鳃组织在'吉丽'罗非鱼高渗透压调节中起最主要作用。

（三）罗非鱼引入海水中养殖的渗透压调节及相应的消化道菌群调节

近年来，把广盐性的淡水鱼类放在海水中饲养的实践，有效地提高了养殖的经济效益，并成为水产增养殖学上一项重要的课题。把罗非鱼从淡水中移入海水中驯化饲养时，由于渗透压的增加，鱼体的生理功能产生明显的变化，其中还涉及消化道内的细菌群落直接、间接的变化。除了罗非鱼以外，大鳞大麻哈鱼、鲻鱼从淡水移入海水中，都有关于引起消化道内营养细菌群落产生显著变化的报道。

随着海水驯化，胃、前肠及后肠各部位内含物中的主要细菌群落的变化，彼此类似。在各部位占优势的两种专性厌气性细菌（拟杆菌属），在向海水驯化过程中，虽未出现明显的变化，但最后移入纯海水中驯化时，此两种细菌急剧减少，拟杆菌属 B 型菌几乎检查不到。一移到淡水中，此两种菌却又都增加而形成优势种。另外，链球菌只在海水浓度高时出现。但好气性及兼性厌气性革兰氏阴性杆菌及棒状杆菌，对海水驯化不敏感，始终保持着一定的细菌数。

进一步研究盐度对淡水饲养鱼中有代表性的消化道内细菌增殖的影响。使用的菌株是尼罗罗非鱼在淡水饲养时的优势菌，在海水驯化中比率减少的拟杆菌属 A 型菌、海水驯化中消失的拟杆菌属 B 型菌，再加兼性厌气性革兰氏阴性杆菌的产气单胞弧菌属群的各 3 个菌株以及香鱼原有的产气单胞菌属 1 个菌株，共 10 个菌株。用 NaCl 调配成 0、1%、2%、3% 及 4% 浓度的 EG 液体培养基培养，并测定了其增殖力。结果表明，拟杆菌属 A 型菌虽然增加了 0～3%，但拟杆菌属 B 型菌在 3%NaCl 中几乎不增殖，而产气单胞弧菌属群及香鱼原有的产气单胞菌属在 0～4% 浓度中增殖，表现了广盐性。

广盐性鱼类尼罗罗非鱼在人工海水驯化 26d，消化道内细菌群落变化的情况表明：随着海水浓度的增加，细菌群落有明显的变化。在淡水生活时，有产气单胞菌属及肠杆菌科，在海水生活时则好盐型或海洋型的弧菌属为优势种。罗非鱼属鱼类及香鱼的消化道内，厌气性细菌的拟杆菌属 A 型菌及 B 型菌是优势种。但在海产鱼类，几乎找不到拟杆菌属，所以海水驯化的结果致使拟杆菌属减少到消失。这种减少甚至消失，有学者认为这是消化道内细菌的耐盐性不同所致。虽然在海水中生活时，鱼体胃内含物的盐分比较高，而肠道内含物则明显下降，但是，环境水的盐度对消化道内细菌群落盐分的耐受性选择的机制尚不清楚。另外，一方面胃肠道菌群对 pH 和胆汁酸的影响有必要进一步研究；另一方面，该试验需经 26d 长时间处理，细菌群落变化，也许还和鱼体的其他生理功能改变有关。

鱼类通过排泄机制进行酸碱调节，同时体内缓冲机制和气体交换机制参与调节酸碱平衡。因此，鱼类的排泄、渗透压调节和酸碱调节是相互联系的生理过程。

第五节　罗非鱼神经与感觉生理

一、神经生理

（一）中枢神经系统

1. 中枢神经系统的组成　　罗非鱼的脑部与其他硬骨鱼类相似，属于五部脑，均起源于原始的前脑、中脑和后脑，其中端脑和间脑属于前脑；中脑没有继续分化，本身形成视叶；后脑进一步分化为小脑和末脑或延脑，延脑与脊髓相连（图7-1）。

端脑的前端与嗅觉直接或间接有关的区域是嗅觉中枢，通过嗅神经与嗅觉器官相连。间脑位于端脑下方，从上面观的图无法看到，间脑可分为上丘脑、丘脑和丘脑下部或下丘脑。上丘脑包括松果体和一对从前脑感受嗅觉兴奋和接受松果体信息传入的神经节（缰核）。丘脑位于上丘脑内，其内侧壁组成第三脑室，丘脑下部包括漏斗腺、下叶、脑垂体和血管囊，漏斗腺前方是视神经交叉。丘脑和下丘脑的神经细胞形成许多细胞团，和前脑与小脑的神经纤维接连处发出神经纤维调控脑垂体的激素分泌活动（图7-1）。中脑发达，包括了形成背面的左右两半球的视叶、组成中脑腔上部的纵向突起、被视叶覆盖的半环状突起（半圆枕）以及中脑的基底部，是视觉和身体平衡的中枢。罗非鱼的小脑相较于中脑并不发达，不分叶，小脑覆盖在延脑上并遮住菱形沟。延脑是从中脑的基部向后方延伸而形成，和脊髓之间没有明显分界。由延脑发出大部分脑神经，包含由第五对到第十对脑神经的核，延脑亦是脑的各部分和脊髓传导联系的纽带。罗非鱼由脊髓按体节发出成对的脊神经，其交感神经系统在躯干部沿脊椎纵向延伸，它们和每对脊神经的相对应处膨大为交感神经节；尾部的两条交感神经干和它们的交感神经节均包在脊椎骨的脉弓内。

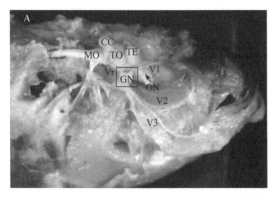
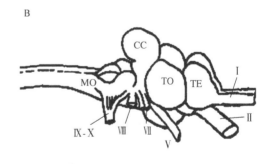

图7-1　罗非鱼脑（A）及脑神经根形态结构（B）（凯赛尔江·多来提等，2013）

TE. 端脑；TO. 视盖；CC. 小脑；MO. 延脑；ON（Ⅱ）. 视神经；GN. 三叉神经节；V1. 动眼神经；
V2. 上颌神经；V3. 下颌神经；Vr. 三叉神经根；Ⅰ. 嗅神经；Ⅱ. 视神经；Ⅴ. 三叉神经；Ⅶ. 面神经；Ⅷ. 前庭蜗神经；Ⅸ. 舌咽神经；Ⅹ. 迷走神经

2. 脑的结构与功能

（1）前脑　　一般而言，不同脑区电信号的变化可以反映脑区的功能。鱼类的嗅叶和端脑都可以记录到自发的电活动。如果用电刺激嗅球，切断一侧的嗅束能增强传出诱导的活动性并且加速兴奋性周期，进而使嗅球诱发电位的阈值降低。对一侧嗅球给以反复的电刺激能使对侧嗅球的自发电活动受到阻抑；用强的嗅觉刺激亦起同样的阻抑作用，但较弱的嗅觉刺激却能促进对侧嗅球的自发电活动并使之同步化。这种现象说明对侧嗅球的电活动通过嗅束能衍生一种抑制作用。此外，当端脑的前连合受到电刺激，对侧嗅球对生理的和电刺激的放电都受到阻抑，这表明嗅球间的嗅觉信息联系是由端脑的前连合传导的。刺激端脑的后部会使嗅球的同步电活动发生变化，这种变化随刺激频度的不同而异。刺激端脑的前部只稍微阻抑嗅球内在的电活动，并且只在高频率和高强度的刺激时才出现。刺激间脑的视前区能加强同侧嗅球的反应性，视前区的神经元受到嗅球刺激的影响。

端脑对罗非鱼的生殖行为起着重要的作用，切除罗非鱼的端脑会使其特有的交配行为消失。但是，摘除青鳉端脑，只抑制但并不消除它们正常的交配和攻击行为；切除斑剑尾鱼的端脑同样只减少其交配的频率。可见，端脑对罗非鱼生殖行为的作用具有种特异性。端脑还参与鱼类色觉（对外界环境颜色变化的感觉）、摄食行为、游泳运动、集群能力、对敌害和障碍物的回避等的协调和综合作用。切除端脑对这一系列生理活动会产生不同程度的影响，而在手术后5~15d又可以恢复。将端脑和小脑同时切除后，其损害的性质和程度往往和只切除小脑的结果一样，表明鱼类的端脑和小脑之间还没有建立起像高等脊椎动物所具有的那种功能上的联系。

间脑由上丘脑、丘脑和下丘脑三部分组成。上丘脑由松果体和缰核组成，其主要功能是对光的感受性和分泌产生褪黑激素。丘脑的两侧形成外侧膝状核，在各种鱼类中的大小不同；还形成一些丘脑核，具有神经功能和神经内分泌功能；由丘脑发出神经束，可以和下丘脑、中脑以及神经中枢的较下部位联系；还有从端脑发出的神经纤维经过丘脑而到达下丘脑。下丘脑包含许多由不同的神经细胞组成的核团，是汇集来自端脑各种信息的中心；信息传入主要来自端脑的中央和外侧神经束而中止于下丘脑的视前核，从味觉区和听觉侧线系统亦有神经纤维进入下丘脑；从下丘脑有输出通路分别到达端脑各部、小脑的运动中枢、丘脑背部、中脑盖和神经垂体。下丘脑具有神经分泌的功能。鱼类视前核，类似于高等脊椎动物的视上核和旁脑室核，由大神经细胞组成的大细胞视前核和小神经细胞组成的小细胞视前核组合而成，其神经分泌细胞分泌物质通过轴突输送到脑垂体的激素分泌细胞，调节激素的分泌活动。许多实验曾研究视前核神经分泌细胞的电生理特性，表明鱼类下丘脑视前核的神经分泌细胞不仅具有神经分泌的功能，亦起着神经传导作用。尼罗罗非鱼神经垂体存在A1、A2和B型神经分泌纤维，其终端与腺细胞、毛细血管、组织间隔、基板或脑垂体细胞形成直接轴-腺突触联系、间接轴-腺突触联系和直接轴-脑垂体细胞联系，构成下丘脑对脑垂体腺细胞支配的3种联系形式。在神经垂体组织中还存在Ⅰ型和Ⅱ型两种结构和功能不同的脑垂体细胞。

（2）中脑　　罗非鱼的中脑，也即视叶，和其他脊椎动物一样，是由6层神经细胞层和神经纤维层组成。第一层视觉层，含有来自中央和两侧视束的原视神经纤维；第二层是接受传入联系的神经细胞和神经纤维层；第三层是中央灰质区，含有许多神经细胞和神经细胞之间的相互连接，这些神经细胞来自较大的传出神经束；第四层是中央白质层，含有通到较低中枢的传出神经束的轴突；第五层由传出神经纤维组成，其神经细胞位于灰质层（即第三层）；第六层是灰质的围脑室层，由轴突进入中央白质的神经细胞组成。视叶含有丰富的传入和传出的神经联结，因此成为综合协调视觉和其他感觉通道的主要中心，同时也是来自其他神经中枢的上行和下行外感受信息的综合中心。

应用 DiI 染色晶体研究罗非鱼视觉传导路径的形态分布。对罗非鱼进行灌注固定后，在外科显微镜下开颅并确认脑和脑神经根，分别于双侧视神经植入 DiI 染色晶体。37℃恒温箱放置 3 个月，待 DiI 染色晶体扩散后，取出植入 DiI 染色晶体的视神经和脑，再根据神经走向切片，通过荧光显微镜观察 DiI 染色晶体在视觉传导路径上的形态分布。结果显示，右侧视神经植入 DiI 染色晶体后，均可见到标记的右侧视神经纤维，行向后内，穿经视神经管入颅，逐步靠近左侧视神经，进一步行向后内，经过左侧视神经上方，进行完全交叉，形成视交叉，再经左侧视束连于左侧脑视盖。由此说明，罗非鱼视交叉属于完全性交叉，视觉中枢可能位于视盖内（图 7-2）。

（3）后脑　　罗非鱼小脑的结构和其他脊椎动物相似。小脑的侧叶接受侧线神经和前庭神经纤维，小脑体接受来自脊髓、三叉神经、中脑盖以及其他系统的传入神经纤维。小脑内层含有来自邻近较低的和较高的神经中枢的传入神经纤维轴突及传出神经纤维轴突，次层由颗粒细胞组成，接着是蒲肯野细胞层。许多研究都证明鱼类的小脑具有多种功能。部分切除

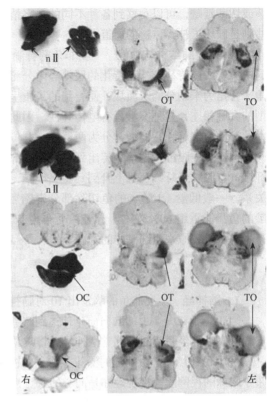

图 7-2　DiI 染色晶体研究罗非鱼视觉传导路径的形态分布（凯赛尔江·多来提等，2013）
nⅡ.视神经；OC.视交叉；OT.视束；TO.视盖

小脑使活动能力降低，感觉功能减弱；鳃的活动受损害，对外界刺激缺乏反应。切除小脑体的一半，身体的平衡和运动功能受破坏，表现为身体弯曲、侧身、进行摇摆不定的运动；完全切除小脑，除身体平衡和运动的紊乱外，视觉、听觉、触觉、痛觉受到破坏。因此，鱼类的小脑既是身体平衡和肌肉运动的中枢，亦参与调控视觉、听觉及其他感觉器官的功能。

延脑是鱼脑非常重要的部分，因为从延脑发出 6 对脑神经，分布心脏、各种内脏器官以及听觉器、侧线、呼吸器官等；延脑同时是脑和脊髓之间运动和感觉的各种信号传递的通道。根据信号传递的类型可把延脑区分为两个发出神经纤维的区，即身体与内脏的感觉性区和身体与内脏的运动性区。身体的感觉性区传送来自皮肤、侧线、前庭以及一般感觉和三叉神经纤维的信息，这些神经丛（复合体）组成由延脑发出的皮肤感觉神经支，功能是外受性本体感受的。内脏的感觉性区传送来自化学感受器（味觉）和内脏器官神经纤维的信息，联合面神经、舌咽神经和迷走神经的感觉支，功能是内受性信息的传送。身体的运动性区发出运动神经纤维到眼球肌肉和舌咽肌肉。内脏的运动性区包含来自面神经、舌咽神经和迷走神经的传出运动神经纤维，分布到内脏器官的肌肉和腺体，功能有运动 - 分泌、内脏运动和血管舒缩等。延脑除了发达的迷走叶外，还有一些明显的突起或膨大部分，如面叶和面神经联系，听叶和听神经联系，听觉侧线叶和侧线神经支联系，味叶和分布到头部、口腔和咽腔的味蕾的味觉神经联系。延脑调控许多内脏器官的生理功能，又是脑和脊髓之间神经联系的通道，如果在不同的水平位置破

坏或切断延脑，可以观察到各种不同的损害情况，有些是破坏了位于延脑内的脑神经的核，有些则是破坏了神经传递的通道。

3. 脊髓的结构与功能 罗非鱼的脊髓延伸于整个脊椎管内，呈略扁圆形的长管，中间是中央管或髓管；末端是特化的尾神经内分泌系统。脊髓中有灰质和白质，灰质分为背角和腹角，背角为未划分的灰质块，使脊髓的灰质呈倒"丫"字形；有大型的髓上神经元，与特殊构型的突触相连，这种突触具有电传导性，因此髓上细胞是电紧张性偶联的。灰质中还含有许多大的运动角细胞，它们通常分为两群，一群位于灰质背部中央，把信号传出到躯干部肌肉，另一群位于灰质腹部，把信号传出到较特化的部位，如胸鳍。脊髓上还有许多联合神经元和神经纤维，有些神经纤维还可上升到延脑、小脑，甚至中脑盖。鱼类脊髓的再生能力和年龄有密切关系。一般低龄（1龄）的鱼切除部分脊髓后可以再生和重新组成90%的原有轴突，而2～3龄的鱼只能重组60%左右。神经胶质再生与脊髓再生的能力也和年龄有关，通常年幼的鱼能再生与重组和原来粗细一样的脊髓。

（二）外周神经系统

1. 脑神经 罗非鱼的脑发出10对脑神经（图7-1），10对脑神经的分布和功能如下。

（1）嗅神经 由端脑向前延伸达到嗅囊，末端为嗅球，其神经纤维分布于嗅囊的嗅觉上皮细胞。嗅神经是向心的感觉性神经，将嗅觉传送到端脑和间脑。

（2）视神经 由间脑的漏斗腺前方的视交叉发出，穿过头颅翼蝶骨的孔而到达眼球，分布于眼球的视网膜。视神经亦是向心的感觉性神经，将视觉传送到间脑和中脑的背部。

（3）动眼神经 通过生物胞素（biocytin）结晶追踪技术研究定位罗非鱼动眼神经的形态分布，结果显示：被标记的神经纤维长而粗细不等，排列比较松散，从后外向前内方向行走，逐渐靠近，终止于位于中脑腹侧部的动眼神经核细胞，同时可以观察到有些神经纤维交叉到对侧。神经核细胞呈圆形和卵圆形，大小不一，也可见神经元的突起，有的突起呈螺旋状连于胞体，有的呈线状连于胞体，形成神经终末及突触联系，还可见到多极神经元，并在神经纤维之中也可以见到少数神经核细胞，但部分标记结构并不太完整，有些标记的神经细胞和神经纤维不是很清楚。因此，罗非鱼的动眼神经纤维在中脑内的走行与其他动物基本一致，动眼神经核位于中脑水管腹侧部。

（4）滑车神经 通过生物胞素结晶追踪技术研究定位罗非鱼滑车神经的形态分布，结果显示：被标记的神经纤维长而粗细不等，平行致密排列，从后外下向前内上方向行走，逐渐上行，于中脑水管正中背侧部进行交叉到对侧，止于中脑水管腹侧部的滑车神经核细胞。神经核细胞呈圆形和卵圆形，大小不一，可见神经元的突起，有的突起呈螺旋状连于胞体，有的呈线状连于胞体，形成神经终末及突触联系，并可见到多极神经元。由此可见，罗非鱼的滑车神经纤维在中脑内的走行与人类基本一致，滑车神经核位于中脑水管腹侧部。滑车神经是离心的运动性神经，主要功能是参与转动眼球；它包含感觉性纤维，对眼肌的肌感起作用。

（5）三叉神经 用甲醛灌注固定，取罗非鱼三叉神经的节、根及分支进行连续切片，制作三维立体图像，观察神经节细胞的分布。结果显示：三叉神经根在菱脑高度进出脑，三叉神经节位于眼眶与颅腔之间的骨组织中，从神经节发出的第一支（眼神经）通过眼眶的背侧分布于吻侧部；第二支（上颌神经）通过眼眶的腹侧分布于上颌部；第三支（下颌神经）通过眼眶的最腹侧分布于下颌部。神经节细胞是在神经节内背腹方向排列的一群细胞团。由此可见，罗非鱼三叉神经节是独立存在的，与其他鱼类的神经节有明显差异。

进一步通过生物胞素结晶追踪技术研究定位罗非鱼三叉神经运动核的形态及细胞分布，结果显示：罗非鱼的三叉神经运动核分为腹侧和背侧两组细胞群。三叉神经运动核发出的纤维走行于下颌神经内。眼神经、上颌神经、下颌神经的神经节细胞胞体分别位于同侧三叉神经节的背侧部、中间部和腹侧部。上颌神经和下颌神经的细胞在神经节内存在着重叠。结果表明罗非鱼三叉神经节细胞在神经节内具有局在性分布（图7-3）。

（6）外展神经　　由延脑腹面接近中线的两侧发出的细小神经，达到眼部的外直肌。外展神经是离心的运动性神经，主要功能是使眼部向外侧转动，同时含有发挥自感作用的感觉性纤维。

（7）面神经　　对罗非鱼进行10%甲醛灌注固定，观察面神经节的形态、位置及与三叉神经节之间的位置关系，取面神经节和三叉神经节、根及分支进行连续切片，利用计算机制作三维立体图像。结果表明：面神经节的形态接近圆形，面神经节位于颅腔内，从面神经节发出的周围突通过三叉神经节，与三叉神经的分支伴行；神经节细胞在神经节内成团分布（图7-4）。罗非鱼面神经与第五对和第八对脑神经的基部接近，其主要的分支有：眼部浅支，和三叉神经眼部浅支并行，分布到眼部和鼻腔的背面；颊支，分布到颊部；颚支，分布到颚部；舌颌支，分布到下颌、舌弓、舌颌骨、鳃盖、鳃弓等。面神经是感觉性和运动性的混合神经，主要功能是支配头部、颌部和舌部肌肉

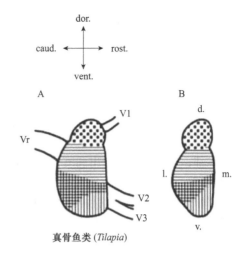

真骨鱼类（Tilapia）

图7-3　罗非鱼三叉神经节形态及三大分支的神经节细胞局部定位简图（古丽尼沙·克力木等，2009）

A. 侧视图；B. 横截面。dor./d. dorsal，背侧的；vent./v. ventral，腹侧的；caud. caudal，尾端的；rost. rostral，吻端的；l. lateral，外侧的；m. medial，中心的，靠近中轴一侧的。这些字母的组合代表了鱼的背-腹轴、前后轴、左右轴，用于描述该结构在鱼体中的基本方位。小圆点区域表示眼神经元位置，水平线区域表示上颌神经元位置，垂直线区域表示下颌神经元位置，交叉阴影区域表示上颌神经元与下颌神经元重叠。Vr. 三叉神经根；V1. 眼神经；V2. 上颌神经；V3. 下颌神经

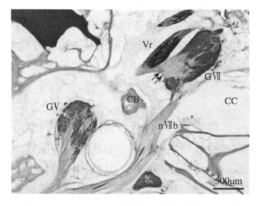
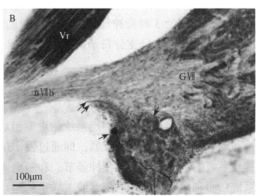

图7-4　罗非鱼面神经节、三叉神经节的位置（古丽尼沙·克力木等，2010）

GⅦ. 面神经节；GV. 三叉神经节；CB. 颅骨；CC. 颅腔；Vr. 三叉神经根

的运动和头部皮肤、舌根前部和咽鳃部的感觉,其离心的运动性神经纤维由延脑中的核(可称为第七神经核)发出,而感觉性神经纤维则集中于延脑的面叶。

(8)听神经　　由延脑的侧面发出,和第五对、第七对及第九对脑神经的基部接近,分布于内耳的壶腹(或称坛状体)以及球囊和椭圆囊。听神经是向心的感觉性神经,将鱼体特殊的躯体感觉和平衡与静位的感觉传送到延脑。

(9)舌咽神经　　舌咽神经从延脑的侧面发出,在脑神经的第五对、第七对和第八对神经的基部之后,其基部形成小神经节并聚集成主支。由主支分出一背支分布于背部皮肤,一腹支分布到颚部;主支末端又分出两支,一支分布于第一对鳃裂(鳃弓),另一支又分为数小支分布于口盖和咽部。舌咽神经是感觉性和运动性的混合神经;运动性神经纤维起自延脑的疑核,支配咽部的全部活动;感觉性神经纤维接收延脑第九神经核的神经信号,并将部分皮肤、咽部和舌基部的感觉以及口腔的味觉等传送到延脑。

(10)迷走神经　　由延脑侧面发出,基部有几个根,每一根都有一个神经节,最前的是侧线节,其后是颈节,这些神经节通常相连而形成一个大节。神经分支很多,分别到达咽部及第二对到第五对鳃弓,并由咽部到达食道、肠、心脏、鳔、侧线及内脏各器官。迷走神经是感觉性和运动性的混合神经;离心的运动性神经纤维起自延脑的第十神经核(又叫背运动核)和疑核,由此延展与分支,其中分布于鳃弓的是鳃支,分布于咽、食道、肠和其他内脏器官的是内脏支,分布于侧线的是大侧线支,支配咽部、鳃部、侧线和内脏器官的运动;向心的感觉性神经纤维分布于咽部、鳃部、侧线和各内脏器官,由许多分支做向心延展,最后都汇集于延脑的迷走叶,传送咽部的味觉、侧线的感觉、躯干部和鳍部的各种感觉。

2. 脊神经　　每个脊椎骨的脊髓从背侧面和腹侧面都分别发出一对神经,前者叫背根,后者叫腹根。背根的起点稍后于腹根,以此向后排列;背根和腹根是脊神经的基部,在穿出脊椎之前,背根与较前的腹根合并而形成一条脊神经。鱼类依脊椎骨(即体节)的数目而由脊髓发出同等数目的成对脊神经。脊神经形成后又分成三支:第一支是脊神经背支;第二支是脊神经腹支,这两支含有身体的运动性和感觉性的神经纤维,身体的皮肤和每一肌节(体节)的背部和侧部受这些纤维支配;第三支是脊神经内脏支,含有内脏的运动性和感觉性神经纤维,支配邻近的内脏器官、血管、腺体等,并参与交感神经系统的构成。身体和内脏的向心感觉性神经纤维通过背根进入脊髓。身体的离心运动性神经纤维起自脊髓灰质的腹角,通过腹根,离开脊髓而分布身体各处,支配所有随意肌的运动。内脏的离心运动性神经纤维来自背根和腹根。在肩带区,最前的3对脊神经腹支和第十对脑神经的分支常互相接连而形成网状的肩带(胸鳍)神经丛,其细小分支分布于胸鳍。在腰带(腹鳍)区亦有脊神经分布,但结构比较简单,未形成明显的神经丛。

(三)自主神经系统

自主神经系统是动物体神经系统的重要组成之一,调控消化、呼吸、血液循环、排泄以及其他非随意性功能的内脏效应器,即通过发出运动性神经分布到平滑肌、心肌和各种腺体。自主神经系统的基本特点是存在神经节。和随意肌联系的运动性神经纤维,其细胞体位于中枢神经系统;而和内脏肌肉(不随意肌)联系的运动性神经纤维,其细胞体位于远离中枢神经系统的神经节内,然后由神经节通过神经纤维和中枢神经系统相联系。所以,由中枢神经系统发出的节前纤维在神经节和节后纤维形成突触,然后由节后神经元发出纤维分布于各内脏器官的效应器。

和其他脊椎动物一样，罗非鱼的自主神经系统包括交感神经系统和副交感神经系统，它们的基本结构也是相似的。主要的差别表现为：副交感神经系统在进化过程中通过较多的脑神经扩展其调控功能，而交感神经纤维可能起自脊髓的背侧，然后，由于交感神经节的神经元从脊髓移出并组成交感神经链，因而就逐渐转为和脊髓腹侧的联系。鱼类自主神经系统的结构比较简单，没有骶部副交感神经，功能上还不及高等脊椎动物完善，但已初步形成和高等脊椎动物相似的自主神经系统。

罗非鱼和其他硬骨鱼类一样，第三对动眼神经和第十对迷走神经参与副交感神经系统。动眼神经发出节前神经纤维到睫状神经节，然后由该神经节的节后神经纤维进入眼球。刺激动眼神经能引起鱼类瞳孔扩大，这可能和括约肌受抑制及扩张肌的兴奋有关。用肾上腺素和乙酰胆碱处理能使鱼的瞳孔扩张和收缩，阿托品能抑制由刺激交感神经和乙酰胆碱引起的瞳孔收缩，因此，可以认为交感神经和动眼神经都是胆碱能的，交感神经的兴奋性神经纤维分布于眼球括约肌，而刺激动眼神经能激活扩张肌。迷走神经的鳃裂后支分布于鳃部血管，可能提供胆碱能的血管收缩神经纤维。迷走神经内脏支的传出神经纤维分布于心脏、胃、鳔以及各种附属消化器官和它们的血管。分布到心脏的迷走神经纤维是胆碱能的，使心搏率降低。因此，刺激迷走神经可引起肠平滑肌兴奋性。

鱼类交感神经系统是在脊髓的腹侧面、背大动脉的两侧，由脊神经的内脏支通过椎旁交感神经节彼此接连而成的两条交感神经干支，由体腔的前端延伸到体腔后端。交感神经干支是通过灰交通支和白交通支与脊神经连接。由体腔向头部可观察到交感神经干支延伸达到脑的侧腹面，其最前部和第五、第七、第九、第十对脑神经相连，其向前的细小分支还和第三对脑神经相连。由体腔向尾部可观察到交感神经干支穿过尾椎骨的脉弓而达到尾部末端。由交感神经干支向各个内脏器官、血管和腺体发出神经分支。虹膜上有交感神经分布。这些神经纤维由脊髓前部的脊神经发出，向头部延伸而和三叉神经的交感神经节形成突触，刺激交感神经干能引起瞳孔收缩，而用阿托品处理能阻抑这种反应，说明这些神经纤维是胆碱能的。交感神经还发出运动性纤维分布于横纹的眼外直肌，因为切断交感神经使眼球不正常地突出。分布到消化道的交感神经都含有兴奋性和抑制性的神经纤维，兴奋性神经纤维是胆碱能的，用阿托品能阻抑其兴奋性；而抑制性神经纤维是肾上腺素能的，因为儿茶酚胺能使许多鱼类的消化道弛缓。交感神经的内脏支也直接分布于硬骨鱼的气鳔，切断这一分支能使气鳔内气体的氧含量增加。分布于泌尿系统的交感神经受到刺激，或者用乙酰胆碱处理，都能引起输卵管收缩；同样，刺激分布于膀胱的交感神经或用乙酰胆碱处理，能使膀胱收缩和排尿；用阿托品处理能使这些兴奋性反应减弱。鱼类皮肤的黑色素细胞也受到肾上腺素能交感神经的调控，刺激这些神经能使黑色素细胞的色素集中，但相关机制目前并不清楚。

二、感觉器官结构及其生理功能

鱼类和其他脊椎动物一样通过感受器和感觉器官接受内外环境的信息或刺激，并把它们转变为神经冲动，传送到中枢神经系统，经过中枢神经系统的分析和整合再传送到效应器，使鱼体产生适当的反应。

内外环境的刺激各种各样，机械的、化学的、光的、温度的、电的等。感受器可分为外感受器（如视、听、嗅、味、皮肤感受器）和内感受器（如本体感受器、消化管和循环系统内的感受器）；而根据刺激的性质可分为化学感受器、听觉感受器、光感受器、温度感受器、电感受器等。

（一）化学感受器

对于水生动物来说，化学感受对其行为起着重要而不可缺少的作用，食物的信息、异性的信息、同种或异种的辨别、防御与躲避敌害、抚幼、定向和"归巢"等，这些信号的获取都离不开与之相关的化学感受器。鱼类的化学感受通常包括 3 种情况：嗅觉、味觉和一般的化学感受，不同的感觉通道之间存在相互协作，有些物质能够引起两种感受器的反应，鱼类生活在水体中，其嗅觉和味觉都是通过稀释的水溶液传递的，它们之间只能通过解剖结构和生理反应来区分。

1. 嗅觉感受器　　鱼类的嗅觉感受器是一种重要的距离感受器，它能灵敏地感受周围环境的微妙变化，从而在鱼的摄食、集群、防御、繁殖、迁移等活动中发挥着重要的作用，是其赖以生存的重要感受器之一。

罗非鱼头部背侧有一对嗅窝，嗅窝的开口处被皮肤褶分隔为前后两部，前部进水而后部出水。传送嗅觉的水流可以通过鱼类的向前游动或者嗅窝内的纤毛活动以及颚部和鳃部的肌肉活动而由前鼻孔进入嗅窝，然后由后鼻孔流出来。与其他鱼类相似，罗非鱼嗅窝内的嗅觉上皮通过形成卵圆形瓣状的皱褶，使嗅觉的面积大为增加。嗅觉上皮由嗅觉细胞、支持细胞和基细胞组成，嗅觉上皮通常位于隔离的感觉区，与柱形纤毛细胞区（即未分化的上皮）分开。嗅觉细胞是两极的初级神经元，发出细长的树状突到达上皮表面，树状突末端出现膨大并具有一些纤毛，称为嗅结。嗅觉细胞的基部分布有细小的嗅觉神经纤维，它穿过基膜，在黏膜下层结集而形成嗅神经小束，并向后终止于嗅球，和在神经纤维球的嗅球神经元形成突触联系。嗅球的信息一般通过两个主要的神经纤维通路，即外侧和中间的嗅束而传送到端脑基部。中间嗅束比外侧嗅束厚些，它们再分为两个小束；嗅觉细胞（初级神经元）和嗅觉投射神经元（次级神经元）之间会形成一定的比例。中间嗅束的一些神经纤维直接通下丘脑，而另一些横过前连合。三叉神经的神经末梢也分布于嗅觉上皮，但其功能还不清楚。嗅觉细胞在嗅觉上皮的分布并不均匀，支持细胞是多角的柱形上皮细胞，排列于嗅觉细胞之间，有少量不规则的微绒毛和大的卵圆核，细胞质内有丰富的内质网和线粒体；它们除了机械的支持作用外，可能还有其他功能。

嗅觉信号由嗅球通过嗅束传送到脑。罗非鱼的嗅觉器有第一对脑神经即嗅神经分布，其轴突延伸到嗅球的嗅觉细胞；又通过嗅束到达端脑以及间脑上丘脑、下丘脑。许多鱼类具有灵敏的嗅觉，经过训练后能够辨别纯粹的气味（如香豆素、粪臭素）和品味（如葡萄糖、乙酸、奎宁等）的物质。切除端脑后鱼类不能辨别有气味的物质，但仍能感受有味道的物质，说明嗅觉和味觉的受体功能是不同的。鱼类的嗅觉上皮对乙醇、酚和许多其他化合物的敏感性阈值范围和哺乳类相似。鱼类的嗅觉对含有 α- 氨基和 α- 羟基的碱性氨基酸、中性氨基酸和脯氨酸的反应颇强，嗅觉感受器对于鱼类的摄食活动有重要的调控作用，不同的食物信息对鱼体嗅上皮的刺激存在差异。

通过记录奥尼罗非鱼嗅上皮产生的嗅电图（electroolfactogram，EOG）反应，发现罗非鱼嗅电图是一个单相负电位。EOG 幅值随着刺激浓度的升高而增大。罗非鱼嗅觉器在受到谷胱甘肽刺激时产生的 EOG 反应最强烈，当刺激浓度为 2mmol/L 时，反应幅值显著大于其他 4 种小肽（丙谷二肽、肌肽、双甘氨肽、阿斯巴甜）（$P<0.05$）；浓度为5mmol/L和10mmol/L时差异达到极显著（$P<0.01$）。另外，鱼粉酶解物引起的奥尼罗非鱼EOG幅值比其他两种大豆酶解物的要大，在刺激浓度为50mg/L和200mg/L时差异显著（$P<0.05$）。结果揭示谷胱甘肽和鱼粉可以通过显著刺激罗非鱼嗅觉，进而促进罗非鱼摄食和生长。有学者研究了15种常见氨基酸刺激罗非鱼嗅上皮引起的EOG反应，确定了各种氨基酸对嗅觉的相对有效刺激性（简称RSE）。结果表明15种氨基酸对鱼类嗅觉的RSE顺序如下：L-Ser＞L-Met＞L-Lys＞DL-Met＞L-Arg＞DL-Ser＞L-Cys＞L-Asn＞L-Thr＞L-His＞L-Ala＞L-Glu＞DL-Pho＞L-Phe＞L-Asp；其中的6种鱼类必需氨基酸的RSE排列顺序为：L-Met＞L-Lys＞L-Arg＞L-Thr＞L-His＞L-Phe，氨基酸对鱼类嗅觉的RSE与其结构有关。

　　鱼类的嗅觉感受器不仅在摄食等活动中发挥着重要的作用，与鱼类生存息息相关，同时也是人类不可多得的一种灵敏的生物学监测指标。水域中存在的重金属污染物往往不是单一的，而是繁多的，通过研究诸多的污染物对鱼类生存状态的影响，可以帮助人类了解水环境中污染物情况。有研究发现，将不同浓度金属离子（Cd^{2+}、Hg^{2+}、Pb^{2+}）液分别灌注罗非鱼嗅觉器官，这3种离子对EOG反应均呈抑制效应，抑制作用的大小与金属离子的种类及浓度有关，Cd^{2+}、Hg^{2+}、Pb^{2+}有效IC_{50}分别为33.91μg/L、67.73μg/L、191.44μg/L，毒性顺序为$Cd^{2+}＞Hg^{2+}＞Pb^{2+}$。另外，Cu^{2+}的抑制效应大于Zn^{2+}，为10余倍，Cu^{2+}的有效IC_{50}为22.38μg/L，Zn^{2+}为354.8pg/L。采用电生理学和组织学方法系统研究了4种不同浓度的Hg^{2+}、Cd^{2+}污染液对鱼类嗅觉功能和嗅觉器官结构的损伤，以及Ca^{2+}对Hg^{2+}或Cd^{2+}的解毒作用，结果表明：① Hg^{2+}、Cd^{2+}均可抑制罗非鱼EOG反应，抑制效应随离子浓度的升高和污染时间的延长而增大，IC_{50}值Hg^{2+}为67.73μg/L、Cd^{2+}为33.91μg/L，Cd^{2+}的抑制效应大于Hg^{2+}。② $Ca^{2+}+Hg^{2+}$、$Ca^{2+}+Cd^{2+}$混合液（含80mg/L Ca^{2+}）对EOG反应的抑制作用均小于同浓度单一金属离子的抑制作用，表明Ca^{2+}对Hg^{2+}或Cd^{2+}均有一定的解毒效应，其中Ca^{2+}对Hg^{2+}的解毒效应大于Cd^{2+}。③光镜研究显示，分别浸浴在10μg/L、50μg/L Hg^{2+}或Cd^{2+}的4种污染液15d后的罗非鱼嗅上皮均有不同程度的损伤，在低浓度组，损伤主要是非感觉区黏液细胞出现增生现象；高浓度组的嗅上皮局部出现空泡化，嗅上皮边缘出现缺口并有细胞溢出。在含80mg/L Ca^{2+}的10μg/L Hg^{2+}或Cd^{2+}混合组中，嗅上皮基本无损伤；在含有同样浓度Ca^{2+}的50μg/L Hg^{2+}或Cd^{2+}混合组中，未见嗅上皮空泡化，仅观察到嗅上皮细胞出现皱缩。此外，针对重金属对鱼类嗅觉毒性的研究中发现，Cu^{2+}、Zn^{2+}中毒罗非鱼对DL-Met诱发的EOG反应呈抑制效应，且该效应随Cu^{2+}、Zn^{2+}浓度的增加而增大。

　　2. 味觉感受器　　脊椎动物味觉感受器的形态保守，一般都以味蕾的结构呈现，罗非鱼也不例外。味蕾为橙形，由味觉细胞、支持细胞和基细胞组成。顶部有味孔，味觉细胞一般是长梨形，顶端有短的微绒毛和许多电子稠密的小管。味蕾的基部有神经纤维分布，它们和味觉细胞形成突触联系处有许多小囊。味蕾不只分布于口部和咽，还分布于鳃弓、鳃耙、触须、鳍等，从第七对（面神经）、第九对（舌咽神经）和第十对（迷走神经）脑神经发出神经分支分布于味蕾。

　　由于鱼类的味觉细胞（味蕾）散布在身体表面，对味觉功能的电生理研究主要是记录分布于口部、触须、鳃耙等部分味蕾的面神经、舌咽神经、鳃神经的神经纤维对有味物质刺激后产生的电反应。应用氨基酸和配合饵料的水提取液刺激罗非鱼上唇的味蕾，记录面神经纤维上的生物电变化，发现罗非鱼的味觉反应全部是瞬间的位相性变化，反映了味觉的快适应性。试验检测了11种氨基酸对罗非鱼上唇的味觉刺激，强度依次为：第一组的精氨酸、谷氨酸和天冬氨酸对罗非鱼上唇的味觉刺激最强；第二组包括半胱氨酸、丝氨酸和丙氨酸，味觉刺激次之；第三组是丙氨酸、苏氨酸和苯丙氨酸；最弱是第四组，包括苏氨酸、苯丙氨酸、甲硫氨酸、甘氨酸和脯氨酸。从分析结果看，后面 3 个组的氨基酸刺激效果有重叠。在这些刺激物中，以精氨酸、谷氨酸、天冬氨酸和配合饵料水提取液的刺激效果最强，可以推测，这是由于外周味觉感受器对于摄食信息物质具有特殊的敏感性。

罗非鱼对氨基酸的味反应谱与其他鱼类的不同。罗非鱼的味觉感受器对精氨酸、谷氨酸和天冬氨酸最敏感，而豹纹东方鲀（*Fugu pardalis*）的味觉感受器对丙氨酸、甘氨酸和脯氨酸最敏感，鳗鲡的味觉感受器对甘氨酸和精氨酸最敏感，斑点叉尾鮰的味感受器对丙氨酸和精氨酸最敏感。此外，罗非鱼的味觉敏感性与摄食行为之间存在相关性，罗非鱼外周味觉感受器最为敏感的谷氨酸和天冬氨酸能够促进其摄食，而最不敏感的甘氨酸和脯氨酸不能诱发其摄食，在鳗鲡、东方鲀、真鲷（*Chrysophrys major*）的摄食行为与味神经冲动之间也观察到相似的结果。不同的鱼类生活在不同的生态环境里，吃食不同的饵料，饵料化学成分在质和量上存在差异，使鱼类对于嗜好食物里的某些成分具有特殊的味觉敏感性，因而使鱼类的摄食有选择性。由此可见，味觉是选择性摄食的关键。

精氨酸对罗非鱼的味觉感受器是强刺激，它同时是罗非鱼的必需氨基酸之一，罗非鱼对它的需要量不能少于 1.8%，所以，外周味觉感受器对精氨酸的高度敏感性有利罗非鱼对于精氨酸含量丰富的饵料的摄取，保证了对精氨酸的营养需求。在试验的 11 种氨基酸溶液中，天冬氨酸和谷氨酸的 pH 分别为 3.4 和 3.6，精氨酸的 pH 为 9.1，其余皆为中性溶液。有学者指出，pH 明显影响天冬氨酸和谷氨酸的味觉刺激效果，但是对精氨酸的刺激效果没有显著的影响，这是由于酸性使许多味觉感受器、味神经纤维兴奋，因而得到强的味神经反应。pH 对罗非鱼的摄食行为也有相同的影响，其促进摄食的反应随着 pH 的变小而增大。1% 配合饵料水提取液始终诱发最大的味觉反应。饲养试验开始时，植物性配合饵料对于罗非鱼并不适口，投喂几个月以后，鱼逐渐适应，配合饵料就成为适口饵料，其味觉刺激成为摄食的信号，所以鱼体能够做出强的味觉反应，这就是味觉对鱼类选择性摄食行为调节的高度适应性。

综上所述，罗非鱼的味觉敏感性具有种属特异性，它们对于饵料里某些成分具有特殊的敏感性，这些成分能够诱发罗非鱼的摄食，同时味觉对鱼类选择性摄食的调节也具有适应性。

3. 化学感受器与摄食　　水产动物的摄食过程大致可分为 3 个阶段：①起始阶段，即发觉或意识到食物刺激和存在；②寻找阶段，即寻找食物刺激的位点，并趋向食物，有时表现为猛咬或吞咽；③摄食阶段，即摄入食物并判断食物的适口性、可食性，以食物的摄入为标志。水产动物这种摄食行为除受食物的物理性刺激，如颗粒大小、形状、硬度、光泽、颜色等而引起感应外，还会受到从饵料中溶出物成分的化学刺激而引起感应，这类化学刺激往往就是诱食剂，它们通过动物的嗅觉器官如鱼类鼻囊中的嗅觉上皮，味觉器官如口腔、鳃、咽部、食道等器官组织中的味蕾而使食欲增强、摄食量增大、摄食时间缩短等。研究表明，各种鱼类所喜爱的气味有所不同，肉食性鱼类喜食腥味大的动物性饵料，植食性鱼类喜食具有芳香气味的植物性饵料，罗非鱼等杂食性鱼类的喜好则居于二者之间。大多数鱼类的嗅觉和味觉对含有 α- 氨基和 α- 羟基的碱性氨基酸（精氨酸、赖氨酸）、中性氨基酸（甘氨酸、丙氨酸、丝氨酸）和脯氨酸的反应颇强，另外，核苷酸、脂肪酸、甜菜碱等对鱼类味蕾有刺激作用。

虽然嗅觉和味觉对鱼类的摄食都有重要的调控作用，但有学者认为，相较而言味觉对鱼类的选择性摄食更为关键，因为已经进入口腔的食物会被吞咽下去还是被吐出来就取决于鱼的味觉。在鱼类的生存斗争中，鱼类的味觉敏感性和选择性摄食具有可塑性。对味觉生物电反应的研究进一步揭示了这种调节的生理机制，学者们对于鱼类化学感觉和摄食行为的基础理论研究，使我们能够掌握这些生理活动的规律性并为生产实践服务。例如，生产饲料添加剂，改变饵料的味道，使原来不爱吃的、但又富有营养的饵料变为适口饵料，并扩大饲料原料来源。

（二）听觉感受器

1. 内耳的组成与结构 鱼类的听觉感受器是内耳，罗非鱼内耳器官结构与典型硬骨鱼的内耳结构一致（图 7-5）。罗非鱼有一对内耳，位于颅腔底部左右两侧和底部骨迷路中，两耳间没有直接联系。每个内耳分别由 3 个半规管及其壶腹和 3 个呈囊样器官（椭圆囊、球状囊和听囊）组成一个连续的导管和囊的膜系统。罗非鱼内耳几乎全部包埋在头骨质内，只有球状囊前内侧与颅腔相通。迷路在颅腔中呈"浮动"并与头骨紧密相连，使得听斑能更好地与头部运动相偶联。典型的内耳器官分为上下两个部分，上部包括 3 个半规管和椭圆囊的前庭；下部包括球状囊和听囊，是听觉器官的主要部分。不同种类听觉器官的形状大小有很大差异，在飞鱼（飞鱼科）和鱵鳡（鱵鱇科），半规管系统比耳石器官系统大；罗非鱼球状囊最大，椭圆囊和听囊比球状囊小得多，但椭圆囊比听囊略大。

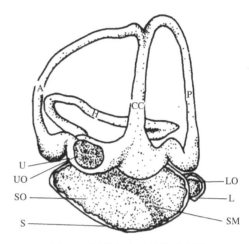

图 7-5 罗非鱼内耳结构示意图
（黄玉霖等，1994）

U. 椭圆囊；UO. 椭圆囊耳石；S. 球状囊；SO. 球状囊耳石；L. 听囊；LO. 听囊耳石；SM. 球状囊听斑；A. 前半规管；P. 后半规管；H. 水平半规管；CC. 中半规管

球状囊呈椭圆体状，其耳石充满整个囊体，耳石上有明显的中央沟，中央沟在形态上与球状囊听斑一致；听囊呈圆形，听囊耳石约占整个听囊一半，耳石较薄且较透明，有明显外缘区和中央区之分；椭圆囊呈不规则椭球体状，其耳石占椭圆囊的较小部分，耳石表面粗糙。半规管和椭圆囊包埋在颅腔侧壁骨质中，球状囊和听囊在大多数鱼类是位于颅腔底部凹陷中，其中骨鳔类的球状囊和听囊较深地陷在颅腔底部，只有球状囊前端露在颅腔内。而罗非鱼属非骨鳔类，其球状囊有较大部分凸入颅腔中。球状囊在颅腔中的取向在非骨鳔鱼类中相当一致，两侧的球状囊都以其后端向体中线靠近，而前端则相当大程度地背离体中线，罗非鱼两耳球状囊的取向是前端离开体中线 25°～30°。

鱼类内耳听觉器官主要由 3 个耳石器官组成，每个耳石器官都有 6 个组成部分：外囊、耳石、耳石膜、听上皮（听斑）、支配神经和内淋巴液。耳石的大小和形状具有种间差异，耳石在耳石囊中的位置也依种类而不同，所有这些差异以球状囊表现最突出。大多数研究过的种类，椭圆囊耳石倾向于不规则的扁球状，耳石对其听斑的覆盖存在着两种类型，可能与一些硬骨鱼的椭圆囊具有平衡敏感性和振动敏感性两种功能有关。一般椭圆囊耳石不覆盖听斑前区，由耳石膜从耳石底部延伸覆盖。罗非鱼的椭圆囊耳石也为不规则的扁球状，形似鞍状，亦不覆盖听斑前区，说明椭圆囊耳石的种间差异较小。听囊耳石一般在非骨鳔类较小，呈圆形或三角状，耳石上无明显的沟，而只在与感觉上皮的接触处有一浅的凹痕；但是骨鳔类听囊耳石中央部分有一条沟，沟的形状与其听斑形状一致。听囊耳石一般也不覆盖听斑的前端或背端，同样以耳石膜覆盖此区域。骨鳔类球状囊耳石不呈长条形，出现分叶，叶上分布着许多浅沟纹。非骨鳔类球状囊耳石的形状大小变化非常大，最一般的形状是侧扁的椭圆形，具有中央沟，耳石部分或全部地占据耳石囊。有些种类如虾虎鱼类和许多鲈形目的种类，其耳石完全覆盖听斑，并且占据或几乎占据整个球状囊腔室；在另一些种类如鲑鱼类，其听斑的前端仅被耳石膜的延伸部分所覆盖。球状囊耳石形状变化种间差异明显，不同种类非骨鳔类球状囊耳石的形状有相当大的差异。罗非鱼球状囊耳石为椭圆形，有齿状边缘，具有明显中央沟。有学者在 4 种骨鳔类对间歇声反应特性的研究中发现，其球状囊耳石的六角与可闻频率上限呈正比关系，这虽然还没有获得较精确的定量规律，但无疑提供了另一种研究途径。耳石膜是一层胶质膜结构，位于耳石和听斑之间并触及所有感觉毛细胞（包括那些非耳石覆盖区）。罗非鱼的耳石膜有大量小孔，听斑的毛细胞纤毛顶端伸入小孔，不少硬骨鱼类都有类似报道。耳石膜行使一种偶联和缓冲作用，耳石对不同的声刺激频率引发的复杂运动对毛细胞产生剪切运动，从而使毛细胞产生电位变化。

听斑的形状有种间差异，椭圆囊的差异最少，听囊次之，而球状囊最多。椭圆囊听斑呈盘状，侧部延伸。骨鳔类球状囊听斑十分窄细，横跨背腹轴延伸，非骨鳔类球状囊听斑呈长条，前端较其后端宽，形似蝌蚪状。对罗非鱼听斑形态的研究表明，听斑的形态与其耳石的大小和形状及其表面结构密切相关，听斑的形状比二维平面上呈现出来的要复杂得多，有必要进一步研究其三维结构。

扫描电镜观察表明，罗非鱼内耳听斑是由毛细胞和支持细胞组成，听斑表面有大量具一定分布规律的纤毛束。罗非鱼主要有 3 种类型的纤毛束：F1 型、F2 型和 F3 型。按照纤毛束的取向一致性，球状囊听斑划分 3 个区，听囊听斑和椭圆囊听斑均划分两个区。F1 型纤毛束是球状囊听斑的常见类型，F2 型纤毛束多见于球状囊听斑和听囊听斑的外缘区，F3 型纤毛束在不同听斑区均有分布但不同种类出现区域不同。椭圆囊听斑基本上是水平取向，并侧向延伸；球状囊听斑大致是垂直取向，且头尾方向为长轴。从罗非鱼 3 个耳石器官听斑毛细胞的取向可以看出，球状囊听斑毛细胞的取向较为复杂，特别是在听斑前端区。

2. 内耳的功能　　罗非鱼的内耳是声音感受器，亦是重力感受器和角加速度感受器，还能保持和调节肌肉紧张性。如果完全摘除两侧的内耳，鱼就会变聋，严重丧失身体的平衡性以及暂时或长期失去肌肉的紧张性。鱼类能感受声波的振动，但由于没有形成高等脊椎动物的耳蜗，鱼类所感受的声频率比较低。这可能和鱼类的听觉器官结构简单有关。用行为定量解析法，对罗非鱼在低频区（100～1000Hz）由计算机分别以 1s 和 5s 给声和撤声，用 4 个不同频率声为刺激，以速度、方向、间距和重心变化以及它们的个体间平均值做行为量统计分析，研究罗非鱼的听觉反应行为。结果表明，罗非鱼对低频各频率声刺激敏感，频率在 400～583Hz 范围内皆有明显反应，其最敏感频率为 400Hz，与其他有关罗非鱼电生理学研究结果一致。鱼类必须有传感器才能在水中感受声波，鱼气鳔是高效的声波传感器。有研究表明，鱼的气鳔是高效的声反射体，50% 以上冲击声波能由气鳔反射。因此，有鳔的鱼类通常听觉较为敏感，而气鳔和内耳有密切联系的鱼类，听觉的灵敏性最强，对声波的感受范围亦最宽。另外，许多研究都证明类侧线器官能感受低频率声波和察觉近距离的物体，并起着近处声波感受器的作用。由于内耳和侧线器官在结构和功能方面十分相似，如都具有感觉毛细胞及动纤毛与静纤毛的排列与作用，都有听神经的分支分布，都能感受声振动等，因此，有学者把它们都列为鱼类的听觉器，侧线器官为主要感知近处声波的感受器，而内耳和气鳔组成远处声波感受器。

此外，内耳的半规管和椭圆囊还是鱼类平衡反射的感受调控器。半规管内充满内淋巴液，当内淋巴流动使顶器以及毛细胞的纤毛朝向动纤毛一侧偏移时，会引起兴奋。因此，当鱼体无论朝哪个方向转动或产生角加速度时，内淋巴的惯性都可能刺激到其中一组毛细胞，从而反射性地引起鱼体的某些平衡反应。当鱼体位置变动时，神经递质转运增加会增强毛细胞的兴奋性，反之，神经递质的转运停止会抑制毛细胞；而神经递质释放量的调节是由毛细胞纤毛活动的方式和状态所决定。毛细胞在听嵴（壶腹嵴）的位置是均一的。在水平半规管的听嵴，毛细胞的动纤毛都由壶腹的半规管末端朝向壶腹 - 椭圆囊的开口，壶腹的加速度会引起纤毛束的偏斜，使动纤毛弯向其基部的一侧，从而产生兴奋性。在垂直半规管的听嵴，毛细胞的动纤毛朝向壶腹的半规管末端而远离壶腹 - 椭圆囊开口，因此，壶腹引导的加速度亦会引起动纤毛产生兴奋性的偏斜。研究表明，椭圆囊能够调控位置变动引起的鱼体各种姿势反应，包括角加速度引起的效应器动态反应。摘除两侧的球状囊和听壶，鱼的重力反应没有受到损害，但摘除两侧的椭圆囊鱼就失去全部姿势的反射性反应。由此可见，罗非鱼内耳的解剖构造可分为上部（椭圆囊和半规管）和下部（球状囊和听壶），它们具有不同的生理功能。这和其他脊椎动物的情况相似。进一步的研究表明鱼类椭圆囊听斑的感觉毛细胞的动纤毛是朝外侧和朝内侧散开排列的，当耳石受到重力或惯性刺激的影响而在听斑表面流动时，能对鱼体各轴（包括由头部到尾部、两侧和对角）的倾斜产生兴奋性反应。综上，鱼类内耳起着重力感受器的作用，除了对直线加速度产生反应之外，对直线移动、离心刺激、恒定速度的转动和加速转动以及振荡性直线加速度等都有反应，因而对平衡起重要的调节作用。

（三）光感受器

罗非鱼的光感受器是眼睛。眼睛的结构和功能在各种脊椎动物基本相似，也存在一定的种特异性。

1. 眼睛的构造　与其他硬骨鱼类一样，罗非鱼拥有发达的眼睛，其基本结构和高等脊椎动物的眼睛相似，但同时也具有一些适应水中生活的特征。鱼眼位于头的两侧，适于单眼的视觉；眼球椭圆形而角膜平坦；球形晶状体和角膜相距很近，使光线不只从前方且从上方和两侧穿入眼球，视野大，加上六条眼肌调控眼球的转动，使视角在水平面是166°～170°，在垂直面是150°。眼球的最外侧是坚厚的巩膜，其外侧是结缔组织而内侧有软骨加固。巩膜的前方形成角膜并铺以表皮结膜，呈环形围绕眼球。巩膜内是银膜，由数层含有针状鸟粪素结晶的扁平细胞组成，使眼球具有特殊的不透明光泽。银膜内侧的脉络膜由结缔组织组成，有丰富的血管；外侧的脉络膜逐渐转变为虹膜，它形成类似瞳孔的隔膜，在虹膜中间是球形的晶状体。眼球的最内层是视网膜，主要由感光的视锥细胞和视杆细胞组成，它和脉络膜相邻处色素上皮，还有神经元和胶质细胞。

采用光学和透射电子显微镜分析罗非鱼的胚后发育，发现边缘生长区及胚胎裂缝代表神经形成的活跃位点，同时对新的神经胶质细胞和光感器（视锥细胞和视杆细胞）的形成有积极作用。成年罗非鱼的视网膜表现为气球样扩张，还保留有一个弯曲的、有开口的胚胎裂缝，表明眼的不对称性胚后生长。在胚后分化过程中，视网膜色素上皮表现为自外周向中央的梯度变化，即边缘生长区周围，该上皮中仅含有球形的黑色素体，而在中央部位发育为长形的黑色素体及顶端突起。同样，发育中的光感受器亦表现为由侧面向中央逐步发展变化。光感受器先形成内节及其附属的突起，随后内节分化为椭圆体和肌样结构，这两种结构与其他硬骨鱼中观察到的胚胎发育阶段视网膜的发育程序大致相符。由此提供了鱼类视细胞发育的另一种线索，即硬骨鱼的胚后视网膜生长在空间上模拟胚胎期视网膜发育，双体视锥细胞可能是发育中的单体视锥细胞裂开的结果。

2. 眼睛的功能和视觉能力 眼睛视力的调节是依靠晶状体的移动，晶状体的上方挂在悬韧带上；下方连接强大的晶状体牵缩肌，可调节晶状体向后移动；调节晶状体移动的还有富含血管和色素的镰状突，它以末端的铃状体和晶状体相接，镰状突的另一端靠近视神经入口的银膜。鱼类和其他脊椎动物一样，感光细胞是视网膜的视锥细胞和视杆细胞。视杆细胞对放射能具有高度敏感性，是低阈值细胞，其受体（杆）具有长的"光罩"（即外节）；视锥细胞感受亮光，具高阈值受体，外节较短小。鱼类由于不同的摄食习性，视网膜有各种不同的视锥细胞镶嵌排列；而在需要视觉高度灵敏性和对细微物体清晰聚焦的部位则形成高度特化的视锥斑；在视锥斑当中最稳定的是视网膜正中凹，是视锥细胞最集中、分辨率最好的部位，而在视网膜的外周部位主要是视杆细胞，对运动的检测与暗光下的视觉起作用。

视觉能力取决于视网膜网织层的突触组成和视锥细胞与视杆细胞的分布。光信号的传递是垂直的，感光细胞把信号经过两极神经细胞传送到组成视神经的神经节细胞，而无长突神经细胞进行信号的水平传送。鱼类能够通过一些途径如瞳孔的活动，视网膜运动以及透明反光层的作用等，在感光细胞水平调节有效的光强度，从而适应于光亮或者黑暗的环境。大多数硬骨鱼类能通过视网膜运动调节光强度，视网膜感光细胞层的最外侧是色素上皮，色素细胞的长突起向感光细胞延伸并和它们的外节交错对插。在黑暗中，色素细胞的黑色素颗粒集中收拢而远离感光细胞；一旦移到光亮中，色素颗粒不久就转移到长突起中。

应用 Dil 染色晶体可以研究罗非鱼视觉传导路的形态分布。通过荧光显微镜观察 Dil 染色晶体在视觉传导路的形态分布，发现右侧视神经植入 Dil 染色晶体后，均可见到标记的右侧视神经纤维，行向后内，穿经视神经管入颅，逐步靠近左侧视神经，进一步行向后内，经过左侧视神经上方，进行完全交叉，形成视交叉，再经左侧视束连于左侧间脑视盖。用快 Golgi 法研究尼罗罗非鱼的视觉特性与视觉中枢的关系，结果显示罗非鱼视顶盖的组织结构分为 6 层，由表及里依次为：边缘层（SM）、视觉层（SO）、表面纤维层（SFGS）、中央细胞层（SGC）、中央纤维层（SAC）及围脑室层（SPV）。多种类型神经元分布于视顶盖。诱发电位（VETP）的暗适应曲线时程为 90min，并出现平台。VETP 的暗视 S λ 峰值为 520nm，当 $\lg I_B = -2.0$，明视峰值位移至 555nm，这表明尼罗罗非鱼可能有辨色能力。

环境照度、屏幕转速、水温、视野结构、体长及群体结构等因素会对尼罗罗非鱼视动反应产生影响。实验结果表明，环境照度对尼罗罗非鱼的视动反应有极显著的影响。随着环境照度的增加，屏幕亮度和黑白对比度将增大，会明显地改善鱼体的视敏度和对运动的感觉能力。有时在高照度下，反应反而出现减弱趋势，则很可能由于在自然条件下鱼很少遇 $10^3 lx$ 以上的照度，在人为强光下鱼的反应即受到抑制。屏幕运动速度也是一项重要影响因素，当屏幕转速达到某一特定值后，鱼的反应率、反应稳定性和跟随率都将随屏幕转速的继续提高而下降，这可能是由于在高转速下鱼对运动方向的判断发生困难，也或者因视觉疲劳所致。水温对罗非鱼的视动反应影响很大，随着水温的降低，鱼的反应明显减弱，在鲻、鲱、鲤和虾虎鱼中也有类似的结果。这种影响显然是由鱼的生理活性降低而引起的，它主要表现在两个方面：①降低了感觉系统的活性，使鱼对运动的感觉能力减弱（由高限屏幕角速度下降证实）；②降低了运动系统的活性，使鱼的反应迟钝，游泳能力下降（由潜伏期延长，跟随率下降证实）。另外，运动视野结构对鱼的视动反应影响也很大。在相同条件下，黑白垂直条纹所起的反应最强，这与前人研究结果一致。因此，人们在研究鱼类视动反应或利用该反应来研究鱼类某些视觉特点和游泳能力时，大都采用黑白垂直条纹屏幕。这种屏幕之所以能引起最好的反应，是因为黑白条纹反差最强，在相同亮度下其对比度最大，从而增加了鱼眼主观上的亮度对比效应和边缘对比（马赫带）效应，进而有效地改善了鱼的视力。这一点被视觉电生理研究所证实。垂直条纹与水平条纹相比，前者的移动更易察觉，因此，鱼对前者的反应明显优于后者。至于为什么鱼对倾斜条纹的反应不如垂直线条纹，目前还不太清楚。不过，在研究人眼光栅适应时曾发现，人眼对斜线的敏感性低于对垂直线和水平线的敏感性。在鱼的视系统中可能也存在这种现象。有学者曾报道：视动反应的明显性与屏幕条纹的数量及其高度有关，要能引起鱼类对视觉运动装置稳定的反应，需要屏幕上有一定最小数量的条纹。罗非鱼的研究中也有类似的情况，这可能是由于视动反应需要视网膜有一定数量的视细胞受到刺激，当低于这一值时，由于受到刺激的感受单位太少，而达不到大多数运动神经元的发放阈值，从而不能引起明显的反应。另外，屏幕上垂直条纹的宽度对罗非鱼视动反应也有影响。在一定范围内，鱼反应强度随条纹宽度的增加而增强，这显然与宽条纹能改善鱼的视力有关。除了条纹屏幕以外，运动中的网片和鱼形物也能引起罗非鱼的视动反应，这提示在渔业生产中，视动反应是一个不容忽视的问题。

从研究结果可知，尼罗罗非鱼幼鱼在 $10^5 \sim 10^{44}$ lx 照度下具有典型的视动反应，并随着环境照度提高而增强。但视动反应随着体长的增大（生长发育）将明显减弱，前人也有研究表明，除少数集群鱼类外，多数鱼类幼体阶段具有比较强烈的视动反应，到了成体阶段则显著减弱甚至消失。对此现象，目前尚缺乏完整的解释，推测可能是由于幼鱼的兴奋性高，这与视动反应的性质有关，因为视动反应属于一种趋性（趋动性），而趋性是动物最原始、最简单的行为方式，它极易受到各种内外因素的影响和制约，在生长发育和适应过程中极易被其他新的更复杂的行为方式所代替。对于群体因素对视动反应的影响，有学者在其他物种发现个体的视动反应比群体的反应要微弱得多，但在罗非鱼中，个体和群体在反应率、高限屏幕角速度、跟随率和潜伏期均无明显差异，这很可能与尼罗罗非鱼属非集群性鱼类有关。

与正常鱼相比，罗非鱼的单眼视动反应有明显减弱的趋势和极为显著的方向性，这个结果支持了双眼视觉输入对正常视动反应是不可缺少的观点。有学者提出，鱼类视动反应具有"刺激相称性"，当鱼在追随运动条纹时，将尽可能使其双眼都看到条纹，这也说明双眼视觉在反应中的必要性。至于为什么单眼鱼的视动反应具有方向性，原因可能是鱼在长期的游泳生活中习惯于周围的物体由前向后运动，而由后向前的物体运动比较少见，因而更感兴趣；或者是鱼眼对向前的运动比对向后的运动敏感。第二种解释可能更具说服力，因为有研究者在鲈、金鱼和日本雅罗鱼的视顶盖中发现运动方向选择性神经元，提示鱼的视觉系统中存在着方向选择性运动特征检测器，并且这种神经元中的大多数对由颞侧向鼻侧的运动敏感，在鱼视网膜神经节细胞中也曾发现对单方向运动敏感的神经元。

综上所述，在一定范围内，罗非鱼的视动反应随环境照度和水温的升高而增强，随屏幕转速和体长的增加而减弱。鱼对黑白垂直条纹的反应最好，对倾斜条纹的反应较差，水平条纹则不能引起明显的反应。就垂直条纹而言，在一定范围内，反应随条纹宽度和数量的增加而增强。个体和群体的反应无明显差异。单眼鱼反应明显弱于正常鱼，并有显著的方向性。

二维码内容
扫码可见

鲑鳟鱼类是指鲑科（Salmonidae）鱼类，包括虹鳟（*Oncorhynchus mykiss*）、大西洋鲑（*Salmo salar*）、银大麻哈鱼（*Oncorhynchus kisutch*）等重要的经济鱼类。鲑科鱼类喜好在低温的水域中繁衍和生长，也被称为冷水性鱼类。鲑科鱼类肉质鲜美，富含蛋白质、不饱和脂肪酸等重要的营养元素，是高附加值水产品。不育三倍体还可以避免向自然水域逃逸带来的生态危害以及繁育后性成熟个体死亡率高的现象。本章论述了主要鲑鳟鱼渗透调节、代谢、摄食和生长等重要生理特征，为鲑鳟养殖业可持续发展奠定基础。

第一节 鲑鳟鱼类概述

一、鲑鳟鱼类养殖概况

鲑科鱼类的养殖不仅可以在全球范围内提供优质的食品和蛋白质，还可以有效提高农业生产人口的收入。鲑科鱼类是联合国粮食及农业组织（FAO）大力推荐的水产养殖鱼类。据统计，2017 年全球鲑科鱼类产量已超过 $3 \times 10^6 t$，是全球渔业贸易的重要产品。大西洋鲑和虹鳟还是生物进化研究的特殊材料，其经历 4 次全基因组复制，导致大量旁系同源基因数目增多（或丢失）。大量的旁系同源基因也被赋予新的生理功能和调控模式。而在生态与环境研究中，虹鳟对环境变化敏感，是环境保护机构使用的重要指示生物。

虹鳟隶属鲑科大麻哈鱼属（*Oncorhynchus*），体长呈现纺锤形。虹鳟在性成熟时，其测线处呈现鲜艳的彩虹色，故名虹鳟，英文名为 rainbow trout。虹鳟喜好栖息于清凉的水环境中，原产地分布于北美洲阿拉斯加州到墨西哥一带的太平洋水域。虹鳟是水产养殖和休闲渔业使用的重要经济鱼类，历经一个多世纪的发展，其养殖产业已分布于世界各地，且以欧美国家为主要产地。虹鳟的全球产量在 2000 年接近 $5.0 \times 10^5 t$（50 万 t），近几年维持在 $7.5 \times 10^5 \sim 8.0 \times 10^5 t$（75 万～80 万 t）。

大西洋鲑隶属鲑科鲑属（*Salmo*），体型较长且尾柄较细，其上颌末端到达眼部，但是不超过眼睛后部。淡水中的大西洋鲑身体呈现红蓝斑点，侧部呈绿色或褐色；入海后的大西洋鲑则呈现银蓝色。大西洋鲑的自然群体分布于欧洲和北美洲，通常位于北大西洋的两侧和岛屿周围。最早的淡水大西洋鲑养殖可以追溯到 19 世纪的英国，此时的大西洋鲑养殖主要以休闲垂钓为目的。在 19 世纪 60 年代，挪威对大西洋鲑进行海上网箱养殖。大西洋鲑是风味较佳、营养丰富的全球性养殖鱼类，目前主要的产地包括挪威、芬兰、爱尔兰等欧洲国家和加拿大、美国、智利、澳大利亚。大西洋鲑的全球产量在 2000 年接近 $1.0 \times 10^6 t$（100 万 t），在 2012 超过 $2.0 \times 10^6 t$（200 万 t），近几年维持在 $2.0 \times 10^6 t$（200 万 t）以上。

二、鲑鳟鱼类主要生物学特征

虹鳟对高温敏感。尽管虹鳟可耐受的极限驯化温度达到 $0 \sim 27$℃，但繁殖和生长的适宜温度范围收窄，最佳生长水温是 9～14℃，养殖虹鳟应当保证水温低于 21℃。虹鳟对盐度的适应能力较强，既可以长期在内湖淡水中生活，即陆封型生活史（residency life-history trait），也可以经历溯河生活史（anadromous life-history trait）。在日常生产和科研中，虹鳟通常特指终生在内湖淡水中生活的区系，而历经溯河洄游生活史的区系被称为硬头鳟（steelhead）。硬头鳟通常在海洋中生长 1～3 年，性成熟后洄游到淡水中产卵。通常，雌性虹鳟（硬头鳟）的性成熟年龄为 3 龄，雄性则为 2 龄。新孵化的硬头鳟幼鱼在淡水中生活 1 到数年，并在规格达到 15～20cm 时降河入海。刺激硬头鳟入海的环境因子包括日照增长、水温升高等。入海后，硬头鳟生长 1～3 年，随后洄游产卵，完成一轮繁殖史。不同于某些鲑科鱼类，产卵后的硬头鳟并不死亡，可以继续入海。一年海洋生活史的硬头鳟体重可达到 2.5kg，三年海洋生活史的体重可达到 9kg；然而淡水区系的虹鳟在 3 年只能达到 4.5kg 左右。

大西洋鲑的适温范围为 4～12℃，可耐受的极限驯化温度不超过 20℃。与虹鳟类似，大西洋鲑也分为陆封型生活史和溯河洄游生活史，并且溯河洄游型的大西洋鲑种群较常见。陆封型大西洋鲑终生在淡水中生活，生活史与虹鳟相似；溯河洄游型大西洋鲑在淡水中产卵，在海洋中生长成熟，生活史与硬头鳟相似。幼鲑（也称为海前幼鲑，parr）在淡水中生活 1～7 年（通常为 2～3 年，规格达到 12～15cm 时），随后入海继续生活 1～4 年。首次入海的鲑鱼被称为"二龄鲑"或"降海鲑（Smolt）"，入海的过程被称为银化或二龄鲑化（smoltification）。二龄鲑化通常发生在 3～6 月，幼鲑受到水温升高和春季水流的刺激，迁移入海。入海后，成年鲑鱼在 3～7 龄时达到性成熟，继而洄游产卵，完成完整的一轮繁殖史。大西洋鲑与虹鳟类似，产卵后，性成熟的个体并不死亡，可以继续完成入海 - 洄游的繁殖循环；但是太平洋鲑在产卵后，性成熟的个体死亡率高。

第二节　主要鲑鳟鱼类渗透调节

幼鲑在淡水生活 1 至数年后，降河入海，伴随一系列生理、行为和形态的改变，成为"二龄鲑"。"二龄鲑"经历漫长的"寻海之旅"后，最终进入海洋生长成熟。刺激鱼类洄游生活或陆封生活的因素包括生物内因、环境外因和遗传背景。据统计，近 2.5% 的鱼类具有洄游行为，除上述提到的硬头鳟、大西洋鲑和太平洋鲑外，多数的鲑科鱼类，以及大西洋鳕、蓝鳍金枪鱼、鲟鱼等重要的大型经济鱼类也具有洄游行为。在洄游过程中，伴随一系列的环境变化。例如，相比于仅生活在淡水或狭盐性海水的鱼类，洄游性的鲑鱼要经历淡水、海水，甚至是极端的盐度环境。伴随环境的变化，鱼类的生理、行为、形态也会产生适应性变化。因此，大量的研究集中于探究鱼类洄游的生理学基础。

一、红鳟鱼类渗透调节简述

无论是海洋鱼类还是淡水鱼类，细胞外液物质成分和渗透浓度的相对稳定是保证各项生理活动的基础。根据鱼类调节渗透浓度的能力，鱼类可以划分为变渗鱼类（osmoconformer）和调渗鱼类（osmoregulator）。变渗鱼类细胞外液的渗透压与外界环境相同，不需要动员额外的能量用于调节渗透压。调渗鱼类可以利用鳃、肾脏和肠道等器官调节细胞外液的渗透压，进而保持相对恒定，因此也称为恒渗鱼类。此外，根据鱼类对盐度的适应能力，鱼类可以划分为狭盐性鱼类（stenohaline fish）和广盐性鱼类（euryhaline fish）。前者只能适应较小的环境盐度变化，后者则可以适应较为广泛的盐度变化。洄游鱼类通常属于广盐性鱼类。

营海水生活史的鱼类，其细胞外液的渗透压大约是外界水环境的30%。这类鱼通过吞饮海水阻止水分子的渗透流失。伴随海水的吞饮，大量的无机盐也通过肠道进入血液。为保持细胞外液渗透压的稳定，Na^+和Cl^-等单价离子通常被皮肤和鳃组织的泌氯细胞排出，Mg^{2+}和SO_4^{2-}等二价离子通常由肾脏通过尿液排出。营淡水生活史的鱼类，其细胞外液的渗透压是海水渗透压的25%~33%。淡水的渗透压极低，淡水鱼类细胞外液的渗透压大于淡水环境，渗透作用导致水分子渗入鳃和体表的上皮细胞，同时伴随无机离子的流失。淡水鱼类通过排出大量稀释的尿液（无机离子浓度低）排出多余水分；通过鳃的上皮细胞主动吸收水中的Na^+和Cl^-，通过肠道吸收食物和水中的Na^+和Cl^-（图8-1和图8-2）。

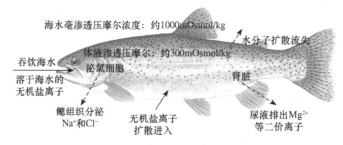

图 8-1　鱼类在海水中的渗透压调节机制

海水的渗透压摩尔浓度远大于鱼类的细胞外液。当"二龄鲑"进入海水后，面对的主要挑战是水分子的流失和无机盐离子的扩散渗入。为弥补水分子的丢失，"二龄鲑"大量地吞饮海水。大量的无机盐随海水吞入，鳃组织的泌氯细胞可以排出过多的单价盐离子（如Na^+和Cl^-）；通过制造尿液，肾脏排出二价盐离子（Mg^{2+}等）

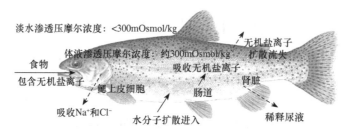

图 8-2　鱼类在淡水中的渗透压调节机制

淡水的渗透压摩尔浓度十分低，远小于鱼类的细胞外液。成熟的鲑鱼溯河产卵时，面对的主要挑战是无机盐离子的流失和水分子的扩散渗入。为调节水盐平衡，鳃上皮细胞主动吸收水中环境的无机盐离子，肠道吸收食物中的无机盐离子。为排出过多的水分子，肾脏产生大量稀释的尿液

二、"二龄鲑"的渗透压调节

幼鲑的渗透压调节能力较弱，属于鲑鱼生活史的狭盐性阶段。幼鲑向"二龄鲑"转变的过程中，鲑鱼吸收水分和外排盐分的能力不断增强。"二龄鲑"的渗透压调节能力显著增强，已具备广盐性鱼类的特征。若将幼鲑直接从淡水转移到超过30‰盐度的海水中，将导致幼鲑死亡。在降河入海的过程中，鲑鱼要经历淡水、半咸水和海水的水环境变化。此过程中，循序升高的盐度刺激"二龄鲑"的渗透压调节器官不断发育，其调渗能力（特别是排盐的能力）不断增强。最终经过数周的适应，"二龄鲑"具备广盐性鱼类的形态特征、行为特点和生理功能，

对盐度变化的耐受能力较强，最终通过半咸水的河口地区，进入海洋。

（一）鳃组织的渗透调节功能

鳃是介导鱼类气体交换、代谢物排泄、渗透压和酸碱调节的主要组织。鳃丝上皮富有泌氯细胞。泌氯细胞具有调节离子交换的结构基础：发达的管道系统和丰富的线粒体。基底部和顶端分布有离子交换通道，其顶端与水环境的交界处有许多微绒毛结构和囊泡结构。此外，每个泌氯细胞还伴有一个对应的辅助细胞。泌氯细胞与辅助细胞的连接较为松散，形成通漏的细胞旁道。结构决定功能，离子交换通道和细胞旁道是离子交换的重要结构。

泌氯细胞的离子交换通道主要包括基底侧的钠钾 ATP 酶（Na^+，K^+-ATPase，NKA）、基底侧的 Na^+-K^+-Cl^- 共转运蛋白（Na^+/K^+/$2Cl^-$ cotransporter，NKCC）和顶部的氯离子通道（即囊性纤维化穿膜传导调节蛋白，cystic fibrosis transmembrane conductance regulator，CFTR）。在海水中，钠钾 ATP 酶以三磷酸腺苷（ATP）为能源物质，向泌氯细胞外"泵"出 Na^+，进而建立 Na^+ 的电化学梯度。Na^+ 建立的电化学梯度可以驱动 NKCC，对 Na^+、K^+ 和 Cl^- 进行协同转运，进入泌氯细胞。泌氯细胞通过顶部的氯离子通道，将 Cl^- 排出体外；多余的 Na^+ 则被钠钾 ATP 酶再次"泵"出泌氯细胞。泌氯细胞外液中的高浓度 Na^+ 则通过泌氯细胞与辅助细胞形成的细胞旁道被排出体外。值得注意的是，NKCC 在此生理过程中被钠钾 ATP 酶提供的 Na^+ 电化学梯度驱动，并不直接消耗 ATP。鲑科鱼类通过钠钾 ATP 酶、NKCC 和 CFTR 的协同作用调节 Cl^- 的平衡，通过细胞旁道调节 Na^+ 的平衡（图 8-3）。钠钾 ATP 酶驱动 NKCC1 见二维码 8-1。

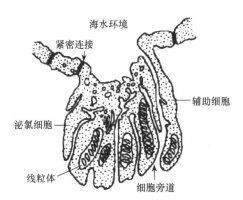

图 8-3　泌氯细胞的基础结构（杨秀平，2009；林浩然，2011）

伴随盐度耐受性的增强，"二龄鲑"钠钾 ATP 酶的活性升高。将二龄鲑转移到海水中，观察到从 1 月到 5 月期间，鳃组织中钠钾 ATP 酶的活性不断升高，对应血液中的渗透压摩尔浓度呈现下降趋势。在 5 月，鳃组织钠钾 ATP 酶的活性达到峰值，该时间窗口与"二龄鲑"发育和入海迁移的时间窗口一致（通常于 3~6 月降河洄游入海）。在 6 月，鳃组织钠钾 ATP 酶的活性回落，血液中的渗透摩尔浓度回升。上述实验证实"二龄鲑"鳃组织的钠钾 ATP 酶的活性与盐度的耐受性呈高度的正相关。钠钾 ATP 酶主要由 α 催化亚基和 β 调节亚基组成，某些钠钾 ATP 酶还具有 δ 亚基。α 催化亚基和 β 调节亚基组成对称的跨膜异源多聚体，即 $\alpha_2\beta_2$ 或 $\alpha_2\beta_2\delta_2$ 结构。α 催化亚基较大，分子质量在 95 000Da 左右，β 调节亚基分子较小，分子质量在 50 000Da 左右。研究证实鲑科鱼类的鳃组织表达不同亚型的钠钾 ATP 酶基因（主要是不同的 α 亚基）。大西洋鲑的钠钾 ATP 酶 α 亚基基因可分为 1a 和 1b 两个亚型（*nkaα1a* 和 *nkaα1b*）。在不同的盐度环境中，*nkaα1a* 和 *nkaα1b* 基因的表达量不同。淡水"二龄鲑"鳃组织的泌氯细胞同时表达 *nkaα1a* 和 *nkaα1b*。而在"二龄鲑化"的过程中，*nkaα1a* 和 *nkaα1b* 几乎不在泌氯细胞中共表达。随环境盐度的逐步升高，"二龄鲑"鳃组织 *nkaα1b* 的表达量不断升高，证实 *nkaα1b* 是在海水中调节 Na^+-K^+ 平衡的主要通道蛋白。在虹鳟中至少鉴定得到了 5 种 *nkaα* 亚型基因（*nkaα1a*、*nkaα1b*、*nkaα1c*、*nkaα2* 和 *nkaα3*）和 4 种 *nkaβ* 亚型基因（*nkaβ1a*、 *nkaβ1b*、*nkaβ3a* 和 *nkaβ3b*)。在虹鳟的鳃组织中，*nkaα1a* 和 *nkaα1b* 亚型的表达丰度受到盐度环境的调控，盐度升高刺激 *nkaα1b* 亚型表达，盐度下降刺激 *nkaα1a* 亚型表达，而其他 3 个 *nkaα* 亚型的表达似乎不受盐度调控。将虹鳟转移到盐度为 24‰ 的咸水中，观察到鳃组织钠钾 ATP 酶的活性增强，且 *nkaα1b* 的表达上调，而将虹鳟置于无离子水中（20% 淡水＋80% 蒸馏水），观察到 *nkaα1a* 的表达显著上调，但是鳃组织钠钾 ATP 酶的活性不变。根据上述研究证据，推测 *nkaα1b* 亚型主导虹鳟钠钾 ATP 酶的生物活性。钠钾 ATP 酶的结构见二维码 8-2。

鲑鱼对盐度的耐受性和钠钾 ATP 酶的功能也受到其他离子的干扰（如氢离子和铝离子）。暴露在酸性的水环境（pH 5.2）后，"二龄鲑"对海水盐度的耐受性降低，并伴随鳃组织 *nkaα1b* 表达水平的显著下降。此过程中，鳃组织 *nkaα1a* 的表达水平不变，将"二龄鲑"暴露在 Cl⁻ 富集的水环境（pH 5.2，[Cl⁻] 35μg/L）中，实验鱼在淡水中的调渗能力被干扰，并伴随 *nkaα1a* 和 *nkaα1b* 表达水平的下降。环境因子同样影响鲑鱼"二龄鲑化"的过程和钠钾 ATP 酶的功能。将"二龄鲑"暴露 16h 光亮、8h 黑暗的光周期，鲑鱼"二龄鲑化"的进程加快，钠钾 ATP 酶活性增强，*nkaα1b* 表达上调，*nkaα1a* 表达下调。随后实验鲑鱼进一步暴露于全光照周期中（光照 24h），观察到部分鲑鱼出现逆二龄鲑化趋势。有趣的是，若将初始的光周期反置，即先将"二龄鲑"暴露 8h 光亮、16h 黑暗的光周期，在置于全光照周期中，观察到"二龄鲑"的钠钾 ATP 酶活性增强，*nkaα1a* 表达下调，*nkaα1b* 表达上调，提示鲑鱼调渗能力增强。在高温胁迫中，不论是淡水还是咸水，"二龄鲑"鳃中钠钾 ATP 酶的活性，*nkaα1a* 和 *nkaα1b* 的表达均受到高温水环境的抑制。

在泌氯细胞，钠钾 ATP 酶驱动 NKCC，进而促进钠、钾、氯三种离子的同向协同转运。NKCC 属于跨膜转运蛋白，属于溶质转运蛋白超家族 12A（SLC12A）。NKCC 主要有两种亚型，分别为 NKCC1 和 NKCC2，分别被基因 *slc12a2* 和基因 *slc12a1* 编码。NKCC1 属于分泌型，在全身广泛分泌，主要位于细胞的基底部，从血液或细胞外液向细胞内部吸收 Na⁺、Cl⁻ 和 K⁺。NKCC2 主要分布于肾脏，从尿液向血液中重吸收各种离子。在鱼类中，已鉴定到 NKCC1 和 NKCC2 两种亚型，大西洋鲑和虹鳟的鳃中鉴定到 NKCC 的表达。在鲑科鱼类中，观察到 NKCC 与 NKAα1b 共表达。进一步分析钠钾 ATP 酶、NKCC 与线粒体富集细胞的相关性，观察到在虹鳟的鳃组织中，钠钾 ATP 酶的分布与线粒体的富集程度成正相关，但是 NKCC 的分布与线粒体的富集呈现或正或负的关系。上述证据进一步证实 NKCC 的启动直接依赖于钠钾 ATP 酶，而非依赖线粒体功能。虹鳟的肾脏中，不论是淡水环境还是盐水环境，NKCC 在远端小管和集合小管表达，不在近端小管分布。伴随"二龄鲑"的不断成熟，*nkcc1* 的表达量升高，证实 NKCC 调节鲑鱼对环境盐度的适应能力。

此外，*nkcc* 的表达也受到环境因子的调控。自然光照刺激 *nkcc* 在鳃中的表达升高，幼鲑成功"二龄鲑化"。*nkcc* 在实验鱼鳃中表达升高的时间窗口与自然水域中"二龄鲑"降河入海的时间窗口一致。持续的光照不对鳃中 *nkcc* 的表达产生影响，但是抑制幼鲑对盐度的适应能力，幼鲑的"二龄鲑化"失败。并且在自然光下，"二龄鲑"的 *nkcc* 的表达量高于持续光照中的幼鲑。鲑科鱼类对高温胁迫敏感，将淡水的温度从 14℃ 分别升到 17℃、20℃、24℃，并将"二龄鲑"暴露于上述水温 2d 或 8d，观察到鳃组织的 *nkcc* 表达量随温度升高而呈现下降趋势。在海水（盐度 30‰）中重复上述高温刺激实验，观察到"二龄鲑"鳃中 *nkcc* 的基础表达量显著高于淡水，但是对温度变化的敏感性降低。鳃中 *nkcc* 的表达只在 24℃ 时变化明显。上述实验结果证实复合环境因子与单环境因子对鲑科鱼类鳃组织的生理功能产生不同的影响。模仿自然水环境（河流）中的温度扰动，将水温升高 5℃，同样观察到大西洋鲑鳃的生理功能被干扰，伴随 *nkcc1* 基因表达的下调。

除 *nkcc* 外，负责转运 Cl^- 的 CFTR 与 NKAα1b 在鲑科鱼类的鳃中共表达。CFTR 属于 ATP 结合盒蛋白家族［ATP binding cassette superfamily］，借助水解 ATP 产生的能量，对 Cl^- 进行跨越上皮细胞的运输。每个 CFTR 具有两个 6 次跨膜的跨膜结构域（membrane spanning domain）1 和 2（MSD1 和 MSD2），且 MSD1 和 MSD2 均延伸到细胞质中，与核苷酸结合结构域（nucleotide binding domain）1 和 2（NBD1 和 NBD2）相连。在 NBD1 和 MSD2 之间，有一个具有连接作用的调节结构域（R domain）。调节结构域具有磷酸化位点，是调节 CFTR 功能的主要结构。在人类和哺乳动物中，正常功能的 CFTR 外排 Cl^-，并抑制 Na^+ 向细胞内流，保持上皮细胞的水盐平衡。若 CFTR 功能丧失，则大量 Cl^- 在上皮细胞聚集，导致上皮细胞的水盐平衡被破坏，细胞外的黏液层过度黏稠，进而导致囊肿性纤维化疾病。

2002 年，在大西洋鲑中鉴定到了 2 个 *cftr* 基因亚型（即 *cftr* Ⅰ 和 *cftr* Ⅱ）。这是首次在同一物种中鉴定到 *cftr* 的不同亚型。相较于哺乳动物，大西洋鲑的祖先经历了额外的两次全基因组复制，推测额外的全基因组复制促成了 2 个 *cftr* 基因亚型。大西洋鲑的 2 个 *cftr* 基因亚型具有高度的保守性，其核苷酸序列具有 93% 的相似性，氨基酸序列具有 95% 的相似性（图 8-4 和图 8-5）。将挪威不同水系的"二龄鲑"暴露于海水中两周，观察到在同一水系内部，其钠钾 ATP 酶和 *cftr* Ⅰ 的基因在海水中的表达高于淡水，且持续高表达两周；*cftr* Ⅱ 基因仅在暴露后的前 24h 高表达。进一步观察不同水系间的 *cftr* 基因表达，观察到 *cftr* Ⅱ 基因在海水中的表达存在区系差异，但是 *cftr* Ⅰ 基因的表达不存在区系差异。

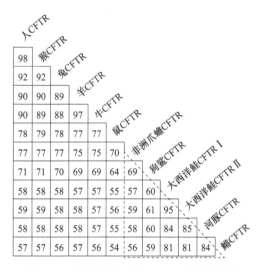

图 8-4　哺乳动物与鱼类 CFTR 氨基酸序列相似性（Marshall and Singer，2002）

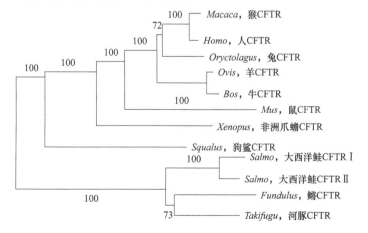

图 8-5　哺乳动物与鱼类 CFTR 氨基酸序列进化树（Marshall and Singer，2002）

上述结果证实：尽管大西洋鲑的 2 个 *cftr* 基因亚型相似度极高，但仍具有功能异质性，且不同的生态环境可能对 *cftr Ⅱ* 的生理功能具有选择作用。对陆封型和洄游型大西洋鲑进行对比，观察到两种鲑鱼鳃组织的 *cftr Ⅰ* 基因表达在 2～4 月均呈现显著上升趋势，5～6 月上升变缓。陆封型大西洋鲑鳃中 *cftr Ⅰ* 基因的表达水平低于洄游性大西洋鲑。而在两种大西洋鲑中，鳃组织 *cftr Ⅱ* 基因的表达在实验期间未观察到显著变化。在大麻哈鱼幼鱼中观察到了一致的现象。大麻哈鱼的 *cftr Ⅰ* 基因表达在淡水和半咸水（盐度 17.5‰）中存在显著差异，但是在半咸水（盐度 17.5‰）和海水（盐度 35‰）中无显著差异。上述大西洋鲑和大麻哈鱼的实验证实 CFTR Ⅰ 可能是鲑科鱼类调节盐度的主要氯离子通道。使用哺乳动物源 CFTR 抗体对大西洋鲑的 CFTR 进行细胞定位研究，鉴定到一种抗体与海水大西洋鲑的泌氯细胞产生免疫反应，但是不与淡水大西洋鲑的泌氯细胞产生免疫反应。此外，在大西洋鲑的 *cftr Ⅰ* 基因中存在可变剪切（alternative splicing，AS）现象，鉴定到一个缺失第 12 个外显子的可变剪切突变体，第 12 个外显子位于 *cftr* 的 NBD1 区域。*cftr Ⅰ* 基因的可变剪切是否改变其生理功能，有待进一步研究。

在鱼类的鳃组织中，泌氯细胞与近邻的上皮细胞连接严密，形成紧密连接（tight junction），辅助细胞与近邻的上皮细胞也形成紧密连接。紧密连接也称闭锁小带（zonula occludens），通过相邻细胞的紧密结合，形成一片屏障区域，既限制胞内的液体和离子的自由外渗，同时也防止外源病原体入侵细胞。有超过 40 种不同的蛋白质参与紧密连接的结构，并参与调节紧密连接的功能。最主要的两种功能蛋白是密封蛋白（claudin）和闭合蛋白（occludin）。根据紧密连接限制液体和离子移动的能力，可将其细分为两种亚类型，即紧密上皮（tight epithelium）和渗漏上皮（leaky epithelium）。紧密上皮可以阻止大多数液体和离子的自由移动，典型例子是肾脏的远端小管和集合小管结构。渗漏上皮只有松散的连接结构，具有通漏性。在鱼类中，泌氯细胞、辅助细胞分别与相邻的上皮细胞组成紧密上皮，但是泌氯细胞与辅助细胞之间的细胞旁道形成了渗漏上皮。不同于通过钠钾 ATP 酶、NKCC 和 CFTR 的协同作用调节氯离子平衡，鲑科鱼类通过渗漏上皮分泌多余的 Na^+。在哺乳动物中，Claudin 蛋白质家族对紧密连接的通过性具有重要的调节功能，其家族成员超过 20 个。例如，在哺乳动物的肺泡上皮中，CLAUDIN-4 对紧密连接具有“封印”作用，而 Claudin-3 可以“解封”紧密连接，促进细胞旁道的通漏性。泌氯细胞的辅助细胞介导的离子转运见二维码 8-3，紧密连接中的密封蛋白和闭合蛋白见二维码 8-4。

鱼类中同样鉴定到了众多 Claudin 蛋白质家族成员。例如，红鳍东方鲀中总共鉴定到 56 个 *claudin* 相关基因，且有 17 个基因与哺乳动物的 Claudin-3 和 Claudin-4 功能相关。“二龄鲑”至少有 26 个 *claudin* 相关基因，且与红鳍东方鲀相应亚型的同源性高，暗示 *claudin* 家族进化保守。在虹鳟中也鉴定到了 20 个以上的 *claudin* 相关基因。与肾脏、肠道、肌肉、肝脏和大脑相比较，5 个 *claudin* 亚型在“二龄鲑”的鳃组织特异表达，分别是 *claudin-10e*、*claudin-27a*、*claudin-28a*、*claudin-28b* 和 *claudin-30*。海水驯化导致 *claudin-27a* 和 *claudin-30* 表达量下调，*claudin-10e* 的表达量上调，但是对 *claudin-28a* 和 *claudin-28b* 无影响。*claudin-10e* 的表达量在 5 月到达峰值，此时“二龄鲑”对盐度的耐受性最强，并且该时间窗口与“二龄鲑”降河入海的时间窗口一致。根据上述实验证据，有理由推测不同 *claudin* 基因亚型具有功能异质性。“二龄鲑”降河入海时，盐度不断增加，*claudin-10e* 的表达量上调，暗示其与离子分泌相关；*claudin-27a* 和 *claudin-30* 表达量下调，暗示其生理功能与离子的摄入相关。在虹鳟中，观察到

claudin-1、*claudin-7*、*claudin-8*、*claudin-10*、*claudin-27*、*claudin-28*、*claudin-30*、*claudin-32* 和 *claudin-33* 在鳃组织中具有较高的表达水平。虹鳟的 *claudin-10c*、*claudin-10d* 和 *claudin-10e* 可能与泌氯细胞的生理功能有关，与大西洋鲑的研究结果一致。此外，*claudin-8*、*claudin-27*、*claudin-28* 和 *claudin-32* 对虹鳟鳃组织上皮细胞完整性具有重要作用。

claudin 基因家族的不同成员在鲑科鱼类中的表达具有组织特异性。研究显示 *claudin-15*、*claudin-25a* 和 *claudin-25b* 主要在大西洋鲑的肠道中表达。被海水驯化后，*claudin-15* 和 *claudin-25b* 的表达量升高，但是在降河的过程中，*claudin-15* 和 *claudin-25b* 的表达量不变。海水驯化时，实验鱼被直接从淡水转移到海水，盐度急剧变化，此时鱼类处于急性胁迫状态；而"二龄鲑化"过程中，"二龄鲑"所处水环境的盐度循序升高。基于以上原因，推测 *claudin-15* 和 *claudin-25b* 参与急性的渗透压调节机制。虹鳟的研究也显示 *claudin* 基因家族的不同成员在皮肤的表达具有差异性，且表达模式受到内分泌系统的调控。*claudin-3*、*claudin-6* 和 *claudin-10* 在侧部表达较高，但是在皮肤的背部和腹部表达较低。*claudin-19* 和 *claudin-20a* 在背部表达较高；*claudin-31* 在腹部表达较高；*claudin-23a*、*claudin-27*、*claudin-28b* 和 *claudin-30* 不存在空间表达差异。*claudin* 基因家族在皮肤的不同部位呈现表达差异，暗示虹鳟皮肤对渗透调节具有空间差异性。

至此，对"二龄鲑"降河洄游阶段鳃组织的渗透压调节功能进行总结，可分为 3 个阶段。第一阶段是幼鲑的淡水阶段。此时幼鲑细胞外液的渗透压高于外界水环境，为防止无机离子的流失，幼鲑通过鳃的上皮细胞主动吸收水中 Na^+ 和 Cl^-。该阶段，泌氯细胞的主要钠钾 ATP 酶是 NKAα1a。表达 NKAα1a 的泌氯细胞不具有发达的管道系统和辅助细胞，因此细胞旁道不发达，Na^+ 不通过渗漏上皮向体外排出。第二阶段是"二龄鲑"的淡水阶段。此时幼鲑仍然主动吸收水中的 Na^+ 和 Cl^-，且泌氯细胞表达 NKAα1a 亚型的钠钾 ATP 酶。在该阶段，表达 NKCC1、CFTR 和 NKAα1b 的泌氯细胞数量增多，辅助细胞数量增多，且形成复杂的管道系统。此时表达 NKAα1b 的泌氯细胞被扁平细胞所覆盖，不与外界水环境接触，不具备生理活性，等待被激活。有证据显示在降河期间，鲑鱼鳃组织的泌氯细胞总数基本不变，推测部分表达 NKAα1a 亚型的泌氯细胞转化为表达 NKAα1b 亚型的泌氯细胞。第三阶段是降河阶段。在这一阶段，表达 NKAα1a 的泌氯细胞数量显著减少。被海水激活后，表达 NKCC1、CFTR 和 NKAα1b 的泌氯细胞占据主导，数量增多，体积增大，并且与辅助细胞形成渗漏上皮。此时"二龄鲑"细胞外液的渗透压小于外界海水环境，鲑鱼大量吞饮海水维持水平衡。伴随吞饮海水，大量无机盐离子进入鱼体内。鲑鱼通过 NKCC1、CFTR 和 NKAα1b 系统向外排出 Cl^-，通过渗漏上皮向外排 Na^+。"二龄鲑"降河洄游阶段鳃组织的渗透压调节功能总结见二维码 8-5。

（二）肾脏和消化道的渗透调节功能

肾脏也是鱼类维持渗透压的重要器官。鱼类的肾脏紧贴脊椎骨，位于背部动脉的两侧、腹腔的背侧，且顺着腹腔延展。鱼类肾脏呈长条状，左右对称分布，可分为头肾（前部）、躯干部（中部）和尾部（后部）。不同鱼类其肾脏的形状也不尽相同，大致可以分为 5 种主要类型：第一类是左右肾脏完全融合，肾脏的前部与中部形态差异小（图 8-6A）；第二类是左右肾前部和中部分离，后部融合，前部和中部形态学差异大（图 8-6B）；第三类是肾脏前部分离，中后部融合，前部和中部形态学差异大（图 8-6C）；第四类是左右肾脏前部和中部分离，后部融合，前部和中部、形态学差异小（图 8-6D）；第五类是肾脏前部分离，中后部融合，前部和中部形态差异小（图 8-6E）。虹鳟的肾脏属于第一类，左右肾脏融合。虹鳟肾脏的解剖位置在腹腔的背侧腹膜内，沿着腹腔延伸。延腹腔伸展的肾脏在前侧近颅骨的位置形成头肾，在尾部形成肾脏。头肾主要行使免疫和造血功能，尾部的肾脏则是主要的排泄和渗透压调节器官。肾小管在头肾中稀松且弥散分布，而在尾部的肾脏中，肾小管的数量显著增多。虹鳟的尾部肾脏包含大量的肾单位（nephron）和导管系统，是调节水盐平衡的结构基础。虹鳟的尾部肾脏还与造血组织嵌合，且背侧具有嗜铬组织。嗜铬组织的生理功能与哺乳动物的肾上腺相似。

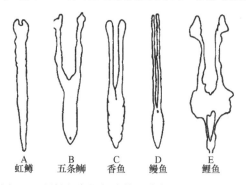

图 8-6 硬骨鱼类的肾脏外形分类（林浩然，2011）

A 虹鳟 　B 五条鰤 　C 香鱼 　D 鳗鱼 　E 鲤鱼

鱼类肾单位结构的差别体现在以下两个方面：肾小球的有无；肾小管系统的排列组合。圆口纲盲鳗的血液和细胞外液的渗透压几乎与海水相同，甚至稍高。盲鳗几乎不需要进行渗透压调节，其黏液腺已满足调节水盐平衡的生理要求。因此，盲鳗的肾脏结构十分简单，其肾单位仅由肾小球和第一近端小管组成。对于七鳃鳗，其血液和细胞外液的渗透压低于外界海水环境，为保证渗透压稳定，七鳃鳗需要吞饮海水，并使用鳃组织的泌氯细胞和肾脏调节水盐平衡。因此七鳃鳗的肾单位组成比盲鳗复杂，包括肾小球、第一近端小管、远端小管和集合小管。对于海洋板鳃类，构成其体液渗透压的主要是尿素与氧化三甲胺。与海水相比，海洋板鳃类的体液属于等渗溶液，甚至是高渗溶液。海洋板鳃类的肾脏有较高的重吸收尿素与氧化三甲胺的能力，同时也可以外排水分子和无机盐离子。与重吸收尿素与氧化三甲胺的功能相对应，海洋板鳃类的肾单位包括肾小球、两段近端小管、4 段中端小管、远端小管和集合小管。4 段中端小管和远端小管呈现蛇形排列，组成了 5 段相互平行的排列方阵。尽管这种特殊排列方式的生理功能尚未得到阐述，推测其功能与重吸收尿液中的尿素与氧化三甲胺相关。与海洋板鳃类不同，淡水板鳃鱼类的肾单位结构简化，由肾小球、两段近端小管、远端小管和集合小管构成（图 8-7）。

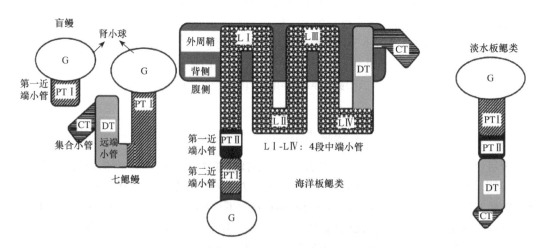

图 8-7 盲鳗、七鳃鳗、板鳃鱼类的肾单位结构

G. 肾小球；PTⅠ. 第一近端小管；PTⅡ. 第二近端小管；LⅠ-LⅣ. 4 段中端小管；DT. 远端小管；CT. 集合小管

硬骨鱼类的肾单位结构较简单（图8-8）。淡水硬骨鱼类的体液渗透压高于水环境，水分子通过体表和鳃丝渗入。淡水硬骨鱼类的肾脏发达，吸收无机盐离子，并通过尿液排出多余的水分。其肾单位包括肾小球、两段近端小管、远端小管、集合小管。也有部分观点认为淡水硬骨鱼类在近端小管和远端小管的衔接处有一处极端的中端小管。淡水硬骨鱼类的远端小管对Na^+和Cl^-有很强的重吸收功能，但是不对水分子重吸收。淡水鱼类最终的尿液汇集于膀胱，膀胱也具有重吸收Na^+和Cl^-的能力，但是几乎不对水分子进行重吸收。膀胱具有一定的储存功能，进而保证充分的重吸收，如淡水虹鳟的排尿间隔为20～30min。海水硬骨鱼类的肾单位可分为两类，一类有肾小球，另一类无肾小球（图8-9）。海

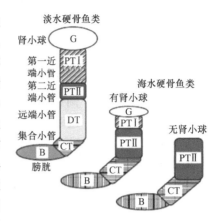

图8-8 硬骨鱼类的肾单位结构

水硬骨鱼类的近端小管和集合小管是直接相连，还是通过远端小管衔接，这一问题存在争议。海水硬骨鱼类的膀胱具有吸收水分子的能力。其典型结构是肾小球、第一和第二近端小管，远端小管、集合小管和膀胱，或第二近端小管，或远端小管、集合小管和膀胱。

鲑科鱼类的血液通过肾小球后形成原尿，原尿再通过第一和第二近端小管、（远端小管、）集合小管和膀胱。另有研究观察到虹鳟的第二近端小管末端有一处极短且管壁覆有纤毛的中端小管。虹鳟的中端小管中还鉴定到了部分小型线粒体。硬骨鱼类中端小管的划分存在争议，有一种观点认为中端小管只是第二近端小管的延伸，其生理功能只是推动尿液顺肾小管流动。研究还证实在

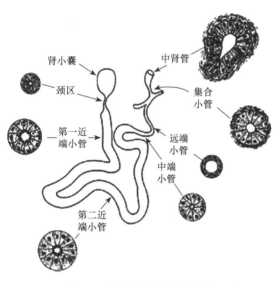

图8-9 淡水鳟鱼肾小管结构

大西洋鲑的近端小管有较高的水通道蛋白的表达，并且水通道蛋白不同亚型的表达模式在幼鲑和"二龄鲑"中存在差异。虹鳟的近端小管表达钠钾ATP酶，并且有较为丰富的线粒体为钠钾ATP酶供能。虹鳟的远端小管也表达钠钾ATP酶和NKCC。另有研究观察到虹鳟近端小管和远端小管分别占据肾单位全长的30%和63%，可能是主要的功能单位。

钠钾ATP酶和NKCC在虹鳟肾小管的分布见二维码8-6，钠钾ATP酶在大西洋鲑肾小管的分布见二维码8-7。

肾脏通过调节尿量和尿液的浓度，维持鱼类的渗透压平衡。该过程中，第一步是血液通过肾小球的滤过作用，形成原尿。肾小球滤过率（GFR）是指单位时间内肾脏生成的原尿量。广盐性的鱼类通过改变肾小球滤过率，调节渗透压平衡。例如，成年银大麻哈鱼在淡水中的尿量约为4.65mL/（kg·h），而在海水中的尿量仅为淡水中的十分之一，约为0.406mL/（kg·h）；在淡水中的肾小球滤过率约为9.06mL/（kg·h），而在海水中只有1.48mL/（kg·h）。不论是在淡水还是海水环境，鱼类会重吸收肾小球滤液中的水分子和单价离子（如Na^+、K^+和Cl^-），

并分泌二价离子如 Ca^{2+} 和 Mg^{2+}，但海水银大麻哈鱼分泌 Mg^{2+} 的能力是淡水银大麻哈鱼的 5 倍左右。

肾小球过滤是调节水盐平衡的重要功能。哺乳动物通过两种途径调节肾脏的血流量，进而调节肾小球滤过率。第一种方式是借助肾脏本身的血液循环系统，通过调节肾小球入球小动脉血管平滑肌的伸缩性，调节肾小球的血液灌注。第二种方式是借助遍布全身的神经系统，对体循环的血液进行调整，进而调节入球小动脉的血流量。

鱼类也可以调节肾脏中血液的流量，即改变肾小球微血管和肾小囊的压力差，进而调节肾小球滤过率，维持水盐平衡。此外，鱼类还额外通过改变具有过滤功能的肾小球的数量，即肾小球间歇性（glomerular intermittency）来调节肾小球的滤过率。实验观察到在淡水或海水环境中，虹鳟通过调节肾小球间歇性来调节渗透压平衡。在淡水中，虹鳟需要向外排出多余的水分，因此有近一半的肾小球行使过滤功能。而在海水中，虹鳟的体液相对低渗，需要保留水分减少尿量，此时只有 5% 的肾小球行使过滤功能，维持最低的尿量。尽管海水虹鳟行使过滤功能的肾小球数量显著下降，但是单个肾小球的过滤能力显著上升，滤过率达到淡水的 3 倍左右，以排出多余的盐分。上述证据显示虹鳟肾脏在淡水中具有过滤功能，而在海水中具有分泌功能。在银大麻哈鱼的研究中也得到了一致的结论，淡水银大麻哈鱼的肾脏主要是过滤出水分子并重吸收，而海水银大麻哈鱼的肾脏功能集中于分泌无机盐离子。此外，无论是淡水环境还是海水环境，虹鳟的肾脏中储备了大量的"后备"肾单位。这一类肾单位的肾小球中灌注有血液，但是不行使过滤功能。推测此类肾单位作为"后备物质"，保障虹鳟具有广盐性的适应能力。

在鲑鱼吞饮海水的过程中，消化道也参与水分子和无机离子的吸收。在食道中的海水渗透压较大，难以被吸收。食道通过顶窝的 NKCC 和基底部的钠钾 ATP 酶对海水的 Na^+ 和 Cl^- 进行吸收，进而降低食道中海水的渗透压，随后低渗海水进入肠道。随着 Na^+ 和 Cl^- 的不断吸收，进入肠道的海水的渗透压逐渐降低，此时主要的渗透物质已不是 Na^+ 和 Cl^-，而是 Mg^{2+} 和 Ca^{2+}。鱼类的肠道可以分泌碳酸氢根（HCO_3^-），进而与镁离子和钙离子形成碳酸盐沉淀进一步降低海水的渗透压，保证水分子以细胞旁道和跨细胞转运的方式通过肠道上皮细胞被吸收。

第三节 "二龄鲑"的生长和繁殖

"二龄鲑"降河入海的过程中，需要面对持续变化的环境因子（如光照、水温、盐度等）。此时"二龄鲑"的内分泌系统高度活跃，各种具有不同生理功能的激素彼此协调，共同维持"二龄鲑"的生理稳态。在"二龄鲑化"过程中，主要参与的激素包括生长激素、类胰岛素样生长因子、皮质醇、甲状腺激素和催乳素等。

一、生长激素和类胰岛素样生长因子

调控鱼类生长的主要内分泌器官（组织）包括下丘脑、垂体、肝脏、肌肉和骨骼。下丘脑通过释放功能互相拮抗的生长激素释放激素和生长抑素，进而调控垂体分泌生长激素（GH）。生长激素可以刺激肝脏、肌肉和骨骼系统的类胰岛素样生长因子（IGF）的合成与分泌。经典内分泌学的观点认为 GH-IGF 轴调控鱼类能量的代谢与动员、细胞的增殖与分化等功能，促进鱼类整体的生长。近年来，大量的研究证实 GH-IGF 轴的生理功能具有多效性，除调控生长外，还参与调控鱼类的免疫应答、胁迫反应和渗透压调节等。例如，使用转基因技术操纵斑马鱼的 GH 表达和分泌，观察到斑马鱼的渗透压调节能力改变；鲑科鱼类血液中 GH 的含量和 GH 受体的表达在盐度驯化期间产生变化。

不论是高渗的海水环境还是低渗的淡水环境，普遍认为 GH-IGF 轴调节鱼类的水盐平衡。相关研究最早可以追溯到 1956 年，Smith 发现使用 GH 刺激后，褐鳟在海水中的渗透压调节能力增强。随后证实 GH 预处理可以增强鱼类对盐度的耐受性，并且这种调节机制广泛存在于硬骨鱼类，而非鲑科鱼类特有。例如，罗非鱼和鳉鱼的实验均证实 GH 调节盐度耐受性。光周期是启动大西洋鲑"二龄鲑化"的重要环境因子。GH 似乎是最早受到光周期影响的内分泌因子。有学者认为光周期启动大西洋鲑的"二龄鲑化"，GH 和环境温度决定鲑鱼对光周期的敏感性。使用 GH 处理淡水和半咸水（盐度 12‰）中的幼鲑和早期"二龄鲑"，观察到实验鲑鱼对海水的适应能力增强。在虹鳟和银大麻哈鱼等其他鲑科鱼类的实验中得到了一致的结果。使用哺乳动物源的 GH 也可以增强鱼类的盐度耐受性。例如，在非洄游季节对幼鲑埋植（腹腔埋植）可以释放羊 GH 的载体，并将实验鱼置于海水中模拟"二龄鲑化"过程，观察到羊 GH 促进幼鲑鳃组织的调渗能力，增强幼鲑对海水环境的生理适应性。相较于空载体的对照组，埋植羊 GH 的幼鲑体液渗透压较稳定，且更快地恢复了离子平衡和酸碱平衡。上述证据显示 GH 调节水盐平衡的能力在脊椎动物中具有保守性，并不是鱼类进化过程中特化的功能。GH-IGF 轴调节渗透压功能见二维码 8-8。盐度驯化后，虹鳟血清 Na^+ 和 GH-IGF 轴的变化趋势见二维码 8-9。

在调节渗透压的生理过程中，GH 的主要靶细胞是鳃部的泌氯细胞。GH 可以调节海水或淡水中鲑科鱼类泌氯细胞的形态、活性、增殖、密度和分布。例如，对褐鳟的幼鳟注射羊的 GH，观察到幼鳟泌氯细胞的形态产生变化，其顶部隐窝到基部的距离增大，暗示泌氯细胞被激活，体积增大。进一步实验将幼鳟从淡水转移到海水中，探究幼鳟血清的离子浓度和肌肉组织的含水量：观察到对照组幼鳟肌肉含水量降低，血液中 Na^+ 和 Cl^- 浓度显著升高；注射羊 GH 的幼鳟的肌肉组织含水量较高，血清中离子的浓度相对平衡。与上述指标相对应，表型数据显示对照组幼鳟死亡率较高，注射 GH 的幼鳟死亡率低。与褐鳟的结果一致，给予半咸水（盐度 12‰）中的大西洋鲑注射羊 GH，随后将实验鲑鱼转移到海水中并观察其血液渗透压、离子浓度和肌肉水分含量，结果显示实验组大西洋鲑的调渗能力增强。上述结果显示 GH 通过调节泌氯细胞的功能，增强鲑科鱼类对盐度胁迫的适应能力。另有研究证实 GH 刺激虹鳟泌氯细胞的增殖，增加鳃小片上皮组织的融合。鳃小片上皮组织作为屏障，是血液与水环境进行气体交换的缓冲区域，该组织融合加厚，可能影响鳃组织的呼吸能力。

如前文所述，钠钾 ATP 酶是泌氯细胞中离子交换的重要调节者。研究显示 GH 影响钠钾 ATP 酶的生理功能。在淡水到海水驯化期间，GH 显著刺激褐鳟幼鱼钠钾 ATP 酶的活性，保证其体液的 Na^+ 和 Cl^- 浓度相对稳定。幼鲑血液中的 GH 在春季无显著变化，但是"二龄鲑"血液中的 GH 水平在春季升高，且时间窗口与降河洄游的一致。在高渗的海水环境中，$Nk\alpha 1b$ 亚型是调节渗透平衡的主要钠钾 ATP 酶。研究显示 $nk\alpha 1b$ 亚型的转录对 GH 敏感，而 GH 不影响大西洋鲑 $nk\alpha 1a$ 亚型的转录。在洄游季节，"二龄鲑"血液 GH 水平的峰值与鳃中 $nk\alpha 1b$ 的表达峰值相继出现，且推测 $nk\alpha 1b$ 表达的升高可能以降低 $nk\alpha 1a$ 为代价。上述结果暗示 GH 可以调控 $nk\alpha 1b$ 的表达，进而增强"二龄鲑"的盐度耐受性。外源 GH 同样可以刺激大西洋鲑组织钠钾 ATP 酶的活性，提高盐度耐受性。对半咸水（盐度 12‰）中的大西洋鲑使用 GH 刺激 2～6d，其鳃组织的钠钾 ATP 酶活性无变化；但是对淡水大西洋鲑使用 GH 刺激 7～14d，其鳃组织钠钾 ATP 酶活性增强，对盐度变化的耐受性增强。上述实验证实 GH 对大西洋鲑钠钾 ATP 酶活性的刺激存在剂量效应：GH 刺激需要达到一定的阈值后，才刺激 ATP 酶活性变化。下丘脑分泌的生长抑素抑制垂体合成和分泌 GH。给虹鳟注射生长抑素（SS-14）后将其转移到盐度为 20‰ 的盐水中，观察到生长抑素显著抑制虹鳟鳃组织钠钾 ATP 酶活性，并且虹鳟血液中的 Cl^- 含量升高。虹鳟被转移到盐水后，盐度的升高刺激虹鳟鳃组织和肝组织生长激素受体表达水平的升高。虹鳟注射生长抑素后，鳃组织和肝脏的生长激素受体不会响应盐度的变化。上述结论证实生长抑素通过抑制垂体 GH 的合成与分泌，限制虹鳟在盐水环境中的渗透压调节能力。生长激素释放激素也是 GH 的上游调控因子，与生长抑素的生理功能互相拮抗。在马苏大麻哈鱼降河入海的洄游过程中，下丘脑中释放生长激素释放激素的神经元没有显著变化，但是外源注射的生长激素释放激素刺激马苏大麻哈鱼降河入海的洄游行为。根据上述证据，推测垂体，而不是下丘脑，是调节 GH 分泌和鲑鱼降河洄游的主要内分泌器官。这就说明了垂体如何"越过"下丘脑，对刺激洄游的环境因子进行感知。生长激素对褐鳟幼鱼钠钾 ATP 酶活性、泌氯细胞数量和形态的影响见二维码 8-10。

此外，NKCC 和 CFTR 也是泌氯细胞生理功能的重要调节者。GH 调节鱼类 nkcc 和 ctfr 基因的转录和蛋白质的表达。使用 GH 持续刺激大西洋鲑两周，实验鱼鳃组织 nkcc 基因表达量增高。GH 刺激后，大西洋鲑表达 NKCC 的细胞数量增加、体积增大，暗示 GH 刺激上述功能细胞的增殖与分化。与鲑科鱼类相反，罗非鱼的动物实验和细胞实验均证实 GH 不对 nkcc 基因的表达产生影响，也不改变罗非鱼的渗透压调节能力，暗示 GH 对 NKCC 的调节功能存在种间特异性。

GH 通过内分泌、旁分泌和自分泌等多种途径刺激靶细胞 IGF 的合成与分泌。IGF 是 GH 功能的主要执行者之一，是机体生长的主要调节者。IGF 的生理功能具有多效性，包括但不限于在细胞水平上调节细胞的生长、增殖、分化、迁移和存活，还在整个有机体水平上调节生长、发育、繁殖、免疫、代谢等功能。IGF 的生理功能和药理学特征受到 IGF 受体（IGFR）和 IGF 结合蛋白（IGFBP）的共同调控。在内分泌系统和细胞外的局部环境中，IGFR 和 IGFBP 与 IGF 的亲和力相近，甚至 IGFBP 与 IGF 的亲和力有时略高于 IGFR 与 IGF 的亲和力。

IGF 系统调节鱼类的水盐平衡。对比洄游型和陆封型大西洋鲑，洄游型大西洋鲑鳃组织的 igf-1 和 igf-1r 基因表达在"二龄鲑化"的重要窗口期显著升高，但是陆封型大西洋鲑无显著变化。将虹鳟或大西洋鲑从淡水中转移到半咸水中（盐度是海水的 66%），实验鱼血液中的 IGF 水平升高。在盐度胁迫时，进一步探究分泌 IGF 的主要组织和器官，观察到具有渗透压调节功能的组织和器官的 igf-1 基因表达较高。例如，将虹鳟从淡水转移到高浓度盐水中（盐度是海水的 80%），虹鳟肝脏 igf-1 基因的表达不变化，但是鳃组织和肾脏的 igf-1 基因表达升高。进一步实验证实盐水刺激虹鳟血液 GH 含量的升高。值得注意的是，盐度刺激 GH 分泌，此时 GH 的靶器官是鳃组织和肾脏，而非肝脏；但注射 GH 可以同时刺激肝脏、鳃组织和肾脏的 igf-1 基因。上述结果暗示在高渗透压时，IGF 的生理功能存在一定的独立性，并非完全依赖于 GH 的调控。推测在高盐度环境中，IGFBP 参与调控 IGF 对 GH 刺激的敏感性，并且在主要的渗透压调节组织（如鳃组织和肾脏）和非渗透压调节组织（如肝脏）具有不同的局部调节方式，进而选择性地激活鳃组织和肾脏的 IGF 靶细胞，增强虹鳟的渗透压调节能力。银大麻哈鱼的研究结果与虹鳟相似：在四月末到五月初观察到鳃组织 gh 和 igf-1 的基因表达达到峰值，该阶段是银大麻哈鱼"二龄鲑化"的重要时间窗口。值得注意的是，银大麻哈鱼肝脏的 igf-1

基因表达在 2～4 月平稳升高，该时间窗口是"二龄鲑化"的早期阶段；而在"二龄鲑化"的最后阶段，肝脏 *igf-1* 的基因表达下调。鲑科鱼类的降河洄游持续数月，是一个消耗能量的过程。推测 *igf-1* 基因在洄游阶段初期的高表达是动员肝脏产生能源物质的重要影响因子，为长期的洄游和持续的渗透压调节储备能量与物质。

动物实验的结果进一步证实 *igf-1* 调节鲑科鱼类的水盐平衡。给予半咸水中的虹鳟注射重组的牛科 IGF-1，随后将实验虹鳟转移到海水中。实验证实单次 IGF-1 注射即可增强虹鳟对高渗环境的适应能力。牛科 IGF-1 具有调节虹鳟水盐平衡的效能，且呈现剂量依赖性，效果高于牛科 GH。尽管 IGF-1 与胰岛素的生理功能相似，但是牛科胰岛素对虹鳟的调渗能力无影响。大西洋鲑的实验结果与虹鳟一致。IGF-1 显著刺激大西洋鲑对高盐度的耐受性，并调节血液中钠离子含量和肌肉组织的含水量。进一步的细胞实验则证实 IGF-1 调节鳃组织泌氯细胞的离子转运通道，刺激钠钾 ATP 酶的 *nkaα1b* 亚型表达，并且 IGF-1 对 *nkaα1b* 的调控受到其他内源性激素的调控，如糖皮质激素通过允许作用增强 IGF-1 的作用效果。

IGFBP 是 IGF 生理功能的重要调节者。人类和其他的高等哺乳动物有 6 个亚型的 IGFBP，分别是 IGFBP1～6。普通硬骨鱼类经历了一次额外的全基因组复制，即第三次全基因组复制（3R 或 tsWGD），导致部分功能基因拷贝数加倍，而部分功能基因在复制时丢失。例如，斑马鱼有 9 个 *igfbp*，其中 *igfbp1* 和 *igfbp2* 可再分为 *igfbp1a*、*igfbp1b* 和 *igfbp2a*、*igfbp2b*，而 *igfbp4* 丢失。鲑科鱼类极为特殊，其祖先经历了第四次全基因组复制（4 rounds of genome duplication event，4R）或称鲑鱼特异性全基因组复制（salmonid-specific whole genome duplication，ssWGD），造成了大量的旁系同源基因。例如，大西洋鲑具有至少 19 个 *igfbp* 亚型，且具有复杂的生理功能和调控机制。

igfbp4、*igfbp5* 和 *igfbp6* 在大西洋鲑的鳃组织中有较高的表达。"二龄鲑化"阶段，大西洋鲑鳃组织 *igfbp6b1* 和 *igfbp6b2* 的表达趋势与钠钾 ATP 酶、NKCC 和 CTFR 等离子交换通道的基因表达一致。在"二龄鲑化"的不同时期，众多 *igfbp* 亚型的功能不同。在初期（3 月），*igfbp4* 和 *igfbp6b1* 在鲑鱼暴露于海水后（盐度 35‰）显著上升，而 *igfbp5a*、*igfbp5b1*、*igfbp5b2* 和 *igfbp6b2* 的表达量下降。在后期（5 月），由于鲑鱼已接近完成"二龄鲑化"相关的形态、行为和生理适应过程，*igfbp* 对高盐度的敏感性降低。只有 *igfbp5b2* 和 *igfbp6b2* 在鲑鱼暴露于海水后的 24h 内表达显著下降，在 48h 后恢复基础表达水平。鳃组织 *igfbp* 的表达受到皮质醇的调控。幼鲑埋植皮质醇激素后，刺激鳃组织 *igfbp5b2* 基因表达，表达趋势与钠钾 ATP 酶活性一致，也与编码钠钾 ATP 酶、NKCC 和 CTFR 等离子交换通道的基因一致。

二、类固醇激素

高等哺乳动物的类固醇激素包括糖皮质激素、盐皮质激素和性类固醇激素等。垂体分泌的促肾上腺皮质激素（ACTH）刺激肾上腺分泌糖皮质激素，糖皮质激素控制有机体能量物质的新陈代谢。肾素 - 血管紧张素系统调控盐皮质激素的合成与分泌。在高等哺乳动物中，尽管糖皮质激素与盐皮质激素具有交叉的生理功能，但是盐皮质激素（醛固酮）是调节水盐平衡的主要激素。鱼类不具备成熟的肾上腺，其肾间组织行使哺乳动物肾上腺的部分功能。结构决定功能，普遍认为鱼类缺乏真正的盐皮质激素（醛固酮）。因此，鱼类的糖皮质激素可能兼具哺乳动物糖皮质激素和盐皮质激素的功能。

（一）皮质醇

皮质醇（cortisol）也称为氢化可的松（hydrocortisone），是鱼类主要糖皮质激素。皮质醇主要调控能源物质（糖类、蛋白质与脂肪）的新陈代谢，包括刺激糖异生、提高肝糖原的含量、提高肝脏的氨基酸和脂肪酸含量、提高血液葡萄糖含量。有机体在胁迫状态下（如持续变化的盐度环境），需要调整原有的生理功能和形态行为，进而应对胁迫。此时糖皮质激素大量分泌，改变原有的能量分配，动员有机体能量和物质的再分配。在皮质醇的刺激下，有机体将大量能量物质汇集于肝脏，集中应对胁迫。

鲑科鱼类的血液皮质醇水平和渗透压调节器官的糖皮质激素受体表达水平与环境盐度有关。早期研究观察到大西洋鲑和银大麻哈鱼在"二龄鲑化"的窗口期，血液皮质醇的含量升高；但是幼鲑的血液皮质醇含量在该时间窗口无变化。随后研究证实大西洋鲑的肾间组织在"二龄鲑化"阶段活跃，鱼类的肾间组织是分泌皮质醇的主要组织。在"二龄鲑化"的关键时间窗口，洄游型大西洋鲑血液中的皮质醇含量显著升高，但是陆封型大西洋鲑血液的皮质醇升高幅度较小。糖皮质激素的生理调节功能依赖于其受体的激活。观察到糖皮质激素受体在马苏大麻哈鱼的鳃组织表达，并且表达水平受到环境盐度的调节。在"二龄鲑化"的关键时间窗口，洄游型和陆封型大西洋鲑鳃组织的糖皮质激素受体表达均升高，但是洄游型大西洋鲑的升高幅度更大。此时，洄游型大西洋鲑的鳃组织还有较高的 II 型 β- 羟基类固醇脱氢酶（11β-HSD2）表达，11β-HSD2 可以抑制皮质醇的活性，保护糖皮质激素受体不被过度激活。皮质醇的分泌可分为基础表达与刺激性表达。基础表达受到内在生物节律的调控，刺激性表达受到胁迫因素的调控，且后者刺激皮质醇分泌的能力更强。我们推测陆封型大西洋鲑的血液皮质醇变化受到生物节律的调控，因此仅呈现较弱的升高幅度。其靶细胞则通过提高受体的表达和敏感性，局部放大皮质醇的药理特征和生理功能，起到推进"油门"的效应。对于洄游型大西洋鲑，其血液皮质醇的含量是基础表达和刺激性表达的叠加。加之鱼类糖皮质激素兼具调节胁迫反应和水盐平衡的双重功能，因此促进皮质醇分泌的刺激因素是胁迫因子和调渗因子的叠加。基于上述原因，可观察到血液皮质醇升高幅度显著。此时调渗器官表达较高的 11β-HSD2 是一种局部的保护机制，起到"刹车"的效应。

动物实验进一步证实皮质醇参与鲑科鱼类的水盐调控。淡水中的褐鳟幼鱼被注射皮质醇后，再将实验鱼转移到盐水中（盐度是海水的 70%）。观察到在注射皮质醇后，褐鳟幼鱼血液中 Na^+ 和 Cl^- 的含量较稳定，且肌肉的水分流失较少，死亡率也大幅度降低。上述结果证实皮质醇增强褐鳟幼鱼的渗透压调节能力。也可以认为盐度变化是一种胁迫，外源皮质醇帮助褐鳟幼鱼对抗胁迫。体外实验的结果与动物实验一致。培养海水大西洋鲑的鳃组织并给予皮质醇处理，体外培养的鳃组织的离子分泌能力增强。使用糖皮质激素受体的拮抗剂（RU486）抑制皮质醇的下游信号通路，可以抑制皮质醇对体外鳃组织的生理功能。

动物实验还证实皮质醇对 GH 和 IGF 具有协同作用，共同调节鲑科鱼类的渗透压。同时给予虹鳟幼鱼注射皮质醇和 GH，其效果好于单独注射。与之对应，在"二龄鲑化"的关键时间窗口，大西洋鲑和银大麻哈鱼血液的皮质醇水平和 GH 水平同时处于峰值。皮质醇和 IGF 也存在协同作用，且在不同的鲑科鱼类中，这种交互作用可以是"量变"，也可以是"质变"。给褐鳟单独注射 IGF-1 或皮质醇，其鳃组织的渗透压调节能力增强；给褐鳟同时注射皮质醇和 IGF-1，渗透压调节效果优于单一激素注射的效果。上述证据显示皮质醇或 IGF-1 都互相促进彼此调节水盐平衡的能力，引起"量变"。大西洋鲑的研究则证实皮质醇和 IGF 的协同作用引起"质变"：单独注射皮质醇或 IGF-1 都不改变大西洋鲑的渗透压调节能力，但是同时注射皮质醇和 IGF-1 后，实验鱼的渗透压调节能力增强。与之对应，在"二龄鲑化"的关键时间窗口，大西洋鲑血液 IGF-1 的峰值晚于 GH 的峰值，这是因为 IGF-1 的分泌在一定程度上受到 GH 的调控。而且，皮质醇的峰值持续时间较长，且与血液 IGF-1 的峰值存在交集，共同调控"二龄鲑"的渗透压调节能力。皮质醇和 IGF-1 对褐鳟泌氯细胞（表达钠钾 ATP 酶）数量和形态的影响见二维码 8-11。

　　与 GH 和 IGF 的调控路径一致，皮质醇也主要作用于鳃组织的泌氯细胞。动物实验和细胞实验均证实皮质醇调控泌氯细胞 nkaα1b、nkcc 和 ctfr 的表达。大西洋鲑在注射皮质醇后，鳃组织 nkaα1a 和 nkaα1b 基因的表达升高，钠钾 ATP 酶活性增强。实验鱼被转移到海水后，血液中的 Cl⁻ 水平相对较低，暗示皮质醇赋予大西洋鲑较高的盐度调节能力。体外培养大西洋鲑的鳃组织，同样观察到皮质醇刺激 nkaα1a、nkaα1b、nkcc 和 ctfr 的表达。进一步的药理学实验证实糖皮质激素受体的拮抗剂（RU486）抑制皮质醇对泌氯细胞的生理功能。给大西洋鲑注射糖皮质激素受体的拮抗剂后，皮质醇对钠钾 ATP 酶活性和 nkaα1a、nkaα1b 基因转录的生理功能被消除。但是盐皮质激素受体的拮抗剂对皮质醇的生理功能无影响（普遍认为鱼类缺乏真正的盐皮质激素）。使用体外培养的鳃组织进行实验，得到的结果与动物实验一致。上述结果暗示皮质醇通过激活糖皮质激素受体，调控鳃组织的渗透压调节能力。值得注意的是，注射皮质醇后，大西洋鲑鳃组织的糖皮质激素受体和盐皮质激素受体的表达量不变。推测在受体表达水平不变的情况下，泌氯细胞通过改变皮质醇的药理学特征，如皮质醇和糖皮质激素受体的亲和力和信号特征，实现皮质醇调控渗透压的生理功能。皮质醇与盐皮质激素的生理作用存在争议。给大西洋鲑注射盐皮质激素受体的拮抗剂后，皮质醇仍然刺激钠钾 ATP 酶活性和 nkaα1a、nkaα1b 基因的转录，暗示皮质醇的生理功能独立于盐皮质激素受体。但是在离体培养的鳃组织中，观察到盐皮质激素受体和糖皮质激素受体共同调控海水大西洋鲑鳃组织的渗透压调节能力。

　　皮质醇和 GH、IGF 产生协同效应，共同刺激泌氯细胞离子通道的活性和表达。在褐鳟中，相比于单独使用 GH 或皮质醇，GH 和皮质醇的激素组合刺激使钠钾 ATP 酶活性更高。单独注射 IGF-1 后，海水大西洋鲑鳃组织的钠钾 ATP 酶活性基本不变，同时注射皮质醇和 IGF-1 后，鳃组织钠钾 ATP 酶的活性显著升高。

　　皮质醇也参与调节鲑科鱼类在淡水中的水盐平衡。在淡水中，表达 nkaα1a 的泌氯细胞占主导地位。皮质醇刺激淡水鱼类鳃组织 nkaα1a 的表达，并且皮质醇的生理功能受到糖皮质激素受体和盐皮质激素受体的共同调控。对于营淡水生活史的鱼类，水分从鳃和体表的上皮细胞渗入，且伴随无机离子的流失。在淡水鲇鱼（Ictalurus nebulosus）和莫桑比克罗非鱼中，实验观察到皮质醇影响泌氯细胞的形态和功能，刺激泌氯细胞从外界水环境中摄取 Na⁺ 和 Cl⁻。但是皮质醇对淡水虹鳟无类似的生理效果。上述结果暗示在淡水鲑科鱼类和非鲑科鱼类中，皮质醇对泌氯细胞形态和功能的影响存在异质性。皮质醇对鳃组织的紧密连接产生影响，调节细胞旁道的运输功能。Claudin 是紧调节密连接功能的主要蛋白之一，并且在鲑科鱼类中有丰富的表达。例如，claudin-27a 和 claudin-30 维持淡水上皮细胞的紧密连接，但是在盐水中表达下调。给淡水大西洋鲑注射皮质醇，显著上调 claudin-10e、claudin-27a 和 claudin-30。对淡水大西洋鲑的鳃组织进行离体培养，皮质醇仍然刺激 claudin-10e、claudin-27a 和 claudin-30 的表达。使用糖皮质激素受体和盐皮质激素受体的拮抗剂后，皮质醇的生理功能被部分抑制，且糖皮质激素受体拮抗剂的效果较好。与大西洋鲑的结果一致，皮质醇上调虹鳟 *claudin-3a*、*claudin-7*、*claudin-8d*、*claudin-12* 和 *claudin-28b* 等亚型基因表达，增强虹鳟鳃上皮细胞紧密连接的功能。上述结果暗示，在鲑科鱼类中，皮质醇对紧密连接的生理功能保守。

国外学者 McCormick 等对鲑科鱼类的渗透压调节机制进行了大量研究，并总结认为皮质醇对鲑科鱼类的水盐平衡具有双向调节性：在高渗环境中，皮质醇刺激鳃组织向外环境分泌无机盐离子；在低渗环境中，皮质醇刺激鳃组织从外环境中摄取无机盐离子。皮质醇可以独立地执行渗透压的调节功能，也可以与其他的内分泌激素协同作用。

（二）11- 脱氧皮质酮

哺乳动物中，醛固酮是重要的盐皮质激素。鱼类的类固醇激素合成系统与哺乳动物有差别，不合成醛固酮，或合成很少量的醛固酮。近年来，在虹鳟等鱼类中相继鉴定到了盐皮质激素受体。有趣的是，鱼类血液中或是不含醛固酮，或是含量极低且达不到激活盐皮质激素受体的阈值。尽管皮质醇可以激活鱼类的盐皮质激素受体，但是在虹鳟中鉴定到了哺乳动物 *11β-hsd2* 的同源基因，并且 11β-HSD2 和盐皮质激素受体在虹鳟的鳃组织和肠道等渗透压调节器官共表达。在哺乳动物中，11β-HSD2 将皮质醇转化为皮质酮，避免盐皮质激素受体被皮质醇过度激活。上述证据暗示鱼类存在另外一种激素，可以结合并激活盐皮质激素受体。实验证实 11- 脱氧皮质酮（DOC）可以和醛固酮同等效率地激活虹鳟的盐皮质激素受体，增强盐皮质激素受体的转录活性。实际上，11- 脱氧皮质酮是醛固酮的前体物质。

尽管 11- 脱氧皮质酮可以高效地结合并且激活鱼类的盐皮质激素受体，但是其生理功能存在争议。11- 脱氧皮质酮对幼鲑渗透压的调节作用具有季节特异性。在秋季，11- 脱氧皮质酮对幼鲑鳃组织的钠钾 ATP 酶活性无影响，不参与调控鳃组织 *nkaα1a* 和 *nkaα1b* 基因的表达，也不对幼鲑的盐度耐受性产生影响。在夏季（6 月），11- 脱氧皮质酮刺激鳃组织 *nkaα1a* 基因的表达，且与皮质醇等效。使用盐皮质激素受体的拮抗剂可以部分消除 11- 脱氧皮质酮的生理效应，暗示 11- 脱氧皮质酮激活盐皮质激素受体。11- 脱氧皮质酮略微上调鳃组织 *nkaα1b* 基因的表达，但是效果不显著。进一步实验从 1 月到 9 月持续追踪 11- 脱氧皮质酮对鳃组织 *nkaα1a* 和 *nkaα1b* 基因的诱导效果，观察到其对 *nkaα1a* 基因表达的诱导效果在 3 月最高，趋势与皮质醇一致；对 *nkaα1b* 基因表达的诱导效果在 9 月最高。上述证据显示 11- 脱氧皮质酮似乎只在特定的时间窗口具有生理学效应，推测其可能与环境因子（如光周期和温度）具有耦合效应。除调节渗透压外，还有证据显示 11- 脱氧皮质酮和盐皮质激素受体系统也参与鲑科鱼类的胚胎发育和繁殖等生理过程，暗示 11- 脱氧皮质酮具有多效性。

（三）雌激素

哺乳动物中，雌激素的生理功能具有多效性，除调控生殖功能外，还参与调控有机体的生长、发育、代谢、免疫和水盐平衡。例如，17β- 雌二醇（E_2）可以同时调控垂体和肾素 - 血管紧张素系统，维持哺乳动物的血压稳定和水盐平衡。近年来，研究证实雌激素也参与调控鲑科鱼类的水盐平衡。17β- 雌二醇和壬基酚（NP，环境雌激素）干扰大西洋鲑的盐度耐受性，且导致"二龄鲑"的发育滞后，进而使死亡率增高。进一步研究证实雌激素干扰鳃组织钠钾 ATP

酶活性、*nkaα* 基因的表达和肌肉组织的水盐平衡。雌激素的干扰效果与盐度有关：雌二醇和壬基酚不影响淡水"二龄鲑"的钠钾 ATP 酶活性；抑制海水"二龄鲑"的钠钾 ATP 酶活性，改变泌氯细胞的数量和形态。雌激素还影响鲑科鱼类的 GH-IGF 轴。GH-IGF 轴也是调控鱼类水盐平衡的重要内分泌激素。虹鳟的研究结果与大西洋鲑一致：雌二醇或环境雌激素干扰海水虹鳟的盐度调节能力，干扰鳃组织、肝脏和肌肉中 GH-IGF 轴基因的表达。

（四）催乳素

与 GH 相似，催乳素（PRL）由垂体分泌。垂体中，分泌 PRL 的是促乳素细胞，其细胞活性受到催乳素释放因子和催乳素释放抑制因子的双重调控。PRL 的靶细胞主要位于鳃组织、性腺、肾脏。PRL 具有多效性，调控鱼类的水盐平衡和繁殖发育等生理过程。

早在 1959 年，研究者通过对底鳉的研究，认为 PRL 是一种淡水适应激素。随后关于银大麻哈鱼的研究观察到：垂体的促乳素细胞活性与盐度有关，淡水"二龄鲑"的促乳素细胞活性高，暗示 PRL 的合成与分泌旺盛；海水中促乳素细胞活性较低，暗示 PRL 的合成与分泌受到抑制。此后对大西洋鲑和银大麻哈鱼的研究进一步观察到：在"二龄鲑化"的过程中，血液 PRL 水平呈现下降的趋势，且在 4～5 月处于谷底水平，该阶段是"二龄鲑化"的关键时间窗口。国外学者 McCormick 等认为 PRL 对鲑鱼的"二龄鲑化"具有抑制作用，因此在冬季，即降河洄游开始前分泌量较高；在"二龄鲑化"的关键时间窗口，PRL 分泌降低，抑制作用减弱。除鲑科鱼类外，对莫桑比克罗非鱼、金头鲷和红鳍东方鲀等其他广盐性硬骨鱼类进行研究，观察到在盐度降低时，PRL 的分泌水平和其基因的转录水平均升高。综合鲑科和非鲑科鱼类的研究，证实 PRL 是一种在淡水中主导硬骨鱼水盐平衡的内分泌激素。

在鳃组织中，PRL 调节泌氯细胞的生理功能，包括离子分泌蛋白的活性和基因表达等。其作用机制和效果与 GH-IGF 轴相反。给大西洋鲑注射 PRL，其鳃组织对淡水的适应性增强，鳃组织钠钾 ATP 酶活性和 *nkaα1b* 基因的表达降低。PRL 与 GH-IGF 轴、皮质醇具有交互作用，PRL 抑制 GH-IGF 轴对泌氯细胞的生理功能，而皮质醇抑制 PRL 的合成与分泌。例如，在"二龄鲑化"的关键时期，鲑鱼血液皮质醇含量上升，PRL 含量降低。进一步分离其垂体组织并体外培养，观察到使用皮质醇刺激后，垂体分泌 PRL 的能力降低。PRL 调节肠道上皮对无机盐离子和水分子的渗透能力。注射 PRL 后，虹鳟肠道上皮吸收 Na^+、Cl^- 和水分子的能力降低。进一步实验证实 PRL 的受体在肠道上皮细胞表达，免疫组化实验证实催乳素与虹鳟肠道的黏膜上皮特异性结合。国外学者推测 PRL 抑制虹鳟肠道上皮 *nkcc2* 基因的表达，进而降低肠道的渗透压调节功能。PRL 调节鱼类肠道的渗漏性。*claudin-15* 和 *claudin-25b* 在大西洋鲑的肠道中表达，且在"二龄鲑化"阶段和盐度驯化时基因表达上调。催乳素抑制大西洋鲑肠道 *claudin-15* 和 *claudin-25b* 基因表达。

（五）甲状腺激素

甲状腺激素主要包括甲状腺素（四碘甲腺原氨酸，T4）和三碘甲腺原氨酸（T3）。甲状腺激素在脊椎动物中最保守的生理功能之一，即刺激钠钾 ATP 酶的活性增高，调节离子的跨膜运输和氧化磷酸化。钠钾 ATP 酶是泌氯细胞的重要离子交换通道。早在 1939 年，国外学者观察到大西洋鲑的甲状腺在"二龄鲑化"的过程中活性升高。后续的实验在银大麻哈鱼的鳃组织中鉴定到了甲状腺激素受体的表达，并且表达水平在"二龄鲑化"中期变动较大，在末期迅速回落。上述证据暗示甲状腺激素调控鲑科鱼类的渗透压调节能力。在大西洋鲑和太平洋鲑鱼降河洄游时，血液T4含量升高，T3含量降低。在"二龄鲑化"时期，T4与GH和皮质醇的变化趋势大致相同，在同一时间窗口处于峰值。T3含量在鲑鱼完全入海时达到峰值。上述证据暗示T4调节淡水 - 海水过渡阶段的生理功能，而T3调节海水大西洋鲑的生理功能。值得注意的是，相比于T4，哺乳动物T3与受体结合的亲和力较高，且表现出较高的生物活性。此外，甲状腺激素与GH-IGF轴、皮质醇有交互作用。T3增加鳃组织中糖皮质激素受体的数量，增强大西洋鲑对皮质醇的敏感性。T3和GH具有叠加效应，两种激素协同刺激更多的糖皮质激素受体在鳃组织表达。尽管GH与催乳素具有结构和功能的相似性，但是实验显示T3和催乳素对糖皮质激素受体的表达无叠加效应。内分泌网络对盐度适应性的调节见二维码8-12。

第四节　"二龄鲑"的代谢生理

营养物质的新陈代谢是支撑有机体各种生理活动的基础。蛋白质、糖类和脂类是有机体主要的营养物质和能量物质。饥饿状态时，虹鳟需要的能量是30～80kJ/（kg·d），而维持生命活动的能量需求是75～100kJ/（kg·d）。因为是变温动物，鲑科鱼类的能量需求只是陆生恒温动物的10%～20%，且受水温的影响较大。尽管鲑科鱼类对能量的总需求较小，但是其还需要高效地获取和利用能量，维持游泳（洄游）、渗透压调节等复杂的行为活动和生理功能。鱼类获取和利用能量物质的方式与哺乳动物大致相同，但也存在差异。

一、主要营养物质的代谢

糖类是哺乳动物主要的能源物质。鱼类因食性不同，对糖类的利用能力有差别。植食性和杂食性鱼类对糖类的利用率高；而肉食性鱼类对糖类的利用率较低。虹鳟和大西洋鲑等鲑科鱼类是肉食性鱼类。以虹鳟为例，虹鳟在摄食含糖食物后，表现出葡萄糖耐受不良的表型，暗示虹鳟不能高效利用糖类物质。进一步的研究分析了虹鳟对糖类利用率低的潜在因素。摄食糖类后，虹鳟无法分泌足够的胰岛素，但是生长抑素的分泌水平较高。胰岛素是促进葡萄糖使用或储存的关键调控因子，生长抑素则抑制胰岛素的分泌。而且，各种中间代谢产物是保证葡萄糖有效利用的关键。研究发现虹鳟对中间产物的调节能力较差：调节相关胞内信号通路（主要是AMPK和mTOR信号通路）的能力较差，调节主要器官中间产物代谢的能力较差。值得注意的是，尽管对糖类物质的利用率低，虹鳟也可以通过糖酵解和糖异生等途径，将糖类物质转化为ATP，进而为生命活动提供能量。

蛋白质是生命的物质基础和能源基础。对虹鳟和大西洋鲑全身不同组织的氨基酸组成进行分析，观察到氨基酸组成无显著差异。进一步研究证实该结论可以扩展到更多的鲑科鱼类，如银大麻哈鱼和马苏大麻哈鱼。以虹鳟为例，虹鳟对蛋白质的需求较高，且通过高效的氨基酸分解代谢供能。摄食时，虹鳟从食物中获得氨基酸；饥饿状态时，虹鳟分解体内蛋白质获得氨基酸。尽管鲑科鱼类是肉食性鱼类，研究显示鲑科鱼类也可以利用植物蛋白。通过脱氨基作用，氨基酸被分解为含氮的氨基和不含氮的剩余部分。不含氮的剩余部分分解为二氧化碳和水；含氮的氨基被转化为尿素和毒性较低的铵离子（NH_4^+）等含氮化合物，由虹鳟的鳃组织分泌或随尿液排出。通过大量的氧化反应，虹鳟高效地利用氨基酸作为能源物质。

脂类也是鱼类重要的结构物质和能量物质。通过摄食，多余的脂类储存于鲑科鱼类的脂肪细胞、皮肤和肌肉。脂类是虹鳟重要的能量提供者。鲑科鱼类对脂类（特别是脂肪酸）的需求量较高。例如，亚麻酸组的脂肪酸是维持虹鳟生长的必须物质，若缺乏某些种类的亚麻酸组脂肪酸，虹鳟死亡率升高。虹鳟还可以使用亚麻酸自主合成长链不饱和脂肪酸，如二十碳五烯酸（DHA）和二十二碳六烯酸（EPA）。通过脂肪酸的 β 氧化，虹鳟可以对脂类的能量进行储存和利用。

二、"二龄鲑"的代谢平衡

洄游鱼类面对持续变化的环境盐度，需要不停地调节渗透压平衡：平衡状态—环境盐度扰动—非平衡状态—再平衡，该生理过程消耗大量的能量。据估计，鱼类维持渗透压平衡所需的能量占总能量消耗的 1%～20%。有机体无法从外界获取无限的能量，因此，需要动员不同的能量物质，进行不同的能量代谢动员，进而满足各项生理活动对能量的需求。

与哺乳动物一致，鲑科鱼类对葡萄糖的利用也分为有氧代谢和无氧代谢。无氧代谢产生乳酸。硬头鳟在剧烈运动时，其血液乳酸水平会增加 5 倍以上。尽管有证据显示乳酸也可以为鱼类的渗透压调节供能，但是无氧代谢产能效率较低。驱动渗透压调节的主要能量来源于有氧代谢。

鱼类渗透压调节的过程伴随血液葡萄糖含量的变化。在虹鳟由淡水向海水驯化的过程中，血液葡萄糖含量升高，暗示渗透压调节器官对能量的需求增加；与之相反，银大麻哈鱼和大西洋鲑的血液葡萄糖含量变动较小。肝脏作为重要的代谢器官，海水刺激虹鳟和大西洋鲑肝脏的糖原分解和糖异生，为"二龄鲑化"所需的各项生理活动提供能量。例如，虹鳟被转移到海水后，肝糖原含量持续降低。鳃组织的泌氯细胞是调节渗透压的主要功能细胞，在泌氯细胞中表达的离子交换通道（钠钾 ATP 酶、NKCC 和 CFTR）依赖于 ATP 的驱动。相较于淡水环境，虹鳟在海水中糖酵解水平升高，对葡萄糖的需求升高；虹鳟鳃组织的 ATP 含量降低，暗示钠钾 ATP 酶消耗了更多的 ATP。尽管鱼类己糖激酶的活性低于哺乳动物，但其仍具有催化葡萄糖氧化分解的生理功能。虹鳟己糖激酶活性与盐度线性相关，且海水虹鳟鳃组织己糖激酶活性较高，暗示鳃组织代谢葡萄糖的能力增强，提供了更多的 ATP 作为渗透压调节的能源物质。葡萄糖为肾脏的渗透压调节提供驱动力。相较于淡水，海水虹鳟肾脏糖原分解和糖异生的代谢水平升高，但是肾脏对葡萄糖的需求不变。

蛋白质和脂类不仅是重要的结构物质，也为有机体的各项生理活动提供能量。在"二龄鲑化"时期，大西洋鲑血液的甘油三酯含量显著升高，马苏大麻哈鱼鳃组织的脂肪代谢显著改变。在淡水幼鲑向海水"二龄鲑"的转化阶段，大西洋鲑鳃组织不饱和脂肪酸的含量升高，这与对虹鳟和马苏大麻哈鱼的研究结果一致。相较于淡水环境，海水虹鳟肝脏的氨基酸代谢无变化；但是大西洋鲑在完成"二龄鲑化"后，海水环境导致氨基酸的分解代谢降低。推测完成"二龄鲑化"后，大西洋鲑已完全适应海水环境，因此能量需求下降。在银大麻哈鱼的"二龄鲑化"时期，银大麻哈鱼肝脏的脂肪分解代谢增强。在大西洋鲑和虹鳟中也同样观察到海水刺激肝脏或肌肉组织的脂肪分解代谢。

简而言之，在鲑科鱼类的"二龄鲑化"阶段，大量形态、行为和生理功能的改变需要消耗大量的物质和能量。鲑科鱼类通过改变不同器官的代谢物质、代谢速率和代谢方式，进行能量的再分配，保证各项生理功能在消耗最低能量的同时，最好地适应海水环境。

三、鲑科鱼类的摄食和生长平衡

鲑科鱼类的摄食行为受到神经系统和内分泌系统的闭环调控。中枢神经系统释放刺激摄食的内分泌因子，鱼类感到"饥饿"，刺激鱼类摄食。当鱼类获得足够的食物后，消化系统通过内分泌系统和迷走神经系统将"饱腹感"反馈到大脑，停止摄食。该系统每天数次内调节鱼类的"饥饿感"和"饱腹感"，属于短期能量平衡调节。鱼类在执行洄游、繁殖等行为前，需要储存大量的能量和物质。例如，产卵洄游的鲑科鱼类在产卵前停止摄食，此时鱼类通过糖异生等途径，消耗早期储存的营养物质。因此，鱼类也需要长期能量平衡调节。有机体通过检测某种"标准"营养物质，确定身体的能量存储状态，进而调控摄食行为和能量消耗，建立能量的长期平衡。在哺乳动物中，这种"标准"营养物质是储存于脂肪组织的脂类，瘦素（leptin）是沟通脂肪组织和中枢神经系统的"信使"。鱼类对营养物质的利用和代谢与哺乳动物差异较大。脂类是否作为鱼类的"标准"营养物质，这一观点存在争议。此外，大西洋鲑和虹鳟的研究证实，瘦素与鲑科鱼类的能量代谢相关，作为主要能量稳态的调控因子可能性较低。

中枢神经系统分泌的神经多肽和神经递质调节鱼类的摄食，包括神经肽Y（NPY）、促黑细胞激素（melanocortin，MC）、可卡因苯丙胺调节转录物（cocaine amphetamine-regulated transcript，CART）、黑素浓集激素（MCH）、促食欲素（orexin，OX）、多巴胺（DA）和血清素（5-HT）等。此外，外周组织分泌的瘦素、胃促生长素（GRLN）和胆囊收缩素（cholecystokinin，CCK）等也参与摄食调控。以瘦素和促黑素细胞激素系统为例，简述摄食的调控机制。该调控机制在哺乳动物和鱼类中功能保守。外周组织如脂肪可以分泌瘦素，瘦素可以越过血脑屏障，到达下丘脑，特异性地激活瘦素的受体。下丘脑至少有两类神经元表达瘦素受体，一类是表达阿黑皮素原（POMC）的神经元，一类是表达NPY和刺鼠相关蛋白（AgRP）的神经元。表达POMC的神经元释放抑制食欲的信号分子，表达NPY/AgRP的神经元释放促进食欲的信号分子。瘦素激活表达POMC的神经元后，神经元释放α-促黑素细胞激素（α-MSH），α-MSH可以激活位于室旁核的特异性黑皮质素受体-3/-4（MC3R/MC4R）。MC3R是主要调节摄食行为和摄食效率的主要受体，MC4R是调节摄食量和能量平衡的重要受体。α-MSH激活MC4R后，抑制摄食行为。AgRP是MC4R的拮抗剂（或反向激动剂），通过抑制MC4R的信号通路，刺激摄食。瘦素还激活表达NPY/AgRP的神经元，抑制AgRP的释放，进而增强MC4R介导的食欲抑制信号通路。此外，NPY也可以激活表达NPY受体的神经元，调控摄食。在下丘脑中，表达POMC和NPY/AgRP的神经元位于上游的弓状核，是调控食欲的第一梯队神经元；表达α-MSH受体（如MC3R和MC4R）和NPY受体的神经元位于下游的室旁核，是调控食欲的第二梯队神经元。

在大西洋鲑和虹鳟中，鉴定到了3个亚型的 pomc 基因和1个 pomc 基因的可变剪切。另有报道证实大西洋鲑有2个 agrp 亚型，且在脑中的主要表达区域有差异。agrp1 主要在大西洋鲑的下丘脑表达，agrp2 主要在端脑表达。饥饿导致虹鳟下丘脑 pomc 基因表达水平的变化。α-MSH合成障碍的虹鳟食欲亢进，且伴随腹腔脂肪的过度积累。作为AgRP和POMC的下游受体，MC4R在虹鳟、大西洋鲑的脑中表达。因为4次全基因组复制，在大西洋鲑和虹鳟中鉴定到了4个 mc4r 的基因亚型。外源注射MC4R的激动剂MTII，虹鳟的摄食水平下降；注射MC4R的拮抗剂SHU9119，虹鳟的摄食水平升高。除POMC-AgRP-MC4R系统外，研究证实NPY同样可调控（鲑科）鱼类的摄食。饥饿导致银大麻哈鱼的 npy 基因表达升高；注射NPY

刺激银大麻哈鱼摄食水平升高，且具有剂量依赖性。虹鳟的 NPY 受体对哺乳动物的 NPY 具有较高的亲和力，暗示 NPY 系统在脊椎动物的进化中相对保守。

　　鲑科鱼类的生长主要受到 GH-IGF 轴的调控。GH 对鱼类的摄食具有调控作用。研究证实鱼类血液中 GH 的含量与摄食相关，且外源的 GH 刺激鱼类食物转化率升高。生长抑素是调控 GH 的上游激素，生长抑素也调控鱼类的摄食。给虹鳟腹腔注射生长抑素，虹鳟生长被抑制，食物转化率降低。鱼类的生长与摄食存在紧密的联系。从内分泌角度出发，多种激素或神经递质具有调控生长和摄食的双效功能。除生长激素释放激素和生长抑素外，NPY、瘦素、胃促生长素、胆囊收缩素等内分泌物质也调控 GH-IGF 轴。神经递质，如多巴胺、去甲肾上腺素、血清素等也调控 GH 的合成与分泌，血清素和多巴胺参与摄食调控。从能量的角度出发，生长消耗大量的能量，因此鱼类需要尽可能地从外界获取更多的营养物质，为生长提供物质和能量保障。

二维码内容
扫码可见

大黄鱼（*Larimichthys crocea*）是中国"四大海产"鱼类之一，素有"国鱼"之称，在海水养殖鱼类中，大黄鱼产量始终名列第一。大黄鱼经济价值高，肉质鲜嫩，富含蛋白质，是鲜食佳品，不仅鲜销，而且还可综合利用。为更好地指导养殖实践，本章总结现有资料，对大黄鱼的各系统和器官，如循环、呼吸、消化、排泄和生殖等功能进行论述，阐明鱼类的各种功能现象，以期为我国大黄鱼养殖产业可持续发展奠定基础。

第一节 大黄鱼概述

大黄鱼属于鲈形目（Perciformes）石首鱼科（Sciaenidae）黄鱼属（Larimichthys），为中国、朝鲜、韩国和日本等北太平洋西部海域重要经济鱼类，主要栖息于沿岸及近海砂泥底质水域，大多栖息于中底层水域，会进入河口区。厌强光，喜混浊水流，黎明、黄昏或大潮时多上浮，白昼或小潮则下浮至底层。主要以小鱼及虾蟹等甲壳类为食。鳔能发声，在生殖期会发出"咯咯"的声音；在鱼群密集时的声音则如水沸声或松涛声；生殖季节到来时会群聚洄游至河口附近或岛屿、内湾的近岸浅水域。由于不同的地理分布，大黄鱼在形态、性成熟年龄和寿命上表现出一系列地理性的多样性，形成不同的种群和群体。

第二节 血液与血液循环生理

一、血液与血液循环

（一）血液

血液是所有动物体内极其重要的组织，是一种不透明、带黏稠性的液体，红色或暗红色。鱼类血液与机体的新陈代谢有密切的关系，是机体免疫的重要组成部分。鱼类的血液指标是良好的生理学和病理学指标，被广泛地应用于鱼类的健康状况、体内营养成分代谢及沉积状况、营养状况及对环境的适应能力等的评估；而鱼类健康状况及水域污染的指标，对鱼类疾病的治疗和环境保护都具一定意义。鱼类体内血液的总量是以鱼类的体重比来表示，一般来说，硬骨鱼类为 1.5%~3.0%。但血液总量按照鱼种的不同而有所区别，同一尾鱼在不同的生长阶段和生理状态也有差异。鱼类的血量既处于经常变动的状态，又相应地被调节在一定稳定水平。与其他动物一样，鱼类的血液也承担着其体内物质运输、入侵防御、系统免疫、体液调节及维持内环境相对稳定的功能。血液的主要功能如下。①呼吸功能：给躯干各个组织器官的细胞活动输送所需要的氧气，并带走 CO_2。②营养功能：输送葡萄糖及其他机体活动所需要的物质和活动代谢排出的代谢产物。③体液性调节功能：用以调节体内各个组织器官的功能，如皮质醇。④免疫性抵抗功能：其中的白血细胞对疾病做出抵抗，可获得免疫性，抵御病原菌的侵入。

⑤环境因子调节和适应功能：如对水温和水质等影响进行适度调节和适应。

（二）血液循环

鱼类的血液循环系统和其他脊椎动物一样，是封闭式的。在这个系统中维持血液循环的动力源是心脏。心脏中具有几个瓣膜防止血液倒流，所以血液始终只能向一个方向流动。从心脏流出的血液直接流入鳃中，故有时鱼的心脏称为鳃心脏。血液在鳃中分流到毛细血管中去，再次汇合形成粗的血管，通过它流向鱼体的各个器官，然后又分流到毛细血管，再次汇合形成静脉，静脉依次将血液汇合并将血液送回心脏，这样便完成血液的整个循环（图9-1）。

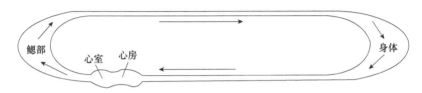

图9-1　鱼类血液循环系统（程红，1999）

（三）心脏的生理特征

鱼类的心脏是由静脉窦、心房、心室三部分组成，在功能上还加上动脉干。各个部分解剖学方面的形状、结构、配置以及活动等随鱼种而极不一样，进入窦的左右两侧的居维叶管有的很发达，有的不甚发达。鱼类心脏位于体腔前部、消化管腹侧的一个围心腔中，由围心膜所包被，且围心腔位于体腔前方。其心脏壁组织结构可以分成内膜、心外膜、心肌层3层；心室的形状也各式各样，且肌壁厚实，具有强大的收缩功能，因而这个部分是依靠它的收缩将血液压送出去，是循环原动力所在的部位。

一般来说，器官的大小和重量与其功能的强度有关联。尤其是像心脏那样的起着力学作用的器官，研究其功能非常重要。鱼类心脏的重量在体重中占的比值（心脏重量比）极小，通常为1%左右，但鱼类心脏的比值不是固定不变的。以鳃呼吸鱼类的心脏内全部是缺氧血，心脏将缺氧血压至鳃部，经过气体交换，把多氧的血从鳃部直接流经身体各部分，缺氧的血会再返回心脏。此时的心脏承担了把缺氧血和多氧的血分别被压送到肺和身体各部的任务。

（四）心血管系统的调节

心血管系统又称"循环系统"。由心脏、动脉、毛细血管和静脉等组成。一般鱼类的血液和血管都在胚体内发生，后来再伸展和流入卵黄囊的表面构成胚体以外的血管系统，但有些鱼类的血管和血液并不伸展到卵黄囊表面而是形成了胚外血管系统。

鱼类的心血管系统由液体和管道两部分组成。液体分为血液和淋巴液两种；管道分为血管系统和淋巴系统，但其淋巴系统并不发达。鱼的心血管系统具有封闭式、单循环的特点，在循环过程中，将氧气、营养物质以及激素运送到体内各个器官组织内，并把代谢废物排出体外。

二、血浆的化学成分与理化特征

血液主要包括 K^+、Na^+、Ca^{2+}、Cl^-、Fe^{2+}、Mg^{2+}、Cu^{2+}、磷酸盐、硫酸盐等无机成分和血清（或血浆）中的有机成分。血清与血浆的区别仅在于前者相对缺乏纤维蛋白原，血清中的有机成分主要包括血糖（glucose，GLU）、白蛋白（albumin，ALB）、球蛋白（globulin，GLB）、胆固醇（cholesterol，Chol）、甘油三酯（triglyceride，TG）、尿素（urea，UR）以及蛋白质降解代谢产物和谷草转氨酶（aspartate aminotransferase，AST）、谷丙转氨酶（alanine aminotransferase，ALT）、碱性磷酸酶（alkaline phosphatase，ALP）等酶学指标。血清主要可按血清酶、血清蛋白、血清脂类、血糖和尿素氮等代谢产物及钙离子等无机成分进行分类。经过对鱼类血液生化指标的大量研究，以及在血清脂类和血浆中的氨基酸含量等方面的研究，发现鱼类性别、胁迫、季节、水温、年龄、饵料、病菌感染等因素会影响鱼类血液生理生化指标。

（一）大黄鱼的血清脂类

鱼类血脂水平变化可以反映出机体脂类代谢情况，血脂水平一般用甘油三酯、总胆固醇（total cholesterol，TC）、高密度脂蛋白胆固醇（high-density lipoprotein cholesterol，HDL-C）、低密度脂蛋白胆固醇（low-density lipoprotein cholesterol，LDL-C）和极低密度脂蛋白胆固醇（very low-density lipoprotein cholesterol，VLDL-C）水平来衡量。TG 和 TC 均为中性脂肪，是体内能量的主要来源。血脂水平可以反映动物体内脂类的代谢情况，可用来评价动物的健康及营养状况。

比对 45 尾 18 月龄养殖大黄鱼雌雄个体血清中总胆固醇、甘油三酯、高密度脂蛋白及低密度脂蛋白水平的差异，得出在相同养殖条件下不同规格雌雄大黄鱼血清中 Chol、TG、HDL 和 LDL 的水平差异，大黄鱼血液生化指标正常参考值的确定及疾病的预报诊断积累参考数据显示出大黄鱼血清脂类各成分的变化（表 9-1）。

表 9-1　雌雄大黄鱼血清中 Chol、TG、HDL 和 LDL 的水平比较（张亚光等，2015）

性状	雄性 ♂（BW：99.9～298.0g）		雌性 ♀（BW：99.0～299.2g）	
	$X \pm SD$	变异系数 /%	$X \pm SD$	变异系数 /%
Chol	3.37 ± 1.89^a	56.1	4.23 ± 1.95^b	46.1
TG	4.56 ± 3.03^a	66.4	4.72 ± 2.38^a	50.4
HDL	1.46 ± 0.74^a	50.4	1.81 ± 0.81^b	45.0
LDL	0.49 ± 0.48^a	95.3	0.68 ± 0.51^b	75.7

注：同一行数据上标字母不同表示差异显著（$P < 0.05$）

在雌雄大黄鱼之间进行血清 Chol、TG、HDL 和 LDL 水平比较，发现雌性大黄鱼血清中 Chol、HDL 和 LDL 水平均显著高于雄鱼。此外，对体重在 90.5～108.1g、191.7～208.4g 和 294.3～309.8g 区间的 45 条雌雄大黄鱼的血脂成分比较分析，发现规格小且生长慢的大黄鱼（99.9±5.6）g 的血脂水平较低，规格大且生长快的大黄鱼（299.2±4.1g）血脂水平显著高于规格小且生长慢的大黄鱼，其中血清 Chol 和 LDL 约为小鱼的 2 倍，水平持续显著上升。以上都揭示随着大黄鱼生长发育，在个体和雌雄之间总胆固醇的代谢活动存在差异，雌鱼总胆固醇代谢率较雄鱼强。

（二）大黄鱼血浆中的游离氨基酸

郑斌等采用高效液相色谱法（high performance liquid chromatography，HPLC）测定了深水网箱养殖大黄鱼、传统网箱养殖大黄鱼血液中的游离氨基酸组成。研究证明游离氨基酸含量与鱼、贝类的风味相关，血液游离氨基酸是鱼体肌肉组织中游离氨基酸和蛋白质合成的主要来源，并以此为标准，从侧面揭示深水网箱养殖方式对改善大黄鱼口味的作用。

研究结果表明，大黄鱼必需氨基酸为赖氨酸、亮氨酸、精氨酸、缬氨酸、苏氨酸、异亮氨酸、苯丙氨酸、甲硫氨酸、组氨酸、色氨酸；两组网箱养殖大黄鱼血液中游离氨基酸和必需氨基酸总量比较接近，深水网箱养殖大黄鱼的必需氨基酸总量稍低于传统网箱养殖大黄鱼。鱼体血液中游离氨基酸的变化没有规律，变异系数超过16%的氨基酸有9种，依次为丝氨酸、谷氨酸、甲硫氨酸、精氨酸、苯丙氨酸、丙氨酸、苏氨酸、酪氨酸、赖氨酸。呈味氨基酸为天冬氨酸、谷氨酸、甘氨酸、丙氨酸，其中天冬氨酸、谷氨酸又被称为鲜味氨基酸。大黄鱼血液中天冬氨酸未检出，色氨酸在酸性缓冲液中被破坏而未检出。对呈味氨基酸、鲜味氨基酸两项进行比较，其变异系数分别为24.14%和42.37%，深水网箱养殖大黄鱼占绝对优势，呈味氨基酸和鲜味氨基酸总量分别高出传统网箱养殖大黄鱼41.17%和85.54%（表9-2）。

表 9-2　两组养殖大黄鱼血液中游离氨基酸的组成

	传统网箱养殖 大黄鱼血液 /（mg/dL）	深水网箱养殖 大黄鱼血液 /（mg/dL）	变异系数 /%
苏氨酸	7.03	5.16	21.69
丝氨酸	5.15	2.28	54.63
谷氨酸	5.88	10.91	42.37
脯氨酸	4.26	3.93	5.70
甘氨酸	6.67	7.01	2.57
丙氨酸	5.26	7.35	23.44
半胱氨酸	0.36	0.40	7.44
缬氨酸	7.03	6.83	2.04
甲硫氨酸	4.48	2.73	34.33
异亮氨酸	5.12	4.59	7.72
亮氨酸	8.00	7.87	1.16
酪氨酸	2.17	2.87	19.64
苯丙氨酸	3.30	4.68	24.46
赖氨酸	6.14	7.80	16.84
组氨酸	1.24	1.55	3.44
精氨酸	3.31	2.18	29.11
氨基酸总量	75.49	78.14	2.44
必需氨基酸总量	45.65	43.39	3.59
主要呈味氨基酸总量	17.90	25.27	24.14
鲜味氨基酸总量	5.88	10.91	42.37

深水网箱养殖大黄鱼血液游离氨基酸中呈味、鲜味氨基酸两项指标明显高于传统网箱养殖大黄鱼，口味也好得多。因此，可以认为血液游离氨基酸的含量是判断大黄鱼口味的依据之一。在彻底改变了大黄鱼的洄游性和生活史以后，深水网箱是大黄鱼较为适宜的养殖方式。

三、血细胞的生理

血液由液体状态的血浆和悬浮于血浆中的血细胞组成。鱼类的血细胞包括红细胞和白细胞，白细胞又有淋巴细胞、单核细胞、嗜中性粒细胞。与哺乳动物血细胞组成相比，鱼类的血细胞分化水平低，其中处于幼稚阶段的血细胞数量较多。鱼类的红细胞是有核的呈椭圆形的细胞，其大小因鱼的种类不同而异。一般来说，进化越高等的动物红细胞越小。哺乳动物的红细胞最小，数量最多，可以认为是红细胞的缩小会带来表面积的增加，起到提高呼吸功能的作用。进而，哺乳类红细胞核消失，使红细胞自身的呼吸量减少，这是进化的结果。大黄鱼血液学研究包括血液生理、血液化学及血细胞等，是大黄鱼良种繁育的生理学基础。

（一）三倍体大黄鱼与二倍体大黄鱼

人工诱导的三倍体大黄鱼，具有 3 套完整染色体组，比正常二倍体大黄鱼多一套，导致三倍体大黄鱼细胞核体积增大、细胞体积也变大，结果也使其具有二倍体大黄鱼所没有的诸多优良性状。国内有一些关于多倍体鱼类血液生理指标常数值的研究，其中包括对二倍体大黄鱼和三倍体大黄鱼血液生理指标进行测试比较。

二倍体、三倍体大黄鱼的 8 项血液生理指标及其差异，如三倍体大黄鱼的红细胞（red blood cell，RBC）数、血小板（thrombocyte，TC）数和红细胞沉降率（erythrocyte sedimentation rate，ESR）低于二倍体大黄鱼的相应值，线性分析有显著性差异；三倍体大黄鱼的白细胞（white blood cell，WBC）数、平均红细胞体积（mean corpuscular volume，MCV）、平均红细胞血红蛋白（mean corpuscular hemoglobin，MCH）和平均红细胞血红蛋白浓度（mean corpuscular hemoglobin concentration，MCHC）均高于二倍体大黄鱼的相应值，线性分析有显著性差异；三倍体大黄鱼的血红蛋白（Hb）与二倍体大黄鱼的 HGB 基本接近，线性分析无显著性差异（表 9-3）。

表 9-3　二倍体、三倍体大黄鱼 8 项血液生理指标差异显著性分析（吴建绍，2010）

检测项目	二倍体大黄鱼	三倍体大黄鱼	比值（三倍体/二倍体）	t 值	$T_{0.05}$ 值	差异显著性
RBC/($\times 10^{12}$ 个/L)	2.33±0.12	1.22±0.18	0.52	16.26	2.26	＋
WBC/($\times 10^9$ 个/L)	23.65±2.45	31.19±3.52	1.32	5.56	2.26	＋
TC/($\times 10^9$ 个/L)	42.50±7.14	29.25±5.91	0.69	4.52	2.26	＋
Hb/(g/L)	60.33±17.47	57.57±24.63	0.95	0.29	2.26	－
MCV/(fL)	159.60±4.11	197.75±2.87	1.24	23.99	2.26	＋
MCH/(pg)	30.91±27.42	65.68±14.25	2.12	7.66	2.26	＋
MCHC/(g/L)	185.00±15.58	331.25±69.25	1.79	6.51	2.26	＋
ESR/(mm/h)	5.06±0.24	3.60±0.40	0.71	9.90	2.26	＋

注：＋代表差异显著；－代表差异不显著

（二）大黄鱼感染哈维氏弧菌后血液中的血细胞

哈维氏弧菌对大黄鱼外周血血细胞数量有显著影响。感染哈维氏弧菌的病鱼每毫升血液红细胞数为（8.94±2.82）×10^5 个，健康鱼为（1.081±0.40）×10^6 个，没有统计学差异。病鱼每毫升血液白细胞数为（4.57±0.28）×10^4个，健康鱼为（3.91±0.72）×10^4个，没有统计学差异。病鱼淋巴细胞占白细胞55.02%±12.24%，极显著大于健康鱼的24.10%±19.86%，病鱼单核细胞、嗜中性粒细胞、血小板百分率极显著下降（$P<0.01$），分别为13.4%±10.94%、11.82%±4.39%、19.78%±2.11%（表9-4）。

表9-4　注射生理盐水或哈维氏弧菌后大黄鱼外周血血细胞数量变化（徐晓津等，2010）

测定项目		健康鱼	病鱼	P
红细胞数（×10^5ind/mL）		10.81±4.04	8.94±2.82	差异不显著
白细胞数（×10^4ind/mL）		3.91±0.72	4.57±0.28	差异不显著
白细胞计数	单核细胞百分率	26.5%±3.64%	13.4%±10.94%	$P<0.01$
	淋巴细胞百分率	24.10%±19.86%	55.02%±12.24%	$P<0.01$
	嗜中性粒细胞百分率	15.12%±11.15%	11.82%±4.39%	$P<0.01$
	血小板百分率	34.30%±19.32%	19.78%±2.11%	$P<0.01$

第三节　呼吸生理

一、大黄鱼呼吸生理概述

机体与外界环境之间进行气体交换的过程称为呼吸（respiration）。呼吸是生命的基本特征，通过呼吸，机体从外界环境摄取新陈代谢所需要的O_2和排出所产生的CO_2及其他（易挥发的）代谢产物，使生命活动得以维持和延续，呼吸一旦停止，生命也将结束。

目前对于大黄鱼的呼吸生理除了基础生理学研究外，主要围绕耗氧率变化规律及其窒息点进行研究。对个体重20～250g的大黄鱼在不同水温条件下的耗氧率进行分析，测得大黄鱼的耗氧率在2月、4月、6月、8月、11月的变化范围为110～418μg/（g·h），并且得出在相同温度条件下，大黄鱼的耗氧率取决于鱼体体重，随着体重的增大，耗氧率降低；而在相同体重条件下，耗氧率则取决于水温，即随水温的升高，耗氧率也随之增高。研究发现14～25℃范围内，大黄鱼鱼苗耗氧率随温度升高而增大。14℃时，平均体长为8.3cm（7.8～9.1cm）的鱼苗耗氧率为2.833μg/（g·min）；20℃时为3.904μg/（g·min）；25℃时为4.677μg/（g·min）。与一般养殖鱼类相比较，大黄鱼对水中溶氧水平的要求较高。在水温25℃的环境下，当水中溶解氧下降到4.1mg/L时，平均体长为8.3cm（7.8～9.1cm）的鱼苗就可能出现浮头现象；溶解氧下降到2.4mg/L时就会出现死亡，而对于大多数养殖鱼类来说，这种溶氧水平尚处于正常状态。大黄鱼对低氧的忍受能力远低于尼罗罗非鱼（0.15～0.23mg/L）、鲤鱼（0.300～0.350mg/L）、鳜鱼（0.48mg/L）、青鱼（0.580mg/L）、青石斑鱼（0.816mg/L）等常见的养殖鱼类，其高密度养殖需要供氧充足的条件。大黄鱼在亲鱼培育期，受精卵孵化期和仔鱼、稚鱼生长期溶解氧均需保持在5mg/L以上。海水中溶解氧一般可以满足大黄鱼的需要，但如果放养密度过高、水交换较差，海水中溶解氧一旦低于4mg/L，大黄鱼就会出现摄食下降、生长停滞的现象，甚至产生停食、浮头乃至死亡。大黄鱼鱼苗的呼吸生理点包括浮头点（Ap）、昏迷点（Cp）、窒息点（Sp）随水温的升高而明显提高。水温14℃时浮头点为2.8mg/L，昏迷点为1.81mg/L，窒息点为1.42mg/L。而当水温达25℃时浮头点为4.1mg/L，昏迷点为

2.51mg/L，窒息点为2.27mg/L。大黄鱼不同呼吸生理点的瞬时耗氧率呈现特别趋势，在呼吸生理某一状态（浮头点至昏迷临界点之间）下表现出与众不同的现象，即当环境溶解氧下降至其出现浮头现象后，大黄鱼鱼苗的耗氧率会出现短暂跳跃式的提升，直至昏迷临界点。

二、大黄鱼的呼吸系统

大黄鱼的呼吸系统包括鳃和辅助呼吸器官鳔。

（一）鳃的呼吸运动

1. 鳃的组织结构　　观察大黄鱼鳃的显微结构，可以看出大黄鱼鳃的结构和大部分海水鱼鳃的结构类似，鳃丝连续排列呈梳状附着在鳃弓的凸面，鳃耙呈列齿状位于鳃弓凹面外侧。鳃丝主干部分由鳃丝软骨、鳃丝上皮和中央静脉窦组成，每根鳃丝由一根鳃丝软骨支持。鳃丝软骨呈长椭圆形，外包有结缔组织。鳃丝上皮是多层上皮组织，由上皮细胞、黏液细胞和泌氯细胞等细胞构成。鳃丝均向两侧伸出与鳃丝纵轴平行排列的鳃小片，鳃小片与鳃丝纵轴垂直呈平行排列。鳃小片主要由上皮细胞、柱细胞和毛细血管网等构成。鳃小片基部为复层上皮，其基膜与鳃丝基膜相连。呼吸上皮细胞是覆盖在鳃丝表面大部分区域的细胞，呼吸上皮既是组成器官的上皮，又是血管壁，这样红细胞通过上皮细胞就能与水体环境接触，以便获取水中的氧气和排出二氧化碳。大黄鱼具有短小的假鳃，位于鳃盖内侧上方，假鳃没有呼吸功能，但可以促使二氧化碳排出体外。大黄鱼幼鱼鳃的组织切片见二维码9-1。

2. 鳔的组织结构　　鳔不但是大黄鱼调节其栖息水层和发声的重要器官，同时也是呼吸的辅助器官。大黄鱼的鳔为封闭型，鳔管退化，不与消化道相通。鳔很发达，不分室。前部呈圆筒状，后部渐细尖。鳔的两侧具有31～33对侧枝；每一侧枝具有背分枝及腹分枝，腹分枝分上下两小枝，下枝又分为长度相等的前后2小枝，沿腹膜下延，伸达腹面。鳔壁内具有7～8枚由微血管聚集成的花朵状"赤腺"，"赤腺"能分泌气体并充满整个鳔腔。当鱼下潜、周围压力增大时，大量的血进入微血管内，"赤腺"细胞从中不断地分解出大量的氧充入鳔腔中而增大其压力与周围压力平衡，并通过鳔后背方的"卵圆窗"渗入周边的血管中。"赤腺"也可以吸收气体而使鳔收缩，但速度较慢。鱼被外力快速地从水的中下层拖上表层时，周围压力骤减，就会把鱼的内脏从口中压出体外或引起鳔的膨胀破裂而死亡。

3. 鳃的呼吸功能　　在鱼类的呼吸过程中，通过鳃的水流量和血流量的比例大约是10：1，而不像在哺乳类中通过肺泡的空气流量与血流量的比例接近1：1。这反映了两种不同呼吸介质（水和空气）的不同含氧量，因为水中的溶氧量要比空气的含氧量低得多。各种鱼类的呼吸运动虽然各有特点，但它们的共同特点是水在呼吸器官里单方向流动且流动量很大。大黄鱼的呼吸动作是通过口腔和鳃腔两个"唧筒"或"泵"连续而协调的收缩与扩张运动，以及鳃盖本身小片状骨骼结构和瓣膜的阻碍作用完成的，因此鱼类的口腔、腮盖的开闭是间断的，但流经腮瓣的水却是连续的。在呼吸动作中，口腔和鳃腔的作用依鱼类的栖息环境不同而不同，而大黄鱼主要依靠口腔和鳃腔的连续动作进行呼吸。血液通过入鳃动脉流到入鳃丝动脉然后进入鳃小片微血管进行气体交换后，从出鳃丝动脉和出鳃动脉流入各组织器官，而水流通过大黄鱼鳃部和血流灌注鳃部是反方向的，这种重要的机制被称为"逆流系统"，这样就可以最大限度地提高气体交换效率。如果水流和血流是相同方向的话，水流与血流之间的气体交换量就很少；如果水流和血流是反方向而两者之间的扩散阻力又很小，水流与血流之间的气体交换就会大大增加。这种"逆流系统"保证了接触鳃的水总是在更新。据实验，鱼鳃的这种气体交换机制可使水中80%以上的氧被摄入血液中；相反地，如果水流与血液流动是同一方向流动，则水中的氧仅有10%被摄入血液中（图9-2）。

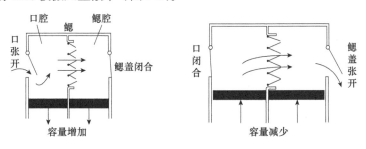

图9-2　大黄鱼呼吸作用示意图

（二）气体交换与运输

大黄鱼的气体交换发生在呼吸器官鳃的血液与水流之间，以及血液与组织细胞之间，而血液中气体的运输是这两个气体交换过程的桥梁。

1. 鳃的气体交换　　每种鱼从一定容量的水中摄取的氧量通常相当稳定，一般不受水中溶氧量影响，但不同的鱼类之间差别很大。大黄鱼属于高耗氧率鱼类，对养殖环境的溶解氧含量要求在5mg/L以上，低于4mg/L不利于其养殖，甚至造成窒息死亡。大黄鱼生活的水环境中含有各种气体，它们在水中有溶解态和结合态两种。氧在水中完全是以物理性溶解状态存在，二氧化碳则大部分是以碳酸氢根离子的形式存在，小部分是以二氧化碳形式存在。因此，正常水体中氧分压高、二氧化碳分压低。呼吸器官的不断通气，保持了呼吸器官中 P_{O_2}、P_{CO_2} 的相对稳定，这是气体交换得以顺利进行的前提。大黄鱼鳃进行气体交换时，其氧气及二氧化碳总是由分压高处向分压低的一方扩散，最后水环境和鳃细胞、鳃细胞和血液之间达到气体平衡。在大黄鱼鳃小片的任何部位，水中的氧分压总是高于血液中的氧分压，因而保证了氧气能够不断地从水中进入血液。静脉血到达鳃小片时，由于 CO_2、NH_3、H^+ 和 O_2 在鳃上皮可以渗透，但 HCO_3^- 不可以渗透，所以大量化学结合态的二氧化碳在鳃上皮细胞碳酸酐酶的催化下分解为游离二氧化碳，使血液中的二氧化碳分压大大地提高。二氧化碳通过鳃上皮向水中扩散，进入水中的二氧化碳很快被呼吸水流带走，而且在水中的大部分二氧化碳又转变为碳酸氢根离子，从而使水体中二氧化碳的分压维持在较低水平，因而血液中的二氧化碳能不断地向水中扩散。所以水中的 CO_2、NH_3、H^+ 和 O_2 浓度变化能明显影响这些分子通过鳃上皮的转移，而水中 HCO_3^- 的变化对体内 CO_2 的排出量影响不大。

2. 血液与组织细胞的气体交换　　由于各种维持生命活动的代谢活动一直进行，大黄鱼的组织与细胞会源源不断地消耗氧气，所以导致组织与细胞内的氧分压比血液中的氧分压要低，从而保障血液中的氧气能向组织和细胞中单向扩散；又由于组织和细胞消耗氧气产生二氧化碳，导致其中的二氧化碳分压高于血液，所以能保证组织和细胞中的二氧化碳单向扩散到血液中，且血液中二氧化碳的存在形式为化学结合态，溶解态的二氧化碳存在量很少，故能保证组织和细胞中的二氧化碳能不断向血液中扩散。

3. 气体运输

（1）氧气的运输　　氧气是难溶于水的气体，故而血液中以物理溶解状态存在的氧气量极少，仅占血液总氧气含量的 2% 左右，化学结合的约占 98%。溶解的氧气进入红细胞，与血红蛋白（Hb）结合成氧合血红蛋白（HbO_2）。血红蛋白是红细胞内的色素蛋白，它的分子结构特征为运输 O_2 提供了很好的物质基础。血液中的 O_2 主要以氧合血红蛋白的形式运输，O_2 与 Hb 的结合和解离是可逆反应，能迅速结合，也可迅速解离，主要取决于 O_2 分压的大小，其次还受 CO_2 分压、pH、温度和有机磷酸盐等的影响。

（2）二氧化碳的运输　　进入血液的二氧化碳以物理溶解和化学结合两种方式运输，但以化学结合态为主。血液中二氧化碳仅有少量溶解于血浆中，大部分以化学结合状态存在，约占 95%。化学结合的二氧化碳主要是碳酸氢盐，其次是少量的氨基甲酸血红蛋白（不到 10%）。溶解状态的二氧化碳包括单纯物理溶解的和与水结合生成的 H_2CO_3。

从组织扩散入血液的二氧化碳首先溶解于血浆，一小部分溶解的二氧化碳可以与水结合而生成碳酸（H_2CO_3），因为没有碳酸酐酶的催化作用，这一反应进行十分缓慢；生成的 H_2CO_3 可以迅速解离成 HCO_3^- 和 H^+，H^+ 被血浆缓冲系统缓冲，pH 无大幅度变化。溶解的二氧化碳也与血浆蛋白的游离氨基反应，生成氨基甲酸血浆蛋白，但形成的量极少，而且动脉血与静脉血中的含量基本相同，表明它对二氧化碳的运输不起作用。

（三）呼吸调节系统

1. 呼吸中枢对呼吸运动的调节　　呼吸中枢通过有节律的兴奋性信号，同时接收呼吸器官中感受器传入的神经信号，实现对呼吸运动的正向调节和反馈调节。

（1）呼吸中枢的调节　　中枢神经系统中能够产生调节呼吸运动的神经细胞群称为呼吸中枢。延脑是大黄鱼的基本呼吸中枢，头部呼吸肌群的放电记录可以反映呼吸中枢运动神经元的活动，显示出鱼类是依赖一种非同步的但非常规则和特异的放电方式对呼吸进行调节。

（2）反馈调节　　当鱼类鳃上具有污物时，鳃部的伤害感受器就会参与呼吸反射活动，使一部分水从口中吐出，同时一部分水由鳃孔溢出，伤害感受器的反馈信号可以帮鱼类去除鳃上的污物；当血液中 O_2、CO_2 和 H^+ 的含量发生变化时，鱼类会通过化学感受器将信号传回呼吸中枢，以便及时对呼吸频率和呼吸幅度做出调整。

2. 对环境因素变化做出的调节　　鱼类在静止时，经过鳃部的水流量为 100～400mL/（kg·min），而在运动、低氧、高碳酸或高含氧量时，大黄鱼可以通过增加呼吸水流量来进行呼吸调节，通常是通过显著增强呼吸搏出量和略为提高呼吸频率来实现，经过鳃部的水流量可以增加到近 30 倍。呼吸水流量增加使通过扩散屏障的分压梯度加大而增强呼吸气体的转移，促使流出鳃的水流中 O_2 增多而 CO_2 减少，即经过鳃上皮增加 O_2 和 CO_2 的交换量。

（1）对持续低氧的调节　　水中持续的低氧，开始时对大黄鱼的呼吸没有影响（即呼吸非依存性），但接着会引起明显的耗氧量降低（即呼吸依存性）。水中氧分压降低时，活动耗氧量明显降低，而对标准耗氧量（代谢率）的影响不大。水中氧分压降低会引起大黄鱼呼吸作用增强，其作用机理是：感觉性输入信息进入脑的呼吸中枢后，发出运动性输出信息，从而引起鳃部呼吸动作幅度加大和呼吸频率提高。研究表明，感应这些信息的受体是基于血液的，它们对血液中 O_2 的含量或者 O_2 的释放量变化起反应。这些受体可能分布于以下 3 个部位：①咽腔壁和鳃的表面，以感受水环境或呼吸水流中氧含量的变化；②含有鳃部充氧后血液的动脉或者与动脉血密切联系的组织，以感受血流中氧含量的变化；③含有静脉血的血管（包括腹大动脉、入鳃动脉）或者与静脉血密切联系的组织，以感受流经身体各部分后血液中的氧含量。

（2）对高浓度二氧化碳的调节　　由于CO_2在水中的容量很高，而大黄鱼能使CO_2迅速地从血液中排除掉，因此CO_2/pH的变化并不是鱼类呼吸活动的基本驱动力。但水中CO_2含量的升高对鱼类呼吸活动影响明显。水中CO_2含量很高时，产生毒性，会完全抑制大黄鱼对氧的摄取和消耗。CO_2含量升高时，大黄鱼能存活一段时间，但其从水中摄取O_2的能力明显下降，呼吸频率增加，呼吸动作幅度加大，从而使呼吸水容量明显增加，不过大黄鱼只在开始时增加呼吸水容量，不久后便不再增加。

第四节　摄食和消化生理

一、摄食与消化概述

大黄鱼为广谱性的肉食性鱼类。据分析，大黄鱼在自然海区的一生中摄食的天然饵料生物达到上百种。大黄鱼在不同的发育阶段，摄食的饵料生物也不同。刚开口的仔鱼，就开始捕食轮虫和桡足类、多毛类、瓣鳃类等浮游幼体；稚鱼阶段主要捕食桡足类和其他甲壳类幼体；50g以下的早期幼鱼以捕食糠虾类、磷虾、萤虾等小型甲壳类为主；50g以上的大黄鱼捕食的饵料生物种类更多，除了糠虾、磷虾、萤虾等小型甲壳类之外，还有各种小鱼和幼鱼，以及虾、虾蛄、蟹类等及其幼体。人工养殖的大黄鱼，从稚鱼阶段起，均可摄食较软的人工配合颗粒饲料。养殖的大黄鱼摄食缓慢，与鲈鱼、鲷科鱼类猛烈抢食的"场面"相比，大黄鱼大有"小姐"般慢条斯理的"吃相"。但在密集与饥饿状态下，大黄鱼稚鱼从全长14mm开始，就出现普遍的自相残杀现象，经常可以见到大一些的稚鱼因吞不下小一些的稚鱼而"同归于尽"——噎死。在极度饥饿状态下，甚至数百克的大黄鱼也会攻击、咬食比之个体小一些的大黄鱼。大黄鱼的摄食强度与温度高低密切相关。在适温范围内，水温越高，摄食量越大，生长也越快。大黄鱼具有集群摄食的习性。养殖实践表明，以大型网箱养殖或放养密度较大的大黄鱼，在大群体抢食氛围下，食欲旺盛，生长加快，可取得较佳的养殖效果。大黄鱼除了在临产及产卵中的短短数小时内不摄食外，其他时间只要达不到饱食程度，几乎都在索食。即使在冬季，大黄鱼还可以从水温较低的海域洄游到水温较高的越冬海域而继续摄食。

此外，鱼类的食性与其消化系统的组织结构和消化功能密切相关，大黄鱼消化系统各器官的组织结构不同，消化酶的种类和活性也具有明显的差异，由此承担不同的消化与吸收功能。消化器官的功能主要是对食物进行消化和吸收，即摄取营养，还有内分泌和免疫功能。消化系统是由消化道及与其相连的大小消化腺所组成。胃中以酸性蛋白酶为主，而胰腺中则合成和分泌了大量的酶，包括淀粉酶、胰脂肪酶和胰蛋白酶等，其中蛋白酶在碱性环境中被胰蛋白酶所激活，而胰蛋白酶自身被肠激酶激活。肠细胞中含有两种不同类型的消化酶，存在于细胞质中的酶（主要是肽酶）以及与肠细胞膜相连的刷状缘膜结合酶，而刷状缘膜结合酶又包括许多类型，肽酶、二糖酶、胰脂肪酶等。肠道中这些不同种类的酶通常具有协同作用，早期仔鱼自身缺乏足够的消化酶，是活饵料中的消化酶对仔鱼的消化作出了贡献，活饵料自身的消化酶可激活仔鱼内源性酶并促进胰腺酶的分泌，从而提高鱼类的消化吸收能力。此外，消化系统中神经肽对鱼类的消化也具有不可忽视的作用。

二、大黄鱼的摄食活动

大黄鱼食物种类广泛，食性复杂，因其摄食器官的形态结构特殊。大黄鱼口端位，口裂大而斜，有利于其追逐捕食游泳动物；牙细小尖锐，便于撕咬具有坚硬甲壳质外壳的十足类和蟹类，也可以吞食个体较大的鱼类；此外，大黄鱼鳃耙细长，又能较好地滤食磷虾类、糠虾类和桡足类等个体较小的浮游动物，因此大黄鱼既捕食游泳动物也摄食浮游动物，主要摄食十足类、鱼类、磷虾类和糠虾类，具有以游泳动物、浮游动物为主要食物的肉食性摄食习性。细螯虾和中华假磷虾是大黄鱼食物组成中最重要的食物种类。

大黄鱼对食物种类具有明显的选择性，主要体现在喜好追逐捕食海区中的小型虾类和仔鱼、稚鱼、幼鱼以及体型相对较大的浮游动物磷虾类和糠虾类。其食物分为 4 个门 12 大类（不含浮游幼体），以甲壳动物占绝对优势，包括十足类、磷虾类、糠虾类、桡足类、介形类、等足类、端足类、口足类、蟹类等 9 大类 22 个属的 29 个种类，其中又以十足类的种类最多，达 13 种，其次为桡足类 7 种，糠虾类 3 种，鱼类 3 种（包括大黄鱼幼鱼）。此外，窄尾刺糠虾、宽尾刺糠虾、哈氏仿对虾、疣背宽额虾和棱鲮也是大黄鱼较重要的饵料生物。而对于在水域中丰度占重要地位的桡足类，大黄鱼并不会表现出偏好和优势。随着个体体长增长，大黄鱼由摄食个体较小的磷虾类和十足类转而捕食个体较大的鱼类和底栖虾类。

除此之外，在人工饲养条件下，大黄鱼仔鱼、稚鱼、幼鱼有明显的昼夜摄食节律。在夜间摄食强度很低，视觉对大黄鱼的摄食起重要作用。但是，光线太强则不利于大黄鱼鱼苗摄食，其摄食最高峰主要在黄昏。其他鱼苗如仔鲽、鲕、梭鱼等也有类似情况。

三、消化吸收系统

消化是指食物在消化道内被分解成小分子的过程。消化包括两种方式：①通过消化道肌肉的舒缩活动将食物磨碎，使之与消化液充分混合，并向远端推送，称为机械性消化；②通过消化液中的各种酶，分别对蛋白质、脂肪和糖类进行分解，使之成为小分子物质，称为化学性消化。鱼类的消化主要是依靠胃、胰脏、肠道分别分泌不同种类的酶，这些酶的酶解过程使蛋白质、脂肪和糖类等结构复杂、不能渗透利用的物质变成简单的可溶性物质，如氨基酸、脂肪酸、单糖等，以便为肠细胞所吸收和运输。

在有胃鱼类的胃中，作用最强的消化酶是胃蛋白酶，一般情况它先以不具有活性的酶原形式贮存于细胞中，在盐酸或已有活性的蛋白酶作用下转变为具有活性的胃蛋白酶，一般软骨鱼类最适 pH 约为 2，而有胃硬骨鱼类最适 pH 在 2～3，均在较强的酸性范围之内。大黄鱼属有胃硬骨鱼，肠黏膜可以分泌有活性的蛋白酶和肠致活酶，还有来源于肝胰脏、幽门盲囊等器官分泌的胰蛋白酶，使肠蛋白酶的研究较为复杂。大黄鱼对食物蛋白质的消化主要在胃和肠，而且大黄鱼消化道各部位蛋白酶受温度、pH 的影响。

（一）口腔和食道

大黄鱼舌由基舌骨突出部分外被黏膜构成，大黄鱼舌黏膜上皮为复层扁平上皮，舌腹面固有膜有浆液性腺泡。黏膜上皮为复层扁平上皮，表层上皮细胞中含有一些大型具有分泌功能的杯状细胞和少量味蕾，上皮下由致密结缔组织构成固有膜，固有膜深部含有舌肌，舌肌为横纹肌，舌腹面固有膜分布有浆液性腺泡。

食道管壁则分为 4 层，即黏膜层、黏膜下层、肌层和浆膜。黏膜层向食管腔突起形成许多纵行褶皱，上皮为复层扁平上皮，表层为一层扁平细胞，其下为一层大而高的黏液细胞和杯状细胞。在食道黏膜褶皱的顶端和侧面，常有单层柱状上皮区域，细胞内染色较深。上皮的深部是固有膜，此层由致密结缔组织构成，纤维细而排列紧密，无黏膜肌层。黏膜下层为疏松结缔组织，包括分散分布的横纹肌组织，内层为环肌，外层为纵肌。

大黄鱼口咽腔和食道是容纳和输送食物的通道，与之相适应的是口腔和食道上皮细胞均为复层扁平上皮，可耐受食物的摩擦，而且，舌上皮之间的杯状细胞，以及食管在扁平细胞下面排列的一层黏液细胞和杯状细胞，这些细胞的分泌物能润滑食物，有利于食物的运输。

（二）胃的消化

胃是大黄鱼消化道最发达、管壁最厚、最膨大的部分，可以容纳较多的食物，也是进行消化作用的重要场所，可以分为胃前、胃中和胃后 3 段，但 3 段之间无明显界线。胃壁横切面从内向外由黏膜、黏膜下层、肌层及浆膜构成，黏膜又可分为上皮、固有层和黏膜肌层。在胃前段，黏膜上皮除单层柱状细胞外，还有许多体积较大的黏液细胞；固有层与黏膜下层连续在一起，为疏松结缔组织，无黏膜肌层；肌层为骨骼肌；浆膜为疏松结缔组织。在胃中段和胃后段，胃黏膜形成大的纵行皱襞，黏膜表面有许多胃小凹，由上皮内陷而成。

黏膜上皮主要为单层柱状细胞，细胞核椭圆形，位于细胞基底部，固有层较厚，含有发达的胃腺，胃腺为单管状腺，腺管平行排列，开口于胃小凹处。胃腺上皮由 2 种细胞构成，Ⅰ型细胞较少，仅位于胃腺的颈部，与黏膜上皮相连，细胞呈矮柱状，细胞质染色较浅，大黄鱼胃腺Ⅰ型细胞与胃前段黏膜黏液细胞一样，分泌中性和酸性混合黏液物质，这些黏液物质可保护胃黏膜免受盐酸和胃酶的消化作用；Ⅱ型细胞为胃腺上皮的主体，细胞呈立方状，细胞质染色较深，具有很强的蛋白酶活性。由环形平滑肌组成的黏膜肌层，黏膜下层为很厚的疏松结缔组织，肌层由内环肌、外纵肌 2 层平滑肌组成，纵肌层较厚。

大黄鱼胃、肠道、幽门盲囊的 HE 切片见二维码 9-2。

大黄鱼胃腺细胞是一种典型的泌酸胃酶细胞，在细胞内同时含有相当多的微管泡系和酶原颗粒，与乌鳢、鲇和黄颡鱼一样。胃腺细胞发达的微管泡系分布于腺腔周围（即细胞顶部），同样不具有细胞内小管，细胞顶面也有微绒毛伸入腺腔。电镜组化表明，微管泡膜具有 H^+，K^+-ATPase 活性，此酶在将 K^+ 泵入细胞质基质时泵出 H^+，说明大黄鱼胃腺细胞游离端充满微管泡系，是参与盐酸合成的结构基础。

不同的消化酶在鱼类各消化器官内的分布存在差异，消化酶活力是反映鱼类消化生理功能的一项重要指标，其高低决定鱼类对营养物质消化吸收的能力，而在大黄鱼的各消化器官中胃的蛋白酶活力最强。

（三）肠及幽门盲囊的消化

1. 肠道　大黄鱼肠道黏膜层形成许多纵行褶，黏膜褶上又有许多分支肠绒毛，可使已分解和部分消化的食物在肠道内的停留尽量延长，进行肠内的进一步消化并被充分吸收；同时肠道上皮超微结构特点是在细胞的游离面有密集排列的微绒毛，使肠道的吸收面积大大增加；而且微绒毛表面具有双糖酶和多肽酶，故上皮细胞微绒毛也是消化的关键场所。在肠上皮细胞侧面有连接复合体，其中的紧密连接具有重要的通透屏障作用，保证了机体的选择性吸收机制，又可防止固有层内物质进入肠腔。肠上皮细胞上方含有大量光面内质网，在光面内质网膜上含有合成甘油三酯所必需的酶，与高尔基复合体共同参与乳糜微粒的形成，而一些大分子物质通过胞吞作用，在肠上皮细胞内溶酶体的参与下得到消化，从而实现营养物质的吸收。肠道对食物的消化、吸收主要与黏膜表面结构和肠道的分泌能力有关，两者在大黄鱼消化与吸收方面具有非常重要的作用。

2. 幽门盲囊　大黄鱼在胃中部与肠相连的部位发出十余个细小的盲管，类似香蕉状，此为幽门盲囊。肠从胃中部向后发出，在腹腔内纵向形成2个回折止于肛门。幽门盲囊是肉食性鱼类特有的消化器官，有些鱼类的幽门盲囊中不仅存在较强的消化酶活性，而且还具有强大的消化功能。大黄鱼幽门盲囊的组织结构和酶的种类与肠基本相同，管壁均由黏膜、黏膜下层、肌层和浆膜层构成，大黄鱼幽门盲囊与肠黏膜形成许多纵行皱襞，皱襞上又有许多分支肠绒毛，黏膜柱状细胞又有发达的纹状缘，这些都有效扩大了黏膜与食物接触的消化与吸收面积。幽门盲囊与肠所含酶种类也相似，幽门盲囊的绒毛长而相互交联成网状。黏膜上皮主要为纹状缘发达的单层柱状细胞，其间分布较多的黏液细胞。二者的功能几乎是一致的，但在幽门盲囊和肠壁内未见肠腺。

此外，大黄鱼幽门盲囊与肠黏膜柱状细胞蛋白酶的活性仅次于胃腺。鱼类对食物的消化主要发生在胃、幽门盲囊和肠的前部，大多数鱼类肠道中的消化酶活性由前段向后段呈现递减趋势，肠道末端基本没有酶活性（包括淀粉酶、肽酶、脂酶和蛋白酶等）。鱼类中的某些非特异酯酶参与类脂的消化和吸收，肠与类脂的吸收密切相关。由于鱼是以类脂而非碳水化合物和蛋白质作为其主要营养来源，所以非特异酯酶的存在对鱼类更为重要。与欧洲无须鳕（*Merluccius merluccius*）一样，大黄鱼对羧基酯的水解主要发生在幽门盲囊和肠，因为幽门盲囊和肠黏膜柱状细胞的非特异酯酶活性强于其他部位的细胞。

（四）吸收

食物经消化后，通过消化道黏膜进入血液的过程称为吸收。消化道不同部位的吸收能力和速度不同，这主要取决于各部分消化管的组织结构以及食物在各个部位的消化程度和停留时间。在口腔和食道，食物实际上是不被吸收的，只能吸收某些药物，如硝酸甘油；在胃中可吸收少量水分；大肠吸收剩余的水分和无机盐；小肠是吸收的主要部位，食物在小肠内停留时间较长，而且已被消化成适于吸收的小分子物质，这些都是小肠吸收的有利条件。此外，肠道中的菌群会对物质吸收造成很大的影响，肠道菌群的稳定存在是动物长期进化的结果，对机体免疫功能和营养吸收都有很重要的作用，正常情况下，有益菌、条件致病菌和致病菌在体内是稳定存在的；当饵料或者生存环境发生改变时，会出现应激反应，肠道菌群出现大的波动，一些致病菌或者条件致病菌大量繁殖，影响机体健康，进而影响动物生长。

患肠炎草鱼的肠道厌氧菌和需氧菌比例会显著下降。在对大黄鱼肠道菌群数量的检测时也发现，酵母菌属于机会致病菌，弧菌属于致病菌，两者都是兼性厌氧菌，应激反应时肠道内一些致病菌和机会致病菌大量繁殖，影响了肠道菌群的正常平衡，进而影响了鱼肠道对食物的消化和吸收，导致鱼群生长缓慢。食物进入肠道后需要肠道消化酶的催化分解才能被机体吸收利用，因此，肠道消化酶活性也常被作为影响机体生长速率的指标之一。一般鱼类肠道可分为前、中、后三段，前肠主要与消化吸收相关，中肠和后肠主要与免疫相关。肠道对食物的消化吸收主要依赖于肠壁褶皱即绒毛，因此，可以从肠道的绒毛状态比较出两组鱼对食物的消化吸收能力。

在生长过程中，由于饲料品质、饲料形态、投喂方式、生长环境等因素都会对鱼体消化吸收系统造成应激，鱼体对这些应激的适应程度不同会造成生长速度的差异。

第五节 排泄与渗透调节

一、排泄与渗透调节概述

海洋硬骨鱼的体液和海水比起来是低渗的，但在海水中生活，随时都在失水，因而随时都在增加体液中盐分的浓度，鱼肾是没有排浓尿能力的。大黄鱼的排泄是指机体将其物质分解成代谢产物，尤其是将终末产物清除出体外的生理过程。鱼类的排泄主要靠肾脏和鳃来完成：①大黄鱼全身都盖有鳞片，可减少水从体表渗出；②不断饮入海水，同时鳃上有一些特化的细胞，能主动排出高浓度的盐分；③含氮废物大多是以 NH_3 的形式从鳃排出，而肾脏排尿量却很少，这样就防止因排泄废物而失水过多。有时大黄鱼能生活在低渗溶液中，即盐度为 0.5‰～30‰ 的溶液中（海水盐度为 35‰）。但由于排泄器官的功能还没有发生适应于半咸水环境的变化，因而排泄的尿总是和血液等渗。因此，排泄的结果是过剩的水被排出，同时也失去了体液中的盐分。这就需要另外的机制来保持渗透压的平衡。鳃将半咸水中的盐分逆浓度梯度（主动转运）地吸收，转移到血液中，使体液盐分得到补偿，渗透压不至于下降很多。

大黄鱼通过肾小管的回收作用，调节体内水盐代谢稳态和维持渗透压的稳定。鱼类体液的渗透压必须维持在相对恒定的范围内，才能保证鱼体生命活动的正常进行。大黄鱼体液的渗透浓度低于海水，约为海水的 1/3。体液中的水分通过鳃上皮和体表流失，若不加调节，则会因大量失水面临脱水。大黄鱼调节渗透压从两方面进行：一方面是补充水分，通过各种途径来补充水在渗透过程中的损失，除了从食物中获取水分外，还要多吞海水，另外少排尿，保持水分；另一方面是排盐，大黄鱼的鳃上有特殊的排盐细胞，吞下的海水连盐带水在肠壁渗入血液以后，水分大多截留下来，而多余的盐分由排盐细胞排出体外，使体液渗透压维持在恒定的范围内。

二、肾的渗透调节功能

大黄鱼头肾位于心腹隔膜前方，食道背面，也呈暗红带状，分左右两叶。头肾后端与心腹隔膜后腹腔内的肾脏相连。大黄鱼中肾位于心腹隔膜后的腹腔背面，紧贴脊椎下方，是 1 对呈片状的暗红色实质性器官。中肾紧接于头肾后面，左右两侧肾脏除了前端分离，中、后段紧贴在一起，在末端各有 1 条输尿管。大黄鱼输尿管较短，为 1 对壁薄而呈透明的器官，向后延伸并合二为一，一侧向外突出并稍扩大形成膀胱。

1. 头肾 大黄鱼的头肾是一个网状淋巴器官，表面覆盖有一层纤维结缔组织性被膜，实质主要由淋巴细胞和窦腔构成，可分为中央区和外周区。中央区淋巴细胞呈索状，环绕血管呈放射状分布，细胞索由窦腔隔开。外周区则以淋巴细胞排列密集的弥散性淋巴组织为特征，血窦较少，也较小。头肾中的细胞主要有网状细胞、淋巴细胞、嗜中性粒细胞、巨噬细胞和肥大细胞等。淋巴细胞是头肾中分布最多的细胞，细胞核大而圆，细胞质很少；网状细胞在头肾中分布较多，细胞表面有突起，细胞核呈不规则形位于细胞中央；巨噬细胞常位于血管附近，以散在分布和集体成团两种形式存在。散在分布细胞成群存在，但细胞数量不一，排列也较松散，主要特征是细胞周围没有扁平细胞围绕。聚集成团者多呈球形，周围有一层扁平细胞包绕，中央是一些退化的细胞，细胞轮廓常模糊不清，而且有的细胞核已经退化。光学显微镜下还可以观察到红细胞，为长椭圆形，体积较大，细胞核卵圆形，核膜明显。大黄鱼的头肾中还含有肾单位，与中肾中的肾单位结构相似。

2. 中肾 中肾由两个不同的部分组成：一是与泌尿有关的肾主质，包括肾单位（nephron）、集合小管和集合管；另一部分是含有丰富造血细胞的肾间质，肾单位松散盘绕埋藏在肾间质。大黄鱼的肾单位是由肾小体（renal corpuscle）和肾小管（renal tubule）构成。

肾小体又称马氏小体（malpighian body）是肾泌尿功能的基本单位，包括肾小球（glomerulus）和肾小囊（renal capsule）。肾小体是肾单位的起始部分，膨大如球囊状结构。肾小体的一端有动脉血管出入，称为血管极（vascular pole），血管极对侧，肾小体与肾小管颈段相连，为尿极（urinary pole）。通常肾小体单个散布于组织中，偶尔可观察到两个肾小体相邻的情况。

肾小球（毛细血管球）：是由肾动脉的小分支（入球小动脉）从肾小体的血管极进入肾小囊后分支形成的发达的毛细血管盘绕形成，然后在血管极汇集为出球小动脉离开肾小体。肾小球的毛细血管内皮细胞、入球小动脉及出球小动脉都有薄层基膜。毛细血管内皮细胞核可被苏木精染成蓝色，细胞核突出于毛细血管腔中。入球小动脉与出球小动脉内皮细胞为扁平上皮细胞。大黄鱼的肾小球较小，毛细血管较少且管壁较厚，不过血管系膜较发达，由系膜细胞发出突起环绕毛细血管，使血管壁增厚。

肾小体结构示意图二维码 9-3。

肾小囊：又称鲍曼氏囊（bowman's capsule），是由壁层、脏层和肾小囊腔构成。脏层为紧贴肾小球毛细血管壁的扁平足细胞（podocyte）构成，细胞核可被苏木精染为紫蓝色。足细胞包裹在毛细血管的周围，并和毛细血管内皮细胞混合在一起，难以区分，只是足细胞核一般略突出于肾小囊腔中。壁层细胞也为扁平细胞，细胞质稀少，细胞核突出于囊腔，无核处极为扁平。壁层和脏层之间为肾小囊腔（鲍曼氏间隙），两层均有一层较薄的肾小囊基膜。

肾小管起始于肾小囊的开口，由单层上皮细胞组成，根据肾小管的细胞形态和连接顺序，将肾小管分为颈段小管（neck segment）、第一近端小管（primary proximal segment）、第二近端小管（second proximal segment）、远端小管（distal segment）、集合小管（collecting segment）。但各段无明显界线，大黄鱼多颈段小管，紧接肾小体尿极，与肾小囊相通。大黄鱼的颈段小管上皮细胞是单层立方上皮细胞。由肾小体到颈段小管，是由肾小囊的扁平壁细胞移行到颈段小管的立方上皮细胞，细胞核较高，核圆形，居中，着色较浅，细胞质为嗜酸性。

第一近端小管：管径较小，单层立方上皮。细胞间界线模糊，细胞核位于边缘，核大，圆形或略为椭圆形，染色较浅，有小核仁，居中或位于边缘。细胞质嗜酸性，细胞顶部有较强的刷状缘。大黄鱼的刷状缘不太明显。

第二近端小管：管径较小，与第一近端小管相比更小。细胞亦为单层立方上皮。细胞间界线模糊，细胞核位于边缘，其大小、形态同第一近端小管，也有刷状缘，但亦弱于第一近端小管，大黄鱼的第二近端小管中刷状缘有的已经消失。

远端小管：与集合管相连。管腔较大，细胞为单层柱状上皮或立方上皮。细胞间界线较为清晰，细胞核圆形，中位，细胞质嗜酸性。在石蜡切片上易与周围的组织分离，上皮间存在大量游走细胞。

集合小管：单层立方上皮，管道外有少量结缔组织。细胞核中位，上皮亦常见游走细胞。

大黄鱼中肾组织中除了肾单位、各级血管、收集管之外，还有大量的肾间质，为拟淋巴组织。这些拟淋巴组织的细胞类型和头肾淋巴区域中的一致，但细胞间的血窦不如头肾中的发达。光学显微镜下可以区分的细胞有淋巴细胞、巨噬细胞、红细胞等。

3. 输尿管 大黄鱼输尿管的管壁结构大致可以分为 3 层：复层上皮、黏膜肌层和浆膜。复层上皮纵行皱襞（大黄鱼复层上皮的皱襞比较明显），上皮为变移上皮，细胞多层；肌层较厚，主要由环行平滑肌组成；浆膜较薄，由疏松结缔组织构成，其间有血管分布，与周围组织无明显界线。输尿管的作用是使中肾产生的尿液流入膀胱。肌层可以做节律性的蠕动，使尿液不断输入膀胱中。

尿素的产生部位主要是肝脏和白肌。在这些组织中尿素可以通过鸟氨酸 - 尿素循环（ornithine-urea cycle，OUC）以及分解精氨酸和尿酸产生，鸟氨酸 - 尿素循环是尿素的合成途径，而精氨酸和尿酸是通过分解作用产生尿素。鉴定排尿素鱼类的标准就是测定其肝脏和肌肉中是否存在鸟氨酸 - 尿素循环酶、谷氨酸合成酶（GS）、氨甲酰磷酸合成酶Ⅲ（CPSⅢ）、鸟氨酸氨甲酰基转移酶活性。*ouc* 基因在很多排尿素鱼中被保留，但在大部分组织中表达量很低，这种保留有利于一些排氨鱼类在胚胎期排泄尿素以减少胚胎发育期的氨毒性。在淡水和海水硬骨鱼中，氨占氮废物排泄的 60%～95%，其余氮废物大多以尿素形式排泄。大部分硬骨鱼是非泌尿和非排泄尿素的。只有广盐性的软骨鱼以及非常少的硬骨鱼如海湾豹蟾鱼、马加迪湖罗非鱼排泄尿素，其中后者是已知的 100% 排尿素鱼类，非洲肺鱼在正常条件下泌尿排氨。另外，一些在成鱼阶段排氨的硬骨鱼（如虹鳟），在胚胎时期也会以尿素形式排泄氮废物。皮质醇激素在氨和尿素的转变过程中发挥重要作用，它能够调节海湾豹蟾鱼的尿素排泄。一般鱼类的尿素排泄发生在含有较多尿素转运蛋白的鳃部，这些转运蛋白类似哺乳动物肾脏中的尿素转运蛋白（urea transporter，Ut）。尿素不是持续排泄的，而是以间隔脉冲的方式从鳃中排出，1～2d 发生一次，持续 0.5～3h，这表明鳃细胞膜上相关转运蛋白的活动是周期性的。另外还有少量的尿素以尿液形式从肾脏排出，在肾小管中尿素的重吸收与 Na^+ 吸收相耦合。

三、大黄鱼的渗透调节

大黄鱼的体液浓度，一般比外界海水环境低些，是低渗溶液。按渗透压原理，其体内水分将不断地从鳃和体表向外渗出，若不加调节，则会因大量失水而死亡。大黄鱼调节渗透压主要是从两方面进行：①保水、补水，除了从食物中获取水分外，还要多吞海水，少排尿来保持水分，大黄鱼一般排尿量较少，它们的肾小体数目较少；②排盐，大黄鱼的鳃上有特殊的排盐细胞，吞下的海水在肠壁渗入血液后，大多数水被截留下来，而多余的盐由排盐细胞排出体外，以维持体液正常的低浓度。

氮废物排泄是鱼类物质和能量代谢的重要环节。氨和尿素是蛋白质和核苷酸代谢的重要产物，也是鱼类氮废物排泄的主要形式。其他氮代谢产物包括尿酸、肌酸酐、蛋白质、硝酸盐、亚硝酸盐及某些胺类化合物。大黄鱼氮废物排泄受氮摄入量、水体、pH、盐度、温度、环境 NH_3 等多种因素的影响。

（一）渗透压调节的相关器官

鳃是大黄鱼主要的渗透压调节器官，当水环境中的盐度变化时，鱼鳃内的泌氯细胞也会发生变化来适应外界环境的变化。泌氯细胞是 1932 年由 Keys 和 Willme 在海水欧洲鳗鲡鳃上首次发现的，主要分布在鳃丝上皮内，此外，还在鳃小片上皮、假鳃、皮肤和鳃盖上皮中发现。泌氯细胞形状为圆形或椭圆形，个体比一般细胞稍大，最主要的特点是其内含有大量的线粒体和丰富的 Na^+、K^+-ATPase，可为大黄鱼体内离子的跨膜运输提供能量。除顶端很窄的区域和高尔基体所在区域外，整个细胞质充满着发达的由基底侧膜延伸而来的呈分支状的微小管系统，其与位于顶部的囊管系统和内质网等一般内膜构成了泌氯细胞特化的内膜系统，管系之间相互连通，形成纵横交错的管腔系统，为离子转运提供通路。在泌氯细胞附近，有一个梨形或者半月形的同样具有管状系统的辅助细胞，其与泌氯细胞形成 Na^+ 的转运通道——细胞旁道。

（二）渗透调节的相关细胞

鱼鳃中的泌氯细胞在渗透压调节中起主要的作用，它具有调节体液渗透压平衡的功能。泌氯细胞分为两种类型，即 α 泌氯细胞和 β 泌氯细胞。在盐度较高的环境下，α 泌氯细胞数量增加，体积增大；在盐度较低的环境下，α 泌氯细胞的数量就会减少，体积也相应减小，与此同时，β 泌氯细胞的数量就会增加，体积变大。无论是海水鱼还是淡水鱼，鳃丝上都有泌氯细胞，但是由于种类及生活环境的不同，泌氯细胞的数量和结构也存在很大的差异。大黄鱼的泌氯细胞相对较为发达，泌氯细胞的数量也比淡水鱼要多，体积也相对较大，泌氯细胞周围还存在一些辅助细胞。而淡水鱼的泌氯细胞数量少，体积也比较小，周围也没有辅助细胞，相对也就没有那么发达。

（三）渗透调节的相关激素

激素也是影响大黄鱼渗透调节的重要物质。以一些洄游鱼类为例，洄游鱼类每年都会有从淡水进入海水或者从海水进入淡水的经历，它们之所以能够自由地在海水和淡水之间来回游走，和鳃等渗透压调节器官是密不可分的，而鱼鳃中泌氯细胞的形态结构变化与各种激素的介导作用是密切相关的。大黄鱼的生长激素是脑垂体前叶细胞合成分泌的一段单链多肽，在调节鱼类生长发育和代谢方面起着重要的作用，同时也参与渗透压的调节。研究表明，生长激素含量与渗透调节作用成正相关，其主要表现在生长激素能够增加鱼鳃泌氯细胞的数量和体积，提高泌氯细胞中各种所需酶以及共转运蛋白、离子转运蛋白的活性。还有一些激素对大黄鱼的渗透调节也有一定的作用。例如，肾上腺素、催乳素，它们的分泌量如果增加，则会明显减少鱼鳃中泌氯细胞对 Na^+ 和 Cl^- 的排出量，从而影响大黄鱼的渗透作用。

（四）渗透调节的相关基因

基因是具有遗传效应的 DNA 片段，它支撑着生命的基本构造和性能。对于大黄鱼来说，基因对渗透调节也起着举足轻重的作用。胰岛素样生长因子 -1 基因（igf-1）是生长激素的主要的目标基因，生长激素调控 igf-1 基因的表达，而 IGF-1 则直接作用于靶细胞。IGF-1 能增强鱼类对渗透压的耐受性，增加鱼鳃中泌氯细胞的数量，还能提高泌氯细胞中一些酶的活性。总之，igf-1 基因是硬骨鱼类的渗透调节中必不可少的一部分。

为了维持内环境稳定，不同鱼类具有不同的渗透压调节方式，而鱼类调节渗透压能力的大小，决定了它们对水环境盐度变化的耐受力。当外环境盐度变化时，鱼体内会产生一系列变化，从基因水平到细胞水平，从酶含量到激素含量，都会随之发生相应的改变，渗透压调节机制也会发生变动。有关鱼类盐度调节功能的研究，对生产实践有一定的指导意义。研究大黄鱼排泄和渗透压调节机制，有助于了解其适宜的养殖环境，对生产实践具有指导价值。

第六节　能　量　代　谢

一、能量代谢概述

大黄鱼从水环境中摄取的营养物质都含有能量，这些能量和营养物质在大黄鱼的生长发育、繁殖和新陈代谢过程中必不可少。新陈代谢是生命的基本特征。一切有机生命体的新陈代谢过程都包括物质代谢和能量代谢，物质的变化和能量的交换总是密切联系的，使机体不断地实现自我更新。通常把物质代谢过程中所伴随的能量的储存、释放、转移和利用称为能量代谢。

鱼类生理学通常研究整体的能量代谢，能量代谢研究的中心任务是阐明动物能量收支各组分之间的定量关系，并研究各种生态因子和不同的生长时期、不同的生理状态对这些关系的作用，探讨动物调节其能量分配的生理生态学机制，并从资源利用的角度阐明物种在进化中的适应性问题，为鱼类人工养殖及其管理提供参考依据和技术措施。大黄鱼摄食的能量除用于生长外，剩余很大部分通过代谢活动消耗了。并且当环境条件改变时，需要额外消耗一定能量以适应环境的变化。因此，对大黄鱼能量代谢研究，主要是不同环境因素、摄食和鱼类自身的生长对其能量代谢的影响。

二、代谢和能量转化

大黄鱼体内的能量主要来源于食物中的营养成分（糖类、脂肪和蛋白质）。这些能源物质的分子结构中都有碳氢键，而在碳氢键中蕴含着化学能，在体内氧化过程中碳氢键断裂生成 CO_2 和 H_2O，同时释放出蕴藏的能量。

各种能源物质在体内氧化释放的化学能，其总量的 50% 以上迅速转化为热能。而其余的能量被细胞利用完成各种生理活动，称为"自由能"。

"自由能"是以生成 ATP 的形式储存在细胞内，细胞利用 ATP 提供能量所做的功包括：①合成自己的组成成分、活性物质或其他物质，完成细胞内的化学功；②进行各种离子或其他物质通过细胞膜的主动转运过程（靠"泵"的作用），完成膜两侧的转运功；③骨骼肌、平滑肌和心肌进行的收缩与舒张，完成机械功。除骨骼肌运动所完成的机械功外，细胞完成的各种功最后都转化为热能。

机体内的热能是最"低级"形式的能，细胞不能像机器那样利用它做功。热能在体内的作用是维持体温，并不断放散出体外，产热与散热保持动态平衡，得以维持动物体温相对恒定。

根据能量守恒定律，机体获得的能量应等于机体放散的热和骨骼肌所做的外功，即机体在能量代谢中达到"收支"平衡。如果"收"大于"支"，则能量会在体内储存（表现为脂肪增多）；反之，若"支"大于"收"时，动物为了维持生命活动和一定的体温，需动用体内储备能量（表现为脂肪减少）。

由于体内的能量最后转变为热能，所以可用热的单位焦（耳）来衡量代谢强度，焦的符号是 J。

三、能量代谢的测定方法

机体活动所需能量，最终都来源于糖类、蛋白质和脂肪等营养物质的氧化。能量在体内的转化，虽然极其复杂，但只有当肌肉收缩完成一定外功，才有一部分能量以机械能形式被消耗外，其他最后总是转变为热能的形式发散到体外。根据能量守恒定律，各种能量只可以互相转变，转化的前后，能量的总和不变。因此机体在一定时间内，营养物质氧化所产生的能量，必定同散热及外功所消耗的能量相等。根据这一原理，有两种测定能量代谢的方法：①直接测热法，就是用热量计直接测量一定时间内大黄鱼释放到环境中的能量。这类实验可持续若干天，同时可分别测出食物与排泄物中的能量，即同时测出物质与能量的输入和输出的平衡，但是由于鱼类代谢率低、产热少、水的热容量大，通过水温变化测定代谢量存在相当大的困难，所以一般不采用直接测热法进行大黄鱼代谢能的测定。②间接测热法，根据鱼类的代谢率与它们的耗氧量（oxygen consumption，OC）成正比，通过测定机体在一定时间内的气体代谢，根据其耗氧量和放出二氧化碳量，求得它的呼吸熵，用氧的热价来间接地推算其能量代谢。由于大黄鱼为肉食性鱼类，主要以脂肪和蛋白质作为能源物质，其氧热价可以取 19.37kJ。虽然这种方法测出的数值并不精确，但对于水产养殖行业的工作人员来说是非常实用的。

四、影响大黄鱼基础代谢率的因素

机体的能量代谢经常受到各种因素的干扰，主要是 4 个方面：摄食水平、肌肉活动、环境温度以及神经紧张度。

（一）摄食水平

摄食水平是影响鱼类生长和能量收支的一个重要因素。摄食引起的代谢增加称为食物特殊动力作用（specific dynamic action，SDA），也称为体增热，表现为体热的增加，是在摄入的食物转化为体内可利用的能源物质过程中的能量消耗。鱼类也有特殊动力作用，且鱼类额外热量的持续时间较长，进食后，虽然处于安静状态，但所产生的热量却有所增加，并延续 7～8h。这方面额外增加的热量是来自食物的特殊生热作用或效应。所增加的热量因食物的性质而异，大黄鱼既捕食游泳动物也摄食浮游动物，更偏向于捕食游泳动物，但以虾、蟹、鱼类为主要饵料。大黄鱼所食的食物中蛋白质含量很高，特殊动力作用主要是由蛋白质代谢引起，所以蛋白质含量对体增热具有相当大的影响，摄食高蛋白质食物的代谢率大于摄食低蛋白质食物的代谢率，而且肉食性鱼类的特殊动力作用大于杂食性鱼类。饲料中氨基酸不平衡，动物生长活跃，特别是蛋白质代谢活跃，饲料中脂肪过高或过低都会导致 SDA 耗能增加。通常 SDA 随饲料中蛋白质比例的提高而增加，随日粮水平提高而增加，可能是某些氨基酸在肝内的脱氨基过程所致。大黄鱼摄取蛋白性食物会引起特殊的生热作用，能平均提高代谢 20%～30%。

（二）肌肉活动

肌肉活动对于能量代谢的影响最为显著，强烈运动时产热量可超过安静状态下好几倍，轻微的活动也可提高代谢率。停止活动后要经过数小时才逐渐恢复静息水平。大黄鱼在捕食食物时，由于剧烈运动，能量代谢提高到一个相当高的水平，即使在捕食活动停止之后的一段时间内，能量代谢仍然维持在较高水平。这是因为在运动开始时，机体需氧量立即增加，但机体的循环、呼吸功能有一个适应的过程，摄氧量暂时跟不上肌肉实际代谢消耗氧量的需要，此时机体只能凭借储备的高能磷酸键进行无氧代谢供能。通常把这部分的亏欠称为氧债（oxygen debt）。在运动持续过程中，机体的摄氧量和耗氧量刚好平衡，运动停止后的一段时间内则必须将前面的亏欠补偿回来，因此循环和呼吸功能要继续维持在高水平，以摄取更多的氧。由于骨骼肌的活动对能量代谢的影响最为显著，因此在冬季增强机体肌肉活动对维持体温相对恒定有重要作用。

（三）环境温度

环境温度的重大变化对代谢率有显著影响。大黄鱼属于变温动物，鱼类的体温随水温而变动。大黄鱼体内的代谢是一系列的酶促反应，水温的变化会影响酶的活性，因此代谢率也会随之而变化。当环境温度改变时，鱼体内的生理活动将受很大的影响。当温度下降时，代谢率增加，这是寒冷刺激引起肌紧张时神经反射刺激了新陈代谢的结果；高温时代谢率增加与酶类活性加强和细胞化学过程的反应速度加快等方面有关。

（四）精神紧张度

精神活动也能显著影响大黄鱼的能量代谢。当机体在惊慌恐惧、愤怒、焦急等精神紧张状况下，能量代谢将显著升高。这是由于精神紧张时，骨骼肌紧张性加强，产热增加。神经激动时，由于促进代谢的激素分泌增多，能量代谢将会显著升高；激怒或寒冷时，交感神经兴奋，肾上腺素分泌增加，可增加组织耗氧量，使机体产热量增加。在低温刺激下，交感神经和肾上腺髓质发生协同调节作用，机体产热迅速增加。甲状腺激素加速大部分组织细胞的演化过程，使机体耗氧量和产热量明显增加。机体若完全缺乏甲状腺激素，能量代谢可降低40%，而甲状腺激素增多时可使代谢率提高100%。

如果基本上排除了以上4种引起新陈代谢较大幅度变动的因素影响时，各种生理活动都维持在比较低的水平，也就是说，新陈代谢只限制在维持心跳、呼吸及其他一些基本生理活动，不受运动、食物及温度等影响而保持静息状态时，所测的代谢率就是基础代谢率（basal metabolic rate，BMR）。但基础代谢率因种类、年龄、性别、身体表面总面积、营养状况等生理状况不同而有差异。一般幼体高于成体，因为幼鱼细胞的合成代谢速度快，新陈代谢旺盛，能量代谢率特别高，随着年龄的增长，机体能量代谢率逐渐下降，年龄越大，代谢率越低；雄鱼高于雌鱼，因为雄性激素能够促进能量代谢，而雌性激素对能量代谢无明显影响；身材小的个体，每千克体重的代谢率比身材大的要高；睡眠也可使能量代谢降低10%～15%，因为睡眠可使骨骼肌的紧张性和交感神经系统的活动水平降低；营养状况好的高于营养不足的；发情、妊娠后期基础代谢均加强。此外，如盐度、光照、气候、营养不足等因素，也会影响机体的基础代谢率。

第十章 海水养殖花鲈摄食与生长生理

花鲈（*Lateolabrax maculatus*）隶属鲈形目鮨科花鲈属，又称中国花鲈，俗称寨花、海鲈、鲈板、七星鲈等，天然分布于中国、日本和朝鲜半岛近海，南到越南边界，是我国重要的海产经济鱼类，在海水、半咸水、淡水或河口地区均可存活与生长。花鲈为长寿命周期鱼类，通常成鱼体长 25~40cm，最大体长为 100cm。在我国海水养殖鱼类中，花鲈产量仅次于大黄鱼，是目前我国海水鱼类养殖前景最好的鱼类之一。本章侧重论述花鲈摄食与生长生理特征，特别阐述分子机制，为花鲈养殖产业健康和可持续发展奠定理论基础。

第一节 营养状态对花鲈生长及摄食调控信号通路的影响

鱼类的生长受多种因素的影响，不管是自然条件下还是养殖条件下，鱼类的生长都离不开摄食。在自然条件下，栖息地改变、温度变化、竞争等多种因素的影响会导致食物的变化，而在养殖条件下，由于养殖水质、温度、养殖环境的因素比较稳定，鱼类的生长更多取决于投喂水平的变化。投喂水平会影响鱼类的生长、体组分以及生理生化指标，投喂不足时鱼类的生长受到影响，可能导致鱼类生长缓慢甚至会影响鱼类的健康状况，但是如果养殖过程中投喂过量会导致饲料浪费、水质恶化，从而使鱼类患病，此外过量投喂会影响鱼类的消化及吸收效率。

一、投喂水平对花鲈幼鱼生长及生理生化指标的影响

（一）不同投喂水平对花鲈生长指标的影响

科研人员研究了花鲈不同的投喂水平对生长指标的影响，主要测定的生长指标包括体重、肝体比（hepatopancreas somatic indices，HSI）、脏体比（viscerosomatic index，VSI）、体重变异系数（coefficient of variation，CV）、特定生长率（specific growth rate，SGR）、增重率（weight gain rate，WGR）和饲料系数（feed coefficient，FC）。结果显示花鲈的肝体比、脏体比随着投喂水平的增加先增加后稳定，表明随着投喂量增加，营养物质在鱼体内累积，但是鱼体储存营养物质有阈值，并不是随着投喂水平的增加线性增长。在投喂水平为 50%、75% 和 100% 时花鲈肝体比、脏体比并没有显著差异。比较实验结果显示，随着投喂水平的增加花鲈终末体重先增加后稳定，投喂水平为 50%、75% 和 100% 时，花鲈的终末体重并没有显著变化，说明当投喂水平达到一定值时，投喂量的增加并不会促进花鲈体重的增加。鱼类的生长通常用特定生长率表示，而对多种鱼类的研究结果显示，鱼类的特定生长率与投喂水平的关系通常有两种类型：第一种是直线关系，第二种为曲线关系。通常情况下，第二种关系为鱼类生长的典型，随着投喂水平的增加，鱼类的特定生长率先增加后稳定，此时投喂水平为 60% 左右。在养殖过程中为了节约成本，还要测定饲料系数。饲料系数即每增加 1kg 活重所消耗的标准饲料千克

数，随着投喂水平增加，饲料系数先增加，后降低，当投喂水平为 75% 时，饲料系数最低，此时花鲈增加 1kg 体重所消耗的标准饲料公斤数最低，养殖成本最低。在大多数鱼类中，投喂水平与饲料系数均为此曲线关系。

（二）不同投喂水平对花鲈体组分的影响

花鲈体组分为水分、脂肪和蛋白质，投喂组花鲈肌肉水分含量显著高于饥饿组，投喂组花鲈脂肪含量在 50% 投喂水平时最低，投喂组肌肉灰分含量显著低于饥饿组。因此投喂水平对花鲈体组分的影响并不大，在投喂水平为 50% 时花鲈脂肪含量最低，可能是因为在该投喂水平下，花鲈并没有储存脂肪，此时花鲈摄取的能量绝大多数用于生长，因为在该投喂水平下花鲈的体重和特定生长率并没有低于 75% 及 100% 投喂组。鱼类体组分与投喂水平的关系与鱼的种类有关，这可能是由于不同的鱼类能量代谢不同，消耗营养物质的顺序存在差异。

（三）不同投喂水平对花鲈血液生理指标的影响

投喂组花鲈血液红细胞数量显著高于饥饿组，投喂水平为 75% 时，花鲈血液红细胞数量最高，但是与其他投喂水平相比差异并不显著，说明饥饿影响花鲈血液红细胞数量，但是投喂水平对花鲈血液红细胞数目的影响并不显著。投喂水平为 50% 时，花鲈血液白细胞数量最低，但是与其他投喂水平差异并不显著，这说明投喂水平并不会影响花鲈血液白细胞数量。饥饿组花鲈血红蛋白含量显著低于投喂组，说明饥饿使花鲈氧合能力下降，饥饿条件下花鲈血液含氧量下降，代谢水平降低，且不同投喂水平之间花鲈血液血红蛋白含量并没有显著变化，说明投喂组中花鲈一直保持高代谢水平，保持体内能量稳态避免代谢紊乱。饥饿组以及不同投喂水平组，花鲈血液血小板数量没有明显变化，说明实验过程中花鲈相对健康，没有出现内出血等疾病。

（四）不同投喂水平对花鲈血清激素指标的影响

T3 和 T4 为鱼体主要的甲状腺激素，在鱼类发育、能量代谢、生长和繁殖等多种生理活动中发挥着重要的作用。血清中的 T3 绝大部分由 T4 转化而来，且 T3 的活性更强。当投喂水平为 75% 时花鲈血清 T3 含量显著高于其他投喂水平组，说明投喂水平为 75% 时花鲈的代谢率高于其他投喂组。当投喂水平为 50% 和 75% 时，花鲈血清皮质醇浓度高于投喂水平为 25% 和 100% 组，随着投喂水平的增加，花鲈血清皮质醇含量逐渐增加，当投喂水平为 75% 时，皮质醇含量最高，之后当投喂水平增加到 100% 时，花鲈血清皮质醇含量降低。皮质醇属于糖皮质激素的一种，对糖代谢起着极其重要的作用。皮质醇又称为应激激素，当机体处于压力状态、饥饿或营养不良状态下，皮质醇水平上升。

二、短期饥饿对花鲈生理生化指标及摄食调控信号通路的影响

（一）短期饥饿对花鲈血清生理生化指标的影响

谷丙转氨酶（ALT）主要存在于肝脏细胞中，正常情况下，肝细胞中 ALT 含量是血清的 1000～3000 倍，当肝细胞受损时，肝细胞内的 ALT 进入血清，血清 ALT 浓度升高，但是由于 ALT 还存在于肌肉、肠、心脏、脑等组织，当肌肉、腹腔受损时，血清 ALT 浓度也会升高。饥饿后期花鲈通过机体调节逐渐适应饥饿条件，进入低代谢状态，因此血清 ALT 含量降低。饥饿

对鱼类血清 ALT 含量的影响跟鱼的种类有关。血清碱性磷酸酶（alkaline phosphatase，ALP）是一种非特异性的磷酸单酯水解酶，直接参与磷酸代谢过程，可以调控机体蛋白质、脂类物质及 DNA、RNA 的代谢过程，并且对钙的吸收及骨骼的形成有重要的作用。花鲈血清 ALP 浓度随着饥饿时间的增加呈下降趋势，这可能是因为在饥饿条件下血清中葡萄糖、甘油三酯等含量降低，肠上皮细胞对此类物质的吸收受到影响，也可能是由于饥饿影响了花鲈成骨细胞的形成。饥饿对鱼类血清 ALP 活性的影响与鱼的种类相关，不同鱼类对饥饿条件的耐受能力不同。

血清总蛋白（total protein，TP）大致分为血清白蛋白（ALB）和球蛋白（GLB）。ALB 是血浆中含量最高的蛋白质，是很重要的载体，水溶性差的物质可以与白蛋白结合而被运输；球蛋白又称免疫球蛋白，是非常重要的免疫抗体。随着饥饿时间的增加，花鲈 ALB 浓度降低，GLB 浓度升高。这可能是由于饥饿引起花鲈体内抗体增加，来应对饥饿。总体来看，血清总蛋白、球蛋白和白蛋白的浓度在饥饿过程中呈持续下降的趋势。血脂（TG）是血浆中的中性脂肪（甘油三酯）和类脂（磷脂、糖脂、固醇、类固醇）的总称，而血清 TG 的浓度明显降低。这表明在饥饿状态下，花鲈会分解甘油三酯给机体供给能量。

血糖（GLU）是鱼类主要的能量来源，血糖保持在一定水平才能维持体内器官和组织的正常需要，从而维持生理活动的正常进行。血液葡萄糖主要有两条调节途径：糖原分解和糖异生。饥饿 0～12h 血清 GLU 含量持续降低，这是因为饥饿条件下几乎没有涉及糖原分解途径，而在饥饿 24h 时 GLU 含量增加是由于糖异生途径中脂肪和蛋白质异生成葡萄糖，对血清 GLU 进行了补充。这表明鱼类会适应性调节血糖含量，来维持正常的生理活动。

乳酸脱氢酶（lactate dehydrogenase，LDH）是参与糖酵解和糖异生的重要酶类之一，参与能量代谢过程。花鲈饥饿 0～12h，血清 LDH 含量持续降低，12h 时血清 LDH 含量达到最低。GLU 含量显示，在饥饿 12h 时花鲈体内正在进行糖异生，糖异生途径以及饥饿前期的糖酵解途径消耗了大量的 LDH。

（二）短期饥饿对花鲈血清激素指标的影响

IGF-1 在结构功能上与胰岛素相似，具有促进葡萄糖和脂肪酸吸收、降低血中甘油三酯含量的作用。IGF-1 主要在肝脏中合成，通过内分泌方式进入血液。血液中大部分 IGF-1 与 IGF-1 结合蛋白结合，只有 1% 左右的 IGF-1 以游离状态存在，游离状态的 IGF-1 在激素内分泌轴中通过负反馈调节发挥作用。随着饥饿时间的增加，花鲈血清 IGF-1 浓度先小幅度增加，在饥饿 12h 时 IGF-1 含量最高，后降低到饥饿 0h 水平。饥饿 12h 时花鲈血清中 TG 和 GLU 含量最低，而 IGF-1 有促进 GLU 吸收和降血脂的作用。鱼类血清 IGF-1 含量的降低需要很长的饥饿时间，这可能是鱼类低代谢率造成的。

随着饥饿时间的增加，花鲈血清 T3 浓度先增加后减少，饥饿 6h 时浓度最高；T4 浓度先降低后增加，饥饿 6h 时浓度最低。随着饥饿时间增加花鲈血清 T3 浓度降低，表明饥饿会降低血清 T3 浓度，鱼类以更低的代谢率来应对饥饿条件。饥饿 72h 时花鲈血清 T4 浓度仍维持在正常水平，与 0h 组相比没有显著变化，这可能是由于 T4 生物活性低对饥饿胁迫不敏感，而 T3 活性较强，对饥饿胁迫表现得更敏感。

在饥饿 6h 时，花鲈血清皮质醇骤降，饥饿 12h 时皮质醇反而骤增，可能是因为此时花鲈血清 GLU 含量极低，皮质醇浓度升高调控肝糖原分解和糖异生来维持血糖正常水平。饥饿对鱼类血清皮质醇的影响因鱼的种类而异。

（三）短期饥饿对花鲈肝脏抗氧化指标的影响

机体正常代谢产生氧自由基，氧自由基在体内处于低浓度动态平衡。在应激状态下，机体会产生过多的自由基，能降解生物膜中的多不饱和脂肪酸，引起脂质过氧化，进攻蛋白质、酶和 DNA，从而引起组织病变、器官功能失常，危害机体健康。丙二醛（malondialdehyde，MDA）是脂质过氧化物，会引起蛋白质等生命大分子物质的聚合，研究表明其具有细胞毒性。超氧化物歧化酶（superoxide dismutase，SOD）是机体内非常重要的抗氧化酶，能消除链反应引发阶段的自由基及其他引发剂。SOD 含量反映机体消除自由基的能力，而 MDA 含量则反映机体内的细胞受到自由基攻击的严重程度，因此 MDA 和 SOD 的测定常常相互配合。

随着饥饿时间的增加，花鲈肝脏 SOD 的活力先升高后降低，在饥饿 6h 时肝脏 SOD 活力最高，在饥饿 72h 时 SOD 活力与饥饿 0h 组没有差异。MDA 含量的变化与 SOD 相似，随饥饿时间的增加先升高后降低，在 6h 时含量最高，48h 时含量最低，72h 时 MDA 含量与饥饿 0h 组无显著差异。MDA 在饥饿 6～24h 时含量升高，说明花鲈在突然遭遇饥饿胁迫时处于氧化应激状态，MDA 含量升高，但是 SOD 活力升高说明花鲈提高了抗氧化能力来适应饥饿条件，并修复氧化损伤，因此在饥饿 48h 时脂质过氧化产物 MDA 基本被消除。饥饿 72h 时 MDA 含量和 SOD 活力与饥饿 0h 时无显著差异，饥饿 3d 对花鲈的抗氧化能力没有影响。

（四）短期饥饿对花鲈摄食调控信号通路的影响

机体维持体内能量动态平衡的机制非常复杂，该过程需要相关因子以及摄食调控信号通路参与。外周组织主要包括肝脏、胃肠道等，主要用于感知机体的营养状态，外周组织感知后产生瘦素等相关因子，之后相关因子通过神经调节或内分泌途径传至中枢神经系统，中枢神经中摄食调控相关通路对摄食行为、能量消耗等生理活动进行调节。而直接的调控系统为 leptin-mTOR-S6K1-NPY/AgRP/POMC 摄食调控信号通路。

leptin 是由瘦素基因（*leptin* 或 *obese*）编码的蛋白质，在机体内主要分泌组织为脂肪，当机体营养状态发生变化时，瘦素产量发生变化，瘦素信号传入中枢神经系统，最后中枢神经系统调控相关生理活动维持机体稳态。瘦素是多功能激素的一种，不仅在摄食调节和机体能量调节中发挥重要作用，还参与生物的生长发育以及生殖活动。对花鲈的研究表明禁食会下调 leptin 等食欲抑制因子的表达，饥饿 12h 时胃 *leptin* 基因表达量增加，可能是因为此时花鲈血糖、甘油三酯含量降低处于高代谢状态；花鲈饥饿 48h 和 72h 后，外周组织胃 *leptin* 基因表达量显著降低，可能是因为花鲈通过增加摄食、降低代谢率来储存脂肪以应对饥饿条件。

mTOR 是一种丝氨酸/苏氨酸蛋白激酶，主要存在于下丘脑的弓状核中，作为中枢神经系统摄食调控信号通路的感应器，当外界环境刺激或者机体营养状态发生改变时，mTOR 会通过感知相关因子的变化，进而调节下游因子，调节生物的能量代谢过程。在调控动物摄食方面，胞外或胞内的影响因子如瘦素等，可以与靶蛋白和细胞膜上的受体结合，然后相关信号可以传导至 mTOR 或直接作用于 S6K1，通过摄食调控信号通路再调节下游食欲肽相关基因的表达。S6K1 位于 mTOR 的下游，mTOR 可以调节 S6K1 的磷酸化。S6K1 磷酸化水平上升能够抑制 *npy* 和 *agrp* 的表达，促进 *pomc* 和 *mc4r* 的表达，从而调节机体的能量代谢活动。花鲈研究结果表明饥饿会使下丘脑效应器磷酸化水平降低，花鲈脑 mTOR 的表达量在饥饿 72h 时稍有降低，说明 mTOR 在机体能量感知方面有重要的作用。S6K1 表达量在进食 1h 时显著增加，下丘脑效应分子磷酸化水平上升，后一直处于低表达水平，说明饥饿会降低其磷酸化水平。*npy* 在饥饿 24h 时表达量显著增加，*agrp* 表达量在饥饿 48h 和 72h 时显著提高，促食欲肽 NPY 和 AgRP 作用机制不同，NPY 短暂但迅速，AgRP 作用缓慢但长效，因此 *npy* 在饥饿 24h 时表达量上调，且在饥饿 48h 和 72h 之后恢复到正常水平，此时 *agrp* 表达上调，说明在饥饿后期主要是 AgRP 发挥作用。*pomc* 在饥饿 24h 时表达量显著增加，后又恢复到对照组水平，可能是由于 AgRP 对 *pomc* 表达的拮抗作用，且饥饿使花鲈处于低代谢状态，*pomc* 表达下调，降低能量消耗。

三、花鲈 POMC 衍生成熟肽对花鲈脑细胞中摄食相关基因表达的影响

（一）花鲈 *pomc* 基因及其衍生成熟肽对花鲈脑细胞中摄食相关基因表达的影响

花鲈 *pomc* 基因序列及保守性分析：花鲈 POMC 的信号肽由疏水性氨基酸组成，确保基因能正确翻译。与其他硬骨鱼类以及无颌骨鱼类相同，花鲈 POMC 缺少 γ-MSH，该结构域在软骨鱼、两栖类、哺乳动物中存在，这表明在软骨硬鳞类和新鳍亚纲分化前，该结构被删除。但是有报道显示，该结构的删除对硬骨鱼类 *pomc* 翻译及后续加工没有影响。花鲈 POMC 的 N-POMC（促肾上腺皮质激素原氨基端肽）结构域由保守的半胱氨酸残基组成，可以形成二硫键。二硫键的形成有助于 POMC 三级结构的形成，包括信号识别颗粒结构，从而调节内分泌途径。α-MSH（黑细胞色素刺激激素）是脊椎动物 POMC 序列中最保守的区域，花鲈 α-MSH 除了预测的酰胺化基序 Pro-X-Gly（108～110），其侧翼还有酰胺化位点 Gly110-Arg111，表明 α-MSH 可能在 C 端被酰胺化。据报道存在于 MSH 片段中的氨基酸 His-Phe-Arg-Trp 是配体-受体识别的核心序列。CLIP（类促肾上腺皮质素垂体中叶肽）区域的共有序列 Ser128-Ser129-Glu130，在花鲈 POMC 中被预测为酪蛋白激酶加工磷酸化位点。这个序列在硬骨鱼类中高度保守，同样在其他物种中也保守。

总之，与其他硬骨鱼的 POMC 相比，花鲈 POMC 具有保守的氨基酸序列和类似的 POMC 衍生结构域肽，表明花鲈 POMC 可能与其他硬骨鱼 POMC 共享相似的生理功能。花鲈 POMC 与其他脊椎动物如哺乳动物、两栖动物和鸟类的总体氨基酸序列同一性程度较低，除了 α-MSH 序列高度保守，其他序列相似性为 40%～50%，表明在进化过程中 POMC 变化较大，比较复杂，可能与环境适应性有关。

（二）成熟肽刺激花鲈脑细胞对摄食调控相关基因相对表达量的影响

POMC 是多种肽的前体，其衍生的肽参与脊椎动物体内广泛的生理过程，包括色素沉着、类固醇生成、繁殖、免疫反应、摄食调控和能量稳态等。POMC 是促肾上腺皮质激素（ACTH）的前体，黑色素细胞刺激激素（γ-MSH、α-MSH、β-MSH 和 δ-MSH）、促脂解素（β-LPH）和 β-内啡肽（β-END）也是由活性 POMC 衍生肽通过一系列翻译过程产生，这些过程涉及丝氨酸蛋白酶激素原转化酶，其在特定的二元氨基酸残基（Arg-Arg、Arg-Lys、Lys-Arg 或 Lys-Lys）上进行蛋白质水解切割，这些氨基酸残基位于 POMC 内激素肽片段的侧面。

POMC 衍生肽 MSH 家族是黑皮质素受体的天然配体，α-MSH、β-MSH 都可以与 MC4R 结合，从而抑制食物摄入和刺激能量消耗，是 MC4R 内源激动剂，在斑马鱼中发现促黑素细

胞激素和生长激素系统之间存在下丘脑 - 垂体 α-MSH/POMC- 生长抑素 SST-GH 轴，在过量投喂时可以促进生长。下丘脑视前区（POA）产生生长激素抑制素的 SST 神经元是该轴的中心部分，这些 SST 细胞被 POMC 神经元支配，并受 MC4R 表达以及 α-MSH 外源刺激。当用 MSH 刺激时，α-MSH、β-MSH 作为 MC4R 激动剂，无论浓度是 10^{-6}mol/L 还是 10^{-7}mol/L，*mc4r* 基因在花鲈脑细胞的表达量均上升，且外源 MSH 浓度越高，花鲈 *mc4r* 基因相对表达量越高。与 *mc4r* 类似，用外源 MSH 刺激时，花鲈脑细胞 *sst* 相对表达量也增加，与 *mc4r* 和 *sst* 基因相反，花鲈 *gh* 基因表达量在 MSH 刺激后降低。说明 MSH 与 MC4R 结合，抑制食物摄取和刺激能量消耗，*sst* 表达量增加抑制 *gh* 的表达，从而抑制生长。

　　mTOR 的下游效应分子为核糖体蛋白 S6 激酶（S6K1）和真核细胞翻译起始因子 4E 结合蛋白 1（4E-BP1），mTOR 通过调节这两个效应分子调控 mRNA 翻译，两者为平行的信号通路。使用外源 MSH 刺激花鲈脑细胞，观察该摄食调控信号通路上下游基因相对表达情况，首先对于 POMC 下游通路 MC4R-SST-GH，外源 MSH 促进了 *mc4r* 和 *sst* 基因在花鲈脑细胞中的表达，抑制了 *gh* 基因在花鲈脑中的表达。外源 MSH 促进了 *mc4r* 的表达，同时在结合后传递厌食信号，会抑制食物摄入并刺激能量消耗，因此下游生长抑素 SST 响应该机制，表达量增加，抑制 GH 的表达，从而抑制动物生长。分析在花鲈脑细胞中加入外源 MSH 对该摄食调控信号通路的上游基因的影响，结果显示 mTOR 的表达受到抑制，且外源 MSH 浓度越高，mTOR 在花鲈脑细胞中的相对表达量越低。当加入外源 MSH 时，mTOR 的表达受到抑制，说明该摄食调控信号通路存在负反馈调节，这对保持生物体内能量稳态具有重要的意义。加入外源 MSH 后，花鲈脑细胞中 *npy*、*agrp* 基因的表达受到抑制，但是用 10^{-7}mol/L 的 β-MSH 处理时，花鲈脑细胞 *npy* 基因的表达量升高，可能是因为 NPY 和 β-MSH 存在拮抗作用，当 β-MSH 浓度突然升高时，脑细胞中 *npy* 基因表达量增加，减弱 β-MSH 造成的影响，保持能量动态平衡，但是当 β-MSH 浓度过高时，β-MSH 则抑制 *npy* 的表达。外源 MSH 对 *npy*、*agrp* 基因表达的影响，可能是 MSH 直接作用于 NPY、AgRP 促食神经元，抑制了其表达。

（三）花鲈 *mc4r* 基因表征及其在组织中的时空表达分析

1. 花鲈 *mc4r* 基因分析　　MC4R 是黑素皮质素受体家族 5 种亚型之一，由下丘脑腹内侧核分泌，最早是在 1993 年从人脑中克隆得到序列，之后相继在小鼠、羊、猪等哺乳动物，鸽子等鸟类以及斑马鱼等鱼类中克隆成功。花鲈 MC4R 及已知序列的其他物种系统进化树绘制结果以及氨基酸序列比对结果显示，在不同物种中 MC4R 高度保守，且 7 个跨膜区的序列同源性高达 90% 以上。

　　通过花鲈 *mc4r* 基因序列预测其氨基酸序列，MC4R 蛋白由 327 个氨基酸组成，是典型的 G 蛋白偶联受体，有 7 个典型的疏水性跨膜结构域，与其他物种的比对发现，7 个跨膜结构高度保守，在进化中保持了一致性，说明跨膜结构域对 MC4R 的功能有重要的作用。通过对花鲈 MC4R 氨基酸序列的详细分析，发现花鲈具有 PMY、DRY、DPIIY 等结构域以及 15 个半胱氨酸残基、NST 等 N- 糖基化位点和 TLQ 等磷酸化位点的一系列 MC4R 典型结构，这表明与其他物种相似，花鲈 *mc4r* 基因在摄食和能量代谢方面起着重要的作用。

2. *mc4r* 基因在花鲈全组织中的相对表达量　　在哺乳动物中 *mc4r* 主要在中枢神经系统中表达，在能量动态平衡的长期调节活动中传递厌食信号。人类 MC4R 的研究主要集中在其与肥胖症的关系方面，MC4R 中的杂合突变是导致人类严重肥胖症最常见的单基因原因，纯合无效突变的个体显示严重的早发性肥胖。而在硬骨鱼类中，*mc4r* 主要在脑中表达，但在其他外周组织肝脏、胃、肠等组织中也有表达。花鲈 *mc4r* 在全组织中的表达量显示，其在脑、垂体中的表达量显著高于其他组织，但是其在胃、肠中的表达量也较高，表明 *mc4r* 与摄食、能量代谢相关，其在性腺中同样有表达，表明 *mc4r* 可能参与花鲈的生殖活动。

3. *mc4r* 基因在花鲈脑分区中的相对表达量及在端脑中的空间表达　　花鲈 *mc4r* 基因在全组织中的相对表达量显示，其在脑中的表达量显著高于其他组织，通过实时荧光 PCR 检测，结果显示 *mc4r* 基因在花鲈端脑中的表达量最高，其次是间脑，在中脑、脑干以及小脑中表达量较低。*mc4r* 在鱼类脑区的表达量研究结果表明，其在不同鱼类脑区的表达情况不同，有明显差异。根据 *mc4r* 在花鲈脑区表达量的结果，通过原位杂交技术检测 *mc4r* 在花鲈端脑中的表达位置，结果显示 *mc4r* 表达细胞分布在端脑的各个区域，主要集中在腹侧端脑的腹侧部分、嗅束中央区域、背侧端脑的侧面部分、背侧端脑的内侧部分区域，这些脑区已证实与摄食和能量代谢相关。而在短期饥饿实验中也证明，*mc4r* 参与花鲈的摄食调控。

第二节　花鲈摄食相关激素基因及功能研究

一、花鲈胃动素及其受体的表达及功能研究

越来越多的证据表明胃动素（motilin）及其受体系统在维持能量平衡、增加食欲、抑制恶心方面有重要作用，然而，该系统在硬骨鱼类中的功能仍然未知。研究克隆了花鲈 motilin 及其受体的基因序列，确定了它们在肠中的表达模式，并检测了体外施用 motilin 对胃促生长素（ghrelin）、胃泌素（gastrin）和胆囊收缩素（cholecystokinin，CCK）基因表达的影响。

序列和结构分析结果表明，硬骨鱼 motilin 成熟肽的 N 端高度保守，表明该区域对其生物活性具有重要的作用。然而，硬骨鱼的成熟肽与哺乳动物的成熟肽，不仅在长度上不同，且与哺乳动物的 motilin 表现出较低的序列相似性。

为了进一步研究 motilin 及其受体系统的功能，采用原位杂交的方法检测花鲈肠道中的 motilin 和 motilin 受体 mRNA。结果显示，它们均在肠固有层和肠绒毛的上皮细胞中高度表达。肠上皮形成动物体内最大的暴露表面之一，代表了一个将环境信息与来自神经、免疫和血管系统的生理信号进行整合的独特界面。肠上皮内的各种肠内分泌细胞通过释放激素响应刺激。结果表明，在鱼类中，motilin 与其受体结合，通过激活 Ca^{2+} 信号通路在肠道中发挥其作用。

体外孵育实验进一步研究了 motilin 在胃肠道中的功能。结果表明，在 motilin 孵育 3h 后，ghrelin、gastrin 和 cholecystokinin 的表达量增加，但孵育 6h 或 12h 后效果不明显。ghrelin 和 motilin 均属于胃肠肽且具有几个共同特征，包括序列的高度相似性、相同的合成位置和对胃肠动力均有促进作用，由于它们相似的结构和功能，ghrelin 对 motilin 敏感，表达水平在 motilin 孵育 3h 后显著增加。利用 motilin 与其他摄食因子之间相互作用的生物学功能以及其发挥功能的有效时间，对鱼类养殖生产、提高摄食率具有指导意义。

花鲈 motilin 和 motilin 受体基因在肠组织中的细胞定位见二维码 10-1。

二、花鲈胃促生长素及其受体的表达及功能研究

研究克隆了花鲈 ghrelin 及其受体 ghs-rs 的基因序列，通过 RT-PCR、原位杂交的方法确

定它们在各个组织中的表达模式以及基因 mRNA 定位，并检测体外给予 ghrelin 对 *motilin*、*gastrin* 和 *cholecystokinin* 基因表达的影响。分析 *ghrelin* 和 *ghs-rs* 基因的序列和结构，在 ghrelin 成熟肽的 N 端，第 3 位丝氨酸残基是辛酰基化位点，该位点被辛酰化的 ghrelin 具有生物活性且是 GHS-R 结合所必需的。花鲈 ghrelin 的 N 端氨基酸序列 GSSFLSP 与人 / 小鼠 / 鸡 / 欧洲舌齿鲈 / 雀鲷和大黄鱼的 ghrelin 显示出 100% 的同源性，但与斑马鱼有所不同（GTSFLSP）。这不仅表明了 ghrelin 的生物活性序列在各物种中高度保守，还表明了其具有不同的生物学功能。

通过对花鲈 *ghrelin* 及其受体 mRNA 在 14 个组织的分布情况进行检测，结果发现 *ghrelin* 主要在胃中表达，这与先前在鱼类中的研究结果一致，可以确定 ghrelin 的主要来源是胃。此外，通过原位杂交技术在花鲈的胃黏膜和黏膜下层中观察到 *ghrelin* mRNA 强烈的杂交信号，但在肌层和浆膜中未发现。这与先前发现的在开放型和封闭型细胞中虹鳟 *ghrelin* mRNA 在整个胃黏膜中表达的结果一致。而 *ghrelin* 也在垂体和肌肉中表达，这可能与 *ghrelin* 可刺激原发性垂体细胞释放 GH 并增加体重，具有保护骨骼肌免受萎缩的生物学作用，并促进成肌细胞分化的作用有关。两个受体基因的表达结果显示，均广泛分布于肝脏中且在肝细胞中观察到强烈的杂交信号，尤其是 *ghs-r1a-like* 具有明显的高表达水平，这说明 *ghrelin* 可能主要通过激活其受体 GHS-R1a-Like 参与肝脏中脂质的合成。GHS-R1a 也分布于垂体中，表明 GHS-R1a 受体参与 ghrelin 刺激垂体释放 GH 的过程。

通过体外孵育实验进一步研究 ghrelin 在胃肠道中的功能。孵育 3h 后，ghrelin 可增加 motilin、gastrin 和 cholecystokinin 的表达，特别在浓度为 10^{-6} mol/L 时达到最高水平，但在孵育 6h 和 12h 后没有显著变化。ghrelin 被认为是一种通过与 motilin 和 gastrin 等胃肠肽类似的方式来刺激胃肠蠕动的激素，ghrelin 和 motilin 结构相似，均在胃肠道合成，并具有促进胃肠运动的功能。因此 gastrin 和 motilin 对 ghrelin 较为敏感，在 ghrelin 的刺激下可增加 gastrin 和 motilin 的表达水平。另一方面，ghrelin 和 cholecystokinin 是调节摄食的胃肠激素，这两种激素均通过迷走神经传入，ghrelin 触发饥饿信号，而 cholecystokinin 诱导饱腹感信号。孵育 3h 后 ghrelin 刺激 cholecystokinin 的高表达，这与之前的研究结果相一致。在养殖生产上，合理注射或使用 ghrelin 衍生物，作为促食剂、促生长剂可显著提高鱼类的摄食和生长。

花鲈 *ghrelin* 基因在胃组织中及其受体在肝组织中的细胞定位见二维码 10-2。

三、短期饥饿对花鲈摄食相关基因表达的影响

基于 motilin 及其受体的表达模式和组织定位结果，选择肠作为检测花鲈短期饥饿后 motilin 及其受体表达水平变化的组织器官。在禁食期间，肠道激素和胃肠运动之间发生的复杂的相互作用，称为移行性复合运动（migrating motor complex，MMC）。尽管大多数胃肠激素在进食后释放，但 motilin 具有特殊特征，即在没有食物的消化期间，它以约 100min 的时间间隔释放。检测短期饥饿后花鲈 motilin 及其受体的表达水平结果显示，motilin 在饥饿 1h 后表达水平显著增加，造成这种差异的原因可能是与哺乳动物相比，鱼肠道结构简单，导致 motilin 释放的时间间隔较短，且 motilin 通过与其受体结合引起肠平滑肌细胞内 Ca^{2+} 的变化，这对肠运动起重要的作用，所以 motilin 受体在饥饿 1h 后表达水平也逐渐增加且在饥饿 6h 后达到最高，但在饥饿 6h 后 motilin 及其受体的表达水平与对照组相比没有差异，表明花鲈在饥饿 6h 内启动了 motilin 及其受体系统以抵抗外界饥饿胁迫，但在 6h 后该系统关闭，可能存在其他调节机制。

ghrelin 的主要来源是胃，研究检测了花鲈 ghrelin 及其受体基因在短期饥饿胁迫下的表达模式。在饥饿状态下 ghrelin 的表达水平差异较大，受种系、饥饿时间和遗传背景的影响，饥饿胁迫可能上调、下调或不改变鱼类胃肠道 ghrelin mRNA 的水平。花鲈 ghrelin 及其受体的表达水平随饥饿时间的增加逐渐下降，这可能是由于在饥饿 6h 内，鱼体未得到食物补充，机体主要由葡萄糖和脂质供能，导致 ghrelin 及其受体的 mRNA 表达量下降。之后当饥饿 12h 时，ghrelin 和 ghs-r1a-like 表达水平增加且达到最高，但 ghs-r1a 无显著差异，这表明在饥饿 12h 后，胃处于排空状态，生长所需能量以及强烈的饥饿感刺激，使胃增加 ghrelin 的分泌，提高鱼体食欲，希望得到食物补充，所以 ghrelin 处于相对较高的水平，并且主要与受体 GHS-R1a-Like 相互作用。而随着饥饿时间的延长，胃的组织结构和生理功能显著下降以适应饥饿环境，分解、代谢提供机体正常运转所需的能量，因此饥饿 24h 后，胃分泌 ghrelin 也发生相应的调整，表达水平降低。

第三节　花鲈神经肽 FF 对摄食相关因子的调控及分子机制

一、花鲈 npff 及其受体的鉴定、表达和 NPFF 对摄食的影响

越来越多的证据表明，神经肽 FF（NPFF）可以通过作用于下丘脑核而抑制啮齿动物和哺乳动物的摄食量。然而，关于 NPFF 的研究仅仅针对在对一些鱼类和低等脊椎动物的分子克隆和组织表达水平，而对其生理功能的研究还没有涉及。

李庆等克隆了花鲈 npff 和 3 个 NPFF 受体的 cDNA 序列并对它们进行了表征。花鲈 npff 全长序列为 384bp，编码 127 个氨基酸，最终形成 NPAF 和 NPFF 两个预测的酰胺肽。花鲈和人类的 NPFF 前体氨基酸序列相似度仅为 45%，但与其他几种硬骨鱼类如欧洲舌齿鲈、青鳉、尼罗罗非鱼和大黄鱼的同源性非常高（73%～89%），这一发现与系统发育分析的结果一致。然而，预测的两个成熟肽序列在脊椎动物中高度保守，这意味着其在进化过程中具有功能上的保守性。另一方面，3 个 NPFF 受体序列均为具有 7 次保守跨膜结构的 G 蛋白偶联受体。花鲈中发现了一个 npffr1 基因和两个 npffr2 基因，这可能与硬骨鱼基因组复制事件有关。

花鲈 npff mRNA 在组织中广泛表达，其中在中脑、下丘脑、延髓等中枢神经组织以及性腺和肌肉等外周组织中表达量最高。花鲈 NPFF 受体 mRNA 在中枢神经系统的端脑、下丘脑、小脑、中脑和延髓中表达量最高，花鲈 npffr1 在肠内表达水平较高，npffr2-2 在胃内表达水平较高。只是作用的优先程度不同。下丘脑神经元中的 NPFF 对花鲈摄食行为可能有直接的调控作用。NPFF 肽可能通过与 NPFFRS 结合，触发下游信号通路。在中枢和外周组织中均起到促进摄食的作用，并对脂质代谢和肥胖调节发挥负向调节作用。NPFFR 对 NPFFR2-2 的结合能力是 NPFFR1 的两倍。花鲈 npff mRNA 在脑中的定位见二维码 10-3。

二、花鲈 foxo 基因家族分析及应对短期饥饿的表达变化

foxo 在细胞分化、肿瘤抑制、代谢、细胞周期阻滞、细胞死亡和应激保护等方面发挥着重要作用。在花鲈的 7 个 foxo 基因中，foxo1a 的预测氨基酸数目和分子量明显低于其他成员。foxo1a 和 foxo1b 含有 3 个外显子，与人类的研究结果一致。在其他硬骨鱼中并没有发现

foxo 基因的多个拷贝，在青鳉和斑点雀鳝中也没有 *foxo4* 基因，可能与公共数据库中鱼类的 *foxo* 基因序列数量较少有关。花鲈 *foxo* 基因的系统进化树分为 4 支（Foxo1、Foxo3、Foxo4、Foxo6），与哺乳动物和斑马鱼的研究结果一致。基因结构和蛋白质三级结构的预测进一步支持了对花鲈 *foxo* 基因家族成员的注释结果，这表明花鲈 *foxo* 基因家族在进化过程中是一个保守的基因家族。尽管如此，*foxo1a* 在保守结构域和模体的组成上与其他成员存在一定的差异，这可能导致 *foxo1a* 与其他成员在功能上产生一定的差异。

foxo 在花鲈不同组织中也具有不同的表达模式。*foxo* 在小脑、下丘脑、端脑、中脑等中枢神经系统（CNS）中表达水平较高。在外周组织中，*foxo1a* mRNA 在花鲈肌肉中表达水平最高，其次是肠、胃和性腺，这可能与其在肌肉细胞中的重要作用相一致。*foxo1b* 在肠和性腺中的表达相对较高；*foxo3a* 和 *foxo6b* 在性腺中表达相对较高；*foxo3b* 和 *foxo4* 在肌肉和性腺中具有较高的表达；*foxo6a* 在性腺、肠和胃中表达相对较高。花鲈 *foxo* 基因的不同表达模式反映了其潜在的生理功能可能存在差异。花鲈饥饿期间，*foxo1a* 和 *npff* 在同一组织中的表达模式相似，但其他家族成员在饥饿后没有这种与 *npff* 相似的变化趋势。

三、花鲈 Foxo1a 调控 *npff* 基因转录的分子机制研究

越来越多的证据表明，NPFF 可以通过作用于几种脊椎动物的下丘脑核调节与摄食相关的过程，已有研究表明哺乳动物 Foxo1 在下丘脑摄食中枢的食物摄入和能量平衡调节中发挥重要作用。花鲈研究结果暗示 Foxo1 可能通过转录调控 NPFF 来达到促进食物摄入的目的。

原位杂交的结果显示，在花鲈中脑的视顶盖（TeO）和纵枕（TL）以及下丘脑中与摄食调控有关的区域，如下丘脑前结节核（NAT）、下丘脑外侧结节核（NLT）和腹近中丘脑核（NVM）等都有强烈的 Foxo1a 阳性信号。因为 *foxo1a* 和 *npff* mRNA 在花鲈下丘脑中几乎相同的位置表达，所以 *foxo1a* 在 *npff* 基因转录调控中的潜在作用值得关注。*foxo1a* 在花鲈肠绒毛和固有层的上皮细胞中表达丰富，在胃上皮细胞和胃腺中也观察到强烈的杂交信号。最新报道表明，Foxo1 能够通过作用于肠道胰岛素 /IGF-1 信号通路调节上皮完整性，肠上皮内的多种肠内分泌细胞应对刺激时能够释放激素来影响生理反应。综上所述，花鲈 Foxo1a 和 *npff* 可能共同定位于脑、胃和肠的同一细胞中，从而实现对其转录的直接调控作用。为了进一步证实 Foxo1a 对 *npff* 的转录调控，采用了双荧光报告基因检测实验继续验证。在 *npff* 基因启动子序列中发现了 13 个 Foxo1 潜在的结合位点，这些预测的 Foxo1 结合位点在正链中具有 TGTT（T/G）核心序列或在反链中具有（A/C）AACA 的核心序列，这与哺乳动物体内的结合位点类似。一系列启动子序列的删减和定点突变实验证实了 Foxo1a 对 *npff* 基因转录的调控作用，花鲈结果表明，*npff* 基因启动子区 $-302bp$ 和 $-56bp$ 位点之间的两个 Foxo1 结合位点对于花鲈 *npff* 的转录调控至关重要。花鲈中脑和下丘脑中 *foxo1a* mRNA 表达细胞的定位见二维码 10-4。花鲈 Foxo1a 在肠和胃中的细胞定位见二维码 10-5。

第四节　TAC3/TACR3 调控花鲈生长功能分析

速激肽家族（TAC）多肽广泛存在于从低等脊椎动物到哺乳动物的中枢和外周神经系统中，作为兴奋性神经递质在生物体中发挥着重要的作用。TAC 家族具有多个成员，最典型的成员是神经肽物质 P（SP）、神经激肽 A（NKA）、神经激肽 B（NKB）。NKB 是由 *tac3* 基因

编码的前体蛋白经过一系列的加工修饰后产生的具有 10～13 个氨基酸的成熟肽，最初是从猪的脊髓中分离而来，具有高度的保守性，证明其在进化过程中具有不可替代的重要作用。最初的研究表明 NKB 只存在于中枢神经系统和脊髓中，之后有研究表明速激肽的其他成员如 SP、NKA 不仅存在于中枢神经系统，也存在于外周神经系统，因此其参与了生物体的多种生理功能。速激肽与特异性的膜受体相互作用，速激肽的特异性膜受体有 3 种类型，即 NK1R、NK2R、NK3R。其中 NK3R 由 tacr3 基因编码。NKB 的生物学功能主要受 NK3 介导而产生作用，NK3R 是与 NKB 亲和力最为强烈的受体，是视紫红质 G 蛋白偶联受体家族的成员之一。部分研究表明，NK3R 主要位于中枢神经系统和脊髓中，而在胎盘、卵巢、子宫、睾丸以及肠系膜静脉、肠道神经元中也检测到了 NKB/NK3R 的存在。NKB 可以通过 NK3R 介导兔肠平滑肌的收缩，tac3/tacr3 与生物体的多种生理调控相关。

一、花鲈 tac3/tacr3 基因的鉴定、表达与定位分析

越来越多的报道指出 NKB/NK3 受体系统在硬骨鱼体内发挥着重要的作用。为了确定 NKB 对花鲈生长及繁殖的调控作用，先对花鲈 tac3、tacr3 进行了克隆，并对配体及受体序列进行了鉴定，用序列分析及进化分析来确定 tac3、tacr3 的注释信息及与其他物种的进化关系。

鉴定了花鲈基因组中的两个 tac3 和两个 tacr3 基因，分别命名为 tac3a、tac3b 和 tacr3a、tacr3b。结果表明 tac3 和 tacr3 在进化过程中相对保守。在花鲈中形成的两个 TAC3 前体蛋白在鱼类中较为保守，这也暗示其在硬骨鱼类中具有共同的功能。在生成的 4 种成熟肽中，NKBa-13 与 NKBa-10 具有相同的 C 端序列 FVGLM-NH$_2$。这段序列的存在对多肽的生物活性具有很重要的作用，进化上的保守性表明其在生物体中具有难以替代的重要性。花鲈 NKBb-10 的 C 端序列并不保守，为 LGDLL-NH$_2$，NKBb-13 的 C 端序列与常见的保守序列相比具有一个氨基酸的变化，由 FVGLM-NH$_2$ 变为了 FVSLM-NH$_2$，与欧洲舌齿鲈的 C 端序列一致，这可能会涉及成熟肽生物活性的变化。此外在硬骨鱼中，NKBb-13、NKBb-10 具有高度可变性，保守性较低，显示这些肽或许在这些物种中具有生物活性的差别。

为了探究花鲈 tac3、tacr3 的进化关系，通过 Clustal X 进行了多重序列比对，结果显示与花鲈 tac3、tacr3 亲缘关系较近的有多种硬骨鱼类，tac3/tacr3 只与其他硬骨鱼类聚在一支也充分证明其在进化过程中的相对保守性。

荧光定量 PCR 的结果显示，tac3a 和 tac3b 在大脑中的表达较为强烈，这与其他鱼类的研究结果相对一致。tac3a 和 tac3b 在胃、肠和精巢中也具有一定的高表达。这与之前在金鱼肠道的报道中 tac3a 表达较少的结果不同，但与在斜带石斑鱼中的表达结果类似。之前在斑马鱼中的研究也表明 tac3 的 mRNA 广泛表达于中枢神经系统和外周神经系统，这与 tac3 编码的成熟肽广泛的功能具有一定的统一性。总体而言，tac3 的表达在不同的物种之间存在一定的差异，可能与其具有一定的功能差异相关。

利用原位杂交技术在脑内多个区域观察到 tac3 mRNA 信号。tac3 在花鲈脑部的端脑、小脑瓣膜的外侧部（Val）、视顶盖（TeO）、前结节核（NAT）的表达情况与斜带石斑鱼相似。tac3 mRNA 在脑部的某些区域也被发现，如丘脑下叶弥散核（NDLI）、前结节核（NAT），这一结果与金鱼相似，但在斑马鱼和斜带石斑鱼的大脑中，并没有在相同的脑区位置检测到 tac3 mRNA 信号。在斑马鱼与金鱼的视前区检测到了 tac3 mRNA 的杂交信号，但是在花鲈的同一

部位并未检测到相关信号。这种表达模式的不同可能是来自不同物种的种间差异，也有可能由花鲈生理状态的不同所造成。除此之外，在脑部的部分胶质细胞中也观测到了 *tac3* 的信号存在。已有研究表明 NKB 是 Gnrh 调节哺乳动物性腺发育和生殖生理活动过程中关键的调节因子，并参与了鱼类生殖轴的调节活动。虽然 *tac3* 在不同物种的脑区表达情况略有不同，但在某些特异性的区域，*tac3* 的表达情况则相对保守。在花鲈肠道中，两个 *tacr3* 受体在肠绒毛（IV）的上皮细胞（EC）和固有层（LP）中高度表达，并且在胃组织的上皮细胞和胃腺（GG）中也高度表达，这一结果表明 *tacr3* 可能参与调控了胃肠道消化液以及胃肠运动相关肽的分泌，*tac3*、*tar3* 在胃、肠和神经组织中的表达提示了 NKB 在花鲈的生长发育过程中具有重要生理意义。

原位杂交（ISH）检测花鲈端脑和中脑中 *tac3* mRNA 的示意图和显微照片见二维码 10-6 和二维码 10-7。原位杂交检测花鲈下丘脑、肠道和胃中 *tacr3* 基因的示意图和显微照片见二维码 10-8～二维码 10-10。

二、TAC3/TACR3 系统对花鲈繁殖内分泌的调控研究

为了探究 TAC3/TACR3 系统对花鲈繁殖的潜在调控机制，使用 *tac3* 编码的 4 种成熟肽在体外刺激探究相关基因的表达情况。NKB 的处理主要集中在脑部与性腺这两个水平，通过孵育脑原代细胞，检测了 NKB 处理下的部分繁殖相关基因（*gnrh*、*fsh*、*lh*、*kiss1* 和 *kiss2*）的表达变化。NKB 作为速激肽家族中重要成员之一，在生物体内分泌调节过程中具有多重功能。研究发现 NKB 信号在生殖中的重要性，TAC3 或 TACR3 的功能缺失突变均可导致人类性腺功能减退，说明 NKB/NK3 系统是人类生殖轴不可或缺的要素之一。TAC3/TACR3 系统关于生殖的调控机制越来越受到众多研究者的关注，TAC3/TACR3 系统通过影响下丘脑 - 垂体 - 性腺轴来调控生殖主要发生在下丘脑水平，除此之外 NKB 也可直接作用于卵巢的卵泡颗粒细胞来促进卵泡的成熟。通过 NKB 的药理学研究发现，NKB 可促进或抑制血清中 LH 的释放。GNRH 是动物繁殖过程中重要的调节因子，其主要分泌于下丘脑，作为促性腺激素的上游激素，其脉冲分泌信号传递至垂体使其分泌促性腺激素后再作用于性腺起到调控生殖的作用。研究表明下丘脑中的 KNDy 神经元中，kisspeptin 对下丘脑 - 垂体 - 性腺轴具有调节作用，主要通过 kiss 调控 Gnrh 的脉冲信号得以实现。研究发现 NKB 与 kisspeptin 有着密切的联系并共同表达于 KNDy 神经元，可以共同调节动物体的生殖活动。NKB 在多种硬骨鱼的生殖调节中都发挥着重要作用，以花鲈脑原代细胞为对象，探究 NKB 对其生殖的调控作用，结果显示 NKB 对花鲈体外培养的脑细胞中 *kiss1*、*kiss2*、*gnrh* 的表达具有显著的促进作用，尽管并非所有多肽都有明显效果，但足以证明 NKB 在花鲈的生殖过程中是一个重要的调控因子。在花鲈中，NKB 可能以调控 *kiss1*、*kiss2* 的方式进而调控 *gnrh* 的表达。*fsh*、*lh* 参与了性腺发育和精子发生的过程，之前的研究并没有针对 NKB 在鱼类脑部水平对 *fsh*、*lh* 表达影响的研究，并且这些研究主要集中在性腺水平。在 NKB 处理之后对花鲈脑细胞中的 *fsh*、*lh* mRNA 进行检测，研究结果表明有 3 种多肽 NKBa-13、NKBb-13、NKBb-10 都对脑细胞中的 *fsh*、*lh* mRNA 水平具有显著的促进效果。因此，认为 TAC3/TACR3 系统可在花鲈繁殖过程中起到重要作用。

性类固醇激素的合成对鱼类的性腺发育和生殖细胞的形成至关重要，其中涉及多个调节因子的参与。检测了 NKB 对花鲈性腺组织中繁殖相关基因（*lhr*、*fshr*、*cyp11a1*、*cyp19a1*） mRNA 水平的影响，促性腺激素可以和细胞膜表面的 LHR、FSHR 受体结合，进而激活下游信号通路合成性激素。NKB 可以促进花鲈性腺组织的 *lhr* 和 *fshr* mRNA 表达，NKB 的作用可能使性腺细胞更容易感受促性腺激素的信号，进而促进下游反应的进行。胆固醇侧链裂解酶（CYP11A）在性类固醇合成中具有重要作用，首先将胆固醇转化为孕烯醇酮，是类固醇激素合成过程中关键的调控节点，开启了性类固醇合成的第一步。花鲈研究结果显示 NKBa-13 和 NKBb-13 都对 *cyp11a1* 的表达具有显著促进作用。芳香化酶基因 *cyp19a1* 在硬骨鱼类中的性腺表达，而芳香化酶是性激素合成过程中比较关键的酶，可以将雄激素转化为雌激素。花鲈实验结果中，4 种多肽中的 3 种都表现出对 *cyp19a1* 显著的促进作用。NKB 对 4 种繁殖相关基因的作用中，NKBb-13 的作用最为广泛，对这 4 种基因的表达水平均起到了提高作用。总体而言，在花鲈性激素合成通路的关键位点中，NKB 的体外刺激结果均表现出明显的促进效果，表明其在花鲈性激素的合成过程中也起到了一定的调控作用。

三、TAC3/TACR3 系统对花鲈生长内分泌的调控研究

为了探究 TAC3/TACR3 系统对花鲈生长的潜在调控机制，使用 *tac3* 编码的 4 种成熟肽在体外刺激探究相关基因的表达情况。NKB 的处理主要集中在脑部与胃肠道这两个水平，通过孵育脑原代细胞，检测了 NKB 处理下的部分生长相关基因（*ghrh*、*prlh*、*gh* 和 *igf-1*）的表达变化。GHRH 是一种重要的生长激素释放因子，经下丘脑神经系统分泌产生，能够刺激脑下垂体生长激素的分泌，对生物体生长发育具有重要的作用。用 NKBb-13 和 NKBb-10 孵育花鲈脑细胞 6h 之后，*ghrh* 的表达显著提高，表明 NKB 作为一种重要的兴奋性神经递质可在脑部水平参与生物体的生长生理活动，与此同时对脑部 *gh* 的表达没有影响，可能由于 *gh* 的表达主要集中在垂体水平。NKBb-13 和 NKBb-10 在脑部调节生长过程中可能有 GHRH 的参与。研究显示 NKBa-13、NKBa-10、NKBb-13 可显著增加脑组织中 *prlh* mRNA 的表达，只有 NKBb-13 对 *igf-1* mRNA 水平起到了促进作用。综合 NKB 在花鲈脑细胞中的作用发现 NKBb-13 是 NKB 中作用相对较为广泛的一类，其有可能是调控花鲈大脑生长相关基因表达最关键的配体。

GHRL、MLN、GAS 和 CCK 这 4 种脑肠肽在调节胃肠运动、消化液的分泌等方面起着重要的作用，是调节胃肠动力的基础。检测了 NKB 对花鲈胃组织碎片中胃肠相关基因（*ghrl*、*gas*、*mln*、*cck*）mRNA 水平的影响。这些脑肠肽在神经内分泌的调节过程中具有重要作用，是胃肠活动调节的基础，GAS 广泛存在于消化道中，可以刺激胃肠活动，MLN 除了能够调节胃肠生理活动，还可以促进生长激素的释放。GHRL 作为生长激素的释放肽，已有研究发现其可以与生长激素释放激素协同促进 GH 的释放，表明其可参与生物生长发育的过程。研究发现只有 NKBb-13 显著增加了花鲈胃中 *gas*、*ghrl* 和 *mln* 的 mRNA 水平，与脑细胞的研究结果较为统一，即速激肽可作为哺乳动物胃肠道中重要的神经递质。研究 NKB 在花鲈肠道孵育组织中对胃肠相关基因（*ghrl*、*gas*、*cck*、*mln*）mRNA 表达水平的影响，结果表明，除 NKBb-13 外，其他 3 种 NKB 肽均显著上调了 *cck* 的 mRNA 水平。CCK 是一种可在胃肠道释放的肽类激素，可刺激胃部分泌消化液，在协调胃肠活动方面有着重要的作用；只有 NKBb-10 上调了花鲈肠中 *gas* 的 mRNA 水平，以及只有 NKBa-10 显著提高了 *ghrl* 的 mRNA 表达水平。总体而言，CCK 极有可能是 NKB 调节花鲈肠道相关生理活动的关键肽类激素，并且可能通过 NK3 受体的介导来完成相应的调控过程。

第五节 温度和限食对花鲈生长的影响及其生理机制

自然界中水产动物的生存条件易受外界环境的影响，经常面临饵料不足造成的饥饿以及温度变化造成的胁迫等生存问题。花鲈属于秋末繁殖的鱼类，此季节北方花鲈幼鱼生长受环境因素特别是温度和饵料的影响较为严重，如果鱼类受摄取的食物或者环境温度限制不能维持正常生长需要，鱼体的形态、摄食行为以及体内代谢过程都将会发生变化，影响鱼类的生长发育及存活。花鲈虽属耐饥饿程度很强的鱼类，但其初摄食配合饲料阶段对环境变化敏感，温度和饵料的变化对此阶段幼鱼的生长、代谢影响很大，研究温度和限食对花鲈幼鱼生长、生化指标影响机制有助于掌握花鲈幼鱼生长最适宜的培养模式。

一、不同温度、限食处理条件下花鲈幼鱼的补偿生长效应

花鲈幼鱼经过不同温度及限食处理后，在恢复阶段表现出不同程度的补偿生长现象。实验处理阶段结束后，20℃和100%投喂组花鲈幼鱼的终末体重和SGR显著低于16℃和100%投喂组，而恢复阶段结束后两值都显著升高，明显出现了超补偿生长现象，这种超补偿生长现象见于其他鱼类研究报道。超补偿生长的获得可能与花鲈幼鱼的摄食行为相关，处理阶段，16℃和100%投喂组花鲈幼鱼对饲料的敏感程度远远不及20℃和100%投喂组，没有出现成群游动现象。而恢复阶段，16℃和100%投喂组花鲈幼鱼的抢食现象与20℃和100%投喂组相比更加明显，群游现象显著，此状况一直持续到实验结束，花鲈幼鱼经过恢复阶段后达到了完全补偿生长。从生长指标方面衡量，北方地区花鲈幼鱼培育的最佳温度是16℃，投喂水平是100%投喂。

二、不同温度、限食处理条件下花鲈幼鱼的补偿生长机制

目前关于补偿生长理论有观点认为，鱼类受环境因素胁迫后其体内基础代谢降低，当条件恢复后，较低的代谢水平会维持一段时间，这种较低的代谢水平使得鱼类用于支出的能量降低而用于生长的能量随之增加，从而提高了饵料转化率，鱼类出现补偿生长。花鲈实验证明，补偿生长的机制都是通过提高饵料转化率来实现。还有一种观点认为，鱼类受环境因素胁迫后恢复适宜条件时，鱼体内立即进行大量的合成作用，代谢水平迅速升高，补偿生长是鱼类在恢复适宜条件后食欲增强，大幅度提高摄食水平实现的。花鲈实验中，部分鱼类通过提高摄食率，实现了补偿生长。

三、不同温度、限食处理对花鲈生化指标和相关激素水平的影响

当鱼类处于相对不佳的环境中时，其血糖含量会在短期内迅速升高来维持高的基础代谢水平以应对不佳的生存环境，长时间维持高水平代谢必然会导致血糖的大量消耗，但随着时间的推移，血糖浓度会维持在一个稳定水平。花鲈实验中，鱼体有维持自身血糖浓度稳定的机制，这种机制很可能是由于糖异生作用增强。血清中血脂以及血蛋白也是鱼体主要的供能物质，一般血糖首先供能，脂类较蛋白质优先供能。花鲈研究中，处理阶段饱食投喂条件下，随着温度的降低（从20℃到12℃），组织上清液中总胆固醇、甘油三酯以及总蛋白质含量均明显降低，这说明20℃的水温相较16℃和12℃要更适宜花鲈幼鱼的生长；处理阶段在水温相同的条

件下，饱食组这 3 项指标均高于半食组，说明 100% 的日粮水平较 50% 的日粮水平更适宜花鲈幼鱼的生长。甲状腺激素是调节鱼类生长发育的主要激素之一，甲状腺激素通过广泛分布于机体各处的甲状腺激素受体介导调节机体的发育、生长和物质代谢，甲状腺激素受体在介导三碘甲状腺原氨酸过程中处于重要的地位。花鲈实验结果显示，随着温度和投喂水平的降低 T3 含量不断降低，说明相对较低的温度和投喂水平抑制了 T3 的分泌，不适于花鲈幼鱼的生长发育。IGF-1 作为 GH/IGF 生长轴中必不可少的调控因子，其主要生理功能有促进生长和调节渗透压。花鲈实验中，IGF-1 含量随着温度和投喂水平的降低不断降低，恢复阶段结束后，16℃组 T3 和 IGF-1 含量恢复甚至超过了对照组，同时也显著高于其他各组。升高血液皮质醇浓度是鱼类应对不良环境的一种机制，花鲈实验显示，随着温度和投喂水平的降低，血液皮质醇水平不断升高，说明 20℃水温相较于 16℃和 12℃，以及饱食投喂相较于半食投喂对于花鲈幼鱼生长更加有利。然而高的皮质醇水平虽然能促进鱼体的脂肪、蛋白质和碳水化合物的代谢，但抑制了鱼类的免疫反应，因此过低的温度和投喂水平对花鲈苗种培育不利。

总之，经过温度和限食处理后恢复适宜条件的花鲈幼鱼得到了不同程度的补偿生长。从生长方面考虑，16℃和 100% 投喂组最终体重比 20℃和 100% 投喂组高 20%，且存活率较高，16℃和 100% 投喂组是生长最快的处理组；从生理生化方面考虑，16℃和 100% 投喂组在经过处理后恢复一段时间，其各方面生化指标都达到甚至优于同期的对照组。因此，生产实践中，可以根据不同的需要，综合利弊，选择不同的温度条件和投喂模式。

第六节　花鲈幼鱼胃排空特征及投喂频率对生长性能的影响

投喂频率对鱼类摄食和饲料转化率具有非常重要的影响。养殖生产过程中，投喂频率过低往往不能满足鱼类存活和生长所需的正常食物供给，投喂频率过高不仅会增加养殖成本而且会污染养殖水体。因此，为了提高养殖效益同时使养殖鱼类获得最佳的生长状态，需要制定适宜的投喂频率。目前，鱼类适宜投喂频率主要是通过设置多个不同投喂频率组来进行长期的养殖实验，最后通过比较不同投喂频率组在整个养殖期间所表现出来的生长性能以及食物转化效率等指标来确定。然而，长时间的养殖实验使鱼类极易受到外界诸如温度、盐度、光照等因素波动的影响从而间接影响鱼类的摄食和生长，对实验结果造成一定的偏差；此外，养殖周期过长必将伴随着大量人力物力的投入。由于胃排空实验的易操作性和快速性等特点，近年来众多学者对多种鱼类胃含物湿重随摄食后时间变化关系进行了研究，建立其各自最佳的胃排空模型（胃排空率）。胃排空率这一指标现常被用来评估鱼类的消化功能以及饵料的可消化性，另外，由于它的简便性，现也被部分学者用来对鱼类适宜投喂频率的确定进行辅证。相关研究报道，通过建立符合鱼类胃排空特征最佳的数学模型，可以进一步了解其食欲恢复程度，这样在养殖生产实践中就可以根据鱼类食欲恢复的实际情况来确定饲料投喂量，从而避免浪费，提高饲料效率。另一方面，它还可以为确定最佳的投喂频率、提高生产效益提供科学的指导。

一、投喂频率对花鲈幼鱼生长、摄食以及饲料转化率的影响

花鲈幼鱼的摄食率受投喂频率的影响显著，花鲈幼鱼的摄食率上升显著，但每天超过 3 次投喂，花鲈幼鱼的摄食率虽然继续增加但差异不显著。这可能与不同投喂频率条件下花鲈幼鱼每天摄食总量不同有关，当其摄食至饱食状态时，继续增加投喂，摄食率无明显提高。花鲈幼

鱼的终末体重、增重率和特定生长率均随投喂频率的增加不断上升,但每天超过3次投喂并没有显著生长效果。说明适当增加饱食投喂状态下的投喂次数有利于鱼类的生长,但这种频率一旦超过一定的限度,也会导致鱼类因过度消耗能量去摄食从而影响其生长,同时也会增加饲料成本。花鲈幼鱼的饲料转化率随投喂频率的增加先显著升高,而后逐渐降低。可能是由于投喂过于频繁会使花鲈胃肠中摄食的食物未经消化即被排出体外,影响了其消化吸收;也可能是因为在较高投喂频率下花鲈忙于摄食和消化致使用于生长的能量占比降低,食物转化率也随之下降。鱼类最适宜的投喂频率因其种类、大小以及饲料营养成分的不同而存在差异。花鲈研究表明,对于2.0~4.5g的花鲈幼鱼在日投喂次数为2次的条件下可获得最佳的生长性能。

二、投喂频率对花鲈幼鱼形体指标以及体组分的影响

形体指标作为鱼体能量状态的衡量标准在鱼类研究中占有重要的地位。花鲈研究中,随投喂频率的增加,肝脏指数和内脏指数均升高,这应该是摄食量升高导致更多营养物质在肝脏和内脏积累或沉积的缘故。鱼体脂肪含量一般受到诸如养殖水体环境、饲料种类、投喂频率等外界条件的影响。花鲈实验研究结果表明,随着日投喂次数的增加,花鲈幼鱼全鱼水分含量逐渐下降,而脂肪含量则显著上升。花鲈幼鱼全鱼脂肪含量的上升可能是因为在高投喂频率下,摄食量的增加使得营养物质以体脂的形式储存。在鱼苗培育过程中,可以适当提高投喂频率为其越冬储备脂肪;而在成鱼养殖生产上,通过适当增加日投喂次数来提高鱼体脂肪含量,必然也会伴随着鱼肉品质的提升。在许多研究中发现,鱼体营养组分中粗蛋白质的含量受投喂频率影响不显著,花鲈研究中也得出了类似的结果。而对体重85.95g花鲈幼鱼不同投喂频率的研究结果表明,水分和蛋白质含量基本不受投喂频率的影响,而粗脂肪含量则随投喂频率的增加明显降低,灰分含量的变化规律则与粗脂肪相反,这可能与实验鱼的规格、养殖方式以及环境的不同有关。

三、花鲈幼鱼胃排空特征以及胃排空时间对花鲈幼鱼摄食的影响

不同鱼类因其食性和消化道结构存在差异,胃排空的方式也必然复杂多样,关于其最佳胃排空模型的选择自然也十分困难,即使同种鱼类在不同实验条件下也可能得到不同的数学模型。目前研究中使用最频繁的是指数、线性和平方根3种模型。通过对花鲈幼鱼胃排空实测数据分析得出,平方根模型最适合定量描述花鲈幼鱼胃排空变化。鱼类胃排空速率很大程度上与其食欲的恢复有关,胃排空时间对鱼类最佳投喂频率的确定具有重要的指导意义。一般情况下把鱼类胃内残余饲料量为零的时间点作为其食欲完全恢复至摄食前水平的标志。有研究认为,对于一些胃容量较大的鱼类,其胃排空超过80%,即可认定其食欲基本得到恢复。由平方根模型公式 $Y_{0.5}=9.968-0.586t$ 可得出花鲈幼鱼80%和99%胃排空时间分别为9.38h和15.3h;理论上投喂间隔9.38h之后,花鲈幼鱼食欲基本得到恢复。投喂频率为4次/d、3次/d时,其投喂时间间隔分别为3.5h和5h,在这期间花鲈幼鱼胃排空程度约为摄食前的37%和50%,此时花鲈食欲尚未完全恢复,再进行投喂必然导致饲料利用效率的降低。投喂频率为2d/次、1d/次,其投喂时间间隔已经达到或超过24h,花鲈幼鱼胃过度排空,摄食量不能满足其正常生长所需,甚至已经处于饥饿状态,这必然伴随着生长性能的降低。投喂频率为2次/d时,其投喂时间间隔为10h,花鲈幼鱼胃排空超过了80%,食欲基本恢复,特定生长率和食物转化率此时应处于较高水平,生长性能也明显改善。因此,通过对2.75g左右花鲈幼鱼胃排空特征以及不

同投喂频率下其生长性能综合研究分析表明，此规格花鲈幼鱼最佳的投喂频率为 2 次 /d。胃排空实验是确定花鲈幼鱼最佳日投喂次数简捷、高效的方法之一。

第七节 周期性饥饿再投喂
对花鲈幼鱼生长性能的影响及其生理机制

自然界中，鱼类经常会面临温度、盐度、密度、溶氧以及食物短缺等环境因子造成的生存胁迫，即使在养殖过程中有时也会由于饲喂不足、不均匀而使养殖鱼类身处饥饿境地。鱼类在遭受饥饿胁迫时，会适时调节自身相应的生理机制来适应这种胁迫，同时消耗鱼体储存的糖类、脂肪、蛋白质等营养物质来供能，恢复正常摄食后，鱼类会出现异于正常个体的生理特征，如会在某段时间内生长速度明显快于对照组，此时的鱼类出现了补偿生长。关于补偿生长在畜禽类和哺乳类中研究较早，并且在生产上已有一些利用补偿生长原理改变投喂方式提高养殖生产效益的实例。鱼类补偿生长研究相比畜禽和哺乳类虽起步较晚，但到目前为止，国内外开展鱼类补偿生长研究也已十分普遍，涉及的种类达 30 多种。

目前研究者大多围绕"饥饿再恢复投喂"的单周期饥饿和"饥饿—投喂—再饥饿—再投喂"的周期性饥饿这两种模式来对鱼类补偿生长开展研究，研究的内容涉及面也逐渐变得广泛，由之前仅研究饥饿后、恢复投喂后的生长变化延伸至对组织形态学变化、鱼体营养成分、能量收支以及血清生化指标变化的研究。通过对鱼类补偿生长机制的研究，不仅可以在一定程度上完善投喂策略，降低饲料投喂量，进而减轻水体污染，而且还可以利用补偿生长阶段鱼体沉积营养物质顺序的不同来调控鱼体营养再分配，进而改善鱼肉品质。综合来看，周期性饥饿可能是比单周期饥饿更好的一种补偿生长方式，不仅缩短了饥饿时间，而且降低了劳动强度。

一、周期性饥饿再投喂对花鲈幼鱼生长和饲料利用情况的影响及其生理机制

实验中，花鲈幼鱼经过周期性禁食再投喂之后，表现出了不同程度的补偿生长现象：禁食 1d 投喂 6d 组和禁食 2d 投喂 5d 组实验鱼的终末体重、增重率在实验结束后与对照组差异不显著，说明这两组花鲈幼鱼表现出了完全的补偿生长现象。据此，可初步推断每周饥饿 3d 以上的周期性饥饿再投喂模式对花鲈幼鱼生长不利。

关于鱼类补偿生长机制还不是十分清楚，目前学术界主要有 3 种观点：①鱼类受环境胁迫后体内代谢水平降低，恢复适宜条件后，这种低代谢水平短期内不会发生变化，在这种低代谢水平下鱼类会充分利用摄取的能量来生长，因此，饲料转化效率提升，鱼类出现了补偿生长；②鱼类受环境因素胁迫后恢复适宜条件时，体内立即进行高速合成作用，代谢水平迅速升高，补偿生长的产生是通过鱼类在恢复适宜条件后食欲增强，大幅度提高摄食水平实现的；③补偿生长的产生是摄食率和饲料转化率同时提高的结果。花鲈周期性禁食再投喂实验中，禁食 1d 投喂 6d 组摄食率显著高于对照组，因此认为，禁食 1d 投喂 6d 组出现完全补偿生长的机制是摄食率的提升。禁食 2d 投喂 5d 组花鲈幼鱼摄食率和饲料转化率都显著高于对照组，因此，摄食率和饲料转化率同时升高是导致禁食 2d 投喂 5d 组出现完全补偿生长现象的主要机制。

二、周期性饥饿再投喂对花鲈幼鱼营养组分的影响

鱼类在饥饿状态下往往会动用自身储存的营养物质如脂肪、蛋白质、糖类等来维持自身正

常的生命活动,因此会导致这些生化成分发生变化。不同种类的鱼由于其食性以及身体组织结构的差异,在胁迫状态下对自身能源物质的利用顺序也不尽相同,一般情况下,首先利用糖类和脂肪,然后才是蛋白质。花鲈幼鱼实验中,粗脂肪含量随着每周禁食天数的延长逐渐降低,在每周饥饿 3d 和 4d 组显著下降。这表明随着饥饿天数的增加,花鲈幼鱼首先动用脂肪来提供能量。花鲈鱼体粗蛋白质含量在每周禁食 4d 组出现显著降低,而其他组与对照组之间差异不显著,这说明随着饥饿程度的加深花鲈幼鱼体内脂肪含量过度消耗后开始利用蛋白质作为能源物质。由于恢复投喂的时间小于饥饿时间,鱼体无法在这种循环模式下完成脂肪和蛋白质水平的恢复,使得经受较长时间饥饿胁迫的花鲈幼鱼脂肪和蛋白质含量在实验结束时仍显著低于对照组。花鲈实验结束时每周饥饿 3d 的周期性饥饿再投喂模式下鱼体蛋白质含量与对照组差异不显著,而脂肪含量仍显著低于对照组。这些都说明鱼类补偿生长特性随着鱼的种类、食性、外界环境的不同而千差万别。随着每周禁食天数的增加,能源物质不断消耗,花鲈幼鱼全鱼水分和灰分含量则逐渐增加。

三、周期性饥饿再投喂对花鲈幼鱼胃、肠消化酶活性的影响

鱼类由于经常面临外界环境诸如温度、饵料缺乏等胁迫,机体会通过调节体内各种酶的活性来应对胁迫。鱼类的这种适应性调节能力受饥饿程度、种类以及食性的影响比较显著。花鲈研究发现,周期性饥饿再投喂对花鲈幼鱼胃、肠消化酶活性均产生了影响。随着每周禁食时间的延长,花鲈幼鱼胃中淀粉酶活性没有发生显著变化,这可能与淀粉酶的分布特性、摄食饵料类型以及鱼的种类有关。正常情况下,淀粉酶主要由肝胰脏分泌,肝胰脏分泌的淀粉酶进入肠道对淀粉进行消化和吸收,而胃中淀粉酶活力较低,因此周期性饥饿再投喂模式下花鲈幼鱼肠中淀粉酶活性高于胃;花鲈幼鱼胃、肠消化酶活性整体随着每周禁食时间的延长先升后降,短时间禁食有利于鱼类生长,因其可在一定程度上刺激消化酶分泌,提高对食物的消化吸收率,然而遭受较大强度间歇性禁食时,其消化酶活力仍未能恢复至正常饱食投喂组水平,说明强度过大的饥饿刺激可能会导致鱼类消化器官出现损伤,消化酶分泌量降低。

四、周期性饥饿再投喂对花鲈幼鱼肝脏抗氧化酶活性的影响

氧自由基是机体新陈代谢以及应对外界刺激所产生的一类自我保护物质,数量过多会对机体造成伤害。超氧化物歧化酶(SOD)是一种重要的抗氧化酶,它能阻止并消除自由基的连锁反应,以保护机体免受损害,一般 SOD 活性升高,说明机体产生大量的自由基,有待清除。花鲈实验研究发现,短时间禁食处理花鲈幼鱼受到了轻微胁迫或应激,而较长时间禁食处理,花鲈幼鱼肝脏清除自由基的能力受损,免疫功能可能处于低下的状态。丙二醛(MDA)是自由基作用于脂质发生过氧化反应的代谢产物,具有细胞毒性,MDA 含量的高低间接反映了机体细胞受损伤的严重程度。在受外界环境胁迫时,动物体内 MDA 含量急剧增加。对花鲈幼鱼肠道抗氧化功能影响研究发现,急性盐度胁迫使其肠道中 MDA 含量显著升高;随着每周禁食时间的延长,花鲈幼鱼肝脏中 MDA 含量逐渐上升,实验鱼的机体细胞可能受到严重损害。

五、周期性饥饿再投喂对花鲈幼鱼血清生化指标的影响

周期性禁食实验中,花鲈幼鱼血清葡萄糖含量随着每周禁食时间的延长先升高后降低,这可能是因为鱼体内糖异生作用增强,在一定的饥饿程度下,能维持血清葡萄糖含量的稳定。血

清总蛋白质和白蛋白含量未发生明显变化，推测花鲈幼鱼血清葡萄糖以及总蛋白质和白蛋白水平在再投喂期间得以恢复，这与许多鱼类的研究结果一致。因而，鱼类在饥饿期间可以通过调节身体代谢功能来维持自身能量代谢水平的稳定。实验组花鲈的血清总胆固醇和甘油三酯含量与对照组相比显著降低，且降幅随着每周饥饿天数的增加逐渐增大。因而可以认为，高强度的间歇性禁食可能对花鲈的生理功能及代谢活动产生负面影响，这从蛋白酶及脂肪酶活性下降的结果中亦可得到一定程度的印证。转氨酶与动物体内糖代谢、蛋白质代谢及脂类代谢有关，是肝脏功能正常与否的标志，当肝脏受损时，谷丙转氨酶（ALT）、谷草转氨酶（AST）释放进入血液，使得血液转氨酶活性升高，从而影响体内的物质代谢。周期性禁食实验中，花鲈幼鱼血清中 ALT 和 AST 酶活性均随着每周禁食时间的延长逐渐升高，其中，每周饥饿 4d 的周期性饥饿再投喂模式对花鲈幼鱼的肝脏造成了损伤，这在其他鱼类实验中也得到验证。

第 三 篇

卵胎生硬骨鱼类
生理学案例

二维码内容
扫码可见

　　从卵生到胎生的过渡是动物生命史上的重大进化转变，对动物的形态、生理、行为和生态都有许多潜在的影响。虽然胎生也会有较多弊端，如妊娠期母体死亡会导致整胎子代死亡等，但是大多情况下体内受精发育的胎生具有更多的选择优势。鱼类的生殖策略相对更灵活多样，由最传统的卵生，到部分软骨鱼接近陆生哺乳动物的胎生，再到过渡阶段的卵胎生模式，同时还存在不同的产卵类型、不同形式的亲代抚育行为等。本章比较系统地论述了卵胎生硬骨鱼类的进化与生殖策略，以小型淡水热带鱼孔雀鱼为例，论述其生物学特性和地理分布等，为揭示卵胎生鱼类神秘面纱，以及进行卵胎生鱼类生殖调控与育种奠定基础。

第一节　卵胎生硬骨鱼类进化机制及繁殖生理特征

一、生殖模式概述

（一）脊椎动物生殖模式分类

　　繁殖无疑是生物体生命史中最为重要的进程之一，不同的生殖方式代表了亲代在生殖过程中的投资策略，并随着演化产生多样化。根据 Lode（2012）综述，基于合子发育阶段和与亲本相互关系，可将生物生殖模式分为以下 5 种：体外受精卵生（ovuliparity）、体内受精卵生（oviparity）、卵胎生（ovoviviparity）、组织营养型胎生（histortophic viviparity）和母血营养型胎生（hemotrophic viviparity）。体外受精卵生为传统意义上的卵生，雌性将卵细胞释放在环境中，与同样释放在环境中的雄性配子（精子）结合并完成受精，这种方式在硬骨鱼类和蟾蜍等两栖动物中很常见。体内受精卵生不同于传统意义上的卵生，受精过程发生在雌性生殖系统中，并同时产生坚固的卵壳（eggshell），随后发育中的胚胎经过排卵后在体外继续进行孵化；这在鸟类中十分常见，也见于一些两栖和爬行动物，不同于作为恒温动物的鸟类，两栖和爬行动物经常通过筑巢以提供卵孵化温度；同样，这种方式也存在于一些高级硬骨鱼和软骨鱼中。卵胎生的主要特征是受精卵在体内孵化，但亲代和子代无直接营养交换，即胚胎发育依靠卵黄营养（lecithotrophy）。其中包括两种形式：第一种为体内受精和体内胚胎发育（主要在卵巢），受精卵也可保留在输卵管中，称为"胚胎保留（embryo retention）"，这在一些鱼类、两栖和爬行动物中可见；而另一种为受精作用发生在体外，但受精卵被摄取或储存在体内，如一些慈鲷科鱼类的口腔孵化以及海马属鱼类的雄性个体育儿。这种情况下，胚胎发育在口腔或育儿囊中进行，不是发生在生殖系统中，不应属于体内发育。

　　胎生主要表现为胚胎在母体中发育，但根据营养途径不同可将胎生分为两种类型：组织营养型胎生和母血营养型胎生。前者营养来源不仅有卵黄，同时也有母体提供的额外营养

（matrotrophy），这种营养供给是通过一些特殊的组织完成，如腺体分泌，常见于一些双翅目或鳞翅目昆虫，也称为腺营养胎生（adenotrophic viviparity）。在一些板鳃亚纲鱼类中，输卵管中的胚胎会残食其他卵或胚胎（食卵型，oophagy）作为营养来源，也归类为组织营养型胎生。母血营养型胎生主要表现为不含卵黄的受精卵通过胎盘等结构源源不断地获取母体血液中的营养，这也是大多数具胎盘哺乳动物的生殖方式。

（二）鱼类生殖模式分类

鱼类作为物种数量最大的一类脊椎动物，存在各类生殖模式。Balon 等（1981）综述中按照亲代抚育（parental care）行为将其分为 3 大类 6 小类，3 大类即无护幼（nonguarder）行为、护幼（guarder）行为和体内孕育（internal bearer）行为。除体内孕育行为，其余均为体外受精的卵生类型。体内孕育方式可分为以下 4 种：兼性体内受精型（facultative internal bearer）代表正常的卵生鱼类中通过关闭生殖孔通道，偶尔发生的体内受精，受精卵可能在雌性的生殖系统中保留至其完成胚胎发育早期阶段；专性卵黄营养型（obligate lecithotrophic livebearer）指卵在体内受精，在雌性生殖系统内孵育，直至受精卵发育至破膜的胚胎，以卵黄为营养源；母体额外营养食卵型（matrotrophous oophages and adelphophages）指由母体提供胚胎和幼体发育所需营养，主要是其他发育较慢的胚胎或未受精的卵细胞；胎生型（viviparous trophoderms）指胚胎发育所需的所有营养和气体交换都是由母体提供，具有特定的交换器官（胎盘类似物）。Patzner 等（2008）在专著 *Fish Reproduction* 中将其整合为卵生（oviparity）和胎生（viviparity）两大类，其中卵生主要是指配子在体外受精和体外发育，即传统意义上的卵生，也存在部分专性卵黄营养卵生和兼性体内受精型卵生（卵胎生）；而胎生包括母体额外营养食卵型和胎生，这种现象多出现在软骨鱼中。

结合鱼类生殖模式分类，根据鱼类生殖模式以受精及发育场所（体外和体内）、营养类型（专性卵黄营养、兼性卵黄/母体营养和专性母血营养型）和发育程度（胚胎和幼鱼）等特征，对其进行综合分类：①体外受精卵生（ovuliparity），是指大部分硬骨鱼（包含口腔、育儿囊等非生殖系统孵化的鱼类），营卵黄营养；②体内受精卵生（oviparity），此类型中受精发生在生殖系统中，受精卵和胚胎在不同发育阶段排出体外，营卵黄营养，是卵生和卵胎生的过渡；③卵胎生（ovoviviparity），受精卵和胚胎在生殖系统中发育，产出能自由游动的仔鱼，混合卵黄营养和母体渗透营养；④胎生（viviparity），受精卵在母体中发育成为自主游动的幼鱼，其所需要的营养主要由母体提供，包括特殊结构（胎盘）的营养转运和子宫内同类相食，主要存在于软骨鱼中。

二、卵胎生硬骨鱼类地理分布和进化意义

日本学者于 2008 年整理得到了 3 类卵胎生硬骨鱼，即花鳉科（Poeciliidae）、绵鳚科（Zoarcidae）和鲉科（Scorpaenidae）（现已为鲈形目 Perciformes 鲉亚目 Scorpaenoidei）。后经过十余年鱼类繁殖生理学的研究，根据 Betancur-R 分类系统，7 目 13 科至少 132 属 760 余种硬骨鱼被归类为卵胎生。其中，矛尾鱼科分类在肉鳍鱼高纲下，而其他卵胎生物种则均属于辐鳍鱼高纲下棘鳍总目（表 11-1）。

表 11-1　现存已知卵胎生硬骨鱼

含卵胎生鱼类目	含卵胎生鱼类科及科下种属数量
腔棘鱼目 Coelacanthiformes；命名者 L. S. Berg, 1937	矛尾鱼科 Latimeriidae；命名者 Smith, 1939；1 个属 2 个种
鼬鱼目 Ophidiiformes；命名者 L. S. Berg, 1937	胎鼬鳚科 Bythitidae；命名者 T. N. Gill, 1861；53 个属 198 个种
	裸鼬鱼科 Aphyonidae；命名者 D. S. Jordan and Evermann, 1898；7 个属 29 个种
	副须鼬鱼科 Parabrotulidae；命名者 Nielsen, 1968；2 个属 3 个种
颌针鱼目 Beloniformes；命名者 L. S. Berg, 1937	异鳞鱵科 Zenarchopteridae；命名者 Fowler, 1934；5 个属 59 个种
鳉形目 Cyprinodontiformes；命名者 L. S. Berg, 1940	谷鳉科 Goodeidae；命名者 Jordan and Gilbert, 1883；18 个属 50 个种
	四眼鳉科 Anablepidae；命名者 Bonaparte, 1831；3 个属 16 个种
	花鳉科 Poeciliidae；命名者 Bonaparte, 1831；24 个属 250 个种
鳚形目 Blenniiformes；命名者 Bleeker, 1860	胎鳚科 Clinidae；命名者 Swainson, 1839
附卵亚系 Ovalentariae；命名者 W. L. Smith and T. J. Near, 2012	海鲫科 Embiotocidae；命名者 Agassiz, 1853；13 个属 25 个种
鲈形目 Percifomes；命名者 Bleeker, 1863	平鲉科 Sebastidae；命名者 Kaup, 1873；4 个属 124 个种
	绵鳚科 Zoarcidae；命名者 Cuvier, 1829；1 个属 6 个种
	胎生贝湖鱼科 Comephoridae；命名者 Günther, 1861；1 个属 2 个种

已知卵胎生硬骨鱼分类阶元与进化关系简图见二维码 11-1。

（一）卵胎生物种的地理分布

腔棘鱼目是一类几乎灭绝的肉鳍鱼类，其进化地位相比于辐鳍鱼类更接近肺鱼（lungfish）和四足动物（tetrapods），后者更是现代两栖动物、爬行动物和哺乳动物的共同祖先。腔棘鱼均为体内受精的卵胎生鱼类，目前仅存矛尾鱼科（Latimeriidae）下的 2 个种：分布于非洲东部西印度洋海岸的西印度洋矛尾鱼（*Latimeria chalumnae*）和分布于印度尼西亚岛屿周边的印尼矛尾鱼（*Latimeria menadoensis*），目前被认为是腔棘鱼类的"活化石"。

棘鳍总目下有 3 个主要的卵胎生分支，分别是：①进化相对落后的鼬鱼目；②附卵亚系下鳚形目、颌针鱼目、海鲫科和胎鳚科；③进化较为高级的鲈形目下的鲉亚目和杜父鱼亚目。鳚形目为一类外形各异的小型热带淡水鱼，其中卵胎生物种包括花鳉总科下的四眼鳉科和花鳉科以及底鳉总科下的谷鳉科，自然种均主要分布于美国和墨西哥南部。花鳉科下的 3 个亚科中，仅有美洲种花鳉科为卵胎生类型。这种结果表明这些亚科间的差异可能和 1 亿年前非洲大陆和美洲大陆的分裂有关，其在南美洲大陆进化出卵胎生生殖模式后迁移至中美洲。谷鳉科卵胎生的特殊性可以归因于该地区的历史火山和地质扰动，为鱼类的异源物种形成创造了合适的条件。异鳞鱵科 Zenarchopteridae（颌针鱼目）下的 3 个卵胎生属皮颏鱵属（*Dermogenys*）、齿鱵属（*Hemirhamphodon*）和正鱵属（*Nomorhamphus*）分布于东南亚地区的淡水水域。海鲫科目前在附卵亚系中未确定分类地位，它虽然与鳚形目和颌针鱼目同属一个分类群，但是体型形态和生境差异较大，海鲫科鱼类主要分布在太平洋东北部的中纬度地区，环境水温较低，体型相比前者较大，每批产仔数也较多。胎鳚科（Clinidae）属于附卵亚系下鳚形目（Blenniiformes）下的类群，其中有超过 16 个物种属于卵胎生，包括钝吻草鳚（*Clinus cottoides*）、鼠胎鳚

（*Fucomimus mus*）等，广泛分布在西太平洋和非洲南部，大部分体型较小。

鲈形目下的有两个亚目，即鲉亚目和杜父鱼亚目含有卵胎生物种，分别为鲉亚目的平鲉科（Sebastidae），以及杜父鱼亚目的绵鳚科（Zoarcidae）和胎生贝湖鱼科（Comephoridae）。平鲉科下的眶棘鲉属（*Hozukius*）、无鳔鲉属（*Helicolenus*）、平鲉属（*Sebastes*）、菖鲉属（*Sebastiscus*）为分布在北太平洋和北大西洋的深水鱼类，体型较热带鱼大，每批产仔数较多，其中包括许氏平鲉（*Sebastes schlegelii*）、褐菖鲉（*Sebastiscus marmoratus*）等，许多物种均为常见的经济物种。绵鳚科下仅有绵鳚属（*Zoarces*）中 6 个物种为卵胎生，分布在大西洋西北部和大西洋东北部的中高纬度沿海地区。比较有趣的是，绵鳚（*Zoarces viviparus*）的妊娠时间约为 5 个月，并在冬天水温最冷的时候分娩。胎生贝湖鱼科下仅有的两个种小眼胎生贝湖鱼（*Comephorus baikalensis*）和胎生贝湖鱼（*Comephorus dybowskii*）是近几年报道较多的卵胎生物种，仅分布在俄罗斯贝加尔湖中，属于低温深水卵胎生，每批产仔数较多。可以看出，鲈形目下的这 3 个卵胎生科和海鲫科都分布在太平洋和大西洋中高纬度地区，环境水温较低，且每批产仔数也较多。鼬鱼目下有 3 个卵胎生类群：胎鼬鳚科（Bythitidae）、裸鼬鱼科（Aphyonidae）和副须鼬鱼科（Parabrotulidae），虽然胎鼬鳚科和裸鼬鱼科分布在热带和亚热带，但是它们却是深海物种，副须鼬鱼科同样也为分布在高纬度地区的温冷水物种。

（二）卵胎生物种的进化意义

总的来看，排除掉肉鳍鱼分支下的矛尾鱼科，目前已确定的卵胎生硬骨鱼按生境可大致划分为低纬度热带淡水的鳉形目、颌针鱼目和胎鳉科，以及高纬度中低温的鼬鱼目和鲈形目部分物种。有学者就爬行动物生殖策略进化的研究，提出了"冷气候假说（cold-climate hypothesis）"，即低温环境下进化出卵生/卵胎生是为了维持胚胎发育的环境稳定。例如，对角蜥科物种的研究发现，较低的温度和胎生现象的相关性更大，可能是由于产卵和孵化季节的温度变化使其更倾向于选择胎生的生殖方式。同样对热带卵胎生/卵生爬行动物的选择适应研究发现，繁殖期雌性选择体内胚胎发育控制适宜温度来保证后代健康水平的最大化，即"母体操作假说（maternal manipulation hypothesis）"。也有研究发现部分软骨鱼类会通过选择水温较高的环境提高自身体温以增加摄食效率和缩短妊娠时间，甚至会通过聚集的方式提高体温。这些研究一定程度上也能解释硬骨鱼生殖模式进化的现象：即中高纬度的低水温物种，表现为较大的个体以及介于热带卵胎生鱼和卵生鱼的单次怀卵量，导致这些物种面临着低温环境和提高子代成活率的选择压力，从而进化出卵胎生机制。例如，绵鳚妊娠期一般能持续约 5 个月，分娩一般出现在水温最低的时候。而分布在热带和亚热带的小型鱼类，卵胎生机制是个体在体内受精以提高受精率、集中生殖能量给少数受精卵，以及高效利用外界高温进一步提高生殖成功率的权衡，也符合"母体操作假说"。从进化和物种迁移的角度看，花鳉科在南美洲大陆和非洲大陆分开之前就已经存在，但在地理种群分开后，南美洲的花鳉科种群才进化出卵胎生机制，然后进一步迁移到中美洲地区。

三、卵胎生硬骨鱼繁殖生理学

鱼类生殖模式表现出丰富的多样性，但是卵胎生生殖模式也会有比较大的差异。例如，无论是热带还是冷温带，这些地区的卵胎生硬骨鱼的配子成熟和性腺发育模式相似，但是时间上差异明显，而且受精受孕的方式也不尽相同；同为鳉形目下花鳉科、四眼鳉科和谷鳉科分别进化出各异的交配器官；不同的鱼类也有不同的精子储存系统。本部分以热带淡水花鳉科鱼类和中冷温海水中的平鲉科鱼类为主要对象，主要介绍其卵胎生生殖模式下性腺成熟和配子发生、交配器官发育、精子储存、妊娠维持和分娩的内分泌机制等繁殖生理学事件。

（一）性腺成熟和配子发生

相对于雄性更高的精子产量，雌性卵母细胞的数量和质量决定了胚胎发育所需的绝大多数营养物质的合成和储存，近几年来对卵胎生鱼类生殖生物学的研究倾向于雌性。绝大多数卵胎生鱼类性腺发育阶段和配子成熟与卵生鱼无太大差异，卵子发生经过卵原细胞和 2 时相卵母细胞及后续的卵黄发生阶段，随着减数分裂开始，卵细胞成熟。唯一不同的是卵胎生鱼类存在卵母细胞受精后阶段，即卵巢发育中的妊娠期，不过由于硬骨鱼穆勒氏管尚未发育，受精卵和胚胎发育场所仍在卵巢中而不是输卵管。精子发生同样和卵生鱼无异，即在生精上皮完成精原细胞到精母细胞分化，随后形成精子细胞，并变形拉长，产生成熟精子。不同的是卵胎生生殖方式受精发生在体内，导致部分卵胎生鱼类成熟精子排出体外的形式为精子囊或精子束，而不是游离精子。

目前鳉形目约有 300 个种卵胎生鱼类，其中大多数花鳉科卵胎生鱼类中雌雄比例偏向雌性，这可能是因为雌性体型较大，寿命更长，同时雄性由于鲜艳的体色更容易受到掠食者捕食，并且较小的体型导致对进化压力更为敏感，雄性死亡率较高。但也有学者认为性别比和温度也有较大关系，其中孔雀鱼雄性比例随着温度升高而升高。花鳉科鱼类因其热带生存环境，雌性卵黄发生、卵母细胞成熟、受精和分娩约在 1 个月内完成。在这个类群中，有些物种的胚胎发育具有多个阶段，如异小鳉属（*Heterandria*）中存在异期复孕现象，食蚊鱼（*Gambusia affinis*）在一个较长的生殖季节中也会出现在短时间内可以重复分娩、多次产仔的现象。对鳉形目卵胎生鱼类的研究发现其性腺成熟和分娩间隔受温度和光周期的共同影响，其中温度主要影响性腺和胚胎发育速率，光周期主要影响卵黄生成速率。食蚊鱼出生时发生性别分化，出生几天后，成对的卵巢融合成单个的被卵巢。雄性大约在出生 90d 后开始性腺成熟，雌性在出生 110d 后性腺成熟，即在雌性生殖过程中，卵黄生成期卵母细胞首次出现在出生后 90d，并在出生后 110d 达到成熟前期。而谷鳉科鱼类首次性腺成熟时间为 7～8 个月内，两次分娩时间间隔平均为 45d。胎鳉科种类与鳉形目鱼类相似，存在异期复孕现象。鼠胎鳉在一年内的大多数月份均保持生殖活性，雄性精巢中长期可以观察到精子，雌性生殖季节主要集中在 5 月至次年 2 月。虽然异鳞鳚科和鳉形目的卵胎生鱼类均属于热带种，但不同的是，前者的某些物种缺少异期复孕现象，并且在异鳞鳚科中同时存在专性卵黄营养的卵胎生形式和兼性母体渗透营养形式。

鲈形目下两个较为典型的卵胎生鱼类分别是平鲉科和绵鳚科。这两个科下的卵胎生鱼类均属于北方中冷温带的海水鱼。绵鳚科下的绵鳚是较早确定的卵胎生物种，因为该鱼也生活在相对被污染的环境中，近年来常被作为指示内分泌干扰物质影响的物种。此处以长绵鳚（*Zoarces elongatus*）为例概括绵鳚科详细的卵巢组织学周年变化。长绵鳚的卵黄发生在 5～8 月，9 月卵巢腔中卵母细胞成熟、排卵并受精，10 月份卵巢内的受精卵孵化，孵化后的胚胎在卵巢内继续生长，在 3～4 月分娩。推测雌雄的交尾发生在 8 月左右，因为精巢的发育刚好在排卵之前，但卵巢内没有发现特化的储存精子的结构。绵鳚和长绵鳚的生殖周期几乎相同，通常在 5 月或 6 月性腺开始发育，8 月成熟卵母细胞排出并受精，受精卵在卵巢腔内发育到 12

月，1～2月出生。平鲉科平鲉属中有108个卵胎生物种，约占平鲉科4/5。平鲉属的生殖周期可以以边尾平鲉（*Sebastes taczanowskii*）和许氏平鲉为例，这些鱼性腺组织学变化等内容已经被广泛研究。雄鱼功能性成熟和交配一般发生在11月（具体时间取决于季节和水温），从此雌鱼开始卵黄生成作用。3～4月，卵黄生成作用完成，卵母细胞成熟并完成排卵。一般认为，受精发生在卵母细胞成熟后的卵巢中，并在5月分娩。分娩前胚胎在卵巢中孵化，幼鱼一次性通过泄殖孔排出。妊娠期间胚胎通过吸收卵黄营养和母体血液渗透营养进行发育，卵巢或胚胎并没有特殊的营养器官。分娩时间根据生态栖息地的不同而存在差异，在妊娠期间下一轮发育的卵母细胞并不启动卵黄生成作用。在对许氏平鲉性腺发育和成熟的研究中，学者们深入探索了多种参与性腺成熟和类固醇激素合成相关基因，包括参与前期性腺分化的 *vasa* 和成熟后性腺发育的 *foxl2*，参与配子成熟的卵泡刺激素（follicle-stimulating hormone，FSH）和促黄体激素（luteinizing hormone，LH）受体 *fshr* 和 *lhr*，以及雌激素受体基因 *era* 和 *erb*。在性腺成熟的不同阶段这些功能基因表达谱展现出与形态学观察到的性腺发育同步。海鲫科作为附卵亚系下未分类的科，其体型和生殖力也介于鲈形目和鲉形目之间，并且科内生活史差异较大，体型较大的物种具有较高的生殖力和寿命，较小体型的物种生殖力较低并且寿命短。加利福尼亚南部海鲫（*Embiotoca jacksoni*）交配行为发生在7～11月，妊娠期为12月至次年5月，观察到了多父权现象，这与海鲫科中进化出复杂的卵胎生机制是相关的。

（二）交配器官发育

为成功完成体内受精，胎生或卵胎生雄性会进化出特别的生殖器以将雄性配子传递到雌性体内，一般表现为生殖道的体外增生形式。而对于卵胎生硬骨鱼，主要有两种形式：①以鳉形目为代表的卵胎生鱼类臀鳍形成的特殊交配器官生殖肢（gonopodium）；②以平鲉属为代表的卵胎生鱼类在生殖季节产生的肉质性的尿殖突（urinogenital papillae）。

在花鳉科中，雄性臀鳍产生一个由臀鳍第三、第四和第五个鳍条延长特化成的钩状结构，尾部与脊椎相连，其形成受雄性激素影响，并且在交配季节伸入雌性尿殖窦中传递精子。四眼鳉科臀鳍完全扭曲特化产生的交配器官呈不对称形态，产生向左或向右扭曲的生殖肢，雌性生殖孔同样为类似的向左或向右的形态，这就导致这种鱼类的交配行为必须按照其交配器官的方向偏好进行，即左边偏向的雄性只能和右边偏向的雌性交配，这种不对称的设计可能使其在交配中更灵巧。谷鳉科鱼类臀鳍前6个鳍条和后面的鳍条分裂开，形成一个短的生殖肢，并且雄性生殖肢也存在类似于四眼鳉科的左右不对称性，不过雌性并没有这种生殖器的不对称性，可以接受两种方向生殖器的雄鱼（图11-1）。

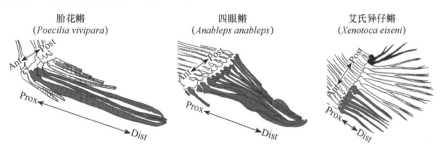

图11-1　鳉形目下胎花鳉、四眼鳉和艾氏异仔鳉臀鳍生殖肢结构图（Iida et al.，2019）
灰色鳍条为特化臀鳍特化的生殖肢，黑色鳍条为艾氏异仔鳉侧边扭曲的臀鳍。

Ant. 前部；Post. 后部；Prox. 近端；Dist. 远端

平鲉科中对黑腹无鳔鲉（*Helicolenus dactylopterus*）、褐菖鲉、许氏平鲉的肉质性尿殖突研究较多，这 3 种平鲉科的卵胎生鱼类，在幼年时期不具有尿殖突，性成熟之后雄鱼会生长出尿殖突，并在交配季节充血并有所延长。相比于花鳉科特化的生殖肢，这种肉质性尿殖突相对原始，结缔组织构成的突出结构在非生殖季节参与泌尿系统活动，在生殖季节向前突出膨胀可插入雌性生殖道中传递精子。南非周边的胎鳚科物种虽然属于南半球中温带，但体型较热带花鳉科鱼类大，并且交配器官也属于肛门后开口的肉质尿殖突。不同于冷温环境下的平鲉科物种，胎鳚科物种在腹腔内存在一个壶腹状结构，该结构外层包裹大量肌肉，内层包含大量精子，体外的肉质尿殖突则为该壶腹结构的体外延伸。雌雄许氏平鲉、胎鳚科下黄鳍鳍胎鳚和鼠胎鳚的生殖孔结构图见二维码 11-2。

（三）精子储存

部分动物交配后雌性会将精子储存在体内，这在进化中意义重大：在时间上将交配与受孕分开，精子储存可以适应生态多样化的栖息地，影响生活史、交配系统、配偶选择、精子竞争；精子储存可以导致雌性和 / 或雄性迥异的进化压力，有时会产生协同进化；精子储存可延长精子生成、交配与受精之间的窗口期，增加交配后性选择机会。在鱼类中，精子储存现象同样十分常见，并且不局限于卵胎生和胎生鱼类。

对于体内受精的卵胎生鱼类而言，精子储存的意义同样不可忽视。鲉形目下的卵胎生鱼类精子一般以精子囊的形式进入母体卵巢中，以活性形式储存在卵巢中并与滤泡中成熟卵母细胞完成受精作用。对月光鱼（*Xiphophorus maculatus*）卵巢的透射电镜研究发现，月光鱼交配后可在输卵管上皮观察到精子头埋在上皮皱褶处，可观察到精子包裹在输卵管上皮中的精子相关细胞（sperm associative cell，SAC）中，这类 SAC 之间独特的桥粒结构形成的屏障也在一定程度上解释了外源精子为何能避开母体免疫反应长期储存在卵巢中，这在其他存在卵巢精子储存的物种中也有报道。这种精子以精子囊或精子束的形式将头部埋在卵巢上皮组织，尾部游离在卵巢腔中的现象，在花鳉科鱼类中也较为常见，研究者将这种卵巢腔上皮内凹形成的储存精子的袋状结构称作"凹痕"或"隐窝"；无论是以成团或者分散形式存在，按一定方向储存精子的方式可能与保持精子活性有关，异期复孕的花鳉科鱼类卵巢中存储的精子量多于无异期复孕的花鳉科鱼类。早年有文献指出雌性谷鳉卵巢不储存精子，不过随着研究技术进步，该结果需要进一步证实。胎鳚科下的鼠胎鳚也存在相似的口袋结构储存精子，并且这个口袋结构周围的细胞也比卵巢基质细胞更大。

在储存精子的卵胎生黑腹无鳔鲉（*Helicolenus dactylopterus*）中，同样可以观察到精子按一定方向储存在卵巢腔上皮的"隐窝"中，并且在储存精子阶段隐窝周围富含大量毛细血管，可能与维持精子活性有关，同时隐窝会分泌大量多糖和蛋白质并显示酸性黏多糖阳性，可能与酸性条件下精子活力被抑制有关，黑腹无鳔鲉的精子储存可长达 10 个月。研究发现，11月和 12 月许氏平鲉的卵巢液中有精子存在，但对应月份的组织切片中却找不到精子，而在次年 1～3 月，卵巢腔中未发现精子，组织学切片中却能观察到精子穿透包裹滤泡层产卵板（ovigerous lamellae）上皮，这表明精子在储存初期可能在卵巢液中自由漂浮，之后迁移到产卵板上皮中。稀棘平鲉（*Sebastes paucispinis*）和边尾平鲉的精子同样储存在包裹滤泡的产卵板上皮细胞中，但交配后不同阶段的精子储存位置也存在差异。有研究发现海鲫科的墨西哥海鲫（*Cymatogaster aggregata*）也存在长达 5 个月的精子储存现象，这与父权选择和确保受精成功相关，但并未见精子储存组织学相关研究。这些卵胎生鱼类的精子储存现象的重要性体现在：通过控制与雄性个体的交配时间来主导生殖需求和食物选择，通过淘汰精子进而选择性状优良的雄性配子，最终通过控制排卵和妊娠时机、减少受精时产生的消耗，以保证生殖过程顺利完成。

（四）妊娠维持和分娩的内分泌机制

20 世纪 60 年代开始，研究人员对卵胎生鱼类的妊娠维持和分娩调控进行研究，发现主要参与的类固醇激素为 17α,20β- 双羟孕酮（17α,20β-dihydroxyprogesterone，DHP）。边尾平鲉和许氏平鲉随着卵母细胞成熟 DHP 水平迅速上升，并在妊娠期间维持较高浓度，分娩前后迅速下降。纵痕平鲉的血浆 C21 类固醇浓度在妊娠期上升，在分娩后迅速下降。然而在该物种中，17α,20β-DHP-5β 的增加速率要高于 DHP。即使合成速率不同，平鲉属 C21 类固醇在卵母细胞成熟到妊娠期间均有一定作用。不过也有学者认为孕激素在平鲉科鱼类妊娠期间没有显著变化，推测没有特别功能，可能仅和其他卵生鱼一样参与卵母细胞的最后成熟。同样的现象在孔雀鱼中也能观察到。孔雀鱼中卵黄发生后雌激素的合成迅速下降，而 DHP 开始生成，并且在卵母细胞发育和妊娠期间没有变化，仅在受精期间浓度较妊娠期高。但包括 DHP 在内的孕激素在整个分娩期没有显著变化，说明与平鲉科一样 DHP 可能并不参与维持妊娠。

关于分娩的内分泌调控实验从 20 世纪 60 年代开始，通过激素注射法，解释了大多数关于花鳉科鱼类的分娩调控机制。花鳉科鱼类的成熟胚胎从滤泡中排出，类似于卵生硬骨鱼的排卵，所以阐述排卵的机制就显得十分有必要。已有研究表明鱼类排卵和前列腺素（prostaglandin，PG）密切相关。体外注射前列腺素 F（PGF）可以显著提高细鳞肥脂鲤（*Piaractus mesopotamicus*）的排卵率，同时不影响其孵化率。抑制环氧合酶（cyclooxygenase，COX，前列腺素合成关键酶）或拮抗前列腺素 E_2 受体会影响青鳉（*Oryzias latipes*）排卵。对孔雀鱼的分娩后滤泡进行分析，发现该组织可以以花生四烯酸为前体合成前列腺素，并且这种合成仅在妊娠中后期上升。对妊娠期孔雀鱼进行 PGE_2 或 $PGF_{2\alpha}$ 注射可以引起分娩和早产。cAMP、FOSKOLIN 和皮质醇可以抑制孔雀鱼卵巢合成前列腺素，这与妊娠期血液皮质醇水平较高、分娩前迅速下降相一致。花鳉科鱼在分娩时，卵巢分泌的前列腺素可能首先使滤泡分解，胚胎游离，然后通过神经垂体激素诱导平滑肌收缩，促进胚胎从卵巢中分离。

第二节　孔雀鱼生物学与繁殖生理学

一、孔雀鱼生物学特性和地理分布

（一）形态与分类地位

孔雀鱼（*Poecilia reticulata*），英文俗名为 bellyfish、guppy 或 millions fish，在分类学上隶属于脊索动物门辐鳍鱼纲鳉形目花鳉科花鳉属（*Poecilia*），是起源于南美洲的热带淡水鱼，也是淡水水族馆中最受欢迎的物种之一。

该物种通常在生态学和进化论等各种研究领域被用作代表物种，孔雀鱼的形态具有明显的性二态性。雄性以其色彩艳丽、华丽的尾鳍和背鳍而闻名，一般雄性明显小于雌性，长仅为 1.5～3.5cm，雌性野生型的体色为灰色，体长为 3～6cm，是雄性体型的两倍，其尾柄及尾鳍占全身的 1/3 以上。雄性也倾向于更加多彩和奢侈，雌性中没有观赏鳍。由于原生的孔雀鱼拥有多种的色彩花样而受到广泛欢迎，因此育种者通过选择育种产生了多种孔雀鱼品系，其特征在于拥有不同颜色、图案、形状和大小的鳍。许多养殖品系具有与野生型非常不同的形态特征，野生孔雀鱼通常不像这些家养品种那样鲜艳，而且往往较小。孔雀鱼有 23 对染色体，包括一对性染色体，与人类的数目相同，负责雄性孔雀鱼装饰的基因是定位于 Y 染色体的。

（二）孔雀鱼分布范围

孔雀鱼最初于 1859 年和 1861 年分别在委内瑞拉和巴巴多斯被发现并描述，原产于安提瓜和巴布达、巴巴多斯、巴西、圭亚那、牙买加、荷属安的列斯群岛、特立尼达和多巴哥、美属维尔京群岛和委内瑞拉。孔雀鱼属于热带物种，原仅分布于赤道附近相对温暖的环境。自发现以来，孔雀鱼已被引入世界许多地方，现在在除南极洲以外的所有大洲和国家都很常见。最开始由于孔雀鱼会吃蚊子幼虫并帮助减缓疟疾的传播，野生孔雀鱼曾在 19 世纪初被引进新加坡和印度，以控制红树林沼泽地的蚊子数量，但是在许多情况下，这些孔雀鱼对本地鱼类种群产生了负面影响。

由于控制不当以及孔雀鱼较强的适应能力，孔雀鱼已经在其自然范围内占据了几乎每个淡水水体，特别是在南美洲大陆沿海边缘附近的溪流中。虽然在咸水水体中通常没有孔雀鱼的存在，但孔雀鱼对咸水也有一定耐受力，并在某些半咸水的环境中定居。与大、深或快速流动的河流相比，孔雀鱼更适宜生活在在较小的溪流和水池中。在一些极端情况下，孔雀鱼与近缘种茉莉花鳉（*Poecilia shphenops*）一样可以适应咸水生境。

有资料显示，孔雀鱼作为观赏鱼广泛流传和繁育是从 20 世纪 40 年代开始，1954 年德国举办了第一届国际孔雀鱼展览，吸引了数以千计的参观者。我国引进孔雀鱼（纯系孔雀鱼）的时间不长。最初由贸易商引进，大部分来自日系，少数是德系，事实上中国比赛的规则及饲养风格也大多偏向日本。

（三）孔雀鱼食物及捕食者

孔雀鱼是一种杂食性鱼类，其饵料组成多样，包括植物性食品和动物性食品，以藻类残留物、硅藻、无脊椎动物、植物碎片、矿物颗粒、水生昆虫幼虫等为食。

1. 饵料种类 作为杂食动物，孔雀鱼在野外会食用动物性和植物性食物。其头部扁平、嘴巴突出、体积小、食欲旺盛，并且对甲壳类动物和昆虫幼虫具有特别偏好，这也是孔雀鱼与蚊虫害防治如此密切相关的主要原因之一。孔雀鱼最广为人知的食物是蚊子幼虫，多国目前均以引进孔雀鱼作为控制蚊虫的手段之一。

与很多物种一样，孔雀鱼种群中也同样存在残食现象（cannibalism），并且这种同类残食现象深受体型、生活史、生活环境影响。一般而言，在没有遮蔽物且捕食压力低的群落残食现象更明显，因为它们在自然环境中会经历更高程度的种内资源竞争，而高捕食压力下的幼鱼更有能力逃避攻击，因此在避免残食方面表现得更好；遮蔽物能减少残食现象，同时高捕食压力下的孔雀鱼由于更频繁地使用遮蔽物，残食的现象会进一步减少；体型越小的个体被残食的概率越大，在人工养殖过程中，经常能见到雌性孔雀鱼亲鱼吃掉自己的子代或者其他雌性产子代小鱼。

事实上，这种残食现象在动物界，尤其是水生动物中十分普遍，这种行为策略的优势不仅体现在个体存活，还体现在种群的延续中。孔雀鱼中，残食现象的优势体现在：残杀同类可以提供个体额外的营养和能量来源，减少觅食能量消耗进而提高个体存活率，亲代产仔后吃掉子代能一定程度上避免能量过度消耗导致的死亡，回收生殖成本；给后代施加进化压力，以使其后代更快发育；淘汰发育较慢的个体，保留强壮健康个体，控制种群个体数量，有助于种群延续和能量分配；减少种群中易感宿主间接控制种群中疾病或寄生虫传播。

此外，藻类也是孔雀鱼的食物种类之一，但是藻类并不能作为孔雀鱼的主要食物来源。一般情况下，孔雀鱼会在寻找昆虫、仔鱼和其他无脊椎动物食物的同时觅食藻类。藻类也是孔雀鱼幼鱼早期发育重要的蛋白质营养来源。

2. 食物结构和摄食偏好　　在大多数情况下，藻类残留物占野生孔雀鱼饮食的比例最大，但摄食往往取决于不同生境中食物供应的具体条件。例如，一项针对特立尼达岛的野生孔雀鱼的研究表明，从营养缺乏的上游水域采集的孔雀鱼主要摄食物无脊椎动物，而富营养化下游水域的孔雀鱼主要摄食硅藻和矿物颗粒，藻类的营养价值要比无脊椎动物小。

孔雀鱼的摄食偏好往往与特定食物的丰富程度相关。研究显示，孔雀鱼表现出"摄食转换"的行为，当它们有两种食物选择时，它们以不均衡的方式选择数量更丰富的食物，表现为不同组的孔雀鱼对食物的偏爱有微弱变化。

孔雀鱼的摄食偏好可能与竞争者的存在等因素有关。例如，塔卡里瓜河下游物种种类繁多，捕食无脊椎动物的竞争者更多，因此这些孔雀鱼的食谱中无脊椎动物的比例很小。此外，孔雀鱼的摄食同样受捕食者的压力影响。高捕食者压力下的孔雀鱼主要摄食高营养的无脊椎动物，而低捕食者压力下的孔雀鱼主要以矿物碎屑和藻类为主。这主要因为捕食者对孔雀鱼种群密度和生活史产生了影响：高捕食压力会导致种群密度明显下降，从而减小摄食竞争，孔雀鱼更容易早熟且繁殖力提高。

3. 捕食者　　在新加坡，孔雀鱼有很多天敌。野生孔雀鱼的天然捕食者主要为鸟类，如绿色翠鸟（*Chloroceryle americana*）、牛背鹭（*Bulbucus ibis*）和大蝇霸鹟（*Pitangus sulphuratus*）等。翠鸟通过跳入水中并用尖锐的长喙将其捕捞，然后从鱼的尾部开始吞下整条鱼。在被捕食压力高的情况下，孔雀鱼往往会在一起生活，成群结队以避免被捕食。颜色较亮的雄性孔雀鱼在交配方面具有优势，因为它们通常会吸引更多的雌性，但与颜色简单的雄性相比，它们更容易被食肉动物发现。

二、孔雀鱼繁殖生理学

（一）繁殖概述

虽然花鳉科以卵胎生闻名，但该科下并非所有物种均为卵胎生。花鳉科下的三个亚科（灯鳉亚科、花鳉亚科、丝足鳉亚科）中，仅有美洲的花鳉亚科为卵胎生类型。说明这些亚科间的差异可能和1亿年前非洲大陆和美洲大陆的分裂有关，在南美洲大陆进化出卵胎生生殖模式之后迁移至中美洲。孔雀鱼成熟雄性和雌性经过交配，将成熟精子通过生殖肢注入雌性卵巢中，受精作用在卵巢中进行。受精卵和胚胎在雌性孔雀鱼生殖系统中发育，产出能自由游动的仔鱼，未产出的仔鱼营养来源于混合卵黄营养和母体渗透营养。

野生环境中的成熟雌性孔雀鱼几乎全年均可生产，有报道称美国东南区域雌性孔雀鱼在每年3～11月生产。孔雀鱼每年产出2～3代，妊娠期为25～35d，生产间隔为4～5周。不同雌性个体繁殖力（fecundity）差异较大，且第一胎往往怀子量较低，平均每次生产20～60尾仔鱼，每克体重的平均相对个体生殖力为 40～89 尾。个体繁殖力的差异主要取决于营养水平、水质、温度等。雌性孔雀鱼首先在 8～15 周龄后性成熟并繁殖，直至 20～34 月龄，雄性孔雀鱼在 7 周或更短的时间内成熟。野生孔雀鱼寿命差异较大，但总体而言约为 2 年。

（二）性腺发育与分化

性腺发育是鱼类完成生殖行为的前提，是物种延续的关键，同时也直接关系着鱼类生长和物种生物量。因此，研究鱼类性腺发育规律及其特点是认识和调控鱼类的繁殖机制和生理活动的途径之一。孔雀鱼作为硬骨鱼，其性腺发育也符合硬骨鱼发育的一般规律：胚胎发育过程中原始生殖细胞（primordial germ cell，PGC）通过经中胚层或血液循环迁移至生殖嵴，通过有丝分裂成为原始生殖细胞团，继续发育为原始性腺，进一步分化为精巢或卵巢。

有研究表明，孔雀鱼在胚胎阶段的原始性腺会首先分化为卵巢，此时孔雀鱼会经历一个雌雄同体阶段。在这一阶段，区分性别的主要标准是雌性性腺较大。同样，在该阶段同一性腺中存在突触性和脓性卵母细胞，这表明在早期雌雄同体的精巢中存在决定性别的混合机制。在出生后几天内，可见明显分化出单个卵巢或一对精巢，自然情况下孔雀鱼雌雄比为 1∶1（图 11-2）。

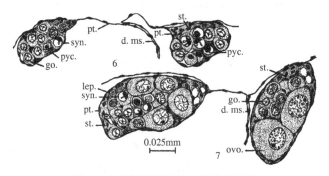

图 11-2　雌雄同体状态下孔雀鱼性腺
6、7 示两对卵巢。d. ms. 背侧肠系膜；go. 性原细胞；lep. 细线期；
ovo. 卵母细胞；pt. 腹膜；pyc. 固缩细胞；st. 基质；syn. 凝线期

孔雀鱼性别与大多数鱼类一样都是由 XX/XY 机制决定，但不同于其他脊椎动物的性别完全由遗传型性别决定（genotype sex determination，GSD），鱼类还存在环境依赖型性别决定（environmental sex determination，ESD），尤其是温度依赖型性别决定（temperature sex determination，TSD）机制。在孔雀鱼中，较低的养殖温度会增加雌性比例，相反，高温下养殖雄鱼比例较大。有研究显示，实验室养殖的孔雀鱼在温度 19～35℃时，温度与雌性比成反比，温度过高或过低均会影响成活率。孔雀鱼这种现象可能在进化上存在一定的适应性意义。野生条件下特立尼达的野生孔雀鱼也存在性别比和温度的关系，其繁殖策略属于 r- 选择种类，体型小、数量多、发育速度快，种群增长率 r 最大。在进化上，为了应对低温时仔鱼成活率低，孔雀鱼必须增加雌性比例来提高仔鱼出生量。而随着温度上升导致的雄性精子活性降低，孔雀鱼则通过增加雄性比例来解决这一问题。

（三）雄性生殖系统

孔雀鱼精巢位于腹腔背侧，紧贴鳔腹侧后方，长 4～5mm，宽 3～4mm。精巢分两叶，为壶腹型精巢。两叶精巢各伸出一根输精管，末端合并开口于泄殖孔。

雄性孔雀鱼泄殖孔外有一个由臀鳍第三、第四和第五个鳍条延长特化为钩状结构，称为生殖肢（gonopodium），尾部与脊椎相连。生殖肢由未融合的骨段组成，在性成熟过程中受雄激素影响伸长并增厚。静息状态下，生殖肢指向尾部，第三条尾鳍在第四条和第五条尾鳍下。在交配期间，生殖肢向前移动并横向旋转，第三条臀鳍与第五条臀鳍折叠形成一个沟槽，伸入雌性尿殖窦中传递精子。雄性孔雀鱼生殖肢见二维码 11-3。

1. 精巢组织学结构及分期　精巢发育初期为半透明淡黄色细线状形态，成熟后因精巢内含大量精液而膨大，呈乳白色。精巢从外向内依次由包裹着精原细胞、初级精母细胞、次级精母细胞、精子细胞、成熟精子的精小囊，包裹成熟精子的精包，储存精包的壶腹腔和输出管组成。成熟孔雀鱼的精巢没有精小叶结构，精巢的主要单位为精小囊，由支持细胞包裹生殖细胞而成。从同一切面看，同一精小囊内的生殖细胞发育基本同步，不同精小囊内的生殖细胞发育则不一定同步。精子的发生须经过增殖、生长、成熟和变态几个连续的时期才能完成。根据精巢形态、组织学和精子的发生过程，可将孔雀鱼精巢发育分为 5 个时期，生精细胞发育经历精原细胞、精母细胞、精子细胞和精子几个阶段。

Ⅰ期精巢：仅见于未性成熟雄性孔雀鱼，性腺为左右两叶，白色、椭圆形，紧贴腹腔背侧。此时多个精原细胞通常被数个性腺非生殖细胞包裹在一起，呈不规则形或长椭圆形。

Ⅱ期精巢：呈灰白色半透明的细带状，肉眼可见少许血管，宽 1.5～2.0mm。此时精原细胞细胞分裂增多，出现少量初级精母细胞和次级精母细胞，一般此时精原细胞靠近精巢内壁，精母细胞位于精巢中央。

Ⅲ期精巢：呈白色棒状，微黄，富有弹性，表面可见血管分布，宽 3～4mm。该阶段精巢生殖细胞主要为初级精母细胞、次级精母细胞以及少量精原细胞和精子。

Ⅳ期精巢：体积进一步增大，呈肾形，占据约一半体腔。背侧隆起，腹侧较为平坦，腹面有一沟状纵向凹陷。此时精小囊结构已经形成，大部分生殖细胞为次级精母细胞、精子细胞和精子。在细胞核的空间结构中可见精小管，其中观察到成熟的精子和精子细胞。

Ⅴ期精巢：粗大，位置基本固定在鳔的腹侧后方，因充满精液而膨胀，呈馒头状，乳白色，轻压腹部或解剖时精液很容易流出。该时期精巢充满精子和部分精原细胞。

孔雀鱼精巢形态特征见二维码 11-4。

精小囊（spermatogenic cyst，SC）是精巢中的一个基本结构。在精子成熟过程中，精小囊慢慢发育成精包（spermatophore，SA），成熟精子以精包形式排出体外。精子细胞变态形成精子后，精子头部向外、尾部向内排列在精小囊周围，同时出现一层蛋白质类物质包裹在精子外围，形成精包后，内容物通过膜孔渗出。精包内容物浓缩并与支持细胞脱离，形成一个浓缩结构并排入精巢壶腹腔中，因为输精管极短，成熟精包被储存在壶腹腔中，轻压成熟雄鱼腹部，精包随即被排出体外。电镜下观察发现精包无论形状还是表面纹路都与蚕茧接近。成熟精子头部立体结构呈圆饼状，头部朝外、尾部朝内呈放射状包裹在精包中。研究结果发现，精包在 pH 为 7.4 的 PBS 中很快就会破裂，释放其中的精子。而在 pH 为 6.8 的 PBS 中，精包结构保存完好。

孔雀鱼发育成精包的形态见二维码 11-5。

壶腹腔（cavum amplla）是一个横贯精巢长径的多脊管状结构，位于精巢中央，成熟的精包储存在此。壶腹腔内壁由多层近圆形细胞构成的疏松结缔组织组成，外壁由平滑肌组成，其中密布毛细血管。壶腹腔的尾部与输出管相连，输出管极短，只起到将精包排出精巢的作用。输出管管壁结构与壶腹腔类似，内壁由疏松结缔组织组成，外壁由平滑肌组成，其中布满了血管。壶腹腔和输出管中分泌物极少，并且没有游离的精子。

孔雀鱼精巢中从初级精母细胞到成熟精包被排入壶腹腔示意图见二维码11-6。

2. 精巢细胞类型及精子发生 孔雀鱼精巢包括各期生殖细胞和非生殖细胞。生殖细胞在不同性类固醇作用下发育成熟，最终形成具有活性的成熟精子。多种非生殖细胞作为间质维持精巢形态，同时受促性腺激素调控合成多种性类固醇激素诱导生殖细胞发育成熟。

生殖细胞：包括初级精原细胞（primary spermatogonium）、次级精原细胞（secondary spermatogonium）、初级精母细胞（primary spermatocyte）、次级精母细胞（secondary spermatocyte）、精子细胞（spermatid）和精子（spermatozoa）。

精原细胞：可分为初级精原细胞和次级精原细胞。精原细胞分布在Ⅰ期精巢或退化期精巢的边缘。初级精原细胞呈不规则的椭圆形，长径8.0～8.5μm，短径6.0～6.5μm。细胞核位于细胞中央，占据细胞的大部分体积，染色质分布均匀，电子密度相对较低。在细胞核中间有一核仁，清晰可见核仁为粗线状的染色体缠绕而成。细胞质内有一些线粒体，内质网发达。次级精原细胞形状不一，长径7.5～8.0μm，短径6.0～6.5μm。细胞核呈椭圆形或不规则的形状，仍占据细胞大部分体积。次级精原细胞无核仁，细胞质中线粒体较初级精原细胞少，内质网也少。

精母细胞：次级精原细胞停止分裂，进入生长期形成初级精母细胞。初级精母细胞形状不规则，细胞核呈椭圆形或圆形，体积比精原细胞小，细胞直径4.5μm。核膜清楚，由两层膜构成，内层较平滑，外层呈现凹凸的曲线。染色质产生第一次成熟分裂前期的变化，处于粗线期染色质呈现联会复合体。初级精母细胞在第一次成熟分裂完成后变成两个体积较小的次级精母细胞，细胞核呈圆形，直径2.5μm。

精子细胞：次级精母细胞完成第二次分裂，形成精子细胞。精子细胞是精母细胞和精子的过渡状态，精子细胞核呈圆形，明显变小，直径1.0～1.5μm。

精子发生：孔雀鱼精子细胞经过发育变态后成为形态复杂的成熟精子。依据细胞核和细胞质所发生的变化，可将精子形成分为3个时期，即早期、中期和晚期。早期大多数形态变化出现在精子细胞分化时，此时精子细胞具有一个圆形细胞核，核开始偏向细胞的一端，且电子密度高，核中开始出现一些电子密度低且大小不一的圆形斑块，即核泡。细胞质中的大部分细胞器集中于核的一端，开始构成精子的中段。细胞核中仍有电子密度低的核泡存在，细胞核出现凹陷，近端中心粒向核的方向移动，进而机体向外延伸长出鞭毛，线粒体围绕着鞭毛前段排列，左右线粒体数目并不相等。到了晚期，精子头部的电子密度很高，鞭毛继续延长形成精子尾部，细胞核继续浓缩形成精子头部，而剩余的细胞质则被丢弃。

孔雀鱼精巢细胞类型见二维码11-7。

3. 精子形态 精子超微结构：成熟的精子由头部、中段和鞭毛或称尾部三部分组成。头部呈圆饼状，主要结构是细胞核，染色质致密，细胞质则极少。精子质膜为单层，核膜为双层，二者紧密相贴，包裹着细胞核。精子头部前端无顶体，后端有一较深的植入窝，从核后端陷入核中央。精子中段从头部后端凹陷的袖套腔伸出，主要结构是中心粒复合体和袖套。中心粒复合体位于植入窝中，由3个明显可分辨的结构组成近端中心粒、基体和中心粒间体。近端中心粒位于植入窝的前半段，其主轴与精子长轴平行。基体位于置入窝的后半段，其主轴也与精子的长轴平行，并与近端中心粒首尾相对，排列在同一条直线上。袖套接在细胞核后端，呈圆筒状，其中央腔称为袖套腔。鞭毛的起始端位于袖套腔中，袖套之中分布着线粒体和少量的囊泡。袖套的细胞膜根据其位置分为袖套内膜和袖套外膜。袖套内膜位于袖套腔一侧，袖套外膜在另一侧。精子尾部细长，起始部分位于袖套腔中，绝大部分伸出袖套之外。尾部的近核端较短，在轴丝的外方有由细胞膜向两侧扩展而成的侧鳍，远核端较长，无侧鳍。中央结构是轴丝，轴丝接于基体后，为典型的"9＋2"的纤维结构。孔雀鱼精子超微结构见二维码11-8。

非生殖细胞：非生殖细胞包裹着生殖细胞，为生殖细胞提供营养和相关代谢产物。非生殖细胞包括支持细胞（sertoli cell，SE）、边界细胞（boundary cell，BCE）、成纤维细胞（fibroblast cell）和睾丸间质细胞（leydig cell，LCE）。

支持细胞：支持细胞胞体拉长，形状不规则，细胞核椭圆形，位于精小囊的外周，包围着同一发育阶段的精母细胞，核仁一个。细胞质中有大量的线粒体，丰富的内质网及油滴。

边界细胞：细胞体不规则，延长包绕精小囊，间断地分布于小叶基膜外，与生精细胞之间由一层基膜结构分隔。细胞核长条形，核外周有电子密度较高的异染色质，其他细胞器不明显。

成纤维细胞：细胞核细长，细胞质内电子密度高，成群分布，在其周围还有许多支持细胞、间质细胞、血管等。

间质细胞：分布于精小囊之间的间质组织中，细胞为长条形，细胞核形状不规则，染色质呈致密斑块状。胞质含丰富的线粒体和大量分泌颗粒，核区电子密度很高。

（四）雌性生殖系统

1. 卵巢组织学分期及卵细胞发育　　孔雀鱼卵细胞的发育可分为6个时相，卵巢发育划分相应的6个时期，还根据胚胎在体内发育的特点，在Ⅴ期后增加1个怀胎期（怀孕期、妊娠期），因此卵巢发育分为7期。

Ⅰ期卵巢：为幼鱼的卵巢。呈透明细丝状，外观无法辨认雌雄。卵巢壁极薄，卵巢腔出现，卵巢绒毛开始形成。卵巢绒毛上为第1时相卵原细胞（oogonium，Og）。卵原细胞分散在卵巢绒毛基质中或经几代的增殖，同源的卵原细胞聚集，外周由1层极薄的结缔组织包绕形成小囊。卵原细胞近圆形，胞径180～200μm，细胞质薄，弱嗜碱性。细胞核大，核径175～190μm，核膜不明显，核质网状，其中不见核仁。

Ⅱ期卵巢：性未成熟和产后重复发育的卵巢。卵巢浅肉红色，产过的卵巢颜色更深些。此时期雌鱼第二性征发育完全，卵巢壁增厚，卵巢腔扩大。卵原细胞停止增殖进入小生长期，形成初级卵母细胞（primary oocyte），即2时相卵母细胞。其胞径65～70μm，核径25～35μm，原生质增多，呈强嗜碱性反应，核膜清晰。在核膜的内侧常可见到多个同样呈强嗜碱性的核仁（nucleolus，NU）。分散在卵母细胞外的卵泡细胞（follicle cell，FC），连成双层细胞将卵母细胞包住。此时的内层称为颗粒细胞层（granulosa cells layer），外层称为膜细胞（thecal cell layer）。

Ⅲ期卵巢：卵巢体积逐渐增大，初级卵母细胞进入大生长期，开始累积营养，为3时相卵母细胞。卵母细胞近圆球形，胞径160～215μm，核径55～85μm。细胞核弱嗜碱性，在细胞质中的核周缘出现一些脂滴（lipid droplet，LD）。随着卵母细胞生长，脂滴由内向外扩增为数层。同时在近细胞膜内缘的细胞质中出现细小的卵黄颗粒前体。皮层小泡稀疏且不明显，细胞核从圆形到不规则形,颗粒细胞由梭形变成立方形。在细胞膜和颗粒层之间出现了一层均质的卵膜,卵膜中放射纹不明显,鞘膜层中的毛细血管形成毛细血管网。

Ⅳ期卵巢:卵巢接近成熟,体积急剧增大,直至充满整个体腔。卵巢呈淡黄色,卵巢壁薄而透明,透过卵巢壁可见大小均匀的卵母细胞,为4时相卵母细胞。卵母细胞体积增大迅速,卵径为220~425μm。细胞质中充满由细小的卵黄颗粒(yolk granule,YG)聚集而成的较大卵黄球(yolk sphere,YS),脂滴体积变大,变成油球。核膜溶解,细胞核被脂滴推向一侧,即未来的动物极,细胞膜内的皮层小泡不易辨认。颗粒层细胞由立方变扁平,卵膜极薄。

Ⅴ期卵巢:成熟期卵巢。卵母细胞已充分发育,透明并呈圆球状,为5时相卵母细胞。卵径为2000~2500μm,卵黄球相互聚集并液化。完成第1次成熟分裂的次级卵母细胞脱离滤泡膜排入卵巢腔中,脂滴逐渐向边缘移动,最后排列在卵母细胞的细胞质外周。

Ⅵ期卵巢:怀胎期卵巢。卵巢松软而膨大,卵巢壁极薄,卵巢腔内充满卵巢液。成熟卵在卵巢腔中受精,完成胚胎发育,此期可见卵巢中的胚胎。此外,卵巢绒毛中留下了大量的空滤泡及少量未成熟或未受精的卵。

Ⅶ期卵巢:产后卵巢回到第Ⅱ期,卵巢继续发育,为下一次的生殖做准备。

孔雀鱼雌鱼能将接受的精子储存在卵巢中长达8个月,这段时间内无须交配即可再次受精怀孕,精子一般储存在卵巢腔内壁的隐窝中。孔雀鱼卵巢组织学分期及卵细胞发育见二维码11-9。

2. 胚胎发育及胚后发育　　胚胎发育(在体内):由于雌性孔雀鱼可以储存伴侣的精子,卵母细胞可能会在不同的时间受精,从而有利于单个母鱼同时获得多个连续的胚胎期。对妊娠期孔雀鱼进行解剖可观察到同一亲鱼卵巢中不同发育阶段的孔雀鱼胚胎,这可能是非同步受精导致的。

受精卵(fertilized egg):观察到完全溶胀的受精卵为棕黄色,圆形、半透明,成熟的卵包含均匀分布在卵黄表面的油滴。

囊胚期(blastula stage):受精后,油滴在胚胎下方聚结,形成胚盘。

原肠胚期(gastrula stage):在显微镜下清晰可见原肠腔。

视杯期(optic cup stage):在视杯期,眼睛没有色素沉着,在卵黄囊下部可见门静脉系统的血管。

发眼早期(early-eyed stage):在该阶段,包括脉络膜在内的眼部色素沉着逐渐增加,胸鳍出现,并且体肌和非交感肌分化。

发眼中期(middle-eyed stage):在该阶段,黑素细胞首先出现在中脑上方,然后出现在中脑-后脑边界之后。

发眼后期(late-eyed stage):在该阶段,出现了一条黑色的色素细胞线,它们划定了水平中线,并且头部星状黑色素细胞数量、大小和密度都增加,并且树突状形态更加明显。卵黄囊中出现了巨大的血管,胚胎的不同区域通常被不同形状的黑素细胞覆盖。

发眼晚期(very late-eyed stage):在该阶段,可见清晰的胚胎体节,头部和躯干之间呈矩形的弯曲逐渐变直。

直胚期(straightened embryo):生肌节大约由22个体节组成。

成熟胚胎:观察到胚胎正在发育并变得成熟,做好出生的准备,一些成熟的胚胎完全吸收了卵黄，使卵黄囊缩回，而其余的则带有少量卵黄。

孔雀鱼胚胎及胚后发育见二维码11-10。

雌性亲鱼用头部敲打刚出生的仔鱼以使其学习游泳，仔鱼漂浮并在水族箱中移动。仔鱼生出时嘴巴张开，可以在出生后立即轻松摄食。从出生的那一刻起，孔雀鱼仔鱼就具有充分的游泳、进食和避免危险的能力。

据观察，雌性孔雀鱼通常与不止一个雄性交配。雌性具有储存精子的能力，因此与雄性交配一次后，可以多次受精分娩。有研究发现几对雌雄孔雀鱼在单次交配后，会出现3～5次孵化的现象。新孵出的仔鱼呈黑色或透明，且细长，头部的色带长度为6.5～7.5mm。刚出生的小鱼会先沉到池底，并在1～2h内开始搜寻食物。

刚出生：外表透明，有些颜色为黑色或灰色。身体细长，为6.5～7.5mm。胸鳍大于尾鳍。

1h后：所有的仔鱼在出生后的几个小时内就显得透明，身体全长为6.5～8.0mm。

1日龄：清楚地观察到鳍，腹鳍比胸鳍小，尾鳍有黑斑，躯干的长度为6.8～8.5mm。

7dpb（day post birth，出生后天数）：尾鳍扁平，明显呈尾巴状。在透明躯干中观察到纵线状结构的消化道，体长为7.0～9.0mm。

14dpb：开始出现性别差异，雌性的腹部比雄性的腹部宽一些。身体长7.5～9.5mm，雌雄臀鳍相似。

21dpb：雄性的肛门鳍变长且呈管状，而雌性的鳍变小且变圆。在雄性中观察到鳍条，但雌性中没有观察到。

28dpb：雄性的尾鳍变色，特别是褐色。雌性尾鳍颜色偏黑，雌性的体型大于雄性。体长为8.0～9.5mm。

35dpb：根据大小，尾巴和臀鳍可清楚地区分雄雌。与雄性相比，雌性的腹部变得更大，更扁平，躯干长度平均为8.5～10.0mm。

42dpb：雌性尾巴明显变黑，体长为（9.1±0.5）mm。

49dpb：雄性开始出现性行为，开始接近雌性，体长为9.5～12mm。

56dpb：雄性和雌性性成熟，鳍完全发育。体长为11.5～14.0mm，雄性的身体和鳍颜色鲜艳。

在大约6个月时身体发育完全，雄性的全长为3～5cm，雌性的全长为4～7cm。孔雀鱼仔鱼的发育见二维码11-11。

（五）繁殖策略

在每个繁殖季节，雌性都会与多个雄性交配，这种交配策略被称为"一妻多夫"。如果随后的伴侣比雌鱼的第一个伴侣更具吸引力，它们甚至会延迟受精。雌性可将雄性精子储存在卵巢和输卵管中长达8个月。通常每个繁殖期的妊娠期为3～4周，但会因环境因素（如温度）产生巨大变化。雌性在10～20周龄，雄性只有7周龄，这些后代将达到性成熟。孔雀鱼的寿命在很大程度上取决于环境因素，但在野外通常仅约2年。

性别二态性在鸟类中已有较多研究：雄性在色彩和形态上通常是丰富多彩的，并且会以求爱舞蹈的形式强调这些特征。其实，这种物种间不同物理外观的现象在整个动物界都很常见，包括在孔雀鱼中。雌性在维持雄性的鳍和色泽方面起着重要作用。雌性被颜色较鲜艳的雄性所吸引，尤其是那些侧面有橙色斑点的雄性。这可能是因为橙色与孔雀鱼在原产地特立尼达的主要摄食物的颜色接近。橙色水果的反射光谱与雄性孔雀鱼上的斑点相似，而这种预先存在的感官偏差，导致具有更多橙色的雄性更能吸引雌性孔雀鱼。事实上，雄性孔雀鱼中含有类胡萝卜素的橙色斑点也被证明是雄性具有较强体质和觅食能力的信号，雌性会以此来选择高质量的伴侣。在实验室条件下，雄性孔雀鱼橙色斑点的色度（色彩饱和度）随类胡萝卜素摄入水平的增加而增加，雌性孔雀鱼通常偏爱具有较大橙色斑点和较高类胡萝卜素浓度的雄性。由于交配的优势，被捕食率较低的栖息地中雄性孔雀鱼进化出更多纹饰，这也给雄性孔雀鱼种群施加了选择性压力。但是，在野外，这种鲜艳的颜色还会使雄性更容易被捕食者发现和捕食，因此从进化的角度来看，这是一个折中方案。

对孔雀鱼包括婚姻色在内的第二性征和性别选择的研究自 20 世纪 90 年代就已展开。1995 年的研究发现，雄性橙色色块（类胡萝卜素色素沉积）的面积和交接器长度和吸引力成正相关，此外橙色色块的面积同样与游泳能力正相关，这些因素可能在伴侣选择过程中充当雄性活力指标。这种雌性对雄性体征的选择偏向也是具有一定可塑性的，对于雄性孔雀鱼产生的婚姻色，人们一般认为这是性选择和自然选择相互平衡的结果。对于自然选择而言，将同一群落的孔雀鱼转移到不同捕食压力的环境中，转移种会产生相比于当地种更多样的颜色变化，而将孔雀鱼长期暴露在含有捕食者信息物质的环境中，雄性个体的身体色斑发育会延迟和减少，以减轻被捕食压力。而在性选择角度，当面对具有不同婚姻色特征的多个雄性群体，雌性会偏向与数量较少的雄性群体进行交配，进而使得雄性婚姻色特征达到动态平衡。雄性孔雀鱼婚姻色及类胡萝卜素色素沉积图见二维码 11-12。

第十二章　卵胎生许氏平鲉繁殖生理学

许氏平鲉（*Sebastes schlegelii*）隶属于硬骨鱼纲鲉亚目平鲉科平鲉属，曾用名黑鲪，俗称黑石鲈、黑头鱼、黑寨鱼。许氏平鲉在我国主要分布于渤海、黄海和东海海域，国外多分布于朝鲜东西两岸、日本北海道以南及鄂霍次克海南部水域。许氏平鲉为体内受精的卵胎生鱼类，通常雌性 4 龄性成熟，雄性 3 龄性成熟。每年 11 月左右，雄性性成熟后与雌鱼交尾，精子贮存在雌鱼体内，待卵子成熟后，进行受精。本章论述了许氏平鲉性腺发育、性腺分化、温度和光周期对性腺分化的影响、性腺转录组分析、繁殖相关功能基因表达、繁殖期性腺脂质代谢特征、交配和分娩机制等，为大型海洋经济卵胎生硬骨鱼类资源保护与开发利用奠定基础。

第一节　许氏平鲉繁殖特征与性腺发育

许氏平鲉不仅是研究卵胎生繁殖的模式鱼类，是我国东黄海区常见底层经济鱼类之一，也是黄渤海主要养殖海水鱼类。近几年来，国内外对于许氏平鲉的生理、免疫及毒理、养殖技术的研究报道较多。日本是开展许氏平鲉养殖及培育相关研究最早的国家，在 20 世纪 70 年代开展了许氏平鲉的人工育苗及养殖技术的实验。我国在 20 世纪 80 年代末，陆续开展了对许氏平鲉的研究工作，近年来我国的相关报道增多。2010 年以来，中国海洋大学比较系统研究了许氏平鲉繁殖生理及对环境应答机制。

一、许氏平鲉主要生物学特性

许氏平鲉为近海底层鱼类，常喜欢栖息于海藻丛或浅海岩礁等光线弱的地方。8～25℃的水温为许氏平鲉的适宜生存温度范围，水温为 14～22℃时，许氏平鲉生长最快，温度过高或过低都不利于其生长，5～6℃抑制摄食，致死温度为 1℃。许氏平鲉主要分布在我国黄海水域。体背部灰褐色，腹面灰白色。背侧在头后、背鳍鳍棘部、臀鳍鳍条部以及尾柄处各有暗色不规则横纹。体侧有许多不规则小黑斑，颊部有 3 条暗色斜纹。各鳍灰黑色，胸鳍、尾鳍及背鳍鳍条部常具小黑斑（图 12-1）。

图 12-1　许氏平鲉外部形态

在已经确认的 330 多种平鲉科鱼类中，有 110 种为卵胎生种类，而且大部分属于平鲉属。作为岩礁型鱼类，平鲉属的繁殖特点为：成熟卵产于卵巢腔中，在腔内受精并进行胚胎发育，经 1～2 个月时间，仔鱼孵化出膜后几日内进行分娩。由于大部分妊娠（gestation）过程是在卵膜内进行，所以一般认为母体与胚胎之间的营养关系较弱，即胚胎的发育主要还是依赖于自身卵黄提供营养，属于典型的卵黄营养型（lecithotrophic）。许氏平鲉在性成熟季节，雌雄个体很容易区分，雌鱼性成熟时间为 3～4 龄，雌性个体腹部丰满，生殖孔周围发红且略有突出，而雄性个体具有生殖乳突。在每年 11 月左右，雄鱼将精液注入雌鱼的卵巢腔，待卵子发育成熟后，精子和卵子在雌鱼体内受精，经过 1 个月左右的妊娠期后，大约在 5 月初产出鱼苗。

二、许氏平鲉性腺发育

（一）卵巢发育形态学和组织学特征

许氏平鲉的卵巢成对地位于体腔的腹中线两侧、肾脏的腹侧，处于不同发育期的卵巢的形态各具特点，但是卵巢的基本结构是相同的，都是由外边的卵巢壁和内部的卵细胞和基质组成。

在黄渤海海域，2 月下旬到 3 月下旬，许氏平鲉的卵巢发育处于Ⅲ期，卵巢长度为 3.0~5.5cm。Ⅲ期卵巢颜色为浅黄色，呈现饱满的囊状，肉眼能看清卵巢内的卵粒，性腺指数（gonadosomatic index，GSI）为 8.2~10.3。Ⅲ期卵巢以 3 时相卵母细胞为主，同时有少许的 2 时相卵母细胞分散在其中。3 时相卵母细胞是初级卵母细胞由小生长阶段转入大生长阶段卵黄形成的过渡时期，3 时相卵母细胞体积进一步增大，卵径为 201.2~298.1μm，呈圆球形，大而清晰。在卵周开始出现少量卵黄粒，滤泡膜为两层，出现辐射带，在卵细胞膜的内缘出现皮质液泡，细胞质为弱嗜碱性。

3 月下旬到 4 月初，许氏平鲉卵巢进一步发育，并逐渐成熟，体积迅速增大，卵巢发育处于Ⅳ期，卵巢长度为 4.5~9.0cm。Ⅳ期的卵巢颜色呈亮黄色，卵巢饱满，卵粒明显，放置在固定液中会游离脱落，性腺指数为 10.5~12.3。透过卵巢壁可以看到卵母细胞以 4 时相卵母细胞为主，也有些许 3 时相卵母细胞存在，卵径为 332.4~367.9μm，4 时相卵母细胞为晚期的初级卵母细胞，辐射带增厚，卵黄颗粒几乎充满核外空间，细胞质嗜碱性，细胞核极化。

从 4 月中旬到 5 月初，卵巢继续发育，逐渐成熟，长度为 5.6~9.6cm。卵巢发育处于Ⅴ期，颜色为发亮的肉红色。此时卵巢达到成熟，粗大、更加饱满，性腺指数为 13.6~14.8，颜色发红，卵巢壁极薄，可以清楚看到大小均匀的 5 时相卵母细胞。5 时相卵母细胞已充分发育，为次级卵母细胞，有明显的极化现象，核膜消失，卵径为 354.2~377.6μm，卵黄颗粒充满次级卵母细胞，部分卵黄颗粒开始融合，等待与精子结合；有时也会在Ⅴ期卵巢中发现有少量的 2 时相卵母细胞存在，核仁大而清晰，染色很深，而卵质染色较浅。

到 5 月初，卵巢继续发育，处于Ⅵ期，为怀孕期卵巢，精子和卵子结合，形成受精卵。此时卵巢充满体腔，长度为 9.1~10.6cm，此时的性腺指数为 26.0~27.4。卵巢壁极薄，卵巢饱满，充满受精卵，轻按鱼腹便有受精卵流出，使得卵巢呈现灰褐色，扎破卵巢壁后，可看到呈圆球形的受精卵。取部分受精卵经组织切片后，在显微镜下观察，可以观察到内部充满卵黄颗粒的胚胎。

5 月中旬到 6 月初，雌鱼产完仔鱼，产后卵巢迅速萎缩，处于退化Ⅱ期，长度为 3.0~4.0cm，性腺指数为 1.92~2.03。卵巢壁增厚，呈颜色暗着的肉红色囊状，解剖后，发现有个别未产出的仔鱼残留其中。其内残留少部分 2 时相卵细胞，2 时相早期卵母细胞形态不规则，为多角形，卵径为 36.2~72.3μm。胞质呈强嗜碱性反应，核内通常包含 1~2 个较大的核仁和 4~9 个零散的小核仁，间质细胞凌乱且有大量血管分布，皮质部出现细小的液泡，围核区开始聚集油滴。

从 2 月到 6 月，许氏平鲉的卵巢发育经历了Ⅲ期、Ⅳ期、Ⅴ期及Ⅵ期的怀孕期和Ⅶ期的退化期，内部的卵母细胞也基本是从 3 时相、4 时相、5 时相到与精子结合，形成受精卵，在鱼体怀孕 1 个月左右，一次性产出仔鱼。卵巢的发育过程属于部分同步型，产仔方式为一次性产出型。许氏平鲉的卵巢发育形态学和组织学照片见二维码 12-1。

（二）精巢发育

1. 许氏平鲉雄性生殖系统　　许氏平鲉精巢具有两个分支，位于鳔的腹面两侧，两叶不对称，精巢系膜与体腔内膜相连。每叶由一层薄结缔组织膜包被，大多精巢两叶不再分支。精巢呈梭状，有背腹之分。背部拱起，腹部较平坦。精巢腹面有一沟状纵向凹陷，其中有血管分布。输精管从此纵沟中部伸出，在精巢后端，左右两条输精管平行排列并向鱼体后端延伸。在进入尿殖窦前，两条输精管汇合，开口于尿殖突，尿殖突为肉质，呈圆锥状。在生殖期尿殖突较红，且比非生殖季节突出。非交配期的精巢为细条状或者宽扁带状，随着精细胞的发育黑色渐渐退去，交配期精巢则肥大饱满，呈肉色，退化吸收期的精巢变为黑色。许氏平鲉不同时期精巢形态及组织切片见二维码 12-2。

2. 雄性许氏平鲉性腺指数和肝重指数周年变化　　雄性许氏平鲉 GSI 呈现明显周年变化，在精子发生晚期达到全年最高峰值，到退化吸收期 GSI 显著降低，到精原细胞增殖期 GSI 降到全年最低点，之后 GSI 显著升高。肝重指数（hepatosomatic index，HSI）也呈现一定的变化规律，但季节波动不明显，从 Ⅱ 期精巢到 Ⅳ 期精巢，HSI 降低，然后随着精巢的发育逐渐增加，到退化吸收期，HSI 达到最高峰值。

3. 精小叶结构　　许氏平鲉精巢为典型的小叶型结构，精巢内部由精小叶构成。精小叶呈盲管状，其中的管腔称小叶腔。精小叶从精巢腹侧向背侧辐射，开口于腹侧的输出管。精小叶为基膜所包被，从横切面可以看到，精小叶有规律性地紧密排列，小叶腔在精巢内相互连接成网状，最后通到输精管。精小叶与精小叶间充满间质细胞、成纤维细胞及丰富的微血管。精小叶内壁由生殖细胞、支持细胞以及排列在小叶周围的类肌细胞组成。在非生殖季节，支持细胞容易辨认，在光学显微镜下支持细胞为立方形，细胞核为弱嗜碱性，包绕着生殖细胞构成精小囊，其胞径为 3.62～6.03μm。精小囊为精小叶的基本结构单位，同一精小囊内生殖细胞发育基本同步，而不同精小囊内生殖细胞发育不同步。随着精巢发育分化，生殖细胞依次发育为初级精原细胞、次级精原细胞、初级精母细胞、次级精母细胞、精子细胞直至成为释放到小叶腔中的成熟精子，各小叶腔中的精子最后汇集到输精管内并借助输精管排出。间质细胞随着发育期的变化，数量有明显不同，在非交配季节间质细胞数量很多，逐渐减少，Ⅳ 期数量达到最少。

4. 精巢不同发育阶段生殖细胞的形态学特点　　许氏平鲉精子发生经过增殖、生长、成熟和变态几个连续时期。生殖细胞在发生上顺序依次为初级精原细胞、次级精原细胞、初级精母细胞、次级精母细胞、精子细胞和精子共 6 个发育阶段。

初级精原细胞：由原始生殖细胞产生，单个分布，其周围为数个支持细胞所包围，其胞径为 12.05～14.46μm，核径为 3.62～7.23μm。在各级生殖细胞中，初级精原细胞体积最大，呈圆形或椭圆形。胞质嫌色性，HE 染色淡而明亮，核膜清晰，核质为嗜碱性，胞核则为弱碱性，HE 染色为淡紫色。核体和胞体相似，呈圆形或微椭圆形，细胞核偏位，没有明显的核仁。精原细胞位于精小叶的边缘处，随着精原细胞的发育，细胞核的嗜碱性增加。

次级精原细胞：由初级精原细胞分裂而成，往往成群排列，周围由支持细胞包裹形成较小的精小囊。次级精原细胞体积比初级精原细胞小，胞质不明显，细胞核较规则，近似圆形，核仁不明显，HE 染色嗜碱性较初级精母细胞强，染色为紫色，体积较初级精原细胞小，其胞径为 2.41～3.62μm，此时精小囊体积明显增大。

初级精母细胞：由精原细胞分裂而成，在精小囊中排列不紧密，呈圆形或椭圆形，体积较初级精原细胞小，但比次级精原细胞大且数目较多，其胞径为 2.41～6.03μm。细胞的着色较精原细胞深，胞质嫌色性，HE 染色淡，较精原细胞胞质不明显，没有明显的核仁。胞质的酸性减弱，核嗜碱性增强。此阶段生殖细胞存在时间短暂，在精巢中整体分布较少。

次级精母细胞：由初级精母细胞分裂而来，在精小囊中紧密排列，体积小于初级精母细胞，但比精子细胞大，其胞径为 1.21～3.60μm，数目更多。核的碱性进一步增强，被染成蓝紫色，胞质更加不明显。

精子细胞：由次级精母细胞发育而来，精子细胞数目明显增加，细胞界限不清晰，凝聚成团，在切面上只能看到着色为蓝色的细胞核和线状的红色结构，呈月牙形，而胞质几乎难以看见。

精子：精子由精子细胞变态发育而成。随着生殖细胞的发育，构成精小囊壁的支持细胞逐渐变薄，精小囊的体积增大，小叶腔也随之扩大，充满精子的精小囊破裂，精子排入小叶腔中，在小叶腔中累积，通过输精管排入泄殖孔。精子是精巢中最小的生殖细胞，高倍镜下能够看到被染成很深的蓝色，胞质很难区分。成群的精子在小叶腔中呈漩涡状，在精子分布的较稀区域，可以分辨精子月牙形的头部和短线状的尾部。但精子头部较精子细胞要饱满一点。HE 染色将精子头部染成深蓝色，而尾部被染成浅红色。

5. 精巢形态和发育组织学分期　许氏平鲉精巢主要分为 3 个时期：精原细胞增殖期、精子发生期和退化吸收期，其中精子发生期又分为精子发生早期和精子发生晚期。

Ⅱ期精巢（精原细胞增殖期）：鱼类第一次性周期中，Ⅱ期精巢是由Ⅰ期精巢发展而来，但达到性成熟年龄后，Ⅱ期精巢是由Ⅴ期精巢自然退化后回复到Ⅱ期精巢（重复发育期），5～7月精巢处于此时期。此期精巢黑色渐渐退去，显出半透明的肉色，体积小而细长，输出管较为明显。HE 染色镜下观察，此期精巢精小叶界线渐清晰，近似圆形，小叶内出现小叶腔，初级精原细胞也随着精巢的发育逐渐增多，间质细胞减少。最终精巢内存在大量的初级精原细胞，分布于精小叶之间。在同一精小叶的横切面可以看到极少量的次级精母细胞和正在退化吸收的精子，也就是说Ⅱ期精巢此时表现出大致的同步性，精细胞主要以初级精原细胞的形式存在。随着精巢进一步发育，初级精原细胞逐渐减少，次级精原细胞和精母细胞较早期大量增加，小叶腔清晰可见。

Ⅲ期精巢（精子发生早期）：此期精巢外观呈肉色，体积增大，较Ⅱ期精巢饱满，9 月精巢处于此期。初级精原细胞经过减数分裂形成次级精原细胞，次级精原细胞成群分布形成精小囊，进一步发育为精母细胞及精子细胞。由于这一过程时间短暂，所以在精子发生早期的精小叶内出现大量的次级精原细胞、初级精母细胞、次级精母细胞和精子细胞，分别聚集在不同的精小囊内，各精小囊之间发育明显不同步，但是精小囊内发育同步。精小囊紧贴小叶内壁排列，精小叶内壁变薄，体积变大，小叶腔明显。此期同时存在大量的精细胞，并且排列精密，精巢 HE 染色整体较明亮，呈蓝紫色。随着精巢进一步发育，精巢小叶腔内出现大量的精子。

Ⅳ期精巢（精子发生晚期）：此期精巢外观呈乳白色，体积达到最大，饱满，11 月精巢处于此期。精子形成、精小囊破裂到精子的排出是一个非常短暂的过程。随着精巢进一步发育，Ⅱ期精巢精小叶内次级精原细胞、精母细胞、精子细胞和精子并存，但只存在少量的次级精原细胞，精母细胞和精子细胞的数量较精子发生早期也有明显减少，排列不紧密，精巢 HE 染色整体较精子发生早期浅。小叶腔体积增大但数目减少，出现很多排完精子的空腔，精小叶开始融合。

Ⅴ期精巢（退化吸收期）：自然退化或排精后精巢，外观呈黑色，体积变小，次年 1~3 月精巢大多处于此期。组织学切片观察发现，在精小叶内仅存在极少量精原细胞。小叶腔内壁变厚，体积变得细长，间质细胞增多。经过一段时间，精小叶中精原细胞开始增殖，精巢过渡到Ⅱ期。

许氏平鲉精巢的组织学切片见二维码 12-3。

6. 精子变态与结构 光镜观察结果表明，精子变态是指精子形成过程中，精细胞核首先转化为半月形，随后转化为月牙状，成熟精子精核由弯变直，含有成熟精子的精小囊，即将向小叶腔释放精子。

许氏平鲉精细胞和变态中的精子形态见二维码 12-4。

透射电镜观察结果与光镜相同，精巢中可见正在变态的精子以及成熟精子。正在变态的精子精核呈月牙形，细胞质浓缩。成熟精子精核曲度减少，不再为月牙形，而转变为直的长片状。成熟精子细胞质极少，精子头部无顶体，头部几乎全部被精核占据。

许氏平鲉Ⅴ期初精巢内精子形态结构见二维码 12-5。

许氏平鲉精液呈乳白色黏稠膏状半流体，用 pH 为 7.8 的弱碱性 PBS 可以有效激活许氏平鲉的精子，稀释后，光镜下可以观察到精子剧烈运动。精子经 HE 染色后，精核呈蓝色，线粒体鞘和鞭毛呈浅粉红色；经 HE 染色后，精核呈蓝黑色，线粒体鞘呈深黑色，尾部呈浅黑色，清晰可见。可见对于精子染色，铁苏木精比常规的铝苏木精有更强的染色效果。

电镜下可观察到精子头部为长片状：正面观为长椭圆形，侧面观为薄片状。精子头部长度为（3.93 ± 0.24）μm，尾部长为（23.02 ± 0.57）μm，全长为（28.51 ± 0.91）μm。精子线粒体鞘突出，在核的后端可见一明显的植入窝，与尾部基部嵌合且为不对称嵌套形成袖套腔，在袖套腔内分布着 12~15 个线粒体和一些囊泡化的细胞器。在透射电镜下观察精子核为黑色，染色质致密，鞭毛基部可见基体（中心粒的衍化产物）。精子尾部（鞭毛）横切可见经典的"9+2"结构：2 条中心轴丝和外围较粗的 9 条二联体微管构成，且细胞膜包围维管束，并形成左右各一个的鳍片结构。

许氏平鲉成熟精子形态见二维码 12-6。

三、许氏平鲉性腺分化

（一）许氏平鲉原始性腺的形成

5dpb（day post birth，出生后天数）：平均全长为 5.2mm，中肾管明显，在两个中肾管中间靠后的位置可观察到原始生殖细胞，其细胞体积较大，细胞核较大。原始生殖细胞经 HE 染色后，与其他细胞相比颜色较浅，细胞核呈紫色，所以易于区分。

10dpb：平均全长为 6.1mm，中肾管前方靠近腹膜处可观察到两块生殖基，原始生殖细胞逐渐向生殖基迁移，生殖基逐渐发育为原始性腺。

15dpb：平均全长为 6.9mm，原始生殖细胞数目增加，继续向生殖基迁移，原始性腺逐渐发育，体积变大。

20dpb：平均全长为 9.0mm，原始生殖细胞基本迁移生殖基，开始出现生殖导管，原始性腺开始向腹部延伸，在原始性腺中可观察到原始生殖细胞。

25dpb：平均全长为 10.5mm，生殖基已基本发育为原始性腺，一般呈椭圆形或梨形，原始性腺逐渐发育，并不断向腹部延伸生长。

30dpb：平均全长为 12.3mm，原始性腺不断发育，体积逐渐增大，不断向前延伸。此时的原始性腺已基本发育完成，较长的生殖导管从靠近中肾管处的腹膜向前发出，连接一对完整的原始性腺，原始性腺悬挂于中肾管与肠管之间的体腔膜上，原始性腺一般呈圆棒状，大小略有差别。

许氏平鲉原始性腺的形成见二维码 12-7。

（二）许氏平鲉卵巢的分化

35dpb：平均全长为 14.8mm，性腺体积继续增大，出现小的缝隙，将来可能发育为卵巢腔，一对性腺大小出现明显的差别。卵巢腔的出现标志着组织学上卵巢分化开始。

40dpb：平均全长为 22.1mm，35～40dpb，许氏平鲉生长速度加快，同时，性腺开始分化。性腺中的裂隙增大，可以明显看到卵巢腔的出现。

50dpb：平均全长为 28.0mm，卵巢进一步发育，体积逐渐增大，此时，除了可以看到卵巢腔，同时，能够观察到有微血管的出现，血细胞经 HE 染色为红色。

60dpb：平均全长为 29.7mm，卵巢继续发育，体积仍继续增大，卵巢腔形成较为完整，血管明显。

70dpb：平均全长为 32.3mm，可以观察到许多个生殖细胞囊，每个生殖细胞囊中包含着数个小的生殖细胞。

80dpb：平均全长为 35.4mm，卵巢进一步发育，体积增大，出现较为完整的卵巢腔，血管深入，也可看到数个生殖细胞囊和较大的卵母细胞，细胞核经 HE 染色为紫色。由于实验鱼数量及条件有限，至此时期，卵巢仍在继续发育，未出现细胞学上的分化标志。

许氏平鲉卵巢的分化见二维码 12-8。

（三）许氏平鲉精巢的分化

35dpb：性腺仍呈现为原始性腺形态，与 30dpb 相比，无明显变化。

40～45dpb：性腺继续向前伸长，性腺继续发育，此时的性腺与卵巢不同，未出现类似卵巢腔的裂隙，外部形态一般呈梨形或椭圆形，两个性腺大小差别较小，这类性腺将来可能发育为精巢。

68dpb：性腺继续发育，体积明显增大，在两个性腺与生殖导管连接处可以观察到有输精管的出现，这标志着组织学上精巢分化的开始。

70dpb：精巢体积增大，出现明显的输精管，除此之外，可以观察到数个精原细胞。

80dpb：精巢进一步发育，体积增大，精原细胞的数量增多。由于实验鱼数量及条件有限，至此时期，精巢仍在继续发育，未出现细胞学上的分化标志。

许氏平鲉精巢的分化见二维码 12-9。

鱼类的性腺分化主要包括组织学和细胞学两个方面，解剖学上的分化特点在于性腺形态结构的变化，而细胞学上的分化特点指性原（母）细胞的增殖分裂（成熟分裂）。以往的研究多以卵巢腔的形成作为性腺分化的证据，而精小叶（输精管）的出现标志着精巢雏形形成。对许氏平鲉的研究中，10dpb 观察到原始性腺的出现，40dpb 时卵巢开始分化，100dpb 时仍未观察到精巢分化的明显特征。后来关于许氏平鲉研究表明，35dpb 时观察到卵巢开始分化的标志，在 68dpb 时观察到了输精管的出现，标志着精巢分化的开始。性腺分化和发育速度较快，可能是由于养殖环境不同。一对性腺大小出现明显差别，性腺出现裂隙，将来发育为卵巢腔，可看到微血管的出现，这类性腺将来可能发育为卵巢；另一类呈梨形或椭圆形，无微血管和裂隙的出现，体积较小，大小无明显差异，将来可能发育为精巢。由此可见，在不同鱼类中，性腺分化快慢、过程等均存在着差异；在同一种鱼类中雌、雄性腺分化时间同样存在一定的差异，这可能与其生存环境有关。许氏平鲉的雌、雄性腺分化开始于不同时期，雌性性腺分化早于雄性性腺分化，这与大多数硬骨鱼的研究相一致，说明许氏平鲉繁殖特性更接近卵生硬骨鱼类。

（四）许氏平鲉性腺分化相关基因及其表达

大多数对硬骨鱼类性别分化相关基因的研究表明，与性腺分化相关的基因主要有 *dmrt* 基因家族、*sox* 基因家族、芳香化酶基因、核受体基因（雌激素受体和雄激素受体）、*amh* 基因和 *foxl2* 基因。其中 *cyp19a1a*、*era*、*erb2* 和 *foxl2* 基因与卵巢的分化密切相关，在卵巢分化中起着重要的调控作用；而 *sox3*、*sox9*、*amh* 和 *dmrt1* 基因与精巢的分化相关，*sox3* 基因在一些鱼类的卵巢分化也起着一定的作用。

芳香化酶在类固醇激素的代谢过程中起着至关重要的作用。许多研究表明，芳香化酶能够催化某些雄激素（如睾酮和雄烯二酮）转化为雌激素。在鱼类中，芳香化酶基因分为性腺型芳香化酶基因（*cyp19a1a*）和脑型芳香化基因（*cyp19a1b*）两种，分别编码性腺型芳香化酶（P450aromA）和脑型芳香化酶，其中 *cyp19a1a* 在性腺分化和发育过程中扮演着重要的角色。在大多数鱼类的性腺分化和发育中，*cyp19a1a* 在卵巢的表达量远高于精巢，*cyp19a1a* 的表达可以促进卵巢的分化和发育，通常是通过 *cyp19a1a* 的表达调控雌激素的含量，进而影响性腺分化的速度和方向，促进或抑制卵巢的分化。许氏平鲉研究中 *cyp19a1a* 的 mRNA 相对表达水平在原始性腺的形成和性腺分化过程中的前期（15～40dpb）处于较低水平，在 45dpb 时显著升高，50dpb 时下降，变化规律与其他硬骨鱼类相似。芳香化酶基因不仅是影响性腺分化较为直接的因素，而且与其他性别决定及分化相关基因间有抑制或促进作用，其中 *foxl2* 基因是目前发现的脊椎动物卵巢决定和分化的最早的标志性启动基因，它可以调节卵巢芳香化酶活性，对卵巢分化起重要作用。在许氏平鲉研究中，性腺发育和分化时期 *foxl2* 的相对表达量呈先下降后上升再下降然后上升的趋势，*cyp19a1a* 的相对表达量呈先下降后上升再下降然后上升，50dpb 时下降。*foxl2* 和 *cyp19a1a* 的波动趋势基本一致，表达具有显著的正相关关系，在性别分化期间，*foxl2* 和 *cyp19a1a* 在雌性中表达量较高，具有性别二态性，说明这两个基因在卵巢的分化中起着非常重要的作用。

在许氏平鲉研究中，*sox3* 在 5dpb 时相对表达量最高，之后逐渐降低，最后趋于平稳，显示了性别两相性差异表达，即在卵巢中的表达水平显著高于精巢；*sox3* 基因在许氏平鲉出生后第 1 天表达量最高，随后表达量逐渐减少，整体水平上呈现一个逐渐降低的趋势；在性腺开始分化时期，*sox3* 基因表达一直处于较低水平，可能与精巢的后分化有关。*sox9* 是紧靠 *sry* 基因的下游基因，被认为是哺乳动物中 SRY 仅有的下游目标基因，在 *sry* 基因表达后被激活，且出现雄性率特异性升高的现象。在对许氏平鲉的研究中，*sox9* 在 5～15dpb（生殖基形成期）

时处于较高水平，15~25dpb（原始性腺的形成）时逐渐降低，30dpb 之后有所上升，但仍处于相对较低的水平，可能与精巢后分化有关。

amh 基因被称为缪勒氏体抑制基因，是转化生长因子 -β 超家族中的一员，其表达使雄性体内的缪勒氏管退化，阻止其发育成雌性生殖器官，且在雄性性别分化中起到重要作用。在哺乳类中，*amh* 参与缪勒氏管的退化，抑制性腺发育时芳香化酶的表达。*amh* 专一性地在性腺中表达，主要通过 Amh/Amh II 通路在性腺分化和发育中发挥作用。硬骨鱼类虽然缺乏缪勒氏管，但是 *amh* 在鱼类性腺发育中仍具有重要的作用。在许氏平鲉研究中，5~15dpb 期间，*amh* 的表达量逐渐升高，可能与 *sox9* 在此时期的表达量较高有关，*amh* 在性腺分化（30~50dpb）期间相对表达量的波动情况与 *sox9* 在 25~45dpb 时期的波动一致。因此，在许氏平鲉中 *amh* 的表达也可能是由 *sox9* 基因激活的，从而在性腺分化中起作用。

在对鱼类性别决定机制中，多数研究表明，虽然鱼类性别决定机制非常复杂，参与性别决定的基因也很多，但 *dmrt1* 基因往往处于级联反应的上游，对性别决定和精巢的功能维持都起着十分重要的作用。*dmrt1* 具有一个锌指样的 DNA 结合结构域，称为 DM 结构域，DM 结构域以调控目的基因转录的方式来调节发育过程。在许氏平鲉研究中，*dmrt1* 的 mRNA 相对表达量在 5dpb 时处于最高水平，之后迅速下降，5~30dpb 期间逐渐下降，此时精巢未分化，35dpb 开始呈上升趋势，但仍处于较低水平，可能与精巢未分化有关。*dmrt1* 在许氏平鲉幼鱼出生后 1~35d 的表达水平逐渐降低，在成鱼中具有性别二态性，在精巢中的表达量远高于卵巢，并且只在性腺中表达，其他组织中没有检测到其表达。因此，*dmrt1* 可能在许氏平鲉精巢分化中起着重要作用。

第二节　温度和光周期对许氏平鲉性腺分化的影响

一、温度

（一）温度对许氏平鲉性腺分化的影响

温度是影响鱼类性腺分化的重要环境因素。鱼类温度依赖型性别决定（TSD）可以划分为三种类型：第一种类型是高温下产生较多的雄性，低温产生较多的雌性，大多数鱼类均属于此种类型；第二种类型则与之相反，高温下为雌性，低温为雄性；第三种类型在高低温均诱导出单性雄性种群，中间温度发育成为性比 1∶1 的种群。许氏平鲉性别分化关键时期（30~60dpb），在高温 24℃的处理下，25dpb 时观察到性腺开始分化，出现大小差别明显的性腺，将来可能发育为卵巢，比自然条件下提前了 5d 左右。在 40dpb 时，卵巢和精巢的发育程度为高温组（24℃）＞对照组（20℃）＞低温组（16℃），此时 24℃、20℃和 16℃的雌性率分别为 70.0%、42.9% 和 33.3%。在 50dpb 时，卵巢和精巢的发育程度为对照组（20℃）＞低温组（16℃），20℃和 16℃的雌性率分别为 50.0% 和 37.5%。结果表明，高温下性腺发育速度较快，导致性腺偏雌性发育；低温下性腺发育速度较慢，性腺偏雄性发育。大多数鱼类都是高温导致性腺偏雄性发育。

（二）温度对性类固醇激素水平的影响

众所周知，温度对鱼类的孵化、发育、繁殖和生存有着重要的影响，而幼鱼对温度的响应更为敏感。通常这种响应是通过内分泌系统进行的，尤其是抑制卵巢 E_2 的产生，内源性雌激素在卵巢分化时起重要作用，雄激素在精巢分化时起的作用并不大，但在精子发生中起重要作用，因此通过鱼体内的性激素水平可以了解温度对幼鱼性腺分化的影响。

在对许氏平鲉的研究中，3组温度处理下，E_2 水平的总趋势均为先下降，再趋于稳定。高温组和对照组，E_2 水平从 30dpb 到 35dpb 急剧降低，而低温组是从 25dpb 到 30dpb 急剧降低，在 24℃ 和 20℃ 下 E_2 在较高水平持续时间较长，性腺发育偏雌性发育，16℃ 下 E_2 水平迅速下降，可能是由于低温抑制了芳香化酶的活性，E_2 含量减少，性腺偏雄性化发育。高温组、对照组和低温组之间的 E_2 水平均无显著性变化。而在3组温度处理下，高温组和低温组睾酮（T）水平的总趋势均为先下降再趋于稳定，而对照组 T 水平变化趋势为先下降再上升，然后下降趋于稳定。高温组和对照组，T 水平在 30～35dpb 急剧降低，而低温组是在 35dpb 时仍处于较高水平，也说明了性腺偏雄性发育，由此可推断出性类固醇激素水平与组织切片中性腺分化基本一致。性激素水平的变化也可能是由于温度对其他的类固醇合成酶有影响，从而影响了 E_2 和 T 合成。初步推断，在性腺分化关键时期，较高温度下 E_2 含量较高，T 含量相对较低，偏雌性发育；较低温度下 T 含量较高，E_2 含量相对较低，偏雄性发育。

（三）温度对许氏平鲉性腺分化相关基因表达水平的影响

在对许氏平鲉的研究中，40dpb 时 era 的表达水平均上调，在低温下，45～50dpb 时的表达水平更高，因此，era 可能不是高温诱导许氏平鲉雌性化的关键基因；在性腺分化中用高温处理，erb2 的相对表达水平升高，但不显著；而在低温下，erb2 的相对表达水平显著降低。因此，初步推测低温抑制 erb2 的表达在低温处理下性腺偏雄性发育中起着重要的作用。在高温组与对照组中，foxl2 在 25～35dpb（性腺分化早期）处于较高水平，之后开始下降，而低温组在 30dpb 时表达水平开始上升；在温度较高时性腺偏雌性发育，低温偏雄性发育，说明 foxl2 在性腺分化早期的高表达水平可能与卵巢分化的速度有关。

对许氏平鲉 sox3、sox9 和 dmrt1 基因启动子进行分析，结果表明，在这3个基因的启动子区域均存在 sox9 蛋白结合位点，认为 sox9 基因可能作为上游基因在调控 sox3、dmrt1 基因转录的同时，对自身也起着一定的调节作用。sox3、sox9 和 dmrt1 基因的表达水平变化总趋势基本一致，也可能是由于 sox9 是 sox3 和 dmrt1 基因的上游调节基因，调节 sox3 和 dmrt1 的转录表达。3组不同温度处理下，在 30～50dpb（性腺分化期间），sox3、sox9 和 dmrt1 的表达均处于较低水平，这可能与精巢的后分化有关。高温处理后，40dpb 时 sox3 相对表达量上调；低温处理后，50dpb 时 sox3 相对表达量下调，这可能与高温导致精巢分化速度加快和低温下精巢分化速度缓慢有关。sox9 在高温组和对照组中的相对表达水平差异不显著，除了 45dpb，sox9 在低温组中的相对表达水平下调；同样，dmrt1 在低温组中的相对表达水平也基本下调。结合组织切片的观察结果，初步推测 sox9 基因可能是 sox3 和 dmrt1 基因的上游调节基因，调节 sox3 和 dmrt1 的转录表达，并且与高温促进精巢分化的速度、低温延缓精巢的分化速度有关。在低温 16℃ 处理下，30dpb、40dpb、45dpb 时 amh 相对表达水平显著上调，可能与低温导致许氏平鲉性腺分化偏雄性分化有关。

二、光周期

（一）光周期对许氏平鲉性腺分化的影响

在影响鱼类性别分化的多种环境因素中，除了温度外，光周期也是影响鱼类性别分化的重要因素之一。许氏平鲉实验开始时性腺已初步分化，光照时间越长卵巢发育速度越快，精巢无明显差异，3 组光周期处理中雌性率均为 50%，即雌雄比例为 1：1；实验 21d 时，对照组（L：D＝12：12）的卵巢发育速度最快，其次是长光照（L：D＝16：8），短光照（L：D＝8：16）最慢，对照组和短光照组精巢的发育速度差异不明显，但快于长光照组，短光照组和长光照组雌性率无变化，对照组雌性率升高，光周期为 L：D＝12：12 时，性腺分化偏雌性发育。从性腺发育速度来看，卵巢与精巢对光周期的响应相反，对照组下卵巢和精巢发育均较快。因此，说明同一光照周期下，不同物种的性腺分化和发育速度对光周期的应答和敏感程度不同。

（二）光周期对性类固醇激素水平的影响

在许氏平鲉研究中，不同光周期处理下，E_2 水平的总趋势均为先上升后下降，然后趋于稳定；而对照组和长光照组中 T 水平的总趋势均为先上升后下降，然后趋于稳定，短光照组中 T 水平的总趋势为先下降、后上升、再下降，然后趋于平稳。在第 9 天时，E_2 和 T 均达到较高水平，12d 时对照组的 E_2 和 T 下降到较低水平，长光照组 E_2 和 T 下降到较低水平是在12d 和 15d，短光照组的 E_2 和 T 在 18d 时才下降到较低水平。结合组织切片的结果可推测，性腺分化过程中的前期 E_2 和 T 处于较高水平，之后下降到较低水平。因此，对照组（L：D＝12：12）卵巢发育最快，短光照组的精巢发育较快，可能是由于 T 的含量处于较高水平时间较长所导致。综合来说，光周期为 L：D＝12：12 时有利于许氏平鲉性腺分化，不同物种 E_2和 T 对光周期应答不同。

（三）光周期对许氏平鲉性腺分化相关基因表达的影响

在许氏平鲉研究中，处理第 1 天（即 35dpb）时性腺已开始分化，3 组实验中 *cyp19a1a* 的表达量均逐渐下降，之后稳定在较低水平。开始时 3 组实验的 *cyp19a1a* 的相对表达量处于较高水平，可能是由于此时是卵巢分化时期，21d 时，3 组均已降到最低水平，但长光照组和对照组的表达量较高。结合组织切片结果，初步推断，性腺分化时期光周期为 L：D＝12：12 时，性腺分化偏雌性发育，较长的光照时间可能导致卵巢发育速度加快，短光照可能使精巢分化速度加快。

在处理过程中，*foxl2* 相对表达水平总趋势与 *cyp19a1a* 的一致，开始时处于较高水平可能是由于此时期是卵巢分化时期，精巢未分化，随着卵巢的逐渐发育，*foxl2* 和 *cyp19a1a* 的表达逐渐降低，最后稳定在较低水平。在短光照处理第 6 天，*foxl2* 相对表达水平上升，21d 时，光周期为 L：D＝12：12 时 *foxl2* 表达水平较其他两组显著上升，这与组织切片结果一致。

同时发现 *era* 和 *erb2*，*foxl2* 和 *cyp19a1a* 的表达模式不同。在短光照组中，除了第 1 天处于较高水平，之后一直处于较低水平，长光照的 *era* 表达水平基本比其他两组都高。说明短光照可能抑制了 *era* 的表达，长光照可能会促进 *era* 的表达，但在性腺分化中起的作用并不大。*sox3*、*sox9* 和 *dmrt1* 表达水平变化总趋势基本一致，也可能是由于 *sox9* 基因是 *sox3* 和 *dmrt1*基因上游调节基因，调节 *sox3* 和 *dmrt1* 的转录表达。这与温度对性别分化相关基因的影响研究结果相似，进一步推测 *sox9* 基因可能是 *sox3* 和 *dmrt1* 基因的上游调节基因，调节 *sox3* 和*dmrt1* 的转录表达。

sox3、*sox9* 和 *dmrt1* 基因在实验后期表达量逐渐升高，可能与精巢分化时间比较晚有关。

在短光照处理的第 6 天，*sox3*、*sox9* 和 *dmrt1* 基因的表达水平也同样突然上升，在 21d 时，对照组中 *sox3* 表达水平突然显著上升，可能与卵巢的后期分化有关。结合组织切片结果，短光照组的 *sox9* 和 *dmrt1* 的表达水平显著上升可能与精巢的分化有关，进一步说明，短光照有利于精巢的分化。在光照处理后期 *amh* 的 mRNA 表达水平逐渐升高，这可能与精巢的分化时间晚有关。但在 21d 时，*amh* 与 *sox3*、*sox9* 和 *dmrt1* 基因的表达模式不同，长光照下 *amh* 的表达显著上升，随着光照时间的增长 *amh* 的表达水平逐渐上升，初步推测 *amh* 可能与卵巢分化有一定关系。

第三节　许氏平鲉性腺转录组分析及功能基因表达

一、许氏平鲉性腺转录组分析

许氏平鲉具有卵胎生的生殖模式和精子长期储存的特点，这导致雌雄性腺发育不同步。然而，对许氏平鲉性腺发育尚未全面深入研究。本部分通过对许氏平鲉的精巢和卵巢进行 RNA 测序，鉴定配子发生发育和成熟过程中的关键通路和基因，并注释差异表达基因。精巢中差异基因的富集分析显示，分别在 III 期精巢 - IV 期精巢（M_III-M_IV）组和 IV 期精巢 - V 期精巢（M_IV-M_V）组中分别富集到 11 条和 14 条 KEGG 通路，卵巢发育时期的差异表达基因（differential expressed gene，DEG）可分成 10 个生物学功能组。细胞间相互作用和细胞骨架以及细胞周期中分子扩增和修复类别与代谢产物的生物合成一起，对精巢发育和精子生成至关重要。这些研究提供了对许氏平鲉性腺发育的全面了解，为深入研究卵胎生鱼类生殖生理学奠定分子依据。

（一）许氏平鲉性腺发育期鉴定与选择

通过 HE 染色鉴别 10 月到次年 3 月许氏平鲉性腺发育阶段。10 月至 11 月上旬精巢为 III 期（M_III），此时精子发生开始；11 月精巢为 IV 期（M_IV），可见发育成熟精子，并且此时发生交配行为；次年 1 月交配结束，精巢进入 V 期（M_V）。在 11 月上旬，卵巢为 III 期，此时可见油滴和卵黄开始积累；卵黄和油滴在 12 月完成积累，此时卵巢为 IV 期；V 期卵巢为卵母细胞已完成第一次减数分裂，排出第一极体的阶段。根据 HE 染色鉴定，区分并获得了不同发育阶段的性腺。在精巢中，通常在冬季观察到雄鱼净重为（795.09±58.63）g，性腺指数（GSI）为 1.26，此时为卵胎生许氏平鲉交配期。次年 3 月中旬，卵母细胞成熟并开始受精，此时雌鱼净重为（880.68±99.48）g，卵巢 GSI 为 7.57。

所用实验鱼类许氏平鲉性腺发育时期的 HE 染色图见二维码 12-10（III♂、IV♂ 和 V♂ 分别代表 III、IV 和 V 期精巢，III♀、IV♀ 和 V♀ 分别代表 III、IV 和 V 期卵巢）。

（二）许氏平鲉性腺转录组从头组装和注释

在 Illumina HiSeq X10 平台上，对 3 个不同阶段的卵巢和精巢样本进行 RNA-Seq 测序，从 18 个性腺样本中获得了总计 1 029 619 820 个原始读数（150bp）。在对低质量序列进行预处理和过滤后，净读计数为 998 950 272。从头组装的转录组获得 517 848 个基因，N50 为 1660，说明组装质量较高。对许氏平鲉性腺转录组在 7 个公共数据库中进行了注释，包括

NR、Nt、KO、SwissProt、PFAM、GO 和 KOG，其中 61.63% 的基因至少注释到了 1 个数据库。Nonredundant（NR）注释结果显示，72.6% 的基因注释到 5 种鱼类基因组中，其中与大黄鱼（*Larimichthys crocea*）具有最高的序列相似性。基于 GO 和 KEGG 数据库的分析结果显示，将 123 181 个基因分配到 56 个功能性 GO 项中。GO 富集基于 3 种主要的类别，生物学过程含有 26 个 GO 富集项，为最主要的富集类别，其次是细胞成分（20 个 GO 富集项）和分子功能（10 个 GO 富集项）。根据对 2 级 GO 类别分析结果显示，在 32 个显著丰富的 KEGG 通路中，总共将 70 174 个基因注释为 5 个类别。许氏平鲉性腺转录组的注释和功能分类见二维码 12-11。

（三）许氏平鲉不同性腺发育阶段差异表达基因分析

从 4 个不同的性腺发育文库中获得了 33 393 个差异表达基因，其中，在卵巢Ⅲ-Ⅳ组中显著表达 464 个 DEG（151 个上调基因和 313 个下调基因），在卵巢Ⅳ-Ⅴ组中显著表达 329 个 DEG（109 个上调基因和 220 个下调基因）。雄性在生殖期的 DEG 多于雌性，其中精巢Ⅲ-Ⅳ组显著表达了 3858 个 DEG（1611 个上调基因和 2247 个下调基因），精巢Ⅳ-Ⅴ期表达了 30 160 个 DEG（24 446 上调基因和 5714 下基因）。许氏平鲉性腺 4 个比较组差异表达基因的维恩图见二维码 12-12。

1. 许氏平鲉精巢发育阶段差异表达基因分析　　分别从卵巢Ⅲ-Ⅳ组以及卵巢Ⅳ-Ⅴ组获得了 3858 个和 30 160 个带注释的 DEG。对所有 3 个阶段精巢中表达的 32 772 个 DEG 的热图分析表明，这些基因在Ⅲ期和Ⅳ期精巢中大多数都表现出相似的表达模式，其中Ⅲ期和Ⅳ期精巢上调的基因在Ⅴ期精巢中下调，说明这些 DEG 的表达谱与雄性生殖过程（包括配子成熟）成正相关。这些 DEG 的 GO 分析显示，它们中的大多数富集到 MF 项，尤其是分子结合 GO 项。许氏平鲉精巢不同发育阶段 DEG 的鉴定和注释见二维码 12-13。

在精巢Ⅲ-Ⅳ和Ⅳ-Ⅴ组，分别绘制了 11 个和 14 个显著富集的 KEGG 通路。在卵巢Ⅲ-Ⅳ组中，将 11 条 KEGG 通路分为 3 类，包括细胞间相互作用和细胞骨架、细胞周期中的分子扩增和修复等。与卵巢Ⅲ期相比，Ⅳ期中的细胞间相互作用和细胞骨架，包括细胞外基质（extracellular matrix，ECM）-受体相互作用、黏着斑和肌动蛋白细胞骨架调节等通路中的 DEG 基因上调。分子扩增和修复分类下的细胞周期、泛素介导的蛋白质水解、DNA 复制、Fanconi 贫血通路、RNA 转运和 mRNA 监测通路的 DEG 在Ⅲ期明显上调，这个阶段主要生物过程包括精子发生开始、细胞分裂和蛋白质生物合成。此外，Ⅳ期精巢中的某些其他途径如类固醇激素生物合成也显著上调（图 12-2）。

将精巢Ⅳ-Ⅴ组中 14 条 KEGG 途径分为 5 类，包括孕激素介导的配子成熟、细胞周期中的分子扩增和修复、神经系统中内质网相关蛋白的加工和胞吐作用、感染和免疫相关及其他。在孕激素介导的配子成熟通路中，由于类固醇激素对生殖细胞分裂的重要性，大多数 DEG 在Ⅳ期精巢中表达上调。DEG 也显示在精巢Ⅲ期和Ⅳ期均上调，这意味着细胞代谢的剧烈变化在整个生殖过程中持续进行。神经系统中内质网相关蛋白的加工、胞吐作用中的内质网中的蛋白质加工、突触小泡循环中存在大量丰富的 DEG，说明这些基因表达在精巢Ⅲ期和Ⅳ期精巢之间显著变化，与处于生殖高峰期密不可分（图 12-3）。

2. 许氏平鲉卵巢发育阶段差异表达基因分析　　由于雌性许氏平鲉的特殊繁殖策略，卵

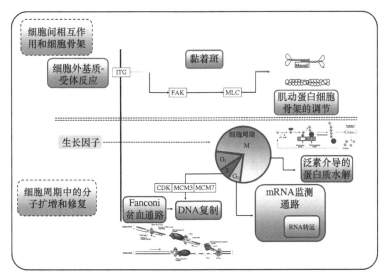

图 12-2　许氏平鲉精巢Ⅲ-Ⅳ组的通路调控

红色方框和绿色方框分别代表上调和下调的 KEGG 通路和 DEG

巢中转录组水平的变化不如精巢那么剧烈。在卵巢Ⅲ-Ⅳ组和卵巢Ⅳ-Ⅴ组注释和富集分析结果中分别获得了 464 个和 329 个 DEG。所有 765 个 DEG 的表达模式与精巢不同，在Ⅳ期和Ⅴ期卵巢中上调，说明相比于精巢，卵巢发育延迟。

有趣的是，GO 分析显示这 765 个 DEG 中，总共有 205 个 DEG 富集到了细胞成分 GO 分类中的细胞膜（GO：0016020），其中大多数参与膜锚定的酶促反应或分子运输。对这些 DEG 进行生物学功能分类获得细胞周期、细胞连接、细胞结构、代谢、DNA 结合和转录调控、免疫系统、神经系统、分子转运、蛋白质修饰、RNA 结合和信号转导共 10 个精确的功能分类。在这些分类中，分子运输包含最多的 DEG（40 个），表明许氏平鲉卵巢发育阶段物质运输过程的重要性。许氏平鲉卵巢不同发育阶段 DEG 的鉴定与注释见二维码 12-14。

（四）RNA-Seq 结果验证

随机选择 10 个 DEG 进行 q-PCR 分析，以验证当前的 RNA-Seq 数据。结果表明，所选基因的 q-PCR 表达模式与 RNA-Seq 结果显著相关（R2：0.933～0.9559）。总而言之，q-PCR 结果证实了 RNA-Seq 数据，这暗示了 RNA-Seq 分析的可靠性和准确性。性腺 RNA-Seq 结果中 10 个差异表达基因的 qRT-PCR 验证见二维码 12-15。

二、许氏平鲉繁殖相关功能基因表达

（一）促滤泡激素受体（*fshr*）基因和促黄体激素受体（*lhr*）基因表达

克隆许氏平鲉 *fshr* 和 *lhr* 的 mRNA 全长序列，得到 *fshr* 全长 cDNA 共 2851bp，共编码 703 个氨基酸。该蛋白质具有 G 蛋白偶联家族的典型特征，包括一个胞外区（extracellular domain，ECD）、后面紧随的 7 个跨膜结构域（transmembrane domain，TMD）和一个 C 端区域。

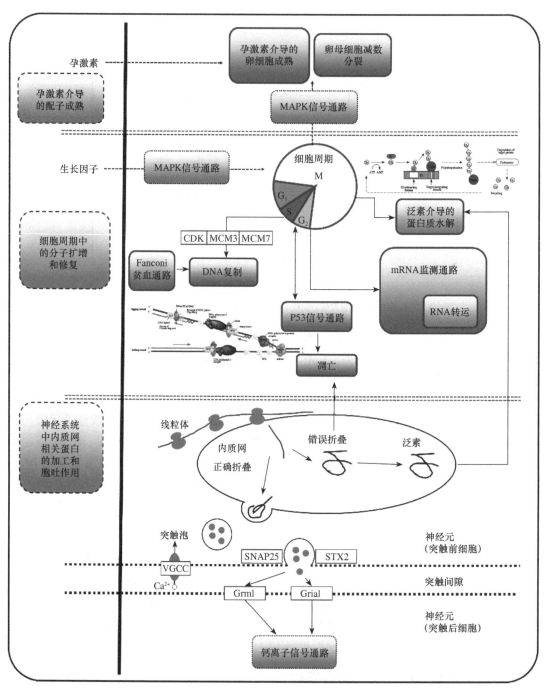

图 12-3　许氏平鲉精巢Ⅳ-Ⅴ组的通路调控
红色方框代表上调的 KEGG 通路和 DEG

FSHR 的胞外区域有 378 个氨基酸，其中前 20 个氨基酸是预测的信号肽，有 10 个重复的 LRR 片段；蛋白质包含 6 个潜在的 N- 连接糖基化位点，以及 13 个保守的半胱氨酸残基，胞内环中有一个潜在的蛋白激酶 C 磷酸化位点（407T）。

lhr 全长 cDNA 共 2918bp，该蛋白质同样具有糖蛋白家族的结构特点，有一个胞外区、7 个跨膜螺旋区（TMD）和 C 端区域。胞外区由 377 个氨基酸组成，其中前 21 个氨基酸是预测信号肽区域，后面紧随 7 个跨膜螺旋区和一个 C 端区域。LHR 蛋白存在 3 个潜在的糖基化位点，并且有 14 个保守的半胱氨酸残基。胞外区域有 378 个氨基酸，其中前 20 个氨基酸是预测的信号肽，并且有 10 个重复的 LRR 片段，胞内环中有一个潜在的蛋白激酶 C 磷酸化位点（407T）。

许氏平鲉 *fshr* 和 *lhr* 与欧洲舌齿鲈 *gthr* 相似性更大，在卵巢和精巢均表达，在非性腺组织中也有表达，*gthr* 基因表达在雌雄鱼中不同发育期表达有所差异。在雌鱼中，*fshr* 的表达量在卵母细胞发育的时候逐渐增高，发育早期的表达量高于发育晚期；雄鱼中，*fshr* 的表达量在早期发育时期明显高于晚期发育时期，说明 *fshr* 在精巢早期发育中的作用很大。许氏平鲉 *lhr* 在雌鱼中的排卵期达到最大值，*lhr* 在 Ⅱ 期卵巢中表达量很高，这说明在不同发育期中鱼类存在物种间差异性。

研究克隆得到了卵胎生鱼类许氏平鲉的 *fshr* 以及 *lhr* 全长基因，并且研究了 *gthr* 在各组织中以及在繁殖周期中的表达情况。结果显示 *fshr* 以及 *lhr* 在各组织中表达广泛，除了在性腺中表达之外，在非性腺组织中也具有一定功能。对 *gthr* 进行周期表达分析，发现 *fshr* 和 *lhr* 分别在早期性腺发育以及晚期性腺发育中占主导地位。这些研究将为进一步研究 *gthr* 在卵胎生硬骨鱼类中的作用和功能提供重要信息。

（二）许氏平鲉 P450c17 芳香化酶基因表达分析

获得 P450C17-Ⅰ 全长 cDNA 共 1940bp，其中包括 135bp 的 5′ 端非编码区、260bp 的 3′ 端非编码区和 1545bp 的开放阅读框（ORF），共编码 515 个氨基酸。P450c17-Ⅰ 具有 2 个 N- 糖基化位点。克隆得到 P450C17-Ⅱ 全长共 2022bp，包括 57bp 的 5′ 端非编码区、372bp 的 3′ 端非编码区、1620bp 的开放阅读框，共编码 540 个氨基酸，P450c17-Ⅱ 有 1 个 N- 糖基化位点（251NSSL）。

RT-PCR 检测发现，P450c17 在卵巢和精巢中都有很高的表达量，这与许多鱼类的研究结果类似，说明性腺是 P450c17 的主要表达组织，P450c17 对于性类固醇激素的合成起到重要的作用。许氏平鲉 P450c17 在许多非性腺组织中也有表达，如肝脏、脾、肾及头肾，肾中的表达量比较高，表明硬骨鱼头肾具有合成 P450c17 的能力，可以参与皮质醇和 17α，20β-DHP 的合成。研究发现，许氏平鲉的 P450c17 在整个发育周期中都有表达，该结果说明，P450c17 在许氏平鲉卵巢发育早期也是有作用的。总之，许氏平鲉性腺是 P450c17 的主要表达组织，在非性腺组织中的表达，如头肾和肾，说明它们参与了皮质醇以及 17α，20β-DHP 的合成。

（三）许氏平鲉 *vasa* 基因的克隆与繁殖周期表达分析

克隆得到 *vasa* 全长 cDNA 共 2443bp，包括 1950bp 的开放阅读框，编码 650 个氨基酸。蛋白质包括 8 个保守的 DEAD-box 典型区域、ATP 结合区、N 端区以及 RG、RGG 重复区域。

在许氏平鲉雌鱼和雄鱼中，*vasa* 基因在整个发育期内都有表达。在雄鱼中，*vasa* 的表达量在初级精原细胞阶段较低，在未成熟精子阶段增加，成熟期迅速下降，在排精期最小。在雌鱼中，表达模式略有不同，*vasa* 的表达量从性腺未成熟期到卵黄期降低，排卵期稳定在一个较低的水平上，在妊娠期为最低值。许氏平鲉 *vasa* 基因空间表达分析证实了 *vasa* 仅存在于性腺中，比较许氏平鲉 *vasa* 在发育周期内的表达，雄鱼中，*vasa* 在精原细胞期和未成熟的精子发育期表达量较高；雌鱼中，*vasa* 在性腺发育早期表达量较高。这些结果都说明了 *vasa* 基因的在许氏平鲉性腺发育的早期发挥作用，与卵生硬骨鱼类基本相同。

（四）许氏平鲉 *foxl2* 克隆与表达分析

克隆获得 *foxl2* 全长 cDNA 共 2052bp，其中包括 201bp 的 5′ 端非编码区、927bp 的 3′ 端非编码区和 924bp 的开放阅读框，共编码 307 个氨基酸。许氏平鲉的 FOXL2 包括一个保守的 110 个氨基酸序列的叉头状序列，该片段与人类和老鼠的相似度为 98%～100%。硬骨鱼和鸡的 FOXL2 缺少 polyA、甘氨酸富集区以及脯氨酸 - 丙氨酸区域，而这些区域都是在哺乳动物中非常保守的区域。与鱼类、鸡和哺乳类比对发现，FOXL2 翼状叉头区域和 C 端区域非常保守，并且 C 端要比 N 端保守一些。

组织表达结果表明，许氏平鲉 *foxl2* 在胃中的表达量很高，在肝脏、脂肪、鳃、脑和卵巢中也有表达，但是在精巢中却没有发现表达。研究了 *foxl2* 在性腺和脑中的时间表达模式，在雌鱼中，*foxl2* 的表达量从未成熟发育期开始增加，在卵黄发育晚期达到最高值，这与鸡类中 *foxl2* 的表达模式类似。*foxl2* 在卵胎生硬骨鱼类卵母细胞成熟所起的作用还有待深入研究。

第四节　许氏平鲉繁殖期性腺脂质代谢特征

鱼类在性腺发育时会大量积累营养物质，主要是为生殖细胞提供能源物质，其次也为机体活动提供能量。生殖细胞中营养物质主要包括蛋白质、脂肪、碳水化合物、维生素等，通过糖异生、糖酵解、脂肪酸代谢、蛋白质代谢等途径为机体提供能量。而脂质物质是胚胎中主要的能源物质，主要以磷脂形式储存在卵黄或油球中，为鱼类胚胎发育、孵化和其他生理活动提供能量保证。目前对鱼类繁殖营养学的研究已有一定成果，但大多数研究集中于大类物质含量变化，将物质定性并从代谢通路的角度去分析响应的研究鲜有报道。

通过石蜡组织切片技术观察性腺发育时期，挑选雄鱼精巢的 3 个发育时期：Ⅲ期、Ⅳ期、Ⅴ期，卵巢的 3 个发育时期：Ⅱ期、Ⅳ期、Ⅴ期，基于超高效液相色谱 - 四极杆飞行时间质谱联用技术（UHPLC-QTOF-MS）进行脂质代谢水平检测。得到的离子峰数据与代谢组学数据库比对后，在雄鱼中获得 2663 个注释的代谢产物，在雌鱼中获得 176 个注释的代谢产物。

一、雄鱼繁殖期性腺脂质代谢

（一）不同繁殖期性腺代谢轮廓差异

生物体的代谢反应不是简单独立事件，通常是由不同基因和蛋白质形成复杂的、多功能的代谢通路和调控网络，这些代谢通路之间交互作用最终导致代谢组发生系统性、规律性的改变。为比较雄性许氏平鲉在不同繁殖期性腺脂质代谢轮廓的差异，采用 UHPLC-QTOF-MS 对样品进行检测。3 个 QC 样本的出峰保留时间和峰面积都高度重叠，表明仪器稳定，获得的数据具有可靠性。原始数据经过预处理后，正离子模式下鉴定出 2663 个代谢物，负离子模式下鉴定出 3150 个代谢物，经过自建数据库匹配，正离子模式下成功匹配到 1731 个代谢物，负离子模式下成功匹配到 1946 个代谢产物，正、负离子模式下鉴定出 3677 个代谢物。为了更好地区分各组之间或者样品之间的差异，进行主成分分析（PCA），每一个标注点代表了一个组的样本，PC［1］和 PC［2］分别代表排名第一、第二的主成分，由于个体之间生物学差异较大，导致Ⅲ组、Ⅴ组样本相对比较分散，但是Ⅳ组样本相对比较聚集；但所有样本均处于95%置信区间，且分布于不同的区域中，表明各组之间脂质代谢具有其独特性，可进一步进行研究。雄性许氏平鲉繁殖期性腺的代谢组学轮廓见二维码12-16。

（二）差异代谢物鉴定结果

根据OPLS-DA模型第一主成分的VIP>1.0和$P<0.05$来寻找差异代谢物。结果表明：Ⅳ组和Ⅲ组有320个差异代谢物，其中正离子模式201个，负离子模式119个；Ⅴ组和Ⅳ组有344个差异代谢物，其中正离子模式165个，负离子模式179个。通过上述一系列分析得到的差异代谢物，其结果和功能在生物学上具有一定的相似性或互补性，或者由相同的代谢通路调控，在不同实验组间出现相似或相反的表达特征。对比结果表明：Ⅳ组对Ⅲ组正离子模式147种上调、35种下调，负离子模式78种上调、26种下调；Ⅴ组对Ⅳ组正离子模式117种上调、36种下调，负离子模式108种上调、55种下调。显著差异代谢物主要是磷脂，包括PE、PC、PS、PA、磷脂酰甘油（PG）、磷脂酰肌醇（PI），还包括少数的肉碱、鞘氨醇、甘油三酯（TG）、胆固醇、神经酰胺（Cer）等物质。

（三）差异代谢物的代谢通路分析

将筛选出的具有统计学差异的代谢物与HMDB、PubChem和KEGG等数据库进行匹配，找出与雄性许氏平鲉繁殖期性腺发育有关的代谢通路，研究其生物学功能。最终在Ⅳ组和Ⅲ组正离子模式成功注释57个代谢物，负离子模式成功注释37个代谢物；Ⅴ组和Ⅳ组正离子模式成功注释34个代谢物，负离子模式成功注释58个代谢物。这些代谢物通过KEGG注释代谢通路，Ⅳ组和Ⅲ组正离子模式成功注释24条代谢通路，负离子模式成功注释8条代谢通路；Ⅴ组和Ⅳ组正离子模式成功注释24条代谢通路，负离子模式成功注释12条代谢通路。

为了验证实验条件和富集到的代谢通路之间的相关性，进行富集分析与拓扑分析，旨在找到与差异代谢物相关性最高的代谢通路。一个气泡代表一个代谢通路，通路在拓扑分析中影响因子的大小用横坐标和气泡大小表示，气泡越大，影响因子越大；富集分析的P值用纵坐标$-\ln（p）$和气泡颜色表示，颜色越深，P值越小，相关性越高。Ⅳ组和Ⅲ组富集到代谢通路有：甘油磷脂代谢、亚油酸代谢、α-亚麻酸代谢、GPI-锚生物合成、甘油酯代谢、花生四烯酸代谢、类固醇代谢、醚脂代谢，共8条代谢通路；Ⅴ组和Ⅳ组富集到代谢通路有：甘油磷脂代谢、亚油酸代谢、α-亚麻酸代谢、GPI-锚生物合成、鞘脂类代谢、花生四烯酸代谢、甘油酯代谢，共7条代谢通路。

无论是Ⅳ组和Ⅲ组还是Ⅴ组和Ⅳ组，共享6条代谢通路，其中甘油磷脂代谢通路最为显著，主要差异代谢物为PA、PC、PE、PS，这揭示了雄性许氏平鲉繁殖期性腺脂质水平主要的响应机制。代谢通路富集分析图见二维码12-17。

二、雌鱼繁殖期性腺脂质代谢

（一）不同繁殖期性腺代谢轮廓差异

质控样本的总离子流色谱图（total ion chromatography，TIC）出峰保留时间和峰面积重叠性很好，说明仪器稳定性很好，获得的数据具有可靠性。原始数据经过预处理后，正离子模式鉴定出 176 个代谢物，负离子模式鉴定出 147 个代谢物，共鉴定出 323 个代谢物，且全部匹配成功。应用主成分分析（principal component analysis，PCA）区分实验组之间与组内样本之间的差异，一个标注点代表一个样本，不同实验组用不同颜色区分，Ⅴ组组内聚集程度很高，说明样本重复性很好，Ⅱ组和Ⅳ组在正离子模式下离散度较大，但在负离子模式下重复性很高，可能是由于个体之间有一定生物学差异，正离子模式响应的代谢物组内差异显著；但所有实验样本均处于 95% 置信区间，且分布于不同的区域中，表明不同繁殖期，雌性许氏平鲉性腺脂质代谢具有特异性。雌性许氏平鲉繁殖期性腺的代谢组学轮廓见二维码 12-18。

（二）差异代谢物的代谢通路分析

首先将筛选出的具有统计学差异的代谢物与 HMDB、PubChem、KEGG 等数据库进行映射，在取得差异代谢物的匹配信息后，进行通路数据库搜索，寻找差异代谢物所有的代谢通路，研究其生物学功能。最终在Ⅳ组和Ⅱ组正离子模式成功注释 16 个代谢物，负离子模式成功注释 54 个代谢物；Ⅴ组和Ⅳ组正离子模式成功注释 6 个代谢物，负离子模式成功注释 41 个代谢物。将所有代谢物映射到 KEGG 通路中，Ⅳ组和Ⅱ组正离子模式成功注释 16 条代谢通路，负离子模式成功注释 12 条代谢通路；Ⅴ组和Ⅳ组正离子模式成功注释 14 条代谢通路，负离子模式成功注释 12 条代谢通路。

KEGG 注释分析仅发现了与差异代谢物有关的所有路径，对通路进行进一步的综合分析以验证与实验条件的相关程度。代谢通路分析表明，Ⅳ组和Ⅱ组富集到代谢通路有：甘油磷脂代谢、亚油酸代谢、α- 亚麻酸代谢、GPI- 锚生物合成，甘油酯代谢、花生四烯酸代谢，共 6 条代谢通路；Ⅴ组和Ⅳ组富集到代谢通路有：甘油磷脂代谢、亚油酸代谢通路、α- 亚麻酸代谢、GPI- 锚生物合成、花生四烯酸代谢、甘油酯代谢，共 6 条代谢通路，但正离子模式下没有富集到显著差异的通路。代谢通路富集分析图见二维码 12-19。可以看出不管是Ⅳ组和Ⅱ组还是Ⅴ组和Ⅳ组，共享 6 条代谢通路，其中甘油磷脂代谢通路最为显著，这表示雌性许氏平鲉在繁殖期间影响其性腺脂质水平变化的主要是甘油磷脂的代谢。

三、脂质组学与动物繁殖相关分析

脂质组学是代谢组学的一个重要分支，近年来在医疗、食品、生物代谢等方面成为研究热点，从生物整体角度在其生理条件变化时做出一系列机体应答反应，引起内源性代谢物水平发生变化。不论是雄鱼还是雌鱼，在整个生殖过程中其性腺的脂质水平均发生显著的变化，且共享 1 条差异代谢通路：甘油磷脂代谢通路。甘油磷脂是细胞膜的主要成分，同时还参与细胞膜对蛋白质的识别与信号转导，包括 PC、PE、PS、PG、PI，与筛选得到的显著差异代谢物相吻合，而基于部分单一磷脂的研究，PE 效果优于 PC，也优于 PS。

精子属于高度分化的细胞，具有其独特的脂质结构，精子在成熟的过程中其脂质结构发生改变适应机体的生理变化。精子脂质主要包括磷脂、胆固醇、糖脂，磷脂主要包括甘油磷脂和鞘磷脂，在顶体反应、膜酶的活化、运动活性和精子获能中具有重要的意义。有研究表明在饲料中添加磷脂，可以提高公猪应激能力，保证精液的质量，添加 PC 可提高精子的运动性；高比例的 PC/PE 有助于膜稳定性，低比例的 PC/PE 会导致精子质量下降；繁殖期间，牛精囊分泌的蛋白质与 PC 结合，诱导附睾分泌 PC；已有研究证明海水鱼精子中 PC 含量最高，与细胞膜有很强的亲和力，保护细胞免受寒冷的冲击。因此，繁殖期间高水平的磷脂有助于膜结构的稳定，为精子提供蛋白质结合位点与动能，研究结果表明在整个精子成熟过程中磷脂整体水平呈上调趋势，PE 与 PC 均呈显著上调趋势以保证精子的活力与质量；也可能是由于雄性许氏平鲉性腺在冬季成熟，水温较低，繁殖期间高水平的 PC 可避免精子受到寒冷的冲击。而 PS 是脂质代谢的中间产物，参与生长发育的信号调控，因此繁殖过程中 PS 始终保持较高水平，以保证其他脂类的合成。精子中 PS 的外翻水平可用于评价精子质量，研究发现精子成熟过程中 PS 外翻水平升高，可能是因为精子成熟过程中，PS 膜不对称分布消失，暴露在精子表面；也可能是其作为蛋白激酶 C 的活化因子，进而促进细胞增殖分化；而精子退化吸收期显著降低，可能是因为后期细胞开始凋亡，PS 转移到细胞膜表面被氧化，并迅速被巨噬细胞吞噬。

硬骨鱼类繁殖力通常用雌鱼的怀卵量表示，而营养条件是影响繁殖力的关键因素，卵细胞发育良好、迅速，繁殖力就高。许氏平鲉 Ⅱ 期末卵巢开始营养物质的积累，硬骨鱼类营养物质通常以 PC 与 PE 的形式储存在油球、卵黄中，卵黄发生中后期不饱和脂肪酸显著上升，因此，与 Ⅱ 期末卵巢相比 Ⅳ 期末卵巢中 PC 显著上调，作为卵子、受精卵等发育的内源性营养来源；PE 水平下降可能是由于 Ⅳ 期末卵黄颗粒融合，性腺发育成熟，部分 PE 转化为花生四烯酸，进而刺激卵巢中类固醇的合成，促进卵巢发育成熟或者 PE 不是许氏平鲉卵巢成熟的必须脂质，只是与 PC 相互转化，维持细胞膜稳定性与功能特性。推测卵胎生许氏平鲉繁殖期卵黄营养物质主要以 PC 形式存在，机体通过自我调控，利用磷脂合成酶将大部分 PS 转化为 PC，为卵母细胞与受精卵发育提供充足的营养物质。PS 是合成其他磷脂甘油酯的前体物质，Ⅳ 期末卵巢营养物质积累结束，大部分 PS 用于合成 PC 等营养物质，且细胞处于减数分裂时期，因此卵巢中 PS 水平降低。

因此，许氏平鲉繁殖期间其性腺脂质水平生理变化主要由甘油磷脂代谢通路及其代谢产物调控。从结果可以看出，许氏平鲉性腺成熟过程中，主要营养物质是 PC，在精子的成熟与卵黄积累中起关键作用。但性腺磷脂水平的变化不是简单的个别物质的变化，磷脂代谢通路较为复杂，代谢物之间相互影响，大多数研究集中于对磷脂类总体绝对量的变化，对于鱼类繁殖前后磷脂类物质水平变化的研究几乎没有，对于磷脂类物质在各发育时期变化的机制还需进一步探索。

第五节　MC4R 调控卵胎生许氏平鲉生殖功能的研究

近年来，促黑素细胞激素（MSH）系统备受关注，作为阿黑皮素原（POMC）衍生物，在色素沉着、摄食、能量稳态、免疫调节以及繁殖活动中起着重要的作用，特别是其对能量平衡的调节作用，使之成为研究热点。通过定位 POMC 神经元及其衍生物在下丘脑中的分布及药理学分析，发现促黑素细胞激素系统能够影响下丘脑 - 垂体 - 性腺轴（HPG）中激素的合成，从而调节生殖活动。然而多数研究集中在哺乳动物，关于硬骨鱼类相关研究鲜有报道。

一、许氏平鲉黑皮质素受体 *mc4r* 基因克隆及表达模式分析

1. 许氏平鲉 *mc4r* 基因与蛋白质结构分析　　克隆得到许氏平鲉 *mc4r* 基因完整的开放阅

读框为 981bp，编码 326 个氨基酸，MC4R 是典型的 G 蛋白偶联受体，有 7 个跨膜螺旋，跨膜区域的氨基酸序列比较保守。与人、鼠、鸡及斑马鱼、青鳉鱼等物种进行序列比对，许氏平鲉 MC4R 氨基酸序列与人、鼠的相似性达到 90% 以上，与三刺鱼、剑尾鱼的相似性达到 95% 以上，表明 MC4R 氨基酸序列在物种间高度保守。MC4R 蛋白的二级结构和三级结构预测结果（预测可信度为 100%）显示，MC4R 包含 7 个疏水性的跨膜结构域，其三级结构通过二级结构（α 螺旋、β 折叠、β 转角和无规卷曲）经过侧链基团的相互作用维系形成。将许氏平鲉 MC4R 与人、小鼠等哺乳动物，斑马鱼、鲤鱼等多种低等脊椎动物的氨基酸序列进行系统进化树分析，发现其与欧洲舌齿鲈、金钱鱼、大黄鱼在进化上亲缘关系较近，与人、鼠、狗、山羊这些哺乳类动物在进化上亲缘关系较远，与七鳃鳗这种古老的圆口纲物种在进化上亲缘关系最远，表明 mc4r 基因在硬骨鱼中的进化上较为保守。

2. 许氏平鲉 *mc4r* 基因表达模式　　采用实时荧光定量技术测定卵泡发生期许氏平鲉雌鱼的心、肝、脾、胃、肾、肠、皮肤、脑、垂体、鳃、肌肉、卵巢各组织中 mc4r 的相对表达量，结果表明，mc4r 在脑、肝、卵巢和胃中的表达量较高，在脑中的表达量最高，显著高于其他组织，而在心、脾、肾、皮肤、垂体、肌肉中几乎没有表达。由此可以看出，mc4r 在脑、肝、卵巢和胃中具有组织特异性。

测定许氏平鲉卵巢发育过程中（Ⅱ～Ⅶ期）脑和卵巢中 mc4r 的相对表达量，结果表明，在脑中，mc4r 随着卵巢的成熟（Ⅱ～Ⅴ期）表达量逐渐增高，卵母细胞成熟期达到最大，显著高于其他时期，在胚胎期和退化期表达量出现显著下降，而在卵巢中，mc4r 的表达量在卵母细胞成熟期最大，而其他时期可能由于 mc4r 的表达量较低故未呈现出明显趋势，因此认为，MC4R 可能参与了卵母细胞成熟过程。MC4R 在摄食调控，能量稳态和生殖中具有重要作用，许氏平鲉 mc4r 基因在物种间和进化上高度保守，保证了配体的一致性和结合率。许氏平鲉组织表达模式和卵巢发育不同时期 mc4r 基因的表达量进行测定，其在脑、卵巢、胃和肝中表达较高，这与在其他物种中的表达模式有所差异，这可能是由于 MC4R 的表达具有一定的物种特异性。除此之外，mc4r 在脑中的表达量随着卵巢的成熟逐渐升高，说明 MC4R 可能通过直接或间接地刺激促性腺激素的分泌，对卵泡发育和卵巢成熟起到促进作用。

二、许氏平鲉 *mc4r* 原位杂交定位及 α-MSH、β-MSH 多肽对繁殖相关基因表达的影响

（一）原位杂交定位

1. *mc4r* 在脑中定位　　采用原位杂交（*in situ* hybridization，ISH）技术对 mc4r 在脑中的分布情况进行定位。将许氏平鲉脑分为端脑、间脑和小脑三部分，原位杂交结果显示，mc4r 在下丘脑中信号极强，呈深蓝色，有大量表达，包括下丘脑背侧部的前区和后区、腹侧部以及视前核。此外，mc4r 在下丘脑视顶盖、端脑腹侧部及背侧端脑的中部和后部也有分布，但信号强度稍弱。

2. *mc4r* 在卵巢中定位　　由于实验时许氏平鲉活鱼处于卵巢发育Ⅱ期，因此为了保证原位杂交的切片要求，采用新鲜的Ⅱ期发育卵巢进行 mc4r 定位，卵巢中主要包括 2 时相和 2 时相卵母细胞，结果显示，mc4r 主要分布在能够为卵母细胞提供性类固醇激素且与卵母细胞生长、成熟紧密相关的颗粒细胞中。此外，根据原位杂交信号强度可以表明，Ⅱ期卵母细胞周围

的颗粒细胞中 *mc4r* 的表达多于Ⅲ期卵母细胞周围的颗粒细胞，原位杂交结果与实时荧光定量结果一致。许氏平鲉 *mc4r* 在脑和卵巢组织中的原位杂交定位见二维码 12-20。

（一）α-MSH、β-MSH 对繁殖相关基因的影响

1. α-MSH、β-MSH 多肽刺激对脑中繁殖相关基因的影响 使用不同浓度（10^{-8}mol/L、10^{-7}mol/L、10^{-6}mol/L）α-MSH 和 β-MSH 刺激脑组织，在处理 3h、6h、12h 后采用实时荧光定量技术测定 *mc4r* 基因及 *gnih*、*sgnrh*、*cgnrh*、*kisspeptin* 四个与繁殖相关基因表达量。结果显示，α-MSH 和 β-MSH 均有效刺激了脑组织中 *mc4r* 的表达，相比于 α-MSH，β-MSH 对 *mc4r* 的表达作用时间更长且效果更显著，与 β-MSH 和 *mc4r* 的结合效率更高的结果一致。α-MSH、β-MSH 均促进了 *gnih* 的表达，抑制了 *sgnrh*、*cgnrh* 的表达，随着时间的延长，其作用效果减弱，但 10^{-6}mol/L 的 α-MSH 和 β-MSH 在 12h 后仍能维持作用效果，与对照相比有显著的增加或下降。

kisspeptin 能够通过促进 *gnrh* 表达而调控下丘脑 - 垂体 - 性腺轴中激素的释放，但 α-MSH、β-MSH 对 *kisspeptin* 的表达作用相反，其中 α-MSH 抑制了 *kisspeptin* 的表达，而 β-MSH 对其产生了促进作用，10^{-6}mol/L 和 10^{-7}mol/L α-MSH、β-MSH 均对 *kisspeptin* 的表达产生显著影响，但更低浓度对其表达无影响。

2. α-MSH、β-MSH 多肽刺激对卵巢中繁殖相关基因的影响 使用不同浓度（10^{-8}mol/L、10^{-7}mol/L、10^{-6}mol/L）α-MSH 和 β-MSH 刺激卵巢组织，在处理 3h、6h、12h 后采用实时荧光定量技术测定了卵巢中 4 个与性类固醇激素合成相关基因（*cyp11a1*、*cyp19a1a*、*3bhsd* 和 *star*）的表达量。结果显示，经 α-MSH 处理后，卵巢中 *cyp11a1* 和 *3bhsd* 的表达没有明显变化，在处理后 3h 时，α-MSH 促进了 *cyp19a1a* 表达，但不能维持作用效果，在 6h 时，已无显著影响，相比之下，高浓度的 α-MSH 对 *star* 的作用效果更为显著，6h 时 10^{-6}mol/L 的 α-MSH 仍能显著促进 *star* 的表达。

β-MSH 与 α-MSH 作用效果不同，稍高浓度（10^{-7}mol/L、10^{-6}mol/L）的 β-MSH 能够促进 *cyp11a1*、*cyp19a1a*、*3bhsd* 和 *star* 四种基因的表达，特别在浓度为 10^{-6}mol/L 时对 *cyp11a1* 和 *cyp19a1a* 产生了显著的作用效果且效果能够维持一定时间。

通过对 *mc4r* 在脑和卵巢中的定位以及使用其配体多肽刺激体外孵育的脑和卵巢组织以明确 MC4R 是否能够直接参与繁殖的调控。实验结果表明，许氏平鲉 *mc4r* 在脑中的定位在不同物种中较为一致，其可能通过与 GnRH 神经元的直接接触而影响 HPG 轴中激素的合成。*mc4r* 在卵巢中定位于颗粒细胞中表明其可能能够直接影响性类固醇激素的合成而参与生殖活动。通过 α-MSH 和 β-MSH 多肽刺激进一步证明了 MC4R 对 *GnRH*、*GnIH* 以及 *kisspeptin* 这类产生于下丘脑、能够直接调控下游繁殖相关激素合成的基因的影响，也证明了卵巢中的 MC4R 可能通过调节性类固醇激素关键限制酶的合成而影响繁殖能力。

三、MC4R 对繁殖功能转录调控的研究

启动子是 RNA 聚合酶识别、结合和开始转录的一段 DNA 序列，它含有 RNA 聚合酶特异性结合和转录起始所需的保守序列，其本身不被转录。转录因子是调控基因表达的重要分子，直接控制基因表达的时间、位置和程度。它们通过与特定的 DNA 序列结合，从而激活或抑制基因表达的调节，这对于一系列细胞过程必不可少。雄激素受体（androgen receptor，AR）、雌

激素受体（estrogen receptor，ER）和孕激素受体（progesterone receptor，PR）是核激素受体超家族的成员，是配体诱导的转录因子，对动物性腺发育周期的调节以及配子成熟和排精排卵具有重要作用，先前的研究表明MC4R对动物的繁殖能力具有一定的调控作用，且随着卵巢的成熟 *mc4r* 的表达量逐渐升高。本部分对 *mc4r* 基因启动子转录活性区域进行预测，通过双荧光报告基因检测技术对AR、PR、ER转录因子是否能够调控 *mc4r* 的转录进行研究，为研究MC4R在动物繁殖过程中的转录调控机制提供理论依据。

（一）启动子结构分析

克隆得到许氏平鲉 *mc4r* 序列中AR转录因子可能结合位点3个，PR转录因子可能结合位点2个，ER转录因子可能结合位点2个，真实结合位点由后续双萤光素酶报告基因检测得出。

（二）转录调控

1. AR转录因子对 *mc4r* 的转录调控　　将AR转录因子表达载体与 *mc4r* 基因启动子表达载体共转染293T细胞，使用睾酮刺激后，培养24h，测定萤光素酶相对活性值。结果显示，共转染细胞与转入空载体及转入启动子序列的细胞相比，萤光素酶相对活性值显著增加，因此说明在 *mc4r* 基因启动子区域存在AR转录因子结合位点。为进一步对其准确的结合位点进行验证，根据软件预测结果将启动子区域（P）按系统缺失方法分为PA1和PA2两种不同长度，使用双萤光素酶报告基因检测技术测定萤光素酶相对活性值，可知PA2区域与对照相比荧光值显著增加，而PA1区域虽与对照相比荧光值也显著增加，但幅度小于PA2区域，由此可知−103～−95为AR转录因子结合位点，后续通过融合PCR技术将此结合位点融合，测定萤光素酶相对活性值，其与对照组无显著差别，因为确定−103～−95处为AR转录因子结合位点，能够对 *mc4r* 基因进行转录调控，提高其表达水平（图12-4，图12-5）。

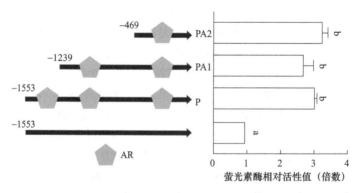

图12-4　AR转录因子对 *mc4r* 启动子的转录活性

不同小写字母表示各组间差异显著，下同

2. PR转录因子对 *mc4r* 的转录调控　　将PR转录因子表达载体与 *mc4r* 基因启动子表达载体共转染293T细胞，使用孕酮刺激后，培养24h，测定萤光素酶相对活性值。结果显示，共转染细胞与转入空载体及转入启动子序列的细胞相比，萤光素酶相对活性值显著增加，说明在 *mc4r* 基因启动子区域存在PR转录因子结合位点。随后根据软件预测结果将启动子区域

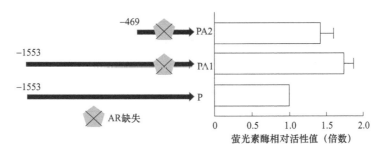

图 12-5 AR 转录因子结合位点融合对 *mc4r* 启动子的转录活性

（P）按系统缺失方法设计特异性引物得到 PP1 长度，测定该区域中转入 PR 转录因子后的萤光素酶相对活性，其与对照组相比荧光值显著增加，由此得知 −524～−518 为 PR 转录因子结合位点，后续通过融合 PCR 技术将此结合位点融合，测定萤光素酶活性，其与对照组无显著差别，因此确定 −524～−518 处为 PR 转录因子结合位点（图 12-6，图 12-7）。

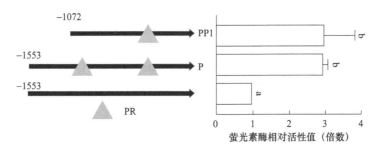

图 12-6 PR 转录因子对 *mc4r* 启动子的转录活性

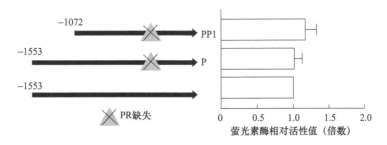

图 12-7 PR 转录因子结合位点融合对 *mc4r* 启动子的转录活性

3. ER 转录因子对 *mc4r* 的转录调控 将 ER 转录因子表达载体与 *mc4r* 基因启动子表达载体共转染 293T 细胞，使用雌激素刺激，培养 24h，测定萤光素酶相对活性值。结果显示，共转染细胞与转入空载体及转入启动子序列的细胞相比，萤光素酶相对活性值没有显著差别，说明 *mc4r* 基因启动子区域不存在 ER 转录因子结合位点（图 12-8）。

AR、PR 和 ER 转录因子是类固醇激素受体转录因子，属于核激素受体超家族成员，是配体诱导的转录因子，对调节动物性腺发育周期及配子成熟和排精排卵具有重要作用，经软件预测得到 *mc4r* 启动子序列中 AR 转录因子可能结合位点 3 个，PR 转录因子可能结合位点 2 个，

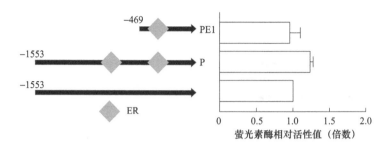

图 12-8　ER 转录因子对 *mc4r* 启动子的转录活性

ER 转录因子可能结合位点 2 个。采用双萤光素酶报告基因检测技术测定 AR、PR、ER 转录因子，AR 转录因子结合位点位于启动子−103～−95，PR 转录因子结合位点位于−524～−518，能够调控 *mc4r* 基因的转录，提高其表达水平，而 ER 未能与启动子区域结合调控转录。

第六节　许氏平鲉交配和分娩机制研究

前列腺素（PG）是一类由花生四烯酸（arachidonic acid，AA）以环氧合酶（cyclooxy-genase，COX）作为限速酶通过一系列催化反应合成的小脂肪酸分子，然后加工成 5 种具有生物活性代谢物，包括 4 种 PG 和血栓素（thromboxane，TX）：PGE_2、PGD_2、PGF_2、PGI_2 和 TXA_2。不同前列腺素在硬骨鱼中参与多种功能，但目前研究较为深入的是前列腺素参与生殖行为的分子机制，包括前列腺素涉及早期胚胎发育、交配行为、排卵行为。本部分从前列腺素合成机制展开，论述前列腺素在硬骨鱼中参与交配行为和排卵行为的分子机制。

一、前列腺素合成酶环氧合酶 *cox* 基因的克隆及时空表达分析

（一）*cox1/2* 基因序列分析

通过许氏平鲉性腺转录组和基因组数据挖掘，发现许氏平鲉存在两种环氧合酶基因 *cox1* 和 *cox2*。通过单基因克隆获得 *cox1* 和 *cox2* 的序列信息，其中 *cox1* 由 1803 个核苷酸编码 600 个氨基酸，*cox2* 由 1827 个核苷酸编码 608 个氨基酸。序列比对和保守结构域分析结果显示哺乳动物、硬骨鱼和鸟类的 *cox1* 和 *cox2* 均含有一个信号肽和两个高度保守的结构域：表皮生长因子样结构域和前列腺素内过氧化物合酶结构域。预测 *cox1* 和 *cox2* 三维结构发现两种酶通过形成同源二聚体发挥作用，且具有极高的结构保守性。系统进化树显示许氏平鲉 *cox1/2* 与其他脊柱动物的 *cox1/2* 分别聚成两支，分别为 *cox1* 和 *cox2*，说明 *cox* 基因具有较高的进化保守性。

（二）*cox1/2* 基因在雌雄许氏平鲉的组织分布

通过 qPCR 分析许氏平鲉 *cox1* 和 *cox2* 在不同组织中的表达，发现 *cox1* 作为结构型同工酶，主要在心脏、脾脏、胃中表达，参与内皮细胞和血管生成，维持前列腺素合成的基本水平，而在肝脏和性腺中表达量较低；*cox2* 作为诱导型同工酶，主要在生殖系统相关组织中表达，包括精巢、卵巢和泄殖孔，参与生殖行为中前列腺素的合成，但在肝脏、胃、肾、肠等组织中未见表达。在不同脑区中，*cox1* 和 *cox2* 显示出性别二态性表达模式。*cox1* 主要在雄性中脑和雌性间脑和延髓中显著表达。*cox2* 在雄性仅在端脑中有上调表达，而在其他脑区中表达无

差异；在雌性中，*cox2* 在垂体和延髓中显著表达，这可能与 HPG 轴的激素调控相关，同时也涉及受前列腺素影响的雌性行为变化。

（三）*cox1/2* 基因定位分析

根据 *cox1* 和 *cox2* 在不同组织中的表达分析，选择在精巢、卵巢和卵巢壁对 *cox1* 和 *cox2* 进行原位杂交定位。结果显示，*cox1* 的 mRNA 阳性信号主要出现在 V 期精巢体细胞尤其是在 Sertoli 细胞中。同时在分娩期卵巢壁中也同样发现 *cox1* 的阳性信号，这可能与分娩过程中卵巢壁平滑肌收缩有关。但是在卵巢基质中未检测到 *cox1* 信号。许氏平鲉 *cox1* mRNA 在性腺中原位杂交定位见二维码 12-21。

而对 *cox2* 的原位杂交研究结果发现，*cox2* 的阳性信号主要出现在排精后精巢睾丸间质细胞和生精上皮中。同时发现产仔后卵巢滤泡空腔周围的颗粒细胞中也有非常强的 *cox2* 阳性信号，说明这个区域合成的前列腺素可能通过旁分泌诱导许氏平鲉分娩行为，但是在早期卵母细胞周围的滤泡中无 *cox2* 阳性信号。许氏平鲉 *cox2* mRNA 在性腺中原位杂交定位见二维码 12-22。

（四）*cox1/2* 基因与许氏平鲉繁殖的关系

环氧合酶（COX）又称前列腺素 H 合成酶 2（PGHS-2），是催化合成前列腺素的限速酶。在许氏平鲉中，COX1 和 COX2 的结构高度相似，表明两个 COX 同工酶结构有保守性，也暗示保守的功能。在哺乳动物中，COX1 有两个位点与 COX2 存在略微的不同，其中 COX1 的 434 位和 525 位异亮氨酸（Ile）在相同位置的 COX2 中替换为缬氨酸（Val），这在许氏平鲉中为 432 位和 521 位。这样的结构细微差异导致两种同工酶在底物和抑制剂的选择上出现明显的差异。

有研究显示，COX1 作为组成型同工酶，主要参与维持组织器官的稳态，而 COX2 则作为诱导型同工酶，参与各种病理过程。在本研究中，许氏平鲉 COX1 和 COX2 的表达谱与人类心脏、肝脏、肾脏和脾脏的组织中的表达谱相似。在性腺中，COX2 作为主要表达的亚型，参与了多种生殖相关过程，主要表现为诱导前列腺素合成并参与类固醇激素合成、精子发生、精巢重塑、排卵和交配等过程。

二、许氏平鲉前列腺素 PGE₂ 受体 *ptger* 基因的克隆及时空表达分析

（一）前列腺素受体 *ptger* 基因的克隆和序列分析

通过许氏平鲉性腺转录组和基因组数据挖掘，发现 4 个前列腺素 PGE_2 受体，其基因分别为 *ptger EP1*、*ptger EP2*、*ptger EP3* 和 *ptger EP4*。基因克隆结果显示，*ptger EP1* 是由 1128 个核苷酸编码的 375 个氨基酸的蛋白质；*ptger EP2* 是由 1149 个核苷酸编码的 382 个氨基酸的蛋白质；*ptger EP3* 是由 1185 个核苷酸编码的 394 个氨基酸的蛋白质；*ptger EP4* 是由 1344 个核苷酸编码的 447 个氨基酸的蛋白质。

通过对许氏平鲉 PTGER 的二级结构和三级结构预测发现，PTGER 属于 G 蛋白偶联受体超家族下的类视紫红质受体家族，含有 7 个跨膜 α 螺旋。构建 PTGER 的系统进化树，结果显示许氏平鲉 4 个 PTGER 与人、小鼠、鸡、斑马鱼等硬骨鱼分别聚成 4 支，分别为 ptger EP1、ptger EP2、ptger EP3 和 ptger EP4，说明 PTGER 具有较高的进化保守性。

（二）前列腺素受体 ptger 在交配期和分娩期表达水平

对这4种受体在神经系统和生殖系统中表达分布进行研究，发现在雄鱼中 ptger EP1 主要在间脑（DC）和中脑区（MC＋VCe）表达，而 ptger EP2 主要在嗅囊（OS）中表达，ptger EP3 在端脑（TC）和垂体（P）中高表达，而 ptger EP4 仅在精巢（T）中高表达，说明在雄性中参与性外激素接收，下游功能 PGE_2 受体主要为 ptger EP2。而在雌性中，ptger EP1 和 ptger EP3 的表达模式与雄性近似，ptger EP2 在雌性嗅囊、端脑和垂体中均有表达，说明 ptger EP2 在雌性中不仅参与性外激素的接收，还可能参与 HPG 轴相关激素的调控，而 ptger EP4 在雌性脑区和性腺中未见表达。在雌性许氏平鲉分娩过程中，选择生殖系统不同组织（卵巢基质、卵巢壁和泄殖孔）进行 qPCR 验证4种 ptger 的表达水平。结果显示在卵巢基质中，ptger EP2 在分娩前中后均显著表达，ptger EP1 和 ptger EP3 表达量相近，而 ptger EP4 几乎不表达；在卵巢壁中，几乎仅有 ptger EP2 表达；在泄殖孔中，ptger EP2 相较其他3个受体显著表达，ptger EP4 在分娩后表达有所上升。

构建双荧光素报告基因系统，检测4种 PTGER（ptger EP1、ptger EP2、ptger EP3 和 ptger EP4）在不同浓度 PGE_2 下（10^{-7}mol/L、10^{-6}mol/L、10^{-5}mol/L）萤光素酶活性。结果显示4种受体和 PGE_2 的亲和力呈剂量效应，ptger EP1 和 ptger EP2 显示较为接近的萤光素酶活性，ptger EP4 在 10^{-5}mol/L 的浓度下显示较高的萤光素酶活性，仅有 ptger EP3 活力较低。

（三）前列腺素受体 ptger 与许氏平鲉分娩的关系

前列腺素常作为炎症因子，在脊椎动物中发挥多种功能，如参与免疫系统的炎症反应，在繁殖期间控制平滑肌收缩。前列腺素受体（PTGER）属于 G 蛋白偶联受体超家族（GPRS）下的类视紫红质受体家族，其配体表现出独特的结合活性。PGE_2 存在4种不同的受体亚型，分别为 ptger EP1、ptger EP2、ptger EP3 和 ptger EP4。许氏平鲉4个 PTGER 的进化树结果说明，这些功能相关受体之间的序列同源性高于三类受体之间的序列同源性，类前列腺素受体构成一个独特的簇，而 PAF 和脂蛋白受体则属于肽受体共有的另一个簇。包括4种 PTGER 在内的多种视紫红质存在多种十分保守的区域，第二个跨膜结构域中的天冬氨酸（D）已显示在其他受体中，通过将配体结合与 G 蛋白的激活偶联来参与受体的激活。

在许氏平鲉中，EP1 主要在间脑和小脑中表达，可能与进化过程中脑的形态演化有关。有学者对中华乌塘鳢（*Bostrychus sinensis*）PGE_2 受体进行免疫组织化学定位，结果发现，PGE_2 受体存在于中华乌塘鳢的整个嗅觉系统中，并且受体的数量与鱼类的繁殖状态有关。在嗅觉上皮中，成熟鱼的 EP1、EP2 和 EP3 免疫信号强度均高于未成熟鱼，在嗅觉神经中，成熟鱼的 EP2 的免疫信号强度均高于未成熟鱼。许氏平鲉实验结果中，雌雄许氏平鲉的嗅觉上皮在交配期主要表达 EP2，其他受体几乎未见表达，这可能与不同物种和不同生殖阶段有关。

在生殖系统中，前列腺素常用作哺乳动物引产和催产的临床药物。有关人类妊娠和分娩中 PTGER 的功能研究表明，不同 PTGER 在子宫肌层的不同部位分布不同，并且受妊娠期时间变化影响。在鱼类中，前列腺素已确定作为诱导卵生鱼排卵的一个重要激素。对日本青鳉（*Oryzias latipes*）的研究发现，EP4 是在青鳉卵细胞成熟后期主要上调表达的受体，并且这种 ptger EP4 的上调表达主要受孕激素的影响。这些结果说明卵生鱼类中孕激素诱导卵母细胞成熟的同时诱导 ptger 表达，最后 ptger 结合 PGE_2 诱导排卵。许氏平鲉研究中，发现分娩过程中

ptger EP2 表达变化显著，并且在卵巢不同部位均有显著表达变化，这可能是因为卵胎生机制的产仔行为的分子机制介于卵生鱼的排卵和哺乳动物的分娩。

三、前列腺素诱导许氏平鲉交配行为分子机制的研究

（一）cox1/2 在许氏平鲉交配期和分娩期基因表达模式分析

性成熟许氏平鲉雌雄性腺发育不同步，一般在当年 11～12 月精巢成熟并完成交配过程，而卵巢一般在次年 4 月成熟，并完成排卵受精，经过约 1 个月的妊娠期则完成产仔。通过对 cox1/2 的基因表达分析发现，在交配期的精巢中，cox1 和 cox2 的表达模式较为相似，主要在 V 期交配后表达，可能参与性腺上皮细胞的重塑和生长等。而在交配期的卵巢中，cox1 变化差异不大，说明 COX1 可能不是交配过程中的前列腺素合成主要酶，而 cox2 在交配期显著上调，说明该阶段前列腺素合成通路被高度激活，卵巢可能作为参与诱导交配的前列腺素合成主要器官。

（二）PGE_2 诱导许氏平鲉交配行为观察

为探究 PGE_2 对许氏平鲉交配行为的影响，对雌雄许氏平鲉进行 PGE_2 水浴处理，观察前列腺素作为性外激素对许氏平鲉行为产生的影响。将交配行为归类为"各自游动"、"追逐"和"接触"。结果显示，水中仅加入溶剂成分（1mL 无水乙醇），雌雄鱼无明显交互行为，加入 10nmol/L PGE_2 后，雌雄鱼追逐行为明显增多（图 12-9）。

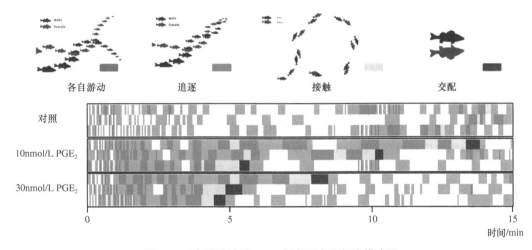

图 12-9　许氏平鲉受 PGE_2 刺激下交配行为模式图

（三）PGE_2 激活嗅球及脑中神经元观察

为探究 PGE_2 通过相关受体激活对应区域神经元，通过原位杂交技术对 PGE_2 刺激雌雄许氏平鲉后不同脑区中 ptger EP2 和神经细胞标志基因 c-fos 进行共表达。结果显示，经过 PGE_2 刺激后，ptger EP2 和 c-fos 的信号在雄性许氏平鲉包括嗅囊和不同脑区均有共定位信号，而在雌性许氏平鲉中，在端脑、间脑、中脑和延髓均有共定位信号。ptger EP2 和 c-fos 在雄性和雌性许氏平鲉神经系统中原位杂交共定位分别见二维码 12-23 和二维码 12-24。

（四）PGE$_2$ 与许氏平鲉交配的关系

1. 交配过程中前列腺素合成 已发现 *cox1* 和 *cox2* 在精巢和卵巢均有表达，并且对这两个基因在性腺的定位也已确定，进一步检测许氏平鲉交配期这两个基因的表达谱。结果显示在精巢中，*cox1* 和 *cox2* 在交配后均显著上调表达；在卵巢中，*cox2* 表达水平在交配期间显著增加，*cox2* 表达水平的上升可能为重要的生殖行为提供前列腺素。在许氏平鲉中，*cox2* 水平在Ⅳ期显著上升，说明这个阶段的 GtH 水平变化可能导致 *cox2* 水平上升，为随后的诱导交配行为合成前列腺素。

2. 前列腺素对许氏平鲉交配行为的影响 生殖行为是有性繁殖动物生命周期中最为重要的事件之一，硬骨鱼的生殖行为往往受一系列性激素介导。在经过性腺发育成熟后，卵生鱼一般会启动产卵和排卵，同时吸引性成熟的雄性完成交配，最后完成配子的体外结合并最终形成后代。卵生鱼的交配行为和排卵行为往往是连续发生的，此时循环系统中较高水平的 LH 一方面能作用于卵巢颗粒细胞，产生双羟孕酮（17α，20β-dihydroxyprogesterone，DHP），诱导卵母细胞的成熟，同时也能促进前列腺素受体的表达；另一方面，LH 能直接促进 *cox2* 的表达，进一步诱导前列腺素合成，这在多个物种中均有发现。产生的前列腺素通过其受体，作用于卵母细胞滤泡层，促进滤泡层的分散，完成排卵行为。这些结果均说明在卵生鱼中性类固醇作用下产生的前列腺素可直接诱导排卵。

但是在保证配子成熟的前提下，如何协调两性完成交配行为，同时排出配子呢？1976 年就有学者推测鱼类有可能释放激素作为性外激素进行交流。在金鱼中，一系列卵巢成熟和排卵带来的 PGF$_{2\alpha}$ 合成上升，随后大量用于排卵过程的 PGF$_{2\alpha}$ 产生，一部分 PGF$_{2\alpha}$ 随着尿液释放到水环境中。雄性作为生殖信号的接收者，通过嗅觉系统接受环境中微量性外激素，启动一系列社会性行为，并且通过中枢神经系统使 LH 水平上升，进一步促进精子细胞成熟，发育成精子并发生排精。但是不同于卵生鱼交配 - 排卵行为，许氏平鲉作为性腺不同步发育的卵胎生鱼类，一般在交配期间精巢先于卵巢成熟。研究结果显示，虽然交配期不发生前列腺素诱导的排卵行为，但是这个阶段（Ⅳ期卵巢）*cox2* 水平相较Ⅲ期显著上升，合成并排出体外的前列腺素通过水环境吸引性成熟雄性，诱发雄性对雌性的追逐行为，并进行交配，将精液排入雌性卵巢中。考虑到雌性许氏平鲉存在多父本现象，以及前列腺素天然半衰期较短的因素，雌性许氏平鲉可能存在多次合成前列腺素并与不同雄性交配，储存精子并于次年受精产仔的现象。

3. 前列腺素对许氏平鲉神经系统的影响 雌性受 HPG 轴调控产生的 DHP 和前列腺素 PG 仅可以完成排卵和向外界释放可进行交配的信号，但最终施行交配、筑巢等一系列复杂社会活动的关键仍是大脑。在脊椎动物中，关键信号分子的水平在受精时会升高，从而为大脑的生殖行为做好准备。早在 1981 年，就有学者发现金鱼交配期卵巢产生的 PG 可能作用于脑来引发一系列产卵动作。随后在 1988 年，发现金鱼排卵期雌性会在水中释放 PGF$_{2\alpha}$ 及其代谢物 15K-PGF$_{2\alpha}$ 作为性外激素，这类性外激素信息可以被雄性嗅觉器官接受，激活嗅觉感觉神经元（OSN），并产生一系列生殖行为。在对非洲慈鲷（*Astatotilapia burtoni*）的交配模式和神经内分泌调控研究发现，交配期间非洲慈鲷 DHP 和 PGF$_{2\alpha}$ 水平升高，并且 PGF$_{2\alpha}$ 注射可产生雌雄之间的交配行为，这与许氏平鲉研究中 PGE$_2$ 注射结果相似；有趣的是，将 PGF$_{2\alpha}$ 注射到未排卵的雌性金鱼中，这些雌性也会产生类似产卵的行为，但并未产出卵。许氏平鲉研究中，无论注射还是浸泡 PGF$_{2\alpha}$，均无法诱导许氏平鲉产生类似的交配行为，但是 PGE$_2$ 水浴能使雌雄产生明显的行为变化,说明前列腺素作为性外激素诱导交配行为是存在物种特异性的,并且前列腺素不仅能通过嗅觉系统影响雄性产生一系列行为变化,还能作用于雌性影响神经内分泌。此外,原位杂交共定位结果发现,PGE$_2$可以激活不同脑区神经元活性,包括端脑背区外部的神经元,小脑和延髓也有阳性信号,这些结果可能与雄性接受环境信号和雌性接受循环系统 PG 信号并启动交配行为有关。

4. 前列腺素对许氏平鲉内分泌系统的影响 卵巢合成的前列腺素,一部分通过循环系统进入雌鱼脑中,一部分进入水环境作为性外激素。这些性外激素一部分被嗅觉系统捕获转化为电信号引发一系列活动,还有一些进入循环系统中并进入雄性大脑。这些进入雄性大脑的前列腺素,作用于 HPG 轴,诱导产生一系列肽类激素。对交配期雌雄许氏平鲉注射 PGE$_2$,发现雌性许氏平鲉 *lhb* 和 *fshb* 的转录水平均相较对照组显著上升,该结果与在哺乳动物中的研究结果相似(图 12-10)。说明在硬骨鱼和哺乳动物中,PGE$_2$ 参与神经内分泌调控是相对保守的。

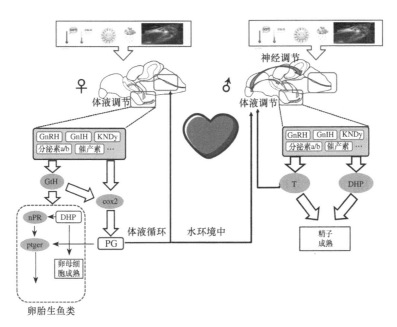

图 12-10 PGE$_2$ 参与许氏平鲉交配行为模式图

四、前列腺素调控卵胎生许氏平鲉分娩行为的研究

1. *cox1/2* 在许氏平鲉交配期和分娩期基因表达模式分析 在分娩前后的卵巢基质、卵巢壁和泄殖孔中,*cox1* 只在分娩后卵巢壁显著上调表达;而 *cox2* 在分娩前后卵巢组织中均显著变化,说明这个阶段卵巢不同部位均不同程度涉及前列腺素合成,诱发随后的分娩行为。

2. 分娩期雌性许氏平鲉血清激素水平 选取 4 月底分娩前、分娩时和分娩后 24h 的雌性许氏平鲉,抽血采样测定血清前列腺素 PGE$_2$、PGF$_{2\alpha}$、E$_2$ 和催产素(IT),发现 PGE$_2$、E$_2$ 和 PGF$_{2\alpha}$ 在分娩前后显著变化。其中 PGE$_2$ 在分娩时浓度显著上升,并在分娩后恢复到分娩前水平;E$_2$ 水平在整个分娩阶段显著下调;PGF$_{2\alpha}$ 由分娩前的 50ng/L 上升至分娩时的 59.7ng/L,并维持至分娩后;分娩过程中 IT 未见显著变化。

3. 激素注射诱导分娩期雌性许氏平鲉分娩行为 选取 5 月初即将分娩的雌性许氏平鲉,

对其进行腹腔注射前列腺素 PGE_2、$PGF_{2\alpha}$、IT 和 E_2，观察其是否能诱导许氏平鲉产生分娩行为。结果表明，腹腔注射 $PGF_{2\alpha}$ 连续 3 日，每日晚 22：00 注射，每次注射 $100\mu g/kg$ 后，许氏平鲉仅产出少量仔鱼；肌肉注射 E_2 连续 3 日，每日晚 22：00 注射，每次注射 $5mg/kg$ 后，无任何分娩现象；腹腔注射 IT 连续 3 日，每日晚 22：00 注射，每次注射 $200\mu g/kg$ 后，未见任何分娩现象；腹腔注射前列腺素 PGE_2（$1mg/kg$），第二日出现产仔现象。随后选取卵母细胞发育成熟但未受精的雌性许氏平鲉，对其进行 PGE_2 腹腔注射（$1mg/kg$），仅过 20min 后出现大量产卵现象，解剖后可见卵巢中成熟卵细胞均排出，并且腹腔和卵巢周围出现大量血管增生、红肿等炎症现象。不同激素注射处理妊娠晚期雌性许氏平鲉，观察其诱导分娩效果见二维码 12-25。对未受精雌雄许氏平鲉注射 PGE_2（$1mg/kg$）结果见二维码 12-26。

五、许氏平鲉分娩期卵巢转录组分析

（一）分娩期许氏平鲉Ⅲ期卵巢差异基因分析

选取产仔前（O_Ⅰ）、产仔时（O_Ⅱ）和产仔后 24h（O_Ⅲ）雌性许氏平鲉卵巢组织进行转录组测序分析，获得 1444 个在 3 个时期均显著差异表达的基因。热图结果显示 O_Ⅰ 组和 O_Ⅱ 组具有较为接近的表达模式，而 O_Ⅲ 与 O_Ⅰ 和 O_Ⅱ 表达模式相反。其中 O_Ⅰ-O_Ⅱ 富集到 259 个差异表达基因 DEG（125 个上调 DEG 和 134 个下调 DEG），O_Ⅱ-O_Ⅲ 富集到 743 个 DEG（262 个上调 DEG 和 481 个下调 DEG），O_Ⅰ-O_Ⅲ 富集到 844 个 DEG（367 个上调 DEG 和 477 个下调 DEG）。

由于 O_Ⅰ 和 O_Ⅱ 表达模式较为接近，故选取分娩前和分娩后 O_Ⅰ-O_Ⅲ 比较组共 844 个 DEG 进行 GO 和 KEGG 功能分析，GO 富集结果显示生物学进程下的多个 GO 显著富集，包括细胞连接相关通路、免疫反应相关通路等。DAG 有向无环图结果显示这些显著富集的 GO 通路中，细胞连接层级最低且富集最显著。分娩期许氏平鲉 O_Ⅰ-O_Ⅲ 差异表达基因 GO 富集和 KEGG 富集结果分别见二维码 12-27 和二维码 12-28。

在以上结果为前提下，对差异表达基因进行进一步筛选，获得 42 个与炎症反应、细胞凋亡和细胞连接相关等的关键基因。

（二）许氏平鲉分娩前卵巢表达差异基因验证

选取在分娩前后显著富集到细胞连接相关的基因 *ctsk*、*ctsf*、*ctsa*、*mmp2*、*ctss*，炎症相关基因 *ikbkg*、*il21r*、*tp53*，细胞凋亡和自噬相关基因 *faslg*、*cd40*，钙离子变化相关基因 *ictacalcin*，共 11 个基因进行 qPCR 检测。PCR 结果与转录组结果趋势相同，说明转录组结果准确。差异表达基因 qPCR 结果见二维码 12-29。

分别选择炎症、细胞连接、细胞凋亡的关键基因 *ikk*、*cd40*、*mmp9* 进行 Western blotting 检测分娩前后蛋白质水平变化。*ikbkg*、*cd40* 和 *mmp9* 蛋白水平在分娩前较高，分娩后显著下调，结果与 mRNA 水平相反，说明这些蛋白质可能储存在卵泡细胞中，受分娩调控活化和释放，分娩后蛋白质水平下降后 mRNA 水平上调补充蛋白质水平。关键基因及蛋白质表达水平见二维码 12-30。

（三）PGE_2 刺激许氏平鲉卵巢原代细胞及相关基因表达结果分析

许氏平鲉卵巢原代细胞培养时，对其进行 PGE_2 刺激（$10^{-7}mol/L$、$10^{-8}mol/L$、$10^{-9}mol/L$），

并检测上述分娩前后显著富集到的基因是否受 PGE$_2$ 直接调控。结果显示，包括 *cd40*、*faslg*、*il21r* 在内的多种涉及许氏平鲉分娩的基因，在高浓度 PGE$_2$（10^{-7}mol/L）刺激 3h 时明显上调，并且在刺激 6h 后恢复到本底水平，仅有 *tp53* 在刺激后 6h 仍存在 PGE$_2$ 剂量依赖的上调表达。PGE$_2$ 刺激许氏平鲉卵巢原代细胞及相关基因表达结果分析见二维码 12-31。

（四）许氏平鲉分娩期 ptger EP2 和相关基因原位杂交共定位分析

前列腺素 PGE$_2$ 存在的 4 种受体中，ptger EP2 为卵巢组织中主要表达的受体。为探究许氏平鲉分娩过程中卵巢合成的 PGE$_2$ 是否通过结合 ptger EP2 调控，之前转录组发现涉及炎症、细胞凋亡和细胞连接的关键基因。使用地高辛标记的 ptger EP2 反义探针和生物素标记的 *ctsf*、*il21r*、*mmp2*、*tp53*、*ikbkg*、*cd40*、*mmp9* 反义探针进行原位杂交共定位，确定其是否表达在同一细胞中。结果显示，*ctsf*、*il21r*、*mmp2*、*tp53*、*ikbkg*、*cd40*、*mmp9*（红色信号）与 ptger EP2（绿色信号）均共定位在分娩期卵巢排出待产小鱼的滤泡层颗粒细胞中。为进一步验证分娩期卵巢细胞凋亡现象，使用 TUNEL 法检测分娩前许氏平鲉卵巢基质的凋亡细胞。结果显示胚胎空腔周围的滤泡层可见均匀分布的凋亡信号（绿色），说明分娩前滤泡层已出现细胞结构解体和细胞凋亡现象。许氏平鲉分娩期 ptger EP2 和相关基因原位杂交共定位分析见二维码 12-32。许氏平鲉分娩期凋亡信号检测见二维码 12-33。

（五）许氏平鲉分娩过程中关键基因分析

硬骨鱼排卵过程涉及多种生物进程的参与，排卵时期富集的基因涉及丰富的生物学过程和途径，如炎症反应、血管生成、细胞因子产生、细胞迁移、趋化性、MAPK、细胞黏着和细胞骨架重组。相比之下，较低表达的基因主要涉及 DNA 复制、DNA 修复、DNA 甲基化、RNA 加工、端粒维持、纺锤体组装、核酸转运、分解代谢过程以及核和细胞分裂。通过对许氏平鲉分娩期性腺转录组的研究发现，分娩前（O_Ⅰ）和分娩时（O_Ⅱ）之间的差异并不显著，而分娩后 24h（O_Ⅲ）和之前时期具有明显的表达谱差异，这可能说明分娩前和分娩时 mRNA 水平差异不大，但分娩后 mRNA 变化明显。对这些差异基因进行功能筛选，得到大量与炎症反应、细胞连接、细胞凋亡相关的关键基因。

1. 炎症反应　早在 1980 年，就有学者认为排卵是一种炎症反应。排卵的过程中引起的生发泡破裂以及卵母细胞释放，主要受 LH 诱导的信号转导影响，LH 作用于颗粒细胞和膜细胞，使其产生类固醇激素、前列腺素以及一系列趋化因子和细胞因子，它们也是炎症反应的调控因子。这一系列调控因子一方面作用于卵巢中的非免疫细胞，另一方面动员机体免疫细胞进入卵巢。这些细胞共同调节卵巢结构，重组滤泡基质，破坏颗粒细胞基底层并促进血管内皮细胞的侵入。在许氏平鲉实验中，性腺转录组注释到多个炎症相关差异表达基因，包括 *tnfsf13b*、*il21r*、*il1b*、*ikbkg* 等。IL-1β 和相关白介素受体作为炎症启动因子，激活细胞质中 NF-κB 二聚体，活化的 NF-κB 进入细胞核启动卵巢 *cox2* 表达，激活前列腺素合成通路，诱导许氏平鲉分娩。说明在分娩前细胞中已含有相关蛋白质，但处于未激活状态，而在分娩后蛋白质消耗和组织重构诱发 mRNA 水平上升，恢复细胞中相关蛋白质水平。此外这些涉及炎症的基因在许氏平鲉卵巢中均与 ptger EP2 共定位在卵巢卵泡细胞中，结合前列腺素较短的半衰期，说明在许氏平鲉卵巢中，PGE$_2$ 由卵巢卵泡细胞合成，并通过旁分泌的方式作用于附近细胞，产生功能，而且分娩中可能的正反馈机制使 PGE$_2$ 进一步促进炎症基因的上调表达。

2. 细胞连接　　在哺乳动物中，正常卵泡发育需要以细胞间隙连接通讯作为基础，卵母细胞和卵丘细胞之间的细胞连接在减数分裂的停滞、随后 LH 诱导的卵母细胞减数分裂恢复中起着重要的作用。同样地，在硬骨鱼中也发现滤泡中存在细胞连接，并且在一定程度上参与卵母细胞发育和成熟。许氏平鲉分娩期转录组富集到涉及细胞连接、细胞外基质（ECM）、蛋白酶等多种差异表达基因。其中金属蛋白酶 MMP 作为硬骨鱼排卵过程中重要的蛋白酶，已在日本青鳉、斑马鱼、银色鲮脂鲤等硬骨鱼中明确发现其作用于卵泡细胞，使后者结构松散，释放成熟卵母细胞。此外，研究发现 IL-1β 可以调控 PGE_2 的合成，同时 PGE_2 对金属蛋白酶 MMP 的合成也有一定调控作用，产生的 MMP2 反过来可以切割 IL-1β 使其失去生物功能。组织蛋白酶 Cathepsin 也是一类参与排卵的重要水解酶，属于木瓜蛋白酶家族的半胱氨酸蛋白酶。结合 PGE_2 对许氏平鲉卵巢细胞原代刺激结果和原位杂交共定位结果，说明 PGE_2 参与许氏平鲉分娩过程中 Cathepsin 的表达调控，后者可能参与了排卵过程中的 ECM 结构重组。

胶原蛋白（collagen）作为 MMP 和大多数 Cathepsin 的水解底物，同样在许氏平鲉分娩过程中显著富集。在硬骨鱼卵巢滤泡层中包含多种 ECM 蛋白，其中就包含胶原蛋白。而其中 collagen Ⅰ 是膜细胞层中主要的 ECM 蛋白，collagen Ⅳ 是基底膜上的主要成分。MMP15 和 MMP2 的主要切割底物为膜细胞层的 collagen Ⅰ 和基底膜上的 collagen Ⅳ。许氏平鲉研究中，多种胶原蛋白 mRNA 水平在分娩前较高，说明可能参与分娩前组织结构破坏和重组，而分娩后卵巢基质破坏使胶原酶表达水平出现停顿。

3. 细胞凋亡　　细胞凋亡，又称为细胞程序性死亡，卵巢中的凋亡现象常出现在卵泡闭锁中，在哺乳动物中，卵巢中超过 99% 的卵泡无法正常排出，成功排卵的卵泡很少。颗粒细胞的凋亡是卵泡闭锁的早期特征，但也有研究认为细胞凋亡是哺乳动物排卵过程的影响因素之一。其中，GnRH 可直接作用于卵巢，促进卵泡颗粒细胞凋亡，此外，前列腺素也可促进卵巢表皮细胞的凋亡。同样也有研究认为排卵前成熟卵泡内膜层会迁入大量巨噬细胞，后者释放的 TNF-α 可通过刺激局部细胞凋亡，促进卵泡破裂进而完成排卵。许氏平鲉卵巢分娩期转录组富集到包括 *tp53inp2*、*faslg*、*cd40* 在内的多个细胞凋亡和自噬相关关键基因。其中 TP53INP2 是将相关蛋白质募集到自噬小体上的一类支架蛋白，维持组织凋亡自噬的基本水平。FASLG 和 FAS 系统在卵巢颗粒细胞中表达，并随着卵泡闭锁表达量增加。CD40 是肿瘤坏死因子（tumor necrosis factor，TNF）受体家族的一员，可参与细胞增殖、分化到死亡等过程。这些结果说明前列腺素参与的许氏平鲉分娩过程伴随着一系列细胞程序性死亡，原代刺激结果显示这些细胞凋亡因子受 PGE_2 调控，并且原位杂交共定位结果和 TUNEL 凋亡信号检测结果也能说明受 PGE_2 调控的细胞凋亡发生在分娩期胚胎外周的颗粒细胞中。

六、许氏平鲉 *it* 和 *itr* 基因与分娩功能调控

硬骨鱼催产素（IT）是硬骨鱼类的一种九肽激素，与哺乳动物催产素（oxytocin，OT）为直系同源物。与哺乳动物 OTR 一样，ITR 也是 GPCR 家族中的一员，具有 7 个保守跨膜结构域，并且在多种九肽受体中，ITR 与 OTR 的关系最为密切。IT/ITR 系统在硬骨鱼类中参与多种生理过程，包括生殖过程调控、渗透压调节、影响攻击行为和社会地位等。

本部分以卵胎生繁殖方式的许氏平鲉为研究对象，通过基因克隆技术得到许氏平鲉 *it* 和 *itr* 基因的开放阅读框序列，对其进行分析并构建了系统进化树；利用 qPCR 技术获得了许氏平鲉 *it* 及 *itr* 基因在分娩前中后的组织表达模式，并对其进行了分析，从而探究 *it* 及 *itr* 基因是否

参与许氏平鲉分娩过程并发挥及其生理作用。

（一）it 和 itr 基因的结构及进化

以许氏平鲉脑 cDNA 为模板，使用 PCR 克隆并测序获得许氏平鲉 it 基因的开放阅读框序列，其 ORF 序列长度为 471bp，编码 156 个氨基酸。IT 前体蛋白含有 18 个氨基酸残基组成的预测信号肽，而 IT 成熟肽仅由 CYISNCPIG 九个氨基酸残基组成，发挥功能作用。通过与其他物种构建进化树发现，许氏平鲉的 IT 前体与在哺乳动物体内 OT 的同源性较低，与硬骨鱼类的同源性较高，并很好地聚合在一起。

许氏平鲉 itr 基因的开放阅读框序列长度为 1191bp，编码 396 个氨基酸，ITR 是典型的 G 蛋白偶联受体，具有 7 个跨膜结构域。将许氏平鲉 ITR 与人、鼠等哺乳动物，斑马鱼、鲫鱼等多种低等脊椎动物的氨基酸序列构建进化树分析发现，许氏平鲉 ITR 与黄金鲈等硬骨鱼类的亲缘关系较近，因此，具有较好的保守性。

（二）it 和 itr 基因的组织表达模式分析

通过 qPCR 测定分娩前、分娩中、分娩后 24h 后，许氏平鲉雌鱼脑、卵巢基质、腹侧体壁肌肉和鱼苗组织中 it 和 itr 的表达量。结果表明，雌鱼脑中 it 表达量随着分娩进行不断减少；卵巢基质中 it 表达量在分娩前达到最高水平，并维持至分娩中，分娩后便立即降低；而鱼苗中也有 it 表达，且随分娩的进行有不断增加的趋势，但差异并不显著；在分娩过程中，雌鱼腹侧体壁肌肉中 it 的表达量有不断减少的趋势，但同在鱼苗组织中一样，没有显著性差异。因此，it 不仅可以在中枢神经系统中表达，其还可以在外周组织中表达并随分娩过程发生不断变化。

测定各组织中 itr 的相对表达量结果显示，随着分娩过程发生，脑组织中 itr 表达量存在先下降后升高趋势，并在分娩时达到最低水平；而在卵巢组织中，itr 表达在分娩前达到最高水平，分娩中立即降低，分娩后进一步降低，且均存在显著性差异；鱼苗组织中 itr 表达量与脑组织中相反，其在分娩时达到最高水平，分娩后便立即降低；腹侧体壁肌肉中 itr 表达情况与卵巢基质中相同，随着分娩进行不断减少，在分娩后达到最低水平。因此在分娩活动发生前，雌鱼卵巢基质和腹侧体壁肌肉中 itr 表达量达到了较高水平，当外周组织中 IT 到达一定浓度时，受 IT 刺激作用，这两种组织不断收缩，促进分娩的进行及仔鱼的产出。

（三）it 和 itr 基因与分娩功能分析

在进化上，神经垂体九肽是一个古老的家族，其起源被认为要早于脊椎动物，是原始后生动物神经系统中最早出现的神经递质之一，且在多种无脊椎动物中已经发现了九肽的同源基因。克隆许氏平鲉 it 基因，并预测其信号肽和成熟肽的氨基酸序列，发现其编码成熟肽由 9 个氨基酸残基（CYISNCPIG）组成，在进化上与孔雀鱼等硬骨鱼类亲缘关系较近，表现出较好的保守性。到目前为止，在脊椎动物中已经发现了 15 种九肽，根据其第 8 个氨基酸的不同可以分为两个家族。系统进化树结果表明，软骨鱼类、腔棘鱼类和哺乳动物的九肽前体同源物在系统发育上比其他类群的同源物亲缘关系更为接近。

九肽激素除了在序列结构上保守，其调控机制在进化过程中也同样是保守的，通过与其受体结合在不同的组织中调节着各种生理过程。与哺乳动物只有一个 OTR 不同，除棘鱼外，大多数硬骨鱼类的 itr 基因具有两个拷贝，即 itr1 和 itr2。但在许氏平鲉中，只克隆到一个 itr，这可能与基因组或转录组数据不完整，或者许氏平鲉只存在一个 *itr* 基因等原因有关。在哺乳动物中，*ot* 除了可以在中枢神经系统表达外，其还可以在外周组织器官中表达，包括子宫、黄体、羊膜和胎盘等，并在生殖过程中通过局部合成 OT 推动分娩过程进行。已有研究表明，随着分娩过程的发生，绒毛膜中的 *ot* 表达量不断增加，并在分娩后达到最大值。这表明，OT 的局部合成在分娩开始时增加，并在人类分娩的生理过程中发挥作用。而在硬骨鱼类的繁殖过程中，*it* 的表达量同样会发生很大的变化。黑口新虾虎鱼（*Neogobius melanostomus*）排卵结束后，其脑中 IT 的含量显著下降，随后一直维持在非生殖期水平，与许氏平鲉分娩后脑中 *it* 表达量下降的现象相一致。而且在鲇鱼中也观察到脑中 *it* 的表达量在产卵期达到最高水平，产卵结束后急剧下降的现象。定量结果显示，许氏平鲉分娩前中后卵巢基质中 *it* 表达量在分娩前达到最高水平，分娩结束后便立即降低。与之相同的是，鲇鱼排卵后其卵巢中 *it* 表达水平也迅速下降至非繁殖期水平，但该现象没有在虹鳟卵巢组织中观察到。在许氏平鲉实验中，*it* 除了在脑和卵巢中表达外，鱼苗和腹侧体壁肌肉中也检测到了 *it* 表达，且在分娩前中后存在一定的变化趋势，但没有显著性差异。因此，*it* 不仅可以在中枢神经系统中表达，还可以在外周组织中表达并随分娩过程不断发生变化，从而推进分娩过程。

有研究表明，在分娩开始时子宫对 OT 的敏感性明显增加，这一现象可能是由于 *otr* 在子宫中的表达水平上调且在分娩早期达到峰值，与此同时其在子宫肌层中的密度也在不断增加，从而增加了 OT 与 OTR 的结合效率。除此之外，在妊娠后期，人胎盘中 OT 和 OTR 的转录和翻译水平也会升高。从而，通过局部组织中 OT 和 OTR 的结合作用，促进肌肉收缩推动分娩过程。在多个物种中均发现与上述类似的 OTR 增加现象，因此不同组织中催产素受体表达或功能的变化对分娩的启动具有很重要的影响。在硬骨鱼类中，*itr* 在多种组织中表达，包括脑、肠、脾和肝等，在鱼苗及腹侧体壁肌肉中检测到 *itr* 的表达。分娩前、中、后期 *itr* 在各组织中表达量的结果显示，随着分娩过程的发生，许氏平鲉雌鱼卵巢和腹侧体壁肌肉中 *itr* 的表达量在分娩前达到最高水平，分娩中立即降低，分娩后达到最低水平。因此，当雌鱼外周组织中 IT 到达一定含量时，刺激受体表达组织不断收缩，促进分娩的进行及仔鱼的产出。

（四）类固醇激素对卵胎生鱼类分娩活动及 *itr* 基因表达的影响

分娩是一个十分复杂的过程，通过神经体液调节等多方面共同调控完成，其中，类固醇激素对妊娠的维持和分娩的顺利进行至关重要。在妊娠期间，母体血液中 P4 的含量不断增加，作用于子宫内膜，抑制子宫肌层收缩并维持妊娠，与此同时，E_2 的浓度也不断增加至 80 倍之多，并且发挥着多种功能。对哺乳动物分娩过程的研究发现，E_2 能够促进子宫肌层表达并合成 OTR，从而推动分娩过程的发生，但 P4 对 OTR 的表达没有明显的上调作用，甚至会抑制 OT 与 OTR 的结合作用，而睾酮对分娩过程似乎没有明显影响，但其对 OTR 表达的调控作用会因脑区的不同产生较大的差异。然而，卵胎生硬骨鱼类分娩过程的调控机制并不十分清楚，且对该过程的研究报道甚少。

1. 类固醇激素对繁殖过程的影响　　在两栖动物中，类固醇激素对其卵泡生长和排卵活动进行具有重要作用。体外生发泡破裂（germinal vesicle breakdown，GVBD）试验发现，P4 是诱导卵母细胞和卵泡成熟的主要激素，雄激素可以激活 P4 等成熟促进因子，与此同时，类固醇激素对卵母细胞和卵泡的成熟具有剂量和时间依赖性的调控关系。但对类固醇激素在卵胎生硬骨鱼类妊娠和分娩过程中的作用研究甚少，仅在孔雀鱼中有相关报道。在孔雀鱼中，体内注射 P4 和皮质醇能通过抑制排卵来延长妊娠过程，但这种抑制作用是可逆的，把雌鱼转移到清水后，这种抑制作用便消失了。与之相反，E_2 可通过加速排卵引起雌鱼早产反应。这与对临产许氏平鲉雌鱼腹腔注射 E_2 并未诱发其分娩的现象不一致。同时，对临产雌鱼注射 IT 同样未诱发其分娩，这与前期测得的分娩前、中、后期许氏平鲉雌鱼血液中激素含量结果相一致，即 IT 的含量没有发生显著性变化。在犬类的研究中观察到相同的现象，犬类血清中 OT 浓度在妊娠期和分娩期之间没有显著性差异。但妊娠晚期对孔雀鱼注射 IT 能显著减少产卵时间间隔，并且与正常分娩仔鱼相比，产出的仔鱼体型更加短小、卵黄囊更大，具有典型的早产特征。IT 对卵胎生鱼类分娩的影响并未见报道，可能是由于 IT 能够在脑或卵巢中被芳香化酶转化为 E_2，因此其对分娩的影响尚不明确。除此之外，还有研究表明减少类固醇激素的分泌会导致鱼类的繁殖能力下降。实验观察到，先注射 E_2，6h 后注射 IT，雌鱼很快发生分娩现象。

2. 类固醇激素对催产素受体表达的调控　　催产素/催产素系统与许多繁殖相关激素之间存在着重要的调控关系。多项研究表明，E_2 可通过与其受体结合诱导 *otr* 的表达，在人胎盘绒毛癌细胞中观察到，E_2 能通过雌激素受体上调 *otr* 的 mRNA 和蛋白质水平，并且主要通过 ESR1 实现。同时，在切除卵巢的小鼠中也观察到，E_2 能够诱导子宫 *otr* 表达，并增加催产素结合位点的数量。相反，P4 不仅没有上调作用，甚至会抑制 OT 与 OTR 结合。而睾酮对 *otr* 表达的调控作用因脑区不同会产生很大差异，同时，使用合成的糖皮质激素会显著影响 *otr* 在不同脑区的表达。通过上述结果可以看出，E_2 对 *otr* 的表达具有十分重要的作用，且在哺乳动物中已有较为成熟的研究。但在硬骨鱼类中，不同类固醇激素对性腺中 *itr* 表达调控的研究较少。通过使用不同类固醇激素刺激孕母孔雀鱼卵巢基质发现，E_2 可诱导 *itr* 的表达，但睾酮和孕酮对 *itr* 表达无作用或作用不显著，该结果与哺乳动物中类固醇激素对 *otr* 的调控作用相一致。但也有研究表明，血清雌激素浓度变化并不能直接影响犬类胎盘中 *otr* 表达量的变化，且 *era* 在犬类胎盘组织中的表达具有时间特异性，其表达量随妊娠至分娩呈递减趋势。

在大多数硬骨鱼类中 *itr* 均具有 2 个拷贝，即 *itr1* 和 *itr2*。在非洲慈鲷的前脑中，ITR2 分布十分广泛，其分布模式与其他类群中 OTR 的分布模式相似，且 ITR2 的保守性更高，可能具有与 OTR 相同的保守功能，而 ITR1 可能具有新的功能。通过用不同浓度 E_2 刺激孕母孔雀鱼体外组织孵育的卵巢基质得知，3h 处理条件下，*itr1* 表达量均没有显著性变化，而 *itr2* 表达量均显著升高；使用不同浓度 E_2 水体饲养孕母孔雀鱼发现，卵巢基质中 *itr* 的表达量均显著升高。离体和在体实验结果表明，E_2 可诱导孕母孔雀鱼卵巢基质中 *itr* 的表达，并且可能主要诱导 *itr2* 表达，卵胎生鱼类可能通过该调控机制控制妊娠维持和分娩。

第四篇

其他水产动物生理学案例

第十三章

甲壳动物生理学

甲壳动物（Crustacean）是节肢动物门（Arthropoda）中的一个亚门，其体表都有一层几丁质外壳，称为甲壳。甲壳动物大多数生活在海洋里，少数栖息在淡水中和陆地上。甲壳动物包括虾类、蟹类、钩虾、栉虾及鳃足纲、介形纲动物等。世界上的甲壳动物的种类很多，大约有 2.6 万种。虾、蟹等甲壳动物有 5 对足，其中 4 对用来爬行和游泳，还有一对螯足用来御敌和捕食；虾、蟹等甲壳动物营养丰富，味道鲜美，具有很高的经济价值。

第一节　消 化 生 理

一、食物消化过程

前肠是消化的主要部位，消化分泌物沿着前肠侧沟向前流动，在前部腔内与食物混合。然后将混合液和小颗粒挤入腹沟，大颗粒不能进入其中。液体通过压滤器，排除掉较小颗粒，最后进入消化腺管而被吸收。一部分混合物再循环至前肠，重复上述过程。食物进入中肠前端盲囊也会有物质交换，作用机制并不十分清楚。不可消化的食物进入中肠的围食膜，粪便包含在此管中，然后进入直肠托，间隙地被挤出体外。

食物的消化过程在甲壳动物不同类群间有所不同，克氏原螯虾（*Procambarus clarkii*）消化系统比较特殊，前肠主要功能是摄食、碎化与过滤食物，并将其转运到中肠；中肠负责消化与吸收，肝脏呈多分支的盲管，扩大中肠表面积，加速消化与吸收；后肠主要功能是排出不能消化的食物残渣。克氏原螯虾食道内有 4 条食道沟，肠道内有 6 条纵褶，整个消化管由柱状上皮构成，与日本沼虾（*Macrobrachium nipponense*）相似。但克氏原螯虾后肠较长，说明中肠和后肠的长短因种类不同而差别很大。

二、消化酶及其功能

对虾主要以小型无脊椎动物为食，与其他十足目甲壳动物一样，具有糜蛋白酶样物质、脂酶、淀粉酶、纤维素酶、类胰蛋白酶、胶原酶等。

Brocherhoff 等（1970）对美国龙虾（*Homarus americanus*）的各种消化酶进行了很详尽的分析和报道，浅原允雄（1973）对鹰爪虾（*Trachypenaeus curvirostris*）的肝脏蛋白酶进行了分析测定，Paul（1982）研究了日本对虾（*Penaeus japonicus*）淀粉酶和蛋白酶的性质。Patricia 等（1990）对美国龙虾前肠期至中肠期的早期发育过程中各组织器官的蛋白酶、淀粉酶和脂肪酶做了分析，结果表明：胚胎时期这 3 种酶含量均很少，但孵化过程中稍有上升，而幼体阶段各种酶呈现不同的变化趋势。有关甲壳类动物消化酶研究，国内有一些报道，于书坤（1987）较早地研究了中国对虾（*Fenneropenaeus chinensis*）消化酶活性及其性质；刘玉梅（1991）对中国对虾不同发育期的胃蛋白酶和类胰蛋白酶进行分析比较，结果表明：仔虾期两种酶的活性小于成虾期，并随生长发育而逐渐增加，与白对虾研究结果一致。孙建明等（1995）对中国对虾的脂肪酶活性进行研究并发现，在体长为2～11cm时，随着体长生长脂肪酶活性增强，之后呈现下降趋势，进入繁殖期后又上升，海捕越冬亲虾脂肪酶活性高于人工养殖越冬亲虾。中国对虾的消化酶活性与水温存在密切关系，25～28℃是中国对虾的最适生长温度，在此范围内消化酶活性升高与对虾快速生长相吻合。繁殖期之前，对虾大量摄食，积累能量，此时的消化酶活性也增强。许实荣（1987）分析了维生素B（V_B）对中国对虾消化酶的影响，结果表明，投喂添加V_B的饵料时，对虾肝胰脏中淀粉酶的活性是对照组的1.7倍，其类胰蛋白水解酶随V_B含量的增加而升高，从而阐明了V_B在对虾体内碳水化合物和蛋白质代谢中所起的重要作用。

潘鲁青等（1997）对中华绒螯蟹（*Eriocheir sinensis*）幼体消化酶活性进行研究：在幼体发育中，5种消化酶活性表现出3种变化模式。胃蛋白酶、类胰蛋白酶和淀粉酶活性在食性转换过程中变化明显，其中胃蛋白酶和类胰蛋白酶活性在蚤状幼体Ⅲ期达到最大值，淀粉酶活性在蚤状幼体Ⅱ期达到最大值，纤维素酶和脂肪酶活性很弱。主要甲壳动物消化酶种类见表13-1。

表 13-1　主要甲壳动物（对虾）消化酶种类

对虾种类	类胰蛋白酶	羧肽酶	糜蛋白酶	氨肽酶	脂酶	淀粉酶	胶原酶
印度对虾（*Penaeus indicus*）	−	−	−	−	−	+	−
日本对虾（*Penaeus japonicus*）	+	+	+	+	−	+	+
欧洲对虾（*Penaeus kerathurus*）	+	+	+	+	−	+	+
斑节对虾（*Penaeus monodon*）	+	−	−	−	−	−	−
红额角对虾（*Penaeus stylirostris*）	+	+	−	+	+	+	−
南美白对虾（*Litopenaeus Vannamei*）	+	+	−	+	+	+	−
独角新对虾（*Metapenaeus monoceros*）	−	−	+	−	−	+	−

注：根据陈楠生等（1992）改制

第二节　血液与血液循环

一、血淋巴细胞及其功能

甲壳动物血淋巴细胞在气体运输、细胞识别、吞噬作用、细胞毒性以及信息交流等方面均发挥重要作用，目前对对虾和沼虾血淋巴细胞观察研究较多。对虾类全血中，血淋巴细胞的体积占1%以下，其余均为血浆成分。关于甲壳动物血淋巴细胞分类方法曾有过许多标准，其分类依据各不相同，得到的结果也众说不一。Dall等（1964）根据细胞内含有颗粒的多少将新对虾的血细胞分为3类，即小颗粒细胞、大颗粒细胞、无颗粒细胞，三者均为卵圆形，其中小颗粒细胞占比最大，大颗粒细胞次之，无颗粒细胞数量最少，目前，这种分类方式已被大部分学者接受。小颗粒细胞具有吞噬功能，受刺激时伸出伪足包围异物，在防御和伤口修复中起重要作用；大颗粒细胞具有启动凝血功能，相当于高等动物的血小板，机体受损伤时，血液的凝血酶原转化为凝血酶，产生凝血作用。凝血速度大小取决于水温、受伤程度和机体的生理状态；无颗粒细胞被视为前两类细胞的初级发育阶段。

红螯螯虾（*Cherax quadricarinatus*）血淋巴中无颗粒细胞、小颗粒细胞和大颗粒细胞分别占13.7%、68.8%和17.5%。与对虾和河蟹存在着明显的差异，说明不同的甲壳动物其血细胞的组成不尽相同，同时生理状况也会影响血细胞的比例。罗氏沼虾（*Macrobrachium rosenbergii*）的血淋巴 3 类细胞比例依次为：大颗粒细胞<小颗粒细胞<无颗粒细胞。日本绒螯蟹（*Eriochier japonica*）血淋巴细胞以小颗粒细胞为主，高达 82.08%；无颗粒细胞最少，仅占 1.69%，雌雄间存在极显著差异；大颗粒细胞占 16.23%，雌性明显高于雄性。这种雌雄差异可能与繁殖功能有关。日本绒螯蟹血淋巴细胞中，无颗粒细胞最少，大颗粒细胞次之，小颗粒细胞最多，与三疣梭子蟹（*Portunus trituberculatus*）相似。中华绒螯蟹血淋巴液中也存在大颗粒细胞、小颗粒细胞和无颗粒细胞。血淋巴液中 3 种淋巴细胞的含量分别为：大颗粒细胞 7.97%、小颗粒细胞 15.58%、无颗粒细胞 76.45%。这个结果与对虾不同。电镜下 3 种血淋巴细胞的结构特征表现为：大颗粒细胞胞质内含有大量粗大的电子致密颗粒，细胞器稀少；小颗粒细胞胞质内含数量较少、体积较小的电子致密颗粒，细胞器丰富，高尔基体可见；无颗粒细胞内无电子致密颗粒，细胞器稀少，部分细胞质接近透明。

有关研究进一步证实，甲壳动物大颗粒细胞内含有大量酚氧化酶原，一旦受到异物的激活后，酚氧化酶被释放到细胞质中，发挥细胞毒性作用，这与高等动物中的嗜酸性粒细胞的功能有相似之处。无颗粒细胞有很强的吞噬作用，这与细胞表面有丰富的突起而能在异物表面强烈地附着和伸展有关。小颗粒细胞不但含有大量小电子致密颗粒，而且富含线粒体、内质网等细胞器，这可能与它活跃的免疫防御作用有关，它受到外源物质刺激后极易脱颗粒而表现吞噬功能。大颗粒细胞虽然无吞噬能力，附着能力和扩散力也较弱，但受到活化的酚氧化酶原处理后，胞吞作用增强，释放出更多的酚氧化酶，说明 3 种细胞之间在免疫防御方面可能具有协同作用。血淋巴细胞作为对虾抵御外来病原感染第一道防线，其中酚氧化酶在对虾非特异性免疫系统中起着关键性作用。经过外源免疫促进剂 β 葡聚糖、脂多糖、灭活哈维氏弧菌（*Vibrio anguillarum*）和灭活鳗弧菌（*V. harveyi*）处理后，中国对虾总血细胞的数量分别增多 83.4%、52.0%、73.4% 和 111.3%，其中，小颗粒细胞的数量分别增多 100.4%、67.3%、57.2% 和 102.9%，大颗粒细胞的数量分别增多 47%、10%、127% 和 173%；同时酚氧化酶的产量分别提高 81.3%、104.7%、29.2% 和 40.4%。这些结果说明，β 葡聚糖和脂多糖主要作用于小颗粒细胞和大颗粒细胞，而灭活鳗弧菌和哈维氏弧菌对大颗粒细胞、小颗粒细胞和透明细胞均有促进作用。

二、血浆组成及其功能

甲壳动物血浆的液体成分主要含有水分、蛋白质、无机盐、营养物质、活性物质等。水和无机离子的浓度随着外界盐度的变化而变化，并受渗透压和离子调控。

血淋巴蛋白主要由血蓝蛋白、载脂蛋白、黏蛋白、卵黄蛋白和纤维蛋白原组成。随着生理状况、生活环境变化和个体发育，这些蛋白质的含量明显改变。新鲜血淋巴暴露于空气之中，很快呈现血蓝蛋白所特有的蓝色，血蓝蛋白是主要的血淋巴蛋白，约占血清总蛋白量的 80% 以上。甲壳动物血蓝蛋白是由多肽组成的六聚体或十二聚体，具有运输氧气的功能，但与高等动物相比，对氧的亲和力低、载氧量差，鳃和心脏中氧的高水平释放补偿了血淋巴的载氧功能。中华绒螯蟹在从淡水过渡到半咸水时，血蓝蛋白含量发生显著变化，而且雌雄个体间略有差异。雄性个体进入咸水后，血蓝蛋白含量上升，这是因为雄性个体进入咸水后很快发情，氧气消耗量大，血蓝蛋白含量增加可以满足机体对生殖的需求。而雌性个体进入咸水后，血蓝蛋白含量下降，其适应机制尚不十分清楚。进入咸水后，雄性河蟹血清总蛋白含量明显上升，可能是血蓝蛋白含量增加所致。而雌性个体在性成熟过程中涉及卵黄蛋白原的合成，当它进入咸水后，受盐度的刺激作用，卵巢成熟加快，肝胰脏中卵黄蛋白原合成增加，经过血淋巴到达性腺，因此，血清总蛋白含量升高。所以，盐度可以刺激河蟹雌性性成熟，特别是促进幼蟹卵黄蛋白的合成。

黏蛋白的重要性仅次于血蓝蛋白，约占血淋巴总量的12.5%，其功能尚不十分清楚，可能参与碳水化合物的运输。血淋巴中总蛋白浓度与盐度无关，蜕皮前上升，蜕皮时下降，在蜕皮间期回升到中等水平。饥饿时，总蛋白浓度也会下降，其中含量降低幅度较大的是血蓝蛋白。

血淋巴中的游离氨基酸、碳水化合物和脂类，属于被运载的营养物质，运输机制尚不清楚。血液中游离氨基酸的水平随着蛋白质的消化和吸收情况而发生变化。有关甲壳动物血淋巴中碳水化合物的含量研究较多，其种类和含量在动物类群间存在较大差异，对碳水化合物的化学性质和运输功能研究不多。

脂质在血液中的含量仅次于蛋白质，位居第二。例如，日本对虾中血淋巴磷脂含量为63.4%，游离脂肪酸占12.9%，游离固醇约占11.9%，其余为甘油二酯或甘油三酯，以及固醇酯。对虾中磷脂可能是中性脂肪运输途径的参与者，过剩的磷脂加速对三棕榈酸甘油酯和胆固醇的动员。

值得指出的是，甲壳动物蜕皮之后，组织脱水，血淋巴体积增加，导致物质浓度下降，但溶液中物质的总量不会改变。饥饿也可能会产生相同的效果，因为甲壳动物的外部尺寸不会改变。表13-2是对虾在蜕皮间期血浆的主要成分。

表 13-2　对虾在蜕皮间期血浆主要成分状况（盐度为 35‰）

血浆组成	物质浓度	资料来源
Na^+	$360\sim440\mu mol/mL$	Dall and Smitk，1981
Cl^-	$350\sim440\mu mol/mL$	Dall and Smitk，1981
K^+	$9\sim13\mu mol/mL$	Dall and Smitk，1981
Ca^{2+}	$12\sim15\mu mol/mL$	Dall and Smitk，1981
Mg^{2+}	$15\sim40\mu mol/mL$	Dall and Smitk，1981
SO_4^{2-}	$2\sim12\mu mol/mL$	Dall and Smitk，1981
总蛋白	$45\sim50mg/mL$	Dall，1964；Burse and Lane，1971；Rodriguez，1981
游离氨基酸	$137\sim189\mu m/mL$	Dall，1964；Moreau and Cecaldi，1985
总低聚糖	$140\sim300\mu m/mL$	Dall，1964
葡萄糖	$50\mu m/mL$	Abdei-Rahman et al
总脂类	$6.2\sim7.1mg/mL$	Teshima and Kanazawa，1979

注：根据陈楠生等（1992）改制

第三节　新 陈 代 谢

一、代谢率及其影响因素

（一）代谢率

呼吸和排泄是动物机体代谢的两个重要部分，研究各种环境因子，诸如饵料、温度、盐度、pH、体重、发育期等对呼吸和排泄的影响有利于了解动物代谢活动的变化规律，是能量代谢和营养生理学研究的主要内容。国内外有关鱼类、贝类的耗氧率和氨排泄率研究报道较多，有关虾蟹类的研究相对较少。

甲壳动物耗氧率大小很大程度上反映了其代谢水平高低和变化规律，常常作为衡量能量消耗的重要生理指标。通过对动物呼吸代谢的研究，可以了解动物代谢特征、动物自身生理状况和营养状况对外界环境条件的适应能力。了解耗氧率及其影响因素，可以为确定放养密度、进行水质调控和管理提供科学指导；掌握虾蟹类窒息点及其影响因素，可以提高运输成活率。国外有关虾蟹类呼吸生理的研究始于20世纪70年代，并与生物能量代谢和营养生理紧密相关；我国对虾蟹类代谢的研究开始于20世纪80年代，到目前为止，取得了较大研究进展。

耗氧率是衡量甲壳动物代谢功能的常用生理指标之一，是指单位时间内的氧气消耗量，可以用单位个体耗氧率和单位体重耗氧率表示。代谢率是指单位时间内的能耗量，由于动物有氧代谢时放出的热量与消耗的氧气量成正比，所以耗氧率直接成为衡量代谢率的重要指标。甲壳动物的代谢也可以分为标准代谢率、活动（常规）代谢率、食物特殊动力作用。活动代谢率为甲壳动物自然活动时连续24h耗氧量的平均值，标准代谢率为不运动时的平均白昼耗氧量。绝大多数对虾习惯在夜间活动，测量时需以24h为单位时间，因为夜间呼吸率可能高于白天，早期的报道中甲壳动物的标准代谢率都偏高，可能与所界定的时间间隔有关。

（二）影响虾蟹类耗氧率的主要因素

1. 体重　体重是影响动物耗氧率的重要因素之一，耗氧率（R）与体重（W）为幂函数的关系，$R=aW^b$，b值为体重指数，a表示截距。R与动物发育期、摄食状况、水温、盐度有密切关系。一般情况下，单位个体耗氧量与个体大小成正相关，单位体重耗氧率与体重成反比。甲壳动物b值在种间存在较大差异，同种个体的不同发育期b值也不同。朱小明（2001）研究表明：日本对虾仔虾，随着体重增加，耗氧率和氨排泄率变小，耗氧率和氨排泄率与体重、耗氧率均呈幂函数关系。耗氧率随体重增加呈降低的趋势，30℃时的下降趋势明显大于26℃。氨排泄率随体重增加而降低的趋势受温度影响不明显。各期仔虾30℃的耗氧率≥26℃的，排氨率大多数也表现出随着温度升高而增加的趋势。

2. 摄食与饥饿　随着饥饿程度的加深，个体耗氧率明显下降，但下降的速度和幅度在种间存在较大差异，也与个体大小和发育期有关。动物个体越小，饥饿期间单位个体耗氧率下降的速度和幅度越大，随着温度升高而加大。饥饿时间延长，耗氧率下降的同时，还伴随NH_3-N的升高和氧氮比的下降。在饥饿过程中降低代谢率通常作为动物保存能量的途径，对于饥饿5d后的食用对虾，24h的代谢率降低24%，随后仅有轻微的降低。这些降低大部分发生在夜间，可能是夜间活动减少以及停止消化和吸收的综合结果。甲壳动物细胞水平的氧化代谢与其他动物类似。

动物在摄食期间均具有耗氧率增加的现象，称为食物特殊动力作用（specific dynamic action，SDA），产生SDA的原因并不十分清楚，可能与摄食后蛋白质的周转过程有关。例如，罗氏沼虾SDA主要由食物的性质决定，与摄食水平关系不大，SDA主要是蛋白质引起的，肉食性虾类SDA大于杂食性虾类。

3. 活动　活动状态明显地影响甲壳动物代谢率。绝大多数甲壳动物均为夜行性动物，并且在白天潜入底，精确测定潜底时的耗氧量是很困难的。养殖对虾，绝大多数时间处于静止状态，此时只有附肢做微小活动，耗氧量低，处于食物消化期的个体，耗氧量明显增大。摄食和步行使耗氧量增加约 45%，而游泳大约增加 130% 或更多。当对虾剧烈迅速游动时，需要水中氧达到最高水平，以维持它高强度的活动状态。当水中氧为空气饱和值的 25% 时，游泳停止，低于 10% 时致死。对于虾蟹成体，活动和静止状况很难准确界定，而其浮游幼体，因为生活方式特殊，很难在呼吸器内处于稳定状态，影响标准代谢率的测定。成体在呼吸器内的稳定，也需要较长的时间，保持稳定可以减少实验动物产生的应激反应。

4. 生活周期　甲壳动物的耗氧率常常表现为明显的季节变化或与自身发育期有关，一般是季节温度升高，耗氧率增大。耗氧率的变化还与性腺发育有关，同处于繁殖期的雌体，性腺发育好的耗氧率高于性腺发育差的个体。大多数种类，耗氧率也存在昼夜变化，夜间耗氧率高于白昼。虾蟹类耗氧率与周期性蜕皮有关，蜕皮时耗氧率达到高峰，蜕皮后下降。但对虾的蜕皮周期中，代谢率并不发生太大的变化，只是在蜕皮的前 3 天耗氧率有所增加。其原因尚不十分清楚。

5. 温度　温度是影响虾蟹类耗氧率最重要的环境因素，在适宜的温度范围内，耗氧率随着温度升高而加大。温度对耗氧率的影响可用 Q_{10} 值表示，代表温度每升高 10℃所引起的耗氧率的变化率，Q_{10} 越大，说明在该温度范围内，引起的耗氧率变化越大。甲壳动物的 Q_{10} 值一般在 2～3 之间，并且有随着水温升高而减少的趋势。

在对数坐标系中，耗氧率 / 个体规格常呈线性关系。在 25℃时，对虾常规代谢率比标准代谢率高 10%，将常规代谢率和温度联系起来，得到不同规格对虾耗氧量 / 温度曲线。当水温升高时，锯缘青蟹（*Scylla serrata*）幼体的耗氧率和氨氮排泄率均明显增加，温度对日本沼虾、中国对虾、加州对虾（*Penaeus californiensis*）、日本对虾的耗氧率和氨氮排泄率都有显著的影响。温度对耗氧率的影响要比对氨氮排泄率的影响大。

对克氏原螯虾研究表明：温度与耗氧率和 NH_4^+-N 排泄率呈正相关关系，而体重与耗氧率和 NH_4^+-N 排泄率呈负相关关系，说明随着温度升高，克氏原螯虾代谢强度增大，对能量的消耗也增大，与其他甲壳动物的研究结果相类似。当水温在 25～30℃范围内变动时，试验虾的耗氧率对温度变化不敏感。当温度在 15～20℃范围变动内时，对克氏原螯虾的耗氧率有较大影响。因此，在克氏原螯虾的人工养殖过程中，为维持其正常代谢水平，保持其适宜的生长水温非常重要。

温度对甲壳动物代谢强度的影响突出表现在：有利于生长的代谢强度增加，生理活动加强，发育速度加快，生长积累增加。适温范围内温度升高，幼体发育期缩短，变态速度加快。成体阶段的生长在适温范围内随温度的升高而加快。低于适温时，代谢活动降低，生理反应减慢，生长几乎停止；高于适温时，代谢强度过大，能量无法积累或已积累的能量被消耗，有时表现出负生长现象。

6. 盐度　盐度也是影响耗氧率的重要因素之一。对于大多数甲壳动物，耗氧率随着盐度升高而降低，但将斑节对虾暴露在盐度为 15‰～35‰ 环境内，测得的耗氧率并无显著差异，说明同种虾蟹类对盐度的反应差异受多种因素影响，如驯化时间、规格、健康状况等，长时间的盐度驯化可能消除不同盐度下的耗氧率差异，即在研究盐度与耗氧率关系的时候，实验前应对实验动物进行充分驯化。研究表明，长臂虾科和印度对虾处于等渗点时，耗氧率最低，此时消耗较少的能量就能够进行渗透压调节。但是，不同种类差异较大，说明渗透压并不是引起耗氧率变化的主要因素。

甲壳动物在高盐度环境中，需将体内多余的盐分排出体外，保持体液内的正常水分；

在较低的盐度条件下又需要摄取足够的盐分，排掉多余的水分。在这种渗透压主动调节过程中，虾蟹要消耗体内储存的能量，以适应外界的盐度变化。许多海水生活的对虾，在盐度15‰~30‰ 时，其耗氧率随盐度降低而增加。对虾在不同盐度下的能量消耗也与其在该盐度条件下的适应情况密切相关，日本对虾从盐度 37‰ 条件下移入盐度为 10‰ 的环境中时，耗氧率迅速提高，经数小时后稳定。这表明当环境盐度突然改变时，对虾需要消耗大量的能量来调节体内的渗透压和离子平衡。盐度由 2‰ 和 5‰ 提高到 20‰ 时，河口淡水生活的小长臂虾的代谢率增加了 30%，盐度达到 19‰ 时，其生长几乎处于停止状态，能量的储存也非常少，而且由于缺乏足够的能量，大约只有 35% 的雌虾在该段时间内能够抱卵。

虾蟹类的最适盐度称为等渗点，处于等渗环境时，不需进行耗能的渗透压调节，呈现出良好的生长和最大的能量转换效率。甲壳动物通过鳃吸收盐分，由触角腺分泌出低渗尿。鳃表皮存在 Na^+，NH_4^+-ATPase，起到离子交换作用。许多甲壳动物的渗透压调节中，除了阳离子外，氯化物和有机物在渗透压调节中也起重要作用。氯化物作用在血淋巴的渗透压调节中占39.5%~49.6%，而且随盐度提高其调节作用也增大。

温度和盐度对甲壳动物耗氧率具有明显的综合效益，但两者之间的关系存在较大的种间差异，另外，与实验期间的时间长短、温度高低有直接关系。

7. pH   水中的 pH 上升或下降达到某个临界值时，都会对虾蟹类呼吸活动产生明显影响，直接关系到从水中摄取氧的能力，最终影响耗氧率。中国对虾的耗氧率随着 pH 的升高而下降，水中二氧化碳浓度、氨氮也影响耗氧率，三者之间存在复杂的综合关系。

8. 氧分压   水中氧分压（partial pressure of oxygen，P_{O_2}）高低也影响耗氧率。有些动物的耗氧率不依赖于 P_{O_2}，只有当水中 P_{O_2} 低于某一临界点时，耗氧率才迅速减少，这些动物对水中氧气的依赖程度较小，自我调节能力强；而有些种类耗氧率与 P_{O_2} 之间存在正相关关系，自我调节能力较差。绝大多数动物对低氧的适应方式是通过增加呼吸频率提高鳃的气体交换量，有些动物通过增加心输出量适应低氧环境。

总之，只要外界氧气含量达到一定值，甲壳动物的耗氧量就稳定在某个水平，说明甲壳动物呼吸系统是高效的。

二、氮代谢、碳水化合物和脂代谢

（一）氮代谢

许多学者对于甲壳动物血淋巴中增多的自由氨基酸的来源存在观点分歧。一些学者认为可能来源于组织细胞或者新合成以及血淋巴蛋白的分解，自由氨基酸来源并非其中一种途径，但可以肯定是有部分自由氨基酸来源于血淋巴蛋白的分解。随着外界盐度升高，甲壳动物的血淋巴蛋白减少，自由氨基酸含量增加，这说明盐度升高时血淋巴中部分蛋白质会分解为自由氨基酸。因此，氨基酸含量受到血淋巴蛋白代谢的调节。

甲壳动物对含氮化合物的分解代谢和排泄产生 3 种主要终产物：氨、尿素和尿酸。蛋白质和氨基酸降解主要产生氨，不同的甲壳动物转化效率存在差异，核酸降解的主要产物是尿酸，尿酸也可能转化为尿素，并最终通过尿循环转化为氨。

氨通过鳃排泄到水中的机制并不十分清楚，推测是通过单纯扩散或 Na^+ 交换机制实现的。其他含氮化合物的终产物排泄的位置尚未确知，触角腺是甲壳动物进行离子调节的器官，它们的分泌物中往往含有很少量的含氮物质。尿素极易溶解，它可能通过鳃排出体外。尿酸难溶于水，它很有可能通过贮存排泄的方式排除，或者通过脱掉肠细胞的方式消除。肠可能是除氨以外的含氮物质的排泄场所，但有关这方面的推测尚需进一步证实。

多数虾蟹类的 NH_3-N 占氮代谢产物的 40%～90%，氮代谢产物增多表明蛋白质作为代谢能源的比例增大。许多研究证明，当温度升高时，甲壳动物氨排泄量也增加得非常显著。由于体内合成尿素需耗费一定的能量，因而虾蟹主要以氨的形式排泄氮代谢产物。目前关于水生甲壳动物排泄尿素的原因和机制尚不十分清楚，日本沼虾的尿素排泄量占总氮排泄物的 38%，可能同食物或能源物质的代谢过程有关。在盐度 15‰～30‰，中国对虾的尿素排泄量随盐度的升高而增大，主要原因是尿素中的 NH_4^+-N 增加用于部分取代 Na^+ 和 K^+，在较低的盐度条件下，氨基酸作为主要的能量代谢底物，因而大部分的氮排泄物是 NH_3-N。当环境盐度升高时，体内游离氨基酸的含量也增加，低盐时，游离氨基酸作为主要的代谢能源，NH_3-N 的排泄量明显增加。

（二）碳水化合物和脂代谢

与其他动物相似，甲壳动物碳水化合物和脂的代谢最终产物均为二氧化碳，电子传递和氧化磷酸化系统也与其他动物类似，但有关这方面的研究资料不多。不管碳水化合物以何种形式在血液中运输，在细胞水平上，氧化代谢过程是通过葡萄糖进行的。碳水化合物除了提供能量外，蜕皮和几丁质外骨架的形成也需要大量碳水化合物。当甲壳动物进入低盐度的环境时，其细胞线粒体数量会急剧上升，氧化代谢增强，说明耗能极大，同时血淋巴葡萄糖水平下降，细胞色素 C 氧化酶活动升高，耗氧量增加，CO_2 的产量增加。

甲壳动物的循环血液中绝大多数脂为磷脂，是组成膜结构的最主要成分。在低盐度时，甲壳动物的鳃上皮细胞中磷脂酰丝氨酸、卵磷脂的含量减少，磷脂酰乙醇胺含量增加。而且，离子转运型鳃上皮中的总磷脂显著升高，表明血淋巴中脂类代谢增强，脂类合成、更新速度加快，膜的通透性也随之受到影响。一般认为甲壳动物脂肪酸的分解代谢是通过 β 氧化途径，这与其他动物相同。然而，在对虾中，脂的存贮量很低，消化腺作为饥饿时的能量贮备，更重要的是为蜕皮做准备。

第四节　渗 透 调 节

水生甲壳动物的渗透调节一直是国内外学者关注的热点之一，在渗透调节器官的形态结构、离子转运、血淋巴渗透压调节的内分泌调控等方面已做了大量的研究工作，并取得了许多重要的成果。无论是广盐性还是狭盐性的水生甲壳动物，随着生活水环境的改变，在神经内分泌系统的调控下，渗透调节器官（主要是鳃）结构、血淋巴渗透压和离子转运等都会发生一系列的变化以适应外界环境，维持正常的生理代谢活动。广盐性动物能在外界盐度大幅度变化的情况下，主动将其体液渗透压调节于小范围之内。另外，许多更主动和有效的广盐性对虾能在低于海水盐度很多的环境中保持其渗透浓度。在盐度为 35‰ 的海水中，广盐性对虾能将其体液的渗透压保持在远低于海水的水平，一般来说，这种浓度差异反映了对虾广盐性程度。十足目甲壳动物可以在辽阔的水域中生活，显示出相当大范围内变动的渗透压调节能力，仔虾和幼虾大多活动于浅海的港湾和河口地带，成体常常生活在深水区。雨量充沛的地区，盐度变动更大，生活在这里的甲壳动物都是广盐性的。

一、渗透调节器官

根据甲壳动物调节自身渗透压的能力，将渗透压调节方式分为渗透随变型和渗透调节型。渗透随变型缺乏调节自身渗透压的能力，血液中的 Na^+ 和 Cl^- 及渗透压总是随外界盐度而变化，并与环境保持完全一致。而渗透调节型具有很强的调节自身渗透压的能力，当外界盐度变化时，能主动调节血液中的离子和渗透压，并维持在一定水平上。甲壳动物的主要渗透调节器官为鳃和触角腺，其中鳃是渗透压和离子调节的重要场所和主要器官。

（一）鳃

甲壳动物鳃丝是鳃最基本的功能单位，鳃丝角质层和上皮与渗透功能有关。角质层是 Na^+ 和 Cl^- 的扩散屏障，在渗透随变型中通透性较大，渗透调节型中通透性较小。狭盐性的渗透随变型动物，离子通过角质层上大量水的运动和非特异小孔进出，而在渗透调节型动物中，通过离子通道运载特定的离子。甲壳动物的鳃上皮可分为呼吸型上皮和离子转运型上皮，前者主要进行气体交换和离子扩散运动，后者主要进行渗透压和离子调节，在其质膜微绒毛上具有大量的离子通道和离子转运酶。

（二）触角腺和小颚腺

习惯上称为排泄器官，其主要作用是调节渗透压和离子平衡，前者多见于高等的如十足目类群成体，后者多见于高等种类的幼体和低等种类的成体。多数淡水生活的螯虾等，由于面临失去大量离子的威胁，触角腺的原肾管逆梯度重吸收离子来保持平衡，此时其原肾管基底及两侧质膜上与离子转运相关的 ATP 酶和碳酸酐酶的活性很高。大多数的海洋渗透随变型甲壳动物，总是与环境处于等渗状态，产生等渗尿，此时原肾管中的离子转运酶几乎无活动。广盐性螯虾等在低渗环境中吸收离子并产生低渗尿，而在等渗环境中以等渗方式保持平衡，在高渗环境中则吸收大量水，并产生高渗尿以保持渗透平衡。

二、血淋巴渗透压

甲壳动物具有适应盐度等环境因子变动的能力，主要通过血淋巴渗透压调控来维持机体正常的生命活动，血淋巴渗透压调节主要依赖于水分和无机离子的通透性以及渗透压效应物含量的变化，血淋巴中渗透压效应物包括无机离子浓度和自由氨基酸含量等，它们决定甲壳动物血淋巴渗透压的水平。另外，血淋巴组成如蛋白质、血糖、脂类和氨等物质代谢水平对渗透压也产生影响。血淋巴中主要阳离子的浓度接近于主要阴离子的浓度，它们几乎决定了血淋巴渗透压水平，其中 Na^+ 和 Cl^- 是形成血淋巴渗透压最主要的贡献者。氯化物在甲壳动物的血淋巴中随盐度提高其调节作用也增大。血淋巴的渗透压水平不仅受鳃上皮渗透调节功能的调控，与组织液和细胞内液的变化也密切相关。一般认为甲壳动物血淋巴兼有运输系统和组织液双重功能，但血淋巴离子的组成与细胞液不大相同。

三、渗透压调节和离子转运机制

甲壳动物的离子转运型鳃上皮是进行渗透调节和离子转运的主要场所，离子转运的调控主要通过 Na^+-K^+ 依赖性 ATP 酶（钠钾泵）等多种离子转运酶的作用来完成，其中钠钾泵大约占总酶活性的70%。离子转运酶位于质膜上，主要通过运输和结合离子通道调控离子转运过程，进行 Na^+/K^+ 交换、Na^+/H^+ 电中性交换、Cl^-/HCO_3^- 电中性交换等，这些转运过程还能调节细胞内外的 pH。钠钾泵是甲壳动物进行渗透调节最重要的蛋白酶，主要位于基底侧质膜上，参与细胞两侧 Na^+/K^+ 交换离子的跨膜主动转运，维持细胞内外的离子梯度和兴奋性。其作用是将进入鳃上皮细胞内的 Na^+ 运入血淋巴，同时将血淋巴内的 K^+ 运入鳃上皮细胞中，从而维持机体 Na^+-K^+ 平衡和调节血淋巴渗透压，该酶活性随环境盐度变化而波动。

当甲壳动物鳃的离子转运型上皮中无离子浓度梯度时，总是内负外正，这时甲壳动物鳃离子转运上皮细胞中 Na^+ 和 Cl^- 的运输是独立进行的，其对 Na^+ 的透性很小，而对 Cl^- 的透性很大，因此 Na^+ 进出主要靠主动运输，而 Cl^- 可以扩散进入。鳃上皮细胞顶部质膜和基底侧质膜上的离子转运途径和通道互不相同。基底侧质膜的离子转运由 Na^+-K^+ 泵进行调控，在整个离子转运鳃上皮的离子调控中占主导地位。甲壳动物的离子转运模式见图 13-1。

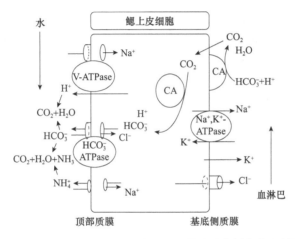

图 13-1　甲壳动物鳃离子转运上皮细胞离子转运模式（仿潘鲁青和刘泓宇，2005）

四、渗透压调节的内分泌调控

甲壳动物渗透压和离子调节受神经内分泌系统的调控。在低盐环境中，切除了眼柄的美洲龙螯虾（*Homarus americanus*）血淋巴渗透压下降到较低的水平，而注射窦腺匀浆提取液后，渗透压又出现了升高。当外界盐度变化时，预先注射胸腺匀浆提取液的淡水沼虾可使血淋巴中的离子保持平衡。甲壳动物主要由神经内分泌器官包括 X- 器官窦腺复合体、胸腺和围心腺等分泌激素，通过各种内分泌因子作用于离子转运相关的功能酶，调节鳃和血淋巴离子转运、渗透压效应物的含量等。

第五节　蜕皮和生长

一、蜕皮过程与行为

甲壳动物生长发育常与蜕皮联系在一起，胚后发育具有一系列形态各异的幼体期，每期幼体形态和生理特点通过蜕皮而发生改变，或者通过蜕皮变态发育成为更成熟的幼体或成体。蜕皮周期可明显地分为蜕皮后、蜕皮间和蜕皮前，进一步划分为 E、A、B、C（C1～C4）和 D（D0～D4）共 5 个时相。蜕皮周期内出现一系列生理过程，如组织生长、形态变化、旧壳剥离、新壳形成、蜕皮开始等，这些过程均受内源性因子（神经内分泌、发育期等）和外源因子（饵料、温度、盐度等）的共同调控和影响。

蜕皮影响着甲壳动物的形态学、生理学和行为，也影响着繁殖期发生的早晚。个体比较大的蟹类和龙虾，一年内只蜕皮一次或两次，大部分时间处在蜕皮间期，个体较小的对虾类每隔几天或几周蜕皮一次，生长趋于一个连续过程。蜕皮过程实质上是物质的净损失过程，主要成分是碳水化合物和蛋白质。蜕皮前，原有的外骨骼部分被吸收，用于构建新上表皮和外表皮，并且吸收水分用于增加身体的体积，血液的体积也增加。蜕皮本身需要消耗相当大的能量，而蜕皮后又需合成内表皮并矿化表皮层。

（一）蜕皮过程

1. 蜕皮前期　在 D2 期，甲壳动物摄食开始减少，到 D3 期，摄食完全停止，在这之前需要贮藏丰富的物质用于表皮的合成并维持摄食停止后的消耗。用来合成表皮的物质有两种来源：通过摄食积累贮藏物以及从老的表皮中再吸收。

一般认为，消化腺是贮藏物质的基本场所，特别是脂类的贮存场所，提供蜕皮前一段饥饿期的主要能量，对虾蜕皮间期消化腺中也贮藏部分糖类。真皮也被认为是十足目甲壳动物合成糖类的基本贮存场所，其中糖原与黏多糖各占一半，蜕皮前期真皮增生且贮藏细胞出现，黏多糖可能是构成表皮组分的前体。蜕皮间期身体总蛋白的增加是组织生长的一个量度，伴随着水含量的减少。十足目动物表皮含有 20%～40% 的蛋白质，在蜕皮前期积累的某些氨基酸可能是用于合成表皮的原料。

表皮物质的另一个来源是旧表皮，其中的一部分被吸收。食用对虾的头胸部和腹部表皮中，大约 75% 被吸收，但不同种类十足目物质吸收量有很大差异，甚至在同一种类也是如此。钙是被吸收表皮的一个主要组分，胃石提供了很有限的储备用于表皮钙化，其余部分从周围的水中吸收。淡水甲壳动物需要从淡水中吸收和贮藏钙，但海洋甲壳动物能够直接利用海水中丰富的钙，没有必要进行钙的贮存。在对虾中，表皮比较薄，没有胃石，对体钙的需求相对较少，没有必要形成钙的贮藏机制。虽然在蜕皮后的早期，钙化的需要突然增加，但是能从海水中直接获得。

2. 蜕皮　从 D3 期开始到蜕皮期，代谢率可增加 2 倍多，到 B 期末，恢复到蜕皮间期水平。这种增加部分是由于不规律的活动引起的，但是相当一部分是由于其他代谢需求，如表皮合成等。水吸收决定下一次蜕皮时个体的大小，大部分水分是通过饮水吸收的，印度对虾的 A 期是结合水最多的时期。大概在蜕皮前期的晚期进行一定量的水分吸收，此时虾类的头胸部膨大，蜕皮后几个小时内表皮变硬。

3. 蜕皮后期　蜕皮后内表皮的分泌活动增加，到 C 期完成。虾进入 B 期之后开始摄食，钙在表皮中以很高的速度沉积，且在 C 期达到最高峰。在蜕皮间期虾体积和重量增加 3%～4%，对虾的生长是一个更加连续的过程。

（二）蜕皮行为

所有甲壳动物，蜕皮过程均发生在晚间。在 D4 期发生行为变化：敲动腹足同时保持相对静止状态，快速举起腹部和头胸部前端，并进行短距离的跳跃。在蜕皮之前，这些运动的频率突然增加，可能有助于松动旧的外骨骼。在快要蜕皮时，整个动物的肌肉处于活动状态，腹部进行屈曲和伸直，头胸部明显膨大，且老的腹部外骨骼软而柔韧。蜕皮之后强烈的抽动以及游泳行为将使新蜕皮的动物离开蜕皮所在位置。经这段活动期之后，新蜕皮的虾在池底安静下来并保持不动。

蜕皮是复杂的生理学过程，血液系统、排泄系统、神经系统、离子调节、新陈代谢、生殖、血液循环等都参与其中。特别是在脱去旧的外骨骼前后，动物会摄入相当量的水分，使柔软的新皮膨胀，也促进新组织生成。甲壳动物蜕皮虽然经历时间短暂，但风险也非常大，此时最容易导致大批死亡。总的来讲，3个方面的因素制约蜕皮后成活率，即机械因素、生理因素和生物因素。首先，要面临的是从旧壳中退出膨大的螯足时遇到的机械困难；紧接着是体表渗透压的改变，这时会造成体液的离子比例和总浓度发生明显变化，从而存在生理上的潜在危险；最后，刚刚蜕皮的动物，必须及时逃避敌害掠食和可能的同类相残，直到新皮钙化为止。

二、影响蜕皮与生长的外源因子

（一）光照周期

中国对虾稚虾在短波的蓝光和高光照强度下，由于食物转化率低，对虾用于生长的能量少，导致其生长较慢。光照周期对甲壳动物个体发育、幼体的存活率和生长均有影响，因种类不同而有差异，且与个体发育的不同阶段有关。正常光照条件对维持生物正常生理功能起十分重要的作用，连续黑暗能促进锯额长臂虾（*Cryphiops caementarius*）的生长，而抑制长足龙虾的生长，罗氏沼虾在完全黑暗或短光照（6L∶18D）条件下生长较好，墨吉对虾在7L∶5D条件下的生长比12L∶12D条件下快。光照周期对中国对虾稚虾的摄食量和食物转化效率没有影响，因而对其生长未产生显著的作用。光照周期通过影响蜕皮抑制激素的合成和释放而影响甲壳动物的蜕皮，长时间光照抑制蜕皮抑制激素（molt-inhibiting hormone，MIH）的合成和释放，而短光照和持续黑暗则相反。光照周期不影响桃红对虾（*Panaeus duorarum*）和东方扁虾（*Thenus orientalis*）的蜕皮率，却影响蜕皮发生的时间。光照周期通过影响中国对虾MIH的合成和释放，影响蜕皮频率，这也与中国对虾蜕皮能的分配相一致。中国对虾像其他甲壳动物一样，其大小的增加呈阶梯式，即在蜕皮时快速增长，蜕皮之后至下一次蜕皮前，大小几乎很少增加。中国对虾稚虾在较低的摄食水平下，能正常蜕皮，但其每次蜕皮体重增长极低或负增长，说明尽管在对虾的生活史中生长必然伴随蜕皮，但每次蜕皮只为对虾的身体生长提供机会，充足的饵料供应和优良的营养条件才能促进对虾的蜕皮增长，即饵料供应是影响蜕皮后生长的重要因素。蜕皮是生长的结果，绝不是因蜕皮引起生长。中国对虾的蜕皮频率存在一定的差异，但生长未存在差异，这说明蜕皮和生长两种生理活动的调节方式可能是相互独立的。中国对虾的集约化养殖生产中，与光照强度和光谱组成相比，光照周期的选择可能是次要的。

（二）盐度波动

盐度是影响海水甲壳动物最重要的生态因子，不同种类、不同发育期的对虾对盐度的耐受能力不同。日本囊对虾（*Marsupenaeus japonicus*）对盐度的变化非常敏感，盐度突然降低会导致其大量死亡，中国明对虾对盐度的适应能力较强，但对盐度急剧变化的适应力较差。盐度的变化会直接影响对虾的蜕皮与生长，罗氏沼虾在低盐度下，蜕皮周期较短，生长较快，凡纳滨对虾在较低盐度下生长较快，高盐度抑制其生长。在对虾养殖过程中，可以通过降低盐度促进其蜕皮与生长。

在野外进行的对虾养殖中，雨后的池塘表面常常漂浮着大量对虾的壳，因此很多人认为突然降低盐度会加快中国明对虾的蜕皮。在实验室内，人为地定期降低盐度，发现在一定的波动幅度内，中国明对虾蜕皮周期有缩短的趋势，这说明在一定的波动幅度内改变盐度促进中国明对虾的蜕皮，但如果波动幅度过大，则会抑制其蜕皮。降低盐度促进对虾蜕皮的机制可能主要是环境条件的改变刺激了对虾的生理活动，使之产生应激反应，从而表现出蜕皮行为。盐度下降造成代谢耗能增加，可使日本囊对虾损失体重33%以上，这说明盐度波动与对虾的生长关系密切。盐度主要影响对虾的摄食，如印度明对虾在盐度为15‰时，生长最快，摄食率最大。褐对虾（*Crangon crangon*）摄取营养物的程度随盐度的变化而变化，当盐度增加到40‰，凡纳滨对虾对食物的消化能力显著下降。适当地周期性降低和恢复盐度促进中国明对虾生长，食物转化效率不受盐度波动的影响，导致特定生长率差异的主要原因是摄食量不同。另外，盐度变化还可以促使对虾进行渗透调节，导致代谢耗能增加，从而影响生长。蜕皮伴随虾类整个生命过程，与厚壳的甲壳动物相比，对虾的蜕皮更加频繁。蜕皮与生长虽然有一定关系，但不一定是正相关关系。蜕皮主要受体内蜕皮激素的调控，温度、光照、饵料可以加速或延缓蜕皮过程；只有当外界环境因子均处于理想状态，对虾才能快速生长，从而引起蜕皮。否则，对虾即使蜕皮也不会正常生长，甚至出现负增长，不正常蜕皮往往也是造成对虾死亡的重要因素。

（三）温度

温度不仅对蜕皮周期的长短和蜕皮的启动有影响，而且还影响幼体期的发育期数。在30℃以上，长臂虾没有第四幼体，第四期就是后期幼体，在低温下长臂虾幼体发育被延长，在后期幼体前存在Z5，而且各种条件下最后一期Z变态来的后期幼体形态相似，说明变态的准备在早期幼体就开始了。

（四）能量调节

甲壳动物幼体从摄取食物中积储能量和重要物质是与蜕皮周期内分泌调控相互作用的一个重要外源因子，能量和一些重要物质的作用同样与蜕皮周期中的关键点有关。饱和储存点是指蜕皮或孵化后立即给予饵料，到蜕皮周期的某一点，此时幼体积累了足够的能储，允许蜕皮进入下一个蜕皮周期，而无论此点后有无饵料供应。不可恢复点是蜕皮或孵化后就饥饿到蜕皮周期的某一点，即使再给饵料幼体也无法蜕皮进入下一个蜕皮周期。这两个指标都是幼体蜕皮周期内的两个关键点，而饵料是蜕皮启动的主要限制因子。幼体得不到充足的能量储存而尽快蜕皮进入下一发育期获取能量补偿，有的蟹类幼体此期饥饿，下一期蜕皮周期反而缩短，这是因为饥饿等不良的培育条件改变了幼体的能量分配，使幼体从生长向加快发育转变，这是动物适应不良环境的生存机制。幼体刚孵化或刚蜕皮就饥饿达到不可恢复点，即使再供应饵料也不可能进一步发育，可能是由于饥饿使幼体中肠腺的线粒体和脂贮系统受到了不可恢复的损伤。

第六节 免 疫 功 能

与高等动物相比，关于无脊椎动物免疫学研究起步较晚，在 20 世纪 60 年代后期，国外学者主要研究了甲壳动物血淋巴的性质及相关免疫因子。80 年代以来，随着我国水产养殖业的发展，对虾的人工养殖获得了很大进展，由于受病害的袭击，对其病原、抗病力及其免疫机制的研究处于鼎盛时期，在对虾的免疫系统和免疫机制的研究方面积累了大量第一手资料。

一、免疫系统

人和动物的免疫系统保护机体免受病原体、有害异物等致病因子的侵害。无脊椎动物的免疫系统处于比较原始、非特异性、半免疫性的防御状态。甲壳动物的免疫系统主要包括免疫器官、免疫细胞、可溶性血淋巴因子及相关的酶类。

（一）免疫器官

甲壳动物的免疫器官包括甲壳、鳃、血窦、淋巴器官。

1. 甲壳　　甲壳是覆盖在甲壳动物体表面的一层较坚硬的结构。与蟹类相比，对虾的甲壳为薄而软的体壁，呈现透明或半透明状态，组成甲壳的主要化学成分是几丁质及其结合钙。甲壳起支持和保护作用，在对虾的非特异性免疫过程中主要起机械阻挡的作用。红额角对虾甲壳最外层为表皮层，缺少几丁质，钙的含量很高，有些种类以钙的微颗粒状态存在。第二层为外皮层，含几丁质和钙，其特征性化合物是黑色素。第三层被为内皮层，含有超比率的钙。第四层，也是最内层内膜，主要化合物是几丁质而没有钙。

2. 鳃　　中国对虾鳃的结构主要由鳃轴、主鳃丝、二级鳃丝组成。鳃腔中含有大量的血淋巴，鳃腔和鳃丝顶端的囊状结构都可贮存被滤过的物质，血细胞主要位于鳃丝中间组织，这些血细胞正常情况下不游出鳃丝腔。

3. 血窦　　对虾血窦实质是充满血淋巴的腔，几乎遍布机体的各个部位，体积大小不同，血窦中血淋巴参与循环也起贮存作用。来源于心脏的 3 条主动脉，在各体节各分出动脉至尾节，最后端形成尾血窦，另外还形成腹腔血窦和足血窦；由心脏向前发出的动脉形成头胸甲部位的各血窦，头胸甲腹面的血窦可直接接收腹面血液及各附肢和内脏的血淋巴液，其中部分被收集到鳃腔，所有被滤过血液从背面进入围心腔，通过心门瓣膜进入心脏，进行下一次循环。

4. 淋巴器官　　中国对虾的淋巴器官位于胰腺前方，为半透明而对称的囊状结构，由被膜和实质两部分组成。通过器官被膜的微血管和网状结缔组织连在肝胰腺上，并由一个主动脉管通到肝胰腺中。从体长 2cm 的对虾开始有淋巴微血管发生，长到 4cm 左右时，淋巴器官的淋巴微血管中有小管产生，小管中有淋巴细胞，并有被膜。被膜和血管均由淋巴微血管发育而来，淋巴器官中的小管是淋巴器官的实质性组成部分。淋巴细胞在这里发生和增殖，也是淋巴细胞的聚散处。随着虾的增长，淋巴器官发育变得越加复杂。

淋巴器官被膜主要由致密结缔组织组成，在被膜表面含有大量的毛细淋巴管，毛细淋巴管由一层内皮细胞构成，表面的毛细淋巴管具有周细胞，其颜色和形态与脊椎动物的周细胞基本一致。被膜上具有淋巴管，单根或成对存在。被膜下具有膜下血窦，由纤维结缔组织、微血管和淋巴细胞组成。膜下的毛细淋巴管无周细胞，被膜的结缔组织可深入实质部分。毛细淋巴管主要由小管和淋巴血窦组成。小管是淋巴器官的主要结构，在淋巴器官中高度曲折，从切片上看，小管中聚集大量的淋巴细胞，为淋巴细胞的发生、发育场所。正常情况下，管腔中淋巴细胞很少，当异物进入淋巴器官时，淋巴细胞大量游出管壁进入管腔。

（二）免疫细胞

1. 血淋巴中的血细胞　　对甲壳动物血细胞的发生和发育没有深入研究，其血细胞形态学及其功能的研究始于 19 世纪。由于甲壳类血细胞的形态多变性、易变性，血清凝固素的影响给血细胞的分类和研究带来了很大不便。血淋巴中的血细胞包括：无颗粒细胞、半颗粒细胞和颗粒细胞（对应无颗粒细胞、小颗粒细胞和大颗粒细胞）。血淋巴中不同血细胞数目差异很大，也无一定标准。同种不同个体、不同的生长时期以及采血方法和部位的不同都影响计数结果，另外血细胞计数均是计全血细胞数。

2. 淋巴细胞　　淋巴细胞指淋巴器官中的血细胞。

淋巴细胞 A：细胞圆形，有大量的嗜碱性颗粒，发育过程中核染色逐渐减弱以至消失。这是最主要的淋巴细胞，占淋巴细胞的 60% 左右，此细胞有很强的吞噬活性。

淋巴细胞 B：细胞圆形，成熟后多为椭圆形，占淋巴细胞的 30%～40%。此细胞染色后细胞质不明显，细胞核为紫红色。通过调节视野反差可见细胞表面凹凸不平，似桑葚。

淋巴细胞 C：是数量最少的一类淋巴细胞，占淋巴细胞总数的 5% 左右，细胞圆形或不规则，细胞核蓝紫色，细胞质含有蓝色嗜碱性颗粒。

二、非特异性免疫机制

一般认为甲壳动物的免疫均属于非特异性免疫。体液性免疫主要包括：血淋巴的溶菌作用、凝集作用、酶类溶解作用等。细胞免疫包括：血淋巴中血细胞的吞噬作用、杀灭和排除作用。目前研究较多的是：病原菌、大分子异物、免疫增强剂、中药制剂、活性多糖等一些外界因子对甲壳动物机体免疫力的影响。但这些反应均无特异性，属免疫刺激引起的非特异性反应。对虾的免疫机制包括：甲壳的机械阻挡作用（第一道防线），血淋巴循环的滤过作用（第二道防线）。最后在血细胞、淋巴细胞、血清免疫因子联合作用下这些部位的病原或异物被杀死、清除，或随蜕皮排出体外，以达到抗感染或免除疾患的目的。

（一）屏障作用

1. 甲壳的生理作用　　对虾甲壳不仅具有外骨骼的作用，还能够支撑机体、阻挡异物进入机体，在免疫过程中起了机体第一道防线的作用。甲壳的化学成分以甲壳素为主，具有稳定性和抗腐蚀的作用，加之甲壳的复合排列层次和致密的结构，可有效地阻挡异物机进入机体，附在体表的微生物也很难在正常情况下水解体壁而进入机体。有些嗜几丁质的细菌可使甲壳变褐、变黑甚至穿孔，但对虾具有很强的覆盖伤口能力，覆盖过程主要是由血淋巴细胞聚集发生类似炎症的反应过程。

对虾的自然损伤主要有两种：①弹跳过程中体背撞到硬物上造成损伤；②受环境因素或营养因素的影响使体质下降或受病原侵染后发生的损伤。无论是哪种方式的体壁受损，对虾都有修复能力，从宏观来看，对虾体壁破损后立刻有蓝色血淋巴液渗出，并且立刻凝固，封住伤口。受伤体壁内侧聚集大量的血细胞，这种内外差别也是对虾体壁修复的主要生理特征，流到伤口外的血淋巴起封口的作用。血清遇到空气后凝固，不需要血细胞的参与。另外凝固的血淋巴会抑制细胞的游走。创伤口内的血细胞浓度增高则由两方面因素造成：一是甲壳受伤处流动血量增多，血清渗出时血细胞留在那里；另一种原因则可能类似炎症反应，受趋化因子的作用，使血细胞向病灶部位游走。

2. 蜕皮及排除作用　　蜕皮是甲壳动物排除体内和体表异物的重要途径，是抵抗病原菌感染和自洁的有效方法。各类异物都能够随血淋巴迅速进入血窦、鳃、淋巴器官，异物被滤到这些部位则不再进行循环。由于这些异物的刺激，促进蜕皮激素分泌，导致提前蜕皮，把鳃及血窦内的异物排掉。

蜕皮会影响甲壳动物的生长、生理、行为甚至繁殖。对虾蜕皮是排除体内外异物的最有效方式，在一个蜕皮生长周期里，对虾体内的滤过器官里和对虾甲壳表面的抗原、代谢产物和其他异物会积累得越来越多。蜕皮是一个连续的生理过程，受到体内肽类激素的影响，肽类激素大小和组成类似于高血糖激素，蜕皮可能受到环境的离子浓度、温度、光线等因素的影响，但外源性因素对机体的直接刺激可能很重要，无论是对甲壳的机械损伤、病原的表面吸附作用，还是体内感染都可刺激对虾提前蜕皮。

（二）滤过作用

进入甲壳动物体内的异物随血淋巴液迅速流入具有贮存异物及消毒异物的组织和器官，能够避免病原在机体局部扩散，类似于高等动物淋巴系统的作用。对虾具有滤过作用的组织和器官主要包括鳃、血窦和淋巴器官。

1. 鳃的滤过作用　　异物进入机体后刺激血淋巴液快速流动，被携带的异物经鳃管进入鳃轴，再进入鳃丝，带入鳃丝的异物被滤入鳃血窦和鳃丝末端膨大部位。如果进入体内的异物特别多，主要集中在鳃部，对虾可能会窒息死亡。有异物存在时，鳃丝腔中的血细胞游走到顶端囊状结构中进行吞噬作用，清除异物，或到蜕皮时一同蜕掉。鳃的这种滤过机制可能受两方面的影响：①血淋巴在正常代谢时不断通过鳃进行气体交换，血淋巴的异物自然也就被携带进入鳃；②作为滤过器官，是对异物进行贮存的场所。

2. 血窦的滤过作用　　血窦的容量比鳃大得多，血窦在全身形成网络，进行动静脉血淋巴液交换，交换过程中异物被限制在血窦中。血窦是最容易被感染的部位，但也不是所有的异物都进入血窦，有些大颗粒主要被滤入鳃，血窦中的量很少或不存在。血窦滤过异物后，血细胞的数量会明显增加，血细胞吞噬作用增强，这也是表现出炎症反应的主要原因。

3. 淋巴器官的滤过作用　　对虾的淋巴器官从结构和功能上看类似于高等动物的淋巴结。相对于前两种滤过作用，淋巴器官的滤过作用则表现为专一的滤过杀菌作用，而鳃和血窦主要靠其较大的容量来贮存异物。异物通过输入淋巴管被滤入淋巴器官后存在于淋巴小管腔中，小管的淋巴细胞游出管壁进入管腔进行吞噬杀菌作用，吞噬后的残余物通过输出淋巴管被排入肝胰腺，肝胰腺分泌消化酶类进行降解作用。肝胰腺是对虾最大和最重要的器官之一，也是最容易被感染的器官。淋巴器官的主要功能如下。

（1）滤过血淋巴液　　进入机体的大分子物质、毒素、细菌、病毒等异物随毛细淋巴管进入淋巴器官，存在于淋巴小管的管腔内。

（2）清除异物　　淋巴器官是重要的免疫结构，它将被滤入的异物杀死或清除掉。

（3）生成淋巴细胞　　淋巴小管随着机体的发育而增加，直接在小管中生成成熟的淋巴细胞。

4. 吞噬杀菌作用 病原或异物进入机体后被快速滤过到特定的组织和器官，由血清和血细胞共同作用来将它们消灭掉。吞噬杀菌是很重要的非特异性清除异物的过程，参与这种过程的细胞主要是吞噬细胞，还包括血淋巴中的血细胞和淋巴器官的淋巴细胞。

（1）血淋巴细胞的吞噬杀菌作用 血淋巴细胞随血淋巴遍布甲壳动物全身，主要分布在各血窦和鳃丝腔中，其次是其他组织和器官中的血淋巴细胞，它的吞噬过程可通过实验进行观察并被检测到，基本过程大致分为吸附阶段、吞噬阶段和消化杀菌阶段。血淋巴细胞是虾类免疫系统中最为重要的组分，虾免疫功能（识别、吞噬、黑化、细胞毒和细胞间信息传递）主要通过血淋巴细胞来完成。许多非细胞免疫因子，都直接或间接与血淋巴细胞有关。血淋巴细胞的数量和组成可反映虾免疫功能状况。不同类型的血淋巴细胞在虾免疫系统中所起的作用不同，其中吞噬作用是最重要的细胞防御反应。吞噬过程包括异物的识别、粘连、聚集、摄入、清除等。对异物的识别是由该异物的表面性质（如脂多糖、β-葡聚糖等）和血淋巴细胞膜上的特异性受体（如脂多糖结合蛋白、凝集素等）共同决定的。粘连则可能是由血淋巴细胞分泌的一种附着因子所介导。这种附着因子以无活性状态存在于大颗粒细胞和小颗粒细胞中，活化后的附着因子还能促进血淋巴细胞的吞噬作用；血淋巴细胞与异物粘连后相互聚集而形成细胞团，随即对异物进行摄入和清除。在异物的吞噬过程中，不同的血淋巴细胞协同发挥作用：透明细胞在光滑表面有强烈的附着和扩散能力，具有较强的吞噬能力，它不受外来溶解物的影响，但在体外活化的酚氧化酶原系统组分可以激活这种细胞的吞噬能力。小颗粒细胞只有在脱颗粒之后才具有吞噬活性，在离体条件下对外源物质非常敏感，极易脱颗粒，释放酚氧化酶组分。小颗粒细胞是免疫防御反应中起关键作用的细胞。大颗粒细胞的颗粒内含有大量的酚氧化酶原，这类细胞无吞噬能力，附着及扩散能力弱，经脂多糖处理不发生胞吐作用，但用活化的酚氧化酶原系统组分处理可使之迅速发生胞吐作用，释放大量的活性酚氧化酶，进而促进透明细胞的吞噬作用。

（2）淋巴器官中淋巴细胞的吞噬功能 病原被滤入淋巴器官后，进入淋巴小管腔中，这时淋巴因子受趋化作用游出基底膜进入管腔，进行吞噬，其吞噬过程与血淋巴基本相似。淋巴细胞的吞噬率和吞噬活性高于血细胞，吞噬指数也明显高于血细胞，另外淋巴器官内的淋巴细胞密度也远远高于血窦中的血细胞。所以淋巴器官中淋巴细胞的吞噬杀菌效率很高。

5. 对虾体液性免疫因子 越来越多的证据表明，体液性免疫因子在甲壳动物机体的免疫防御反应中发挥着十分重要的作用，这些因子包括天然形成的或诱导产生的各种生物活性分子，主要是血淋巴中的各类抗菌因子、抗病毒因子、血凝因子、细胞激活因子、识别因子、凝集素、溶血素及溶菌酶等各种具有免疫活性的酶类。这些免疫因子的作用在于识别异物，包括外来入侵的病原菌和病毒；通过凝集、沉淀、包裹、溶解等方式抑制病原体的生长及扩散，或者直接将其杀灭并排出体外；发挥调理作用，促使血细胞更易于吞噬外来颗粒；另外，还可能参与止血、凝固、物质吸收与运输以及创伤修复等生理作用。

（1）凝集素 不同虾体内存在多种能使细菌、脊椎动物红细胞、寄生虫等发生凝集的因子，称为凝集素。其实质是一类糖蛋白，具有结构异质性和异物结合位点的特异性，对热不稳定，其活性需钙离子激活，其作用类似脊椎动物的抗体，是虾类体内的另一类免疫识别因子。目前已从虾蟹中发现了近30种凝集素，可以分成两类：一类是存在于血清中的可溶性凝集素，导致异物颗粒的凝集；另一类凝集素分子则存在于透明细胞等血细胞里或结合在细胞膜表面，通过这种凝集素分子同异物分子表面进行结合，以便于对异物分子的进一步吞噬或包裹。

美洲螯龙虾的凝集素首先出现在血淋巴细胞和血淋巴内，血淋巴细胞内活性较高，而血淋巴内活性较低。中国对虾的凝集素主要分布在血淋巴液和血淋巴细胞中，可凝集多种脊椎动物的红细胞。一些常用的能抑制昆虫凝集素活性的单糖不能抑制中国对虾凝集素的活性，钙离子也不影响中国对虾的凝集活性。凝集素在虾类免疫防御过程中，具有 3 种功能：清除杂物功能，在虾类变态期间，参与清除机体不必要的细胞、组织片段或残余物；参与识别 - 防御机制，在虾类体内凝集素具有高度的调理作用，能专一性地结合在非己颗粒的表面，而且还能与吞噬细胞表面的受体相结合，促进吞噬作用；凝集素能促进血淋巴细胞活化，诱导血淋巴细胞中各种酶的活化和释放，从而将入侵异物灭活；参与其他活动功能，参与止血、凝固、包裹微生物中和作用直至创伤修复等，以保障机体健康。在这个过程中，凝集素的主要作用可能是使血淋巴中的异物分子发生凝集，从而使这些病原体丧失进一步侵染机体和在组织中扩散的能力，以达到免疫防御的目的。另外，血淋巴中凝集素还具有重要的调理作用，可以将结合的异物分子传递给血细胞，在异物分子同血细胞之间进行连接，由血细胞来完成最终的吞噬和杀灭作用，从而大大增强血细胞吞噬作用的发挥。

无脊椎动物凝集素对异物分子的识别和结合缺乏位点的多样性，仅表现出对少数多糖、糖蛋白或糖脂具有较强的亲和力。血清引起细胞的凝集是这些凝集素同细胞受体位点相互作用的结果，血清凝集素对细菌的凝集则可能是它与细菌表面含有这些糖基的糖蛋白或脂多糖的结合引起的。

（2）溶血素　　关于甲壳动物溶血素的报道较少，仅在对虾、龙虾、蟹等动物体内有所发现。脊椎动物体内的溶血作用是在补体的参与下，抗体同异物红细胞之间发生的一种特异性免疫反应。在无脊椎动物的血液中，溶血作用主要是依靠血细胞的吞噬、包裹作用来完成的，在多种无脊椎动物的血清中也发现有溶血素的存在。溶血素是无脊椎动物免疫防御系统中的一种重要的非特异性免疫因子，其作用可能类似于脊椎动物的补体系统，可溶解破坏异物细胞、参与调理作用，并可能与无脊椎动物体液的杀菌作用以及酚氧化酶原的激活系统有关。

在日本对虾和中国对虾的体内都曾发现能对鸡红细胞产生溶血作用的溶血素活性。这种溶血作用是由溶血素与血细胞表面的特异性糖链结合后，使细胞膜发生溶解造成的。机体溶血素活性的高低反映了机体识别和排除异种细胞能力的大小。

（3）溶酶体酶　　溶酶体酶包括溶菌酶、过氧化物酶及各种水解酶类，如蛋白酶、肽酶、磷酸酶、脂酶和糖酵解酶等。吞噬细胞对异物颗粒进行吞噬或包裹后，细胞内的溶酶体会与异物进行融合，发生脱颗粒现象，外来入侵的微生物可以被其中的溶菌酶、过氧化物酶、磷酸酶等直接杀死，随后各种水解性酶类再进一步将它们水解消化并将消化后的残渣碎片排出细胞外。

目前有关溶酶体酶的研究已经较为透彻。溶酶体酶广泛存在于各种动物的血细胞和血液中，在免疫活动中发挥着重要的作用。溶酶体酶是一种碱性蛋白，主要杀灭革兰氏阳性菌，其作用机制主要在于它能够溶解细菌细胞壁中的肽聚糖成分，从而使细菌的细胞壁破损，细胞崩解。近几年，陆续从中国对虾、日本对虾、南美白对虾等甲壳动物体内检测到溶菌活性因子的存在。外来异物进入虾体后，会刺激血细胞迅速做出反应，从而释放出溶酶体酶等具有免疫活性的物质，参与免疫反应。许多免疫多糖可以作为一种广谱的非特异性免疫促进剂，提高机体的细胞免疫及体液免疫功能。

（4）酚氧化酶原激活系统　　酚氧化酶原激活系统是虾类重要的识别与防御系统，是一种与脊椎动物补体系统类似的酶级联系统，该系统中的因子以非活化状态存在于血淋巴细胞的颗粒中。对入侵异物发生免疫反应的关键是对异物的初始识别，在高等动物中，此初始识别过程由抗体、T淋巴细胞和补体途径完成，而对虾类而言，由酚氧化酶原激活系统组成的类补体途径在宿主免疫过程中充当了重要的角色。极微量的微生物多糖和胰蛋白等就可激活酚氧化酶原激活系统。活化过程中产生一系列的活性物质，可通过多种方式参与宿主的防御反应，包括提供调理素、促进血淋巴细胞吞噬作用、包囊作用和结节形成，以及介导凝集和凝固、产生杀菌物质等。研究结果还发现酚氧化酶原激活系统的成分直接参与细胞间信息的传递。

目前已对不同种甲壳动物的酚氧化酶原系统及其激活机制进行了大量的研究，积累了较为丰富的资料。在甲壳动物中，降低 Ca^{2+} 浓度，酚氧化酶原也有被激活成为活性形式的可能。甲壳动物的酚氧化酶原激活系统是由丝氨酸蛋白酶和其他因子组成的一个复杂的酶级联系统。当微生物或寄生虫等侵入机体后，丝氨酸蛋白酶随后激活酚氧化酶原，将其转变为活性的酚氧化酶，能自发形成黑色素。黑色素及其中间代谢产物是高活性的化合物，可能通过抑制胞外的蛋白质和几丁质而影响微生物的生长。病原体侵入甲壳动物后体腔往往变黑就是由酚氧化酶引起的。酚氧化酶原的激活过程非常类似于高等动物中的补体激活途径。

淡水鳌虾酚氧化酶原激活时，由外来入侵异物成分引发的酶原激活与正常生理条件下酶原的自发激活属于完全不同的两种机制，其发生条件各不相同。在自然养殖环境条件下，濒死中国对虾血淋巴中酚氧化酶活力高于正常对虾，而在人工感染实验过程中，中国对虾经大肠杆菌、弧菌或酵母聚糖注射刺激后，血淋巴中的酚氧化酶活力迅速降低。中国对虾的血细胞破碎后的上清液和血清中均具有一定的酚氧化酶活力。

（5）与免疫相关的其他体液因子

1）蛋白酶抑制剂：目前已在几种甲壳动物的血淋巴中发现了蛋白酶抑制剂。在淡水鳌虾的血细胞中发现的枯草杆菌蛋白酶抑制剂可以参与宿主的免疫防御反应，它可以抑制微生物的蛋白酶而不影响血淋巴中动物自身的蛋白酶。另外，还有一些关于甲壳动物产生的多肽类灭活因子、沉淀因子、调节及识别因子等的报道，但需进一步研究和论证。

2）可凝固蛋白：是虾类血淋巴内不同于凝集素的又一类免疫防御分子，已在多种虾蟹体内被发现。可凝固蛋白不与外界异物直接起作用，但当虾受伤，在血细胞（尤其是透明细胞和小颗粒细胞）释放的谷氨酰胺转移酶和血浆钙离子存在时，不同可凝固蛋白分子之间的游离赖氨酸和谷氨酰胺之间形成共价键，从而使虾类的血淋巴发生凝固，防止机体血淋巴的流失。

3）细胞毒活性氧：虾类血淋巴细胞在吞噬侵入体内的病原微生物后，会产生呼吸暴发现象，释放有毒性的活性氧，包括过氧化氢、羟自由基和单线态氧等产物。这些物质具有强有力的杀菌作用。透明细胞是产生细胞毒活性氧的场所，而小颗粒细胞和大颗粒细胞不产生活性氧。有关细胞毒活性氧产生的详细机制及体内的杀菌机制尚不甚清楚。

4）抗微生物多肽：抗微生物多肽是动物界中广泛存在的一种宿主防御机制。对虾素是虾类中研究最多的一类抗微生物多肽，血淋巴细胞是对虾素产生和存储的场所，机体产生应激反应时可将对虾素从血细胞中释放到血淋巴中。对虾素具有广泛的抗微生物作用，包括抗革兰氏阳性细菌和抗真菌。对虾素抗细菌作用表现为在细菌膜上形成孔洞从而使菌膜裂解的快速杀菌作用，而抗真菌作用则通过抑制丝状真菌的孢子萌发和菌丝生长而实现。此外，研究还表明，对虾素还具有结合几丁质的性能。

5）消化酶：消化酶对混杂在食物中的病菌及寄生虫也具有一定的杀灭降解作用。

三、甲壳动物适应性免疫的证据

一般认为，无脊椎动物由于缺乏免疫球蛋白和 T 细胞受体分子，而不具备适应性免疫。但随着研究的深入，人们发现无脊椎动物不仅具有较完备的非特异性免疫系统，而且在一定范围内具备脊椎动物所特有的适应性免疫现象，同时还发现了很多结构或功能上类似于脊椎动物适应性免疫分子的免疫因子。

1969 年首次报道螯虾体内存在适应性免疫的现象；1985 年发现将对虾幼体从高渗溶液中转入含灭活弧菌疫苗的水体中，12d 后即引起免疫反应，其免疫力可持续到成虾收获；将弧菌疫苗接种斑节对虾，发现接种弧菌疫苗对虾成活率显著提高；对龙虾进行预防接种后有效地提高了其对接种菌的抗病能力；福尔马林灭活疫苗和弱毒疫苗均能显著增强对虾的抗感染能力；用由病原和糖蛋白组成的复合疫苗对中国对虾进行免疫接种可显著增强对虾的防御能力。这些研究成果显示，对虾疫苗在一定范围内可提高对虾的成活率和抗病力，提示其具备一定的适应性免疫能力。同时，在其他无脊椎动物中也获得了很多关于适应性免疫的实验证据。由此可以认为，无脊椎动物体内确实存在与脊椎动物相类似的适应性免疫现象。

尽管人们在无脊椎动物中还没发现抗体的存在，但许多结构上与脊椎动物适应性免疫分子具有同源性或与其具有相同结构域的免疫因子，或功能上与其类似的免疫分子陆续得以分离、纯化和鉴定，为探索无脊椎动物的特异性免疫机制奠定了基础。

黏附分子是脊椎动物实现适应性免疫反应的一类重要的免疫因子。尽管目前在无脊椎动物中还未找到与适应性免疫直接相关的具有选择功能的黏附分子，但近年来研究表明，无脊椎动物体内同样存在具有多种多样的免疫学功能并参与机体免疫反应的免疫分子。除此之外，对 Ig-like、Peroxinectin 蛋白、Toll 样受体等的研究也取得可喜进展。

大量研究表明，脊椎动物的适应性免疫可能由自然免疫进化而来，其可能起源于脊索动物，甚至可能起源于无脊椎动物，而无脊椎动物的适应性免疫可能是一种类似于脊椎动物适应性免疫的原始形式。根据无脊椎动物体内存在与脊椎动物体内相类似的免疫黏附分子，部分无脊椎动物在受到免疫刺激后出现血细胞大量增殖和相关免疫因子的浓度或活性提高的事实，推测无脊椎动物体内存在的适应性免疫是一种类似于脊椎动物适应性免疫的特殊形式的初级适应性免疫。

目前在甲壳动物免疫学领域，还有相当多的问题有待于深入研究。主要包括：免疫因子在甲壳动物免疫防御中的地位、作用及其在体内外抵抗病原的机制；这些因子的理化性质及结构特点；各种免疫因子在甲壳动物体内的产生机制及存在形式；特异性免疫对甲壳动物免疫反应的作用；各种体液免疫因子及免疫活性细胞在免疫过程中相互之间的共同性及协同关系；机体免疫力同环境病原微生物之间的平衡机制；如何利用人工技术提高上述因子在机体内的活性，从而增强甲壳动物的抗病力。对上述问题的解决将会推动无脊椎动物免疫学理论的不断完善，促进水产养殖业的迅速发展。

根据目前已获得的研究成果，某些无脊椎动物具有一定的适应性免疫能力以及存在适应性免疫所必备的一定的分子基础已是不争的事实，至于其存在的普遍性、具体的免疫分子、免疫机制以及与脊椎动物适应性免疫之间的异同尚无定论。关于无脊椎动物的适应性免疫机制，虽然研究者提出了一些观点和推测，但其并未被学术界广泛接受，更没有形成统一的共识，具体模式的阐明还任重而道远。

第七节 神经整合与内分泌

神经整合是甲壳动物中重要的研究领域之一，国内外对龙虾神经整合做过较多研究工作，因为它们个体大而且强壮，离开水体后可以存活较长时间。相对来说，关于对虾的神经生理学研究较少，但对它的感觉器官结构和功能研究有过一些报道。从甲壳动物的进化角度讲，中枢神经系统的结构和功能比较保守，通过龙虾所取得的研究资料可以对其他甲壳动物的神经生理进行推测。

一、中枢神经系统及肌肉运动

虾蟹类脑神经元在动物的感觉和运动方面起重要作用，它们的脑和视叶由一系列致密的神经纤维丛和联合细胞群组成。神经纤维丛主要是突触的聚集体，具有协调和整合功能，位于神经纤维丛外的细胞群还具有神经内分泌功能。神经纤维丛的数量在不同类群差异较大，并且大多数是成对的，主要位于眼柄、前脑、中脑和后脑。前脑和后脑中有中间细胞群，还有与第 1 和 2 触角叶联合的成对细胞群。这是神经元的细胞体在脑的一定部位聚集形成的，关于爬行亚目的螯虾、龙虾和蟹脑的细胞体群已有一些研究报道。与螯虾、蟹等相似，罗氏沼虾脑的神经元细胞体也是在脑的表面聚集成群，处在一定的位置，其中在前脑、中脑和后脑各有 3 群。在不同种类的甲壳动物，同一细胞体群的发达程度有差别，后脑的侧位群最明显，可能与这些细胞在执行某种功能时所处的活跃程度或在发育过程中形成的细胞体数目有关。

蟹的神经肌肉是特化了的系统，除了巨大的轴突外，螯蟹的轴向腹部肌肉也被认为是甲壳动物神经肌肉组织的典型代表。甲壳动物有两类肌肉：①深层的慢肌，执行肌肉屈曲和伸展功能，并参与快速逃避反应；②表皮层的快肌，也具有屈曲和伸展功能，参与维持躯体姿势反射。这些肌肉的神经调控原理也适用于其他复杂的肌肉系统，如螯和尾节，但对于其他附肢、腹足和小颚可能作用没有。甲壳动物的神经递质有 γ- 氨基丁酸（GABA）、乙酰胆碱（ACh）、谷氨酸、章鱼胺、5- 羟色胺（5-TH）、多巴胺（DA）等。章鱼胺、5-TH 可能具有加快心率、增强骨骼肌收缩的功能，而 DA 具有相反的作用。十足目动物也表现出相似的生理特征。

二、感觉

（一）光感觉

对虾类最突出的感觉器官是眼，它的信息输入对动物的生理和行为具有重要的影响。绝大多数对虾类是夜行性动物，与其他甲壳动物的复眼一样，对虾类的眼也由辐射状排列的单位小眼组成，每个小眼具有一个角膜晶状体。许多甲壳动物都能够通过明-暗适应来改变其眼的光学特性，明适应后，远端黑色素围绕晶状体束向近端转移，近端黑色素从视网膜细胞中散开，并且反射色素收缩。在这个模式中，小眼与邻近小眼之间呈光学上的分离，成为一个小孔，相应地需要高光强，从而眼形成了复合或并列的图像；在暗适应的眼中，鞘样色素集中，晶体束不再与周围结构光学分离，而反射色素分散。这样，视杆能够接受大角度范围的光线，眼接受光的能力通过分散的反射层得到增强，而眼形成一个叠加图像。一些白天活动的甲壳动物的眼只能形成并列图像，而一些深海甲壳动物和夜行性甲壳动物只形成叠加图像。生活在浅水域的对虾类，其小眼的色素可以迁移，它们可能形成两种图像。

眼除了具有对光强的直接反应外，来自眼的信息对生物节律的形成和保持也有影响。夜行性的甲壳动物一般都具有日节律和潮汐节律。日节律在暗光条件消失之后仍能保持1～2周，之后可以建立起相应的节律。日本对虾中的这种节律似乎由眼柄的端髓来调控，它可能与视网膜的感觉输入有关。

（二）机械感觉

十足类甲壳动物肌肉表皮内突、胸足、关节处的弦音器、第2触角和其他附肢中都具有复杂功能的本体感受器，它们分布于表皮和各种类型的体表刚毛中，以及各分支的刚毛和指节上的栓状刚毛。平衡囊中含有2～4种感觉刚毛，均具有感觉功能。另外，平衡囊还能提供平衡反射的输入信号，也作为补偿性眼运动的输入信号。

第2触角触鞭是检测振动的特化器官，其上具有一对背侧刚毛和腹侧羽状刚毛。当对虾活动时，其两个触鞭位于背侧向，此时它们具有振动探测器作用，类似于硬骨鱼的侧线。在螯虾的前脑具有两个巨大中央神经元，它们对振动敏感，在触角叶中有树状末梢，它们与第2触角探测振动之间的关系尚不清楚。

（三）化学感觉

一般认为，第1触角触鞭是十足目甲壳动物的特化嗅觉器官，中脑的巨大神经纤维丛称为嗅叶。此外，在躯体前部的口器和螯也分布有化学感受器。通常可以分为嗅感受器和味感受器，前者感受低浓度的刺激物，后者探测高浓度的刺激物，两者敏感性的差异高达几个数量级。嗅觉器官常常具有很复杂的中枢神经系统联系，而味觉器官的联系相对简单。因而可以判断，第1触鞭是嗅觉器官，而口器和螯则为味觉器官。另外，对虾还有一个特殊的感觉孔复合物，可能也具有嗅觉作用。

三、内分泌器官

甲壳纲和昆虫纲是节肢动物门中最为重要的两个纲，甲壳动物和昆虫的近缘关系决定它们的形态结构和生理生化特征也极为相似。近年来甲壳动物内分泌学研究的蓬勃发展，很大程度上得益于昆虫内分泌学研究所取得的成就。

（一）大颚器（大颚腺）

昆虫的咽侧体合成和保幼激素（juvenile hormone，JH）分泌，调控其变态和生殖。同时，JH的合成受促咽侧体激素和抑咽侧体激素的调控。比较内分泌学的观点而言，甲壳动物的大颚器相当于昆虫的咽侧体，大颚器合成和分泌甲基法尼酯（methyl farnesoate，MF），它是JH的前体物质。

1968年首次发现大颚器，它与Y器官（Y-organ，YO）是两个完全独立的结构。人们研究了许多种十足类甲壳动物大颚器的组织结构特征，结果表明：一对大颚器位于大颚的背面，椭圆形实体，苍白至淡黄色；细胞间有血管和血窦，细胞内有广泛的光面内质网和大量的线粒体，大颚器细胞超微结构类似于脊椎动物的类固醇细胞和昆虫的咽侧体细胞。性成熟的美洲龙螯虾雌虾大颚器的体积是未成熟雌虾的数倍，克氏原螯虾的大颚器组织结构随着卵巢发育而发生周期性变化。

（二）Y器官

甲壳动物和昆虫一样也能合成蜕皮类固醇，其头部有一对无管腺，称为YO，它们的解剖位置和特征与昆虫的蜕皮腺相似，并且呈现出与蜕皮相关的分泌活性。现在已经明确，YO是甲壳动物的蜕皮腺，腺体位于头胸甲前部，它们的解剖学具有较大的种间差异。

中华绒螯蟹YO超微结构在蜕皮周期的不同阶段（蜕皮间期、蜕皮前期和蜕皮后期）呈现周期性变化。YO细胞的典型特征表现在蜕皮前期最为明显，具有发达的光面内质网、管嵴状线粒体以及大量游离核糖体。光面内质网和管嵴状线粒体的结构与脊椎动物类固醇激素合成有关的超微结构特征一致；游离核糖体的大量存在，表明它们主要合成结构蛋白和酶蛋白等，而不是分泌性蛋白（蛋白质类激素等）。蜕皮前期YO中存在的泡状化细胞，蜕皮间期和蜕皮后期的YO细胞体积均较蜕皮前期小，细胞质中细胞器较少，特别是光面内质网罕见。蜕皮前期的样品，与前两者显著不同，YO细胞的光面内质网明显增加，说明它在激素作用下产生了明显的生理学变化。

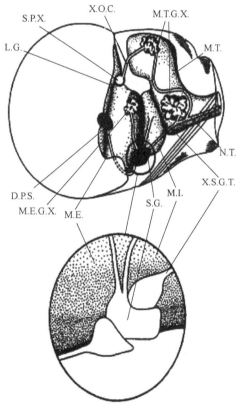

图13-2　锯齿瘦虾眼柄示意图
（下图为窦腺放大）（仿蔡生力，1998）
D. P. S. 附属色素斑；N.T. 从头部到窦腺的神经分泌纤维束；L.G. 视神经层；M.E. 外髓；M.E.G.X. 外髓神经节X器官；M.T.G.X. 端髓神经节X器官；M.I. 内髓；M.T. 端髓；S.G. 窦腺；X.S.G.T. X器官窦腺束；S.P.X. 感觉孔X器官；X.O.C. 器官连丝

（三）X器官窦腺复合体

窦腺是甲壳动物神经内分泌的主要调控中心。在大多数有眼柄的种类中，该器官位于眼柄，而在无眼柄的等足类和其他少数有眼柄的种类中，窦腺位于头部近脑侧。甲壳动物眼柄上有X器官和窦腺，它们之间有纤维束相连，又同位于眼柄，所以通称为X器官窦腺复合体。窦腺还通过纤维束与脑相连，窦腺本身并不产生激素，只是神经血管器，有贮藏和释放激素的功能，它由许多神经分泌细胞的轴突构成（图13-2）。

（四）性腺

性腺包括卵巢和雄性腺，后者为雄性甲壳动物所特有，至今只发现软甲亚纲的种类具有该器官，一般位于输精管的次射精端，所分泌的雄激素的功能是促使性分化和参与雄性生殖。雄性腺的细胞类似于脊椎动物蛋白质激素分泌细胞，具有发达的糙面内质网。可能对中国对虾外形特征，尤其是交接器的发育起着重要作用，而对性比构成影响不大。

（五）后联结器

甲壳动物头部还有两对神经血管器，一对是后联结器和围心器。后联结器是神经血管器的神经轴突末端，其神经细胞体位于食道后的联结处，此联结在食道后连接环食道神经纤维管。后联结器的功能是释放神经激素，调控甲壳动物体色变化。

（六）围心腺

围心腺也是神经血管器，位于环心脏的静脉腔中，由神经轴突末端构成。这些神经从每一胸神经节发出进入围心腔，在那儿形成围心的网状组织即围心腺。其功能是促使心脏兴奋。

四、蜕皮与变态的内分泌调控

1987年首次从甲壳动物的血淋巴和大颚器培养液中分离纯化了甲基法尼酯（MF），进一步证明大颚器是甲壳动物唯一合成和分泌MF的内分泌器官。但种间和个体间合成MF的能力相差很大。

昆虫的大颚器产生并分泌MF和极少量的JH-Ⅲ，推测JH-Ⅲ可能是MF的环氧化物。在昆虫发育过程中JH起着重要的调节作用，其中之一就是促进卵子发育，被认为是昆虫的促性腺激素。MF是一种类萜，属类脂，具有类似胆固醇的结构。甲壳动物大颚器很可能分泌一些在结构和功能上与JH相类似的激素控制自身性腺发育。MF主要生理功能如下。

1. 蛋白质代谢功能　摘除美洲龙螯虾雌虾双侧大颚器后18～24h，血淋巴中总蛋白含量显著下降，说明大颚器对雌虾肝胰腺的蛋白质合成可能有一个缓慢的促进过程。

2. 对雌雄个体生殖的作用　昆虫的JH与卵巢发育和卵黄蛋白原的合成有关。移植成熟虾蟹的大颚器到未成熟蛛形蟹和克氏原螯虾的腹部肌肉中，能够明显促进后者卵巢发育和卵母细胞增大，其他甲壳动物的在体和离体实验也证明了这个作用。所有生殖系统都发育完好的雄成蟹，大颚器合成MF的能力和血淋巴中MF滴度都很高，在一定条件下有交配行为，而性腺发育较差的雄成蟹，各项指标都相反，说明MF对于雄性性腺发育也具有促进作用。采用传统的内分泌腺移植方法，将大颚器整体埋植在同种另一个体的腹部，可明显促进受埋植个体成熟系数升高和卵径增大，加速其卵巢发育。大颚器提取物对性腺也能直接促进离体卵径增大和卵巢总RNA含量升高。卵黄发生期卵巢对大颚器提取物也十分敏感，而卵黄发生前期卵巢的反应不明显，表明不同发育时期的卵巢对大颚器提取物的反应有差异。

3. 对蜕皮的作用　甲壳动物的YO相当于昆虫的前胸腺，分泌蜕皮酮。虽然在蜕皮周期中，大颚器的超微结构也呈周期性变化，但YO与蜕皮关系更为密切。MF可能调控蜕皮激素的合成，或者YO和大颚器激素合成的调控类似。

4. 对变态的作用　JH的主要生理功能是调控昆虫变态，MF和一些JH类似物对甲壳动物的变态也有调控作用。

MF与罗氏沼虾的蜕皮有关，MF可以在整个蜕皮阶段检测到，在蜕皮后阶段，MF水平较低，在蜕皮前期，MF水平升高，临近脱皮期，MF升至最高，然后在蜕皮时，MF已下降，MF的周期变化与蜕皮激素很相似。MF可能刺激20-羟基蜕皮酮的分泌。

蜕皮受到激素的调节是早为人们所熟知的事实。蜕皮的整个过程包括蜕去旧甲壳、个体由于吸水迅速增大、新甲壳形成并硬化。因此甲壳动物的个体增长在外形上并不连续，呈阶梯形，每蜕一次皮，上一个台阶。剪去眼柄可以引起早蜕皮，窦腺分泌一种蜕皮抑制激素（MIH），能防止动物蜕皮。而一旦剪除眼柄，甲壳动物血液中的蜕皮激素浓度迅速升高，导致动物提前蜕皮。MIH能显著抑制YO分泌蜕皮激素，还可逆向作用于蜕皮激素本身，调节相关组织对蜕皮激素的反应。蜕皮抑制激素在结构上与加压素相似，受到神经递质 5-TH 的调节，同时还受到 MIH 本身对 YO 作用结果的影响。

YO 主要合成产物为蜕皮酮（E）、20- 羟基蜕皮酮（20-HE）、25- 脱氧蜕皮酮（25-DE）、3- 脱氢蜕皮酮（3-DE）、百日青甾酮（POA）。中华绒螯蟹血淋巴 20-HE 同卵母细胞发育各个阶段有密切关系；在卵母细胞小生长期，血淋巴 20-HE 持续上升，进入卵母细胞大生长期后迅速下降。蜘蛛蟹在卵黄发生时，卵巢中 E 和 20-HE 含量增多。这些说明蜕皮类固醇可能是甲壳动物的卵巢发育所必需的。最早发现眼柄神经分泌系统对蜕皮有调控作用，而去除眼柄则经常导致蜕皮速度加快，后来发现眼柄神经肽（MIH）具有蜕皮抑制作用。现已证实，眼柄的去除导致蜕皮节律的加速，并且诱导血淋巴蜕皮类固醇水平上升，从而刺激卵母细胞的生长。因此眼柄作为 MIH 的来源和 YO 作为蜕皮类固醇激素的来源，两者结合在一起组成激素调控轴，共同调控蜕皮的发生。YO 能从血液中吸收由食物中获得的胆固醇合成类固醇激素。蜕皮激素在血液中的浓度变化有一个普遍规律，即在蜕皮前期，蜕皮激素在血液中的浓度逐渐升高，在临近蜕皮时，形成一个峰值，然后浓度迅速下降，在实际蜕皮时，处于低浓度状态。脊椎动物类固醇激素在血液中通常是与携带蛋白结合在一起运输的，而在甲壳动物血液中还未发现与类固醇激素结合的蛋白质，至少 95% 的此类激素是自由运行的。

软体动物种类繁多，分布广泛。现存的种类有 11 万种以上，还有 35 000 化石种，是动物界中仅次于节肢动物的第二大门类。特别是一些软体动物利用"肺"进行呼吸，身体具有调节水分的能力，使软体动物与节肢动物构成了仅有的适合于地面上生活的陆生无脊椎动物。贝类一般分为无壳类，如头足纲里的章鱼、乌贼、鱿鱼，以及裸鳃类的海蛞蝓等，贝壳均已退化；单壳类，除标准单壳软体动物外还包括腹足纲里的各种螺、蜗牛，具有螺旋或锥形的壳；双壳类，主要是指瓣鳃纲里的软体动物，通常也叫贝类，有两个壳。本章所指的贝类包括双壳与单壳两类，无壳类（头足类）将在第十五章论述。

第一节　血液与血液循环

一、血液理化性质

血液是内环境的重要组成部分，相对稳定的理化特性和成分，使其在维持内环境稳态中起着决定性作用。因此，了解血液理化性质，对于监测动物健康状况、营养水平、繁殖力和预防疾病具有重要的参考价值，在动物遗传育种以及环境监测领域具有重要研究意义。

（一）血液密度（比重）

血液密度是衡量血液中水分、血细胞和血浆蛋白等含量的重要指标，其相对质量密度主要取决于红细胞与血浆的容积比，比值增高，相对质量密度增大，反之则减小。贝类的血液密度一般比水大。部分双壳类的血液重量约占体重一半，海产双壳类血液的成分和理化性质与周围环境中海水的成分类似，且一定程度上随周围海水环境而变化。

（二）颜色

贝类的血液通常为无色或白色，但有些种类因血液中的呼吸蛋白不同，颜色有所不同。例如，双壳纲中蚶科和竹蛏科的部分种类以及腹足纲的扁卷螺科，其血液因呼吸蛋白是含铁的蛋白（血红蛋白）而呈红色；大部分腹足类血液因具含铜的呼吸蛋白（血蓝蛋白）而呈青色或蓝色。贝类的血红蛋白与高等动物血红蛋白在理化性质方面有很大不同，贝类血红蛋白与氧的结合能力通常较低。一般哺乳动物每 $100cm^3$ 血液能与 $25cm^3$ 氧结合，而魁蚶的血液仅能与 $5.1cm^3$ 氧结合。同时，贝类呼吸蛋白对氧的结合能力也与物种自身特性和所处的栖息环境有关，如运动能力强的贝类与氧的结合能力更强。

（三）渗透压

溶液中的溶质促使水分子通过半透膜从低浓度溶液向高浓度溶液扩散的力量称为渗透压。渗透压的大小与溶质颗粒数目的多少成正比，而与溶质的种类和颗粒的大小无关。某些贝类如鲍、扇贝等对环境中盐度的变化极为敏感，属于"狭盐性"贝类，像牡蛎、荔枝螺、鸟蛤等则对盐度变化的耐受范围较大，属于"广盐性"贝类。海产贝类通常为变渗动物，体内渗透压和周围环境渗透压非常相似，如果外界介质的渗透压发生变化，其体内的渗透压也会发生相应的改变，以维持生命活动的正常进行。

二、血细胞的类型

贝类的血细胞类型一直存在着分歧，由于物种的差异性和研究方法的不同，导致了贝类血细胞的分类复杂化，难以获得统一的标准。有人将其分为三类，即无颗粒细胞、小颗粒细胞、大颗粒细胞；也有人将其分为四类，即大颗粒细胞、小颗粒细胞、透明细胞、浆细胞；还有人将其分为更多类型。而细胞质内颗粒的有无常被作为血细胞的一个重要特征，目前比较认同的标准是将贝类血细胞分为颗粒细胞和透明细胞（或无颗粒细胞）（表 14-1）。

表 14-1　主要贝类血细胞分类方法和名称（吴刚等，2018）

物种名称	技术方法	血细胞分类名称
皱纹盘鲍（*Haliotis discus hannai*）	透射电镜观察法	大颗粒细胞、小颗粒细胞、特殊颗粒细胞、透明细胞、淋巴样细胞
红番砗磲（*Tridacna crocea*）	光镜和电镜观察法	嗜酸性粒细胞、无颗粒细胞、桑葚型细胞、颗粒细胞、透明细胞
耳鲍（*Haliotis asinine*）	光镜和电镜观察法	颗粒细胞、透明细胞
杂色鲍（*Haliotis diversicolor*）	光镜和电镜观察法	颗粒细胞、无颗粒细胞
	流式细胞术	透明细胞、小颗粒细胞、大颗粒细胞
毛蚶（*Scapharca subcrenala*）	瑞氏染液染色法	大透明细胞、颗粒细胞、小透明细胞
文蛤（*Meretrix meretrix*）	瑞氏染液染色法	透明细胞、小颗粒细胞、大颗粒细胞、淋巴细胞
西施舌（*Coelomactra antiquata*）	流式细胞术	透明细胞、小颗粒细胞、大颗粒细胞
波纹巴非蛤（*Paphia undulata*）	流式细胞术	透明细胞、小颗粒细胞、大颗粒细胞
双线紫蛤（*Sanguinolaria diphos*）	流式细胞术	透明细胞、小颗粒细胞、大颗粒细胞
牡蛎（*Ostra edulis*）	密度梯度离心法	颗粒细胞、大透明细胞、小透明细胞

血细胞的分类技术和方法主要有以下几种。

（一）显微镜观察法

显微镜观察法分为普通光学显微镜和电子显微镜观察。电子显微镜观察又分为透射电镜观察和扫描电镜观察。主要根据血细胞的形态进行分类，有研究者使用透射电镜观察皱纹盘鲍血细胞的超微结构，将其分为 5 种类型，分别为：大颗粒细胞、小颗粒细胞、特殊颗粒细胞、透明细胞和淋巴样细胞。大、小颗粒细胞由特殊颗粒细胞发育而来，是同一类细胞的不同发育阶段。透明细胞和淋巴细胞则是两类分化完全的细胞；日本学者使用光镜和电镜将番红砗磲的血细胞分为 3 类，分别为细胞内含有直径大约 0.6μm 颗粒的嗜酸性粒细胞、无颗粒细胞，以及细胞内含有大量直径约 3μm 高电子密度颗粒的类桑葚型细胞；应用光镜和电镜观察耳鲍的血细胞后将其分为颗粒细胞和透明细胞两类；也有学者根据细胞大小、颗粒组成特征等将杂色鲍的血细胞分为颗粒细胞和无颗粒细胞。

（二）化学染色法

研究者通过瑞氏染色法将毛蚶血细胞分为：大透明细胞 [（13.97±1.22）μm]、颗粒细胞

[（9.98±1.12）μm]、小透明细胞 [（7.60±1.17）μm]，其中大透明细胞的胞质染色较淡，胞质内侧有少量颗粒，胞质外侧为不规则的透明区域，而细胞核区域存在少量嗜碱性蓝紫色颗粒和嗜酸性红色颗粒。颗粒细胞的胞质染色深，具有大量大小不一的蓝紫色嗜碱性颗粒。小透明细胞胞质染色较浅，内部无颗粒或很少。利用该染色方法可将文蛤的血细胞分为大颗粒细胞、小颗粒细胞、透明细胞和淋巴细胞。

（三）流式细胞仪分类法

采用流式细胞仪进行贝类血细胞的分类研究是国内普遍认可的方法，其血细胞的分析数量可达几百个每秒，并且还能在同一时间对血细胞的大小和颗粒性进行分析，避免了血细胞分类的主观性。研究者通过流式细胞术分析将西施舌、波纹巴非蛤、双线紫蛤、杂色鲍的血细胞分为透明细胞、小颗粒细胞和大颗粒细胞 3 个亚群。

（四）密度梯度离心法

密度梯度离心法在贝类血细胞的分离中应用并不常见，属于较新颖的技术方法。在牡蛎血细胞的分类研究中，通过密度梯度离心法将欧洲牡蛎血细胞分为 3 个亚群，分别为颗粒细胞、大透明细胞和小透明细胞。

三、血细胞的功能

贝类血细胞的功能与维持体内内环境稳态密切相关，参与伤口修复、营养运输、消化、排泄、防御、神经免疫反应等过程。贝类血细胞在防御反应中充当关键角色，血细胞能够吞噬各种有机和无机颗粒，清除病原体和异物。由于缺乏特异性免疫系统，吞噬作用是贝类的主要防御手段。血细胞借助凝集素的作用，对病原体进行识别，并具有化学趋化性向病原体移动。贝类血细胞运动类似于变形虫的运动，在运动时首先伸出伪足，依靠细胞质的流动而向前运动，伴随着吸附作用最终将病原体吞噬。当外界条件改变，尤其是受到外界抗原物质刺激时，血细胞可以活跃地趋化到炎症和损伤部位进行吞噬。血细胞吞噬外来异物的清除速率取决于细胞表面的特征，即先发生识别，吞噬反应的强度则由外来颗粒的表面特征和调理因子共同控制。在大多报道的贝类中，吞噬作用主要是由吞噬能力强的颗粒细胞来完成，其吞噬能力与发育阶段无关，但易受环境因素的影响，如温度、盐度等。血细胞中的透明细胞也具有一定的吞噬能力。吞噬作用的过程大致分为趋化、黏附、内吞和消杀 4 个阶段。由于大部分贝类具有开放式循环系统，血细胞与外来物质的接触较为容易，因此，趋化的选择意义不像高等动物那样重要。血细胞靠近异物后首先发生黏附，随后伸出伪足对异物进行包裹，形成吞噬小体进入细胞。吞噬后的杀伤作用主要通过两条途径实现：①吞噬小体与含有水解酶类的胞质颗粒融合，通过水解酶对外源颗粒水解消化。水解酶包括溶菌酶、磷酸酶、脂酶、蛋白酶、葡萄糖苷酶等。②由呼吸作用激活细胞膜上的 NADPH 氧化酶，产生活性氧中间物（reactive oxygen intermediate，ROI）来杀伤病原微生物。针对一些体积较大的异物，如寄生虫、坏死组织等，将由多个血细胞通过包囊作用共同将异物包裹起来，进行消除。

贝类血细胞在免疫反应过程中也发挥重要作用。贝类的免疫应答虽然比较原始，但快捷有效，是由神经内分泌系统和免疫系统共同调控完成。研究发现在贝类血细胞膜上存在促肾上腺素释放因子和白细胞介素 -2 受体，将贝类血细胞放在促肾上腺素释放因子的血清中孵育，可刺激血细胞释放肾上腺素，表明血细胞参与免疫、神经内分泌反应。有研究证明贻贝血液和血细胞中均存在神经肽，外源性或内源性阿片神经肽孵育贻贝的血细胞，均可显著提高血细胞的黏附能力并可引起定向迁移。此外，血细胞还参与伤口修复过程，研究发现珍珠贝的透明细胞是伤口修复的关键细胞，在伤口修复过程中，其分泌的胞外基质影响着上皮细胞的迁移和再生。

在高等动物中，血液凝固是由于血浆中可溶性的纤维蛋白原在凝血酶的作用下变成不溶的纤维蛋白，并交织成网，将血细胞网罗在内，形成血凝块。而贝类的血液中不含有纤维蛋白原，贝类的血液凝固依靠变形虫似的血球聚集，通过伪足部分互相结合，发生血液凝固。

四、血液循环系统

血液在由心脏和血管构成的循环系统中，按照一定的方向周而复始的流动称为血液循环。血液循环的动力源于心脏的节律性收缩和舒张。心脏收缩，推动血液经过动脉系统流向身体各处，心脏舒张则使血液由各部分经静脉系统返回心脏。血液循环对贝类物质运输、体液调节以及内环境稳态维持具有重要意义。循环系统主要包括四部分：动力泵（心脏）、容量器（血管）、传送体（血液）以及调控系统，血液的循环方式是动物从低等到高等进化的结果。贝类的循环系统分为开管式循环和闭管式循环两种，其中开管式循环系统由心脏、血管和血窦三部分组成，闭管式循环（头足类）由心脏、动脉血管、静脉血管以及一些微血管组成。

无板纲心脏位于身体背侧，有一个心室和两个心耳，血管系统非常退化，循环系统较为落后。单板纲心脏极不完全，位于直肠的背侧，仅有一个腔，心耳和围心腔均缺失，循环系统简单，仅有血窦。多板纲心室后端封闭，向前段派出一支大动脉，血液流经大动脉入血腔送至各器官，然后由身体各部分流入肾脏，再到外套沟内侧的血窦而进入鳃。血液在鳃中进行气体交换后，经过心耳复归心室。

双壳纲的心脏由一个心室和两个心耳构成，一般位于内脏团背侧的围心腔中。循环系统由心脏、血管和血窦三部分组成。双壳类中，特别是具有水管的种类，通常自心耳派出前后2支大动脉，其大小几乎相等；在胡桃蛤科、不等蛤科、贻贝科等，心室仅派出1支动脉管。在砗磲、牡蛎等，由于身体缩小，2个动脉管或多或少愈合在一起。一般牡蛎的动脉管，可以分为3层组织：第一层由卵圆形的管外壁细胞组成，与外围的结缔组织很难分开；第二层由肌肉纤维组成又大又厚的膜，肌纤维成纵分布，甚不规则，彼此交叉成网状，其中尚有弹性的结缔组织，这一层的厚度随动脉管口径的粗细而变化，在大动脉中很厚，在小血管中几乎没有。双壳类的血液从心室出发经前、后大动脉再分流入其他动脉。在这一过程中，血液将丰富的养料和氧气输送至身体各部。乏氧和陈旧血液通过血窦进入肾静脉，当经过肾管壁的静脉网时，血液将废物排入肾管，又集合于入鳃血管。血液在鳃中经氧化作用，从出鳃血管经心耳回到心室。但有部分血液可不经鳃而直接回到心室，如牡蛎和扇贝等，自大动脉流到外套膜动脉的血液，可以通过外套膜表面进行呼吸和排泄，之后清洁的血液注入总静脉，直接回到心耳后复归心室（图14-1）。

腹足纲前鳃类的鳃与心耳均在心室的前方，在心室后方出大动脉。后鳃类则与此相反，心室在前，心耳和鳃在心室的后方，其大动脉则自心室前段派出。从心室出发的大动脉分为前后2支，一般前动脉将血液输送到螺体的前段，包括头部、足部和外套膜等；后动脉输送血液到螺体后部内脏区，最后血液都流入血窦，再由静脉经鳃交换气体后回到心耳。血液从静脉窦流

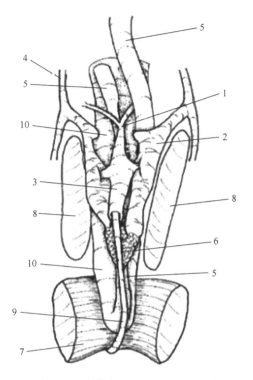

图 14-1 贻贝 (*Brachidontes exustus*)
心脏构造 (Simone et al., 2015)
1. 前大动脉; 2. 心耳; 3. 心室; 4. 出鳃血管;
5. 肠; 6. 肾; 7. 后闭壳肌; 8. 后缩足肌;
9. 直肠; 10. 晶杆囊

回心耳经过两条途径: ①肾门脉系统, 收集肝、胃、肠等的血液, 流入肾静脉到肾, 在肾内入毛细血管, 再集中到出肾静脉, 将血液带入鳃静脉, 经氧化回到心耳; ②鳃门脉系统, 来自外套膜的血液进入入鳃静脉, 然后入鳃内的血管沟及血腔, 交换气体后, 由出鳃静脉将血液带回心耳 (图 14-2)。

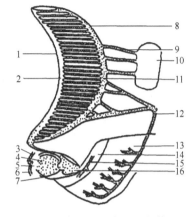

图 14-2 脉红螺循环系统 (田力等, 2001)
1. 鳃; 2. 出鳃静脉; 3. 前主动脉; 4. 心室; 5. 总动脉;
6. 后主动脉; 7. 围心腔; 8. 外套膜小静脉; 9. 肛门腺静
脉; 10. 肛门腺; 11. 入肾静脉; 12. 出肾静脉; 13. 肾;
14. 肾上腺; 15. 出肾上腺静脉; 16. 心耳

第二节 神经与肌肉生理

一、贝类肌肉的形成

肌肉作为贝类重要的组织之一, 在其整个生活史中发挥重要作用, 并在变态过程中经历了剧烈的重塑。肌肉的发生始于胚胎中胚层, 经过肌卫星细胞、肌源性干细胞、成肌细胞、初级肌管、次级肌管、肌纤维形成等生物学过程逐步形成成熟肌肉组织。贝类胚肌的生成始于胚胎 - 幼虫发育时期, 目前关于其肌生成研究主要集中于宏观的肌肉类型和组成方面。贝类中, 多个物种的肌生成进程已有报道, 如帽贝、加州海兔 (*Aplysia california*)、毛皮贝、堪察加鲍螺 (*Haliotis kamtschatkana*)、贻贝 (*Mytilus edulis*)、扇贝、船蛆和牡蛎等。

在双壳类中, 肌肉生成开始于担轮幼虫时期, 在面盘幼虫时期具有较完善的肌肉系统。虾夷扇贝担轮幼虫到早期面盘幼虫的肌发生见二维码 14-1。具足面盘幼虫时期的肌肉系统更加复杂, 其中前后闭壳肌、面盘收缩肌、足和外套膜是其主要的肌肉系统。虾夷扇贝具足面盘幼虫的主要肌肉系统见二维码 14-2。

但是双壳类幼虫期的肌肉系统与成体的肌肉系统有一定的差别。例如牡蛎, 幼虫时期具有两块闭壳肌, 为双柱类。成体则只具有一块闭壳肌, 为单柱类。长牡蛎 (*Crassostrea gigas*)

幼虫的肌生成始于担轮幼虫早期，面盘幼虫早期的面盘收缩肌和前闭壳肌是其主要的肌肉系统；在具足面盘幼虫时期，后闭壳肌和足部收缩肌出现，面盘收缩肌和前后闭壳肌成为幼虫的主要肌肉系统；在眼点幼虫后期，前闭壳肌和面盘退化，幼虫由双柱类转变为单柱类，闭壳肌、足成为该时期主要的肌肉系统；在稚贝发育时期，足退化，闭壳肌、鳃和外套膜成为其主要的肌肉系统，具备跟成体类似肌肉系统。长牡蛎幼虫和稚贝肌肉系统见二维码 14-3。

（一）贝类肌肉的一般特征

贝类肌肉，根据肌纤维类型组成不同，可分为横纹肌和平滑肌；根据肌纤维代谢特点可以分为有氧代谢型和无氧糖酵解型。贝类的横纹肌可分为两种，一种是类似于脊椎动物的横纹肌，如虾夷扇贝的闭壳肌，具有规则的明、暗交替明带和暗带，明带中央有一条横向暗线，称为 Z 线。虾夷扇贝闭壳肌横纹肌组织切片见二维码 14-4。另一种是斜纹肌，即暗带与肌纤维方向并非垂直分布，而是存在一定的倾斜角度，而且斜纹肌的肌丝更加粗长，如牡蛎的半透明闭壳肌。软体动物的平滑肌可分为螺旋平滑肌和副肌球蛋白平滑肌，前者存在于头足类外套膜肌肉中，后者存在于牡蛎、扇贝、蛤蜊、文蛤等白色（不透明）闭壳肌和贻贝的前足牵引肌中。长牡蛎闭壳肌横纹肌和平滑肌见二维码 14-5。

平滑肌和横纹肌在结构、功能、代谢方式等方面都存在较大的差异。平滑肌收缩缓慢，主要负责贝壳长时间闭壳状态；横纹肌收缩迅速，主要负责快速开或闭壳。平滑肌又被称作"catch"肌肉，即消耗较少的能量使机体一直处于"catch"状态。不同贝类这两种类型肌肉的比例有所不同，如双壳类中游泳能力较强的扇贝，其闭壳肌中横纹肌比例大约占 90%。横纹肌的功能是快速关闭贝壳，而平滑肌的运动较缓，但能使贝壳紧紧关闭。因此从功能上来看，平滑肌的闭合力比横纹肌大。研究报道牡蛎的平滑肌闭合力约是横纹肌的 25 倍，而蚌的平滑肌闭合力是横纹肌的 2.5 倍，牡蛎平滑肌单位面积的闭合力约是蚌类平滑肌闭合力的 4 倍，相反，牡蛎横纹肌单位面积的闭合力只为蚌类的 1/4。

（二）贝类肌肉的功能

作为生物体的重要组织，肌肉在贝类的生长、发育和存活等方面发挥着重要的作用，参与调控动物的各种生理活动，如防御、运动和生长等。贝类的肌肉层，一般由纵走肌纤维和环形肌纤维组成，它们主要与贝壳的闭合、足和足丝的收缩以及齿舌的运动有关，使得贝类可以进行游泳、爬行、掘泥、钻洞、摄食和闭壳等活动。由于贝类肌肉通常为纤细的平滑纤维，因此它的运动一般不大活跃，但是能保持长久持续的耐力和低能量消耗。双壳类的肌肉是已知的最强壮的肌肉之一，产生的张力可达 $15kg/cm^2$，比脊椎动物的骨骼肌高出许多倍。闭壳肌的主要生理功能是关闭贝壳，它的收缩力量很强，在某些情况下，相当于其体重数千倍的重量。

运动是软体动物的共同属性，蜗牛和蛞蝓都有发育良好的足部收缩肌，以此来运动。腹足类的齿舌和触角缩肌，也发现有微弱的横纹肌纤维。此外，在各种腹足类的肌肉中，还存在具螺旋带的纤维。头足类动物利用强大的虹管牵引肌肉，通过喷气推进来游泳。牡蛎和蚌的横纹肌肌纤维是呈斜行或螺旋形排列，因此运动比较迟缓。牡蛎幼虫在面盘幼虫时期借助纤毛和牵缩肌移动，变态时期依靠足部肌肉爬行。在受到外界干扰刺激或者捕食者威胁时，成贝则利用闭壳肌控制壳的闭合，以保护自己不受伤害。

此外，在双壳类动物养殖管理中，闭壳肌的收缩强度也常被用于评估养殖个体的健康状态。成体闭壳肌的收缩强度与其活力成正相关，即闭壳肌收缩强度大的个体，其活力较强，闭壳肌收缩强度弱的个体，其活力较弱。除运动和保护功能外，肌肉还能参与机体的代谢，在动物个体生长发育中起着至关重要的作用。在双壳类动物中，为了满足生长需要，肌肉还参与了营养物质的储存和代谢，如长牡蛎闭壳肌就是储存糖原的主要场所之一。

（三）神经肌肉兴奋传递

与其他动物一样，贝类神经组织在受到有效刺激后，会产生兴奋反应。兴奋沿神经传导至神经末梢将兴奋传递到所支配的肌纤维，从而引起收缩。单个的肌纤维可以由单个神经元支配，也可以由两个或两个以上的神经元支配。神经元释放不同的神经递质，包括乙酰胆碱、谷氨酸、血清素、神经肽酰胺、章鱼胺、多巴胺等。鱿鱼环肌由两种神经纤维支配，即小纤维和巨纤维。前者产生缓慢、小幅度收缩，后者产生快速、大幅度收缩。

兴奋可以沿着神经纤维传导动作电位，现以乌贼的大神经为例，说明贝类神经兴奋的传导。在静息状态下，神经细胞内表面聚集着带负电的 Cl^-，外表面聚集着带正电的离子，主要是 Na^+、K^+。膜内外形成了内负外正的极化状态，即静息电位。在静息状态下，膜对 K^+ 和 Cl^- 具有一定的通透性，对 Na^+ 的通透性很低。当受到外界刺激时，细胞膜对离子的通透性发生变化，对 Na^+ 通透性增加，Na^+ 顺着浓度梯度由膜外向膜内移动，细胞膜内外出现去极化现象，从而产生动作电位，即兴奋产生，兴奋在细胞膜上作双向不衰减式传导。目前已有的研究证据表明，贝类的神经肌肉兴奋收缩耦联也是通过钙离子介导实现的，肌纤维外或细胞膜表面的 Ca^{2+} 可以直接或间接参与激活收缩，但是不同物种间和不同肌肉类型间还是存在一定差异。

二、贝类的神经系统

神经系统是贝类重要的功能调节系统，调节控制贝类绝大部分重要的生命活动。神经系统是动物对环境的适应性表现，与神经系统进化程度的相关性较小。贝类神经系统中，神经元占神经节体积的比例一般大于其他无脊椎动物，这可能是贝类以被动防御适应环境的方式在神经系统上的一种表现，从而导致其形成运动能力低下、特殊感官欠发达的身体结构模式。最原始的贝类如无板纲、单板纲、多板纲，神经系统为围绕食道的环状脑部和由此派生的足神经索及侧神经索，再由这些神经中枢派生神经到身体的各部。

无板纲动物的神经中枢，由食道神经环和一对足神经索以及 1 对侧神经索组成（图 14-3 A），食道神经环背面有 1 个或 1 对脑神经节，在此前方还有 1 对较小的口神经节及其联结组成的口神经环。足神经索和侧神经索的前部，分别具有 1 对足神经节和侧神经节。每一条足神经索有时还具有一系列神经节状的膨大部，此部由若干神经联结相互关联。侧神经索的末端，则由一条稍粗的神经联结在肠的上方互相贯连起来。

多板纲的神经系统比较简单，尚无分化显著的神经节。神经系统主要由环绕食道的环状神经中枢和由此向后派生的 2 对神经索构成（图 14-3 B）。环状神经中枢包括背部加厚部分 - 脑，以及腹面较薄的神经联结。脑部分化出神经节，可以称为脑弓。脑主要派出神经至触唇、咽头等部位，并派出神经与齿舌下神经节和口神经环相连。自脑向后派出 2 对神经索，一对为足神经索，另一对为侧神经索。足神经索位于足的上部，主要派出神经至足部，两支足神经索之间，由许多细小的神经联结。侧神经索位于体的两侧，主要派出神经至外套膜、鳃、内脏团等部位，两条侧神经索之间，也由许多细小的神经联结，在后端则被较粗的直肠上神经联结贯通。

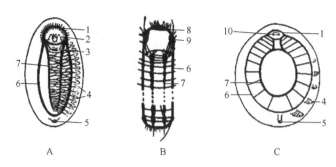

图 14-3　贝类的原始神经系统（蔡英亚等，1979）

A. 新月贝；B. 石鳖；C. 新碟贝。1. 脑神经联结；2. 口球联结；3. 齿舌下神经节；
4. 鳃；5. 肛门；6. 侧神经索；7. 足神经索；8. 脑神经节；9. 侧神经节；10. 口球

单板纲的神经系统与多板纲类似，由环状神经中枢和以此派生的侧神经索及足神经索组成（图 14-3 C）。但是侧、足神经索之间，由 10 对成规则的侧足相连，且具有不发达的脑神经节。

双壳纲一般缩减为 3 对神经节，即脑神经节、足神经节和脏神经节。双壳纲的脏神经节

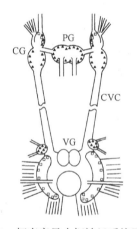

图 14-4　虾夷扇贝中枢神经系统示意图
（Osada，2018）

CG. 脑神经节；PG. 足神经节；VG. 脏神经节；CVC. 脑侧脏神经连索

比腹足类的脏神经节复杂，分区现象明显，而脑神经节和足神经节相对简单，并无明显分区和分层现象。除了湾锦蛤中脑神经节与侧神经节能够区分开来以外，双壳纲脑神经节一般与侧神经节合并，称为脑侧神经节。足神经节一般距脑神经节较远，位于足部内方，两个足神经节彼此相互连合，在足部退化的种类，足神经节退化（船蛆）或消失（牡蛎）。脏神经节一般紧靠后闭壳肌的腹面，某些特化种类位于后闭壳肌的后方（船蛆）。在原始的种类，两个脏神经节彼此分离，如蚶类中的大多数种类以及贻贝、珍珠贝等。也有的两个脏神经节是并列的，如扇贝科。还有的合并为一个，如牡蛎。脏神经节主要控制心脏、鳃、外套膜后部和水管。脑侧神经节与足神经节之间以及脑侧神经与脏神经之间有神经连索相连，分别称脑侧足神经连索和脑侧脏神经连索（图 14-4）。

腹足类的神经系统由脑神经节、足神经节、侧神经节、脏神经节和胃肠神经节及其神经连索组成。但是脏神经节及其分出的神经排列，是不对称的，这种不对称是内脏不对称的结果。最原始的腹足类如鲍和帽贝，神经节不集中，在比较进化的腹足类中，脑神经节彼此相互接近，侧神经节与脑神经节之间也变得接近。这样缩短了脑侧神经索而伸长了侧足神经连索。寄生种类如内壳螺成体无明显的神经系统。高等的腹足类神经中枢集中在头部，即食道前段的周围，最终所有的神经节彼此互相连接，所有腹足类在食道的前部下方具有肠胃神经连索，其生自脑神经节。在一般情况下，还具有一对神经节，位于齿吞囊的上面，称肠胃神经节，起控制消化器官的作用。腹足类神经系统见二维码 14-6。

掘足类的神经系统具有脑、侧、足、脏 4 对神经节。脑神经节和侧神经节的位置相接近，位于口球的背侧。足神经节与 1 对平衡器相连接，在足部中央。脏神经节左右对称，在肛门附近。

第三节　呼　　吸

一、呼吸器官

大部分贝类栖息于海洋和淡水中，主要以外套腔中的鳃作为呼吸器官；陆上贝类如陆栖腹足类，呼吸器官则为外套腔壁血管化形成的肺；还有部分贝类的呼吸器官退化甚至消失，经体表进行气体交换。掘足纲和部分无板纲贝类为无鳃构造，单板纲和多板纲贝类的呼吸系统较为简单，第十五章对头足纲有着重介绍，故在此重点阐述双壳纲和腹足纲的呼吸系统。

（一）双壳纲的呼吸器官

双壳纲贝类的主要呼吸器官为外套腔中的鳃，由外套膜的内侧壁延伸形成，于外套膜与内脏团后部起始，直至唇瓣附近。鳃的构造随贝类种类的不同而变化，按其形态可基本分为原鳃型、丝鳃型、真瓣鳃型和隔鳃型。原鳃型的鳃较小且结构简单，主要执行呼吸作用。而后三种类型鳃的鳃丝更长，折叠呈"W"形，具呼吸与滤食功能，故被统称为分枝型鳃（autobranch gills）（图14-5）。

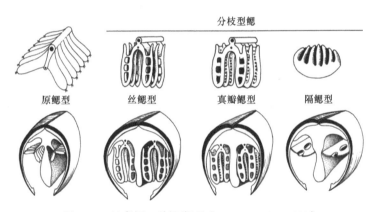

图14-5　双壳纲4种鳃类型（Ponder et al.，2020）

1. 原鳃型　　最原始的一类，鳃小呈叶状，其鳃轴向上隆起，两侧各有1行排列成三角形的小鳃叶。与腹足纲贝类的羽状鳃无大差异。常把拥有这种鳃的贝类，如胡桃蛤科等称为"原鳃类（protobranchia）"。

2. 丝鳃型　　鳃丝从鳃轴两侧延伸，先由基部下行，至下缘后反折向上，故呈"W"形。鳃轴通常与外壳边缘平行，使鳃与水流的接触面积最大。相邻鳃丝通过纤毛或结缔组织的丝间连接形成上行和下行鳃板，两者共同组成一个鳃瓣。不等蛤科和蚶科贝类的鳃丝间就是依靠鳃丝前侧和后侧的纤毛相互结合的。贻贝科鳃的类型与蚶科类似，但在各鳃瓣的上行和下行鳃板之间有若干间隔形成的板间连接。而扇贝科中形成的板间连接则由结缔组织连系。以血管形成的板间连接存在于海菊蛤科、珍珠贝科和江珧科，结构更为复杂。通常将具有丝鳃型的贝类称为"丝鳃类（filibranchia）"。

在丝鳃类贝类中，以牡蛎的鳃最为典型。鳃在外套腔中，以鳃轴为中心，左右各一对，共

4 片鳃瓣。左右两对鳃瓣形成"WW"形，在每个"W"形的中央基部都有 1 支出鳃血管，在 2 个"W"形的连接处有 1 支粗大的入鳃血管。在组成鳃瓣的上行鳃板和下行鳃板的连接处为"食物运送沟"（food groove），专门运输食物颗粒。鳃瓣的板间空间被鳃间膜划分为一系列的鳃间小室，鳃间膜的距离和功能也因贝类物种的不同而异，部分贝类的鳃间小室还用于幼虫孵育。牡蛎鳃表面具波纹状的褶皱，每一褶皱一般由 9～12 根鳃丝构成。在褶皱的凹陷中央，由 2 根几丁质棒支撑的较粗鳃丝为"主鳃丝"，其两侧为移行鳃丝，再侧面为普通鳃丝。鳃丝上有前、侧、侧前、上前 4 种纤毛（图 14-6，图 14-7）。

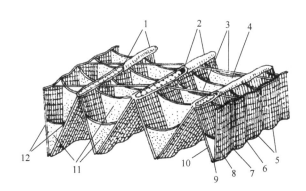 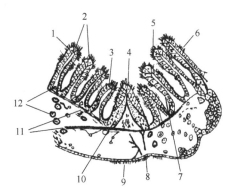

图 14-6　牡蛎鳃的构造（Awati and Rai，1931）
1. 出鳃血管；2. 入鳃血管；3. 鳃杆；4. 鳃间小室；5. 普通鳃丝；6. 移行鳃丝；7. 主鳃丝；8. 上行鳃板；9. 食物运送沟；10. 下行鳃板；11. 鳃间膜；12. 外鳃瓣

图 14-7　牡蛎鳃的横切面（Yonge，1926）
1. 侧前纤毛；2. 黏液腺；3. 移行鳃丝；4. 主鳃丝；5. 前纤毛；6. 侧纤毛；7. 普通鳃丝；8. 腹肌；9. 上前纤毛；10. 几丁质支持棒；11. 平行肌；12. 吞噬细胞

3. 真瓣鳃型　最为先进和常见的一种鳃类型，鳃丝与丝鳃型具有相似的"W"形，但外鳃瓣上行鳃板的游离端与外套膜内面相愈合，内鳃瓣上行鳃板前部的游离端与背部隆起的侧面相愈合，左右两侧鳃瓣的上行鳃板之间相互愈合。在真瓣鳃型鳃中，不仅鳃板之间以血管相连，而且同列鳃丝之间也以血管相通，从而替代纤毛的连结，使鳃的构造成为极其规则的格子状。

4. 隔鳃型　身体各侧的 2 片鳃瓣互相愈合，大大退化形成将外套腔分隔的肌肉性有孔隔膜，将食物吸入外套腔中，此时真正进行呼吸作用的为外套膜的内表面。在双壳类中，仅在笋螂目（Pholadomyoida）中发现具有这类型的鳃，故又将其称为"隔鳃类（Septibranchia）"。

（二）腹足纲的呼吸器官

水栖腹足类以外套腔中的鳃进行呼吸作用。经鳃上纤毛作用，缺氧血液与富氧水流于鳃板上流动，使水中氧气向血液正常扩散。腹足类的鳃基本分为楯鳃和栉鳃两种（图 14-8），前者较原始，在鳃中轴两侧列生多数鳃叶，呈羽状；后者仅在鳃轴的一侧列生鳃叶，呈栉状。进化过程中腹足类的呼吸器官由 1 对楯鳃向单个左侧栉鳃演变。例如，原始的腹足类鲍具有 1 对鳃，而前鳃亚纲、后鳃亚纲和肺螺亚纲仅左侧有鳃。此外，除用鳃作为呼吸器官，部分后鳃类的鳃完全消失，主要利用外套膜背部或腹部表面次生鳃（secondary branchium）呼吸。

还有部分腹足类是自水栖转向陆栖的过渡种类，如生活在海岸附近的滨螺，它们不仅外套腔中有鳃，且外套膜内面也能行呼吸作用。肺螺类的鳃在登陆过渡期间退化消失，形成了富含血管的外套腔作为肺，肺的开孔即呼吸孔。部分囊螺（physids）和椎实螺外套腔中填满水，执行鳃的功能。楯螺（ancylidae）和扁卷螺为适应水环境，上皮细胞呈圆锥状延伸成鳃。扁卷螺血液中还具有血红蛋白，能提高氧气运输效率。

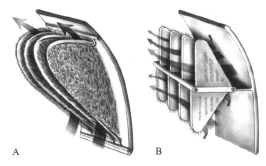

图 14-8　腹足纲鳃的两种类型（Heller，2015）
A. 楯鳃；B. 栉鳃

二、气体交换机制

双壳类中鳃将外套腔分为鳃下腔（infrabranchial space）和鳃上腔（suprabranchial space）两个腔室。血淋巴经入鳃血管从肾到达鳃瓣，进行气体交换。经鳃表面纤毛作用，携带氧气和食物的水流通过进水孔进入鳃下腔。鳃丝间连接形成的水孔被打开，使瓣鳃内的鳃间小室与鳃下腔相通，鳃侧纤毛的运动为水流从鳃下腔经鳃间小室进入鳃上腔提供了动力。鳃丝是构成鳃的基本单元，呈中空管状，内充满血淋巴。当水流经鳃时，氧气会扩散到缺氧的血淋巴中，并将携带的二氧化碳释放到水中。携带氧气的血淋巴经上行鳃板参与构成的出鳃血管，返回肾脏或直接回到心脏，从而完成气体交换（图 14-9）。贝类的呼吸作用随外界条件的改变而变化，且不同物种面对相同胁迫时也表现出较大差异。通常根据贝类的适应方式分为"适应者（conformers）"和"调节者（regulators）"，前者的耗氧率随周围环境氧气分压的下降而降低；后者则通过增加进水量、提高气体交换效率或两种方式相结合来弥补外界环境中较低的氧气分压。例如，研究发现，贻贝的耗氧率会随鳃表面氧气分压的降低而下降。而北极蛤面对低氧环境时，能将单位时间内通过机体的水流量增加一倍以上。然而，这种呼吸调节能力并不是无限的，只有在氧气的最小临界浓度之上，贝类才能对耗氧率进行调节并最终达到稳定。此外，即使是同一物种，呼吸调节能力也会受到个体大小、温度、盐度和营养状态等条件的影响，而且来自低氧水域的贝类比来自高氧水域的贝类调节能力强。

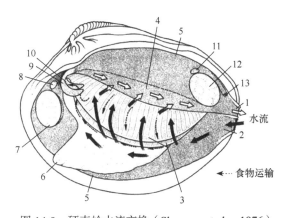

图 14-9　硬壳蛤水流交换（Sherman et al.，1976）
1. 出水孔；2. 进水孔；3. 鳃；4. 鳃上腔；5. 外套膜；6. 足；7. 前闭壳肌；8. 前缩足肌；9. 唇瓣；10. 口；11. 后缩足肌；12. 后闭壳肌；13. 肛门

三、呼吸与循环

贝类的心脏由位于围心腔中的 1 个心室和 2 个心耳组成。心脏中有防止血液倒流的瓣膜，心室的收缩促使心脏中的血淋巴进入前、后大动脉。前、后大动脉各分支成小动脉至身体各部，经血窦（如足窦）由静脉收集血液，通过入鳃血管进入鳃。通过鳃丝的血淋巴完成代谢废物和气体交换，经出鳃血管回到心耳，心耳收缩使血淋巴通过瓣膜回到心室完成循环。多数贝类的血淋巴中含有血红蛋白或血蓝蛋白以提高血液的携氧能力，而有些没有呼吸色素的淡水双壳类，则将氧气直接溶解于血淋巴，并通过增加鳃和外套膜与水流的接触面积，加大循环液的体积来弥补较低的气体交换效率。例如，在淡水贻贝中，血淋巴约占湿重的一半。此外，呼吸活动还与心率有较大联系。在呼吸不活跃期间，外套膜关闭，没有通过鳃的水流，贝类心率显著下降，从 10 次 /min 下降到 5 次 /min。因此，血液泵送作用的调节受氧气含量的影响最大。上述循环类型为贝类中常见的开管式循环，血压较低、血流速度慢、运送氧气和营养物质的效率相对较低。因此，在一些快速游泳的贝类中，循环类型基本为闭管式。双壳纲呼吸系统与循环系统见二维码 14-7。

第四节　消化与吸收

一、消化系统

贝类的消化系统比较发达，可分为消化道和消化腺两部分。消化道由前肠（包括口、口腔、咽、食道）、中肠（包括胃、盲囊、肠）和后肠（包括肠和肛门）组成。消化腺包括唾液腺、消化腺、食道腺等。

（一）无板纲的消化系统

无板纲消化系统较简单，口和肛门在体两端。口在前端腹方，常为一纵裂缝，少数为横裂，取食海底沉积有机物或腔肠动物，口腔内有唾液腺。齿舌很小或退化，或为单一的大齿。例如，毛皮贝（Chaetoderma）的齿舌为 1 枚大齿，齿上生有成列或稀少的锯齿；新月贝（Neomenia）的齿舌上有许多小齿；还有一些种类没有齿舌。胃中有晶杆囊，无消化盲囊。肠直管状，末端为肛门，有的种类肠有盲囊；有的无盲囊，而有许多具肝脏功能的侧盲囊。肠末端为肛门。

（二）多板纲的消化系统

多板纲动物的消化系统包括口、咽、食道、胃、肠、肛门和一些附属的消化腺。

口位于头腹面中央，口腔成为口球，内面底部有齿舌囊。齿舌呈长形几丁质的带状，上有尖锐的小齿，齿舌数目很多，每一横列常由 17 个小齿组成。齿舌不仅具有重要的摄食功能，能够刮取和磨碎食物，齿舌的数目和小齿形状也是重要的分类依据。

在口腔的前方两侧有唾液腺一对，以很短的导管与口腔相通，唾液腺能分泌消化液，帮助消化。口腔后方是很短的食道，食道后方与胃相接，胃很大，胃壁薄，胃的周围有发达的肝脏，为淡绿色的葡萄状分支，其管道与胃相通。肝脏在幼体时左右两叶对称，成体时左叶变小。肠很长而迂回，末端由肛门与体外相通。

（三）单板纲的消化系统

口位于足前方，口腔中有发达的齿舌。消化管有一长而盘卷的齿舌囊，胃具有晶杆囊，肠长而盘曲。肛门位于足后方的外套沟中。单板纲贝类是一种典型的、未特化的草食性或食沉积物的动物。

（四）掘足纲的消化系统

掘足纲外套腔前端背面有一个不能伸缩的吻，内为口球，口内有颚片和齿舌，齿式2·1·2。齿舌的功能相当于腹足纲后鳃类的胃板，能压碎有孔虫等的壳。食道极短，胃膨大呈囊状。消化腺较发达，位于胃腹面。肠盘曲在身体中部，肛门开口于体中部腹面的外套腔中。掘足纲内部结构见二维码 14-8。

（五）双壳纲的消化系统

双壳纲的消化系统包括唇瓣、口、食道、胃、肠、肛门及消化腺等部分。双壳纲内部结构见二维码 14-9。

1. 唇瓣　唇瓣左右各 1 对共 4 片，位于体前端，口两侧，常呈三角形。与外套膜基部相连的 1 对为外唇瓣，与内脏团相连的 1 对为内唇瓣。2 片外唇瓣在背方形成上唇，2 片内唇瓣相连形成下唇，扇贝科有明显的口唇。唇瓣的形状与物种有关，有些索足蛤、拟锉蛤的唇瓣不发达或缺乏。而樱蛤科唇瓣几乎与鳃一样大，悬挂在鳃前方的外套腔中。

鳃上的食物运送沟将摄入颗粒输送至唇瓣和口部，唇瓣的主要功能是运送食物，以及根据颗粒的大小和形状分选食物，一般倾向小而轻的颗粒。2 片内唇瓣相对的一面具横褶和纤毛，依靠纤毛的摆动，适宜的食物颗粒通过唇瓣上的褶皱而进入口中。例如，扇贝内外唇瓣底边相连形成唇瓣沟，食物可沿此沟进入口中。而被未选择的颗粒则与黏液结合，经外套膜表面纤毛摆动至外套腔中积聚，最终通过内收肌收缩以"假粪"（pseudofeces）形式被定期性排出体外。河蚌（*Fusconaia cerina*）唇瓣结构见二维码 14-10。

2. 口　由 2 片内外唇瓣组合而成，仅为 1 个简单的横裂，位于体前端、足基部背侧。在有两个闭壳肌的种类中，口常位于前闭壳肌的腹方或后方附近。胡桃蛤科有口腔存在，并且有左右对称的 2 个侧腺囊开口于口腔中。大多数双壳类，口不形成口腔，没有齿舌、颚片和腺体的存在。

3. 食道　食道是食物从口到胃的通道，紧接口的后方，极短，食道壁由具纤毛的上皮细胞和黏液分泌细胞形成。在结缔组织内则有一些血管和肌纤维。依靠食道上皮细胞纤毛的摆动和黏液的润滑，使食物进入胃中。软体动物上皮细胞的 3 种主要类型见二维码 14-11。

4. 胃和晶杆　胃为一个大的卵形或梨形的袋状物，一般两侧较扁，位于内脏团背侧，被消化盲囊分支组成的消化腺所包围。食道从胃的前表面进入，肠在其后腹面相连。除孔螂超科等肉食性种类外，胃壁均无肌肉组织，胃的表皮具有一种能脱落的厚皮质物，称"胃盾（gastric shield）"，用以保护胃的分泌细胞。例如，牡蛎的胃盾呈不规则形，分两叶，中间有一狭颈相连，大叶薄而平滑，小叶厚具小齿。胃上纤毛和褶皱结构的功能与唇瓣类似，能分选胃中食物颗粒，适宜的食物被分流至消化盲囊中消化吸收，而其余颗粒则通过肠道排出，有的也能参与晶杆的形成。

胃腔内常有一个幽门盲囊（pyloric caecum），囊内有一种表皮的产物称为"晶杆"，故此囊又称为"晶杆囊"。晶杆为一支几丁质的棒状物，其末端突出于胃腔中。晶杆依靠幽门盲囊表面纤毛，作一定方向的旋转以搅拌研磨食物，从无齿蚌的前端观察，晶杆以 10～50 次 /min 的速度呈顺时针旋转。另外，晶杆的末端能够与胃盾摩擦，释放消化酶以分解食物营细胞外消化。由于释放的消化酶主要为淀粉酶，因此胃中细胞外消化主要进行碳水化合物的分解代谢。

而且有些贝类的晶杆上还含有分解纤维素的相关酶。在一些贝类中，晶杆始终保持坚硬状态，而在有些物种中，晶杆较为柔软，并且随食物供给周期出现溶解和重组现象，从而帮助其渡过恶劣的环境。

5. 消化盲囊（digestive diverticula） 消化盲囊又称"肝脏"，是一个大形近对称排列的葡萄状褐色腺体，包被在胃的周围，有时伸入足内。在繁殖季节，其外围常被生殖腺所包被。消化盲囊通过导管与胃相通，并在胃周围连续分支形成次级导管和盲管，组成消化腺。导管细胞有微绒毛、纤毛、溶酶体、发达的高尔基体和大量液泡等，保证着细胞内消化的有序进行。食物颗粒通过胞吞作用进入消化细胞，随后吞噬小泡与细胞内的溶酶体融合，导致食物被多种溶酶体酶消化分解，如淀粉酶、纤维素酶、酯酶、酸性磷酸酶和肽酶等。消化产物通过胞吐作用被释放到血淋巴中参与循环。脂质和蛋白质的代谢分解也主要发生在消化盲囊的细胞内，在一些贝类中，消化腺的活性表现出周期性变化。例如，扇贝的消化腺活性随浮游植物的丰富度变化呈明显的季节性改变，潮间带双壳类的消化盲囊也随潮汐食物供给表现节律性变化。

6. 肠和肛门 肠为细长管道，位于胃腹方，但在蚶和孔螂超科中则比较短。肠上皮具有纤毛，肠后方与直肠相连，直肠中常有一条纵沟，称为"肠沟"，直肠内有大量黏液细胞。肠道主要接收来自消化腺的代谢废物以及那些由于太大而未能进入消化腺的食物颗粒。肠上皮由具微绒毛和纤毛的柱状细胞与黏液分泌细胞构成，柱状细胞的胞质中有胞吞小泡、溶酶体、脂滴、内质网和高尔基体，是肠道内物质消化吸收的结构基础。此外，肠道中的细菌群落也在消化吸收中具有重要的作用。例如，船蛆肠道中的大量细菌，能够参与摄入木屑的消化。除胃和肠能发挥消化吸收作用外，血淋巴中部分细胞也可穿过消化道上皮细胞吞噬营养颗粒，并将营养运输到身体其他部位。

直肠的末端为肛门，开口于后闭壳肌的背面，排出不能消化吸收的废物。双壳类的消化管壁不具有能收缩或舒张的肌肉层，因此它的消化管没有蠕动能力，消化管内的食物输送主要依靠纤毛的摆动。

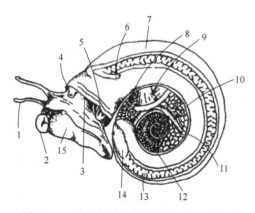

图 14-10 扁卷螺内部构造（Burch，1989）
1. 触角；2. 口；3. 外套膜边缘；4. 雄性生殖孔；
5. 伪鳃；6. 肾孔；7. 外套膜；8. 蛋白腺；9. 胃；
10. 肠；11. 消化腺；12. 性腺；13. 肾；14. 心脏；
15. 足

（六）腹足纲的消化系统

腹足纲的消化系统通常由口、口腔、食道、胃、肠和肛门组成。口在前，肛门在后。消化管经过旋转和卷曲后，后端由后方转向腹方，再转向背方，导致口和肛门不在一直线上（图 14-10）。

1. 口 通常在头部的前端腹面，呈圆形或裂缝形，大都突出成吻，肉食性种类的吻特别发达，可伸缩以攻击猎物。例如，玉螺科吻部腹面有穿孔腺，能分泌液体，穿凿其他腹足类和双壳类的贝壳以食其肉。有的种类如芋螺还有毒腺，皮鳃的吻部生有头节附属物，附属物的腹面生有吸盘。

2. 口腔 口腔为消化管的第一个膨大部分（图 14-11）。口腔内有唾液腺开口，还有角质咀嚼片和与咀嚼片相关的肌肉块，整个形成口球。口腔上皮细胞中的唇腺或口腔腺能够分泌黏液起润滑作用。一些裸鳃目的口腔腺具有消化作用，在一些侧鳃目中，口腔腺还能分泌酸性物质攻击猎物或防御捕食者。腹足类的咀嚼片有2种，即颚片和齿舌。颚片由外皮厚化而成，大都成对位于口腔两侧，为几丁质。齿舌位于口腔底部，呈带状，是重要的分类依据。齿舌上的齿片由基膜分泌形成，其形状常随齿片的数目和动物的食性而变化。肉食性的种类，齿片较少，但强有力，齿端有钩、刺，有时还有毒腺；草食性种类，齿片小而数目较多，圆形或先端较钝，有时细而狭长。齿舌依附在一对具伸缩肌的软骨片上，通过肌肉延伸，齿舌与底部的食物颗粒相接触，之后食物随着齿舌的收缩一并进入口中。通过齿舌

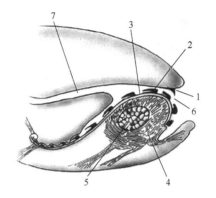

图 14-11　腹足纲口腔纵切面
（Heller，2015）
1. 颚片；2. 齿片；3. 基膜；4. 齿舌肌肉；
5. 软骨；6. 口；7. 食道

的研磨，食物颗粒被粉碎。在没有齿舌的腹足类中，如肉食性的异鳃亚纲，口腔周围的肌肉得到扩张，从而可以吞下整个猎物。

3. 食道　　不同腹足纲动物食道及其相关腺体的解剖结构变化很大。在笠形腹足亚纲、古腹足总目和新进腹足亚纲，食道通常分为前、中、后三部分。欧洲帽贝（*Patella vulgata*）食道中有食道腺，食道上皮由带微绒毛的柱状细胞形成，以钠离子依赖途径吸收葡萄糖。在古腹足总目动物的食道中检测到包括酸性和碱性磷酸酶、酯酶、蛋白酶和各种糖苷酶的活性，暗示食道中能够进行细胞外消化。在新进腹足亚纲，食道腔也由带有微绒毛和纤毛的细胞组成的上皮细胞排列，其间还有分泌细胞。在新进腹足亚纲的新腹足目中，食道前端从口腔后端延伸形成一个梨形结构，包含于具尖锥形瓣膜的腺腔中，能够防止吻延伸时体内物质的逆流，是一种对肉食性的重要适应。

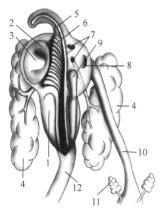

图 14-12　腹足纲消化系统
（Heller，2015）
1. 胃；2. 胃盾；3. 结节；
4. 消化盲囊；5. 纤毛；
6. 纤毛；7. 消化腺开口；
8. 食道开口；9. 晶杆；
10. 食道；11. 唾液腺；12. 肠

在许多异鳃亚纲动物中，食道常有一膨大部分，形成容纳摄取食物的嗉囊。这类动物食道和嗉囊中含有分泌细胞，但没有笠形腹足亚纲和新进腹足亚纲动物所拥有的发达食道腺。通常情况下，食管和嗉囊中的纵向褶皱上皮由具微绒毛和纤毛的柱状细胞和瓶状分泌细胞形成，其中分泌细胞能够分泌酸性或中性黏多糖。虽然唾液腺分泌的酶可以在前食道中发挥作用，但食道和嗉囊中的细胞外消化主要利用的是消化腺的消化液。在一些物种中，嗉囊甚至是细胞外消化的主要场所。例如，部分头楯目贝类能将猎物整个吞下并保留在扩张的嗉囊中，软组织被消化液完全溶解，猎物的外壳被完全清除。异鳃亚纲动物食道和嗉囊上皮中存在大量的脂滴，是重要的脂肪储存库。饥饿实验证明，储备的脂肪在食物缺乏时被使用。对软脂酸进行放射性标记的实验也证明，嗉囊是陆栖蛞蝓吸收和积累脂肪酸的主要场所。

4. 胃　　胃是嵌套在消化腺中的囊状腔室，常呈卵形或长管形，其导管在胃壁上开放，包括具纤毛的上皮细胞、盲肠、胃盾和晶杆（图 14-12）。上皮细胞复杂的纤毛结构能将最细的食物

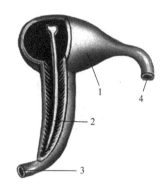

图 14-13　消化系统中的晶杆
（Heller，2015）
1. 胃；2. 晶杆；3. 肠；4. 食道

颗粒运送到消化腺导管，而将较粗的颗粒直接运送到肠道。此外，胃上皮细胞还能进行脂质和糖原的积累，细胞中存在的过氧化物酶体也能参与脂质的代谢分解，从而为机体提供能量。胃盾上皮被角质层覆盖，腹足类晶杆（图 14-13）通常是一种由一系列未消化的废物和黏液混合而成的原始晶杆（protostyle），位于微植食性和滤食性动物的晶杆囊中。胃液中的消化酶大多来自消化腺，使胃能保持一定的细胞外消化能力。

5. 肠　　肠为圆管状体，直径一般相等，有时与胃以瓣膜分开。在原始腹足目（除去柱舌超科），肠通常穿过心室，田螺则穿过围心腔，鹑螺科则穿过肾。肠盘曲在内脏团中，长度因物种而异。欧洲帽贝的肠道高度卷曲，大约比壳长 8 倍，而在其他腹足类动物中，肠直接从胃延伸到肛门。通常情况下，肉食性腹足类的肠较短。肠上皮由柱状支持细胞和分泌细胞组成，前者在顶端表面有微绒毛，大部分有纤毛。在这些细胞的细胞质中存在许多线粒体、胞吞小泡、溶酶体、高尔基体、糙面内质网和过氧化物酶体，有力支撑着肠道内进行的细胞内消化和胞吞作用。肠上皮能够吸收糖、氨基酸、脂肪酸和水，如在欧洲帽贝，葡萄糖在前肠和后肠中均通过 Na^+ 依赖途径被吸收。

6. 直肠与肛门　　肠在内脏团中略迂回后，便向前至直肠。一些腹足类中还有由直肠盲囊（rectal diverticulum）组成的肛门腺（anal gland），部分新腹足目贝类的腺细胞顶端边缘具有纤毛和微绒毛。在这些细胞中，胞吞泡的形成不仅在微绒毛的基部，而且也能在富集线粒体的基底细胞膜上形成。吞噬颗粒被溶酶体消化，残余物质则以顶浆分泌的形式排出。在这个腺体的腔内也发现了大量的共生细菌，协助参与物质的消化吸收。而在有些腹足类动物中，肛门腺只是一个分泌黏液的盲囊。

除左旋腹足类外，肛门都开口在外套腔右侧的前方。在内脏团回旋度不大或旋转消失的种类中，消化管的旋转亦似消失，因此肛门开口在外套腔后方。这种情况在前鳃类中较少，在后鳃类和肺螺类中较多。

二、消化腺——以腹足纲消化腺为例

1. 唾液腺　　腹足纲贝类常有一对唾液腺（图 14-12），经导管与口腔相连，能分泌黏液促进食物颗粒的凝集和润滑，也有助于前肠的细胞外消化。唾液腺在柄眼目特别发达，呈叶状，称为"森珀器"（Semper's organ），而裸鳃目的唾液腺则退化甚至缺失。腺体呈簇状、管状或袋状，与不同的摄食方式和食性有关。例如，产酸性唾液贝类的唾液腺常分为两叶：前叶分泌黏液和蛋白质，包括消化食物组织的酶；后叶分泌酸作为螯合剂，能够溶解猎物的钙质外壳，也是一种麻痹毒素。而蜗壳科贝类则能分泌 pH10 左右的强碱性唾液。部分肉食性新进腹足亚纲除有一对细粒状唾液腺外，还拥有一对附属的管状唾液腺。例如，新腹足目的附属唾液腺能够分泌 5- 羟色胺，诱导肌肉松弛，导致猎物松弛性麻痹。此外，普通唾液腺也可分泌毒素，在缺乏附属唾液腺的物种中更是如此，如红螺的唾液腺能分泌神经毒素羟化四甲胺。

2. 食道腺　　新进腹足亚纲在食道中央，具有一个重要的食道腺，称为"勒布灵氏腺"（gland of Leiblein）。这种腺体在梡螺科和细带螺科不发达，在骨螺为一原腺块，在蛾螺为一薄壁的长盲囊物，在弓舌超科则是一个毒腺，它的输入管穿过食道神经环，开口在口腔中。食道腺的上皮由黏液分泌细胞与无纤毛和有纤毛的柱状细胞组成，具有吸收、储存和分泌功能。其中，柱状或棒状的无纤毛上皮细胞中富含溶酶体、脂滴和糖原颗粒。这些细胞中含有的囊泡以及微绒毛基部的细胞膜凹坑，都暗示它们有很强的吞噬活性。经历顶浆分泌循环，细胞质囊泡中的溶酶体被释放到腺腔内，仍保持活性的酶就可能参与细胞外消化。因此，在食物达到胃部之前，消化作用就已经开始了。纤毛细胞具有密集的微绒毛、溶酶体和大量线粒体，也具有胞吞作用能力。此外，在骨螺总科的食管中部还有另一个腺体，被称为"framboisee腺"，位于勒布灵氏腺瓣膜和导管之间，其纤毛细胞能够储存脂质和分泌蛋白质。

3. 消化腺　消化腺是消化系统中最重要的腺体，位于胃的周围，甚肥大，呈黄褐色或绿褐色，为叶状。消化腺由许多盲管组成的，这些小管与胃分支导管相连，被称为消化盲囊，由一层很薄的结缔组织包围的单层上皮细胞组成。消化盲囊的上皮通常由两种类型的细胞组成，即消化细胞和嗜碱性细胞。消化细胞在消化腺中数量最多。强大的吞噬活性和细胞内消化是这些柱状或棒状细胞的典型特征。细胞外消化产生的大分子或细颗粒附着在细胞膜受体上，以便将它们集中在吞噬囊泡中，这些物质最终进入溶酶体进行最后阶段的消化。在细胞内消化阶段结束时，未消化的物质被释放到消化盲囊腔内，废物通过消化腺导管运输回胃中，消化细胞获得的营养可以以糖原和脂滴的形式储存在细胞中。嗜碱性细胞常呈锥状，具有蛋白质分泌细胞的结构特征，即大量糙面内质网、高尔基体和分泌泡，负责分泌细胞外消化的酶。在柄眼目中，嗜碱性细胞由于有大量的含钙颗粒又被称作"钙细胞"，不仅能够提供外壳生长和修复所需的钙，调节pH，还能隔离有毒金属执行解毒功能。过氧化物酶体在嗜碱性细胞和消化细胞中含量丰富，特别是与其他组织相比体积更大，在消化腺代谢中发挥重要作用。

消化腺的基本形态和功能在大多数腹足类动物中都是相似的，通常都能在消化腺中检测到与细胞内消化和细胞外消化的相关酶，即酸性磷酸酶、糖苷酶、酯酶和蛋白酶。消化腺的大体积和嗜碱性细胞的数量都使得该腺体成为细胞外消化酶的主要来源。同样，由于消化细胞强大的胞吞作用和细胞内消化，该腺体也是机体内吸收营养的主要场所。然而，部分腹足类的消化腺则较为特殊。例如，囊舌总目能将藻类的叶绿体保留在消化细胞中进行光合作用，这一过程被称为"盗食质体"（kleptoplasty）；裸鳃目在捕食腔肠动物时，消化腺细胞能保留猎物的刺丝囊以保护自己。

第五节　排泄与渗透调节

一、排泄器官

贝类的排泄器官多属于后肾管，而双壳类、肺螺类和淡水前鳃类贝类的担轮幼虫中则有一对由外胚层发育的原肾，并具有焰细胞。贝类的排泄器官主要有肾和围心腔腺。肾呈囊状或管状，一端以密布纤毛的漏斗形肾口通向围心腔，另一端以肾孔通向外套腔。肾能吸收围心腔和血液中的代谢废物，并排出体外。原始的贝类具有一对肾，大多数的腹足类只有一个肾，鹦鹉螺则有2对肾。围心腔腺是由围心腔壁的表皮分化形成的腺体，密布微血管，可将代谢废物排于围心腔中，再由后肾管排出体外。

（一）无板纲的排泄器官

无板纲无排泄器官，而体腔管被认为能够执行类似的功能。例如，毛皮贝具有呈简单管状的肾，一端开口在围心腔，另一端为泄殖腔的排泄孔。靠近围心腔狭窄的部分，为有纤毛的表皮和腺质部。其腺细胞，类似于石鳖的肾组织。

（二）多板纲的排泄器官

多板纲的排泄器官属于后肾管，具有1对位于消化管腹面两侧的肾。肾的内端呈漏斗状，开口于围心腔，能收集围心腔内的代谢废物，经肾过滤和重吸收，由肾孔排于体末端的外套沟中。肾孔在后方2枚栉鳃之间，与前端的生殖孔和后端的肛门都有一段距离。肾为管状，伸出许多分枝状的腺质结构于内脏间，能摄取血液中的代谢产物排出体外。

（三）单板纲的排泄器官

"活化石"新碟贝（Neopilina galathea）是研究单板纲的主要材料。新碟贝有6对肾，每对有1个短的肾管通向外套沟肾孔的开口。第1对肾孔位于外套沟的前端；其他5对肾孔靠近5对鳃的基部。每个肾位于肾孔之上，由许多小裂片组成，裂片不规则地向外突出。

（四）掘足纲的排泄器官

掘足纲贝类常具有1对位于体中部的肾，存在于胃和肠之间，排泄孔开口于外套腔中部、肛门附近。例如，角贝有一对短囊状肾，肾壁具褶皱，位于胃和直肠之间，短管开口在外套腔的两旁。左肾和围心腔相通，生殖产物经右肾排出，使生殖腺和肾腔保留原始联系。

（五）双壳纲的排泄器官

双壳类的排泄器官主要有肾和围心腔腺两种。

1. 肾 呈长管状，位于围心腔的腹侧，左、右对称并列，由后肾变态而来，亦名博亚努斯器（organ of Bojanus），对储存碳氢化合物和清除重金属具有重要作用。在原始双壳类中，左、右两肾同为弯曲的圆管构成，互不相通。肾管的内端开口于围心腔，外端开口于外套腔，全部管壁都有腺质上皮。在分化较大的种类中，肾分为内半的排泄性部分和外半的非排泄性部分，两部分的末端互相连接。排泄性部分在腹侧，是肾的主体，有海绵状的厚壁，其前端与围心腔相通，具有过滤功能。非排泄性部分在背侧，为管状部，管壁薄，内面具纤毛，有时完全失去其原有功能，仅为输出排泄物的输出管，在少数特别演化的种类，如海螂、鸭嘴蛤、海笋等，两肾彼此沟通。有些种类如牡蛎，肾脏分支甚多，呈分散状态以肾小管延伸在内脏团的表面，甚至包围后闭壳肌。这些肾小管的末端闭塞，呈盲囊状，管壁的立方形细胞起排泄作用。在贻贝中，红褐色"U"形肾位于围心腔腹面，从唇瓣到后闭壳肌延伸覆盖整个鳃轴。扇贝的肾与后闭壳肌前缘相连，被性腺部分遮盖。

2. 围心腔腺 围心腔壁的表皮在某些区域分化成排泄器官，即围心腔腺，亦名凯泊耳氏器官（Keber's organ）。它是一种分枝状的腺体，由一列扁平的上皮细胞和网状结缔组织构成，中间还有毛细管分布。组织间常有一种能做变形运动带黄褐色颗粒的细胞，因此围心腔腺常呈褐色。在蚶科、贻贝科、扇贝科和牡蛎科中，围心腔腺位于心耳之上；珍珠贝科则在心耳的附近；而蚌科、满月蛤、鸟蛤、樱蛤、帘蛤、竹蛏、海笋和筒蛎等，则存在于围心腔的前壁。一般比较进化的种类，围心腔腺不发达。围心腔腺中富含血淋巴，可以依靠变形细胞（amoebocyte）的搬运，将代谢物定期排至围心腔中，经肾围心腔管进入肾，最后经肾生殖孔排出体外。围心腔腺还能参与血淋巴的过滤，滤液到达肾的腺体部，进行离子的分泌和重吸收，最终产生的尿液中含有高浓度的氨以及少量的氨基酸和肌酸。大多数水生无脊椎动物蛋白质代谢的最终产物都是氨。虽然氨对水产动物是剧毒的，但小分子和高水溶性的性质使其能极快地从动物体内扩散出去，避免了对动物造成伤害。

（六）腹足纲的排泄器官

腹足类营排泄作用的器官有肾、围心腔腺和身体中的血窦等。

1. 肾 肾的最简单结构为一袋状物，内壁由上皮细胞组成。由于壁的褶叠和壁腔分割，使肾脏变为一个蜂窝状或海绵状的结构。浮游的种类如波叶海牛等，肾脏变为一个透明的管状器官。肾位于围心腔附近，由一纤毛孔与围心腔相通。田螺、蜗牛等肾具有长的输尿管，其末端接近肛门，开口在外套腔中。其他很多种类无特别的输尿管，其外孔开口在外套腔底部。肾在发生时原为左、右对称，有些种类因为旋转的结果而仅有 1 个肾。在原始腹足目（除蜒螺外）仍具肾 1 对，开口在肛门的两侧，但两侧的肾并不对称，左肾不发达。具有 1 对肾的某些种类，如钥孔蜮、鲍等，生殖腺开口在右肾管，右侧肾管的一部分变为生殖输送管，因此肾管不仅有排泄的作用，还可做生殖输送管用。具有一个肾的种类，发生时原在左侧的肾，以后移转到围心腔右侧；而原先右侧的肾管，则变化形成生殖输送管。

2. 围心腔腺和血窦 在原始腹足目，围心腔腺位于心耳的外壁；在某些中腹足目（如滨螺）和后鳃亚纲，位于围心腔的内壁；海兔类则位于动脉管的开端，血液集注其中，行排泄作用。此外，后鳃类的肝分支有排泄作用。在身体各处的血窦，存在莱迪希细胞（Leydig's cell），亦有排泄作用。

二、渗透调节

渗透调节，即维持体内的水和离子平衡。贝类为变渗动物，体内外渗透压相同。物种间的耐盐性存在巨大差异，例如，贻贝能耐受 5‰～35‰ 的盐度范围，而大多数扇贝的耐盐范围较窄。贝类对渗透调控可分为两个相对独立的模式，一种是对盐度极端改变的抵抗策略；另一种是对盐度适度改变的耐受策略。

在极端渗透环境下，贝类通常会选择先关闭外壳，中断与外部环境的水盐交换，包括氨和二氧化碳等废物的排泄。为尽量减少毒物积累和氧的需求，贻贝可以减缓新陈代谢和降低心率，以帮助其渡过恶劣环境。这种方式只能维持较短时间，当外界盐度持续变化时，由于对氧气和食物的需求，贝类会被迫进行细胞容积调节，或者打开外壳，开始与外界进行水体交换。长期暴露于极端盐度会造成贝类的生理代谢紊乱，最终因无法适应而出现生长停滞甚至死亡。

在盐度适度改变的环境下，贝类可通过调控 RNA 合成、蛋白质代谢、酶代谢以及离子转运和细胞容积进行渗透调节，使机体细胞与外界液相保持等渗。其中游离氨基酸在细胞渗透调节中尤为重要，其主要来源于机体蛋白质的分解，而从食物和水中直接摄取的氨基酸以及自身合成的氨基酸则极其微量。通常情况下，细胞内游离氨基酸的浓度与外界盐度的变化成正相关。转录组水平的研究表明，渗透调节影响的上调基因包括离子通道蛋白和游离氨基酸代谢通路上的关键酶；而离子和氨基酸转运体基因则显著下调。盐度胁迫的信号转导通路为钙信号级联和磷酸化，游离氨基酸（甘氨酸、丙氨酸、β- 丙氨酸、精氨酸、脯氨酸和牛磺酸）代谢通路被激活，改变了牡蛎细胞中的渗透状态。此外，与海洋动物相比，始终处于低渗环境中的淡水贝类则更为特殊。为了维持体内的高渗状态，淡水贝类可以通过鳃、Na^+，K^+-ATPase 和神经递质等途径加速体内离子的收集。例如，黑色池塘贻贝（*Ligumia subrostrata*）能够通过将水环境中的钠和氯与其他排泄离子耦合进行逆浓度转运，提高细胞内的离子浓度，而且这种转运速率还与外部离子浓度相关。

第六节　能　量　代　谢

一、概述

　　生理能量学是从整个生物体的角度研究能量的获得和损失，以及能量转换效率的学科。虽然这一定义将生理能量学与生物能学（研究细胞内的能量交换）和生态能量学（研究生物群体之间的能量转移）区分开来，但这 3 个主题是密切相关和相互依存的。贝类与其他生物有机体一样符合热力学定律，即物质和能量可以转化但永不会消灭。贝类从食物中获取物质和能量，以维持生命活动需要的分解代谢能及完成生殖产物耗费的物质和能量。物质的分解代谢产生热能、H_2O、CO_2 以及部分氧化中间产物。在需氧的代谢过程中，化学能暂时贮存在三磷酸腺苷和相关的不稳定的化合物中。这些"高能"化合物为生物合成、膜输送等吸能过程以及身体肌肉组织进行运动提供即时能量。在恒温的脊椎动物中，当外界温度低于体温时，这些代谢热能用来维持它们的正常体温；而在变温的贝类中，代谢热能完全散失于体外。

　　为了维持身体质量，贝类从食物吸取的外源能量必须和维持正常生命活动所消耗的能量相等。当外源的能量超过所需要的能量时，物质（主要是蛋白质）就可以贮存而使身体生长。在生长过程中，能量以蛋白质、脂类、碳水化合物中共价键的化学能贮存起来。如果食物中的能量不足以完成分解代谢，贝类的一些组织或器官的生长就要消耗之前在生长过程中贮存的内在（内源性）能量。如果没有摄取任何食物，所有维持贝类生命活动的能量都要由内源性能量提供。

二、能量收支方程

　　贝类从食物中获得能量的来源和脊椎动物有所不同。按照热力学定律，贝类能量学收支模型可表示为：$C=P+R+U+F$。式中，C 为贝类摄取食物中的总能量；F 为贝类摄取的食物中没有被利用而随粪便排出的能量（即排粪能）；R 为贝类呼吸代谢消耗的能量；U 为排泄物（尿液、黏液）的能量；P 为贝类用于生长消耗的能量，包括个体生长能（P_g）和生殖能（P_r）。未消化的物质代表粪便能（F），被消化的物质代表吸收能（A）。摄取量（C）被吸收的效率（即 A/C）称为吸收率。吸收能的两个主要丢失途径是排泄物能（U）（主要是蛋白质代谢最终产物的损失，与碳水化合物和脂类底物不同，没有完全氧化）和热量增加（R'）。排泄物能和热量增加可能是相关的，后者可被视为"通过脱氨和其他过程释放的未利用能量"或"能量损失"，源于摄入的食物转化为可代谢、可排泄的形式。

　　同化的能量（生理上有用的能量）可分为 3 个部分。有些用来维持身体过程（维持代谢）和动物的活动能量消耗，包括常规代谢和活跃代谢，它们共同构成代谢能 R''。通常热量增量为 R'，总代谢消耗的能量为 R。所剩的同化能量比例可用于体细胞生长（P_g）和配子生产（P_r）。除了前面提到的吸收效率外，还有 4 种"效率"是大家普遍关心的：①总生长率（P/C）；

②净生长率（P/A）；③总体细胞生长率（P_g/C）；④净体细胞生长率（P_g/A）。构成能量平衡方程的所有过程都能随着环境的变化而变化。动物必须能够平衡其从环境中获得的收益和代谢损失，以便将剩余能量分配给体细胞生长和繁殖。这些变化过程之间的平衡是生理适应的本质。能量平衡组成部分的流程图见二维码 14-12。

三、各能量的测定方法及影响因素

（一）摄食能

摄食能是指贝类实际摄取的食物中所含的能量。在能量收支研究中，摄食能的测定通常有直接测定和间接测定两种方法。直接法测量是直接测定实验前后食物的差量，再测定食物的含能值，即可得到最大摄食能。间接方法则是通过分别测定生长、代谢、排泄及排粪能，然后通过能量收支方程求得。贝类的体重、温度、食物的浓度等是影响摄食率的主要因子。摄食率与体重的关系可表达为：$Y=aW^b$。在双壳贝类中，a 值因种类、条件的不同差异较大，而 b 值较稳定，一般为 0.4～0.8，平均值为 0.62 ± 0.13。温度是影响生物生理活动的主要环境因子，在适温范围内，摄食率随温度的升高增大，超出适温范围，摄食率则下降。饵料浓度是影响贝类摄食的又一个关键因子，随浓度的增加，贝类的摄食率增大，当达到一定浓度后，贝类摄食率亦达到一个最大值。

（二）呼吸能

呼吸代谢是贝类重要生理活动，主要作用是维持贝类正常的新陈代谢以及其他生命活动，其结果是消耗 O_2，产生 CO_2 并释放出热量。因此，呼吸能可通过热量计直接测定（量热法），但由于仪器及手段尚不能满足要求，故通过测定贝类耗氧率然后换算为能量是目前被广泛采纳的方法。

影响贝类代谢强度的因子主要是体重和温度。体重与代谢率的关系可表示为：$M=aW^b$，其中 b 值介于 0.4～0.5 之间。温度对代谢的影响可通过 Q_{10} 值表示：$Q_{10}=(M_2/M_1)^{10/(T_2-T_1)}$，双壳贝类的 Q_{10} 值一般为 1.0～2.5，平均值约为 2.0。

（三）排泄能

与其他水生动物一样，贝类的排泄产物主要有氨、尿素、氨基酸等，其中氨占的比例最大，占总排泄量的 70% 或更多，其余部分因种类的不同所占比例不等。关于贝类排氨的研究较多，一般采用次溴酸氧化法测定水中 NH_4-N 的变化获得贝类的排氨率，然后根据 1mg NH_4-N=20.05J 换算为能量。由于贝类的排泄能在能量收支中占的比例很少，一般不超过 10%，故在贝类能量学研究中经常被忽略。影响贝类排氨率的因子主要有贝类的体重及环境温度。

（四）排粪能

排粪能是指贝类摄取的食物中未被利用而排出体外的粪便所含的能量。排粪能的测定方法中，直接收集贝类排出的粪便，烘干至恒重后，测其含能值是目前被广泛采用的方法。贝类的同化率直接影响排粪能，饵料密度和质量又是影响贝类同化率的主要因素。因此，影响贝类排粪能的因素主要是饵料的浓度和质量。

（五）生长能

和其他动物一样，贝类的生长主要表现为重量和长度的增加。测定贝类生长常用到以下概念：总生长率（P/C）和净生长率（P/A），其中，总生长率指生长量占摄食量的百分比（生态学中称为生态效率）；净生长率指生长量与吸收量的比（生态学中称为组织增长率）。许多研究表明，双壳贝类总生长率多介于 2%～54% 之间，净生长率多介于 3%～86% 之间。

贝类的生长能对于幼体只存在个体的增大，而对于成体，生长能还包括用于生殖的能量即生殖能。贝类生殖能的测定一是通过实验室诱导排放直接计数精卵数量或从性腺重量及卵子数量换算；二是从贝类产卵前后的性腺重量间接推算。相比较而言，后者具有较好的可行性和可靠性。

四、代谢率和代谢水平

通常用代谢率或代谢水平表示代谢的强度。贝类的代谢水平可分为以下 3 种。

1. "基础代谢率"或"标准代谢率"　指贝类处于静止状态，不受干扰时的最低代谢率。测量标准代谢率的关键条件是，动物禁食足够长时间以清除肠道中的食物，其代谢率不再受消化或吸收能量消耗的影响。

2. 维持代谢率　指从饮食中获得的能量满足身体维持所需的能量，没有多余的能量用于生长或繁殖时的代谢率（动物处于"能量平衡"状态）。维持代谢率大于标准代谢率，因为它包括了摄食的能量消耗，这个消耗可能很低，但必须满足维持能量的需求。

3. 常规代谢率　指在自然栖息地中正常行为期间的平均代谢率。

五、能量的消耗

由于代谢能量损失的测量在估算种群和个体生物体的能量流动中的重要性，海洋软体动物的呼吸作用多年来引起了广泛的关注。能量损失可以通过单位时间消耗的氧气、释放的二氧化碳或释放的热量来计算。然而，在某些实验情况下，如不同时测量产热或厌氧最终产物积累的情况下，假设耗氧量等于代谢能量损失，当壳关闭时（如在低氧或极端盐度或温度条件下），可能会影响测量。耗氧量的能量当量也因动物所使用的底物而不同。

（一）体型和能量代谢消耗的关系

自从哺乳动物和鸟类建立的基本异速生长关系扩展到包括成年软体动物及其幼虫在内的各种无脊椎动物以来，体型与代谢率之间的关系已研究多年。这些研究已经证实新陈代谢与体重的恒定幂成正比，如异速生长方程所述：$Y=aX^b$。式中，Y 是以耗氧量或能量单位表示的代谢率；X 是体型（以重量或等效单位表示）；b 是指数；a 是单位体重生物体的代谢率水平。a 值随各种因素而变化，其中最重要的是活性和温度。指数 b 的值变化较小，介于 0.67～0.75 之间。

（二）能源支出率的补偿性调整

当软体动物的食物供应减少，或者环境条件不适合进食时，日常的能量需求可能会超过从环境中获取的能量。在这种情况下，尽管利用代谢储备可以解决短期失衡问题，但是降低代谢成本的能力对于确保长期生存至关重要。

（三）排泄引起的能量损失

排泄引起的能量损失在能量平衡研究中通常被忽略，或通过差异进行估算。然而，在进行测量时，有证据表明 U 可能是总能量损失的重要组成部分。尤其是当动物产生黏液用于运动、摄食或产生粪便时。黏液的产生并不代表能量的全部损失，因为黏液的产生首先是为了提高运动或摄食的效率。在双壳类动物中，摄食过程中产生的大部分黏液可能会被重新消化，但假粪便的产生会消耗大量黏液，因此被视为个体的净损失。虽然测量黏液产生量有许多困难，但在研究中不应忽视由此引起的能量损失。此外，排泄过程中比黏液更易导致能量流失的是含氮代谢废物，虽然这一成分的组成因物种和环境条件而异，但在大多数海洋软体动物中，氨常被认为是蛋白质分解代谢的最终产物。在各种双壳类动物中，氨占总氮排泄量的60%～90%，并且氨排泄率会随个体规格的变化而变化，这可能与小个体过度依赖蛋白质分解代谢产生的能量有关。在冬季和春季，小规格个体的氨排泄率相对较低，这可能是由于能量代谢主要依赖碳水化合物，而较大的个体在冬季更依赖于蛋白质分解代谢，因此氨排泄率更高。

第十五章 头足类生理学

头足类（Cephalopods）属于软体动物门头足纲动物，分为鹦鹉螺亚纲（Nautiloida）和鞘亚纲（Coleoidea）。目前，鹦鹉螺、乌贼、鱿鱼和章鱼等类群就被科学家和普通大众密切关注。现生头足类有 800 余种。多数种类为一年生，具有生长快、生活史短且营养丰富、经济价值高等特点（郑小东等，2003），在海洋生态系统中占有重要的生态位置，是中国海洋渔业资源的重要组成部分（郑小东等，2009）。

第一节 血液与血液循环

一、血蓝蛋白

头足类与其他物种不同，体内用来运输氧气的蛋白质是血蓝蛋白，主要分布于血淋巴中，不与血细胞结合直接悬浮，随着血淋巴的循环为身体各组织提供氧气（Morse 等，1986）。大部分软体动物的血蓝蛋白由分子质量为 400kDa 的亚基构成，其中腹足纲物种的血蓝蛋白通常是由 2 个十聚体面对面聚合而成的二十聚体，而头足类血蓝蛋白则以单一的十聚体形式存在，十聚体直径约 35nm，高约 18nm，每个由 7～8 个分子质量约 50kDa 的亚基组成，含有 1 个铜离子活性位点的功能单位（FU），分别命名为 FU-a～FU-h，氨基酸 C 端位于 FU-h 上，每个亚基携带 7～8 个 O_2。而头足纲中，如章鱼和鹦鹉螺的血蓝蛋白的 FU-h 消失了，其亚基为 350kDa；乌贼和鱿鱼类的血蓝蛋白亚基含有 2 个相同的 FU（通常位于 FU 的 d～e 之间），其亚基的分子质量约为 400kDa。一般而言，每个功能单位（FU）由 2 个结构域组成，分别为含有铜离子活性位点的 α 螺旋域和 β 折叠域，β 折叠域可能含有维持其四级结构的钙离子，很好地保护了 α 螺旋域的铜离子活性位点，使除 O_2 和小分子以外的物质难以接近。2 个同源的 FU-g 位于血蓝蛋白的中心构成拱，外接 2 个同源的 FU-h 构成领。而头足纲的血蓝蛋白没有 FU-h，所以 FU-g 便成了领，FU-a～f 构成圆柱体的外壁，2 个亚基的 FU-a～f 反向平行排列组成了二聚体，5 个这样的二聚体组成了十聚体的血蓝蛋白（吕宝忠等，2003）。

血蓝蛋白主要是通过活性部位的 2 个铜离子与氧气以过氧化物的形式可逆地结合发挥携氧作用：当氧分压高时，铜以 Cu^{2+} 的形式存在并与氧气结合，表现出蓝色的血蓝蛋白；氧分压低时，以 Cu^{2+} 的形式存在并释放氧气，血蓝蛋白为无色。血蓝蛋白除了储存和运输氧气还具有多种功能，如在生物进化、寄生虫病的检测、抗炎抗病毒、药物分析及肿瘤免疫治疗的研究中也有应用，其中免疫功能是国内外学者研究的热点。近年来有研究表明，软体动物体内十分重要的非特异性体液免疫因子之一的酚氧化酶和血蓝蛋白同属于 Type-3 型蛋白，除了具有相同的双核 Cu^{2+} 活性位点外，还具有相似的基因序列以及晶体结构。Burmester 等（2002）分析了血蓝蛋白和酚氧化酶的进化地位，结果显示，血蓝蛋白可能是大约 55 亿年前由酚氧化物酶进化而来。

一些软体动物血蓝蛋白本身不具有酚氧化酶活性，但在外界刺激因素（SDS、尿素、胰蛋白酶及低 pH 等）的作用下，也能表现出酚氧化酶活性。Decker 等（2001）发现，移除蜗牛血蓝蛋白 C 端的氨基酸 Leu2830 时，其酚氧化酶活性显著增强，认为 Leu2830 是阻碍底物和活性位点结合的主要氨基酸。然而 Hristova 等（2008）发现，并不是所有的亚基在移除 Leu2830 后酚氧化酶活性都增强，可能还跟 C 端其他氨基酸有关，血蓝蛋白在体内的酚氧化酶活性激活机制有待进一步研究。

此外，血蓝蛋白也具有其他的免疫活性。例如，章跃陵等（2005）研究报道，节肢动物血蓝蛋白不仅具有酚氧化酶活性，还具有细胞凝集和细菌凝集活性，节肢动物的血蓝蛋白及其降解片均具有抗菌活性，其抗菌活性与活性位点无关。然而迄今为止，有关软体动物血蓝蛋白在细胞、细菌凝集活性和抗菌抗病毒活性尚未见报道。

二、血细胞组成

软体动物免疫系统属非特异免疫系统，不能产生免疫球蛋白，缺乏抗体介导的免疫反应。然而，它们却能以不同的方式抵御病原体的侵袭并能识别异己物质，其免疫反应具有不同于脊椎动物的一些独特的性质，主要包括血细胞的吞噬、包掩和多种非免疫球蛋白的血清因子介导的非特异性免疫。血细胞在清除病原体、修复伤口中有着重要作用。因此软体动物的血细胞形态、结构、数量一直是作为研究软体动物机体免疫防御能力的一个重要指标。

宋微微等（2013）以 4 种常见头足类：无针乌贼、长蛸、短蛸、真蛸的血液为研究对象，通过光镜、电镜手段对其血细胞形态结构进行详细的观察，并参考其他无脊椎动物血细胞作为分类依据。结果显示，头足类血细胞分为 3 种类型。①透明细胞（hyaline hemocyte，HH）：光镜结果显示，细胞呈圆形，细胞核所占空间大；细胞质较少、均一，存在很少的低密度颗粒。电镜结果显示，细胞核占比大，核中央存在染色质；细胞细胞器较少。②小颗粒细胞（small granular hemocyte，SGH）：光镜结果显示，细胞基本呈圆形或椭圆形；细胞核略偏于细胞一侧；细胞质中含有密度均一的颗粒。电镜结果显示，细胞质中有椭圆形、圆形、肾形等的颗粒，颗粒外有膜，存在内质网、线粒体及游离核糖体。③颗粒细胞（granular hemocyte，GH）：光镜结果显示，细胞形态与小颗粒细胞相似。电镜结果显示，形态均与小颗粒细胞类似。④马蹄形核细胞（U-shaped nuclear hemocyte，UNH）：光镜结果显示，细胞核中央有程度不一的凹陷，形似马蹄，核偏于一侧，紧贴细胞壁；细胞质较均一，存在少许颗粒状物质。电镜结果显示，细胞质内含有密度不大的小颗粒，细胞器稀少。4 种头足类血细胞显微镜下的形态见二维码 15-1。4 种头足类血细胞亚显微结构见二维码 15-2。

此外，宋微微等（2013）还发现这 4 种头足类中血细胞数量最多的是无针乌贼，最少的是长蛸，但经统计分析后显示均无显著差异。4 种头足类血细胞的形态与特点比较见表 15-1。这 4 个种的血细胞可从一定程度上反映出种间免疫力的差异情况，短蛸与无针乌贼体内的颗粒细胞含量最大，颗粒细胞有较强免疫防御作用；长蛸与无针乌贼体内的透明细胞含量最大，但若考虑马蹄形核细胞，那么真蛸的透明细胞比例将是最高，因此学者推测透明细胞在真蛸机体免疫方面有其特殊的作用及地位，而颗粒细胞的多少与免疫力强弱的关系还有待进一步研究。

表 15-1　4 种头足类血细胞的形态与超微结构特点（宋微微等，2013）

血细胞类型	长蛸	短蛸	真蛸	无针乌贼
透明细胞（HH）	细胞表面光滑，细胞质中含有少数颗粒，偶见有几个较大颗粒，几未见细胞器，有少量游离核糖体	细胞形状不规则，某些区域细胞膜呈锯齿状，细胞质中有一些颗粒，基本未见有细胞器和游离核糖体分布	细胞近圆形，表面稍有变形，细胞质内含物不明显	细胞近椭圆形，表面较光滑，细胞质内含物不明显
小颗粒细胞（SGH）	细胞卵圆形，细胞质内小颗粒密度较大，颗粒以圆形居多，偶见糙面内质网，有一定量线粒体和游离核糖体	细胞圆形或卵圆形，偶有不规则形状，细胞质内含有一定量小颗粒，颗粒大小不等	细胞卵圆形，细胞质内含有高密度小颗粒，偶见有大颗粒出现	细胞圆形，细胞质内含有高密度小颗粒，且与其他 3 个相比颗粒内填充物很少，颗粒大多未被染色
颗粒细胞（GH）	近圆形，细胞质中含大量大颗粒并混杂少量小颗粒，可见一些线粒体、游离核糖体和数个空泡	细胞椭圆形，细胞质中含有大量大颗粒并有一定量小颗粒混杂，可见一些线粒体	细胞圆形，某些区域稍有变形或伪足样突起，细胞质内含有大颗粒并伴有一定密度小颗粒	细胞圆形，细胞质中含有大量大颗粒并混杂高密度小颗粒，所含大颗粒也与其他 3 个种不同，颗粒内填充物稀少，大多未被染色
马蹄形核细胞（UNH）			细胞形状不规则，细胞质内含有一些小颗粒与数个大颗粒	

三、血液循环

双壳纲、腹足纲等软体动物的循环系统是开管式循环，血液携带氧气和输送营养物质的效率低，血流速度也比较慢，循环效率低，难以满足头足类动物快速运动的需要。因此头足类动物循环系统进化为闭管式循环，由心脏、两个鳃心以及遍布整个组织的血管系统组成。

头足类心脏有 3 个，连接着静脉、动脉和毛细血管，在软体动物中是独一无二的。其中两个心脏是左右两侧的鳃心，它们通过鳃泵血进行呼吸和气体交换，第三个心脏是系统性心脏，接收从鳃部流出的血液，并将含氧血液泵入身体系统。表面上看心脏的起搏似乎是由一簇心脏神经节控制的，事实上这 3 个心脏中的每一个都受多种神经的支配。两鳃心同时跳动，接着全身心脏收缩，为身体供血。血液通过主静脉（即前腔静脉和侧腔静脉或头腔静脉）流入鳃心。然后鳃内的传入血管将血液回流到系统性心脏的主心室，随之血液通过头部的主动脉头从系统性心脏泵至全身。章鱼呼吸循环系统（部分）见二维码 15-3。

其中要特别说明的是白体，它是章鱼、乌贼和鱿鱼的造血部位。白体是由许多小细胞形成的致密团块组成的一个多叶器官，包裹着视神经束，大量的有丝分裂细胞在白体中被观察到，表明这是一个高度增殖的器官。1972 年 Cowden 首先在真蛸中描述了白体内的造血发育，鉴定了初级、次级和三级白细胞，这些细胞被发现在白体表面，紧随血管的疏松结缔组织网络。

第二节　呼　吸

一、呼吸器官

与双壳类、腹足类等软体动物相同，头足类的主要呼吸器官也是鳃，位于胴体腔内两侧，呈羽状。运动时，头足类胴体腔收缩产生的呼吸水流会流经鳃的褶皱。鳃由鳃片组成，在头足类体内对称排列。乌贼和鱿鱼的鳃组织结构相似，均由包含一条大的入鳃血管（鳃动脉）的鳃韧带、肌肉和支配鳃的神经节神经索支撑。以此为轴，大量的次级鳃片或初级鳃片开始延伸到空腔中，以细小的分支（三级鳃片）增加鳃的交换表面。每个次级薄层通过传入血管的近侧络脉将其接收，传入血管在覆盖板层的两层扁平上皮（呼吸上皮）之间延伸，这些上皮由柱状细胞连接。在鳃片的远端，血管与血腔相连，共同形成出鳃血管。出鳃血管是在外部，且次级和三级鳃片与二级、三级动脉和静脉交错。在三级静脉和动脉之间，血液在"腔隙"中流动，这是气体交换的区域。章鱼的鳃与乌贼和鱿鱼的鳃有很大的不同，在章鱼中，每个鳃都有一个中央腔，在它的侧面上有初级鳃片。初级鳃片沿其长轴折叠，从而形成一系列次级鳃片，在初级鳃片的两侧交替出现，次级鳃片分枝形成树状的三级鳃片。它的血管形成也不同于其他两个物种，主传入血管沿鳃背缘的初级鳃片内表面向下延伸，从此沿着次级鳃片的顶部分支。章鱼的呼吸道上皮比较厚，在大多数运动活跃的物种中，较薄的上皮似乎有利于气体交换，薄的鳃上皮也可以直接清除血液中的物质，如氨和其他废物（Schipp et al.，1979）。鱿鱼、乌贼和章鱼鳃的剖面图见二维码15-4。

章鱼和鱿鱼的幼体中，呼吸器官——鳃几乎没有分支，相反乌贼幼体的鳃组织具有很长的分支，幼体只有初级鳃片细胞，在其末端是呈球状突起的血窦。与成体相似，可以观察到鳃以及鳃心的入鳃血管。章鱼鳃部不同区域的鳃片上皮呈立方状或鳞状，而鱿鱼鳃片上皮呈鳞状。在乌贼幼体中，鳃在次级鳃片和三级鳃片皱褶的凹凸上皮表面的内部结构上存在差异。内（凹）侧上皮的高度几乎是外（凸）侧上皮高度的两倍，并且呈空泡状，且内侧上皮（凹面）是由高细胞形成的，形成一些囊泡和一个大液泡，外侧上皮（凸面）是简单的鳞状上皮，具有发达的微绒毛顶缘。乌贼和鱿鱼幼体鳃结构见二维码15-5。鱿鱼呼吸系统见二维码15-6。

二、呼吸系统与循环系统之间的关系

Kjell 等（1962）发现，章鱼循环系统与呼吸系统存在内在联系，呼吸系统的轻微扰动会立即中断系统性心室、鳃心的收缩。同样，头腔静脉的压力脉冲也消失了。正常情况下，循环系统的收缩率与呼吸运动的频率是不同步的也不具有均匀性，呼吸运动的速度总是较慢。为了模拟停止呼吸运动，研究人员对章鱼外套膜的边缘施加了轻微的手动压力，这本身可能代表了导致心脏停止跳动的感觉输入。

但是，研究人员偶尔会观察到动物呼吸会片刻停止，同时循环系统中的收缩也停止的现象。这种情况发生在动物突然运动或剧烈运动时。由于呼吸和循环之间的这种密切联系是通过神经联结介导的，一些实验显示伴随呼吸运动中断，系统性心室收缩停止，而且在这种中断状态下，舒张压并不会下降，常见的后续反应是舒张压立即升高，心室开始收缩。

目前还不知道这种变化是如何引起的，猜测可能与呼吸系统压力的间接输送有关。此外，在运动过程中，身体肌肉组织紧张程度的增加会导致心排血量的增加和血压的升高。因此，章鱼体内的呼吸系统不仅与系统性心脏的搏动和收缩密切相关，还能根据循环需要调整静脉流入水平。章鱼体内的大静脉和出鳃血管的压力水平很高，足以使鳃心和系统性心室有效工作。

部分研究已经确定了呼吸运动和系统性心脏收缩之间具有同步性。1878 年 Fredericq 首次报道了这种同步现象，Ransom（1884）指出同步现象并不总是发生，但泵入鳃的新鲜血液都伴随着新鲜海水的供应，以使其气流稳定。鳃心每一次收缩都会导致鳃的血压升高，接着诱发反射性吸气，但是章鱼呼吸的频率总是低于心脏跳动频率。在心率较慢且生理状况良好的动物身上，也有呼吸运动的频率总是比心跳的频率低的现象。因此，一般情况下呼吸和心跳没有必要在速率上对应，这两个过程的动态不同，以至于对速率的控制也不同步。

另一方面，Skramlik（1941）发现呼吸和循环之间具有相互依赖性，通常情况下，当呼吸运动停止时循环速率会减慢，停止一段时间后循环也会基本停止。但这一行为存在物种差异性，鱿鱼对于这类变化特别敏感，而章鱼和乌贼的反应则更迟钝一些。目前的研究表明，这两种功能之间的密切联系很可能是通过神经系统介导的，如果呼吸停止，心脏也停止跳动。这就存在一种机制，即鳃及系统性心脏是通过神经和呼吸器官相连，说明呼吸运动和头腔静脉活动之间存在同步，称为主动收缩。依据目前的研究，它被解释为由呼吸系统介导的压力变化。

第三节　消化与吸收

一、消化系统

头足类动物的消化系统由消化道和消化腺（前、后唾液腺和消化腺）组成。消化道包括口、食道、嗉囊、胃、盲囊、肠和肛门等器官。消化系统是从口开始的，口位于腕和触须的底部，包含颚片、口球和腺体、齿舌等，在口周围有许多棘或乳突。颚片由上、下颚组成，口球肌肉发达，可以像剪刀一样撕裂组织，口球与能够产生黏液的唾液腺相连。乌贼和章鱼会利用后唾液腺分泌神经毒素并注射到猎物体内，使其无法动弹，以便于进食。齿舌具有几丁质带状结构，位于口底部，具刮食功能，可以把食物切成小块。物种不同，齿舌类型和结构也存在差异。许多章鱼能钻甲壳类和其他贝类的壳，就是齿舌作用的结果。乌贼、鱿鱼和章鱼的消化系统分别见二维码 15-7～二维码 15-9。

食道是位于口球和胃之间的消化道，管腔狭窄且可轻微扩张，这是因为它穿过大脑和颅软骨。头足类动物可用颚片将食物切成小块，然后用齿舌研磨后将其送进食道。通常，部分食道扩大形成嗉囊，用来储存食物。嗉囊存在于鹦鹉螺和大多数章鱼中。若没有嗉囊结构，食道直接连接到胃部，在消化酶的帮助下消化食物。胃的大小可以扩展，在没有嗉囊的物种中，胃是储藏和加工食物的区域。盲囊是消化系统的主要器官，也是主要的食物吸收部位。它上连接胃，下连接肠。消化后的食物经盲囊、肠最后通过肛门排出。肛门位于外套膜的前腹部，靠近漏斗，大多数肛门侧面有一对肌肉触须，称为肛门瓣。除了夜行性和深远海种类，生活在光照条件下的鞘亚纲头足类的消化道都具有墨囊。墨囊是一个肌肉袋，是后肠的延伸。它位于肠道下方，通向肛门，里面纯黑色素可以被喷射到肛门里。墨囊靠近漏斗的底部，这意味着在头足类动物用漏斗喷水推进时，墨可以融入喷出来的水中。喷出的墨汁形成了一个大小和形状与头足类动物差不多的墨团，可以吸引捕食者的注意力，便于头足类逃逸。

此外，消化腺是头足类动物分泌消化酶的主要器官。消化酶通过消化腺导管进入盲囊。消化腺对重金属的吸收、排泄和解毒也有着重要作用。

二、幼体的消化器官

章鱼、鱿鱼和乌贼幼体的消化系统呈"U"形，与成体一致。胃和盲囊位于"U"形结构的弯曲处。"U形"结构上行分支在腹面，由肠和肛门组成，下行分支位于背侧，由口球和食道组成，在"U形"管的上行、下行分支之间，可见消化腺和后唾液腺。章鱼幼体具有嗉囊。孵化后第一天，消化系统基本形成，从内向外可观察到以下几层：黏膜层、黏膜下层、肌肉层和浆膜层。

与成体相似，头足类幼体的口球由不同的结构组成，包括颚片、齿舌、唾液腺和前、后唾液腺的分泌管。这些结构有助于摄取食物。口球整体解剖结构与成体非常相似，但也存在组织学上的差异，构成食物通道的口球侧叶（buccal lateral lobe）在幼体（包括初孵幼体）中发育不完全。

食道是由有不同大小的绒毛或褶皱黏膜形成的肌肉管。与成体不同的是，它由单层上皮细胞和一层薄的表皮层构成，但在鱿鱼幼体中，食道黏膜没有褶皱。章鱼初孵幼体的嗉囊为管腔膨大的管状结构，黏膜形成小绒毛或纵向皱褶，与成体不同的是不存在分支。

头足类初孵幼体的胃呈囊状，具单层褶皱的黏膜上皮。章鱼和鱿鱼的胃上皮由具中央大核的立方细胞构成，而乌贼的胃上皮则由柱状细胞构成，它们的细胞顶端均覆盖一层薄上皮。

与成体一样，乌贼和章鱼幼体的盲囊内外壁存在组织分化，外壁仅包含由假复层上皮组成的初级黏膜皱褶，而内壁未折叠的黏膜是由单层上皮组成。鱿鱼幼体的盲囊呈现纤毛器官和盲囊部分的分化区，纤毛器官在内外壁之间有相同的分化，但在盲囊部分中没有。与成体不同，鱿鱼幼体的纤毛器官中没有发现分泌细胞，初孵幼体盲囊中仅有的腺体细胞位于盲囊入口或出口到前庭，在内外壁中缺乏分泌细胞，也没有成体中典型的盲囊腺体。然而，在刚孵出的乌贼的盲囊有分泌细胞，而盲囊腺体位于皱褶顶端。

章鱼和鱿鱼的肠道是一个管状器官，黏膜结构存在差异。在黏膜的腹侧区域，有两个宽的纵向褶皱，类似于成体的肠道，但它们相对不发达。这些皱褶呈现一层厚的纤毛状假复层上皮，且它们只存在于靠近前庭的肠区，肠道其他部位黏膜没有皱褶或绒毛，仅由一个单层扁平上皮组成。肠黏膜中没有分泌细胞。

头足类食道表皮、食道、盲肠和肠道分别见二维码 15-10～二维码 15-13。

三、消化吸收过程

头足类动物喜爱捕捉和摄食活的猎物，且食性广泛。饵料组成因种类、年龄、生态环境、季节、食物的易得性以及是否存在捕食竞争者等因素而异。幼体多以枝角类、桡足类和糠虾等浮游动物为食，成体捕食鱼类、甲壳动物（长尾类、短尾类以及糠虾类）和双壳类、腹足类等。此外，头足类动物中，同类残食现象较为普遍。由于其游泳能力强，因此对蛋白质的需求量很高，而对脂质需求量相对较低。有研究表明，头足类的食物中含有 60% 以上蛋白质和 4% 的脂质。

头足类一旦捕获到猎物，通常使用腕将其拉至口部，后唾液腺分泌唾液麻痹猎物，然后用颚片咬住，齿舌研磨，将食物送入消化道。由于头足类动物生长速度快（1 天增重 3%～10%），因此它们的消化吸收能力强。消化是个相当复杂的过程，从捕猎时就开始了，用颚片将猎物穿孔并注入唾液酶，其精准的生理生化机制尚不完全清楚，但研究人员认为唾液酶可能使猎物肌肉松弛、变软。然后，初步消化的食物转入章鱼嗉囊中，或乌贼和鱿鱼胃中，来自消化腺（如肝胰腺）的消化酶开始发挥作用。酶结合的可溶性营养物质从嗉囊中流到章鱼的胃中，或直接流到乌贼和鱿鱼的胃中。纤维状蛋白和其他大分子随即被降解，形成半液态被部分消化的食物（食糜）。食糜随后被盲囊分离，输送到消化腺或形成粪便颗粒。一旦进入消化腺，营养物质就会通过胞吞作用在消化腺细胞中溶解和吸收，发生细胞内消化。这个过程可能需要 4~8h。消化速度取决于食物的大小、种类和温度。

头足类消化过程中，消化酶起着至关重要的作用。迄今为止，在头足类体内除检测到水产无脊椎动物常见的胃蛋白酶、胰蛋白酶、脂肪酶和淀粉酶的活性外，还检测到了高等动物的 α- 葡糖苷酶、羧肽酶、胰凝乳蛋白酶、酸性磷酸酶、碱性磷酸酶、非特异性酯酶以及角蛋白酶。尽管不断有新的消化酶被报道，但消化酶的存在形式（酶原、前体或类似物）、生化特性（分子质量、结构、最适 pH、温度及动力学等）及其详细功能与高等动物相比，还知之甚少（表 15-2）。

表 15-2　头足类消化酶的种类及特性（周萌等，2019）

物种	消化酶的种类及特性
太平洋柔鱼（Ommastrephes bartramii）	肝胰脏中存在一种脂肪酶，分子质量为 33 000Da，最适温度和 pH 分别为 25℃和 7.0，主要功能是水解饱和脂肪酸和单不饱和脂肪酸
短鳍滑柔鱼（Illex illecebrosus）	肝脏检测到多种羧肽酶，它们具有常见金属蛋白酶的特性以及广泛的底物特异性，对蛋白质的消化能力强，酶活性在 70℃ pH8 达到最高
塔斯马尼亚四盘耳乌贼（Euprymna tasmanica）	盲囊及小肠中段存在着腺细胞，周围包裹着腺膜。腺细胞在进食后可检测到胰蛋白酶、胰凝乳蛋白酶、α- 葡糖苷酶及 α- 淀粉酶，前三者活性较高，后者很低
乌贼（Sepia officinalis）	消化系统发现多种消化酶，包括碱性和酸性磷酸酶、蛋白酶、胰凝乳蛋白酶和组织蛋白酶。其中酸性磷酸酶和组织蛋白酶对于细胞内消化具有重要的作用
金乌贼（Sepia esculenta）	胚胎发育初期，能检测到胰蛋白酶、胃蛋白酶活性，说明其主要自母体获得，但活力较低。随着幼体的不断发育，这两种酶活性均显著升高，标志着器官发育的逐步完善和消化能力的逐步增强
无针乌贼（Sepiella maindroni）	在消化道内检测到胃蛋白酶、胰蛋白酶、淀粉酶和脂肪酶活性，其中蛋白酶的活性在胃和胰脏中最强，淀粉酶活性在胰脏最强，脂肪酶在肝脏最强。说明其对蛋白质具有较强的消化能力，其次是脂肪，而对碳水化合物的消化能力很差

第四节　排泄与渗透调节

一、排泄系统

蛋白质是头足类动物摄取食物的主要成分，所以排泄废物中含有大量的氨（NH_4^+）。血液系统的代谢物经过肾脏排出，血液经肾脏周围静脉回流到体心脏。经滤过的含氮废物（原尿）是血液经鳃心中的围心腔超滤产生的，每一个鳃心腔通过一条狭窄的管道与肾心附属物相连。排泄管将排泄物输送到类似膀胱的肾囊，并从滤液中吸收多余的水分，随着鳃心的搏动不断膨胀和收缩，侧腔静脉（肾附属物）的几个分支伸入肾囊（图 15-1）。这一作用有助于将分泌的废物泵入囊中，再通过肾上的小孔（肾乳头）释放到胴体腔。参与氨排泄的主要肾外器官是鳃，废物直接从其上皮细胞排泄到海水中。在氨的排放方面，鹦鹉螺和乌贼的释氮率是最低的，这是由于它们用氮气来填充贝壳以增加浮力。而其他头足类动物也以类似的方式利用氨，以氯化铵的形式储存起来，以降低它们身体的总密度，增加浮力。

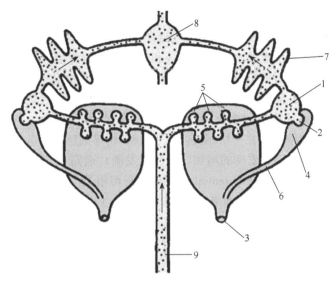

图 15-1　章鱼排泄系统（肾）和相关循环系统的示意图（Gestal et al., 2019）

箭头表示血液流动的方向。1. 鳃心；2. 鳃心附属物；3. 肾囊向套膜腔开口；4. 围心囊；
5. 肾附属物；6. 肾心包囊；7. 肾脏囊；8. 心脏；9. 腔静脉

　　鞘亚纲头足类具有复杂的排泄系统，包括肾、消化器官、鳃心、心包腺和鳃心附属物。此外，消化腺和白体也具有排泄相关功能。主要的排泄器官是肾和鳃心附属物，但是鳃、胰腺附属物和其他结构也有助于排泄和维持内环境的稳态。肾附属物和鳃心附属物分别是肾和鳃心体腔囊中突出的腺样结构，在章鱼体内，肾附属物由覆盖了两层上皮细胞的连续薄片构成，在肾囊内突出，被来自腔静脉系统的血窦分隔开。上皮细胞包含位于中央的圆形细胞核和丰富的细胞质，且有微绒毛的顶端边缘和直接接触血液的分叶状基底区。头足类肾附属物见二维码 15-14。

　　成体章鱼的肾附属物在体腔内呈突出状态，其沟槽和褶皱覆盖了腔静脉及其分支，这些附属物由单层柱状上皮组成，顶端有微绒毛。乌贼的肾附属物与章鱼的结构相同，有深的沟槽和褶皱，这些沟槽和褶皱被具微绒毛的柱状上皮所覆盖，并且这些细胞的顶端区域和分叶状基底区域存在大量线粒体，以及许多有高酸性磷酸酶活性的大型致密溶酶体。肾附属物的上皮下方有一个血液的"腔隙"，内皮细胞层不完整（只有少量成纤维细胞和胶原纤维），同时可见广泛分布的斜横纹肌细胞网络。这种肌肉纤维网络负责肾附属物的节律性收缩，支持血淋巴和尿液的流动。幼体和成体的肾附属物存在差异，成体的肾附属物表面往往比幼体的更复杂。在章鱼初孵幼体中，肾附属物由覆盖腔静脉及其分支的单层柱状上皮组成，是一个简单的囊状结构，没有沟槽和褶皱。鱿鱼的肾附属物与章鱼初孵幼体的肾附属物具有相同的组织结构，但成体鱿鱼比成体章鱼的肾附属物更发达。头足类幼体肾附属物见二维码 15-15。

二、氨代谢作用

　　陈智威等（2019）研究发现，长蛸在中浓度（143.5mg/L、180.3mg/L）的氨氮胁迫下，48～72h 出现喷墨现象，并蜷缩到角落，72～96h 后大部分死亡，存活个体卧于方桶底部，几乎不能游动。在高浓度（204.0mg/L、242.5mg/L）的氨氮胁迫下，长蛸躁动不安，大部分出现急速游泳、喷墨等行为，部分有沿桶壁上爬的逃逸趋势，24h 即出现大量死亡，存活个体的腕全部伸展，胴体水肿且竖直悬浮于水中，胴体与腕几乎呈90°，游泳能力尽失，难以行动，但仍有呼吸。研究表明，水生动物生活排泄时，除了排出代谢废物，同时还代谢出含氨物质，而高氨环境将会增加水生动物血液和组织内的氨含量，造成慢性和急性氨中毒（Liew et al.，2013），主要导致以下结果。①水生动物体内pH变化。②产生活性氧（ROS）。ROS是氨中毒的中介物，能够导致生物系统中脂质过氧化增加、抗氧化酶活性降低等，最终使脂质和蛋白质累积导致生物系统的代谢紊乱。③促使细胞凋亡。氨能够诱导ROS产生，而ROS的产生又与细胞凋亡密切相关。关于ROS诱导细胞凋亡的机制，有如下解释：（i）活性氧能刺激细胞内Ca^{2+}浓度的增加，从而触发凋亡通路。（ii）ROS的产生与线粒体膜电位（mitochondrial membrane potential，MMP）密切相关。ROS的过量产生会破坏呼吸链，增加质子的线粒体通透性，从而导致MMP的降低。（iii）细胞应激诱导ROS生成可调控磷酸化p53活性，导致细胞凋亡。（iv）BAX是位于线粒体外膜的促凋亡分子，是p53激活的直接靶点。BC-L2与bax比值的降低可诱导细胞凋亡。BAX还可诱导细胞色素c从线粒体释放到细胞质中。线粒体凋亡途径是通过线粒体释放细胞色素c而启动的。（v）Caspase 9和Caspase 3被细胞色素c激活。Caspase 3被认为是基因毒性细胞凋亡的关键决定因素。经氨处理后，Caspase 8、Caspase 3和Caspase 9的表达会增加，提示氨通过Caspase依赖途径诱导细胞凋亡（Fengge et al.，2018）。④代谢紊乱、免疫功能降低。氨暴露可干扰氨基酸代谢、核苷酸代谢和脂质代谢，在氨暴露后，与核苷酸代谢相关的鸟苷和肌苷水平显著降低。⑤产生神经毒性。氨氮可使神经元去极化，导致NMDA型谷氨酸受体过度活化，从而影响中枢神经系统的正常工作，最后导致细胞的死亡；还可以参与星形胶质细胞的局部有氧糖酵解，主要神经递质谷氨酸在氨氮暴露后出现减少，造成神经系统糖酵解产生能量减少，对外界刺激不敏感（Cong et al.，2017）。

对此，水生动物演变出氨解毒代谢机制。主要机制如下：①产生过氧化物酶、热休克蛋白。过氧化物酶反应可保护生物体免受氧化应激的破坏作用，此外热休克蛋白的表达量也会升高，以应对氨暴露引起的蛋白质损伤。作为分子伴侣，热休克蛋白帮助细胞从压力中恢复，促进细胞结构稳定。②产生谷胱甘肽（GSH）。非酶抗氧化分子GSH是细胞中主要的自由基清除剂，可以直接与ROS反应，也具有间接清除ROS的功能，在保护细胞免受氧化损伤和外源性毒性以及维持氧化还原内稳态方面发挥重要作用。③生成谷氨酰胺与尿素。氨可以通过在肝脏中转化为尿素来解毒，

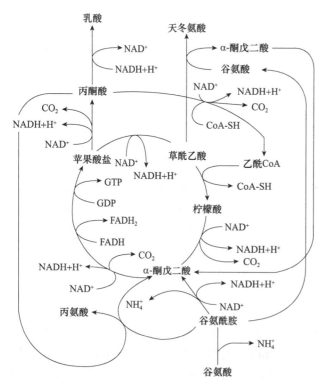

图15-2 谷氨酰胺的代谢途径（Jie et al.，2019）

主要反应途径见图 15-2。④氨转运蛋白排氨。主要是 Rhesus（Rh）糖蛋白参与氨解毒，Rh 糖蛋白家族的 NH_3 通道促进氨从基底外侧进入，该通道允许 NH_3 进入并在胞质溶胶中水合以形成铵离子。Rh 主要参与氨运输，与膜转运蛋白（Na^+/K^+-ATPase，Na^+/H^+ 交换器）协同作用，促进氨流出鳃。⑤加速能量代谢。

　　头足类动物极易受到环境变化的影响，在高氨条件下产生喷墨等应急反应，体内组织结构和器官也产生相应变化。鳃在低浓度的氨氮溶液（87.0mg/L）中，细胞涨大，细胞核肿胀、排列不整齐；在中浓度的氨氮溶液（143.5mg/L）中，鳃细胞依然具空泡化结构，同时可观察到细胞间组织液渗出现象；在高浓度的氨氮溶液（204.0mg/L）中，鳃细胞出现大量空泡结构，细胞排列松散，表现出一定程度的损伤（见二维码 15-16 氨氮胁迫下长蛸鳃的组织切片）。消化腺在低浓度的氨氮溶液（87.0mg/L）中，中央静脉管壁的部分细胞核溶解，逐渐产生空泡化结构；在中浓度的氨氮溶液（143.5mg/L）中，与对照组相比，管壁细胞核排列松散，但结构依旧较完整，其余部位的细胞核有溶解出现；在高浓度的氨氮溶液（204.0mg/L）中，与中浓度胁迫组相似，中央静脉管壁细胞排列结构较为完整，但组织空泡化较为明显（见二维码 15-17 氨氮胁迫下长蛸肝脏的组织切片）。肾脏在低浓度的氨氮溶液（87.0mg/L）中，肾细胞形状变扁，部分细胞呈破碎状态，细胞核逸出，肾小管之间产生空隙，且组织液渗出，管中央空隙不断增大；在中浓度的氨氮溶液（143.5mg/L）中，肾细胞逐渐拉长、扁平，组织液开始渗出；在高浓度的氨氮溶液（204.0mg/L）中，肾细胞不断缩小，肾小管之间空隙更大，大量组织液渗出，且中央部位也产生更大的空隙（见二维码 15-18 氨氮胁迫下长蛸肾脏的组织切片）。

　　因此，为了减少环境中氨氮浓度对自身的影响，头足类等排氨生物进化出了控制胞内和胞外 NH_3/NH_4^+ 稳态的强有力的氨排泄途径。Peng 等（2017）在虎斑乌贼中发现存在两条主要的氨解毒代谢途径：①通过鸟氨酸 - 尿素循环将氨转化为尿素，并将其暂时储存或排出体外；②将氨转化为谷氨酰胺，可以存储在身体或用于其他合成代谢过程。虎斑乌贼可以通过鸟氨酸 - 尿素循环（ornithine-urea cycle，OUC）将氨转化为尿素，作为一种防御高氨暴露的策略。精氨酸酶（arginase，ARGase）是 OUC 途径和精氨酸水解的关键酶，具有将精氨酸转化为尿素的能力。氨暴露后，虎斑乌贼肝脏中 ARGase 水平显著升高，且与氨暴露浓度呈剂量依赖关系。当虎斑乌贼暴露于高氨氮时，肝脏中 ARGase 水平的增加比鳃中更显著。这种差异可能是由于这两个器官的功能不同：肝脏是代谢和解毒的中心，而鳃是主要的呼吸器官和重要的排泄器官。此外，谷氨酰胺的形成也是水生动物氨暴露后重要的防御策略。与氨接触后，虎斑乌贼肝脏和鳃中谷氨酰胺的含量明显增加。在高氨环境或氨排泄受阻的环境中，乌贼可以将氨解毒为谷氨酰胺或尿素，但作用有限。许然等（2018）研究发现，氨氮胁迫对长蛸的能量代谢和免疫防御影响较大，氨氮胁迫下长蛸糖代谢速率减慢，身体机能下降，机体的免疫功能降低。与其相关的基因为 HSP90 和 SOD，它们均在长蛸对氨氮胁迫的应答中发挥作用，因此 HSP90 和 SOD 可作为长蛸中监测氨氮胁迫的潜在分子标记，然而长蛸对氨氮胁迫响应的具体调控模式和作用机制仍需要大量的实验验证。

　　Hu 等（2014）采用免疫组化方法对莱氏拟乌贼和真蛸 Na^+, K^+-ATPase（NKA）、V 型 H^+-ATPase（VHA）、Na^+/H^+ 交换蛋白 3（NHE_3）、RhP 等蛋白进行组织定位。研究结果表明，NH_4^+ 被困在富含 VHA 的酸化囊泡中，然后沿着微管网络运输到鳃上皮的顶膜，再通过胞吐作用将物质排出，证明了它们在头足类氨排泄中也发挥着重要的作用。

三、渗透调节

在水产动物养殖过程中，动物往往会因内外环境的变化而产生应激，扰乱动物机体的水盐代谢，导致渗透压发生变化，影响动物的生长发育。动物机体必须通过相应的调节机制以适应环境的变化，从而维持生命的正常运转。渗透调节是机体细胞通过调节水的跨膜流动从而维持细胞结构和功能的能力。

头足类中，与渗透调节相关的器官主要是鳃，用来维持体内的 pH 稳定。头足类的鳃是气体交换和 pH 调节最重要的场所，同时鳃可能也是头足类动物最重要的 NH_4^+ 排泄部位。在真蛸中用含氨的人造血灌流发现，鳃中 NH_4^+ 显著下降，尿液呈强酸性，并含有高浓度 NH_4^+，表明实验灌流在通过排泄器官（包括肾附属物、鳃心附属物和鳃）时，大多数 NH_4^+ 通过鳃上皮排出。此外，实验结果显示真蛸鳃能够调节体内氨（NH_3/NH_4^+）的稳态，如通过在低血氨水平（<260μmol/L）时积累氨和在体内超过 300μmol/L 血氨浓度时分泌氨，当鳃中氨含量低于血氨量，鳃可以自己产氨，用于提升血氨浓度。虽然氨被认为对器官有害，但真蛸的鳃组织能够调节血氨的稳态，使其保持在 250~300μmol/L。目前有两种解释：①一些头足类动物在特殊组织中积累 NH_4^+ 来交换 Na^+ 以提高浮力；②鳃内氨的产生是用来调节血液 pH（Potts et al., 1965）。

有关乌贼的研究结果表明，酸化海水刺激鳃内酸碱转运蛋白的表达，包括 V 型 H^+-ATP 酶、Na^+/HCO_3^- 协同转运蛋白（NBC）、NHE_3 和一种原始 Rh 蛋白（RhP），表明 pH 调节和 NH_4^+ 排泄是一个耦合过程。乌贼中鳃内酸碱调节与气体交换耦合的假设模型（图 15-3），基本上概括了头足类中氨排泄与 pH 调节的耦合过程。离子转运上皮细胞表达 NKA、VHA、NHE_3、RhP 和 NBC，参与 HCO_3 缓冲和 NH_4^+ 排泄。NH_4^+ 被困在鳃的管状空间中，而外层呼吸道上皮与排泄上皮在空间上分离。在柱细胞中表达的 VHA 可能有助于血液 pH 平衡，以支持高 pH 敏感性血色素苷（HC）的气体运输。头足类动物通过将 NH_4^+ 限制在鳃中的半管状空间进而将氨从鳃上皮排出。

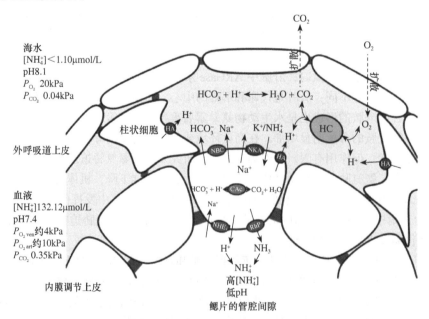

图 15-3　乌贼中鳃内酸碱调节与气体交换耦合的假设模型（Hu et al., 2014）

第五节 能 量 代 谢

一、概述

通过循环系统的活动，消化管吸收的营养物质和呼吸系统吸入的氧分布到动物体的各个组织细胞中以后，经过细胞内的一系列化学变化，有的合成动物体的组成成分，有的被进一步分解。在分解过程中，形成高能磷酸化合物、二氧化碳和水，物质具有的化学能以自由能的形式释放出来。在这些变化的同时，体内原有的组成成分和能量贮存物质不断地分解，也可产生一定量的化学能。所有这些化学能，其中只有一部分供给动物进行各种生命活动的需要，大部分以热的形式散发。在恒温动物上，这些代谢热有一部分用来维持动物的体温。这种伴随着物质代谢而进行的体内能量的转移和利用，称为能量代谢。单位时间内能量代谢的强弱，称代谢率。习惯上，将生物体内化学能最后转变成热能散发的现象说成是能量被消耗了，所以代谢率也可说是单位时间内消耗化学能量的速率。

能量代谢的强弱受许多因素的影响，如动物的年龄、性别、健康情况、生理状态、心理状态，以及昼夜时间、季节、气候、生活环境等。动物在测量最低需要的代谢率时，不仅要禁食、静止，并且要处在它们的热中性区，在这种情况下测得的代谢率才是符合标准的代谢率，通常称基础代谢率。测定数据显示，雀形目鸟类的基础代谢率比其他鸟类和哺乳类的高，有袋类和有胎盘类哺乳动物的体温虽然相同，但前者的基础代谢率比后者的约低30%，而一般鸟类和有胎盘哺乳类的单位体重的代谢率相似。爬行类、两栖类和鱼类等脊椎动物以及各种无脊椎动物，因为体温随环境湿度而改变，没有热中性区，没有"基础"代谢可讲，并且它们的代谢率也随环境温度而改变，所以这类动物禁食时在某种环境温度下的最低代谢率称为标准代谢率。代谢率与动物体重有关，也与其目前生理状态有关，同种动物，甚至同一个体静止时最低代谢率也会有变异，如性别上的差异（一般雄性的代谢率较雌性的高）、年龄上的差别（一般年龄小的代谢率比年老的高）以及营养情况所引起的不同（有必要的营养物时代谢率较高）等都是大家所熟悉的。此外，环境的不同对代谢率也有明显的影响。

二、生物体内的能量释放

头足类对饵料中蛋白质的转化效率较高，可迅速把蛋白质分解成氨基酸，再把氨基酸合成自身所需的各种蛋白质。蛋白质是头足类的主要能源物质，蛋白质含量占干重的75%～85%，表观消化率大于85%，它们的蛋白质需求量也显著大于其他水生无脊椎动物和鱼类（Lee，1995）。头足类蛋白质的生理功能主要表现在：①作为主要能量来源，维持机体新陈代谢；②提供必需氨基酸（essential amino acid，EAA）和非必需氨基酸（nonessential amino acid，NEAA），供机体组织的更新和修复；③促进幼体生长；④合成多肽激素、酶及卵黄蛋白；⑤为辅酶及遗传物质的合成提供氮源。与其他头足类动物类似，在饥饿情况下，真蛸优先利用蛋白质作为能源，待蛋白质消耗到一定程度后，才以脂类作为备用能源，这说明脂类更主要的作用是促进生长而不是供能。

动物体内物质分解释放能量的过程主要有两种形式，一种是需氧的过程，叫有氧代谢，可以将物质完全氧化成二氧化碳和水。这一过程必须有呼吸系统和循环系统的活动，不断供给氧和排出二氧化碳。另一种是不需要氧的无氧代谢,主要是糖类发酵的过程,常称无氧糖酵解或者简称糖酵解,它完全依赖细胞中已有的物质进行,主要原料是糖原。在无脊椎动物中主要是采用高级糖酵解和三羧酸循环(tricarboxylic acid cycle,TCA)进行能量供应,尤其是在氨代谢过程中。在高氨氮条件下,氨氮耐受组相较于氨氮敏感组几种参与 TCA 循环和糖酵解的代谢物,包括葡萄糖 -1- 磷酸、葡萄糖 -6- 磷酸、乳酸、反丁烯二酸和草酸被上调。氨氮耐受组加速了能量代谢,如 TCA 循环,提供了足够的能量来缓解氨引起的应激反应。相反,如果不能够加速能量代谢,在需要更多的能量来排出氨以抵御高氨血症的情况下,生长所需的能量供应就会减少。

三、衰老导致代谢能力降低

在大多数浅水头足类物种中,衰老是其生命中一个短的阶段,发生在性成熟末期。衰老导致头足类产生一些变化,其中就存在导致机体代谢能力降低的情况(Tait et al.,1987)。交配后,雌性章鱼采取"极端的母性关怀模式"。母体停止进食,专门照顾自己的卵,这将付出自己的生命,死亡通常发生在后代孵化的时候。一般而言,雌性头足类在产卵或孵化后不久就会衰老,而雄性通常在交配后开始衰老(Pascual et al.,2010)。

衰老发生的生理过程尚不完全清楚,Anderson 等(2002)认为是由于激素分泌水平高,抑制摄食量导致机体代谢能力的降低,最终引起死亡。研究发现,衰老雄章鱼的体重总损失为4.3%~32.1%,而衰老雌性的体重总损失比更大,为 25%~71%,且性腺指数和肝指数下降。此外,也发现衰老死亡的深海乌贼个体都具有空的盲囊,因此,衰老和产卵后死亡可能与饥饿有关。研究发现真蛸的组织分解和死亡是由于视觉激素的控制,这种激素可以抑制蛋白质合成,发育中的卵巢也可能产生一种激素,这种激素会促进肌肉中的氨基酸释放到血液中。

刺参生理学

刺参（*Apostichopus japonicus*）又称仿刺参，属棘皮动物门（Echinodermata）游走亚门（Eleutherozoa）海参纲（Holothuroidea）楯手目（Aspidochirotida）刺参科（Stichopodidae）仿刺参属（*Apostichopus*）的一种，主要分布于 35°N～44°N 的广大西北太平洋沿岸，北起俄罗斯的符拉迪沃斯托克（海参崴），经日本海、朝鲜半岛南部到我国黄海、渤海。它生活在岩礁底的浅海中，特别喜生在波流静稳、海草繁茂和无淡水注入的港湾内，底质为岩礁或硬底，水深一般为 3～5m，少数可达 50m 以上，幼小个体多生活在潮间带。刺参是我国最为重要的水产养殖品种之一，随着市场需求的剧增，海参养殖业发展迅速。2019 年，其养殖面积超过 24.6 万 hm^2，产量超过 17 万 t，苗种数量达到 525 亿头。

第一节　刺参发育及影响因素

温度、盐度、光照、饵料、密度、附着基对刺参的发育有显著影响。

一、温度对刺参发育的影响

温度是影响刺参发育的最重要环境因素。高温会抑制刺参发育，在 27℃下受精卵的孵化率远低于 19.7℃、21℃和 24℃。在 30℃下受精卵停止发育。随着温度的升高，幼体存活率降低，在 30℃下没有幼虫存活。整个实验期间（从受精卵到耳状幼虫后期）的成活率随着温度的升高而降低。

短期热刺激也会影响刺参幼体存活率。对刺参浮游幼体在不同温度（21.5℃、26℃、28℃和 30℃）下进行 45min 热激处理，结果表明，浮游幼体存活率随着热激温度的升高而降低。

温度波动会影响刺参发育。在 20℃恒温下，刺参在 14d 内有 68.6% 进入稚参阶段，在同期温度波动的条件下只有 47.6% 进入稚参阶段。此外幼体的存活率在不同温度处理下差别很大，恒温组幼体的存活率远高于温度波动组。在温度波动组，稚参体长也显著下降，表明刺参幼体在温度波动下发育不完全。因此在养殖过程中，水温不应有较大波动，较大的温度波动会降低刺参存活率和抑制发育。

短时间高温刺激可以改变刺参的发育。对刺参亲本的囊胚期幼体进行 45min、26℃高温应激，然后分别在 18℃和 23℃培育温度下到附着变态。结果表明：培育温度对幼体发育有显著影响，未热激对照组幼体在 23℃下的特定生长率高于 18℃，而热应激组则在 18℃生长率更高。在囊胚期进行高温应激能够提高变态后幼参的耐热性，这为培育耐高温品系提供了科学基础。

二、盐度对刺参发育的影响

盐度可以影响刺参幼体存活率。刺参幼体适宜的盐度范围为 26～32，盐度降低至 20.5 或升高至 39.1，受精卵均不能正常发育。刺参囊胚期和原肠期幼体在盐度 22 下，开始出现畸形幼体，大部分在后期都会死亡。在低盐下对浮游幼体进行驯化会提高后期幼体盐度耐受能力。刺参受精后第 5 天，盐度 30 和 35 组幼体成活率最高，分别为 46.7% 和 40.0%。第 2～5 天，30 盐度组耳状幼体的生长最快，到第 5 天平均体长达到最大值 672.18μm。大多数幼虫在 15 和 40 的盐度下似乎停止发育或发育缓慢，并停留在耳状幼虫早期，而在 10 和 45 的盐度下的幼虫变形并在第 4 天最终死亡。盐度 30 的幼虫总是表现出最大的存活率和增长率。

当盐度降至 13 和 17 时，幼体于第 12 小时和第 36 小时全部死亡；72h 后，盐度为 20 组的幼体存活率最低。稚参在盐度降至 9 和 13 时，全部死亡，盐度为 17～30 时，稚参的存活率差异不显著。

三、光照对刺参发育的影响

光线过强或过弱都会影响稚参的正常生长。研究发现，生活在强光照条件下的幼参比生活在暗光照条件下的幼参生长得更快，并发现强光照促进了养殖系统中底栖硅藻的生长。在不同光照强度（0Lux、50Lux、500Lux 和 2000Lux）和不同光照周期（24L：0D，14L：10D，10L：14D 和 0L：24D）下观察刺参浮游幼体存活、生长、发育和附着变态，结果表明：光照强度和光照周期显著影响刺参幼体的生长；幼体在 500Lux 下生长最快，最适宜的光周期是 14L：10D；幼体的存活率随光照强度的升高而增加，而全暗环境下，幼体存活率最低；幼体在 50Lux 下附着变态率最高，最适宜的光周期为 10L：14D。

四、饲料对刺参发育的影响

单胞藻与海洋红酵母以适当比例混合投喂能提高刺参幼虫的体长日增长率，单独投喂海洋红酵母的刺参变态成活率也显著高于单独投喂单胞藻组。采用两种单胞藻以 0.5：0.5 的比例混合投喂浮游幼虫，结果表明牟氏角毛藻与小新月菱形藻混合投喂组刺参浮游幼虫的变态成活率高于牟氏角毛藻与等鞭金藻的混合组。

培育密度实验结果显示，受精后 5d，0.1 个/mL 密度组的刺参幼体成活率最高，为 66.7%，但各密度组的幼体成活率差异均不显著。0.5 个/mL 密度组幼体生长最快，到第 10 天达到最大平均体长，为 801.38μm；在所有培育密度实验组中，0.5 个/mL 密度组的幼体附着率最高，为 19.1%。在较低的密度（0.05～0.2 个/mL）下，实验期间饲喂刺参的存活率均超过 90%。在第 9 天，在较高密度下幼虫生长存在明显的负作用。以较低密度（0.05～0.2 个/mL）饲养的幼虫显示出较高的生长速度。在第 9 天，幼虫开始蜕变为樽形幼体，在 0.05 个/mL 时，变态幼虫的百分比为 21.7%，在 0.1 个/mL 时为 30.4%，在 0.2 个/mL 时为 14.3%，在 0.4 个/mL 时为 4.2%。密度为 0.8 个/mL 时未发现樽形幼体。当放养密度超过 0.2 个/mL 时，变形幼虫开始出现，并且随着密度的增加变形幼虫的百分比也增加。

第二节　摄食与能量代谢

一、刺参摄食

（一）刺参摄食器官

刺参成体的口周围围绕着 20 个楯形触手，每个触手由盘状触手柄及其向外辐射排列的初级触手组成，触手最远端的分支末端有乳突。在进行摄食的时候，触手上的乳突会在基质的表面通过滤食、黏附和扫刮相结合进行摄食。

刺参的触手柄部由外向内依次为角质层、上皮、疏松结缔组织、致密结缔组织、神经丛、纵肌层、间皮。触手末端与柄部结构组成基本相同，仅乳突腹面上皮加厚。乳突上分布有大量的黏液，黏附着颗粒物质。刺参触手的扫描电镜观察见二维码16-1。

（二）刺参食性

刺参属于杂食性动物，食物来源较为复杂。在池塘养殖中，基于脂肪酸标志法对刺参食性进行研究，发现硅藻、褐藻、多种异样细菌及鞭毛藻或原生动物是其食物的主要组成部分。底泥和刺参体壁的脂肪酸标志物相关性分析显示，刺参食物中的硅藻、原生动物和细菌主要来源于底泥，池塘中悬浮颗粒物也是刺参的食物来源之一。

在山东省青岛市灵山岛海区，通过分析20个刺参的胃含物，发现胃含物中包括11个类群41个种，植物主要为大叶藻和其他藻类残体；动物主要有海绵、有孔虫、苔藓虫、软体动物、甲壳动物和棘皮动物等。

在山东省荣成俚岛人工鱼礁区和天鹅湖，利用稳定性同位素（$\delta^{13}C$）技术，分析了刺参食物来源的季节性变化。结果表明，大叶藻叶片上的附着生物和沉积碎屑是刺参的主要食物来源。在秋季，天鹅湖海草场区大叶藻和其他大型藻类进入衰退期，此时刺参主要饵料来源于沉积碎屑和浮游动物。在人工鱼礁区，春季刺参主要食物来源是大叶藻、附着生物和大型藻类，三者贡献率均在18%左右；秋季人工鱼礁区附着生物和大型藻类衰退，刺参主要以残存的大叶藻为食，大叶藻占刺参食物来源的40%。

（三）刺参摄食行为

刺参摄食主要依靠触手摄食。在摄食时候，触手末端充分展开后，末端分支接触食物，停留2~5s后，触手将食物送入口咽。不同规格的刺参，对食物的抓取频率不同，大规格刺参抓取的频率高于中小规格的刺参。刺参的摄食高峰在02:00~04:00，所有规格刺参夜晚的摄食率要显著高于白天的摄食率。

二、刺参的生长

刺参对温度的耐受范围较大，不同生长期差别较大。有人认为其适宜水温范围为5~17℃，最适水温为10~15℃。另外一些人则认为刺参最适生长温度为12~18℃，超过20℃则进入夏眠状态。董云伟等（2005）研究表明，不同温度处理对刺参生长的影响差异显著（$P<0.05$）（表16-1）。在10℃时刺参特定生长率（specific growth rate，SGR）最低，温度升高SGR也随之增高，在15℃时达到最高值，然后随着温度升高而逐渐降低。温度（T，℃）与刺参特定生长率（SGR，%/d）的关系可以用公式表示：

$$SGR = -30.272 + 5.334T - 0.277T_2 + 0.005T_3 \quad (F=20.91352, N=18, R^2=0.818, P<0.05)$$

根据公式推算，刺参最适生长温度为15.5℃。

不同规格刺参对温度偏好性也有所差异。在不同温度（10℃、15℃、20℃、25℃和30℃）下，大规格[（134.0±3.5）g]、中规格[（73.6±2.2）g]和小规格[（36.5±1.2）g]刺参生长率不同，中小规格的刺参对温度的耐受性较高（Yang et al.，2005）。当温度高于20℃时，不

表 16-1　不同温度处理对刺参生长的影响

温度 /℃	初体重 /g	末体重 /g	特定生长率 / (%/d)	处理重复数
10	4.59 ± 0.32^a	4.52 ± 1.05^a	-0.10 ± 0.75^a	5
15	4.33 ± 0.51^a	11.81 ± 3.15^b	2.72 ± 0.75^b	5
20	4.71 ± 0.28^a	9.28 ± 0.76^b	1.90 ± 0.20^b	5
25	4.41 ± 0.30^a	6.28 ± 1.13^a	0.84 ± 0.34^c	5

注：上角字母不同表示差异显著（$P<0.05$）

同规格刺参停止摄食，生长停滞。

温度波动对刺参 SGR 有显著影响。与恒温对照组相比，平均温度为 15℃和 18℃的温度波动处理显著促进刺参幼参生长（$P<0.05$）。而平均温度为 21℃的温度波动则显著抑制生长（$P<0.05$）（表 16-2）。

表 16-2　不同温度处理对刺参生长的影响

温度 /℃	初体重 /g	末湿体重 /g	末干体重 /g	SGR/ (%/d)
12±0	9.441 ± 0.628^a	22.888 ± 1.590^{ab}	1.776 ± 0.098^{acf}	1.413 ± 0.080^a
15±0	9.900 ± 0.471^a	25.495 ± 1.531^{ac}	1.947 ± 0.078^{ad}	1.476 ± 0.056^a
18±0	9.458 ± 1.347^a	26.308 ± 2.668^c	1.859 ± 0.212^{cd}	1.480 ± 0.134^a
21±0	8.541 ± 0.779^a	22.723 ± 2.560^{ae}	1.615 ± 0.190^{ce}	1.416 ± 0.121^a
24±0	8.614 ± 1.713^a	15.533 ± 2.789^f	1.200 ± 0.217^b	0.985 ± 0.169^c
15±2	9.681 ± 0.790^a	31.816 ± 2.474^d	2.327 ± 0.287^g	1.758 ± 0.223^b
18±2	8.877 ± 0.268^a	29.916 ± 2.562^d	2.115 ± 0.246^{dg}	1.743 ± 0.124^b
21±2	9.117 ± 0.668^a	17.199 ± 3.331^{be}	1.262 ± 0.206^{ef}	0.956 ± 0.260^c

注：上角字母不同表示差异显著（$P<0.05$）

温度和日粮水平会共同影响刺参的生长。在不同温度梯度（16℃、18℃、20℃和 22℃）和日粮水平（0%、0.3%、0.6% 和 1.4% 体重）下，养殖幼参［体重（5.4±0.1）g］测定温度和日粮对刺参生长的影响。结果表明，体重特定生长率（SGRw）和能量特定生长率（SGRe）最大和最小分别出现在处理（16℃，1.4% 日粮）和处理（22℃，饥饿）中。回归分析表明，SGRw 和 SGRe 随着温度的升高而降低，在同一温度下随着日粮的升高而升高（图 16-1）。SGRw 和 SGRe 与温度（T）和日粮之间（R）的关系可分别用以下公式表示：

$$SGRw=0.132-0.024\,T+0.284\,R\,(r^2=0.724,\,n=64)$$
$$SGRe=-0.014-0.030\,T+0.312\,R\,(r^2=0.654,\,n=64)$$

Two-way ANOVA 分析结果表明，温度和日粮对 SGR 的影响无交互作用。公式表明，当温度超过最适点时，刺参生长随温度增加而降低，随日粮的升高而增加。根据公式计算，在 16℃、18℃、20℃和 22℃刺参以重量计算的维持日粮分别为 0.91%、1.08%、1.25% 和 1.43%；以能量计算的维持日粮分别为 1.59%、1.78%、1.98% 和 2.17%。最大和最小的维持日粮分别在 16℃和 22℃。

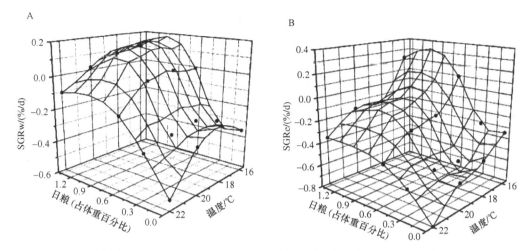

图 16-1　不同温度和日粮对刺参幼参 SGRw（A）和 SGRe（B）的影响

三、刺参的能量代谢

（一）刺参能量收支组成与测定

刺参能量收支可按照以下方程计算（Carfoot，1987）：

$$C=G+F+U+R$$

式中，C 为生物摄食能；G 为生长能；F 为排粪能；U 为排泄能；R 为呼吸能。

参体、食物和粪便中的氮含量可采用元素分析仪进行测定。

排泄能（U）基于氮收支方程计算而得（Levine and Sulkin，1979）：

$$U=（C_N-G_N-F_N）\times 24\ 830$$

式中，C_N 为食物中的氮含量；F_N 为粪便中的氮含量；G_N 为身体中积累的氮含量；24 830 为每克氮中的能量。

（二）环境因子对刺参能量代谢的影响

不同温度下刺参能量分配的模式差异显著（表 16-3）。最大的变化为呼吸能随着温度的升高显著升高（$P<0.05$）。温度对排粪能和排泄能无显著影响（$P>0.05$）。

表 16-3　刺参在不同温度的能量分配

温度 /℃	G/C	R/C	F/C	U/C
16	22.36±4.88[d]	47.04±2.69[a]	27.66±1.43[b]	2.94±0.31[a]
18	2.78±5.00[c]	64.06±13.93[b]	26.66±1.38[ab]	6.49±1.21[b]
20	−4.12±10.51[b]	67.67±7.21[b]	25.75±2.90[ab]	10.39±0.66[c]
22	−12.77±4.96[a]	83.36±9.30[c]	22.22±1.15[a]	7.19±0.80[b]

注：上角不同的字母表示同一列差异显著（$P<0.05$）。G/C（%）=生长能；R/C（%）=呼吸代谢能；F/C（%）=排粪能；U/C（%）=排泄能

在 16℃下，刺参能量收支方程为：100 C=27.66 F+2.94 U+22.36 G+47.04 R。呼吸能占

比例最高，达总能量的 47.04%，高于排粪能和排泄能。

随着温度升高，刺参呼吸能/摄食能（R/C）值逐渐增加。在 16℃、18℃、20℃和 22℃，R/C 值分别为 47.04%、64.06%、67.67% 和 83.36%。温度对排粪能和排泄能无显著影响。这表明在高温下，呼吸能的上升是导致生长率下降的主要因素。在高温下刺参生长的下降和呼吸能的增加有关。在 22℃（接近夏眠阈值温度），维持日粮超过了食物吸收，且代谢率大大提高。因此，在高温下刺参为了降低其能量需求不得不进入夏眠状态。夏眠期刺参，排粪能占摄食能的比例基本不变，呼吸能和排泄能显著增大，生长能占摄食能的比例为负值。当摄食完全停止，排粪能降为零，刺参动用储存的能量，其中 20.87% 用于排泄，79.13% 用于呼吸。

温度波动会改变刺参能量收支。与相应恒温（15℃和 18℃）相比，幼参［体重（8.0±1.2）g］在温度波动条件下［（15±3）℃和（18±3）℃］呼吸能和排粪能明显降低，促进了刺参的生长。

饵料组成不同会影响刺参能量收支。刺参饲料中加入双壳贝类粪便会影响刺参食物吸收、食物转换效率、表观消化率和能力收支（Yuan et al., 2006）。用双壳贝类的粪便作为刺参食物，刺参排粪能大大增加（表 16-4）。用双壳贝类的粪便和藻类混合饲喂刺参，刺参生长能在 5.5%～7.9%，排粪能为 55.6%～67.1%，排泄能为 2.4%～2.7%，呼吸能为 24.6%～35.5%。

表 16-4　饲喂不同比例双壳贝类粪便 35d 后刺参能量收支（Yuan et al., 2006）

食物	C（摄食能）	G（生长能）（% C^{-1}）	F（排粪能）（% C^{-1}）	U（排泄能）（% C^{-1}）	R（呼吸能）（% C^{-1}）
A（100% 粪便）	100	−78.3±7.8[a]	94.6±17.8[b]	32.4±3.5[b]	51.3±13.5[b]
B（75% 粪便+25% 藻粉）	100	7.2±0.9[b]	60.0±4.4[a]	2.7±0.1[a]	30.1±5.3[a]
C（50% 粪便+50% 藻粉）	100	6.4±0.4[b]	55.6±1.2[a]	2.4±0.1[a]	35.5±1.4[ab]
D（25% 粪便+75% 藻粉）	100	7.9±0.5[b]	57.1±1.9[a]	2.4±0.0[a]	32.6±2.2[a]
E（100% 藻粉）	100	5.5±0.2[b]	67.1±2.9[a]	2.7±0.2[a]	24.6±2.8[a]

注：上角不同的字母表示同一列差异显著（$P<0.05$）

盐度变化也会影响刺参能量分配（图 16-2）。设置盐度为 22‰、27‰、31.5‰ 和 36‰，刺

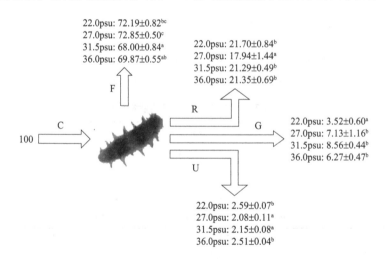

图 16-2　在不同盐度下刺参能量分配（Yuan et al., 2010）

psu. 实际盐度单位。字母不同表明同一指标在不同盐度下差异显著（$P<0.05$）

参幼参［湿重（37.5±1.8）g］在盐度31.5‰下生长最快，在盐度22‰下生长最慢。在盐度22‰下，刺参排粪能最多，排粪能、呼吸能、排泄能和生长能占摄食能的比例分别为72.19%、21.70%、2.59%和3.52%。

第三节 排泄与渗透调节

刺参属于渗透压调节顺应者（osmoconformer），缺乏有效的排泄或渗透调节器官，体腔中充满体腔液，内悬各种相当于血细胞的体腔细胞，如淋巴细胞、吞噬细胞、无色桑葚细胞、血细胞等，与氮排泄、氧运输以及食物消化、运输和贮存有关。

一、刺参排泄

（一）温度对刺参排泄的影响

刺参排泄含氮废物主要是NH_4^+。刺参体重（W）与排泄量（A）可用回归方程$A = aW^b$表示。a、b平均值分别为4.94和0.77，r^2在0.92～0.99之间。在10℃、15℃、20℃、25℃和30℃下，刺参排氨率存在差异，不同规格刺参排氨率与温度的关系也有所不同。小规格刺参［（17.3±5.5）g］、中规格刺参［（52.1±12.9）g］和大规格刺参［（149.9±28.0）g］最大排氨率分别发生在30℃、20℃和20℃。

（二）盐度对刺参排泄的影响

盐度会影响刺参的排氨率。在22‰、27‰、31.5‰和36‰盐度水平下，刺参单位体重排氨率（weight specific excretion rate，R_{we}）在盐度31.5‰下最低，盐度升高或降低，均会造成R_{we}升高。小规格［（9.60±8.7）g］、中规格［（71.80±14.04）g］、大规格［（128.30±19.69）g］和超大规格［（196.65±19.81）g］刺参在不同的盐度下表现为相同的趋势。随着个体增加，R_{we}逐渐降低。在不同盐度下，刺参排氨率变化与刺参渗透压调节有关。

（三）光色对刺参排泄的影响

在不同光色下，大规格［（73.32±1.73）g］、中规格［（46.71±0.15）g］和小规格［（25.67±0.25）g］刺参排氨率对光色敏感。3种规格刺参的排氨率有相似的变化趋势：白色＞红色＞橙色、绿色、黄色、蓝色。刺参的体重与单位体重排氨率之间的回归关系可以表示为$R = aW^b$，排氨率a值的变动范围为0.004～0.020，b值的变动范围为0.455～0.868。

二、刺参渗透调节

在刺参养殖池塘和浅海环境中，受暴雨的影响，养殖环境盐度在数小时内会下降到20以下。刺参对环境盐度变化敏感，低盐度可显著抑制刺参生长，过低盐度可造成刺参大面积死亡，在盐度为20时，刺参会处于麻痹状态，失去自由活动能力，30d后存活率仅为20%左右。

（一）刺参体腔液渗透压变化

体腔液渗透压会随着环境盐度的变化而改变。在盐度变化6h后，各盐度水平下刺参体腔液渗透压都已达到稳定状态，然后保持稳定。

在不同盐度下，体腔液渗透压随时间变化可用"S"形曲线表示：

$$Osm = e^{a+b/x}$$

式中，Osm 为刺参在不同盐度下渗透压（mOsm/kg）；x 为时间；a、b 为常数，在不同盐度下，a、b 值有所不同。

在 48h 实验结束后，不同盐度下所有个体均可达到等渗水平，充分说明刺参缺乏渗透压调节能力，是典型的渗透压调节顺应者。

（二）Na^+，K^+-ATPase 活性

Na^+，K^+-ATPase（NKA）广泛存在于细胞膜上，是一类重要的膜结合酶，主要功能为进行细胞内外离子调节，维持细胞内外的离子平衡。当外界环境盐度发生变化时，生物体内 NKA 活性也会发生适应性变化。在低盐环境中，NKA 活性增加，从鳃细胞中排出钠进入血淋巴，以使 Na^+ 在血淋巴中积累。

刺参体壁 NKA 活性在盐度变化后呈先升后降的模式。在盐度变化后，NKA 活性在各盐度下均有所提高，6h 后 NKA 水平逐渐降低。NKA 活性变化的时间模式与刺参体腔液渗透压变化有关。体腔液渗透压变化会引起细胞内外离子不平衡，刺参通过提高 NKA 活性，增强主动运输 Na^+ 和 K^+ 的能力，维持细胞内外 Na^+ 和 K^+ 的平衡。这表明，刺参 NKA 对盐度变化可产生积极响应，主动调节细胞内外 Na^+ 和 K^+ 的水平。6h 后，到体腔液渗透压与周围海水一致后，NKA 活性逐渐下降。

第四节　体液免疫

一、体液免疫相关细胞

刺参体内具有丰富的水管系统（water vascular system）和血液系统（hemal system），在这两个系统中存在丰富的由体腔上皮细胞形成的体腔细胞。体腔细胞具有多种类型，由于方法上的差异，目前尚未形成统一的分类标准。此外，刺参体腔细胞和血淋巴细胞之间的确切关系仍无定论。

（一）体腔细胞类型

光学显微镜下，利用瑞氏染液（Wright's 染液，由酸性染料伊红和碱性染料正甲蓝组成的复合染料）制备体腔细胞涂片，体腔细胞根据细胞质颗粒的有无可分为透明细胞（hyalinocyte）和颗粒细胞（granulocyte）。透明细胞分为大小两种类型，这两种类型在形状和内容物上差异明显。小型透明细胞平均大小为 3.00μm，包含中央核（central nuclei）和少量细胞质。大型透明细胞大小差异较大（3.00～9.60μm），具有单一圆形的细胞核，细胞核大小约 3.00μm。颗粒细胞的细胞核被染成染紫色，可根据大小分为两种类型，细胞质中均存在嗜碱性和嗜酸性细胞质颗粒，小型颗粒细胞平均直径为（5.83±0.41）μm，大型颗粒细胞平均直径为（10.51±0.24）μm。在刺参体内（体长 10～15cm，体重 100～150g），体腔细胞平均浓度为（3.79±0.65）×10^6 个/mL。体腔液中主要透明细胞和颗粒细胞的比例分别为

76.69% 和 23.31%。

在未染色玻片上，体腔细胞可分为淋巴样细胞（lymphoid cell；或祖细胞，progenitor cell）、球形细胞（spherulocyte；或桑葚细胞，morula cell）、变形细胞（amoebocyte）、纺锤细胞（fusiform cell）、结晶细胞（crystal cell）和颤动细胞（vibratile cell）。

流式细胞仪的结果与光学显微镜结果类似，基于流式细胞仪分析可将体腔细胞分为 3 类（R_1、R_2 和 R_3）。R_1 组相对较大、密度低，与光学显微镜下的大型颗粒细胞相对应；R_2 组细胞大小介于 R_1 和 R_3 组之间，可能是小型颗粒细胞和大型透明细胞；R_3 型细胞更小，分布更广泛，与小型透明细胞相对应。

利用扫描电子显微镜和电子显微镜观察，刺参体腔细胞可分为圆形细胞、变形细胞、桑葚细胞、结晶细胞和纺锤细胞。

1. 圆形细胞（round cell）　圆形细胞与光学显微镜下的淋巴样细胞相对应。这类细胞较小（$2\sim4\mu m$），数量较多，细胞表面光滑，有些细胞具有 2 个伪足（pseudopodia）。

2. 变形细胞（amoebocyte）　这类细胞直径约 $5\mu m$，在表面有多样的细胞质伪足。

3. 桑葚细胞（morula cell）　这类细胞表现为球形，直径 $8\sim20\mu m$，内部填充有直径为 $0.5\sim2\mu m$ 的小球体。

4. 结晶细胞（crystal cell）　这类细胞形态多样，圆形的细胞核位于细胞的边缘。

5. 纺锤细胞（fusiform cell）　这类细胞一般呈现梨形或者纺锤形，表明相对平滑；具 2 个伪足，直径 $2\sim4\mu m$，长度 $15\sim20\mu m$。

光学显微镜下刺参体腔细胞类型见二维码 16-2。

（二）血淋巴细胞类型

在棘皮动物中，关于体腔细胞与血淋巴细胞的关系尚未有定论。有学者认为，体腔细胞相当于血淋巴细胞，体腔液类似于血液。刺参具有复杂的血系统，主要部分是围绕咽的环血管发出的许多分支血管沿着消化道形成的闭管腔，管腔内有血淋巴细胞。

关于血淋巴细胞的发生来源研究较早，但是一直未有明确定论。通过组织结构观察、GATA1 造血转录因子检测、单克隆抗原示踪以及细胞 EdU 增殖检测共同确定了刺参的"造血组织"是异网、呼吸树和波里氏囊，这些器官是体腔细胞的主要来源；在"造血组织"中存在两个大小分别为 43kDa 和 90kDa 的 GATA1 造血转录因子同系物。

二、免疫功能对环境因子的响应

棘皮动物的防御机制是通过细胞免疫和体液免疫协同作用，主要是识别异物、清除异物和修复创伤等。棘皮动物的细胞免疫反应是由多种体腔细胞完成的。体液免疫反应主要是由体腔液中的免疫因子（如活性氧杀菌体系、一氧化氮杀菌体系、活性酶、凝集素、溶血素、类补体样物质和细胞因子等）起作用。

1. 体腔细胞功能　刺参的体腔细胞具有重要的生理功能，在气体交换、营养物运输、营养积累、代谢废物排泄、结缔组织形成和免疫防御方面具有重要作用。棘皮动物体腔细胞参与了体液免疫和细胞免疫。桑葚细胞可释放细胞溶解酶、凝集素和抗氧化物酶等体液免疫因子。体腔细胞可调节细胞内免疫响应，主要包括吞噬作用（phagocytosis）、包裹作用（encapsulation）、细胞毒作用（cytotoxicity）和作为抗菌剂（antimicrobial agent）等。

（1）吞噬作用　　吞噬作用是刺参应对外来物和清除异物的第一道防线，在免疫应答中具有重要地位，主要是清除侵入机体的外源异物如生物大分子、无机物颗粒、细菌、真菌以及自身的坏死细胞及细胞碎片等。研究发现，刺参体腔液中一种分子质量约为18kDa的调理素样分子可以增强吞噬细胞的吞噬作用。

（2）包裹作用　　包裹作用是当外来异物直径相对自身较小时，细胞会通过释放体内的溶酶体酶来溶解和黏附外来物质，从而起到消灭非己有害物质的过程。而当外来物质直径增长到很大（如超过10μm）时，细胞会大量聚集在非自身周围形成包囊。随着时间的延长，包裹作用会逐渐加强，直至异物被相关酶消化吸收。

（3）细胞毒作用　　细胞毒作用主要由大颗粒细胞介导，细胞毒作用指的是补体系统激活后，最终在靶细胞表面形成攻膜复合物（membrane attack complex，MAC），从而使细胞内外渗透压失衡，导致细胞溶破。

（4）抗菌剂作用　　通过合成、分泌凝集素和溶酶体酶等多种抗菌物质的方式来介导棘皮动物的细胞免疫机制。

2. 环境因子对免疫功能的影响　　温度对于刺参的生长、发育、存活等多种生理活动具有重要的影响，水温对刺参的生长影响显著，刺参适宜的温度范围为10～25℃，随着刺参的发育阶段而稍有降低。稚参培育期间适宜水温为10～25℃；2cm幼参生长最佳温度为19～20℃；5～15cm刺参生长最适温度为10～15℃，还有报道体重为4.5g的1龄幼参最适生长温度为15.5℃；42.5～150g的刺参最适温度为14.6～14.9℃；性成熟个体最适生长温度为15～17℃。水温对于其免疫功能同样具有重要影响。盐度、SOD和CAT季节性变化也能影响免疫功能。

（1）温度对刺参免疫响应的影响　　温度可影响棘皮动物体腔细胞的吞噬能力。地中海海参（*Parastichopus regalis*）在23℃下暴露2周过程中，体腔细胞密度逐渐升高，但颗粒细胞和透明细胞组成比例没有显著变化。与对照温度（13℃）相比，高温下体腔细胞的吞噬能力显著下降，并且随着高温暴露时间的延长而吞噬能力逐渐下降。

在温度梯度下，刺参具有不同的免疫响应。从12℃转到不同温度（0℃、8℃、16℃、24℃和32℃）下72h，然后测定其细胞吞噬活性，以及超氧化物歧化酶（superoxide dismutase，SOD）、过氧化氢酶（catalase，CAT）、髓过氧化物酶（myeloperoxidase，MPO）和溶菌酶（lysozyme，LSZ）活性。高温对刺参细胞吞噬能力具有重要影响，在32℃下，细胞吞噬能力显著增加。相对来说，在降温处理中，细胞吞噬能力无明显变化。32℃高温下，刺参SOD活性表现为先下降（0.5h和1h），再逐渐升高的趋势；CAT活性在3h开始升高，一直维持到12h；MPO和LSZ活性则一直表现为下降的趋势。在16℃和26℃下长期养殖刺参40d，刺参呼吸树和肠道中SOD和CAT活性在26℃下表现为逐渐下降的趋势。这表明高温会损害刺参体内的抗氧化防御水平，这也是高温下刺参死亡率升高的重要原因。

温度急性变化后，刺参体内SOD和CAT活性变化随着温度应激的延长表现出明显的时序特征。将在10℃驯化的刺参（平均体重为2.53g）迅速转移到20℃，在高温暴露1h、2h、12h、24h和72h后，SOD活性在3h开始提高，最大值出现在24h。CAT活性在开始阶段上升，随后下降，24h后下降到处理前水平。温度急性降低后，SOD和CAT活性表现出时间特征。在20℃驯化的刺参（平均体重为2.53g）被迅速转移到10℃水族箱中，SOD活性迅速下降，一直保持到实验结束。CAT活性在冷暴露后迅速下降。作为两种重要的抗氧化物酶，当温度从10℃升高到20℃时，SOD和CAT的活性会迅速升高，这可能与温度升高造成刺参耗氧率升高，线粒体活性氧的水平提高，产生氧应激有关。

温度波动也会影响 SOD 和 CAT 活性。在中幅度波动（18℃ ±4℃）和高幅度波动（18℃ ±6℃）下，SOD 活性显著高于恒温（18℃）和小幅度波动（18℃ ±2℃）。在 4 个处理之间，CAT 活性无显著差异。

（2）盐度对免疫功能的影响　刺参属于典型的海洋生物，对盐度变化非常敏感。由于降雨等因素，会造成养殖池塘或者近岸区域盐度发生剧烈变化，这会对刺参免疫功能造成重要影响。

从盐度 30 到高盐环境中（盐度 35），刺参细胞吞噬能力迅速增加，在 0.5h 达到峰值，然后呈现逐渐下降趋势；从盐度 30 到低盐环境下（盐度 20 和 25），刺参细胞吞噬能力同样表现为上升的趋势，然后逐渐下降，这表明盐度剧烈变化是影响刺参细胞吞噬活性的因素。

从盐度 30 到高盐（35）和低盐（20）环境下，SOD 活性在 0.5h 会迅速升高，然后慢慢恢复，这表明盐度的变化也会影响刺参的免疫能力。

（3）SOD 和 CAT 季节性变化　2005 年 7 月至 2006 年 6 月（除越冬期），每月在青岛胶南养殖池塘采集一次刺参样本，分析随着水温周期性变化，刺参体壁和肠中的 SOD、CAT 和谷胱甘肽硫转移酶（glutathione S-transferase，GST）活性变化。结果显示，刺参肠中 SOD 活性变化在各月所采样品中统计学差异不显著。体壁内的 SOD 活性在 11 月显著高于其他月份，其他月份之间无显著差异。肠中的 CAT 活性在 10、11 较高，其中 10 月的活性显著高于其余月份。体壁中 CAT 活性在 11 月显著高于 3、4、6 月，与 5 月和 7～10 月差异不显著。刺参肠中 GST 活性在各月无显著差异。体壁中 GST 活性在 10 月显著高于 3～6 月，与 7～9 月、11 月差异不显著。夏眠结束后抗氧化防御显著上升，在秋季与春季，刺参对氧化胁迫的响应机制有显著不同。而体壁中抗氧化酶的状态因为体壁参与呼吸而与氧化胁迫的联系较紧密。

第五节　呼吸与夏眠

一、刺参的呼吸

（一）呼吸器官

刺参的呼吸树像分支的树枝，从外到内可分为腹膜、外层结缔组织、肌层、内层结缔组织、内皮层。呼吸树从泄殖腔壁伸出，浮在体腔液中，部分分支与循环系统的血管网相连。呼吸树上皮基膜和内皮基膜之间会形成血腔。血腔内的网状结构能减缓血液的流速，利于血液与中央腔内的海水和体腔内的体液进行气体和物质交换。呼吸树的存在为海水与血液间的气体交换创造了条件，可以利用体壁和呼吸树进行双重呼吸。一种海参（*Holothuria forskali*）整体耗氧率（μL/h）与无灰干重（AFDW）线性相关（斜率 $b=0.60$），单位重量耗氧率 $[V_{O_2}$，μL/（g AFDW·h）]与无灰干重的倒数相关。对于排脏的海参，其耗氧率与 AFDW 无关，但是 V_{O_2} 与 AFDW 的倒数相关。耗氧率在完整个体和排脏个体呼吸率无显著差异，这表明这种海参的呼吸树不是其吸收氧气的唯一途径，体壁对于海参呼吸也具有重要作用。

（二）环境因子对呼吸的影响

1. 温度对呼吸的影响　作为最重要的生态因子之一，水温对刺参生长有着直接影响。

目前关于刺参幼参最适生长温度的报道较少，且不同文献对刺参最适水温报道有所不同。有研究者认为其适宜的水温为5～17℃，最适水温为10～15℃。董云伟等（2005）根据温度与特定生长率关系式推算，其最适生长温度为15.5℃，刺参生长曲线呈"钟形"。在10～15℃，生长率呈上升趋势；在15～25℃，生长率呈下降趋势。

在10℃、15℃、20℃和25℃下，刺参耗氧率分别为（0.011±0.002）mL/（g·h）、（0.012±0.002）mL/（g·h）、（0.014±0.001）mL/（g·h）、（0.020±0.001）mL/（g·h）。ANOVA分析结果表明，温度对刺参呼吸代谢的影响极显著（$P < 0.001$）。随着温度的升高，刺参耗氧率随之升高。在10～25℃，温度（T，℃）与耗氧率 [Q_0，mL/（g·h）] 相关式为：$\ln Q_0 = -6.119 + 0.649 \ln T$（$F = 40.625$，$N = 20$，$R^2 = 0.693$，$P < 0.01$）

在10～25℃范围内，Q_{10}为1.234～2.121。在10～15℃、15～20℃、20～25℃时，刺参Q_{10}分别为1.356、1.234和2.121。20～25℃时的Q_{10}略高于10～15℃和15～20℃时。在10～25℃，幼参耗氧率与温度成正相关，说明刺参呼吸代谢强度直接受温度的影响。高温阶段温度系数Q_{10}高于低温阶段，说明高温时温度变化对幼参代谢影响较大。刺参对高温更敏感，温度波动也会影响刺参耗氧率。在（21±2）℃条件下刺参耗氧率显著高于（15±2）℃。与恒温对照组相比，温度波动使耗氧率有增高的趋势，但无显著差异。

2. 低氧对呼吸的影响　　在刺参养殖环境中，低氧是最为严重的环境胁迫因子之一。在养殖环境中，溶解氧经常会降到2mg/L以下。低氧会影响呼吸树结构，与对照组（8mg/L）相比，在低氧（2mg/L）下，呼吸树的厚度从（17.67±8.12）μm降为（4.11±1.97）μm。低氧还会影响刺参的生长、繁殖，导致刺参大规模死亡，造成重大的经济损失和资源破坏。

关于低氧对棘皮动物呼吸影响的相关研究较少。研究发现低氧条件下，一种海参*Sclerodactyla briareus*存在代谢补偿的现象。刺参呼吸树结构变化见二维码16-3。

水体中溶解氧浓度会影响耗氧率。与正常氧气条件下（8mg/L）相比，高体重组刺参 [（110.42±13.50）g] 耗氧率随着溶解氧水平下降而下降；但是在低体重组 [（46.15±5.90）g]，尽管表现为下降趋势，但是差异无统计学意义。这一结果表明，低氧对大规格刺参呼吸的影响更大。

二、刺参夏眠及其生理生态学机制

日本学者观察到刺参在夏季躲于岩石下或低洼处，停止摄食，肠道退化、萎缩，将这一现象称为夏眠。夏眠的开始时间和持续时间受纬度影响较大，通常在6～11月，持续2～4个月。水温是造成刺参夏眠的主要因素，且夏眠的温度与其体重、自然分布区有关（表16-5）。体重越大，海参夏眠温度越低；分布纬度越高，夏眠温度越低。对夏眠的刺参降温饲育，可使刺参渐渐解除夏眠。之前存在夏眠与繁殖有关的认识是不完全准确的。对刺参的夏眠习性进行深入研究对于揭示生物休眠的机制具有重要理论意义；同时刺参作为我国重要的海水养殖经济物种，夏眠会造成刺参死亡，延长养殖周期，因此系统研究刺参夏眠习性及其影响亦具有重要应用价值。

表16-5　刺参夏眠温度

地点	体重/g	夏眠温度/℃	参考文献
日本七尾湾		20	隋锡林，1988
北海道、宫城、爱知、德岛、鹿儿岛		19～22	隋锡林，1988

续表

地点	体重 /g	夏眠温度 /℃	参考文献
青岛（室内）	72.3～139.3	24.5～25.5	Yang et al.，2005
	28.9～40.7	25.5～30.5	
蓬莱（海区）	>160	21.8	刘永宏等，1996
	86～160	22.9	
	25～85	24.1	
青岛（室外）	大个体	20	于东祥和宋本祥，1999
	小个体	25	

（一）刺参夏眠的表观变化

第一，刺参夏眠期间行为会发生变化，包括摄食停止、活动减少，但夏眠的刺参并非全部隐蔽不动，有的个体仍能缓慢爬行，尤其在夜间。在 16℃刺参在整个实验过程中进食活跃。26℃下刺参的摄食逐渐下降，直到停止摄食。研究发现刺参夏眠可能是刺参应对在高温中呼吸耗能增加而能量摄入不足的策略。

第二，刺参夏眠期间摄食停止，为了维持自身生存，不得已消耗贮存的能量，所以体重逐渐降低。

第三，刺参夏眠期间消化道逐渐退化，最后变成细线状，不足 1mm。刺参进入夏眠后，消化道整体变细、变短，各部分的界线变得不明显。消化道基本结构未发生变化，但内表面柱状细胞变矮，变为小型的方形细胞，排列不规则，皱襞减少、消失，纤毛和微绒毛几乎完全脱落，分泌颗粒减少或消失；黏膜下层结缔组织变得稀疏，细胞数目减少，内含有成团的"非细胞物质"；肌层变薄，只有少量的肌纤维存在，浆膜层也随之退化变薄；外膜外表面变化不大，但出现增厚现象。呼吸树在此期间也发生退化，但程度较轻，主要表现为体积变小、组织结构退化不明显。在 26℃处理中，肠体比（VI）和呼吸树体比（RI）逐渐下降。

第四，夏眠过程中刺参体组成会发生变化，但与刺参体重和取样有关。刺参体壁中的主要营养成分粗蛋白质含量在 9 月份夏眠期间达到最高点，总糖、总脂含量也很高，水分含量达到最低值。

（二）刺参夏眠期间的呼吸变化

将体重（37.3±4.1）g 的刺参在 16 和 26℃下测定耗氧率。在常温组（16℃），耗氧量保持平稳，且维持在一个较低的水平。在高温 26℃下，刺参耗氧率在 40d 测定周期中，一直保持下降趋势，这表明在夏眠过程中，刺参耗氧率也逐渐下降。大规格 [（134.0±13.5）g] 和小规格 [（73.6±2.2）g] 刺参在夏眠期（30℃）的耗氧率比非夏眠期（以 15℃为基准）分别降低了 54.4% 和 79.7%。

（三）刺参夏眠期间酶活性和热休克蛋白表达量变化

1. CAT 和 SOD 活性变化　　在常温 16℃下，刺参的 CAT 和 SOD 活性保持在较低水平，各个时间点无显著差异。在高温 26℃，SOD 和 CAT 活性逐渐降低。在呼吸树中，CAT 活性逐渐下降，SOD 活性从第 10 天开始下降；在肠道中，在 26℃下，CAT 和 SOD 活性在 10d 开始下降，20d 之后保持平稳。CAT 和 SOD 活性的变化与耗氧率相关。组织中耗氧的增强增加了活性氧（ROS）的生产。当 ROS 的生产率超过了清除 ROS 的速率，机体就会发生氧化胁迫。ROS 的有害影响包括蛋白质、DNA 损伤，细胞膜不饱和脂质的过氧化反应。ROS 的氧化或者亚硝酰基产物的攻击能降低生物活性，导致能量代谢、细胞信号转移和其他主要功能的丧失。这些产物也能针对蛋白质降解，甚至降低细胞功能。这些伤害的蓄积最终导致细胞通过坏死或凋亡代谢死亡。机体中的抗氧化防御系统和修复机制可以抵消氧化损伤。SOD 和 CAT 在细胞抗氧化剂中占重要地位，直接涉及清除 ROS。刺参夏眠中 CAT 和 SOD 活性的变化表示耗氧率（OCR）的下降，是在高温中为了降低 ROS 蓄积及相关负影响的一种适应性反应。

2. 热休克蛋白表达量变化　作为分子伴侣，热休克蛋白 70（Hsp70）帮助因胁迫变性的细胞蛋白质重折叠，阻止这些蛋白质在细胞中聚集。在呼吸树、肠道和体壁 3 种组织中，Hsp70 保持在较低水平，各时间点无显著差异。在 26℃下，呼吸树中的 Hsp70 逐渐下降。但是在肠和体壁中，Hsp70 水平开始上升，而后下降。当温度超过最佳温度时，某些蛋白质丧失结构和活性，导致 Hsp 表达来重折叠变性蛋白质和阻止更多的聚集。但这些路径是耗费能量的。机体中应该存在着热耐受和代谢输出之间的一种平衡。Hsp70 的下调表示夏眠期间变性蛋白质水平较低，还可能是夏眠期间存在着变性蛋白质，但直到刺参回到适宜温度时，Hsp70 才表达，将它们修正或清除。因此，夏眠可能解释为刺参在高温中减少能量消耗和蛋白质变性损伤的一种适应对策。

（四）刺参夏眠期间免疫指标变化

刺参夏眠期间启动免疫防御，夏眠期间刺参体液免疫的相关指标发生明显改变。对刺参夏眠前后阶段的体液免疫指标分析表明：体腔液浓度在夏眠前期出现下降，体腔细胞减少，在夏眠晚期明显回升，并在解除夏眠期达到最高值；体液中免疫酶（包括总 SOD、CAT、MPO 和 LZM）活性均在夏眠期出现显著上调，而 MPO 和 LZM 活性在解除夏眠期有回落趋势；谷胱甘肽还原酶（glutathione reductase，GR）和谷胱甘肽（glutathione，GSH）在夏眠期显著下降，而在夏眠恢复期显著上升。

在刺参夏眠期间，在山东威海采集不同季节刺参样品，测定 SOD、CAT 和总抗氧化能力（T-AOC）。研究发现，在夏眠期间，SOD、CAT 活性和 T-AOC 明显低于非夏眠组（温度＞24.5℃）。

刺参体液中儿茶酚胺类激素水平在夏眠期变化明显。在夏眠期间，刺参体腔液肾上腺素和去甲肾上腺素的含量都显著升高。儿茶酚胺类激素可以调节机体内能量的重新分配。因此在夏眠期间，环境胁迫使儿茶酚胺类激素的含量发生变化，可以重新分配刺参体内有限的能量供应；使刺参把能量从生长、繁殖和特定免疫反应方面重新分配转移到代谢和行为适应方面来，有助于有机体在环境胁迫条件下存活。

在夏眠期间，刺参酸性磷酸酶（acid phosphatase，ACP）和碱性磷酸酶（alkaline phosphatase，ALP）活性也会发生变化。ACP 是一种典型的溶酶体酶，参与消灭和杀死病原微生物。ALP 是一种催化磷酸单酯非特异性水解的金属酶。当受到环境胁迫时，ACP 和 ALP 参与外源蛋白质、酯类和碳水化合物的裂解（Xue and Renault，2000）。在室内诱导夏眠和自然环境夏眠期间，刺参体腔液和体壁中 ACP 和 ALP 活性随时间逐渐降低，且这两个处理组间无明显差别。

通过转录组分析发现刺参夏眠期间相关急性炎症反应和免疫应答的基因（血清淀粉样蛋白A、血红素结合蛋白 2、C 型凝集素、纤维胶凝蛋白 1）在肠和呼吸树中显著上调，而乳糖结合凝集素 1-2 和补体因子 H 基因表达水平明显下调，可能是在刺参在夏眠时保留了一些对免疫能力重要基因的表达，同时关闭了一些可选或高能耗的蛋白质产物的基因的表达，以尽量减少夏眠状态下的能量消耗。

（五）刺参夏眠期间分子调控机制

随着分子生物学技术的进步，尤其是 2017 年中国科学院海洋研究所主导发表的刺参基因组，大大促进了包括刺参夏眠分子调控机制在内的分子生物学相关研究的发展。

刺参夏眠过程中蛋白质可逆磷酸化调控、基因表达调控、AMP 和 Akt 等介导的信号转导等是重要的分子调控手段。蛋白激酶和蛋白磷酸化酶可通过可逆磷酸化改变蛋白质构象，从而改变其功能特性。机体通过可逆磷酸化调整糖代谢、离子通道状态、蛋白质合成、蛋白质分解等生化过程，最终抑制机体代谢率，如在夏眠过程中丙酮酸激酶（pyruvate kinase，PK）及磷酸果糖激酶（phosphofructokinase，PFK）的可逆磷酸化对糖酵解代谢的调控起到重要作用。

基于高通量测序技术构建的刺参非夏眠和夏眠期的转录组数据库，筛选大量的差异表达基因，在基因表达调控、表观遗传调控、抗氧化防御酶类基因调控、离子泵蛋白基因调控等过程系统分析了刺参夏眠期间各项调控的分子机制。在细胞凋亡方面，凋亡诱导相关因子基因（*BAX*、*CTSD* 和 *ACIN1*）在夏眠期间表达均显著上调，在夏眠中后期各基因表达量均明显回落，这表明在夏眠前期各因子参与凋亡调控；在表观遗传调控方面，刺参夏眠期间消化道组织 DNA 甲基化、染色质重塑、组蛋白去乙酰化及组蛋白甲基化调控因子基因表达上调；在离子通道方面，夏眠刺参消化道组织中，V-type 质子泵（V-ATPase）A 亚基基因表达量显著下调。在刺参夏眠过程中，丝裂原活化蛋白激酶（MAPK）信号级联反应被激活，磷酸化的p44/42MAPK 蛋白检测主要分布于体腔细胞和肌肉中，p44/42MAPK 可能通过靶向 p90RSK 参与温度诱导的代谢抑制。刺参夏眠前后肠道和呼吸树的 miRNA 表达模式也有所不同。筛选出夏眠期差异表达的 miRNA 并结合靶基因定位给出刺参夏眠过程的 miRNA 调控模式，鉴定出了 279 个海参 miRNA，其中 15 个是刺参特有的。在这些 miRNA 中，夏眠期间有 30 个差异表达的 miRNA，表明 miRNA 可能在夏眠代谢率下降中具有重要的作用。

第六节　排脏与再生

一、刺参排脏

刺参在受到损伤、遭遇敌害、过度拥挤、水质污染、水温过高、缺氧等强烈刺激时，身体强烈收缩，随即排出内脏（包括消化管和呼吸树），称为排脏现象。

（一）排脏的过程与机制

刺参排脏过程主要分 3 个步骤：①内脏连接韧带和泄殖腔、肠系膜及体壁肌腱连接韧带的快速软化；②泄殖腔强烈的局部软化；③肌肉收缩、断裂、软化，继而排出失去韧带连接的内脏。张力丢失意味结缔组织机械特征的变化，而结缔组织的易变形由神经系统控制。

排脏因子是排脏机制的关键。从海参体壁分离出 4 个与表皮紧张有关的神经多肽（Holokinin 1、Holokinin 2、NGIWYamide 和 Stichopin）。除此之外，还从叶瓜参真皮中分离出几种与表皮硬化有关的蛋白质。这些蛋白质都是海参排脏过程中关键的排脏因子，能够帮助海参顺利完成排脏。

（二）排脏后组织学变化

给体长 10～15cm 的刺参注射 0.35mol/L KCl 溶液，诱导刺参吐脏，3d、5d、7d、9d、11d、13d、14d、21d、28d 和 35d 后，观察刺参排脏后的组织学变化。将刺参近体腔部的薄膜轻轻取下，在无菌海水中润洗，放入 Davidson 固定液中固定 24h，然后制片，进行组织学观察。观察表明，刺参排脏自割区域的前端在食管与肠结合处。诱导排脏时，肠先脱离肠系膜，从大肠与肛门的连接处断裂，与呼吸树一起排出，紧接着咽部与小肠前端的连接处断裂，整个肠和呼吸树全部排出，最后只剩肠系膜的游离边缘。组织切片上只能看到体腔内联系大肠和小肠的肠系膜。

二、刺参再生

当环境条件适宜时，海参内脏排出后能生出新的内脏器官，或者丢失的组织（如尾部）重新生成，即称再生。刺参再生能力极强，使其成为研究器官和组织再生的模式生物。在刺参排脏和再生过程中包括复杂的细胞迁移、扩增、分化和器官 / 组织重构过程。

（一）刺参再生过程中形态和组织学变化

1. 内脏再生中的组织学变化　　刺参吐脏 2d 后，泄殖腔切片上清晰可见再生的呼吸树主干和分支。第 3～5 天肠系膜不规则增厚，围绕体腔内部的膜增厚，最终形成肠壁。在第 7 天、第 9 天和第 11 天形成肠管的膜进一步缩小变厚，肠壁的上皮层、肌肉层等进一步发育完善，最终形成一条管状食道雏形，起于食道结合处，延伸到泄殖腔。吐脏后第 14 天，再生的肠管已经形成。新生的消化道非常纤细，没有典型的"S"形管状结构，但有些已观察到未被消化的泥土颗粒，表明此时的肠管已具吞食能力。吐脏后 21d，肠管已形成"S"形结构；吐脏 21～35d，再生的肠管逐渐增粗，拉长，管径几乎与吐脏前相当。

2. 参体横切再生中的形态学观察　　海参尾部在刚切后切口发亮，呈现乳白色切口面，切口面在 1d 后便会发生收缩，并出现少量色素；随着再生的继续，在手术切割 5d 后，色素明显增多；色素进一步加深，尾部组织进一步生长，在手术切除 14d 后进行观察发现其形态已经和正常的海参尾部无明显差别，这表明已经基本完成了再生过程。

研究发现，刺参横切后 1h，体壁伤口便开始收缩，部分个体将体内剩余的消化道由体壁断面处排出体外；切后第 6 天，体壁切口基本愈合；切后第 20 天，排出消化道的刺参开始再生出新的消化道；再生出具有摄食与排泄功能的完整个体大约需要 100d。

（二）刺参再生过程中的能量代谢

刺参再生过程中能量代谢会发生变化，同时也会改变机体的生化组成。通过人工注射 KCl（0.35mol/L）诱导刺参排脏，将水温控制在（18±0.5）℃条件下对其消化道和呼吸树再生过程中的能量代谢及生化组成进行研究。结果表明，刺参排脏后停止了一切摄食和排粪，16d 消化道形成后开始摄食。在整个实验过程中，再生组刺参体重下降，实验结束时体重比对照组降低了 36.74%。

刺参排脏和再生过程中耗氧率和排氨率也会发生变化。对照组耗氧率和排氨率保持相对稳定。排脏后，刺参耗氧率和排氨率均显著下降到对照组 1/10 以下。随着再生开始，刺参耗氧率和排氨率开始慢慢恢复，在 50d 后与对照组基本相等。刺参再生过程中，身体生化组成也会发生变化。排脏 14d 后，刺参体粗蛋白质、粗脂肪和能值均显著下降，粗灰分显著升高。在 60d 实验结束时，刺参体内蛋白质、脂肪和体能值分别减少了 15.58%、22.58% 和 24.71%，这可能与刺参再生过程中蛋白质和脂肪被大量利用有关（表 16-6）。

表 16-6　对照组和再生组刺参体生化组成比较（檀永凯等，2009）

成分	对照组			再生实验组		
	0d	14d	60d	0d	14d	60d
粗蛋白质 /%	2.701±0.267	2.684±0.169	2.786±0.260	2.587±0.451	1.981±0.129*	2.352±0.302*
粗脂肪 /%	1.120±0.016	1.280±0.340	1.196±0.291	1.172±0.406	0.871±0.285*	0.926±0.334*
粗灰分 /%	3.768±0.201	3.806±0.561	3.824±0.267	3.764±0.246	3.953±0.301*	3.647±0.194*
能值 /（kJ/g）	2.439±0.358	2.521±0.196	2.655±0.165	2.460±0.223	2.116±0.124*	1.999±0.115*

注："*"表示与对照组相比差异显著（$P<0.05$）

（三）刺参再生过程的分子机制

刺参器官再生是一个由多通路、多基因参与的复杂的分子调控过程，关于刺参器官再生的分子机制研究取得了一些重要进展。

1. 刺参 PSP94-like 和 FREP 在再生中的作用　　基于基因组、转录组和蛋白质组学研究发现，刺参特有的两个基因家族对于器官再生具有重要意义。一个是有 94 个氨基酸串联重复的类前列腺分泌蛋白基因家族（PSP94-like），一个是显著扩张的纤维蛋白原相关蛋白基因家族（FREP）。

在刺参基因组中发现了 1 个基因簇在刺参再生早期［排脏后（0±3）d］基因表达量增加 10 000 倍，这些基因形成了在其他生物中未被发现的 11 个串联重复序列，含有高度保守的半胱氨酸残基，表明这类基因可能属于刺参特有的基因家族。经过序列比对，发现这一基因簇与脊椎动物的类前列腺分泌蛋白基因类似。在脊椎动物中，*PSP94* 基因经历了快速进化，在肿瘤生长抑制、免疫激活等方面起到重要作用。PSP94-like 在再生过程中的上调表达，表明其在再生中起到重要作用。

在刺参再生过程中，有 21 个串联重复的纤维蛋白原相关蛋白基因（*FREP*）起到非常重要的作用。许多 *FREP* 基因，包括生腱蛋白（tenascin）、纤维蛋白原样蛋白（fibrinogen-like protein）、血管生成素（angiopoietin）和重组蛋白（hepassocin）的基因是生物再生过程中的重要调控基因，这些 *FREP* 基因在刺参整个基因组上表现为明显复制。

2. MEGF6、KLF13 和 BTF3L4 在刺参再生过程中的作用及调控机制　　多功能表皮生长因子（MEGF）是在检测蛋白质 N 端 EGF 样结构域时被发现的。已有研究表明，MEGF 可调控机体发育、体内环境，可促进细胞增殖、分化、迁移、黏附等。*Aj-megf6* 在肠再生过程中高表达，其中 6d 时最高；再生 18d 时，回到对照组水平。而 6d 时正是刺参吐脏后，食道与胃部断裂处、肠系膜断裂处的伤口愈合以及原基形成阶段，有大量细胞分化和增殖现象发生；15d 时再生肠管前后贯通，刺参具有摄食和消化行为；18～21d 肠管进一步生长及复杂化。*Aj-megf6* 基因表达量的变化趋势与肠管形态变化相吻合，因此 *Aj-megf6* 基因与刺参肠再生活动密切相关。

Krüpple 样因子（KLF）在生物体内一般作为基础转录因子而发挥作用，可参与多种细胞增殖、转化及组织发育、细胞应激反应等生命过程的调控。转录因子 BTF3 具有典型的 NAC 结构域，普遍存在于多种动物、植物及微生物中，属于基本转录因子。*Aj-klf13* 基因和 *Aj-btf3l4* 基因 mRNA 相对表达量也表现为相同的趋势。排脏后首先迅速上升，在 6d 达到最大值，随后出现下降趋势，15～21d 时的 *Aj-klf13* 表达量与对照组水平无显著差异，这些基因表达的时序变化表明其在刺参器官再生中的重要意义，特别是在肠再生发育过程中，起到促进组织再生、发育作用。

3. *α-tubulin* 基因在刺参再生过程中的表达模式　　微管（microtubule）是真核生物细胞骨架组成成分之一，不仅参与维持细胞形态和调控细胞器空间分布，还参与细胞分裂、代谢调控、物质转运、信号转导等细胞活动。有研究表明微管主要由 α- 微管蛋白、β- 微管蛋白、γ- 微管蛋白组成。海参内脏的再生过程包括细胞分裂、细胞迁移、细胞外基质重塑和肌细胞去分化，其中肌细胞发生是消化道再生最主要的细胞活动之一，包括肌肉前体细胞增殖、分化和成肌细胞形态学改变等，这些过程均需要微管蛋白的参与。

基于对刺参转录组数据的挖掘和 cDNA 末端快速扩增技术（rapid amplification of cDNA end，RACE），得到刺参 α- 微管蛋白（*α-tubulin*）基因序列，该基因 cDNA 全长为 1641bp，共编码 453 个氨基酸，经生物信息学分析发现，该基因的 5′ 端非编码区为 153bp，3′ 端非编码区为 126bp，推算该基因所编码的蛋白质分子质量为 50.33kDa，等电点为 4.89，属于亲水性非跨膜蛋白质，且氨基酸序列中含有微管蛋白特有的信号序列 GGGTGSG。刺参 *α-tubulin* 基因在肠组织再生不同时期均有表达，其相对表达量在 17d 时最高，5d 时最低，表明该基因参与了刺参的再生过程。*α-tubulin* 基因在肠再生 17d 时极显著表达，表明该阶段出现大量细胞增殖，推测此时刺参正处于肠管形成阶段或功能分化阶段。在肠管形成过程中，细胞去分化，随之分裂，表现为细胞增殖；功能分化过程中部分组织由单层变为多层，表现为细胞增殖；细胞再分化，表现为细胞骨架改变，肌细胞变化也主要发生在这一过程。然而在刺参再生早期细胞增殖活动不明显，再生过程中后期肠腔上皮层、浆膜层和肌肉层细胞增殖愈发明显，再生到一定程度时细胞增殖活动开始减弱。以上表明刺参由早期细胞迁移为主的变形再生逐渐演变为细胞增殖为主的新建再生。

4. *Wnt6* 基因的表达模式及其生物学意义　　基于转录组学的研究，一些发育类相关基因已经被发现可以参与调节消化道再生原基的形成。其中就包括 WNT 信号通路，*wnt* 家族编码一组富含半胱氨酸的分泌蛋白，这些分泌蛋白是发育和再生过程中细胞与细胞之间信号传递的媒介物质。到目前为止，大约有 200 多个已知 *wnt* 基因被分成 16 个亚家族（*wnt1*～*wnt16*）。其中，*wnt6* 在多个研究中被证实对刺参再生和发育起促进作用。*wnt6* 编码第一泛上皮 WNT 信号分子并且促进上皮重建、肌肉发生以及上皮与间皮转化；除此之外，它还激活中胚层基因调控网络，进而调控内胚层发育基因。

通过免疫荧光标记、Western blotting 等方法对刺参再生过程中 *wnt6* 基因的表达进行研究，结果显示在肠再生过程中 WNT6 蛋白在整个肠再生以及成体肠组织中均有表达。首先 WNT6 蛋白在正常的肠组织中均有表达。在刺参再生的过程中，WNT6 蛋白的表达量先增高，然后随着再生的进行逐渐下降。在再生的第 9～12 天，其表达量与正常状态相比最高。第 15～21 天，WNT6 蛋白表达量逐渐降低，成体刺参的 wnt6 表达量最低。蛋白质免疫印迹技术结果基本上与免疫荧光标记结果一致。这表明 wnt6 在刺参再生过程中发挥着重要作用，通过调控自身的转录表达以达到帮助海参再生发育目的。

5. HMG 蛋白的表达模式及其生物学意义　　高迁移率族蛋白（high-mobility group box protein，HMG）是一种多功能细胞因子，也是一类核酸内非组蛋白类蛋白，能与特异性的受体结合，参与组织损伤修复、细胞迁移、再生等重要生命进程，已被证实在再生行为中发挥作用。在刺参再生转录组与表达谱研究中发现，HMG 参与了刺参肠道再生过程，并测定了该基因在刺参肠道再生的第 3、7、14、21 天 mRNA 的表达情况：再生期间 HMG 的表达量呈先升高后降低的趋势，再生的第 7 天，HMG 表达量达到最大值，为对照组的 4.5 倍，后逐渐降低，至第 21 天表达量基本恢复到正常水平，推测其在肠道再生过程中使免疫系统识别损伤信号，启动修复再生功能。

运用 qRT-PCR 技术，测定了一种核酸内非组蛋白类蛋白 HMG 在刺参肠道再生第 30 分钟、1 小时、2 小时、6 小时、1 天、3 天、7 天的 mRNA 表达情况，结果显示，再生 6h 之前，表达量与正常刺参肠道相比无显著变化，再生第 1～7 天，其表达量显著高于对照组，并于第 7 天达到最大值。采用免疫荧光技术，分析测定了 HMG 在刺参肠道再生各时期的蛋白质表达情况，结果显示，再生第 2 小时、第 6 小时，HMG 蛋白荧光信号弱，仅在浆膜层和黏膜层有少量分布；再生第 1～7 天，HMG 蛋白荧光信号逐渐增强，再生第 1 天的 HMG 荧光主要分布在浆膜层和肌肉层，再生第 3 天和第 7 天的荧光信号最强，各层均有分布。结合 HMG 在其他物种组织修复再生中的作用，推测 HMG 可使免疫系统识别损伤信号，启动修复再生功能，调控细胞外基质（ECM）成分的降解与生成，诱导干细胞迁移、分化，并可能在伤口愈合阶段过后参与细胞免疫。

参考文献

薄其康. 2015. 长蛸饵料分子学鉴定与人工繁育研究. 青岛: 中国海洋大学硕士学位论文.

蔡生力. 1998. 甲壳动物内分泌学研究与展望. 水产学报, 22 (2): 154-161.

蔡英亚, 张英, 魏若飞. 1979. 贝类学概论. 上海: 上海科学技术出版社.

陈雷. 2020. MEGF6、KLF13 和 BTF3L4 在仿刺参肠再生过程中的作用及调控机制. 大连: 辽宁师范大学博士学位论文.

陈孝煊, 吴志新, 蔡灿东. 2002. 克氏原螯虾与红螯螯虾血相的比较研究. 华中农业大学学报, 21 (5): 458-461.

陈智威, 许然, 南泽等. 2019. 不同浓度氨氮胁迫下长蛸 (*Octopus minor*) 的半致死浓度和急性毒性评估. 海洋与湖沼, 50 (6): 1361-1369.

程红. 脊椎动物循环系统的比较. 生物学通报, (8): 16-18.

崔龙波, 迟爽, 李新华, 等. 2014. 大黄鱼消化系统的组织学和组织化学研究. 烟台大学学报 (自然科学与工程版), (4): 266-270.

邓道贵, 高建国. 2002. 粗糙沼虾卵巢发育的组织学. 动物学杂志, 37 (5): 58-61.

古丽尼沙·克力木, 廖礼彬, 吴励, 等. 2010. 鱼类面神经节的形态, 神经节细胞的分布及三叉神经节的关系. 现代生物医学进展, 10 (20): 3820-3822.

古丽尼沙·克力木, 吐尔逊江·达地汗, 吴励, 等. 2009. 逆行追踪法对鱼类三叉神经节细胞的定位研究. 现代生物医学进展, (5): 852-853.

郭进杰, 陈国平, 黄振玉, 等, 2016. 循环水系统中淡化养殖大黄鱼生长及卵巢发育的初步研究. 上海海洋大学学报, 25 (6): 847-852.

韩枫. 2016. 花鲈 (*Lateolabrax maculatus*) 人工繁育关键技术与仔稚鱼发育形态学研究. 青岛: 中国海洋大学硕士学位论文.

胡利华, 周朝生, 吴洪喜, 等, 2015. 温度和盐度对南移养殖刺参 (*Apostichopus japonicus*) 胚胎和幼体发育的影响. 宁波大学学报 (理工版), 28: 8-14.

黄旭雄, 周洪琪, 蔡生力. 2005. 虾类免疫系统组成及免疫机理探讨. 上海水产大学学报, 14 (3): 301-306.

黄玉霖, 吴鼎勋, 柴敏娟. 1994. Cu^{2+}、Zn^{2+} 对罗非鱼鳃盖运动的影响. 台湾海峡, (1): 21-25.

凯赛尔江·多来提, 古丽美热·艾买如拉, 廖礼彬, 等. 2013. 鱼类滑车神经的形态学研究. 现代生物医学进展, 13 (023): 4414-4418.

李绘娟, 于红, 李琪. 2017. 长牡蛎闭壳肌肌纤维的组织学特性. 水产学报, 41 (9): 1392-1399.

林浩然. 2011. 鱼类生理学. 广州: 中山大学出版社.

林小涛, 张秋明, 许忠能, 等. 2000. 虾蟹类呼吸代谢研究进展. 水产学报, 24 (6): 575-580.

蔺玉珍, 于道德, 温海深, 等. 2014. 卵胎生许氏平鲉仔鱼与稚鱼发育形态学特征观察. 海洋湖沼通报, (2): 67-72.

刘家富. 2013. 大黄鱼养殖与生物学. 厦门: 厦门大学出版社.

刘永宏, 李馥馨, 宋本祥, 等. 1996. 刺参 (*Apostichopus japonicus* Selenka) 夏眠飞性研究 I - 夏眠生态特点的研究. 中国水产科学, 3 (2): 41-48.

陆剑锋, 赵维信. 2001. 十足目甲壳动物生殖激素对卵巢的作用及其调控. 上海水产大学学报, 10 (2): 166-171.

吕宝忠, 杨群. 2003. 血蓝蛋白分子的结构、分类及其在进化上的演变. 自然杂志, 25 (3): 180-183.

吕里康, 张思敏, 李吉方, 等. 2020. 光周期对许氏平鲉性腺分化过程中形态学、性激素水平及相关基因表达的影响. 水生生物学报, 44 (2): 319-329.

孟宪亮. 2012. 刺参和潮间带螺类对温度和盐度胁迫的生理响应. 青岛: 中国海洋大学博士学位论文.

缪婷, 孙丽娜, 杨红生, 等. 2017. HMG (high-mobility group box protein) 在刺参 (*Apostichopus japonicus*) 肠道再生期间的表达情况分析. 渔业科学进展, 38: 148-154.

穆淑梅, 康现江, 牛建章, 等. 2004. 甲壳动物卵黄发生及其激素调控研究进展. 海洋科学, 28 (6): 66-70.

潘鲁青, 刘泓宇. 2005. 甲壳动物渗透调节生理学研究进展. 水产学报, 29 (1): 109-114.

任庆印. 2012. 刺参 (*Apostichopus japonicus*) 在夏眠过程中生理代谢调控机制的研究. 青岛: 中国海洋大学硕士学位论文.

任媛. 2019. 刺参的 "造血组织" 定位及其排脏后的免疫反应研究. 大连: 大连海洋大学硕士学位论文.

阮成旭, 吴德峰, 袁重桂. 2014. 大黄鱼幼鱼鳃结构的光镜和透射电镜观察. 解剖学报, 45 (1): 120-123.

史丹，温海深，何峰，等．2011．许氏平鲉卵巢发育的周年变化研究．中国海洋大学学报（自然科学版），41（9）：25-30.

宋旻鹏，汪金海，郑小东．2018．中国经济头足类增养殖现状及展望．海洋科学，42（3）：151-158.

宋微微，王春琳，励迪平，等．2013．4种常见头足类动物的血细胞分类及比较．海洋与湖沼，44（3）：775-781.

隋佳佳，董双林，田相利，等．2010．光谱和体重对刺参耗氧率和排氨率的影响．中国海洋大学学报（自然科学版），40（3）：61-64.

隋锡林，刘永襄，刘永峰，等．1985．刺参生殖周期的研究．水产学报，4：303-310.

孙佳敏．2015．刺参摄食行为和消化生理的实验研究．青岛：中国海洋大学硕士学位论文.

孙丽娜．2013．仿刺参 Apostichopus japonicus（Selenka）消化道再生的组织细胞特征与关键基因分析．青岛：中国科学院研究生院（海洋研究所）.

檀永凯，李霞，段晶晶．2009．仿刺参内脏再生过程的能量代谢及生化组成变化．中国水产科学，15（4）：683-688.

田力，郎艳燕，王秋雨，等．2001．脉红螺（Rapana venosa）循环系统的解剖研究．解剖科学进展，7（4）：319-322.

汪小锋，樊廷俊，丛日山，等．2005．几种免疫促进剂对中国对虾血细胞数量、形态结构以及酚氧化酶产量和活性的影响．水产学报，29（1）：66-73.

王芳，董双林，董少帅，等．2004．光照周期对中国对虾稚虾蜕皮和生长的影响．中国水产科学，11（4）：354-359.

王海亮，温海深，黄杰斯，等．2018．花鲈早期发育阶段机体抗氧化酶活力变化及生理功能分析．海洋与湖沼通报，5：109-117.

王天明．2011．刺参 Apostichopus japonicus（Selenka）夏眠分子机理的基础研究．青岛：中国科学院海洋研究所博士学位论文.

王伟，张凯强，温海深，等．2017．温度和限食对花鲈幼鱼摄食与生长的影响．海洋科学，1（6）：1-8.

王伟，张凯强，温海深，等．2018．投喂频率对花鲈幼鱼胃排空、生长性能及体组分的影响．中国海洋大学学报（自然科学版），48（6）：55-62.

王晓龙，温海深，张美昭，等．2019．人工养殖花鲈早期发育过程异速生长模式研究．中国海洋大学学报（自然科学版），49（12）：25-30.

王孝杰，张思敏，李吉方，等．2019．许氏平鲉早期性腺分化组织学与性激素水平、性腺分化相关基因表达特征．中国海洋大学学报（自然科学版），49（增刊Ⅱ）：8-20.

王雪磊，沈伟良，黄琳，等．2020．岱衢族大黄鱼亲鱼室内越冬促熟及早繁培育试验．水产养殖，41（10）：41-43.

王怡，高银雪，湛垚垚，等．2016．α-tubulin 基因的克隆、生物信息学分析及其在仿刺参肠道再生过程中的表达模式．水产学报，40：547-557.

温海深．2020．卵胎生硬骨鱼类进化机制及繁殖生理特征研究．大连海洋大学学报，35（4）：469-480.

温海深，吕里康，李兰敏，等．2016．急性高温胁迫对雄性许氏平鲉血液生理生化及相关基因表达的影响．中国海洋大学学报（自然科学版），46（11）：44-51.

吴刚，张志江，黄亚冬，等．2018．贝类血细胞分类及其功能研究进展．河北渔业，（4）：52-55.

吴建绍．2010．大黄鱼二倍体和三倍体血液生理指标的比较研究．福建水产，1：42-44.

徐佳奕，陈佳杰，田丰歌，等．2012．大黄鱼夏季食物组成和摄食习性．中国水产科学，19（1）：94-104.

徐晓津，王军，谢仰杰，等．2010．大黄鱼消化系统胚后发育的组织学研究．大连水产学院学报，25：107-112.

徐晓津，徐斌，王军，等．2010．大黄鱼感染哈维氏弧菌后血液生化指标的变化及组织病理学观察．水产学报，34（4）：618-625.

杨秀平．2009．动物生理学．2版．北京：高等教育出版社.

杨艳平，温海深，何峰，等．2010．许氏平鲉精巢形态结构与发育组织学研究．大连海洋大学学报，25（5）：391-396.

杨艳平，温海深，何峰，等．2012．CYP19B 基因 mRNA 在许氏平鲉生殖周期中的表达分析．海洋与湖沼，43（2）：370-375.

叶德锋，吴常文，吕振明，等．2011，曼氏无针乌贼（Sepiella maindroni）精荚器的结构与精荚形成研究．海洋与湖沼，42（2）：207-212.

叶金清．2012．官井洋大黄鱼的资源和生物学特征．上海：上海海洋大学硕士学位论文.

于东祥，宋本祥．1999．池塘养殖刺参幼参的成活率变化和生长特点．中国水产科学，6：110-111.

张思敏，李吉方，温海深，等．2017．急性温度胁迫对许氏平鲉肝脏代谢功能的影响及生理机制．中国海洋大学学报（自然科学版），48（5）：32-38.

张思敏，王孝杰，李吉方，等．2019．温度对许氏平鲉性腺分化的影响及其机制．水产学报，43（7）：1569-1580.

张亚晨，蔺玉珍，温海深，等．2014．溶解氧水平对许氏平鲉血细胞和血清生化组分的影响整理．中国海洋大学学报（自然科学版），44（增刊）：63-68.

张亚晨，温海深，李兰敏，等．2015．急性温度胁迫对妊娠期许氏平鲉血清皮质醇和血液生理指标的影响．水产学报，39（12）：108-118.

张亚晨，温海深，李兰敏，等．2016．急性温度胁迫对妊娠期许氏平鲉生殖内分泌功能的影响及分子机制．中国海洋大学学报（自然科学版），46（9）：46-54.

张亚光. 2015. 养殖大黄鱼肌肉品质，血清生化指标变异及其相关性分析. 厦门：集美大学.

张亚光，王秋荣，王志勇. 2015. 养殖大黄鱼血清脂类成分的初步研究. 集美大学学报：自然科学版，20：5.

张莹，齐鑫，王金环，等. 2020. 许氏平鲉精子结构及超低温冷冻保存方法研究. 大连海洋大学学报，35（3）：355-359.

章跃陵，陈俊，林伯坤，等. 2005. 南美白对虾血蓝蛋白白血细胞凝集活性初探. 汕头大学学报：自然科学版，20（3）：48-53.

章跃陵，王三英，彭宣宪. 2005. 无脊椎动物适应性免疫的研究进展. 水产科学，24（8）：43-45.

赵吉，冯启超，温海深. 2016. 卵胎生许氏平鲉胚胎离体培养及发育形态学研究. 水产学报，40（8）：1195-1202.

赵鹏，杨红生，孙丽娜. 2013. 仿刺参（*Apostichopus japonicus*）摄食和运动器官的结构与功能. 海洋通报，32：178-183.

郑小东，韩松，林祥志，等. 2009. 头足类繁殖行为学研究现状与展望. 中国水产科学，16（3）：459-465.

郑小东，杨建敏，王海艳，等. 2003. 金乌贼墨汁营养成分分析及评价. 动物学杂志，38（4）：32-35.

周萌，全成，吴灶和，等. 2019. 头足类营养生理与饲料开发研究进展. 仲恺农业工程学院学报，32（4）：62-71.

Affaticati P, Yamamoto K, Rizzi B et al. 2015. Identification of the optic recess region as a morphogenetic entity in the zebrafish forebrain. Scientific Reports, 5 (1): 8738.

Alzaid A, Castro R, Wang T, et al. 2016. Cross talk between growth and immunity: coupling of the IGF axis to conserved cytokine pathways in rainbow trout. Endocrinology, 157 (5): 1942-1955.

Anderson R C, Wood J B, Byrne R A. 2002. Octopus senescence: the beginning of the end. Journal of Applied Animal Welfare Science, 5: 275-283.

Araújo F G, Peixoto M G, Pinto B C et al. 2009. Distribution of guppies *Poecilia reticulata* (Peters, 1860) and *Phalloceros caudimaculatus* (Hensel, 1868) along a polluted stretch of the Paraíba do Sul River, Brazil. Braz J Biol, 69 (1): 41-48.

Ashley N T, Demas G E. 2017. Neuroendocrine-immune circuits, phenotypes, and interactions. Hormones and Behavior, 87: 25-34.

Audino J A, Marian J E A, Kristof A, et al. 2015. Inferring muscular ground patterns in Bivalvia: Myogenesis in the scallop *Nodipecten nodosus*. Frontiers in Zoology, 12 (1): 1-13.

Bayne B L. 2017. Biology of Oysters. Massachusetts: Academic Press.

Bernal M, Sinai N, Rocha C, et al. 2015. Long-term sperm storage in the brownbanded bamboo shark *Chiloscyllium punctatum*. Journal of Fish Biology, 86: 1171-1176.

Bernard B, Leguen I, Mandiki S N, et al. 2020. Impact of temperature shift on gill physiology during smoltification of atlantic salmon smolts (*Salmo salar* L.). Comparative Biochemistry and Physiology-Part A Molecular & Integrative Physiology, 244: 110685.

Betancur-R R, Wiley E O, Arratia G, et al. 2017. Phylogenetic classification of bony fishes. BMC Evolutionary Biology, 17 (1): 162.

Björnsson B T, Stefansson S O, McCormick S D. 2011. Environmental endocrinology of salmon smoltification. General and Comparative Endocrinology, 170: 290-298.

Blake R W. 2004. Fish functional design and swimming performance. Journal of Fish Biology, 65: 1193-1222.

Bloch S, Thomas M, Colin I, et al. 2019. Mesencephalic origin of the inferior lobe in zebrafish. BMC Biology, 17 (1): 22.

Breves J P, Fujimoto, C K, Phipps-Costin S K, et al. 2017. Variation in branchial expression among insulin-like growth-factor binding proteins (Igfbps) during Atlantic salmon smoltification and seawater exposure. BMC physiology, 17: 2.

Breves J P, Popp E E, Rothenberg E F, et al. 2020. Osmoregulatory actions of prolactin in the gastrointestinal tract of fishes. General and Comparative Endocrinology, 298: 113589.

Breves J P, Springer-Miller R, Chenoweth D, et al. 2020. Cortisol regulates insulin-like growth-factor binding protein (*igfbp*) gene expression in Atlantic salmon parr. Mol Cell Endocrinol, 110989.

Briscoe S D, Ragsdale C W. 2019. Evolution of the chordate telencephalon. Current Biology, 29 (13): R647-R662.

Bronk D W, Stella G. 1934. The response to steady pressures of single end organs in the isolated carotid sinus. American Journal of Physiology-Legacy Content, 110 (3): 708-714.

Brown-Peterson N J, Wyanski D M, Saborido-Rey F, et al. 2011. A standardized terminology for describing reproductive development in fishes. Marine and Coastal Fisheries, 3: 52-70.

Burch J B. 1989. North American Freshwater Snails. Auckland: Malacological Publications.

Burmester T. 2002. Origin and evolution of arthropod hemocyanin and related proteins. Journal of Comparative Physiology, 172 (2): 95-107.

Butler A A, Girardet C, Mavrikaki M, et al. 2017. A life without hunger: the ups (and downs) to modulating melanocortin-3 receptor signaling. Frontiers in Neuroscience, 16: 11: 128.

Castillo M G, Salazar K A, Joffe N R. 2015. The immune response of cephalopods from head to foot. SI: Mollusce Immunity, 46 (1): 145-160.

Chabbi A, Ganesh C B. 2015. Evidence for the involvement of dopamine in stress - induced suppression of reproduction in the cichlid fish *Oreochromis mossambicus*. Journal of Neuroendocrinology, 27 (5): 343-356.

Chasiotis H, Kelly S P. 2011. Effect of cortisol on permeability and tight junction protein transcript abundance in primary cultured gill epithelia from stenohaline goldfish and euryhaline trout. Gen Comp Endocrinol, 172: 494-504.

Chávez-Villalba J, Pommier J, Andriamiseza J, et al. 2002. Broodstock conditioning of the oyster *Crassostrea gigas:* origin and temperature effect. Aquaculture, 214 (1-4): 115-130.

Chen X Y, Shao J Z, Xiang L X, et al. 2006. Involvement of apoptosis in malathion-induced cytotoxicity in a grass carp (*Ctenopharyngodon idellus*) cell line. Comparative Biochemistry and Physiology c-Toxicology & Pharmacology, 142: 36-45.

Chi M L, Li J F, He F, et al. 2015. Cloning and characterization of *vasa* gene and expression changes analysis after hormone injection in male Japanese sea bass (*Lateolabrax japonicas*). J Ocean University China, 14: 717-723.

Chi M L, Ni M, Gu Z, et al. 2018. Blood physiological responses and steroidogenetic effects of decreasing salinity on maturing male spotted sea bass (*Lateolabrax maculatus*). Aquaculture Research, 49: 3517-3528.

Chi M L, Ni M, Li J F, et al. 2015. Molecular cloning and characterization of gonadotropin subunits (GTHα, FSHβ, and LHβ) and their regulation by hCG and GnRHa in Japanese sea bass (*Lateolabrax japonicas*). Fish Physiology and Biochemistry, 41: 587-601.

Chi M L, Wen H S, He F, et al. 2014. Molecular identification of genes involved in testicular steroid synthesis and characterization of the response to hormones stimulation in Japanese sea bass (*Lateolabrax japonicas*) testis. Steriod, 84: 92-102.

Cong M, Wu H, Yang H, et al. 2017. Gill damage and neurotoxicity of ammonia nitrogen on the clam *Ruditapes philippinarum*. Ecotoxicology, 26 (3): 459-469.

"Countries where *Poecilia reticulata* is found". FishBase. org. Archived from the original on 21 September 2013. Retrieved 24 February 2010.

Criscuolo-Urbinati E, Kuradomi R, Urbinati E C, et al. 2012. The administration of exogenous prostaglandin may improve ovulation in pacu (*Piaractus mesopotamicus*). Theriogenology, 78: 2087-2094.

Cruz G A, Rodríguez V A, Vázquez L H. 2011. Reproductive aspects of *Girardinichthys multiradiatus*, Meek 1904 (Pisces: Goodeidae). Biocyt Biología, Cienciay Tecnología, 4: 215-228.

Cruz-Topete D, Cidlowski J A. 2015. One hormone, two actions: anti-and pro-inflammatory effects of glucocorticoids. Neuroimmunomodulation, 22: 20-32.

Das C, Thraya M, Vijayan M M. 2018. Nongenomic cortisol signaling in fish. General and Comparative Endocrinology, 265: 121-127.

Decker H, Hellmann N, Jaenicke E, et al. 2007, Minireview: recent progress in hemocyanin research. Integrative and Comparative Biology, 47 (4): 631-644.

Decker H, Ryan M, Jaenicke E, et al. 2001, SDS-induced phenoloxidase activity of hemocyanins from *Limulus polyphemus*, *Eurypelma californicum*, and *Cancer magister*. Journal of Biology Chemistry, 276 (21): 17796-17799.

Dohaku R, Yamaguchi M, Yamamoto N, et al. 2019. Tracing of afferent connections in the zebrafish cerebellum using recombinant rabies virus. Frontiers in Neural Circuits, 13: 30.

Dufour S, Quérat B, Tostivint H, et al. 2019. Origin and evolution of the neuroendocrine control of reproduction in vertebrates, with special focus on genome and gene duplications. Physiological Reviews, 100 (2): 869-943.

Emet M, Ozcan H, Yayla M, et al. 2016. A review of melatonin, its receptors and drugs. The Eurasian Journal of Medicine, 48 (2): 135.

Engelund M B, Madsen S S. 2015. Tubular localization and expressional dynamics of aquaporins in the kidney of seawater-challenged Atlantic salmon. J Comp Physiol B, 185: 207-223.

FenggeW. Shuxiong C, Yanwen J, et al. 2018. Effects of ammonia on apoptosis and oxidative stress in bovine mammary epithelial cells. Mutagenesis, 4: 4-6.

Ferran J L, Puelles L. 2019. Lessons from amphioxus bauplan about origin of cranial nerves of vertebrates that innervates extrinsic eye muscles. The Anatomical Record, 302 (3): 452-462.

Fidericq L. 1878. Recherches surla physiologie dupoulpe commun (*Octopus vulgaris*). Archives de Zoologie Expérimentale et Générale, 7: 535.

Flores A M, Shrimpton J M. 2012. Differential physiological and endocrine responses of rainbow trout, *Oncorhynchus mykiss*, transferred from fresh water to ion-poor or salt water. Gen Comp Endocrinol, 175: 244-250.

Fujimori C, Ogiwara K, Hagiwara A, et al. 2011. Expression of cyclooxygenase-2 and prostaglandin receptor EP4b mRNA in the ovary of the medaka fish, *Oryzias latipes*: possible involvement in ovulation. Molecular and Cellular Endocrinology, 332: 67-77.

Galimany E, Baeta M, Ramon M. 2018. Immune response of the sea cucumber Parastichopus regalis to different temperatures: implications for aquaculture purposes. Aquaculture, 497: 357-363.

Gallo-Payet N. 2016. 60 years of POMC: adrenal and extra-adrenal functions of ACTH. Journal of Molecular Endocrinology, 56 (4): T135-156.

Galtsoff P S. 1938. Physiology of reproduction of Ostrea virginica: Ⅰ. spawning reactions of the female and male. The Biological Bulletin, 74 (3): 461-486.

Gao T, Ding K, Song N, et al. 2018. Comparative analysis of multiple paternity in different populations of viviparous black rockfish, *Sebastes schlegelii*, a fish with long-term female sperm storage. Marine Biodiversity, 48: 2017-2024.

Gauberg J, Kolosov D, Kelly S P. 2017. Claudin tight junction proteins in rainbow trout (*Oncorhynchus mykiss*) skin: Spatial response to elevated cortisol levels. Gen Comp Endocrinol, 240: 214-226.

GBIF Secretariat. 2017. GBIF backbone taxonomy: *Poecilia reticulata* Peters, 1859. Global Biodiversity Information Facility, Copenhagen.

Gestal C, Pascual S, Guerra A. 2019. Handbook of Pathogens and Diseases in Cephalopods. Switzerland: Springer Nature Switzerland AG.

Golan M, Hollander-Cohen L, Levavi-Sivan B. 2016. Stellate cell networks in the teleost pituitary. Scientific Reports, 6 (1): 24426.

Gosling E. 2015. Marine Bivalve Molluscs. Hoboken: John Wiley & Sons.

Grether G F. 2010. The evolution of mate preferences, sensory biases, and indicator traits. Advances in the Study of Behavior, 41 (10): 35-76.

Haefner Jr P A. 1969. Temperature and salinity tolerance of the sand shrimp, Crangon septemspinosa Say. Physiological Zoology, 42 (4): 388-397.

Haefner Jr P A. 1970. The effect of low dissolved oxygen concentrations on temperature-salinity tolerance of the sand shrimp, Crangon septemspinosa Say. Physiological Zoology, 43 (1): 30-37.

Hanson A M, Kittilson J D, McCormick S D, et al. 2012. Effects of 17β-estradiol, 4-nonylphenol, and β-sitosterol on the growth hormone-insulin-like growth factor system and seawater adaptation of rainbow trout (*Oncorhynchus mykiss*). Aquaculture, 362: 241-247.

Herre A W C T. New species of fishes from the Malay Peninsula and Borneo. Bulletin of the Raffles Museum, 16 (1940): 5-26.

Heller J. 2015. Sea Snails: A Natural History. Switzerland: Springer International Publishing.

Herr N, Bode C, Duerschmied D. 2017. The effects of serotonin in immune cells. Frontiers in Cardiovascular Medicine, 20: 4-28.

Hibi M, Matsuda K, Takeuchi M, et al. 2017. Evolutionary mechanisms that generate morphology and neural-circuit diversity of the cerebellum. Development, Growth & Differentiation, 59 (4): 228-243.

Hickman Jr C P, Trump B F. The kidney. 1969. In "Fish Physiology, Vol. 1" Ed by Hoar W S, Randall D J.

Hoseini S M, Pérez-Jiménez A, Costas B, et al. 2019. Physiological roles of tryptophan in teleosts: current knowledge and perspectives for future studies. Reviews in Aquaculture, 11 (1): 3-24.

Horne A J, Goldman C R. 1994. Limnology. New York: McGraw-Hill.

Hristova R, Dolashki A, Voelter W, et al. 2008. o-Dipheno l-oxidase activity of molluscan hemocyanins. Comparative Biochemistry and Physiology PartB: Biochemistry and Molecular Biology, 194 (3): 439-446.

Hu M Y, Guh Y J, Stumpp M, et al. 2014. Branchial NH_4^+ dependent acid-base transport mechanisms and energy metabolism of squid (*Sepioteuthis lessoniana*) affected by seawater acidification. Frontiers in Zoology, 11: 55.

Huo D, Sun L, Ru X, et al. 2018. Impact of hypoxia stress on the physiological responses of sea cucumber *Apostichopus japonicus*: respiration, digestion, immunity and oxidative damage. PeerJ, 6: e4651.

Iida A. 2019. Male-specific asymmetric curvature of anal fin in a viviparous teleost, *Xenotoca eiseni*. Zoology, 134: 1-7.

Innes D J, Haley L E. 1997. Genetic aspects of larval growth under reduced salinity in Mytilus edulis. The Biological Bulletin, 153 (2): 312-321.

Jie X, Qiang L. 2019. Stress response and tolerance mechanisms of ammonia exposure based on transcriptomics and metabolomics in *Litopenaeus vannamei*. Ecotoxicology and Environmental Safety, 180: 491-500.

Johansson M W, Keyser P, Sritunyalucksana K, et al. 2000. Crustaceaan haemocytes and haematopoiesis. Aquaculture, 191: 45-52.

Kah O. 2020. A 45-years journey within the reproductive brain of fifish. General and Comparative Endocrinology, 288: 113370.

Kalananthan T, Lai F, Gomes A S, et al. 2020. The melanocortin system in Atlantic salmon (*Salmo salar* L.) and its role in appetite control. Frontiers in Neuroanatomy, 14: 48.

Kemp D J, Reznick D N, Endler G J A. 2009. Predicting the direction of ornament evolution in Trinidadian guppies (*Poecilia reticulata*). Proceedings Biological Sciences, 276 (1677): 4335-4343.

Kiilerich P, Pedersen S H, Kristiansen K, et al. 2011. Corticosteroid regulation of Na^+, K^+-ATPase α1-isoform expression in Atlantic salmon gill during smolt development. Gen Comp Endocrinol, 170: 283-289.

Kjell J, Martin A. 1962. Circulation in the cephalopod, *Octopus dofleini*. Comparative Biochemistry & Physiology, 5 (3): 161: 165-164.

Korzh V. 2018. Development of brain ventricular system. Cellular and Molecular Life Sciences, 75 (3): 375-383.

Kudo H, Karino K. 2013. Negative correlation between male ornament size and female preference intensity in a wild guppy population. Behavioral Ecology & Sociobiology, 67 (12): 1931-1938.

Kumar R, Joy K P, 2019. Stress hormones modulate lipopolysaccharide stimulation of head kidney interleukin-6 production in the catfish *Heteropneustes fossilis*: *in vivo* and *in vitro* studies. General and Comparative Endocrinology, 279: 109-113.

LaBrecque J R, Alva - Campbell Y R, Archambeault S, et al. 2014. Multiple paternity is a shared reproductive strategy in the live-bearing surfperches (Embiotocidae) that may be associated with female fitness. Ecology and evolution, 4: 2316-2329.

Lambert S M, Wiens J J. 2013. Evolution of viviparity: a phylogenetic test of the cold-climate hypothesis in phrynosomatid lizards. Evolution, 67: 2614-2630.

Lee P G. 1995. Nutrition of cephalopods: fueling the system. Marine and Freshwater Behaviour and Physiology, 25: 1-3.

Lee S Y, Lee H J, Kim Y K. 2020. Comparative transcriptome profiling of selected osmotic regulatory proteins in the gill during seawater acclimation of chum salmon (*Oncorhynchus keta*) fry. Sci Rep, 10: 1-14.

Lerner D T, Sheridan M A, McCormick S D. 2012. Estrogenic compounds decrease growth hormone receptor abundance and alter osmoregulation in Atlantic salmon. Gen Comp Endocrinol, 179: 196-204.

Liew H J, Sinha A K. 2013. Differential responses in ammonia excretion, sodium fluxes and gill permeability explain different sensitivities to acute high environmental ammonia in three freshwaterteleosts. Aquature Toxicology, 126: 63-76.

Li L, Li Q. 2010. Effects of stocking density, temperature, and salinity on larval survival and growth of the red race of the sea cucumber *Apostichopus japonicus* (Selenka). Aquaculture International, 18: 447-460.

Li Q, Hai S, Wen H S, et al. 2019. Evidence for the direct effect of the NPFF peptide on the expression of feeding-related factors in spotted sea bass (*Lateolabrax maculatus*). Frontiers in Endocrinology, 10: 545.

Li Q, Wen H S, Li Y, et al. 2020. FOXO1A promotes neuropeptide FF transcription subsequently regulating the expression of feeding-related genes in spotted sea bass (*Lateolabrax maculatus*). Molecular and Cellular Endocrinology, 517 (1): 110871.

Liu G B, Yang H S, Liu S L. 2010. Effects of rearing temperature and density on growth, survival and development of sea cucumber larvae, *Apostichopus japonicus* (Selenka). Chinese Journal of Oceanology and Limnology, 28: 842-848.

Liu S, Zhou Y, Ru X, et al. 2016. Differences in immune function and metabolites between aestivating and non-aestivating *Apostichopus japonicus*. Aquaculture, 459: 36-42.

Lyu L K, Wen H S, Li Y, et al. 2018. Deep transcriptomic analysis of black rockfish (*Sebastes schlegelii*) provides new insights on responses to acute temperature stress. Scientific Reports, 8 (1): e9113.

Madsen S S, Bollinger R J, Brauckhoff M, et al. 2020. Gene expression profiling of proximal and distal renal tubules in Atlantic salmon (*Salmo salar*) acclimated to fresh water and seawater. American Journal of Physiology-Renal Physiology, 319: F380-F393.

Maeda R, Shimo T, Nakane Y, et al. 2015. Ontogeny of the saccus vasculosus, a seasonal sensor in fish. Endocrinology, 156 (11): 4238-4243.

Marian J. 2012. Spermatophoric reaction reappraised: novel insights into the functioning of the loliginid spermatophore based on *Doryteuthis plei* (Mollusca: Cephalopoda). Journal of Morphology, 273: 248-278.

Marshall W S, Singer T D. 2002. Cystic fibrosis transmembrane conductance regulator in teleost fish. Biochimica et Biophysica Acta (BBA) -Biomembranes, 1566 (1-2): 16-27.

Mashanov V S, GarcõÂa-ArraraÂs J E. 2011. Gut regeneration in holothurians: a snapshot of recent developments. Biological Bulletin, 221: 93-109.

Matty A J, Lone K P. 1985. The hormonal control of metabolism and feeding//fish energetics. Springer, Dordrecht, 185-209.

McCormick S D, Regish A M, Christensen A K, et al. 2013. Differential regulation of sodium-potassium pump isoforms during smolt development and seawater exposure of Atlantic salmon. J Exp Biol, 216: 1142-1151.

McElwain A, Bullard S A. 2014. Histological atlas of freshwater mussels (Bivalvia, Unionidae): *Villosa nebulosa* (Ambleminae: Lampsilini), *Fusconaia cerina* (Ambleminae: Pleurobemini) and *Strophitus connasaugaensis* (Unioninae: Anodontini). Malacologia, 57 (1): 99-239.

Mitton J B. 1977. Shell color and pattern variation in *Mytilus edulis* and its adaptive significance. Chesapeake Science, 18 (4): 387-390.

Møller P R, Knudsen S W, Schwarzhans W, et al. 2016. A new classification of viviparous brotulas (Bythitidae) -with family status for Dinematichthyidae-based on molecular, morphological and fossil data. Molecular Phylogenetics and Evolution, 100: 391-408.

Morse M P, Meyhofer E, Otto J J, et al. 1986. Hemocyanin respiratory pigment in bivalve mollusks. Science, 231 (4743): 1302-1304.

Mottaz H, Schönenberger R, Fischer S, et al. 2017. Dose-dependent effects of morphine on lipopolysaccharide (LPS) -induced inflammation, and involvement of multixenobiotic resistance (MXR) transporters in LPS efflux in teleost fish. Environmental Pollution, 221: 105-115.

Mu W J, Wen H S, He F, et al. 2013. Cloning and expression analysis of follicle-stimulating hormone and luteinizing hormone receptor during the reproductive cycle in Korean rockfish (*Sebastes schlegeli*). Fish Physiology and Biochemistry, 39: 287-298.

Mu W J, Wen H S, He F, et al. 2013. Cloning and expression analysis of the cytochrome P450c17s enzymes during the reproductive cycle in ovoviviparous Korean rockfish (*Sebastes schlegeli*). Gene, 512: 444-449.

Mu W J, Wen H S, He F, et al. 2013. Cloning and expression analysis of vasa during the reproductive cycle of Korean rockfish, *Sebastes schlegeli*. Journal Ocean University of China, 12 (1): 115-124.

Mu W J, Wen H S, Li J F, et al. 2013. Cloning and expression analysis of a HSP70 gene from Korean rockfish (*Sebastes schlegeli*). Fish & Shellfish Immunology, 35: 1111-1121.

Mu W J, Wen H S, Li J F, et al. 2013. Cloning and expression analysis of Foxl2 during the reproductive cycle in Korean rockfish, *Sebastes schlegeli*. Fish Physiology and Biochemistry, 39: 1419-1430.

Mu W J, Wen H S, Li J F, et al. 2015. HIFs genes expression and hematology indices responses to different oxygen treatments in an ovoviviparous teleost species *Sebastes schlegelii*. Marine Environmental Research, 110: 142-151.

Mu W J, Wen H S, Shi D, et al. 2013. Molecular cloning, characterization and expression analysis of estrogen receptor βs (ERβ1 and ERβ2) during gonad development in the Korean rockfish, *Sebastes schlegeli*. Gene, 523: 39-49.

Munakata A, Kobayashi M. 2010. Endocrine control of sexual behavior in teleost fish. General and Comparative Endocrinology, 165: 456-468.

Murduch W W, Avery S S, Michael E B. 1975. Switching in predatory fish. Ecology, 56 (5): 1094-1105.

Muto A, Lal P, Ailani D, et al. 2017. Activation of the hypothalamic feeding centre upon visual prey detection. Nature Communications, 8 (1): 15029.

Naderi M, Salahinejad A, Jamwal A, et al. 2017. Chronic dietary selenomethionine exposure induces oxidative stress, dopaminergic dysfunction, and cognitive impairment in adult zebrafish (*Danio rerio*). Environmental Science & Technology, 51 (21): 12879-12888.

Nelson J S, Grande T C, Wilson M V. 2016. Fishes of the World. John Wiley & Sons.

Orr T J, Brennan P L. 2015. Sperm storage: distinguishing selective processes and evaluating criteria. Trends in Ecology & Evolution, 30: 261-272.

Osada M. 2018. Endocrine Control of Reproduction, Crustaceans and Molluscs. New York: Elsevier.

Otero-Rodiño C, Conde-Sieira M, Comesaña S, et al. 2019. Na$^+$/K$^+$-ATPase is involved in the regulation of food intake in rainbow trout but apparently not through brain glucosensing mechanisms. Physiol Behav, 209: 112617.

Pascual S, González AF, Guerra A. 2010. Coccidiosis during octopus senescence: preparing for parasite outbreak. Fisheries Research, 106: 160-162.

Paul F N. 1991. The relationship between male ornamentation and swimming performance in the guppy, *Poecilia reticulata*. Behavioral Ecology and Sociobiology, 28 (5): 365-370.

Pavlov D, Emel'yanova N. 2013. Transition to viviparity in the order Scorpaeniformes: brief review. Journal of Ichthyology, 53: 52-69.

Peng R B, Wang P S, Le K X, et al. 2017. Acute and chronic effects of ammonia on juvenile cuttlefish, *Sepia pharaonis*. Journal of the World Aquaculture Society, 48 (4): 602-610.

"*Poecilia reticulata* (fish)". 2006. Global Invasive Species Database. http: // issg. org/database/species/ecology. asp?si=683&fr=1&sts=s ss&lang=EN.

Ponder W F, Lindberg D R, Ponder J M. 2020. Biology and Evolution of the Mollusca. Boca Raton: CRC Press.

Potts W T. 1965. Ammonia excretion in *Octopus dolfeini*. Comparative Biochemistry Physiology, 14: 339-355.

Puelles L, Rubenstein J L R. 2015. A new scenario of hypothalamic organization: rationale of new hypotheses introduced in the updated prosomeric model. Frontiers in Neuroanatomy, 9: 27.

Ransom W B. 1884. On the cardiac rhythm of invertebrate. Physiology, 7 (5): 261-341.

Regish A M, Kelly J T, O'Dea M F, et al. 2018. Sensitivity of Na$^+$/K$^+$-ATPase isoforms to acid and aluminum explains differential effects on Atlantic salmon osmoregulation in fresh water and seawater. Can J Fish Aquat Sci, 75: 1319-1328.

Ringers C, Olstad E W, Jurisch-Yaksi N. 2020. The role of motile cilia in the development and physiology of the nervous system. Philosophical Transactions of the Royal Society B: Biological Sciences, 375 (1792): 20190156.

Sanders H L, Hessler R R. 1969. Ecology of the deep-sea benthos. Science, 163 (3874): 1419-1424.

Scheepers M J, Gouws G, Gon O. 2018. Evidence of multiple paternity in the bluntnose klipfish, *Clinus cottoides* (Blennioidei: Clinidae:

Clinini). Environmental Biology of Fishes, 101: 1669-1675.

Schipp R, Mollenhauer S, Boletzky S. 1979. Electron microscopical and histochemical studies of differentiation and function of the cephalopod gill (*Sepia officinalis*). Zoomorphologie, 93: 193-207.

Shiau S Y, Hsu C Y. 2002. Vitamin E sparing effect by dietary vitamin C in juvenile hybrid tilapia, *Oreochromis niloticus* × *O. aureus*. Aquaculture, 210 (1-4): 335-342.

Sherman I W, Sherman V G. 1976. The Invertebrates: Function and Form, A Laboratory Guide. 2nd ed. New York: McMillan.

Simone L R L, Mikkelsen P M, Bieler R. 2015. Comparative anatomy of selected marine bivalves from the florida keys, with notes on *Brazilian congeners* (Mollusca: Bivalvia). Malacologia, 58 (1-2): 1-127.

Skramlik E. 1941. Uberden Kreislauf bei den Weichtieren. Ergebnal Biology, 18: 88.

Song M, Zhao J, Wen H S, et al. 2019. The impact of acute thermal stress on the metabolome in the black rockfish (*Sebastes schlegelii*). PLoS One, 14 (5): e0217133.

Sun X, Zheng Y, Yu T, et al. 2019. Developmental dynamics of myogenesis in Yesso Scallop *Patinopecten yessoensis*. Comparative Biochemistry and Physiology Part B: Biochemistry and Molecular Biology, 228: 51-60.

Tait R W. 1987. Why do octopus die? Cephalopod International Advisory Committee Newsletter, 2: 22-25.

Torres-Martínez A, Ruiz de Dios L, Hernández-Franyutti A, et al. 2019. Structure of the testis and spermatogenesis of the viviparous teleost *Poecilia mexicana* (Poeciliidae) from an active sulfur spring cave in Southern Mexico. Journal of Morphology, 280: 1537-1547.

Umatani C C, Oka Y. 2019. Multiple functions of non-hypophysiotropic gonadotropin releasing hormone neurons in vertebrates. Zoological Letters, 22: 5-23.

Van Der L R, Eschmeyer W N, Fricke R. 2014. Family-group names of recent fishes. Zootaxa, 3882: 1-230.

Vargas-Chacoff L, Regish A M, Weinstock A, et al. 2018. Effects of elevated temperature on osmoregulation and stress responses in Atlantic salmon *Salmo salar* smolts in fresh water and seawater. J Fish Biol, 93: 550-559.

Verburg-Van K B M L, Stolte E H, Metz J R, et al. 2009. Neuroendocrine-immune interactions in teleost fish. Fish Physiology, 28: 313-364.

Voss N A. 1969. A monograph of the cephalopoda of the North Atlantic. The family histioteuthidae. Bulltion Marine Science, 19 (4): 713- 867.

Wang F, Yang H, Wang X, et al. 2010. Antioxidant enzymes in sea cucumber *Apostichopus japonicus* (Selenka) during aestivation. Journal of the Marine Biological Association of the United Kingdom, 91: 209-214.

Wang H, Li C, Wang Z, et al. 2016. p44/42MAPK and p90RSK modulate thermal stressed physiology response in *Apostichopus japonicus*. Comparative Biochemistry and Physiology Part B: Biochemistry and Molecular Biology, 196: 57-66.

Wang Q L, Dong Y W, Dong S L, et al. 2011. Effects of heat-shock selection during pelagic stages on thermal sensitivity of juvenile sea cucumber, *Apostichopus japonicus* Selenka. Aquaculture International, 19: 1165-1175.

Wang Q L, Dong Y W, Qin C X, et al. 2013. Effects of rearing temperature on growth, metabolism and thermal tolerance of juvenile sea cucumber, *Apostichopus japonicus* Selenka: critical thermal maximum (CTmax) and hsps gene expression. Aquaculture Research, 44: 1550-1559.

Wang Q L, Yu S S, Dong Y W. 2015. Parental Effect of long acclimatization on thermal tolerance of juvenile sea cucumber *Apostichopus japonicus*. PLoS ONE, 10: e0143372.

Wang W, Guo D Y, Lin Y J, et al. 2019. Melanocortin regulation of inflammation. Frontiers in Endocrinology, 10: 683.

Wang X, Wen H, Li Y, et al. 2021. Characterization of CYP11A1 and its potential role in sex asynchronous gonadal development of viviparous Black Rockfish *Sebastes schlegelii* (Sebastidae). General and Comparative Endocrinology, 302: 113689.

Wen H S, Mu W J, Yang Y P, et al. 2014. Molecular physiology mechanism of cytochrome P450 aromatase regulating gonad development in ovoviviparous black rockfish (*Sebastes schlegeli*). Aquaculture Research, 45: 1685-1696.

Wilbur K M, Yonge C M, Carriker M R. 1964. Physiology of mollusca. Physiological & Biochemical Zoology, 17 (9): 818.

Wilhelm D, Koopman P. 2006. The makings of maleness: towards an integrated view of male sexual development. Nature Reviews Genetics, 7: 620-631.

Xavier A L, Fontaine R, Bloch S, et al. 2017. Comparative analysis of monoaminergic cerebrospinal fluid-contacting cells in Osteichthyes (bony vertebrates). Journal of Comparative Neurology, 525 (9): 2265-2283.

Xu R, Zheng X D. 2018. Selection of reference genes for quantitative real-time PCR in *Octopus minor* (Cephalopoda: Octopoda) under acute ammonia stress. Environmental Toxicology Pharmacology, 60: 76-81.

Yamamoto K, Bloch S, Vernier P. 2017. New perspective on the regionalization of the anterior forebrain in Osteichthyes. Development, Growth & Differentiation, 59 (4): 175-187.

Yang H S, Yuan X T, Zhou Y, et al. 2005. Effects of body size and water temperature on food consumption and growth in the sea cucumber *Apostichopus japonicus* (Selenka) with special reference to aestivation. Aquaculture Research, 36, 1085-1092.

Yuan X, Yang H, Zhou Y, et al. 2006. The influence of diets containing dried bivalve feces and/or powdered algae on growth and energy distribution in sea cucumber *Apostichopus japonicus* (Selenka) (Echinodermata: Holothuroidea). Aquaculture, 256: 457-467.

Yuan X T, Yang H S, Wang L L, et al. 2010. Effects of salinity on energy budget in pond-cultured sea cucumber *Apostichopus japonicus* (Selenka) (Echinodermata: Holothuroidea). Aquaculture, 306: 348-351.

Zhang X, Sun L, Yuan J, et al. 2017. The sea cucumber genome provides insights into morphological evolution and visceral regeneration. PLoS Biology, 15: e2003790.

Zhang Y, Wen H S, Li Y, et al. 2020. Melanocortin-4 receptor regulation of reproductive function in black rockfifish (*Sebastes schlegelii*). Gene, 741: 144541.

Zhang Z X, Wen H S, Li Y, et al. 2019. *TAC3* gene products regulate brain and digestive system gene expression in the Spotted Sea Bass (*Lateolabrax maculatus*). Frontiers in Endocrinology, 10: 556.

Zhao Y, Yang H, Storey K B, et al. 2014. Differential gene expression in the respiratory tree of the sea cucumber *Apostichopus japonicus* during aestivation. Marine Genomics, 18: 173-183.

Zhou Y Y, Qi X, Wen H S, et al. 2019. Identification, expression analysis, and functional characterization of motilin and its receptor in spotted sea bass (*Lateolabrax maculatus*). General and Comparative Endocrinology, 277: 38-48.

中英文对照缩略表

全称	简称	中文
11 beta-hydroxysteroid dehydrogenase	11β-HSD	11β-羟基类固醇脱氢酶
11β-hydroxysteriod dehydrogenase type 2	11β-HSD2	Ⅱ型β-羟基类固醇脱氢酶
3 rounds of genome duplication/teleost-specific whole genome duplication	3R/tsWGD	第三次全基因组复制/硬骨鱼特异性全基因组复制
4 rounds of genome duplication event/salmonid-specific whole genome duplication	4R/ssWGD	第四次全基因组复制/鲑鱼特异性全基因组复制
5-hydroxytryptamine (serotonin)	5-HT	5-羟色胺（血清素）
arachidonic acid	AA	花生四烯酸
anterior byssus retractor muscle	ABRM	前足丝收缩肌
adenylate cyclase	AC	腺苷酸环化酶
acetylcholine	ACh	乙酰胆碱
acetyl cholinesterase	AChE	乙酰胆碱酯酶
acid phosphatase	ACP	酸性磷酸酶
adrenocorticotropic hormone	ACTH	促肾上腺皮质激素
activin receptor ⅡB	ActRⅡB	激活素受体ⅡB
antidiuretic hormone	ADH	抗利尿激素
agouti-related protein	AgRP	刺鼠相关蛋白
alkaline phosphatase	ALP	碱性磷酸酶
albumin	ALB	白蛋白
alanine aminotransferase	ALT	谷丙转氨酶
action potential	AP	动作电位
arginine phosphate	AP	磷酸精氨酸
activator protein-1	AP-1	激活蛋白-1
aquaporin	AQP	水通道蛋白
androgen receptor	AR	雄激素受体
arcuate nucleus	ARC	弓状核
arginase	ARGase	精氨酸酶
absolute refractory period	ARP	绝对不应期
agouti-signaling protein	ASIP	刺鼠信号蛋白
aspartate aminotransferase	AST	谷草转氨酶
actin	AT	肌动蛋白

续表

全称	简称	中文
adenosine triphosphate	ATP	三磷酸腺苷
arginine vasopressin	AVP	精氨酸血管升压素
arginine vasotocin	AVT	加压催产素
boundary cell	BCE	边界细胞
basal metabolic rate	BMR	基础代谢率
biochemical oxygen demand	BOD	生物需氧量
cyclic adenosine monophosphate	cAMP	环磷酸腺苷
cocaineamphetamine-regulated transcript	CART	可卡因苯丙胺调节转录物
catalase	CAT	过氧化氢酶
corpus cerebelli	CCe	小脑主体
granular layer of corpus cerebelli	CCeG	小脑主体颗粒层
molecular layer of corpus cerebelli	CCeM	小脑主体分子层
Purkinje cell layer of corpus cerebelli	CCeP	小脑主体浦肯野细胞层
cholecystokinin	CCK	胆囊收缩素
cerebellum	Ce	小脑
cystic fibrosis transmembrane conductance regulator	CFTR	囊性纤维化穿膜传导调节蛋白
cyclic guanosine monophosphate	cGMP	环磷酸鸟苷
cholesterol	Chol	胆固醇
calcium-induced calcium release	CICR	钙致钙释放
carboxymethyl cellulose	CMC	羧甲基纤维素
central nervous system	CNS	中枢神经系统
cyclooxygenase	COX	环氧合酶
creatine phosphate	CP	磷酸肌酸
corticotropin-releasing hormone	CRH	促肾上腺皮质激素释放激素
coefficient of variation	CV	变异系数
central zone of tectum	CZ	顶盖中间区域
dopamine	DA	多巴胺
dendritic cell	DC	树突状细胞
diencephalon	DC	间脑
differential expressed gene	DEG	差异表达基因
diacyl glycerol	DG	二酰基甘油
17α, 20β-dihydroxyprogesterone	DHP	17α, 20β-双羟孕酮
11-deoxycorticosterone	DOC	11-脱氧皮质酮
day post birth	dpb	出生后天数
deep white zone of tectum	DWZ	顶盖深部白色区域

续表

全称	简称	中文
17β-estradiol	E$_2$	17β- 雌二醇
essential amino acid	EAA	必需氨基酸
enterochromaffin cell	EC cell	肠嗜铬细胞
extracellular domain	ECD	胞外区
extracellular matrix	ECM	细胞外基质
electro-olfactogram	EOG	嗅电图
end-plate potential	EPP	终板电位
excitatory postsynaptic potential	EPSP	兴奋性突触后电位
estrogen receptor	ER	雌激素受体
effective refractory period	ERP	有效不应期
environmental sex determination	ESD	环境依赖型性别决定
erythrocyte sedimentation rate	ESR	红细胞沉降率
follicle cell	FC	卵泡细胞
feed coefficient	FC	饲料系数
follicle-stimulating hormone	FSH	卵泡刺激素
guanylate cyclase	GC	鸟苷酸环化酶
guanosine diphosphate	GDP	鸟苷二磷酸
glomerular filtration rate	GFR	肾小球滤过率
granular hemocyte	GH	颗粒细胞
growth hormone	GH	生长激素
growth hormone receptor, GH receptor	GHR	生长激素受体
growth hormone-releasing hormone	GHRH	生长激素释放激素
genetic improvement of farmed Tilapia	GIFT	吉富罗非鱼
globulin	GLB	球蛋白
glucose	GLU	葡萄糖
G protein-coupled receptor	GPCR	G 蛋白偶联受体
glutathione reductase	GR	谷胱甘肽还原酶
glucocorticoid response element	GRE	糖皮质激素应答元件
ghrelin	GRLN	胃促生长素
genotype sex determination	GSD	遗传型性别决定
glutathione	GSH	谷胱甘肽
gonadosomatic index	GSI	性腺指数
glutathione *S*-transferase	GST	谷胱甘肽硫转移酶
guanosine triphosphate	GTP	鸟苷三磷酸
germinal vesicle breakdown	GVBD	生发泡破裂

全称	简称	中文
hemoglobin	Hb	血红蛋白
oxyhemoglobin	HbO$_2$	氧合血红蛋白
high-density lipoprotein cholesterol	HDL-C	高密度脂蛋白胆固醇
hyaline hemocyte	HH	透明细胞
high-mobility group box protein	HMG	高迁移率族蛋白
hypothalamic-pituitary-adrenal axis	HPA	下丘脑 - 垂体 - 肾上腺激素轴
hypothalamic-pituitary-interrenal axis	HPI	下丘脑 - 垂体 - 肾间组织轴
high performance liquid chromatography	HPLC	高效液相色谱法
hepatopancreas somatic indices	HSI	肝体比
hypothalamus	Hy	下丘脑
interferon γ	IFN-γ	γ 干扰素
insulin-like growth factor	IGF	胰岛素样生长因子
insulin-like growth factor-1	IGF-1	胰岛素样生长因子 -1
IGF binding protein	IGFBP	胰岛素样生长因子结合蛋白
IGF receptor	IGFR	胰岛素样生长因子受体
third ventricle	Ⅲ	第三脑室
inferior lobe	IL	下叶
interleukin-1	IL-1	白细胞介素 -1
inositol triphosphate	IP$_3$	肌醇三磷酸
inhibitory postsynaptic potential	IPSP	抑制性突触后电位
in situ hybridization	ISH	原位杂交
isotocin	IT	硬骨鱼催产素
juvenile hormone	JH	保幼激素
junctional SR	JSR	连接肌质网、终末池
leydig cell	LCE	睾丸间质细胞
lipid droplet	LD	脂滴
lactate dehydrogenase	LDH	乳酸脱氢酶
low-density lipoprotein cholesterol	LDL-C	低密度脂蛋白胆固醇
luteinizing hormone	LH	促黄体激素
lateral hypothalamic area	LHA	下丘脑外侧区
lipopolysaccharide	LPS	脂多糖
lysozyme	LSZ	溶菌酶
mitogen-activated protein kinase	MAPK	丝裂原活化蛋白激酶
melanocortin	MC	促黑细胞激素
mesencephalon	MC	中脑

续表

全称	简称	中文
melanorcortin receptor	MCR	黑皮质素受体
melanocortin-3/4 receptor	MC3R/4R	黑皮质素受体 -3/-4
melanin-concentrating hormone	MCH	黑素浓集激素
mean corpuscular hemoglobin	MCH	平均红细胞血红蛋白
mean corpuscular hemoglobin concentration	MCHC	平均红细胞血红蛋白浓度
mean corpuscular volume	MCV	平均红细胞体积
mesencephalic duct	MD	中脑导水管
malondialdehyde	MDA	丙二醛
maximal diastolic potential	MDP	最大舒张电位
methyl farnesoate	MF	甲基法尼酯
molt-inhibiting hormone	MIH	蜕皮抑制激素
melatonin	MT	褪黑素
migrating motor complex	MMC	移行性复合运动
mitochondrial membrane potential	MMP	线粒体膜电位
medulla oblongata	MO	延髓
myeloperoxidase	MPO	髓过氧化物酶
myogenic regulatory factor	MRF	生肌调节因子
maximal repolarization potential	MRP	最大复极电位
myosin	MS	肌球蛋白（肌凝蛋白）
melanocyte-stimulating hormone	MSH	促黑素细胞激素
medial ventricle	Mv	内侧脑室
nonessential amino acid	NEAA	非必需氨基酸
Na^+, K^+-ATPase	NKA	钠钾 ATP 酶
$Na^+/K^+/2Cl^-$ cotransporter	NKCC	钠离子 - 钾离子 - 氯离子共转运蛋白
nitric oxide	NO	一氧化氮
4-nonylphenol	NP	壬基酚
neuropeptide Y	NPY	神经肽 Y
nucleolus	NU	核仁
olfactory bulb	OB	嗅球
oxygen consumption	OC	耗氧量
oligodeoxynucleotide	ODN	寡脱氧核苷酸
oogonium	Og	卵原细胞
olfactory nerve	ON	嗅神经
open reading frame	ORF	开放阅读框

全称	简称	中文
olfactory sac	OS	嗅囊
oxytocin	OT	（哺乳动物）催产素
optic tectum/tectum opticum	OT/TeO	视顶盖 / 中脑盖
ornithine-urea cycle	OUC	鸟氨酸 - 尿素循环
orexin	OX	促食欲素
principal component analysis	PCA	主成分分析
phosphodiesterase	PDE	磷酸二酯酶
pro-dynorphin	PDYN	强啡肽原
pro-enkephalin	PENK	脑啡肽原
protein efficiency ratio	PER	蛋白质效率比
perifornical nucleus	PFA	围穹窿区
phosphofructokinase	PFK	磷酸果糖激酶
prostaglandin	PG	前列腺素
primordial germ cell	PGC	原始生殖细胞
phosphate dehydrogenase	PGD	磷酸葡糖酸脱氢酶
prostaglandin E	PGE	前列腺素 E
periventricular gray zone of tectum	PGZ	顶盖室周灰质区
pituitary gland	Pi	垂体
phosphatidylinositol (4, 5) bisphosphate	PIP_2	磷脂酰肌醇二磷酸
pituitary-specific positive transcription factor 1	pit1	垂体特异性转录因子 1
pyruvate kinase	PK	丙酮酸激酶
protein kinases G	PKG	蛋白激酶 G
phospholipase A_2	PLA_2	磷脂酶 A_2
phospholipase C	PLC	磷脂酶 C
pons + medulla oblongata	Po+MO	脑桥＋延髓
partial pressure of oxygen	P_{O_2}	氧分压
pro-opiomelanocortin	POMC	阿黑皮素原
proximal pars distalis	PPD	垂体前外侧
protein productive value	PPV	蛋白质沉积率
progesterone receptor	PR	孕激素受体
prolactin	PRL	催乳素
polyunsaturated fatty acid	PUFA	多不饱和脂肪酸
paraventricular nucleus	PVN	室旁核
quality control	QC	质控
real-time quantitative reverse transcription PCR	qRT-PCR	实时荧光定量 PCR

续表

全称	简称	中文
rapid amplification of cDNA end	RACE	cDNA 末端快速扩增技术
red blood cell	RBC	红细胞
reactive nitrogen species	RNS	活性氮
reactive oxygen intermediate	ROI	活性氧中间物
reactive oxygen species	ROS	活性氧
resting potential	RP	静息电位
rostral pars distalis	RPD	垂体远外侧
respiratory quotient	RQ	呼吸商
relative refractory period	RRP	相对不应期
weight specific excretion rate	R_{we}	体重排氨率
ryanodine receptor	RYR	Ca^{2+} 释放通道、雷诺丁受体
spermatophore	SA	精荚，精包
sperm associative cell	SAC	精子相关细胞
spermatogenic cyst	SC	精小囊
suprachiasmatic nucleus	SCN	视交叉上核
specific dynamic action	SDA	食物特殊动力作用
sertoli cell	SE	支持细胞
small granular hemocytes	SGH	小颗粒细胞
specific growth rate	SGR	特定生长率
somatolactin	SL	生长促乳素
solute carrier 12A	SLC12A	溶质转运蛋白家族 12A
standard metabolic rate	SMR	标准代谢率
supranormal period	SNP	超常期
suppressors of cytokine signaling	SOCS	细胞因子信号转导抑制因子
superoxide dismutase	SOD	超氧化物歧化酶
sarcoplasmic reticulum	SR	肌质网、肌浆网
somatostatin	SST	生长抑素
salmonid-specific whole genome duplication	ssWGD	鲑鱼特异性全基因组复制
superficial gray and white zone of tectum	SWGZ	顶盖表面灰白色区域
total cholesterol	TC	总胆固醇
thrombocyte	TC	血小板
telencephalon	TC	端脑
tricarboxylic acid cycle	TCA	三羧酸循环
telencephalon	Te	［硬骨鱼］端脑
triglyceride	TG	甘油三酯

全称	简称	中文
transforming growth factor beta	TGF-β	转化生长因子 -β
total ion chromatography	TIC	总离子流色谱图
torus longitudinalis	TL	纵枕
tropomyosin	TM	原肌球蛋白（原肌凝蛋白）
trimethylamine N-oxide	TMAO	氧化三甲胺
transmembrane domain	TMD	跨膜结构域
troponin	Tn	肌钙蛋白（肌宁蛋白）
tumor necrosis factor	TNF	肿瘤坏死因子
tumor necrosis factor-α	TNF-α	肿瘤坏死因子 -α
total protein	TP	总蛋白
tryptophan hydroxylase 1	TPH1	色氨酸羟化酶 1
tryptophan hydroxylase 2	TPH2	色氨酸羟化酶 2
thyrotropin-releasing hormone	TRH	促甲状腺激素释放激素
torus semicircularis	TS	半规隆凸
temperature sex determination	TSD	温度依赖型性别决定
thyroid stimulating hormone	TSH	促甲状腺激素
thromboxane	TX	血栓素
urotensin Ⅰ	U Ⅰ	尾加压素 Ⅰ
U-shaped nuclear hemocyte	UNH	马蹄形核细胞
urea	UR	尿素
urea transporter	Ut	尿素转运蛋白
valvula cerebelli	VCe	小脑瓣膜
granular layer of valvula cerebelli	VCeG	小脑瓣膜颗粒层
molecular layer of valvula cerebelli	VCeM	小脑瓣膜分子层
purkinje cell layer of valvula cerebelli	VCeP	小脑瓣膜浦肯野细胞层
very low-density lipoprotein cholesterol	VLDL-C	极低密度脂蛋白胆固醇
ventromedial nucleus	VMH	腹内侧核
vasopressin	VP	血管升压素
viscerosomatic index	VSI	脏体比
white blood cell	WBC	白细胞
weight gain rate	WGR	增重率
yolk granule	YG	卵黄颗粒
Y-organ	YO	Y 器官
yolk sphere	YS	卵黄球
cerebrum		（哺乳动物）大脑
thalamus		丘脑